KB069010

The Epic History of Biology

생물학사

Anthony Serafini 저 | 서혜애 · 윤세진 공역

박영사

머리말(저자)Preface

모든 과학들 가운데 생물학은 의심할 여지없이 가장 직접적인 방식으로 우리의 삶에 영향을 준다. 재조합 DNA, 복제, 새로운 생식기술, 그리고 환경문제의 새로운 발전으로 생물학은 역사상 그 어느 때보다도 중요한 의미를 가지게 되었다.

지난 150여 년 동안 과학은 점점 더 세분화되어 왔다. 이에 따라 신화는 점점 더 신비로워지고 소수의 전문가를 제외한 나머지 모든 사람들은 신화를 제대로 꿰뚫어 볼 수 없게 되었다. 사실, 예를 들어 물리학은 인기 있고 손쉽게 구할 수 있는 책들이 많이 있다. 물리학은 복잡성을 가지고 있으며 생물학의 엄청나게 미묘하고 복잡한 측면과도 일치한다. 그러나 생물학의 역사는 너무 방대해서 출판사가 허락한 분량의 지면으로 모든 내용을 다루기는 거의 불가능에 가깝다. 이러한 이유로 어려운 결정들을 내려야 했다. 예를 들어, 나는 고전 생물학보다 분자생물학에 더 많은 시간을 할애했다. 동양생물학의 역사는 그 자체로 하나의 완전한 이야기이기 때문에 거의 건너뛰었다.

생물학은 어렵고 복잡한 역사를 가지고 있다. 하지만 생물학은 교육받은 사람이라면 누구나 이해할 수 있는 것이어야 한다. 이를 위해 최소한의 내용들을 제시하려고 노력했다. 나는 가능한 가장 읽기 쉬운 방식으로 생물학의 주요 발전을 설명하려고 노력했다. 나는 오늘날 소위 내러티브 역사라는 방식을 따르는 역사가의 관점에서 진행하였다. 이 방식은 이와 같은 책에서 명확성과 연속성에 가장 잘 어울린다고 생각한다.

어떤 과학의 발전도 그것이 꽃피는 시대정신의 문화적, 역사적 맥락 밖에서는 충분하게 평가될 수 없다. 그러므로 나는 아이디어뿐만 아니라 그것을 창조한 사람들의 삶과 그들이 살았던 시대에 대해서도 어느 정도 관심을 기울였다. 나는 역사의 흐름에서 일반적으로 나눌 수 있는 시기들을 알고 있었지만, 여러 역사적 사건들 사이의 경계들이 명백하게 선명하지도 않고 그렇다고 돌에 새겨져 있지도 않다는 점을 고려하면서, 특별히 생물학에서 앞을 향해 나아가는 큰 파도와 같은 사건들에 주목하려고 노력했다. 즉 17세기 베이컨과 데카르트의 업적에 기반하여 출현한 귀납법, 나아가 우주는 일반적인 법칙의 관점에서 이해될 수 있다는 가정, 새로이 등장한 현미경의 영향, 컴퓨터가 과학 탐구와 연결될 때 드러내는 중요성.

내가 직면해야 했던 또 다른 질문이 있었다. 바로 과학 분야들 사이의 경계가 모호한 부분이다. 과학의 역사는 어떤 과학도 다른 과학과 완전히 분리되어 발전하지 않는다는 것을 보여주고 있다. 예를 들어, 유전학의 발전은 지난 세기 동안 수학, 생화학, 심지어 컴퓨터 과학에 크게 의존하였다. 따라서 나는 엄밀히 말하면 생물학자는 아니지만 그럼에도 불구하고 생물학에 엄청나게 공헌한 사람들의 연구업적에 주목하였다. 이들 가운데 라이엘Charles Lyell, 폴링Linus Pauling 그리고 린치Dorothy Wrinch가 있다.

감사의 말Acknowledgements

과학 분야들 간의 교차는 역사가에게 장애물을 만들어 준다. 어떻게 사람들이 과학의 모든 복잡한 것을 완전히 이해하기를 바랄 수 있겠는가? 엄밀한 생물학의 분과들 사이는 고사하고 다양한 과학 분야들 사이의 상호 관계를 어떻게 완전히 이해하겠는가? (과학 자체가 지속적으로 진화하는 것처럼 과학 분야들 간의 상호 관계도 지속적으로 진화하고 있다.) 이 때문에, 나는 다양한 과학 분야의 전문가들에게 조언을 구하였다. 여기서 나는 생물학에 대한 나의 연구와 저술에서 수년 동안 다양한 단계에서 도움이 된 대화와 조언을 제공해준 사람들에게 감사를 표한다. 첫째, 세월이 흘렀음에도 불구하고, 1965년 내가 동물학 학사 학위를 받은 이후로 생물학 분야가 많이 변하고 발전하였지만, 코넬대학교 교수진들의 훌륭한 지도에 감사드린다. 다음으로, 리즈대학교 철학과 올비Robert Olby교수; MIT 물리학과 조스Paul Joss교수; 텍사스대학교 오스틴의 휠러John Archibald Wheeler 교수; 프린스턴대학교 엔더슨P. W. Anderson교수; 워싱턴대학교 슈메이커Verner Shoemaker명예교수; 뉴저지센터니리대학 생물학과 암스트롱Jane Armstrong교수; 뉴저지센터니리대학 화학과 미지악Anne Misziak교수; 클리블랜드주립대학교 생물학과 와일더George Wilder교수; 워싱턴대학교 생물학과 앨런Garland Allen교수; 뉴저지치의과대학 에르데Edmund Erde교수; 코네티컷 주 윈저에 있는 루미스-채피학교Loomis-Chaffee School의 백스터Alice Levine Baxter교수; 베달Barbara G. Beddal; 베일러Baylor의과대학 윤리연구소의 엥겔하르트H. Tristram Engelhardt, Jr.; 하버드대학교 철학과 셰플러Israel Scheffler교수; 펜실베니아의과대학의 플릿우드Janet Fleetwood교수; 델라웨어의 웨슬리Wesley대학 교육부총장 사무실의 프리스코Dorothy Prisco박사; 하버드대학교 생물학연구소의 에드솔John Edsall교수; 하버드대학교 과학사학과 멘델스존Everett Mendelsohn교수; 인디애나대학교 철학과 센척Dennis Senchuk교수에게 감사를 드린다. 나는 럿거스Rutgers대학교 역사학과 폴리Philip J. Pauly교수; 카포졸리-인구이Mary Jane Capozzolli-Ingui박사; 코넬대학교 과학사학과 윌리엄스L. Pearce Williams교수; 럿거스대학교 과학사학과 학장 리드James Reed교수; 재치 있고 세심하게 편집을 해준 편집자 그로스Naomi Gross; 내 아내 티나Tina와 내 딸 알리나Alina Serafini; 그리고 많은 다른 사람들에게도 빚을 지고 있다. 또한 나는 공식적으로 훈련받은 역사학자가 아니기 때문에 역사 저술과 연구에 대해 조언해 준 뉴저지센테너리대학 역사학과의 위어David Weir교수와 프레이Raymond Frey교수에게 깊은 감사를 드린다.

머리말(역자)Preface

생물학의 역사는 생물학에 어떤 지식이 포함되고, 언제부터 시작되었으며, 오늘날까지 어떻게 변해 왔는가를 기술하는 것이다. 생물학의 지식은 지구상에 인류가 출현한 이래 자연환경에서 생존에 필요한 다양한 지식을 습득하면서 시작되었다. 생물학의 역사는 인류가 이루어낸 여러 학문들의 역사 가운데 가장 오래된 것이다.

역사는 현재의 시점에서 과거에 일어난 사건들을 기술하는 학문이다. 역사가들은 현재의 관점에서 과거에 일어난 중요한 사건들이 무엇인지를 찾아내고 왜 일어났는지를 해석한다. 역사는 과거에 대한 이해를 기반으로 현재를 더 잘 이해하고 미래를 더 잘 전망하려는 시도이다. 그래서 역사는 인류를 발전시키는 데 지대하게 영향을 준다.

생물학은 21세기 과학혁명의 중심에 자리 잡았다. 오늘날의 생물학은 공학을 비롯한 여타 학문들과 결합하여 인류의 복잡한 문제를 해결하는 해법들을 쏟아내고 있다. 그러나 한편에서는 자연환경이 손상되거나 자연재해가 심각해지면서 인간중심의 해법들에 대해 의문을 제기하고 불안함을 드러내고 있다. 거기다 유전공학은 때로 예기치 못한 어떤 두려운 결과를 초래할지 상상하기조차 어렵다. 앞으로 생물학의 연구가 인류를 파멸시킬 수도 있다는 불길한 예감을 던지고 있다. 그래서 미래 생물학을 발전시키기 위해서는 생물학의 역사를 더욱 잘 이해할 필요가 있는 것이다.

역자는 우리나라에 생물학의 역사에 대한 책들이 의외로 많지 않다는 것을 알게 되었다. 생물학의 역사를 원시시대부터 현재까지 시대적 흐름을 한 권에서 살펴볼 수 있는 책들이 많지 않았다. 일부 책들은 생물학 분야 전반을 포괄적으로 다루지 않았거나, 일부 책들은 진화와 같은 단일 주제만을 다루었다. 또 일부 책들은 생물학 지식을 위주로 저술하여 역사적 발견의 시대 문화적 배경을 제대로 다루지 않았다. 역자는 이 번역서가 나름대로 여러 책들의 한계를 보완해주는 책으로 평가하였다.

이 번역서는 원서 저자가 머리말에서 설명한 대로 다른 생물학사 책과는 차별화되는 특징이 있다. 먼저, 생물학은 어렵고 복잡한 역사를 가지고 있지만 이 책은 생물학의 주요 발견들을 찾아내고 읽기 쉬운 방식으로 설명하였다. 이 책은 내러티브 방식으로 서술하여 역사의 명확성과 연속성을 갖추었다. 또한 이 책은 생물학 발전에 영향을 준 시대정신의 문화적 역사적 맥락을 해석하고 발전을 이루어낸 사람들의 삶과 그들이 살았던 시대를 기술하였다. 뿐만 아니라 저자는 생물학이 생물학 독립적으로 발전할 수 없음에 따라 생물학 발전에 영향을 준 여타 다른 과학 분야에 대해서도 주목하여 연관되는 내용들을 서술하였다. 이렇듯 이 번역서는 시대별 생물학 지식이 어떤 사회 문화적 맥락에서 발견되고 발전되었는지에 대한 시사적 의미를 포함시켜 흥미진진하게 기술하였다.

이 책을 번역하면서 역자는 원서에 없는 내용을 추가하였다. 이 원서의 저자는 시대별 수많은 과학자들의 이름을 소개하였고 그들의 일생과 이루어낸 업적에 대한 내용을 저술하였다. 역자는 원서에 소개된 과학자들의 출생국가, 출생연도, 대표적인 역할과 전문 활동, 사망연도에 대한 기본 정보를 각주로 추가하였다. 또한 역자는 소개된 과학자들의 이름을 한글로 표기할 때 영어를 위첨자로 포함시키는 편집방법을 선택하였다. 주요한 단어들도 영어를 위첨자로 포함시켜 편집하였다. 역자가 선택한 추가 정보나 편집방법은 독자들에게 원서의 내용을 가능한 정확하게 전달하고 싶은 의도였음을 밝힌다.

이 책을 번역하는 데 시간이 많이 걸렸다. 일정기간 집중적으로 작업하지 못한 탓도 있었고 또 원서 저자의 고유한 문체를 정확하게 번역하기도 쉽지 않았다. 역자는 노력과 능력의 부족함으로 만만치 않는 과정을 거치면서 번역작업을 완성하였고, 출판사와 계약을 맺었을 때는 그동안 쌓였던 부담을 털어내고 안도하는 마음이었다. 이렇게 번역을 더디고 어렵게 완성하였기에 도움을 준 많은 분들에게 더욱 감사한 마음이다. 처음 이 책을 번역할 것을 결정한 시점에서 함께 동참해 준 서정희 박사님에게 감사한다. 한국교육학술정보원의 바쁜 연구 일정 중에도 선뜻 시간내어 초고 일부를 번역하여 작업을 시작하는 데 큰 힘을 보태주었다. 그럼에도 번역작업은 완성도를 높이지 못한 채 몇 년의 시간이 흘러갔다. 그러다가 우연찮게 타슈켄트국립사범대학교 이유미 교수님이 1장부터 에필로그까지 책 전체를 수개월에 걸쳐 촘촘하게 검토하고 날카로운 의견을 보내주었다. 부산대학교에서 생물학사 강의를 수강한 생물교육과 대학원생과 학부생들도 번역본 교재로 공부하면서 번역의 오류와 오탈자를 찾아내주었다. 이 분들이 함께 하지 않았다면 이 번역서는 아직도 완성되지 않았을 것이다. 감사한 마음을 한 번 더 표하고 싶다. 아울러 코로나 시대 어려운 사정에도 불구하고 이 번역서를 흔쾌히 출판해준 도서출판 박영사와 편집부 전채린 차장님에게도 마음 깊이 감사드린다.

부디 이 번역서가 생물학에 관심을 가지고 있는 많은 사람들에게 생물학의 역사를 포괄적으로 이해하고 시대적 배경을 해석하여 미래를 전망하는데 작으나마 도움이 되었으면 하는 바람으로 역자의 글을 마무리하고자 한다.

2022년 10월

역자를 대표하여 서혜애

차례Contents

Chapter 01

시작The Beginnings

어느 시기에 생물학이 과학으로부터 분리되었는지, 심지어 어느 시기부터 과학 자체가 시작되었는지를 아는 것은 어려운 일이다. 비록 어느 때부터 오늘날의 물리학이나 화학이라고 부르는 분야의 지식들을 알게 되었는지는 모르겠지만, 아마도 구석기나 신석기 시대 사람들은 원시 의료 기술을 알고 있었던 것 같다. 구석기 시대는 기원전 약 2백만 년 전부터 1만 년 전까지 기간으로서, 이 시기는 문자를 사용하지 않아서 기록이 남아 있지 않는 선사 시대이다. 신석기 시대는 구석기 시대 이후의 선사 시대로서 기원전 9천년부터 이집트나 메소포타미아 문명이 처음 나타날 때까지의 시기이다. 문자를 사용하지 않았던 선사 시대 사람들은 다양한 동물과 식물을 분류하기는 했지만, 이것을 '과학science'적인 지식으로는 전혀 인식하지 못하였다. 그러나 후기 구석기 시대에 살았던 초기 인류들 가운데 가장 영리했던 크로마뇽인은 최소한 어떤 식물이 독성을 가지고 있는지, 어떤 식물이 건강을 위해 사용할 수 있는지를 곧 알아차리게 되었다. 또한 이들은 염색을 하거나 독물을 만드는 데 어떤 식물이 적절한 것인지도 알았던 것 같다. 이와 같이, 기원전 약 3천 5백년 경부터 시작된 고대 이집트와 메소포타미아는 서양 문명사회 초기 시기였으며, 이 시기에서는 체계적인 생물학이 등장하지는 않았다. 이집트나 메소포타미아 후에 등장한 여러 문명에서는 문화와 예술에서 상당히 진전하였음에도 불구하고, 과학과 생물학은 체계화된 사고의 형식으로 존재하지 않았으며 다른 학문과 구분되지도 않았다. 이러한 상태는 기원전 4세기, 아리스토텔레스 시기까지 지속되었던 것 같다. 특히 생물학의 경우, 아리스토텔레스 시기까지 출현한 모든 지식들은 의학적 습관과 뒤엉켜 있는 상태로 계속되었다. 고대에 만들었거나 발견된 생물학 지식은 주로 외과수술이나 의학적인 필요에 의해 알게 되었으며, 고대 이집트와 아리스토텔레스 시기의 생물학 지식들은 전쟁터에서 군인들을 치료하기 위해서 나타난 것으로 보인다.

이집트 의학Egyptian Medicine

최소한 이집트 시대부터 초보적인 생물학적/의학적 지식이 있었을 것으로 예측할 수 있다. 5천년 전 이집트의 제사장들은 이미 방대한 양의 의학 자료들을 수집하기 시작하였다. 이 사실은 거의 완벽하게 해독된 당시 상형문자가 새겨진 돌 판에서 알 수 있다. 이 시기, 식물에 대한 지식은 고도로 발달되었고 이를 의학적으로 사용했던 것으로 보인다. 따라서 서양 생물학은 실제 이집트 시대부터 시작되었다고 보아야 한다.

그 이유는 이해하기 어렵지 않다. 고대 문명에 대한 연구로부터 알 수 있듯이, 문화는 시대가 어려운 고통의 기간에는 진보하지 않았다는 것이다. 철학, 과학, 문학, 예술, 그 외에 여러 영역들은 삶이 평화롭고 삶의 문제들이 해결되어 있는 시기에 비로소 최고로 발전된다. 이에 대한 사례는 셀 수 없을 만큼 많이 있다. 그리스의 '황금시대golden age'를 생각해보자. 당시 페리클레스Pericles[1]와 클레이스테네스Cleisthenes[2]와 같은 통치자들은, 그리스 사람들에게 원하는 것은

1) Pericles(495－429 BC). 그리스 시대 황금시기 가장 뛰어나고 영향력이 많았던 통치자
2) Cleisthenes(?－? BC). 그리스 귀족, 고대 아테네 법을 개혁하고 508 BC 당시 민주주의 기초를 다졌으며, 아테네 민주주의의 아버지로 알려짐

무엇이든지 제공해 주면서 민주적으로 다스렸다. 이러한 분위기에서 문학과 철학은 아리스토파네스Aristophanes,[3] 플라톤, 아리스토텔레스 같은 학자들을 통해 꽃이 만발하듯이 번창하였다. 따라서 아리스토텔레스 업적에서 생물학이 그 자체로 연구되었음을 발견하는 것은 놀랄 만한 일이 아니다. 아리스토텔레스는 의학에 대해 관심이 많았지만, 단지 자신이 이해하지 못하는 것을 순수하게 학습하고자 하는 목적을 가지고 수없이 많은 과학적 조사를 수행하였으며, '실제 practical' 적용 가능한 것을 연구해야 한다는 것에 대해 부담도 없었다.

불행하게도, 이집트에서는 평화롭고 고요한 시기가 그리 오래 가지 않았고 따라서 추상적인 과학을 추구할 수 있는 여유 있는 시간이 많지 않았다(보통 역사가들은 고대 이집트 왕국을 고대, 중세, 새 왕조로 구분하는데, 고대 왕조는 기원전 2770년부터 시작되었으며, 새 왕조는 기원전 1087년에 끝났다).[4] 의심할 여지도 없이 고대 왕조에서는 조서Zoser[5] 같은 폭군들이 있었는데, 조서는 스스로를 위해 웅장하고도 쓸모없는 일련의 묘, 피라미드를 건설하는 데 거의 모든 돈을 사용해 버렸다. 기원전 2000년부터 1785년까지는 중세 왕조 가운데 11대와 12대 왕조가 포함되는 시기로서, 이 시기의 이집트는 과학과 예술의 '황금시대'로 볼 수 있다. 이 중세 왕조의 초기 파라오들은 파라오들에게 도전해왔던 귀족이나 제사장들과 평화롭게 지냈다. 또 덜 이기주의적인 파라오들이 점점 더 많이 집권함에 따라 피라미드 건설에 대한 광기는 점차적으로 사라지기 시작했다. 그 대신, 천문학, 수학, 실용의학이 상당하게 발전되었다. 기하와 대수를 포함한 수학은 여러 건축 프로젝트에 도움을 주기 위해 발달하였고, 천문학은 나일강의 범람 시기를 계산

---

3) Aristophanes(446－386 BC). 고대 그리스 아테네의 희극 작가, 고대 그리스 아테네 사람들의 삶을 재구성한 작품들로 명성을 얻음

4) 역주: 고대 이집트는 초기 왕조시대(Early Dynastic Period, 3000－2575 BC), 고대 왕조(Old Kingdom, 2575－2150 BC), 제1대 중간(과도)기(1st Intermediate Period, 2150－2040 BC), 중세 왕조(Middle Kingdom, 2040－1783 BC), 제2대 중간기(2nd Intermediate Period, 1783－1540 BC), 새 왕조(New Kingdom, 1540－1070 BC), 말기 왕조시대(Late Dynastic Period, 1070－332 BC), 그리스 로마시대(332 BC－396 AD)로 구분하며, 시대별 100, 200년 차이가 있는 것이 보임

5) 역주: Zoser 또는 Djoser, 기원전 2668－2649로 추측

하기 위해 발달하였다. 기원전 1700년경부터 의학 분야에서는 질병을 진단하고 처방한 일들이 이루어졌음을 보여주는 여러 문서들이 발견되었다. 이집트 사람들은 심장의 박동과 순환계의 중요성을 알았고, 부러진 뼈를 치료했으며, 고대 약물학Materia Medica의 저서에는 무수한 종류의 약에 대한 목록이 기재되어 있다.

이 시기와는 대조적으로, 중세 왕조의 말기[6]는 사람들이 매일매일 다음 날의 식량을 구하기 위해 투쟁해야 하는 우울한 시기였다. 전염병이 창궐했고 거의 대부분의 사람들은 더 나은 생활에 대한 소망을 가질 수조차 없었다. 따라서 중세 말기는 철학적, 과학적, 문학적 성취들을 거의 이루지 못하였다. 물론 예외적으로, 14세기 철학자 윌리엄 오캄William of Occam과 같은 학자는 이 중세 왕조의 업적들을 높이 칭송하기도 하였다. 그러나 일반적으로, 이와 같이 어려운 시기에는 업적을 이루어 낼 수 없다는 역사의 법칙이 항상 진실로 밝혀진다.

고대 이집트의 초기 '의사' 가운데 임호텝Imhotep이라는 의사가 있었는데, 그는 고대 왕조의 제1대 또는 제3대의 통치 기간에 살았던 것 같다. 일부 역사가들에 따르면, 임호텝은 뛰어난 기술자로서, 전설적인 왕조로 유명한 조서Zoser의 통치하에서 첫 번째 피라미드 건설을 지휘했다. 임호텝 같은 초기 의사들은 미이라를 제작하는 관습에서 의학 정보를 상당히 많이 수집했다는 기록이 남아 있다. 미이라를 제작하는 과정은 죽은 사람의 내장을 긁어내는 것에서 시작된다. 이 과정을 통해, 초기 의사들은 상당한 분량의 해부학적 자료를 축적할 수 있었을 것으로 추측된다. 이들은 내부 기관을 보존하기 위해, 여러 가지 식물에 대한 실험을 수행함으로써 생화학적 작용에 대한 지식도 얻었을 것이다. 몸에 여러 화학물질을 처리하여 시행착오적 검증을 통해, 화학물질의 생물학적 효과가 무엇인지를 찾아냈고 어떤 물질이 몸을 더 잘 보존하는지를 알았다. 이런 물질들에는 포도주, 향료, 몰약, 카시아계피,[7] 소금과 다른 화학물질이 있었다. 또한 아마포로 감싼 시체 위를 다양한 식물로 덮었는데, 이 식물에서 추출되는 물질이 시체의 부패를 방지해 준다는 것도 알았다.

---

6) 역주: 1780 BC경

7) 역주: 콩과 식물의 열매로 의학적 특성을 가지고 있음

신화와 의학Myth and Medicine

그럼에도 불구하고 과학으로부터 마술과 미신을 구분해 내는 것은 거의 불가능하였다. 이것은 부분적으로는 무지하였기 때문이었고, 부분적으로는 권력 때문이었다. 고대, 중세, 새 왕조를 통해서 파라오들은 제사장의 우세함에 맞서 싸워야 했다. 대중은 제사장들이 마술의 힘을 가지며 자연의 신들에게 영향을 끼칠 수 있다고 믿었으며, 이로 인해 제사장들은 무한한 힘을 가졌고, 따라서 파라오는 제사장들을 무시할 수 없었다. 이 시기 임호텝으로 알려진 의사들은 제사장들을 지휘하고 영향을 준 사람이었다. 수세기 후인 새 왕조 시기에는 수많은 사람들이 임호텝을 근본적으로 신성한 사람으로 여겼다. 대중은 그를 경배하고, 그의 청동상 앞에 선물을 가져다 두었으며, 곡식이 잘 자라도록 해달라고 기도를 올렸다.

의학 파피루스The Medical Papyri

고대 과학이 현대 과학과 어떤 차이가 있는지를 이해하는 한 가지 방법은, 고대 과학이 지구상의 사물에 영혼이 깃들어 있다는 믿음에 근거하여 모든 연구를 수행했다는 점에서 차이를 찾는 것이다. 이집트인들은 사람 몸의 모든 부분을 지키는 신이 존재한다고 믿었다. 그러나 '에드윈 스미스의 외과 파피루스'와 같은 유명한 파피루스에는 이집트 의학의 모든 부분이 종교의 부속물로 간주되지는 않았다는 기록들이 남아있다. 예를 들어, 이들 파피루스에 의하면, 이집트 역사에서 주요한 시대 가운데 마지막인 새 왕조 기간 동안에는, 외과 수술은 신학으로부터 자유로웠다. 이집트인은 뼈나 근육, 관절의 외형적 손상은 종교적인 것보다는 자연적인 것으로 판단하였다. 그러나 이집트인 대부분은 아직도 새 왕조에서 우주를 지배하는 아톤Aton이나 태양의 신 아멘리Amen–Re, 또는 다른 신을 경배하는 것을 통해서 질병을 치료할 수 있다고 믿었다.

동일한 파피루스에서 발견된 내용으로, 새 왕조 시기 이집트 의사들은 뼈를 맞추는 방법을 잘 이해하고 있었다. 심지어 의사들은 현대 의학에서 시술하는 방법과 유사한 방법으로 환자를 진단하기까지 했다. 에드윈 스미스의 외과 파피루스에는 '팔을 들 수 있는가?', '심장이 얼마나 빨리 뛰는가?' 등과 같은 다양한 내용들이 발견되었다.[1] 비록 이 파피루스에서는 이러한 질문을 하는 이유를 명백하게 나타내지는 않았지만, 이집트 의사들이 이렇게 진단했다고 가정할 수 있다. 또한, 이 파피루스에는 얼굴, 머리, 배 등과 같은 환자의 신체 여러 부위에 대해 논의하였다. 여기에는 칼이나 도끼로 입은 상처에 붕대를 감는 방법과 지혈대를 사용하는 방법도 나와 있다.

이집트인들은 심장이 펌프 작용을 한다는 것을 알았고 심지어 혈액 순환의 기본적인 부분까지도 이해하고 있었다. 흥미로운 점은, 그리스의 소크라테스 시대 이전 철학자인 엠페도클레스Empedocles[8])까지도 심장과 순환계에 대해 연구하였는데, 오늘날 역사가들은 그의 이러한 철학적 견해를 탁월한 것으로 인정하고 있다. 엠페도클레스는 인간의 정신이 심장에 위치한다고 주장하는 것과 같은 실수를 했으며, 따라서 그가 시도한 것이 불완전하였지만, 처음으로 주장한 것이었으며, 이러한 주장은 이후 혈액 순환에 대한 연구에 중요한 자극이 되었다.

이집트인들은 지식을 시행착오 방식으로 습득하였다. 예를 들어, 이집트인들은 이 시행착오 방법을 통해 페니실린의 항균성을 처음으로 알아냈다. 이론은 알지 못했고 단지 특정한 환자에게 도움이 되는 방법으로만 알았을 뿐이었다. 비슷한 방식으로 양파가 원시적인 항생제로 작용하여 전염병을 막는 데 도움이 된다는 것을 알았으며, 서양가새풀yarrow plant이, 현대 지혈약이 출혈을 조절하는 작용과 같이, 혈관을 수축시킨다는 것을 알았다. 또한 알코올 특성에 대해서는 부분적으로 이해하고 있었으며, 알코올을 다른 약과 함께 혼합하여 처방하면 환자들에게 확실히 좋은 느낌을 준다는 것을 발견하였다. 이집트인들은 농사를 통해서 생물학 지식을 얻기도 했다. 기원전 8천년경 선사 시대임에도 불구하고,

---

8) Empedocles(490－430 BC). 그리스 소크라테스 이전 시대 철학자, 시실리 지역의 시민. 우주를 구성하는 요소에 대한 이론을 처음 주창한 학자

사람들은 밀이나 옥수수가 자라는 데 필요한 토양 조건에 대해 알고 있었다. 이렇게 이집트인들은 습도, 산도, 그외 식물 성장에 영향을 주는 토양 조건에 대한 실제적인 식물학 지식을 습득하였다.

에버스 파피루스Papyrus Ebers

잘 알려진 또 다른 책, '에버스Ebers 파피루스'에는 600개도 넘는 약에 대한 설명과 이집트인들이 이 약들을 어떻게 사용했는지에 대해 비교적 상세하게 설명한 내용들이 적혀있다. 이 파피루스는 폭이 30cm, 길이가 180cm이고, 모두 상형문자로 작성되어 있다. 전설에 의하면, 이집트 중세 왕조 시기, 어떤 방랑자가 나일강 근처에서 이 책을 발견했다고 한다. 그러나 역사학자들은 기원전 1550년경 제2대 중간 시기에 작성되었다고 주장한다. 이 책의 일부는 독일 라이프치히에서 보관하고 있다. 이 파피루스에서는 운동, 최면, 체중감량, 단식 등을 처방한 내용이 기록되어 있다. 더 특이한 것은, 이 책은 눈과 귀의 질병에 대해서 많은 부분을 할애하였으며, 여러 감각이나 감각기관 대한 기능과 기능이상에 대해 논의하고 있다. 또한 혹과 분비선의 이상에 대해서도 언급하였으며 화상, 주름, 기미, 그 외 상상할 수 있는 거의 모든 피부 상태를 치료할 수 있는 여러 가지 약에 대해 설명하였다. 대머리에 대한 약 처방도 있었다. 어느 부분에서는 소아과를 다루기도 했는데, 당시 이집트에서 의학 분업은 일반적이었다.

치료 파피루스The Therapeutic Papyrus

이 치료 파피루스는 다양한 질병에 대해 600개가 넘는 치료법을 광범위하게 제시하고 있다. 이 치료법에는 구리, 아카시아, 피마자, 올리브 추출물, 사프란, 생강 등이 포함되어 있다. 때때로 이 약들에는 터무니없는 처방전들도 있었다. 예를 들어 암퇘지에서 얻은 즙으로 병을 치료할 수 있다는 내용이 포함되어 있다. 더욱이 파피루스에 나와 있는 정보가 전혀 의학적이지 않는 경우도 있었다. 이 치료 파피루스에는 이집트 생물학자들이 발견한 올챙이가 개구리로 변하는 내용과 갑충beetles이 알에서 어떻게 깨어나는지에 대한 내용도 포함되어 있다.

상형문자뿐만 아니라 상당수의 이집트 동굴벽화에서도 이집트 제사장들이 모든 유형의 외과 수술을 행했었다는 사실을 명백하게 보여주고 있다. 복부나 사타구니, 눈 등에 대한 외과 수술을 시행했으며, 많은 경우 성공적이었던 것으로 알려지고 있었다. 그러나 이러한 내용들은 상당히 논란거리가 되었지만, 17세기 중엽, 독일의 외과의사 슐츠Johann Shultes가 여러 수술 가운데 유방 수술 과정을 제시한 '외과의사의 도구Tools of Surgeon'라는 책을 출판할 때까지는 이집트 제사장들의 외과 수술 결과를 비교할 만한 것이 없었던 것도 사실이었다. 이집트인들은 과학에 연결된 미신적 믿음이 있었음에도 불구하고 때때로 최신 의학을 생각나게 하는 접근들도 있었다. 예를 들어 이집트인들은 다양하게 세분된 의학 전문성을 가지고 있었는데, 조산학, 안과학, 심장학, 신경학, 심지어는 정신의학까지 포함되어 있었다. 종종 정신과 의사들은 환자들에게, 자신들의 삶과 신들에 대한 태도를 보다 '긍정적으로positive' 가지고 있으면 병이 호전될 것이라고 말하곤 했다. 확실히 정신과 의사들은 사회적 책임에 대한 의식도 있었던 것으로 보이는데, 그 증거로 의사들이 동물 피부를 건조시켜 사용한 콘돔이나 이와 유사한 피임 기구를 사용한 것 등이 있다.

당시 다른 나라에서는 생물학적/의학적 지식이 덜 정교하였다. 예를 들어, 시리아에서는 의사들이 자신들끼리 전문가 집단을 조직하기는 했지만, 이들의 의학적 견해의 대부분은 여전히 점성술에 근거를 두고 있었다. 중동의 다른 여러 국가들도 대체로 유사한 상황이었다.

요약하자면 이집트 시대 생물학은 여러 가지가 들어 있는 주머니와 같은 혼합체였다. 어떤 점에서는 아주 앞서 있었고, 동시에 마법이나 신비, 미신 등으로 가려져 있었다. 당시 사람들은 생물학을 의학과 구분하지 못하였으며, 이와 같은 생물학과 의학의 결합은 수세기 동안 지속되었다.

Chapter 02

메소포타미아Mesopotamia

메소포타미아[1]는 예전 바빌론 사람들(역사학자들은 종종 수메르 문화를 일으킨 사람들이라고 부르기도 한다)이 살았던 지역으로 알려져 있다. 이집트와 메소포타미아 사이에는 중요한 차이점들이 존재한다. 티그리스와 유프라테스 강 사이에 위치한 메소포타미아는 이집트보다는 외세 침략이 잦았던 지역이었다. 이 평원에서 다치거나 병든 병사를 치료하기 위해서는 의학이 절박했기 때문에, 메소포타미아에서 의학이나 생물학이 이집트보다 더 빠르게 발전했다는 것은 당연한 일이었다. 수메르인들의 성취 가운데 가장 뛰어난 업적은 초기 학문을 발전시킨 점과 당시의 생물학을 현대 생물학의 여러 하위 분야들과 동일하게 구분하였다는 사실이다. 여러 연구에 의하면, 수메르 과학자들은 내분비학(호르몬 연구), 조직학(조직의 분석), 비교 해부학(동물을 비교하는 과정을 통해 해부학적인 접근을 하는), 그 외 여러 주제들을 탐구하였다.

1) 기원전(4000~400 BC) 시대. 함무라비 법전은 고대 바빌로니아 왕국(1800~1700 BC)에서 만들어짐. 메소포타미아 문명의 마지막은 페르시아제국(600~400 BC)

설명 체계로서의 마술Magic as a System of Explanation

여러 대담한 연구자들 또한 상당한 양의 식물성 원료를 개발하였다. 이집트에서와 마찬가지로, 메소포타미아에서도 과학, 마술, 미신은 어쩔 수 없이 혼합되어 있었다. 수메르인들이 이루어낸 어려운 '과학science'은 의학적 탐구를 통해서 연구되었을 뿐만 아니라 마술, 미신, 부적, 다른 신비 요법을 통해서도 연구되었다. 수메르인들은 일본이나 중국, 그 외 다른 동양 국가들에서처럼 모든 짐승의 내장이 자신들의 미래를 이야기해 줄 수 있으며 행운이나 불행을 예언해 줄 것이라는 믿음을 받아들였다. 결과적으로 제사장들은 국가의 공식적인 지도자들 못지않게 정치적 힘을 상당하게 가지고 있었는데, 이러한 일들은 일반인들이 우주의 모든 힘은 제사장의 명령에 놓여있다고 생각했기 때문이었다.

또한, 메소포타미아 농부들은 생물학에 관심을 가지고 있었다. 이들은 현대적인 관개 방법을 배웠었고, 기원전 3천년 경에는 당시 당나귀를 현대 이스라엘에서 사육하는 방법과 동일한 방법으로 키웠다.

수메르인들은 기원전 1792년부터 1750년까지의 전설적인 함무라비가 통치했던 기간 동안, 자신들이 가지고 있던 수많은 의학 지식을 통합하였다. 고대 함무라비 법전이 보통은 주로 법적 문서로 알려져 있기는 하지만, 이 법전에는 놀랍게도 상당히 많은 양의 의학 정보들이 포함되어 있다. 예를 들어, 법전의 여러 조항은 내과의사가 진료하는 것에 대한 비용이나, 약을 처방한 것에 대한 비용을 미리 정해 놓은 부분을 포함하고 있다. 또한 이 법에는 잘못 처방했을 때 지불해야 하는 벌금에 대한 것도 포함되어 있다. 법의 일부분은 현대와 아주 유사한 반면, 다른 부분은 잔인하고 비논리적이기도 하였다. 예를 들어, 외과의사가 수술 중에 실수를 하면 그 의사에게 같은 수술을 받도록 하여 같은 고통을 당하게 하는데 이것은 함무라비 법전에 있는 '눈에는 눈'이라는 생각을 논리적으로 확장시킨 내용으로 보인다. 법전에는 다음과 같이 쓰여 있다.

> 만약 외과의사가 어떤 사람을 수술하여 칼로 종기를 잘라내고 눈을 보존하게 해 준다면, 은 10세겔을 받을 수 있다. 만약 의사가 무딘 칼로 종기를 잘라내다가 환자를 죽이거나 시력을 잃게 된다면 의사의 손을 자르거나 눈을 빼도록 해야 한다.2

이것은 외과의사에게 침착한 정신과 떨리지 않는 손을 가지도록 장려하는 이야기는 아닌 것으로 보인다. 불행하게도 이러한 별난 주장들이 수세기 동안 계속적으로 영향을 주었다. 수메르 문화를 이어온 여러 문명들에서는 실제로 함무라비 법전을 법적 체계의 기본으로 예외 없이 사용했었다. 이 법을 사용한 사람들은 기원전 1900년경 아라비아 사막에서 번성했던 히브리인과 히타이트족, 시리아 지역의 히타이트족, 페니키아인, 아카드인, 카시트인 등이 포함된다. 사실 이 법전은 미국 법적 체계에도 영향을 주었다.

수메르 의사들과 역사학자들은 고대 웅장한 도서관들에 보존되어 있는 법, 문학, 과학, 의학 정보들에 주목하였다. 여러 도서관들 가운데 하나로 수메르의 아수바니팔Ashurbanipal[2] 왕 도서관이 있다. 이 도서관은 앗시리아인이 수메르인을 정복한 기원전 7세기 앗시리아의 지도자 아수바니팔 왕의 이름을 붙여 세운 것이다. 아수바니팔 왕은 스스로 학습하는 학생이었으며 이 기록들을 유지하고 보존하는 데 아낌없는 지원을 제공하였다. 지금까지도 역사학자들은 고대 수메르인이 설형문자의 기록체계로 25,000개가 넘는 진흙 판에 기록한 내용들을 연구하고 있다. 오늘날 이 진흙 판들은 대영박물관에 보관되어 있다. 이 진흙 판은 다른 유적들과 같이, 고대 수메르인들이 알고 있었던 질병에 대한 많은 정보를 보여주는데, 물론 이 정보들 가운데 많은 부분이 미신과 혼합되어 있다. 진흙 판의 기록에 의하면, 의학과 질병에서 의학적인 부분이나 수술 절차가 중요한 만큼 정령들도 중요한 부분을 차지하고 있었다.

그러나 의학 지식이 가설적임에도 불구하고, 많은 부분들이 실제로 유용하게 사용되었다. 설형문자 판에는 수메르인들이 다양한 뿌리들, 올리브 가지, 마늘, 계피, 여러 종류의 꽃, 많은 풀 등을 다양하게 사용했던 기록이 남아 있다.

---

2) Ashurbanipal(668－627 BC). 신앗시리아 제국(934－609 BC)의 가장 강력한 왕

설형문자를 해독하기 어려운 점이나 진흙 판의 일부 상태가 좋지 않기 때문에 수메르인들이 남긴 많은 지식들을 제대로 번역하지 못하고 있지만, 수메르인들이 다른 여러 식물들도 사용했을 것으로 추측할 수 있다.

수메르인들은 눈, 피부, 이빨을 치료하는데 식물뿐만 아니라 동물의 모든 부분을 사용하였다. 진흙 판에는 구리, 철, 수은 등의 여러 물질이 포함된 무기 혼합물들에 대한 내용도 나타난다. 치료를 목적으로 상한 신 우유(산유酸乳, 요구르트와 유사한 것)를 사용하였고, 여러 종류의 고약과 연고도 사용하였다.

역사적으로 수메르에서는 진짜 의사가 존재했는지에 대해서 상당한 논란이 있어왔다. 앞에서 설명되었던 것과 같이 현대적 의미의 의사는 존재하지 않았으며, 이들의 실제 직업은 제사장이나 마술사였던 것이 확실해 보인다. 플라톤과 비슷한 시대에 살았던 그리스 역사학자 헤로도투스Herodotus[3])는 의사보다 제사장, 마술사가 존재하였다는 주장을 한 대표적 학자였다. 그러나 설형문자 진흙 판에 적힌 정보들에는 헤로도투스의 주장과 다른 내용을 보여주는 증거도 있다는 점이다. 진흙 판에 따르면, 앗시리아인들이 수메르를 침략하는 시기에, 수메르에는 의과대학과 같은 교육기관들이 있었다는 기록이 있다. 또한 한 바빌론 의사의 편지에는 코피를 멈추게 하는 방법이나 장님을 다루는 방법 등에 대한 권고 사항이 적혀있다. 그러나 이 편지의 저자인 바빌론 의사가 마술사였는지에 대해서는 계속 논쟁이 있어 왔다.

바빌론 사람들은 자신들이 시술한 치료 방법들을 잘 기록하고 있었다. 이유는 함무라비 법전에 적혀 있듯이, 치료를 잘못하면 치르게 될 끔찍하고 무서운 징벌에 대한 공포 때문이었는지도 모르겠다. 이러한 기록들은 예를 들어 당시 의사들이 질병의 추이를 조심스럽게 추적해 갔다는 내용들도 포함되어 있다. 또한 의사들은 한 사람이 다른 사람에게 병을 옮긴다는 것을 알았다. 물론 현대와 같은 전염병 이론을 안 것은 아니었으며, 당시에는 귀신이 병을 일으켰을 것이라고 생각하였다. 바빌론 사람들은 병을 치료하는 절차로서, 환자의 몸으로부터

3) Herodotus(484－425 BC). 그리스 역사학자

귀신이 떠나가기를 기원하기 위해 귀신에게 희생제물을 바치기도 했었다. 이러한 이유로, 환자 옆에 양을 놓아두곤 했었다. 바빌론 사람들은 이 생각을 '증명verifying' 해나가는 과정을 설명한 기록도 남겼다. 즉, 만일, 환자 옆에 둔 양이 병이 들면, 환자로부터 귀신이 나와서 양에게로 들어간 것으로 설명하며, 이 설명이 가족들을 위로할 것으로 결론을 내렸다.

이것이 오늘날 관점에서는 우스워 보일 수 있지만, 당시 '귀신demon'에 대한 생각은 나름 과학적 의미를 가진 것으로 보인다. 고대인들은 과학적 원리를 모르는 상태에서, 어떻게 우주가 작동하는 가를 이해하기 위해서 여러 방법들을 탐색하였다. 고대인들은 일상적인 일들이 귀신, 마녀, 그 외 다른 것들 때문에 일어난다고 보았다. 이런 생각은 그들이 어리석었기 때문이었을까? 실제 그렇지는 않았다. 고대인들은 이론적 방법으로 사고하였으며, 귀신을 가정한 부분은 질병이 전염된다는 점을 설명하려 했던 시도였다. 과학적 방법론에 따라서 더 좋은 대안이 없을 경우, 귀신이든 무엇이든지 간에 가정으로 제안한 것들이 '어리석지 않다'고 받아들인 점은 기억할만한 가치가 있다. 대부분의 고대인들이 귀신에 대한 가정을 당시 상황에서 취할 수 있는 최선의 방법으로 받아들였다.

수메르인들은 역사의 대부분을 메소포타미아 문명의 주역으로 지냈는데, 그때 이미 현대의 치과 수술과 유사한 것을 시술하기 시작했었다. 설형문자 판을 통해서 우리가 알 수 있는 것은, 수메르인은 치아에 구멍을 뚫고 채워 넣는 기술을 지니고 있었으며, 그리고 어쩌면 환자들에게 과도한 비용을 청구하였을 것이다. 로마인들에 앞서서 이탈리아에 거주했던 에투르리안[4] 역시 의치를 만드는 기술을 개발하였다는 것은 놀랄 만한 일이다. 사실 에투르리안은 수메르인들이 사용했던 것과 같은 치과 수술을 하였다. 아마 수메르 문화의 일부분이 에투르리안에게 전달되었던 것 같은데 역사학자들은 이것이 사실인지는 알 수 없지만, 사실이라 해도 어떻게 전달되었는지는 알 수 없다고 말한다.

수메르인들은 청결의 중요성에 대해 놀랄 만한 감각을 가지고 있었다. 수메

4) Etruscan 기원전 750년 전후의 고대 이탈리아 시대, 현대 이탈리아 중부 지역인 에트루리아 지역에 거주한 사람들, 이탈리아 문명화에 기여

르인은 꽤 복잡한 하수도 처리 체계를 가지고 있었으며, 특정한 질병으로 고통을 받는 사람들을 분리시키는 것의 중요성을 본능적으로 이해하였던 것 같다.

대체로, 사실과 신화가 혼합되어 있는 것으로 보아, 수메르인 의학의 발전은 이집트인과 유사하나 보다 더 빨리 발달한 측면이 있었다. 이는 놀랄 일이 아닌데, 이집트인과는 다르게 수메르인은 자연의 지리적 장벽으로부터 보호를 받지 못했기 때문이다. 결과적으로 수메르인들은 침략자들로부터 지속적으로 침입당한 역사를 가지고 있었다. 전쟁을 계속적으로 수행했던 문명에서 치료 기술이 빨리 발달했다는 사실은 그리 놀랄 일은 아니다.

Chapter 03

그리스 의학Greek Medicine

이집트인들이 수학, 생물학, 심지어는 공학에 이르기까지 상당한 수준의 실제적인 정보를 가지고 있기는 했지만, 그 당시의 세계적이고 이론적이며 과학적인 세계관은 마술적이고 미신적인 것이었다. 비록 그렇기는 해도 고대 그리스에서야말로 참된 과학과 유사한 것들을 발견할 수 있다. 그리스인들이 오늘날과 같은 복잡한 기술을 가지고 있지는 않았지만 탈레스Thales,[1] 아낙시메네스Anaximenes,[2] 아낙시만드로스Anaximander 또는 Anaximandros[3] 그 외 다른 사람들은 아마도 과학적 방법론, 이론의 체계화, 관찰을 통한 검증 등을 채택한 최초의 사람들로 보인다.

이 내용을 좀 더 설명할 가치가 있는데, 왜냐하면 역사학자들은 종종 당시의 '그리스 정신Greek mind'이 오늘날의 과학적 정신과 얼마나 유사한지를 잘 알

1) Thales of Miletus(624–546 BC). 고대 그리스 소크라테스 이전 시대 철학자, 수학자, 천문학자. 오늘날 터키 지역인 밀레투스에서 활동, 그리스 시대 최초의 철학자. 탈레스는 자연의 법칙을 제안하고 만물의 본성은 물에 기반을 둔다고 주장함

2) Anaximenes of Miletus(585–528 BC). 고대 그리스 소크라테스 이전 시대 철학자

3) Anaximander(610–546 BC). 고대 그리스 소크라테스 이전 시대 철학자, 탈레스 제자

아채지 못하기 때문이다. 이것을 제대로 파악하기 위해서는, 그리스인의 관점으로 이 세상을 바라 볼 필요가 있다. 당시 그리스인들은 오늘날 우리가 가지고 있는 기술의 산물인 현미경이나 망원경과 같은 도구들이 전혀 없었을 뿐만 아니라 과학적 이론도 전혀 없었다. 결론적으로, 당시 그리스인은 소위 '감각과 경험에 의해서seat of their pants' 과학적 추측을 수행해야 했다.

탈레스Thales

탈레스는 소크라테스학파 이전 시대의 철학자로서, 우주의 모든 물질은 단지 물의 다른 형태일 뿐이라는 가설을 최초로 세웠다. 예를 들면, 불은 '희박해진rarefied' 물이며 돌은 '응축된condensed' 물이라는 것이다. 비록 탈레스의 생각은 잘못된 것이었지만, 생각의 방향은 바람직하였다. 우리가 알다시피 결국 지구의 ¾이 물로 덮여 있으며, 사람의 몸은 거의 100%에 가까운 수준으로 물로 구성된다. 탈레스는 사물 체계에서 물이 예외적으로 큰 무게를 가진다는 사실을 깨달았다 - 탈레스는 이 개념을 좀 크게 받아들였다. 소크라테스학파 이전 시대의 다른 사람들은 이 질문에 대해 다른 방법으로 해결하려고 하였다. 아낙시메네스는 물질의 본질은 공기라고 생각했으며, 헤라클레이토스는 불이라고 믿었으며, 그 외 다양한 제안들이 있었다.

헤라클레이토스Heraclitus

헤라클레이토스Heraclitus[4]는 특별히 언급할 가치가 있는 학자이다. 헤라클레이토스는 파르메니데스Parmenides[5]와 마찬가지로 플라톤에게 큰 영향을 주었다. 플라톤은 헤라클레이토스나 파르메니데스의 물질주의 – 물질주의는 물리적 사물의 실재만을 받아들이고 영혼과 같은 영적인 것의 존재를 부정하는 이론 –

4) Heraclitus of Ephesus(535–475 BC). 소크라테스 이전 시대 철학자
5) Parmenides of Elea(6세기 후기–5세기 초 BC). 소크라테스 이전 시대 철학자

를 받아들이지는 않았지만, 헤라클레이토스가 주장한, 변화가 물질 영역 전반에 걸쳐 널리 퍼져있는 특징이라는 원리는 받아들였다.

헤라클레이토스는 생물학에서 잘 알려져 있는 학자로서, 자신의 생각을 조사연구에 근거하여 설명하려고 시도하였다. 기원전 540년(일부 자료 535년) 부유하고 영향력이 있는 집안에서 태어났으며, 삶의 후반기에는 그리스 정부의 고위 공무원으로 지냈다. 그러나 당시 정치적 부패에 불만을 품고는 공직을 버렸으며, 전적으로 철학을 추구하였다. 파르메니데스와 제노Zeno[6]의 가르침과는 대조적으로, 헤라클레이토스는 우주의 근본적인 특징은 변화라고 믿었다. 그는 모든 장소의 모든 물질은 영원히 지속적으로 변하는 유동의 상태로 존재한다고 믿었다. 그러므로 그가 휘발성 특징을 가진 불이 우주의 가장 기본적인 원소라고 가정한 것은 놀랄 만한 일은 아니었다. 그는 더 나아가서 우주는 하나의 거대한 실린더인데, 불이 한 쪽 끝으로 들어가서 다른 쪽 끝에서 나온다고 믿었다. 따라서 불은 모든 생명과 물질의 원천이라고 주장하였다. 생명은 불에서 나왔으며 죽음은 불로 되돌아가는 것이다. 그는 '영혼soul'이라는 용어를 조심스럽게 사용하였지만, 사람의 '영혼soul'은 불로 이루어졌다고 주장하였다. 헤라클레이토스가 '생명life'과 '영혼soul'이라는 용어를 사용한 것 때문에, 많은 과학과 철학에 대한 역사학자들은 그가 최소한 부분적으로는 신학적 세계관을 가지고 있었다고 잘못 믿었다. 이것은 지극히 잘못된 것이었는데, 헤라클레이토스는 사람의 '영혼soul'을 단지 물질적 대상으로 간주하면서 인용하는 관점이었다. 그는 자연을 성스럽게 받아들이거나 신이나 또는 희미하게나마 '영적spiritual'인 성질을 띠는 것으로 생각하지 않았으며 이러한 것들에 대해서조차 어떤 개념도 가지지 않았다는 것이다.

자연스럽게, 그의 생물학적 고찰의 모든 부분에서 불은 근본적인 역할을 했다. 거듭해서, 그의 관점에서 '영혼soul'은 영적인 의미를 전혀 내포하지 않았음에도 불구하고, 그는 불을 사람의 영혼을 구성하는 핵심 요소로 보았다. 몸속에 '불fire'이 많을수록 더 생생하게 '살아alive' 있다는 것이다. 따라서 병은 불이 몸

---

6) Zeno(490−430 BC). 그리스 소크라테스 이전 시대 철학자, 파르메니데스가 세운 엘레아 학교 구성원

에서 떠나는 것을 의미한다. 또한 헤라클레이토스는 논리적으로 너무 당연하게도 액체를 모든 형태의 질병과 연관시켰다. 그가 언급한 말 가운데 가장 유명한 말은 바로 '건조한 영혼을 가진 사람이야말로 가장 슬기롭고 최고이다.The dry soul is wisest and best'라는 말이다. 그러므로 물과 모든 형태의 알코올은 사람의 존재를 위협하는 적이라는 것이다. – 이는 실제 놀랍게도 상당히 세련된 태도인 것으로 보인다. 불행하게도 헤라클레이토스가 수행한 생물학적 관찰의 대부분은 더 이상 존재하지 않는다. 비록 많은 현대 철학자들이 헤라클레이토스가 현대 생물학자들이 비교 해부학 연구나 생리학 연구라고 부르는 것을 그 당시에 수행했다고 믿는다 할지라도 그가 수행한 모든 연구들이 현재까지 전해지지 않고 있다. 다시 한 번 더 강조할 점은, 그는 플라톤에게 지대한 영향을 주었다는 점이다. 헤라클레이토스는 우주를 구성하는 물질은 변하기 쉽고 계속해서 변화하는 특성을 가지고 있다는 점을 강조하였으며, 플라톤은 이 세계관을 궁극적인 진리의 일부분으로 받아들였다.

그러나 대답보다 더 예언적인 것은 질문 그 자체였다. 그리스 사상가들은 우주의 통합성을 찾기 위해서 고심하였다. 즉, 그들은 우주 내 물질적 본체는 명백하게 서로 다른 유형들로 존재하지만, 실제로는 한 개의 동일한 본체가 다른 형태들로 존재하는 것이라는 점을 필사적으로 보여주려고 애썼다. 이러한 연구들은 형식은 달라졌지만 지금도 끝나지 않고 진행되고 있다.

피타고라스의 수학적 철학The Mathematical Philosophy of Pythagoras

소크라테스 시대 이전에 살았던 또 다른 중요한 현자는 피타고라스Pythagoras[7]인데, 그는 기원전 6세기에 살았다. 그는 명백하게 종교적 신비주의자이면서도 탁월한 철학자이고 과학자이며 수학자였던 저명한 사람들 가운데 한 사람이었다. 그는 소아시아 연안 근처의 사모아Samos에서 태어나서 공부하였으

7) Pythagoras of Samos(570–495 BC). 그리스 철학자, 수학자. 사모아 섬 출생. 이집트, 그리스, 인도를 여행한 후, 520 BC 사모아로 귀향

나, 정치적 문제들과 불화들 때문에 결국은 이탈리아 반도에 있는 그리스 크로톤Crotone 시로 떠날 수밖에 없었다.

힘든 노역에 겨우 적응한 후에야 그는 정치적 개혁, 과학적 개혁, 종교적 개혁에 대한 연구를 시작하였다. 그의 저술을 살펴보면, 그는 동양 철학으로부터 도움을 받은 것이 분명하였다. 확실히 고대 그리스 사상가들은 동양의 생각들로부터 영향을 받은 것 같다. 예를 들어, 아리스토텔레스는 현명하게 중간을 선택하는 '중용golden mean'이라는 개념을 가르쳤는데, 이 중용은 팔리Pali어[8] 원문 강령에 적혀있는 불교의 가르침으로부터 가져온 것으로 보인다. 피타고라스는 힌두교 사상으로부터 영혼이 한 몸에서 다른 몸으로 이동하는 전이 개념을 받아들인 것으로 보인다. 이 힌두교 사상은 기원전 2500년경에 작성된 힌두교 베딕 경전에까지 거슬러 올라간다. 또한 피타고라스의 수학에서 많은 부분들은 힌두교에서 나온 것이며, 심지어 '피타고라스' 정리로 명명되어져서 피타고라스가 주장한 것으로 잘못 인식되기도 한다.

그러나 피타고라스의 모든 것이 힌두교로부터만 나온 것은 아니다. 어떤 것은 그리스 학자들에게서 훔쳐 온 것이기도 하다. 피타고라스도 헤라클레이토스와 마찬가지로 불을 우주의 근본적인 물질로 보았다. 즉, 불은 통합할 수 있는 매질이며, 따라서 자연의 모든 부분을 '설명explain'할 수 있다고 제안하였다. 개략적으로 피타고라스의 가설은 '최초의 불the primordial fire'은 우주의 중심에서 계속 타고 있다는 것이다. 이 최초의 불에서부터 행성과 별과 그 외 여러 가지가 나왔으며, 이들은 중심의 불 주위를 영구적으로 회전하고 있다.

추측컨대, 피타고라스는 행성 궤도의 개념을 합리적으로 주장한 것 같다. 당시 다른 여러 학자들이 맹렬하게 그의 주장을 공격했었지만, 이에 대한 강한 신념으로, 피타고라스는 그 생각을 계속 방어할 수 있었다. 비록 아리스토텔레스가 우주는 원 안에 원이 있는 동심원의 상태로 – 가장 바깥에 있는 것은 제1원동자로 불리며, 원동력이라고 함 – 구성되어 있다고 주장했는데, 이 주장에는

8) Pali: 고대 인도에서 사용된 언어의 일종

어떤 의미에서 피타고라스학파의 생각을 다시 회복시키기는 했지만, 플라톤이 이 학설을 간단하게 무시했을 때 이미 이 학설의 운명은 확실해졌다. 물론 이후 르네상스 시대, 코페르니쿠스는 우주의 '궤도orbital' 상태에 대한 명백한 증거를 극적으로 되살려 내어 제시하였다.

수학은 피타고라스 이름과 가장 밀접하게 연결되어 있는 학문이며, 당시에는 하늘에서 신비적 특징을 지닌 음악을 지속적으로 만들어 내는 것으로 인식되었다. 즉, 피타고라스는 행성계가 지속적이고 신비한 방법으로 하늘에 떠 있는 모든 것들에게 영향을 미칠 수 있는 음악 소리를 내고 있다고 주장하였다. 피타고라스에 의하면, 수학은 또한 생명의 기원을 포함해서 발생하는 모든 것을 수학적으로 설명할 수 있는 최상의 설명적 원리이다. 비록 피타고라스는 생전에 철학적으로 유명하였지만, 그의 명성은 아리스토텔레스와 플라톤의 빛에 가려져 희미해졌다.

크세노파네스의 경험주의The Empiricism of Xenophanes

초기 그리스 철학자 가운데 또 다른 중요한 사람으로 크세노파네스Xenophanes[9]가 있었는데, 그는 대략 탈레스 이후 1세기 정도 지난 시기에 살았다. 그는 소아시아 연안에 있는 콜로폰Colohpon 시에서 태어났으며, 처음에는 아낙시만드로스Anaximander의 가르침에 몰두했었다. 그는 다른 여러 철학자들처럼 정치적인 소동을 피해서 엘리아Elea 시로 가게 되었다. 의심할 바 없이 크세노파네스의 가장 뛰어난 업적은 오늘날까지 전해지는 아낙시만드로스의 유일한 책인 '자연On Nature'에서 비롯된 것이다. 크세노파네스는 스승의 가르침을 따라 물과 '원시적인 진흙primordial mud'이 응축하기 시작할 때 이 세계가 시작되었다고 가르쳤다. 크세노파네스는 다소 경험주의자(감각을 통해서 얻는 지식이 가치 있다고 믿는 사람)였으며 따라서 그는 실제로 식물과 동물을 연구하기 위해 엘리아 지방을 탐색하곤 했었다. 크세노파네스가 내린 놀라운 결론들 가운데 하나는 해양

9) Xenophanes(570－478 BC). 그리스 철학자, 신학자, 시인

생물의 화석이 산의 바위에 박혀 있으므로 이 산은 지구 역사의 어느 시기에 분명히 바다 속에 있었다 – 이는 사실에 가까운 확신이었다 – 는 부분이다.

또한 크세노파네스는 생각건대 '격변론catastrophism' – 지구 전체나 혹은 일부분이 하룻밤 사이에 갑자기 사라져 버린다는 믿음 – 을 최초로 제시한 사람이다. 예를 들어 크세노파네스는 지구 자체가 하룻밤 사이에 사라질 것이라고 믿었다. 이러한 주장은 계몽적인 철학자들과 빅토리아 시대 철학자들이 부활시킬 때까지 수 세기 동안 사라졌었다. 다시 살아난 이후, 격변론은 다윈의 권위에 의해 다시 한 번 부스러져버렸다. 그러나 격변론은 거의 파괴할 수 없는 세계관인 것 같다. 격변론은 20세기 후반에 스테판 제이 굴드Stephen Jay Gould[10]의 연구와 함께 재등장하였다.

파르메니데스와 우주의 불변성Parmenides and the Immutability of the Cosmos

아마도 서양에서 과학적이며 철학적인 이론들의 출현 가운데 가장 강력한 것은 파르메니데스의 이론일 것이다. 플라톤은 그의 대화에서 파르메니데스라는 이름을 아주 상세하게 기술한다. 파르메니데스는 헤라클레이토스의 주장을 반대한 학자로 유명하였다. 헤라클레이토스는 우주에 있는 모든 것이 일정하게 움직이고 있다고 가정한 반면, 파르메니데스는 확실하게 이러한 운동은 존재하지 않는다고 주장하였다. 파르메니데스는 감각을 전혀 신뢰하지 않았으며, 감각에 근거한 관점도 전혀 받아들이지 않았다. 이 때문에 파르메니데스는 이후 철학자들이 합리주의, 사람의 모든 지혜는 감각에서 나오지 않으며, 어떤 감각의 도움 없이 오로지 이성으로부터 나온다고 믿는 철학의 선구자들 가운데 한 사람으로 분류되었다. 파르메니데스의 견습생인 제노Zeno는 파르메니데스학파의 '무변화no-change'라는 가르침을 열정적으로 추종하는 수호자가 되었다.

흥미롭게도 파르메니데스가 '영혼soul'이라는 말은 했지만, 이렇게 말한 것

10) Stephen Jay Gould(1941–2002). 미국 진화생물학자, 과학사학자. 당대 전공영역에서 가장 인기 높은 저술가, 하버드대학교와 뉴욕대학교에서 강의

이 그가 당시 종교적 신념과 유사한 어떤 것을 채택한 것으로 증명하지는 않는다. 실제적으로 그에게 이 영혼은 물질의 다른 형태로서 인식되었다. 그래서 그는 영혼은 '뜨거운hot' 것으로, 몸은 '차가운cold' 것으로 기술하였다. – 이에 대한 논리적 추측으로 '생명의 원리principle of life'가 사람을 떠났을 때, 즉 사람이 죽었을 때, 몸은 점점 차가워지는 것이다. 생명의 기원에 관한 한 파르메니데스의 관점은, 별로 혁신적이지 않았던 아낙시만드로스의 견해에 주로 근거를 두고 있었다.

파르메니데스가 플라톤의 사상에 지대한 영향을 주었다는 것은 중요한 사실이다. 비록 플라톤이 파르메니데스의 물질주의를 거부했지만, 궁극적인 실재reality가 확고하고 불변한다는 개념은 받아들였다. 그러나 플라톤이 공언한 것은 불변하는 실재가 물리적 영역realm이기보다는 오히려 영혼적인 영역에 있다는 것이다.

엠페도클레스와 사랑의 힘Empedocles and the Force of Love

생물학을 생각해 볼 때, 아리스토텔레스 이후 가장 중요한 그리스 사람은 말할 것도 없이 엠페도클레스Empedocles[11])이다. 무엇보다도 엠페도클레스는 세상의 물리적 변형을 설명하는 데 몰두했었다. 엠페도클레스는 세상의 물리적 변형을 설명하는 관점에서 파르메니데스와 제노의 관점과는 반대적 입장을 취하였다. 엠페도클레스는 우주는 흙, 공기, 불, 물의 4개 기본 원소로 만들어진 혼합물질로 구성되어 있다고 믿었다. 그러나 이 점에서 엠페도클레스는 위대한 과학적인 발걸음을 내디뎠으면서도 동시에 엄청난 뒷걸음질을 쳤다. 동 시대의 다른 양심적인 과학자들과 마찬가지로 그는 변화가 단순히 힘의 상호작용에 의해서 초래된다는 것을 깨달았다. 그러나 이 힘이 '사랑love'과 '증오hate'라고 추측하면서 불합리한 방향으로 벗어나가 버렸다. 즉, 그는 우주를 의인화했다. 이런 의인

11) Empedocles(494–434 BC). 그리스 소크라테스 이전 시대의 철학자

화 현상은 고대 철학자와 과학자들에게서 나타나는 직관적 생각이라고 보는 것이 타당할 것이다. 노자로부터 공자에 이르기까지 고대 동양의 철학자들 또한 이러한 방식으로 우주를 의인화했으며 중세와 르네상스 시대의 교사나 철학자들도 그랬었다.

그래서 사랑이 증오보다 강하면 물질이 결합하여 새로운 물리적 사물을 형성하였고, 반대의 경우에는 물질이 부식하여 조각나버렸다. 그러나 이러한 원시적 힘들이 항상 서로 반대되는 것은 아니고 오히려 협동적이었다. 따라서 원시의 흙과 물의 축축한 덩어리가 퍼져나가 땅과 바다를 형성하게 되었다. 또한, 최근의 현대 과학의 관점에서 보더라도, 엠페도클레스는 모든 원소의 총합은 항상 일정하게 유지된다는 것을 정확하게 추정하고 있었다. 추가되는 물질이 없고 사라지는 물질도 없으며 물질은 단지 형태만 변화할 뿐이다.

엠페도클레스는 이러한 견해에 근거하여 자신만의 생물학 원리를 가지게 되었다. 그는 식물보다는 동물을 생명의 가장 기본적인 형태로 추측하였고, 동물로부터 알게 된 것들에 근거하여 생물학 세계의 모든 변화를 해석하였던 것으로 보인다. 결과적으로 그는 모든 생물체가 흙에서 나왔다고 믿었다. 식물이 먼저 나왔고 식물은 잎과 줄기의 구멍으로 영양분과 물을 얻는다고 보았다. 동물도 역시 흙에서 아주 특별한 방법을 통해 나왔다고 보았다. 엠페도클레스는 짐승들이 처음 출현했을 때 먼저 다리부터 나타났다고 가정하였다. 나중에 사랑의 힘으로, 다리들이 결합하면서 완전한 형태의 동물로 형성되어 갔다고 보았다.

흥미롭게도 엠페도클레스는 최소한, 나중에는 진화의 개념과 연결되는, '적자생존survival of the fittest'의 원리와 유사한 생각들을 가지고 있었던 것처럼 보인다. 그는 사랑과 증오의 힘이 체계적이며 계획된 방법으로 행동하지는 않는다고 믿었다. 즉 사랑과 증오가 작용하는 데는 자애로운 신과 같은 것이 존재하지 않는다는 것이다. 오히려 기회를 통제하는 요소로 보았다(이후, 로마시대 철학자 루크레티우스Lucretius[12]는 저서 '자연에 대하여On the Nature of Things'에서 엠페도클레스와 유사한 생각을 표현하였으며, 18세기 영국의 경험주의 철학자 데이비드 흄David Hume[13]도

12) Titus Lucretius Carus(99–55 BC). 로마 시대 시인, 철학자

저서에서 이들과 유사한 제안을 제시하였다). 따라서 이러한 힘에 의해서 창조된 생물체들은 강하고 잘 적응하거나, 그렇지 않으면 적응하지 못해 기능을 수행할 수 없는 생물체였을 것이다. 잘 적응할수록 잘 살아남고 적응을 못할수록 죽었을 것이다. 엠페도클레스는 사람도 같은 방법으로 설명하였다. 그는 신학적 관점을 가지고 있지 않았으므로, 사람이 특별하다거나 하등한 짐승들과는 다르다고 믿는 그런 관점은 없었다. 따라서 그는 사람의 다리들은 지구의 중심에 있는 '지하의 불subterranean fire'로부터 나왔다고 믿었다. 또한 이 다리들은 사랑의 힘으로 결합되어 전체 인간을 형성하였다고 생각하였다. 그러나 그는 여자와 남자의 기원에 대해 독특한 이론을 주장하였으며, 이 부분을 하등 동물에게는 적용하지 않았다. 남자는 자연적으로 '더 따뜻한warmer' 상태이며, 따라서 남자는 남반구로부터 왔을 것이며, 반대로 여자는 더 차가운 피를 가졌으며 북반구 지표면으로부터 왔을 것이라고 보았다.

엠페도클레스는 공기가 입과 코뿐만 아니라 피부를 통해서도 들어간다는 이론으로 호흡을 설명하려고 시도하였다. 그 후에 공기는 혈액과 혼합되어 온몸으로 가는 길을 찾으려고 시도하였다. 그는 현재 우리가 보존하고 있는 그의 저서에서 다음과 같이 이야기하고 있다.

> 이러한 방법으로 우리는 숨을 들이고 내쉰다. 사람들 모두는 피부의 가장 바깥 부분의 표면에 혈액이 없는 관들이 분포하고 있으며, 이 관들에는 구멍이 나있고, 구멍들은 서로 가까이에 묶여져 있어서 혈관 내부에 혈액을 보관할 수 있다. 한편 구멍들이 있는 열려진 부분에는 공기가 쉽게 들어간다.[3]

그는 발생과 생식에 대한 이론도 일부분을 만들었는데, 이 내용은 그가 만들어낸 어떤 이론들보다 현대적인 것이었다. 그는 배embryo는 아버지에게서 온 부분과 어머니에게서 온 부분이 합쳐진 것이라고 믿었다. 출생한 후에 아이들은

---

13) David Hume(1711–1776). 스코틀랜드 철학자, 역사학자, 경제학자, 저술가, 경험주의·회의주의·자연주의 철학에 가장 많은 영향을 준 철학자

환경으로부터 오는 열을 점차 축적하여 성장하게 된다고 추측하였다. 이와 대응하면서 일관되는 이론으로, 사람의 몸은 나이가 들어가면서 퇴화되는데, 이는 몸으로부터 열이 빠져나가는 정도로 추적할 수 있을 것이라고 믿었다.

마찬가지로 엠페도클레스는 사람의 오감이 어떻게 작동하는지에 대해서도 명확하게 설명하려고 시도하였다. 즉 모든 사물들은 '원자atoms'를 내보내며, 이 원자들이 여러 감각기관으로 들어간다고 주장하였다. 그는 각각의 감각기관들이 기본 원소들 가운데 하나에 대해 특화되어 있다고 가정하였다. 그러므로 귀에 있는 물은 물의 존재를 감지하고 코 속에 있는 흙은 주변의 흙을 감지하는 것이다. 때로 그는 사실에 가까운 설명을 제안하곤 하였다. 예를 들어, 귀는 사물이 공기를 통해 움직일 때 발생하는 음조tone를 감지한다고 설명하였다. 이 음조는 또한 외이도로 들어간다고 주장하였다. 그러나 생물체가 음조를 듣도록 하려면 그의 '생리학physiology'에 따라서 동물을 가열해야 한다고 주장하였는데, 이러한 주장은 왜곡된 것들이다.

엠페도클레스는 눈은 전등과 상당히 비슷하다고 말했다. 사람이 빛을 보는 것은 눈의 '불fire'을 보는 것이며 어두움을 보는 것은 눈의 '물water'을 보는 것이다.

가장 놀라운 것은, 그가 마음을 심리학적으로 분석하는 것이 널리 유행할 것이라고 예측했다는 것이다. 그는 생각, 이성, 신념, 고통 등과 같은 소위 '정신 과정mental processes'이 뇌나 몸의 어느 부분에서 실제로 일어나는 과정이라고 추측했다. 더 자세히 살펴보면, 그는 생각은 혈액에서 일어난다고 믿었다. 사람이 생각을 하면 네 가지 기본 원소들은 서로를 찾는다. 그래서 네 가지 원소가 잘 섞이고 서로 서로 조화를 이룰수록 그 사람의 지능은 높아진다. 그러나 그의 형이상학에는 독특한 불규칙함도 있었다. 소크라테스 이전의 모든 사람들과 마찬가지로 엠페도클레스는 확실히 물질주의자이다 – 물질 이외에 다른 실체는 없다고 본다. 즉, 비록 그의 저서에는 '영혼soul', '마음mind', '정신spirit' 등과 같은 용어들이 여기저기서 등장하기는 하지만, 그의 철학적 관점에는 이러한 용어들이 들어갈 여지는 전혀 없었다. 전형적으로 흄Hume, 홀바흐

D'Holbach,[14] 마르크스Marx[15] 등과 같은 물질주의 철학자들은 경험주의 원리 – 인간이 만들어낸 모든 지식의 진정한 원천은 감각을 통한 경험이라고 주장하는 이론 - 를 지지하고 있다. 플라톤이나 데카르트와 같이, 우주를 구성하는 물질의 실재와 가치를 인정하지 않았던 철학자들은, 순수한 이성이나 순수한 사고는 인간이 만들어 낸 진정한 지식의 궁극적인 원천이라고 믿었다.

엠페도클레스는 이 두 가지를 묘하게 혼합시킨 접근 방법을 가지고 있었다. 그는 변하지 않는 물질주의 철학을 견지하고 있었으나 감각이 아닌 이성이 사람의 지식에 대한 진정한 원천이라고 믿고도 있었다. 감각은 오류가 있는 반면 합리성은 오류가 없다. 추측컨대, 18세기 독일 철학자 임마누엘 칸트Immanuel Kant[16]만이 조금이나마 이와 같은 철학을 지켰다(그러나 칸트 철학이 정확히 엠페도클레스 철학과 동일한 것은 아니었다. 칸트가 경험주의자와 합리주의자 양쪽의 원칙들의 핵심이었던, 사람의 현명함에 대한 철학을 구성하려고 노력했다는 일반적인 의미에서만이 동일하다).

요약하자면, 엠페도클레스는 관찰을 궁극적인 권위로 신뢰하지는 않았지만 최소한 관찰의 중요성을 받아들이는 부분에 있어서는 현대 과학적 접근방법에 비교하여 합리적으로 근접한 접근을 시도하였다. 그는 가장 유명한 아리스토텔레스와 같은 이후 연구자들에게 영향을 주었다. 그렇기는 해도, 다른 소크라테스 이전 철학자에 대해 아는 것보다도 엠페도클레스에 대해서 더 많이 알기는 하지만, 이후 그리스 철학자 플라톤과 아리스토텔레스에 대한 그의 영향은 파르메니데스와 헤라클레이토스 같은 소크라테스 이전 철학자들의 영향보다는 덜하다.

---

14) Baron d'Holbach(1723–1789). 프랑스–독일 작가, 철학자, 독일 태생으로 Paul Heinrich Dietrich 이름을 가졌음. 파리에서 살면서 프랑스 계몽시대에 많은 영향을 줌

15) Karl Marx(1818–1883). 프러시아 철학자, 경제학자, 사회학자. 주로 런던 거주. 공산당선언(Communist Manifesto, 1848년 발행)과 자본주의(Das Kapital, 1권 1867년, 2권 1885년, 그리고 3권은 1894년 발행)로 유명

16) Immanuel Kant(1724–1804). 독일 철학자, 근대 철학의 중심적 학자

데모크리투스의 원자설The Atomic Theory of Democritus

데모크리투스Democritus[17]는 모든 그리스 학자들 가운데 가장 영향력 있는 사람 중 하나이다. 왜냐하면 물질에 대한 '원자atomic' 설을 최초로 주창하였고 그 때문에 오늘날의 원자설이 제안되었다. 데모크리투스는 기원전 470년경에 트라키아 해안의 압데라Abdera라는 그리스 식민지에서 태어났으며, 역사학자들은 데모크리투스가 원숙한 나이인 80살이 넘게 살았을 것이라고 믿고 있다. 그는 소크라테스 이전 철학자인 레우키푸스Leucippus와 함께 연구하였는데 레우키푸스는 데모크리투스에게 원자설을 어쩌면 처음으로 언급한 사람으로 보인다. 다행스럽게도 데모크리투스는 부유하고 힘 있는 가문 출신이었고 따라서 아주 좋은 수업과 가정교육을 받을 수 있었다. 아버지는 늘 공부, 특히 과학을 공부하는 것을 격려해 주었고, 규칙적으로 여행을 보내어 주어, 그로 하여금 다른 지역에 서식하는 식물이나 동물을 관찰할 수 있도록 해 주었다.

그럼에도 불구하고 데모크리투스는 한 측면에서는 보수적인 철학자였다. 돈을 다루는 데 서툴러서 성인이 될 때까지 가족과 친구들의 자비로운 도움을 받았다. 압데라에 살았던 부자이면서도 과학적이고 철학적인 정신을 가진 후원자들이 그랬듯이 그의 형도 몇 년 동안 그를 잘 도와주었다. 역사가들은 다른 철학자들과 마찬가지로 데모크리투스가 폭넓은 영역에 관심을 가지고 수많은 글을 썼다고 믿고 있지만, 현재 그의 저작물의 대부분은 소실된 상태이다.

우리들은 소크라테스와 마찬가지로 데모크리투스에 대한 것들도 아리스토텔레스를 통해 알게 된다. 우리가 알고 있는 극히 적은 내용들도 소실되지 않은 소수의 데모크리투스의 단편적인 저작물에서보다 주로 아리스토텔레스를 통해서 아는 것이다. 소크라테스 이전 다른 철학자들과 마찬가지로 데모크리투스는 우주에 대해 순수한 물질주의 개념을 확실하게 가지고 있었다. 데모크리투스 자신이 용어를 사용했음에도 불구하고 어떠한 '영혼주의(또는 정신/심령주의spiritualism)'도

---

17) Democritus (460–370 BC). 고대 그리스의 소크라테스 이전 시대 철학자. 우주에 대한 원자론 제창

받아들이지 않았던 것이 분명하였고, 나무나 인간의 몸과 같은 물리적 사물들뿐만 아니라 영혼도 원자로 구성되어 있다고 말하였다. 둘 사이의 유일한 차이는 영혼을 구성하고 있는 원자는 물리적 사물을 구성하고 있는 원자보다 순도가 더 높다는 것이다. 그의 뛰어난 노력들 가운데 하나는 우주의 구조와 시작에 대해 설명하려고 시도한 부분이다. 데모크리투스는 우주는 두 가지 핵심 원소 – 원자와 빈 공간 – 으로 되어 있다고 가르쳤다. 즉 우주는 '빈 공간the void'이라고 불리는 측정할 수 없는 공간 범위로 구성되었다고 가정하였다. 빈 공간에는 무한정한 수의 입자들이 떨어지고 있다. 이 입자들은 무한한 과거로부터 살아남아서 끝없는 미래로까지 지속될 수 있을 것이다. 그리고 공간은 무한하므로 이 입자들이 아래로 '떨어지는fall' 것도 무한하다.

그는 또한 원자가 불규칙한 모양을 가지고 있으며 그 운동도 임의로 움직인다고 가르쳤다. 아래로 내려가는 과정에서 원자는 종종 서로 충돌하곤 한다. 이런 충돌에서 원자의 집합이 형성되었다. 이 집합들 가운데 어떤 것들은 다른 것에 비해서 안정화 되어갔다. 정의상 덜 안정화된 것일수록 빠르게 떨어져 내려간다. 안정한 것일수록 남아서 커지며 더 많은 원자들이 충돌해 안쪽으로 들어가는데 이것은 우주 눈덩이cosmic snowball 효과의 일종이다.

데모크리투스는 여전히 '설명적인explanatory' 인식을 더 많이 가지고 있었다. 그는 물질주의자이었으므로 우주가 어떤 신이나 악마의 통제하에 있다고 인식하지는 않았다. 대신 모든 것은 일반적으로 인과 법칙에 의해 일어난다고 인식하였다. 이러한 인식들을 통해, 최소한 그는 현대 물리학에 근접하는 방향으로, 겨우 보일 정도의 수준에서 관점을 바꾸었다. 그는 무에서 유가 나올 수 없다고 논쟁하면서 에너지와 물질의 보존 법칙과 유사한 어떤 것을 확신하였다. 우주에서의 모든 변화는 단지 원자의 재배열이다. 이것은 모든 물리적 변화가 물질에서 에너지로, 에너지에서 물질로 일어난다는 현대 물리학과 유사한 것이다.

데모크리투스의 생물학적 업적Democritus's Biological Work

데모크리투스는, 특별나게도, 생물학에 대해 무수히 많은 업적을 남겼다. 그는 가장 간단한 동물에서 매우 복잡한 동물에 이르기까지 여러 동물들에 대한 비교 해부학적 관찰을 수행하였다. 사실상 아리스토텔레스가 '피가 흐르는 sanguiferous' 척추동물과 '피가 없는bloodless' 무척추 동물을 구분한 것은 바로 데모크리투스로부터 유래한 것이다. 데모크리투스는 또한 모든 종류의 동물이 그 흔적이 어떻든 간에 감각기관을 가지고 있다고 믿었다. 그는 아주 원시적인 생물체에서 감각기관을 알아볼 수 없다는 것을 잘 알고 있었다. 그러나 경험주의자라기보다는 합리주의자의 정신으로 그는 원시적인 생물체들이 생존하기 위해서는 이런 감각기관들을 가지고 있을 것이라고 논리적으로 설명하였다. 사람들이 이 감각기관들을 알아볼 수 없다는 사실은 인간 정신의 불완전함의 유일한 증거이다.

데모크리투스는 또한 발생 과정에 대한 추측도 하였다. 예를 들어 그는 감각기관이 먼저 발생하고 그 이후에 소화기관이 발생한다고 믿었다. 또한 그는 종종 옳았다. 한 가지 예를 든다면, 거미가 거미줄을 몸속에서 만들어낸다는 옳은 결론을 내렸다. 이것은 거미줄은 단순히 피부가 건조해진 것이라는 아리스토텔레스주의자들의 실수와는 깜짝 놀랄 정도로 대비되는 것이다. 한편, 데모크리투스는 자궁이 '과도하게 수축되었기overcontracted' 때문이라는 근거로 노새에서 나타나는 불임의 비밀을 명확하게 추측하였는데 이것은 그가 세운 좋은 가설에 포함되지는 않는 것이다.

사람에 대해서는 17세기 독일 철학자 라이프니쯔Leibnitz가 예측했던 것과 동일하게 사람의 몸에 있는 모든 원자는 우주의 나머지 부분을 '반영시키는 mirrored' 소우주라고 예측하였다(이와 아주 유사한 것으로 개인적으로 파시스트인 사람은 파시즘의 철학 전체를 반영하고 있다고 말할 수 있다). 또한 그는 다른 동물에게 사용했던 것과 마찬가지로 '기관organs'이라는 용어로 사람을 특징화하는 경향이 있었다. 예를 들어 그는 심장은 용기의 기관이며 뇌는 생각의 기관이고 간은 감각의 기관이라고 믿었다. 흥미롭게도 이후 중세 생물학자와 철학자 상당수가 이 생각의 일부를 거부하는 잘못을 저질렀다. 아리스토텔레스의 교조주의적인 가르침을 따라서 뇌의 유일한 목적은 피를 '차갑게cool' 하는 역할이라고 주장했던 것이다. 데모크리투스는 더 나아가 엠페도클레스와 유사한 방법으로 감각을 설명하였다. 그는 아주 극미한 원자가 물리적인 물체에서 '발산되어emanate' 눈에 충돌한다고 제안하였다.

호흡에 대한 데모크리투스의 설명은 다소 옳은 점이 있다. 그는 들숨은 원자를 흡수하고, 반면 날숨은 원자를 내보내는 것으로 구성되어있다고 주장하였다. 비록 그가 공기나 그 구성을 실제적으로 이해하지는 못하였지만 일반적으로 이 관점은 옳은 것이다. 그는 당연하게도 신선한 '영혼의 원자soul atoms'가 몸으로 들어가지 못하면 사람이 죽는다고 믿었다. 그는 또한 영혼의 원자를 잃어버리기 때문에 잠을 잔다고 분석하였다.

데모크리투스는 잠에 대한 그의 견해와 일관되게 이 생각을 다양한 질병을 밝히는 데 적용하였다. 그는 흙과 충돌한 원자들이 전염병을 퍼뜨리며, 신경의 염증은 물에 대한 비합리적인 공포인 공수병을 일으킨다고 생각하였다.

요약하면 데모크리투스는 놀랍게도 현대적인 사상가였다. 그는 과학적인 방법을 사용하였고 여러 생물학적 과정에 대해 예측하였는데, 뇌는 생각과 감지력을 담당하는 '기관organ'이라고 특별히 기록한 것과 같이 그의 예측 가운데 몇 가지는 옳은 방향을 향하고 있었다. 그는 또한 물리적 현상을 설명하는 데 인과율 법칙의 역할을 이해하였다. 그의 원자 이론은 전자와 양성자, 그 외에 여러 아원자subatom적인 입자들과 다른 상세한 것에 대한 사실이 없었기 때문에 오늘날의 원자 이론에 비해서 자세한 부분이 많이 결여되어 있기는 하지만 원리적으로 현대의 여러 원자 이론과 많이 유사하다. 실제로 현대 과학은 그리스 시대로부터 아주 적지만 정확하고 색다른 사상들을 따라잡은 것들이다. 또한 선명하게 기억할 점은, 데모크리투스에게는 이러한 개념적인 도구들이 부족한 것에 더하여 오늘날에는 당연하게 생각되는 기술들도 없었다는 것이다. 현미경, 마이크로톰, 망원경과 같은 도구들은 수세기가 지나서야 과학적인 설비로 사용되었다.

다른 그리스 사람으로 디오클레스Diocles[18]가 있었는데 그는 기원전 4세기에 살았으며 해부학에 대한 최초로 책을 발간하여 해부학을 한층 발달시켰다. 그의 추측은 독창적이었고 그림은 아주 상세하였지만 과학사학자들은 오늘날과 비교해 보았을 때 그리 정확하지 않은 것으로 여겼다. 그렇더라도 그의 필기장에 눈과 귀를 기술적으로 서술하고 있으며 뇌가 모든 '고등higher' 기능을 수행하는 데 적절하다는 것을 알고 있었다. 그러나 그가 실제로 사람의 몸을 연구했는지 여부는 알기 어렵다. 크레테 섬에 살던 아폴로니아의 디오게네스Diogenes(아리스토텔레스 시대에 냉소주의Cynicism로 알려진 철학 학교를 설립한 디오게네스와는 다른 철학자이다)는 소위 이오니아 철학 학교를 설립하는 데 도움을 주었다. 디오클레스는 소크라테스 이전 다른 철학자들과 마찬가지로 우주는 모두 물질들로 구성되어있다고 주장하였다. 이 부분은 아낙시메네스의 철학으로부터 상당한 영향을 받았다. 아낙시메네스와 마찬가지로 디오클레스는 우주를 구성하는 기본 물질이 공기라고 믿었다. 응축과 희박화 과정을 통해서 공기로부터 나온 우주에 있는 다른 원소들 모두는 형태를 가진다고 생각되었다. 그는 생물학에도 이 접근법을 적용하여 '생명life'은 몸을 통과하여 지나가는 '따뜻한 공기warm air'의 흐름이라고 주장하였다. 그는 아마도 순환계에 대한 최초의 생각을 한 초기 서양 사상가였고, 이 부분에서 그가 그린 그림이 현재까지 남아 있다. 이런 원시적인 견해로부터 그는 생명의 기원에 대한 가설을 만들어냈다. 그는 태양이 우주에 다양한 형태의 공기를 가져와서 단순한 생물체를 만들도록 했다고 추측했다. 또한 어머니의 '열heat'은 아버지의 씨에서 나온 배embryo를 만든다고 주장하였다.

플라톤Plato

기원전 5세기 경 소크라테스 이전 철학자들의 명제들 가운데 몇 가지를 만드는데 있어 플라톤Plato[19]은 자기 자신만의 몇 가지 추측을 발전시켰다. 비록

18) Diocles(375–295 BC). Diocles of Carystus으로 알려짐. 그리스 의사, 사상가, 저자
19) Plato(428 또는 424–348 BC). 그리스 철학자, 아테네 태생, 아테네 학당을 설립

플라톤의 가정이 플라톤보다 앞서 있었던 사람들의 물질주의로부터 구분되어 있어서 현대 과학이나 생물학의 가정과는 아주 많이 다르기는 하지만, 플라톤의 제자인 아리스토텔레스는 경험적이고, 관찰적인 과학적 전통을 지속적으로 수행하였다. 물리적인 우주에 대한 연구가 진실된 지식을 만들 수 없다고 믿었던 플라톤과는 달리 아리스토텔레스는 물리적 세계가 신중하게 연구할 만한 가치를 지니고 있다고 믿었으며, 살아 있거나 죽은 동식물에 대한 실제적인 관찰이나 실험에 근거해서 결론을 내렸으며 생물체들의 해부학적인 특징을 주의하여 기록하였으며 여러 기관의 기능을 알아보려고 하였다.

아리스토텔레스Aristotle

아리스토텔레스Aristotle[20]는 자신의 학교였던 레시엄Lyceum의 지도자로서 고대에 가장 박식한 사람이었다. 그는 기원전 4세기에 레스보스Lesbos 섬에서 태어나서 기원전 322년에 죽었다. 그는 동물학, 천문학, 식물학, 시, 희곡, 형이상학, 물리학, 윤리학, 그 외에 여러 다양한 주제에 대한 책을 썼다.

그의 가장 중요한 저작물로는 니코마코스 윤리학[21], 형이상학, 물리학, 시학, 동물탐구, 천체탐구 등이 있다. 아리스토텔레스의 주요한 개념의 대부분은 그의 스승인 플라톤에 뿌리를 두고 있다. 따라서 아리스토텔레스는 플라톤과 같이 '형식 이론theory of form'을 주장하였다. '형식form'은, 물리적인 우주의 존재가 영원한 인식 체계paradigm나 형식의 복제인 것과 같이, 존재의 영적인 세계에 존재하는 것들의 영적인 양식이거나 청사진의 일종이라고 설명하였다. 플라톤은 물리적인physical 세계에 존재하는 모든 다양한 유형들에 대한 청사진이나 원형이 영적인spiritual 세계에 영원하고 변함없이 존재한다고 믿었다. 즉 실제 세계에 존재하는 집고양이, 나무, 사람 등은 약간은 신비스러운 차원에 존재하는

20) Aristotle (348−322 BC). 그리스 철학자, 박학자, 플라톤의 제자. 레시움을 설립

21) Nichomachean Ethics, Nichomachus의 윤리학으로 해석. Nichomachus는 아리스토텔레스의 아버지와 아들의 이름으로 알려짐

집고양이, 나무, 사람의 완전한 형태에 대한 복제물이라는 것이다(그리스도인들이 사람을 하나님의 형상으로 창조되었다고 믿는 것은 이러한 플라톤 이론의 회상이다). 플라톤과 유사하게 아리스토텔레스도 이러한 형식이 영원하고 불멸한다고 믿었다. 아리스토텔레스 또한 플라톤과 같은 '이원주의dualism'에 대한 신념을 가지고 있었는데, 이원주의란 사람은 물리적인 요소뿐만 아니라 영적인 요소도 가지고 있다거나 보다 더 산문적인 용어로 표현하면 사람은 영혼과 몸으로 구성되어 있다는 관념이다. 플라톤과 소크라테스같이 아리스토텔레스는 소크라테스 이전 철학자들을 뛰어넘는 굉장한 진보를 이루었다. 어떤 예외도 없이 소크라테스 이전 철학자들이 '물질적인material' 실재만을 인정한 데 비해 소크라테스, 플라톤, 아리스토텔레스는 물리적인 실재와 영적인 실재가 함께 있다고 믿었다.

그럼에도 불구하고 아리스토텔레스는 여러 가지 방법에서 플라톤과 상당히 달랐다. 무엇보다도 아리스토텔레스는 최소한 플라톤보다는 경험주의자였다. 플라톤은 철저히 감각의 세계를 믿지 않았지만 아리스토텔레스는 그렇지 않았다. 플라톤과 같이 아리스토텔레스는 학습하는 데 있어 지능의 역할을 인정하였으나 감각을 그리 중요하게 생각하지는 않았다. 그래서 아리스토텔레스에게는 물리적 우주는 영적인 우주만큼이나 생생한 것이었고 진지하게 연구할 가치가 있는 것이었다. 당연히 아리스토텔레스는 특히 물리학과 생물학에 대한 많은 책들을 남겼다.

아리스토텔레스의 형이상학The Metaphysics of Aristotle

아리스토텔레스의 형이상학적 관점 또한 플라톤의 것과는 상당히 다르다. 비록 앞에서 기술한 바와 같이 아리스토텔레스가 형식 이론을 지지했지만, 그 개념은 플라톤과는 아주 다른 것이었다. 실제로 '형이상학'이라는 책에서 아리스토텔레스는 형식에 대한 가설을 호되게 비판하였다. 이 비판들에서 가장 심한 것 가운데 하나는 플라톤이 영적인 형식과 물리적인 사물 사이에 쓸데없는 큰 간격을 도입했다는 것이다. 플라톤은 그의 영원하고도 사라지지 않는 형식을 물리적인 사물의 세계로부터 완전하게 분리된 영역에 존재하도록 하였다. 아리스토텔레스는 이러한 분리는 물리적인 면의 사물들이 형식을 불완전하게나마 '닮았다는resemble' 것을 설명하지 못한다고 믿었기 때문에 이 개념을 버렸다. 아리스토텔레스는 개선된 연구에서 형식과 물질matter은 하나의 실재entity 속에 함께 머무른다고 주장하였다. 따라서 바위나 나무같은 물리적인 세계의 각 '물건들substance'은 형식과 물질로 함께 구성되며 그는 이것을 '질료형상론hylomorphism'이라고 불렀다.

이러한 추론 선상에서 아리스토텔레스는 변화를 설명하는 데 상당히 많은 시간과 지적 에너지를 쏟았다. 그가 물리적인 세계의 실제를 믿었고 세계의 기본적인 특징이 일정한 흐름flux이라는 것임을 알고 있었기 때문에 그의 이러한 행동은 당연한 것이었다. 아리스토텔레스는 이것으로부터 그의 유명한 '네 가지 원인four causes'을 만들어냈다. 그는 모든 변화는 네 가지 원인을 일으키는 매개agency – 소위 형상인formal, 목적인final, 질료인material, 동력인efficient 원인– 가운데 하나에 의해 일어난다고 주장하였다. 예를 들어 '목적인final' 원인은 모든 생물체가 충분하게 발생되는 상태를 향한 방향으로 움직여 간다는 것이다.

이 생각은 생물학에 엄청난 시사점을 제시하였으며 이후 수 세기 동안 과학자들과 철학자들의 사상에 영향을 주었다. 어떤 사물의 변화에 대한 형식적formal 원인은 그 '속within'에 존재하는 정신적인 형태Platonic form이다. 즉 하나의 도토리 안에 존재하는 형식은 도토리를 성숙한 나무로 성장하도록 만드는 원인이 되는 내적인 "운동motor"의 한 종류라고 생각할 수 있다. 도토리의 '목적인final' 원인은 충분하게 또는 '최종적으로finally' 형성된 참나무 – 도토리로 설계된 최종적인 상태 – 이다. 형상인 원인과 목적인 원인에 대한 생각은 분명히 비슷한 것이다. 이것은 마치 도토리 내부에 자연적인 사건들의 과정으로 참나무가 되기를 '원하는want' 원인이 되는 어떤 내적인 '명령command'이 있는 것과 같다. 이와 마찬가지로 사람이나 동물의 배embryo에서도 완전한 성체를 형성하도록 성장시키기 '원하는want' 원인이 되는 또 다른 내적인 법이 존재한다. 중세 사상가들은 이러한 변화의 인식을 소위 목적론의 원리라고 불렀으며 고대 세계에서 가장 중요한 통찰 가운데 하나로 여겼다. 철학자들과 과학자들은 중세와 르네상스 시대에 이것을 폭넓게 사용하였다.

아리스토텔레스는 변화의 '질료인material' 원인에 대해서도 말했는데, 변화가 진행되고 있는 물질에 적지 않게 참고가 되는 상대적으로 덜 복잡한 개념으로 설명하였다. 따라서 참나무의 변화에서 질료인 원인은 단지 참나무를 구성하고 있는 나무이며 인간 배에서 성장의 질료인 원인은 배를 구성하는 것으로부터 나온 살flesh이다.

마지막으로 변화의 '동력인efficient' 원인은 인과율에 대한 개략적이고 평범한 생각이다. 모든 변화에 대한 동력인 원인은 변화가 진행되고 변화를 일으키는 어떤 사건이다. 위통을 일으키는 과식이나 창문을 깨게 만드는 돌 던지기는 효과적인 인과율의 완벽한 예가 된다.

아리스토텔레스의 생식에 대한 생각에는 중심이 되는 역할을 하는 또 다른 형이상학적인 원리가 포함되어 있다. 이 원리는 '현실태actuality와 가능태potentiality'이다. 이 원리는 아리스토텔레스가 우주의 모든 운동과 변화를 해석하기 위해 사용한 여러 추상적인 도구들 가운데 하나이다. 놀랍게도 이것은 동양의 믿음에도 없었고 플라톤이나 소크라테스 이전 철학자들 가운데 어느 누구도 긍정적으로 생각하지 못하였으나 아리스토텔레스 스스로 찾아낸 제안이었다. 따라서 아리스토텔레스에 따르면, 모든 변화는 '가능한potential' 상태에서 '실제actual' 상태로 가는 것이 포함되어 있다. 이 가설은 쉽다. 즉 도토리는 참나무의 가능성을 가지고 있는 것이며 나무 자체는 실제 참나무인 것이다. 유사하게, 수정란은 인간에 대한 가능성을 가지고 있으며 대학 졸업생은 실제 인간이다. 아마도 아리스토텔레스는 낙태 논쟁에 대해 어리둥절해 할지도 모른다. 그는 언제 인간 존재가 나타나는가에 대해 확실하게 질문을 했다. 배는 인간이 될 수 있는 가능성을 열어줄 뿐이며 아이가 실제 인간이다.

유사하게 땅에서 약 30cm 위에 벽돌을 잡고 있는 것은 땅으로 떨어질 가능성을 가지고 있는 것이다. 벽돌을 놓으면 가지고 있는 가능성이 실제화되어서 떨어지게 된다. 물리학자들은 이것이 아리스토텔레스학파의 지각이라는 것을 인식할 것이다. 오늘날에도 이것은 물리학에서 위치 에너지에 대한 생각으로 유지되고 있다. 또한 현대 물리학자들이 말하는 바와 같이 아리스토텔레스학파 철학을 사용하여 탁자 위에서 잡고 있는 벽돌은 어느 수준의 위치 에너지를 가지고 있으며, 그것을 놓으면 실제화된다. 핵물리학자들은 원자의 핵은 아주 많은 양의 위치 에너지를 가지고 있으며 이것은 원자 폭발을 통하여 방출되면 실제화된 에너지가 된다는 것을 알고 있다.

아리스토텔레스의 생물학The Biology of Aristotle

아리스토텔레스가 가장 지대하게 기여한 분야가 철학임에도 불구하고 동물학과 식물학 업적 또한 만만치 않다. 특히 아리스토텔레스는 생물학에서 진화에 대한 가설을 제시한 천재들 가운데 한 사람이었는데 이 가설은 다윈에게 최소한 희미하게나마 힌트를 준 원형이었다. 먼저 아리스토텔레스는 고등 형태는 하등 형태가 오랜 시간을 지나면서 진화되었다고 추측했으며 다윈처럼 직접적이고 과학적인 관찰을 통해 판단한 것에 기초를 두었다는 것이다. 그는 또한 발생에 대한 생각을 제시했다. 관찰을 통해서 아리스토텔레스는 발생학적 형태가 목적론적 변화 – 혹은 충분하게 발생한 상태를 향한 움직임 – 를 통하여 배가 원시적으로 불완전한 상태에서 충분하게 발생된 생물체의 '완전한perfect' 상태로 변화되어 가는 과정으로 보았다.

그의 순수 생물학 연구에는 '동물학De Animaila' 또는 '동물학에 대하여On the History of Animals'라는 책을 포함하며 생식과 동물 형태의 해부학에 대한 책을 모두 포함한다. 이 책들에서 그는 그 당시까지 사람들이 만들어낸 모든 정보를 종합하였는데, 자신과 제자들 그리고 그 이전에 살았던 학자들이 모은 것을 모두 포함한 것이었다. 아리스토텔레스의 전체 저작 체계가 정확한 하나의 체계를 가지고 있었다는 것을 아는 것은 중요하다. 그는 오늘날 과학자들이 하듯이 우주를 산산이 조각난 것으로 보지 않았다. 즉, 생물학을 물리학에서 완전히 분리된 것으로 여기지 않았으며, 심지어는 물리학을 시나 예술과 같이 확실하게 본질적으로 다른 것으로부터도 완전히 분리된 것으로 보지 않았다. 그는 과학사에서 가장 뛰어난 '체계 설계자system builder'들 가운데 한 사람이었다. 19세기 독일 철학자 헤겔Hegal과 다른 사람들의 방법에 의하면 연결되지 않은 것은 아무것도 없었다. 우주 질서의 모든 부분은 다른 부분과 연결되었다. 이와 같은 원리(그는 이러한 목적론적 원리와 자연의 연역적인 논리의 공리를 발명하였고 오늘날 수학자와 철학자들이 계속 사용하고 있다)가 희곡을 쓰거나 자연에 대한 책을 쓰거나 식물계와 동물계에 대한 책을 쓸 때도 적용되었다.

아리스토텔레스의 분류학Aristotelian Taxonomy

아리스토텔레스는 논리학자로서 자연스럽게 모든 생물체를 분류하는 데 관심을 가졌다. 많은 사람들은 그를 현대 생물학의 분류 체계를 확립한 18세기 유명한 과학자 린네 양식과 같은 체계적인 분류를 시작한 사람으로 인정하는 데 충분히 적합하다고 생각하고 있다. 비록 그의 이론이나 특정한 분류가 상당히 바뀌기는 했지만 몇 가지 기본적인 신념은 아직도 현대 생물학에 영향을 주고 있다. 그의 분류 체계에서 중요한 요소들은 충분히 이해할 수 있는 행동behavior, 형태anatomy, 형태적 차이anatomical differences이다. 그가 제시한 바와 같이 '동물은 살아가는 방법, 행동, 서식지, 몸의 부분 등에 따라 특징지을 수 있다.'

분류 기준으로 행동이나 본래 서식지를 사용함으로써 그는 모든 짐승들을 육상 동물, 항상 물에 사는 동물, 주기적으로 물에 사는 동물로 구분하였다. 항상 물에 사는 범주에는 물론 물고기는 당연하게 포함되며 고래와 같은 특별한 포유류가 속하는 한편, 주기적으로 물에 사는 범주에는 수달, 악어, 비버 등이 속한다. 수달, 악어, 비버는 대부분 물속에서 살기는 하지만 호흡과 생식은 땅에서 한다. 흥미롭게도 1836년에 폐어가 발견될 때까지는 어느 누구도 양서류와 어류 사이에 중간종이 있을 것이라고는 상상조차 하지 못했다. 아리스토텔레스는 '동물의 부분들에 대하여De Partibus Animalium'라는 책에서 다음과 같이 자신의 체계를 뒷받침하는 이론의 일부를 기술하였다.

> 어떤 저자들은 동물을 두 부분으로 나눔으로써 동물의 궁극적인 형식의 정의에 도달할 것을 제안한다. 그러나 이 방법은 종종 어렵고 실제적이지 못하다. 때때로 하위분류의 최종적인 특징은 그 자체로 충분하다. 따라서 다리를 가진, 두 다리를

가진, 갈라진 다리를 가진 것이라고 나눌 때 갈라진 다리를 가진 것이라는 용어는 그 자체로 모든 것을 표현한 것이며 더 상위 용어를 첨가하는 것은 미련한 반복을 하는 것이다.[4]

그러나, 아리스토텔레스의 분류 체계에서 보다 더 중요한 것은 감각기관, 혈액, 운동기관, 소화기관 등을 포함하는 내적 및 외적 형태적인 특징들이었다. 아리스토텔레스가 주장한 바와 같이 '많은 동물들은 조류, 어류, 포유류 등과 같은 대분류를 통해 연합할 수 있게 된다.' 그는 이 목록에 갑각류와 새우를 추가했다.

그는 어떤 경우에는 분류하기 힘들었다. 예를 들어 다리가 네 개인 짐승은 새끼를 낳는가 알을 낳는가로 구분되지만, 이 범주의 동물들을 추가의 하위분류로 나누는 헛된 노력을 했다. 부분적으로 이와 유사하게 복잡성의 결과로서 그의 분류 체계는 사실상 제노스Genos와 에이디스Eidos라는 두 가지 주요한 부분으로 나뉘는데 이것은 나중에 보다 현대적인 린네의 생각과 유사하였다. 제노스는 포유류와 같이 동물을 넓은 범주로 나누는 것이고 에이디스는 특정한 종류의 동물을 언급하는 것인데 여기에는 고양이, 말, 호랑이 등이 포함된다.

그러나 그의 제자인 알렉산더 대왕은 그에게 상당히 많은 자료를 보낸 것 같다. 알렉산더 대왕은 인도의 인더스 강까지 도달할 정도로 동방세계에 깊숙이 들어갔다는 것은 잘 알려진 사실이다. 확실히 알렉산더 대왕은 여행에서 풍부한 지식을 얻었다. 인도 과학자들은 기원전 2500년 때부터 철학과 생물학 지식을 축적해오고 있었고, 오늘날까지 전해져 내려오는 증거가 많이 소실되기는 했지만 아마도 알렉산더 대왕은 상당히 많은 것을 배웠음에 틀림없었을 것이다.

아마도 알렉산더가 동양으로부터 격언들을 '약탈했다고pirated' 생각하게 만드는 최소한 한 가지 이유는 아리스토텔레스의 교훈 가운데 상당한 부분이 동양의 개념과 너무나도 닮았다는 것이다. 그 가운데 아리스토텔레스가 생각해 냈다고 오랫동안 생각해왔던 '중용golden mean'의 개념은 앞에서 언급한 것처럼 불교경전Pali Texts에 정확하게 나오는 것으로 보아 불교로부터 온 것으로 보인다. 두 경우 모두에서 사람이 여러 행동들, 먹는 일, 야망, 그 외의 행동에서 가장 좋은 것은 극단을 피하는 것이라고 말한다. 아리스토텔레스의 다른 생각들은 역사학자 헤로도투스Herodotus[22]로부터 전해진 것처럼 보인다. 예를 들어 아리스토텔레스의 악어에 대한 설명은 칭송받은 역사학자의 설명과 매우 유사하였으며, 아리스토텔레스의 설명에는 악어의 윗니가 아랫니와 연결되어 있다는 헤로도투스의 주장이 주저함 없이 반복되어 있었다. 그러나 아리스토텔레스는 날카로운 기술력과 관찰력이 지니고 있었기 때문에 관찰하지 않은 악어를 마치 관찰한 것으로 하고 부정확한 정보를 만들어 냈을 가능성은 극히 낮은 것으로 보인다.

어떤 경우든 아리스토텔레스는 확실하게 국내와 외국의 어류, 갑각류, 연체동물, 해면동물, 그 외의 풍부한 해양 생물체에 대한 정보에 접할 수 있었다.

아리스토텔레스의 생식Aristotelian Reproduction

당시 대부분의 생물학자들은 독특한 생물의 창조는 새로운 식물의 창조와 유사하다고 보는 고대 모형을 주장했었다. 즉, 남자는 씨를 제공하고 씨는 스스로 생물체가 된다고 보았다. 어머니는 단지 이미 완성된 개체인 '태아homunculus'가 성장할 수 있는 비옥한 토대를 제공해 주는 일만 한다고 보았다. 그러나 일부 역사학자들은 아리스토텔레스가 그렇게 설명했다고 생각하고 있기는 하지만, 그가 이 관점을 가지고 있었는지는 명확하지 않다. 그가 명확히 말한 것은, 그의 가장 중요한 형이상학적 사상들 가운데 하나에 분명하게 근거를 두고, 남자의 정자는 '형식form'인 반면 난자는 새로운 생물체의 '물질matter'이라는 부분이다.

그는 또한 무성생식과 유성생식을 구분하였다. 무성생식은 '자연발생적 세대spontaneous generation' – 수 세기 동안 생물학 진보를 방해했던 허구 – 를 통해 발생하는 것으로 믿었다. 이 가정에 대한 이후 생각과 통합하여, 아리스토텔레스는 물질이 분해하는 과정으로부터 자연스럽게 발생하는 벼룩이나 모기와 같은 보다 원시적인 동물들에서 주로 자연발생이 일어난다고 믿었다.

22) Herodotus(484–425 BC). 고대 그리스 시대 역사학자, 지리학자, 역사적 사건을 체계적으로 조사하여 저술한 최초의 학자로 평가

그러나 유성생식에 대한 설명은 기묘하다. 여기에 주장된 현상 뒤에는 놀랄 만한 이론이 있다. 중세 그리스도인 학자들과는 다르게 아리스토텔레스는 모든 살아있는 생물체는 영혼을 가지고 있다고 믿었다. 그럼에도 불구하고 사람과 다른 동물과의 차이는 플라톤의 유산인 사람의 영혼이 세 부분으로 나누어져 있다는 것이다. 사람의 영혼에 있는 세 부분은 '합리적rational', '영적spirited', '식물적vegetative' 부분이다. 그러나 하등 동물은 합리적 영혼이 없고 단지 식물적 영혼만 가지고 있는데, 이 부분은 기본적으로 생물적 욕구와 욕망만을 담당하는 부분이다. 아리스토텔레스는 성적인 욕망을 일으키는 것이 이 부분이며 따라서 독특한 생물체를 발생하게 한다고 믿었다.

아리스토텔레스는 유성생식을 충분히 이해하지는 못했지만 부모가 새로운 개체를 만드는 데 동일한 영향을 준다는 것을 최초로 깨달은 사람이었다. 동물의 발생De Generatione Animalium에서 발췌한 다음 인용문은 그가 사용한 용어를 제외하고는 상당히 현대적이며 심지어는 라마르크(획득 특성이 유전될 수 있다는 관점)보다 더 현대적이다.

> 이제 모든 동물은 정액으로부터 만들어진다는 것이며 정액은 부모로부터 온다. 그런 까닭으로 남자와 여자 모두 정액을 생산하는가 아니면 한 쪽만 생산하는가를 알아보는 것과 정액이 몸 전체로부터 오는가 혹은 그렇지 않는 것이 아닌가 하는 것은 탐구의 동일한 부분이다. … 정액은 몸의 모든 부분으로부터 올 수 있다. … 첫째로 교미에서 오는 즐거움의 강도… 둘째로 절단된 것은 유전된다고 주장하는… 그리고 이 견해들은 아이들이 선천적일 뿐만 아니라 획득한 특징까지도 부모와 닮은 모습으로 태어나는 것과 같은 증거에 의해 상당히 뒷받침된다. … 부모가 상처를 가지고 있을 때 아이들도 같은 부위에 같은 형태의 상처가 표시된 채로 태어날 때.[5]

그럼에도 불구하고 아리스토텔레스는 나중에 아버지가 더 완벽하고 '더 따뜻한warmer' 요소이며 어머니는 미완성이며 '더 차가운colder' 요소라고 뒤틀리게 주장하였다. 또한 그의 연구는 동양의 영향을 받은 것으로 보인다. 아리스토텔레스 시대까지 신앙이 이미 잘 확립한 고대 도교 신자들도 동일한 견해를 가지고 있었다. 즉 남자는 '더 따뜻하고warmer' 여자는 '더 차가운colder' 요소인데 이는 도교 신자들이 우주 전체에 퍼져 있다고 가정하는 음과 양과 같이 서로 상반되는 힘의 경우와 같은 견해이다. 여기에서 주요한 차이점이라면 아리스토텔레스는 우주가 '따뜻하고warm' '차가운cold' 성적sexual 요소로 구성되어 있다는 견해를 받아들였으며 따라서 과학적인 경험주의자라는 점이다. 그는 이 개념을 문자 그대로 남자와 여자에 한정지었다.

위에서 이미 언급한 바와 같이 아리스토텔레스가 주장한 유성생식에 대한 어느 정도 탈선적인 개념을 이해하기 위해서는 가능성－실재성에 대한 아리스토텔레스의 원리를 언급하는 것이 기본이다. 아리스토텔레스는 위치potential 에너지와 실재actual 에너지에 대해 현대적으로 생각하였으며, 이를 형이상학에 적합하게 적용하였음에도 불구하고, 아리스토텔레스는 이 생각을 유성생식에 적용하여 실수를 저질렀다. 그는 아버지가 현실화actualizing 원리인 반면 어머니의 난자는 가능성potential 원리라고 주장하였다.

앞에서 논의되었던 또 다른 원리인 소위 질료형성론hylomorphism이라고 불리는 가설인 '물질matter'과 '형식form'의 차이를 사용함으로써 아리스토텔레스는 더 나아가서 아버지가 형식을 주거나 어머니의 난자에서 제공하는 물질에 모양을 만든다고 선언하였다. 그리고 그의 설명에 따르면, 아버지의 씨가 혈액에서 '충분히 요리되어fully－cooked' 나오는데 이 씨는 순수성과 형식을 만드는 능력을 주는 것이다. 흥미롭게도 여성의 원리 또한 정자 '씨seed'이지만 문자적으로는 '불완전한half－baked' 것이라고 설명하였다.

생리학과 해부학Physiology and Anatomy

아리스토텔레스의 가장 확실한 업적들 가운데 하나는 비교 해부학의 영역이었다. 비록 현대 생물학의 이 분야가 고대에는 없었지만 아리스토텔레스는 동물학에서 비교 해부학의 중심 개념을 정확하게 진술하였는데, 그는 연구자가 한 동물의 해부학적 구조를 잘 이해하지 못한다면, 이를 더 잘 이해하기 위해서는 다른 동물에서 그 구조와 일치하는 구조를 서로 비교해야 한다고 말했다. 그는 또한 엠페도클레스와 데모크리투스와 동일하게, 모든 살아있는 생물체는 흙, 공기, 불, 물의 네 가지 원소로 구성되어있다고 제안하였다. 그러나 아리스토텔레스 스스로 한 말을 판단해보면, 그는 사람의 시체를 해부하지 않았고, 이전 사람들이 했던 것처럼 하등 동물의 것으로 사람을 추정한 것이 분명하였다. 결과적으로 그가 한 사람의 구조에 대한 요약은 막연하게만 옳았을 뿐이다.

아리스토텔레스는 또한 혈액 순환에 대해서도 선구적인 연구를 수없이 수행하였다. 혈액 순환은 16세기 위대한 이탈리아 해부학자 파브리시우스Fabricius와 그의 제자들이 성과를 냈고, 영국의 전설적인 생물학자 윌리엄 하비William Harvey는 혈액 순환을 최초로 발견하고 설명하였다. 아리스토텔레스는 심장이 혈액의 흐름을 조절하며 생기론 – 감지할 수 없고 물리적이지 않은 '힘force'으로 동물을 살아있게 만들며 나중에 나타나게 된다. – 과 유사한 고대의 생각인 '동물 열animal heat'의 근원이라고 결론을 내렸다. (힘과 동물 열) 둘 다 수수께끼 같지만 생물체는 움직인다는 점에서 물질 이상의 것이라는 개념과 대략적으로 일치하는 것이다. 여기에는 조직tissue에 '생명life'을 주는 어떤 외적인 요소가 존재하는 것이다. 이러한 생각은 연구의 방향을 고대로 되돌려 버렸다. 이 이론은 중국의 도교뿐만 아니라 전통적 힌두교의 저작물에서도 나타난다. 살아있는 생물체를 살아있지 않은 바위와 같은 물체와 구분하는 것은 살아있지 않은 물체는 '생기력vital force'이 없는 반면 살아있는 물체는 생기력을 가지고 있다는 것이다. 아리스토텔레스는 또한 심장이 영혼의 기관이며 사람에게서 합리적인 기능이 위치하는 부위라고 믿었다. 사람에게 특별한 합리적인 기능은 사람을 다른 동물과 구분해 주는 것이다. 기묘하게도 그는 뇌가 점액을 분비하며 이 점액이 혈액을 '식히는cool' 작용을 한다는 결론에 어느 정도 도달하였다. 유사하게 아리스토텔레스는 '영혼spirits'은 폐에서 나오며, 그의 사고방식에 의하면 맥박은 생기력을 포함하는 물질인 혈액과 영혼이 함께 섞여있을 때 발생하는 '끓음boiling'이다. 확실히 생물학은 여전히 가야 할 길이 많이 남아있었다.

아리스토텔레스의 소화기관에 대한 견해는 사실과 상상이 혼합되어 있는 또 다른 특별한 혼합물이다. 그는 소화 과정이 부정확하게 일어나는 다양한 해부학적 부분에 대한 보고서를 작성하였음에도 불구하고, 소화에 대한 생리학에서는 완전히 혼란스러웠던 것으로 보인다. 여기서 그는 소화를 확실히 요리와 연관시켜 유추하였는데 이는 소화의 목적에 비추어보면 다소 이해할 만한 것이었다. 그는 소장은 음식을 '굽는baked' 부위이며 심장은 이 과정에서 소장을 돕는다고 믿었다.

그는 또한 뇌와 신경계를 설명하려 했으나 거의 성공하지 못했다. 그는 뇌는 '차가우며cold' 척추의 골수는 '뜨겁고hot' 신경과 힘줄은 '섞여있다confused'고 믿었다. 그는 귀의 구조를 상당히 잘 기술하였으며, 눈의 '습기moisture'는 엠페도클레스가 제시했던 것처럼 환경으로부터 방출되는 시각적 효과의 목표물로 작용한다고 믿으면서 눈의 기능을 기술하는데 굉장한 노력을 기울였다.

궁극적으로 아리스토텔레스는 확실히 고대 필적할 만한 사상가들 가운데 가장 뛰어난 사람이다. 비록 다른 사람들이 현대 과학의 경험적 방법들을 앞당겼다 하더라도, 고대 세계에서 이 접근 방법을 가장 높은 상태로 발전시킬 수 있었던 사람은 바로 아리스토텔레스이다. 해부학, 생리학, 분류학에 대한 그의 기여는 비록 불완전하고 때로는 묘하기도 하지만 그럼에도 불구하고 현대 사상가들에게 지속적으로 영감을 주고 있다.

히포크라테스Hippocrates

아마도 현대 사상가들에게 지속적으로 영감을 주는 사람들 가운데 가장 고귀한 생각을 가진 사람은 히포크라테스Hippocrates[23)]일 것이다. 비록 몇몇 사람들은 그의 업적을 이집트인들의 업적이라고 다투기도 하지만, 그는 거의 틀림없이 의학에서 최초로 '전문직profession'의 기초를 세운 바로 그 사람이다.

오늘날에도 의학에 입문하는 내과의사의 20% 정도는 가장 먼저 히포크라

23) Hippocrates(460－370 BC). 그리스 시대 의사. 의학사를 통해 가장 위대한 사람들 가운데 한 사람으로 알려짐

테스 선서부터 하게 되는데 이 선서 때문에 히포크라테스가 유명하다. 좀 과장되기는 했지만, 확실히 그는 의학과 과학으로부터 초자연적이고 미신적인 생각들을 분리해내는 데 기여하였다. 역사학자들은 히포크라테스가 기원전 460년에서 377년 사이에 생존했다고 믿는데, 이 시기는 대략 플라톤과 데모크리토스와 동 시대이다. 그는 그리스 코스Cos섬의 아스클레피오드Asclepiads 가문에서 태어났다. 그의 조상들은 여러 세대에 걸쳐 과학과 의학에 아주 많은 영향을 준 사람들이었다. 그의 아버지 헤라클레이데스Heracleides는 청소년 시절의 히포크라테스에게 상당히 많은 내용의 의학과 생물학을 가르쳤다. 그 이후에 히포크라테스는 아테네에서 소위 유사 철학자quasi-philosopher인 고르기아스Gorgias[24]와 함께 공부하였는데, 그는 플라톤의 대화에서 소크라테스가 무자비하게 공격했던 사람의 이름과 같은 이름이다. 히포크라테스는 나중에 소아시아 발칸Balkans에 살았으며 마지막에는 테살리Thessaly에 정착했다. 그는 테살리에서 의술을 행하여 돈을 벌었으며 전도유망한 내과의사들을 가르쳤다.

플라톤이나 다른 고대 저술가들과 마찬가지로 히포크라테스에 대해서도 그가 직접 서술하였다고 생각되는 여러 출판물들을 실제로 서술하였는가에 대한 의심으로 논쟁이 지속되었다. 그럼에도 불구하고 소위 히포크라테스 관련 저작물에 있는 것들의 일부는 히포크라테스가 스스로 작성한 것으로 확인된다. 그가 가장 처음으로 작성한 저작물은 확실히 '공기airs와 물waters과 장소places'임이 틀림없는데, 이것은 환경과 지질학적 문제 모두에 대해서 아주 높은 통찰력 있는 관찰을 포함하였다. 그 책에서 그는 출혈을 막기 위해 뜨겁게 달군 다리미로 소작하는 것을 포함하여, 매우 다양한 사람의 질병들의 원인과 치료법에 대해 추측하였다. 비록 히포크라테스가 그 내용의 모든 부분을 작성했다고 확신하지는 못하지만 수집된 그의 저작물들에는 상당히 많은 양의 생리학, 발생학, 해부학에 대한 연구들이 있었다. 그러나 그것을 기록한 사람이 누구이든 간에 아주 세심한 연구자였으며, 해부학의 다양한 분야를 섬세하게 기술한 성과를 남겼다.

24) Gorgias(483-375 BC). 고대 그리스 소크라테스 이전 시대 철학자

그럼에도 불구하고 어떤 것은 다른 것에 비해 다소 설득력이 떨어진다. 이러한 잘못을 설명할 수 있는 한 가지 설득력 있는 가정은 이 저작물들의 저자가 실제로 사람을 해부하지는 않았고 대신 하등 동물을 해부하고 그것을 기초로 사람에 대해서 추정했다는 것이다.

비록 이 논쟁을 뒷받침해주는 직접적인 증거가 상대적으로 거의 없기는 하지만, 고대인들이 동기야 어떻든 간에 사람의 몸을 성스럽게 여겼으며 그것을 자르고 해부하려는 시도는 신성 모독이라고 인식했었다는 것은 사실이다. 무덤 도굴이 일어나지 않는 한 죽은 사람의 친척에게 시체를 해부해도 될지에 대한 허락을 구하면 불행한 일이 생길 것이라고 생각했다.

그럼에도 불구하고 그 의미가 무엇이든 간에 일부 과학자들은 세심히 조사하기 위해서 사람의 몸을 파냈다. 도굴이 한 가지 방법이었다. 그리스 철학자 알크메온Alcmaeon은 신비주의 철학 피타고라스 학파의 제자이었는데, 그는 순수하게 해부학적 성과를 얻기 위해서 시체 해부를 실시한 최초의 사람이었다. 또한 그리스 철학자 헤로필로스Herophilus[25]는 시체 해부를 통해 상당한 분량의 해부학적 지식을 획득했었다.

히포크라테스의 저작물에서 해부학과 생리학

Anatomy and Physiology in the Hippocratic Collection

이런 연구들에서 먼저 뼈에 대한 특별한 지식들이 나타나는데 이것은 뼈가 몸의 다른 부분들에 비해 천천히 부식되는 것을 생각해 볼 때 당연한 것이다. 이런 방법을 통해 초기 내과의사들은 머리뼈, 팔뚝, 발 등에 대해 매우 신뢰할 만한 '지도를 작성하였다mapped out.' 히포크라테스의 저작물 가운데 근육계에 대한 것들이 있는데, 말단 부분의 근육 대부분을 정확하게 기술하고 있으며 특히 눈 근육에 대해서는 잘 이해할 수 있도록 충분하게 기록하고 있는 반면, 몸에 있는 여러 작은 근육들에 대해서는 거의 기록된 자료가 없다. 그 이유는 아주 간단

25) Herophilus(335−280 BC). 그리스 의사, 초기 해부학자. 사람의 시체를 체계적으로 해부한 최초의 과학자로 알려짐

한데, 큰 근육들은 피부 표면 쪽에 있으므로, 시체가 충분히 야윈 상태라면, 날카로운 관찰자는 최소한 근육의 구조와 기능에 대해 알아차렸을 것이다. 한편 눈 근육과 같은 종류의 근육은 작을 뿐만 아니라 외적인 검사로는 보이지 않는다. 관찰자가 눈 근육을 보려면 눈을 따로 떼어 내야 가능하다.

내과의사들은 여러 분비선이나 기관들에 대해서는 많지는 않지만 어느 정도는 알고 있었다. 사람 시체에서 이런 것들을 보기가 어려웠던 것 역시 신체가 부패되는 속도 때문이었다. 그들은 소화기관의 구조에 대한 개략적인 윤곽만 알고 있었을 뿐 그 외에 대해서는 아무 것도 알지 못했다. 그들은 분비선이 몸속에 있는 여분의 물을 밖으로 내보내는 작용을 하는 곳으로 믿었는데, 어떤 경우에는 사실에 가까웠지만 다른 많은 경우에는 폭넓게 설명하는 내용뿐이었다. 그럼에도 불구하고 그들은 폐와 기관지에 대한 구조와 기능에 대해 알고 있었으며 심장의 구조도 알고 있었다. 그러나 동맥과 정맥의 차이를 명확하게 이해하지는 못했다. 히포크라테스의 저작물에는 뇌가 피를 '차갑게cool' 만든다고 제안하고 있다. 이것은 뇌가 체온을 조절하는 기작을 가지고 있다는 넓은 의미에서는 사실이지만, 이 이론은 이례적으로 놀라운 주장 이외에는 거의 아무런 의미도 제공하지 못하였다.

현대 생물학의 수많은 용감한 개척자들뿐만 아니라 이 시기 과학자들의 용감한 투쟁을 방해하는 한 가지 문제가 존재한다면, 그것은 한 종류의 조직을 다른 것과 구분하지 못한다는 것이다. 조직학은 수년이 지나서야 차별화된 실제적인 형태를 얻을 수 있었다. 따라서 그들은 멋대로 정맥을 힘줄로 착각하거나 신경을 혈관으로 착각하였다.

대조적으로 초기 내과의사들은 눈에 대해 꽤 올바른 지식을 그럭저럭 수집하였다. 그들은 시신경에 대해서 아는 것 같았지만 그 기능에 대해서는 막연하게만 알고 있었다. 비록 수정체의 기능에 대해서는 아무 것도 알지 못했지만 오늘날 해부학자들이 유리체와 수양액이라고 부르는 것뿐만 아니라 홍채와 눈동자도 알고 있었으며 그에 대해서 기술하였다. 그들은 사람의 귀에 대해서도 비슷한 수준으로 이해하고 있었다. 그들은 외이도와 고막에 대해서는 비교적 정확하게 기술하고 있었으나 그 기능에 대해서는 막연하게만 이해하고 있었다.

히포크라테스만이 알고 다른 사람들은 알지 못했던 지식들에 대해 뒤돌아 보면, 히포크라테스가 생리학에 대해 상당하게 많은 부분을 고찰했음을 알 수 있다. 소크라테스 이전 시대의 잡다한 생각들을 이어내면서, 히포크라테스는 흙, 공기, 불, 물이 사람의 몸을 구성한다고 추정하였다. 이런 요소들과 병행하여 다른 네 가지 요소들(혹은 네 가지 즙 또는 주스)에는 점액, 황담즙, 흑담즙, 혈액이 있었다. 히포크라테스가 '사람의 성질, 체액, 금언과 섭생'의 저서에서 언급한 말을 빌리자면

> 만일 이 계절들이 정상적이고 규칙적으로 진행된다면, 사람들은 질병에 걸려 쉽게 위기에 부닥칠 것이다. 여름이 끔찍하게 불쾌해지면, 그리고 과다하게 생성된 담즙이 계속 남아있다면, 비장에 질병이 발병될 것이다. 또한 봄이 너무 길어서 담즙성 체질을 가지게 되면 봄에도 황달이 발병할 것이다.[6]

이런 점에서 히포크라테스는 플라톤에게 상당한 영향을 주었다고 볼 수 있다. 왜냐하면 플라톤은 그의 나중 대화에서 이 즙을 반복적으로 넌지시 말했기 때문이다. 히포크라테스는 더 나아가서 이 즙들의 기원과 기능에 대해서도 추측하였다. 비장은 흑담즙을 만들고, 간은 황담즙을 만든다. 이 결론이 틀리기는 했지만 이에 대한 몇 가지 증거가 있다. 히포크라테스는 혈액이 응고되는 것을 알아서 아주 재미있게 기록하였다. 혈액의 어느 부분은 검고, 어느 부분을 붉고, 어느 부분은 노란 색이었다. 히포크라테스는 이러한 다양한 요소들의 역할을 충분히 구분할 수 있었다. 이것을 혼합시키는 방법과 각각의 상대적 비율은 몸의 건강을 결정하였다.

만일 아리스토텔레스가 고대 위대한 생물학자로서의 명성을 받을 만한 가치가 있다면, 히포크라테스는 고대에 아주 훌륭한 내과의사라고 불릴 만하다. 그의 헌신과 성실함 때문에 그는 오늘날에도 많은 존경을 받고 있다.

다른 그리스 생물학자들Other Greek Biologists

히포크라테스와 아리스토텔레스만한 위인들이 무의미한 업적을 남긴 것은 아니다. 종종 그 뒤에서 좀 뒤떨어지기는 하지만 아주 세심하게 일한 사람들이 있었다. 만일 아리스토텔레스나 히포크라테스가 그 시기 그리스에 살지 않았더라면, 이 사람들 스스로 고대 그리스에서 가장 위대한 위치에 도달할 수 있었을 것이다. 그 가운데 한 사람으로 그리스 생물학자 테오프라스토스Theophrastus[26]가 있는데, 그는 아리스토텔레스가 죽은 후에 레시움Lyceum을 넘겨받았다. 그는 아리스토텔레스가 플라톤과 함께 공부한 이래로 아리스토텔레스의 아주 가까운 친구였다. 그가 레시움을 넘겨받았을 때 이미 나이가 많이 든 상태였음에도 불구하고 30년 이상을 살면서 존경받는 교사와 학자로 남아있었다. 비록 그가 과학적 방법에 혁신적으로 기여하지는 못했지만 여러 새로운 동식물 종을 찾아서 분류하였으며 식물에 대한 그의 책은 고대 세계에서 아리스토텔레스가 동물학에 기여한 만큼의 중요성을 가졌다고 주장할 만하다. 그는 물리학에 대한 책도 저술했으며 그의 저술 가운데 일부는 현재까지 전해져오고 있다. 상대적으로 새로운 것이 없기는 하지만 그 시대에 축적된 물리학의 모든 지식에 대해 튼튼한 개론으로서의 역할을 하고 있다.

역사적으로 언급되어야 할 또 다른 중요한 그리스 사람으로는 기원전 470년경 태어난 투키디데스Thucydides[27]이다. 오늘날 그는 역사학자로 알려져 있기는 하지만, 도시 국가였던 아테네와 스파르타 간의 전쟁기간 동안에 아테네와 스파르타를 덮친 수수께끼 같은 전염병에 대해 열성적으로 기술하였다. 그 전염병의 고통은 위대한 로마 제국 마지막 시기에 로마 인구 10명 가운데 1명이 죽어가는 것과 비슷하였다.

생물학사에서 헤로필로스Herophilus는 최고는 아니지만 중요한 사람이었다. 고대인들은 소화기관에 대해 상당히 알고 있었는데 이 가운데 어느 정도는 히포

---

26) Theophrastus(371－287 BC). 아리스토텔레스 학교를 계승. 아리스토텔레스의 제자
27) Thucydides(460/455－400 BC). 아테네 역사학자, 장군. 아테네 대 스파르타 전쟁을 기술.

크라테스와 아리스토텔레스의 수고로 인한 것이지만 대부분은 헤로필로스에 의한 것이다. 그는 소아시아 칼케돈Chalcedon에서 태어났다. 그는 어려서는 코스Cos와 크니도스Cnidus의 학교에서 공부했으며 나중에는 알렉산드리아 시에서 생물학을 연구하고 가르쳤다. 그의 생애와 업적에 대해서는 알려진 바가 많지 않지만 학자들은 그가 기원전 300년경에 살았다고 하였으며, 그 시기는 아리스토텔레스와 동시대였다. 소크라테스를 비롯한 고대 전설로 알려진 수많은 사람들과 함께 그에 업적에 대해 알려지고 있는데, 이는 다른 사람들이 그에 대해 언급하였기 때문이다.

그의 장점은 해부였고, 역사가들 대부분이 그를 고대의 가장 위대한 해부학자 가운데 한 사람으로 여기고 있다. 사실 일반적인 과학에서는 네 개의 뇌 대정맥의 구부러진 지점을 그의 이름으로 명명하였는데 소위 헤로필로스Herophili 동공이다. 생각건대 그의 가장 뛰어난 업적은, 여러 사람들이 사악한 신이 그에게 아주 무서운 징벌을 내릴 것이라고 그의 행동을 크게 반대함에도 불구하고, 해부학을 배우기 위하여 죽은 시체뿐만 아니라 심지어는 살아있는 몸도 선구적으로 이용했다는 점이다.

그는 특히 순환계에 대해서 알고 있었는데 심장 박동뿐만 아니라 동맥과 정맥을 비교하여 분석하였다. 어떤 경우에는 그는 쓸모없어진 신조에 무의식적으로 굴복하기도 하였다. 예를 들어 고대 많은 책에서 볼 수 있는 '공기pneuma' – 몸에 '생명의 근본life essence'을 주는 신비한 '공기air'의 종류 – 에 대한 원리를 고수하고 있었다. 반대로 그는 신경과 힘줄의 차이를 명확하게 구분한 첫 번째 사람이었다. 또한 그는 신경계와 뇌를 철저하게 탐색하였으며 뇌실을 포함한 뇌의 여러 부분을 확인하였다.

그는 또한 눈의 해부학적인 구조를 철저하게 연구하였으며, 망막, 홍채와 다른 부분을 명시적으로 확인하였다. 그는 또한 간과 소화기관에 대해서도 연구하였다.

요약하면, 그리스는 과학과 예술분야에서 고대에서 수준급의 성취를 이룬 것이 명백하다. 이것이 당연한 이유는 그리스는 정치, 사회적으로 앞선 문명들에 비해 아주 선진적이었기 때문이다. 그리스 사람들은 민주주의를 대표하는 사람들은 아니었지만, 민주주의를 처음 소개한 사람들이었다. 결국 그리스 생활의 주된 주제는 신화나 미신보다는 이성을 신뢰하는 합리주의였다. 그리스 이후에 나타난 여러 문명들은 그것이 어떤 것이든지 그리스의 업적 위에서 세워지고 그리스를 모방하는 것에 의해서 만들어졌다는 것이라고 말하는 것은 결코 과장된 말은 아니다.

동양The Orient

서양의 많은 사상들이 동양으로부터 왔다는 것은 다소 논쟁의 여지가 있다. 그래서 이 책의 내용이 서양 생물학의 역사임에도 불구하고 동양에 대해 약간이나마 언급할 필요가 있다. 예를 들어 동양 사상가들은 고대에 혈액 순환의 기능을 발견하는 데 있어 서양 사람보다도 더 근접해 있었다. 그러나 이들 역시 서양의 형이상주의자들보다 더 많은 수의 사람들로서 도교 교파의 철학적 신조로부터 신비적이고 초자연적인 요소들을 제거시키지는 못했다. 기원전 304년 동양 생물학자 Hsi Than은 '남부 지역의 식물과 나무에 대한 기록'을 썼는데, 그는 내용들 가운데 여러 과일들이 곤충으로부터 자신을 어떻게 보호하는지에 대해서도 서술하였다. 같은 시기에 중국인들은 일부 꽃들의 한 화학물질이 살충제로 유용한 것을 알고 있었다.

명백하게 현대 생물학의 기초는 그리스에서 왔다. 합리성을 강조하는 것과 함께 과학과 신중한 연구를 위한 여가시간, 아리스토텔레스와 같은 천재적인 사람들, 이러한 것들이 존재하지 않았다면 불가능하였다.

Chapter 04

로마Rome

로마는 과학, 철학은 물론이고 심지어 수학에서조차 그리스와는 전혀 비슷하지 않았다. 그렇지만 실제로는 로마를 연관시키는 생각, 사색, 심지어 신화까지 대부분은 그리스에 기원을 두고 있었다. 그럼에도 불구하고 언급할 만한 가치가 있는 로마의 사상가들도 있었다. AD 2세기 마르쿠스 아우렐리우스Aurelius[1]의 재위기간 동안 살았던 콜루멜라Columella[2]라는 생물학자는 비록 존경을 받았지만, 의학을 진지하게 연구하려면 중요한 요소로서 초자연적 영혼이 존재해야 한다는 믿음에 집착하였다.

콜루멜라는 초기 기독교 시대에 스페인에서 태어났으며, 대부분의 일생은 로마에서 전문직에 종사하면서 살았다. 콜루멜라는 아주 많은 시간을 농업에 할애하여 연구하였고, 농업을 주제로 한 책 12권을 집필한 보기 드문 고대 생물학자였다. 하지만 당시 로마의 경제 시스템을 고려하면, 그가 농업에 대해 연구한 것은 시대적 배경에서 이루어졌다고 충분히 이해할 수 있다. 에트루리아 문명

1) Marcus Aurelius(121－180). 로마 16대 황제(161－180), 선정을 한 5대 황제 중 한 명
2) Columella(4－70). 로마제국 당시 농업영역 책을 저술한 가장 중요한 저자

Etruscan civilization[3] 시대가 도래하고 수십 년이 지난 시점에서, 로마는 본질적으로 농경 중심사회를 형성하였다. 무역과 제조업들도 존재했었지만 미미한 수준으로 거의 이루어지지 않았다. 이는 부분적으로는 로마가 농업에 너무 과도하게 의존하였기 때문이었으며, 결과적으로 로마를 멸망하게 만들었다. AD 2, 3세기 동안 로마는 영역을 지나칠 정도로 광범하게 확장시켜 나갔다. 북아프리카 카르타고Carthage와 유럽의 대부분을 포함한 지역으로, 지중해를 둘러싼 거의 모든 땅을 정복하면서, 로마인들은 토지를 경작하고 군대를 지탱할 수 있는 인력을 겨우 충족시키는 실정이었다. 그 후 몇 년 동안 토양 비옥도를 최대화시키는 윤작법을 충분히 이해하지 못하는 상태에서 농업은 점점 실패하기 시작하였다. 또한 로마를 덮친 역병으로 인구는 줄어들고 약화되었다. 이러한 어려운 여건에서 로마는 강력한 군대를 유지하고 국민을 먹여 살리기 위해 필사적으로 노력을 기울이게 되었으며, 결국 로마의 인력은 약화되었다. 로마가 붕괴하기 직전에 처해지면서, 고트,[4] 동고트Ostrogoths, 서고트Visigoths와 같은 독일 유목민족은 로마를 공격할 기회를 엿보기 시작하였고, 결국 이들은 AD 5세기에 로마를 완전히 정복하였다.

로마가 이보다 더 빨리 멸망할 수도 있었으나 그렇지 않았던 것은, 그나마 콜루멜라가 농업에 대한 연구보고서를 작성하여 보급하였기 때문이다. 콜루멜라는 가축을 기르는 최선의 방법을 조사하여 기록하였고 심지어는 곡물을 보관하는 방법을 제안하기도 하였다.

플리니Pliny

로마시대의 가장 뛰어난 생물학자 가운데 한 사람은 플리니우스(플리니)[5]이

---

3) Etruscan civilization 고대 이탈리아 문명화 과정, 근대에 명명, 에트루리아(Etruria) 지역 토스카나(Tuscany) 주(주도 피렌체)를 거점으로 발달

4) Goths, 3–5세기 동서 로마제국을 침략하여 이탈리아·프랑스·스페인에 왕국을 건설한 튜턴족의 한 파

5) Gaius Plinius Secundus(23–79). 저술가, 자연철학자, 초기 로마제국에서 해군제독 역임

다. 플리니우스는 AD 23년 이탈리아 북부 코모Como 마을에서 태어났다. 그의 가족은 유명하고 정치적으로 영향력이 있었으며, 자신도 한때 정치계에 입문하여 방황한 적도 있었다. 교육을 잘 받은 지식인으로서 수년 동안 민간인으로 그리고 군대에 있으면서 로마에 봉사하였다. 그는 여러 공무를 성실히 수행하는 동안, 언어학에서 군사전술 및 철학에 이르기까지 모든 영역에 대해 호기심을 가지고 연구하는 한편, 시간을 반드시 마련하여 과학적 조사를 수행하였다.

그 당시 로마의 대부분의 지식인과 같이, 그는 스토아학파Stoicism[6]와 에피쿠로스학파Epicureanism[7]와 같은 철학에 대해 고심하면서 방황하였다. 스토아학파는 역경에 직면할 때 용기를 주는 철학이고, 에피쿠로스학파는 중용을 취할 때 최고의 선은 즐거움이라는 점을 강조하였다. 플리니우스는 고대 로마에서 즐길 수 있는 풍요로움에 대해 무관심함을 공개적으로 표명하였다. 여느 때보다 아리스토텔레스의 영향력은 변함없이 건재하였고, 이는 플리니우스에게 자연스럽게 영향을 주었다. 플리니우스는 아리스토텔레스의 우주가 중심구로 구성되어 있다는 우주론뿐만 아니라 운동에 대한 관점의 대부분을 받아들인 것으로 보였다. 특히 현실태-가능태에 대한 설명들과 4원인론-질료인change-material, 형상인formal, 동력인efficient, 목적인final[8]의 원리를 받아들였다.

자연의 역사에 대한 백과서전을 작성했으며, 그 후 모든 백과사전의 모델로 적용되었음

6) 그리스 로마 철학의 한 학파, 스토아(σ τ ο ά)는 원래 전방을 기둥으로 후방을 벽으로 둘러싼 고대 그리스 여러 도시의 일종의 공공건축(公共建築)을 의미, 이 학파 창시자 제논이 아테네의 한 '주랑(柱廊)'(스토아)에서 강의한 데서 연유하여 학파 전체를 나타내는 명칭으로 사용

7) Epicureanism 에피쿠로스학파는 신과 같이 추앙을 받던 에피쿠로스가 창시한 학파. 여러 제자가 쾌락주의를 계승하였으며, 이에 대해 필로데모스, 메트로도로스가 그리스어로 논문을 작성, 또한 로마의 시인 루크레티우스는 에피쿠로스설을 라틴어로 남김없이 철학시로 정리하여 더욱 유명. 이 학파 사람들은 철학을 행복추구의 수단으로 생각. 행복이란 일종의 정신적 쾌락, 즉 안정으로 이를 구하여 얻는 것이 인생의 목적으로 봄. 언제 어떤 때에도 마음이 '어지럽혀지지 않은 상태'를 쾌(快)로 설명. 국가는 한 사람 한 사람이 서로를 지킬 필요에서 계약을 맺은 단체에 불과하다고 주장하며 이 사상은 사회 계약설(국가 계약설)의 선구가 되었음

8) 아리스토텔레스는 책상을 안다는 것은 책상에 대해 4가지 원인을 아는 것으로 설명. 현실세계에 존재하는 책상에 대한 참 지식은 책상의 질료인(matter)이 나무이고, 형상인(form)은 책상모양이며, 동력인(efficient)은 목수이고 목적인(final)은 책을 놓기 위함을 아는 것으로 설명

그의 괄목할 만한 업적은 로마시대 직후부터 비잔틴제국Byzantine era[9]과 중기에 들어서기까지 농업과 생물학 영역의 학자들에게 큰 도움을 준 '자연사/박물학Natural History'이었다. 이 책은 37권으로 구성되어 있으며, 의학에서부터 경제학 그리고 생리학과 비교해부학에 이르는 내용을 담고 있다. 그는 이 책의 많은 부분에서 동물학을 다루었다. 특히 농사를 짓는데 특정 동물의 행동에 따른 실용성을 설명하고 그 동물의 해부학적 특징을 상세히 묘사하였다.

그러나 그의 저서의 가장 큰 단점은 방대한 양의 전설과 신화적 '자료data'를 마치 과학적 사실인 것처럼 통합시킨 부분이다. 그는 다른 지역의 동물에 대한 고대 전설을 마치 실제 있었던 사실인 것처럼 재설명하였다. 예를 들면, 사람의 특성을 엘크[10]의 특성에 비교하면서 매우 사실적으로 표현하여 기록하였다. '육지동물 가운데 코끼리는 가장 큰 동물이며, 또한 인간과 유사한 지능을 가지고 있으며, 사람의 말을 이해하여 명령에 복종하며 매우 높은 수준의 기억력을 가지고 있다. 또한 코끼리는 별과 달을 포함하는 하늘을 숭배한다'라고 기록하고 있다. 또한 플리니우스는 논문에서 동물들은 작고 약한 생물체를 돌보는 행동을 한다고 주장하였는데, 실제로 이 주장을 지지할 수 있는 아무런 근거나 관찰결과도 없이 글을 작성하였다.

플리니우스는 자신이 직접 관찰하고 실험할 수 있는 농장에서 키우는 가축동물에 대한 해부학은 매우 정확하게 기술하고 있었다. 심지어는 동물의 종류에 따라 성장하면서 변하는 기관들에 대해서도 상세히 기술하였다. 사실 플리니우스는 아리스토텔레스로부터 매우 깊은 감명을 받았으며, 이에 따라 동물 해부에 대한 저술 내용에서는 자신의 생각이나 관찰결과보다 오히려 아리스토텔레스의 관점을 강조하기도 하였다. 플리니우스는 저서에서 가축의 수명을 연장시키는 사육방법에 대한 유용한 정보를 제시하였으며, 연체동물, 물고기, 유충 등의 해

9) 동로마제국(395－1453): 4세기 무렵, 로마제국이 동·서로 분열될 때 아르카디우스가 콘스탄티노플(현재 터키 이스탄불)을 수도로 세운 제국, 이후 오토만(오스만)제국(1299－1922)에 영합. 오토만 투르크 제국(터키)은 이슬람 왕조, 서쪽으로 모로코, 동쪽으로 아제르바이잔, 남쪽으로 예멘, 북쪽으로 우크라이나에 이르는 광대한 지역을 지배

10) 역주: 사슴과에서 가장 큰 사슴으로 다리가 길고 꼬리가 짧은 동물

부학적 특징을 상세히 묘사하기도 하였다. 흥미롭게도, 플리니우스는 벌의 행동 양식, 해부학적 특징 등에 대한 연구에 많은 시간을 보냈다. 사실 플리니우스는 자신의 연구를 수행하는 데 많은 시간을 보냈지만, 가장 큰 공헌은 이전 시대 생물학자들이 남긴 엄청난 업적을 수집하여 기록한 점이다. 자신의 저서인 '자연사'에서 밝힌 것처럼, 거의 2,000권의 출판물에 기록된 내용에 근거하여 자신의 책을 집필하였다.[11] 사실과 신화의 내용을 이상한 방향으로 혼합시킨 내용[12]이 있음에도 불구하고, 이후 중세 르네상스 시대 학자들인 게스너Gesner,[13] 다빈치 Da Vinci[14]는 플리니우스의 책자에서 유용한 정보를 얻어낼 수 있었다. 플리니우스는 AD 79년 폼페이 베수비오 산Mt. Vesuvius의 화산 폭발을 목격하는 중에 화산재로 화상[15]을 입고 죽었다고 전해지고 있다.

루크레티우스Lucretius

아스클레피오스Asclepiades[16]는 비티니아Bithynian[17]의 의사로서 간단한 목

---

11) 로마 저술가 146명과 그 외 외국인 저술가 327명을 동원하여 책을 작성하였다고 전해지고 있음. 당시 저서에는 1,000여 종의 식물이 기록되었음, 린네는 10,000종을 기록하였고 최근에는 500,000종 이상이 기록되고 있음

12) 아프리카 토인은 머리가 없고 입과 눈이 가슴에 있다고 기록. 습윤 지역에는 눈에 보이지 않은 미생물이 발생하여 이것이 사람의 입과 코로 침입하면 중병을 일으킨다고 기록. 이 박물사/자연사 저서에 일관된 근본사상은 자연은 모두 사람을 위해 창조되었다는 견해. 관찰하는 사물은 모두 인간과의 관계라는 관점에서 관찰되고 고찰되었다는 점

13) Conrad Gessner(1516－1565). 스위스 취리히에서 태어난 내과의사, 자연박물학자, 식물학자, 동물학자, 전기학자. 49세 흑사병으로 사망

14) Leonardo da Vinci(1452－1519). 르네상스 시대 이탈리아 박학자, 인문주의자

15) 측근은 화산 근처로 상륙하면 위험하다고 말렸으나 '로마제국의 해군제독인 나를, 이 세상의 어느 누구가 감히 손상할 수 있는가'라고 하며 위풍당당하게 상륙을 감행하다가 순식간에 화산재에 매몰되어 어이없이 최후를 맞이하였다고 함. 당시 로마인은 권위와 기개로 죽음을 목전에 보면서도 물러설 줄 모르는 기고만장으로 인해 오히려 어리석은 희극과 같은 일들을 만들어 내기도 하였음

16) Asclepiades(129/124－40 BC). 그리스 의사, 기원전 2세기 경 그리스 의학을 확립한 사람으로 알려짐. 의술의 신. 실제 질병에 대한 새로운 원리를 사람 몸의 구멍을 통한 원자의 흐름에 근거하여 제시하고자 시도. 그가 제안한 치료법은 식이요법, 운동, 목욕으로 신체의 균형을 회복시키는 데 중점을 두었음

욕요법에 적절한 운동과 식이요법을 곁들여 수많은 환자를 치료할 수 있다고 주장하였다. 현대적 관점에서 볼 때, 그의 주장은 상당히 바람직한 것으로 받아들여지지만, 여전히 그의 주장에는 미신적이며 불가사의한 요소들이 있었다. 또한 그는 플라톤 또는 소크라테스 이전 시대 철학자들의 주장을 표절하였으며, 질병은 신체 내부의 소동disturbances이 원인이라고 주장하였다.

켈수스Celsus[18]는 그리스 시대에 생존한 사람으로, 고대 시대 최초로 '의학 백과사전On Medicine'[19]을 집필하였다. 이 책은 귀, 치아, 눈, 그 외 인체의 여러 부분의 해부적 특징을 관찰한 결과를 모은 책이다. 그 후 알도로티Alderotti Thaddeus[20]는 피렌체의 부유하고 천재적인 의학자로서 '알코올의 미덕The Virtues of Alcohol'이라는 책을 저술하였다. 이 책에서 그는 열을 내리는 의학적 방법과 알코올을 의학적으로 사용하는 방법을 무수히 다양하게 제시하였다.

아스클레피오스, 켈수스는 가장 유명한 로마 사상가 루크레티우스Lucretius[21]에 비교하면 업적이 미약하다. 루크레티우스는 BC 99년 부유한 로마 가정에서 태어났으며, 시저Caesar와 같이 유명한 정치인으로도 잘 알려진 인물이다. 그의 저서 가운데 가장 널리 알려진 저서는 장편서사, '사물의 본성에 관하여On the Nature of Things – De Rerum Natura'이다. 그는 레우키포스[22]와 데모크리토스와 같은 선배들의 연구결과를 주목하였으며, 본인도 '원자론자atomist'로서 우주는 원자atoms와 '빈 공간void' 2가지로 구성되어 있다고 믿었다. 루크레티우스는 총

---

17) 비티니아(Bithynia): 소아시아 남서쪽의 로마제국에 속하는 한 고대왕국. 기원전 3세기 니코메데스 1세가 세력을 확장 건국, 기원전 1세기 로마 속주가 됨

18) Aulus Celsus(25 BC – 50 AD). 그리스 철학자, 초기 기독교를 반대하는 사람 기독교를 총체적으로 비판한 The True world를 저술

19) 총 8권으로 구성, 제1권 의학의 역사, 제2권 일반 병리학, 제3권 질병, 제4권 신체의 부분들, 제5,6권 약학, 제7권 외과학, 제8권 정형외과

20) Taddeo Alderotti(1206/1215 – 1295). 이탈리아 의사, 볼로냐 대학교 의대 교수, 최초로 의학지식을 대학 강의로 조직한 사람

21) Titus Lucretius Carus(99 – 55 BC). 로마 시인, 철학자, *De rerum natura*(on the nature of things/universe)를 작성, 사랑의 묘약을 마시면서 광기에 대한 시를 작성했으며 중년에 자살을 함. 그의 저서는 중세 한때 사라졌다가 1417년 독일에서 재발견하여 알려짐

22) Leucippus 기원전 5세기 고대 그리스 철학자, 엘레아 또는 밀레토스 출신, 데모크리토스를 가르쳤다는 설도 있음, 초기 원자론을 제안

명하고 수완이 좋은 사상가로서 이전 학자들이 주장한 초기 원자론을 수정하여 주장하였다. 원자론과 관련하여 그를 괴롭힌 문제는, 원자들이 어떻게 서로 충돌하여 화합물을 만들고 궁극적으로는 지구, 별, 행성이 되는지를 정확하게 알지 못하는 점이었다. 이 문제해결을 시도하는 과정에서, 그는 오늘날 과학사에서 '이탈swerve' 이론으로 알려진 내용을 도입하였다. 루크레티우스에 따르면, 하향 경로로부터 주기적이면서 완전히 임의적으로 일어나는 이탈은 원자들이 낙하하는 것을 중단시킨다. 하향 경로에서 일어나는 이러한 다양성은, 데모크리토스가 설명한 충돌을 이끌어내는데, 이 결과로, 어느 어떤 물질보다도 더 큰 질량을 지닌 물질을 형성한다는 것이다. 이에 대한 루크레티우스의 말을 인용하면 다음과 같다.

> 이 부분에 대해서도 여러분들은 다음과 같이 이해하기를 원한다. 사람의 신체가 몸무게로 인해 아래쪽으로 향해 내려갈 때, 아주 불확실한 시기와 불확실한 지점에서 원래의 경로로부터 약간 밀려나가게 된다. 만일 신체가 경로를 이탈하지 않는다면 모두 빗방울과 같이 아래로 떨어질 것이다.[7]

루크레티우스는 아리스토텔레스와 마찬가지로 사람의 영혼을 물리 법칙으로 설명할 수 있다고 믿었다. 따라서 그는 '원자론적atomistic'으로 사람의 영혼을 분석하기 시작하였다. 그는 비록 부분적으로 수정하기는 하였지만, 플라톤과 아리스토텔레스가 일찍이 주장했던, 사람의 영혼은 3가지로 분리된다는 내용을 받아들였다. 사람의 영혼은 생명력life-force, anima, 이성reason, mens, 정신spirit, animus의 3가지로 제시하였다. 그는 사람의 영혼은 원자로 구성되어 있다고 믿었으며, 영혼 이외 신체의 나머지 부분을 구성하는 원자들에 비교해서, 그리고 다른 여느 사물들도 마찬가지로, 영혼을 구성하는 원자가 더 얇은 것이라고 믿었다. 이후 그는 이 원자들을 '따뜻함warm', '공기air', '기운aura'으로 세분하였다. 제4원소도 있었다. 실제 제4원소로 명명하지는 않았지만, 사람의 의식을 구성하는 제4원소가 있다고 암시하였다. 따라서 그는 고도의 이동성과 휘발성을 가진 영혼의 원자들이 다양한 방식으로 혼합되는 관점에서 화, 두려움 등과 같은 사람의 모든 감정을 설명할 수 있다고 믿었다. 예를 들면, 두려움은 '차가운 원자cold atoms'로 구성된다.

비록 루크레티우스는 영혼soul이라는 용어를 사용하였지만, 이 용어는 플라톤, 아리스토텔레스, 그리고 중세시대 기독교 철학자들이 영혼이 영구불멸하다는 것을 가르치는 데 절대적으로 중요한 용어였던 것과는 무관한 내용이었다. 즉, 몸은 썩어 없어지는 반면에 영혼은 그렇지 않다. 루크레티우스는 플라톤과 같은 철학자를 격렬하게 공격하였는데, 이는 그가 플라톤의 영혼에 대한 초자연적/정신적 구성을 거부하였기 때문이었다. 실로 루크레티우스의 '영혼soul'에 대한 생각은 향후 철학자와 과학자들이 소위 '정신물리학적 정체성의 이론psychophysical identity theory'으로 발전시킨 내용의 기초적 근거로 인식되었다. 이러한 견해에서 우리가 소위 '정신적 상태mental state' 또는 '영혼의 상태states of the soul'라고 하는 기억, 생각, 두려움 등은 단지 뇌의 일부일 따름이라고 해석할 수 있다(1950년대 Smart와 Place와 같은 철학자들은 이러한 방식으로 사람의 마음을 관찰하는 연구를 시도하였다. 애들레이드Adelaide 대학교의 암스트롱Amstrong과 같은 학자는 아직도 이 연구방법에 매달려 있다. 한편 코넬Cornell 대학교의 노먼 맬컴Norman Malcolm과 같은 성공적인 이론가들은 이 연구방법의 핵심적 내용은 유지될 수 없다고 강력하게 주장하고 있다).

여전히, 루크레티우스는 원자론적 접근방법을 충분히 그럴 듯하게 보이도록 만들었다. 그는 엠페도클레스Empedocles가 주장한 것처럼, 물리적 사물들은 극단적으로 '가벼운 원자light atom'를 방출하며, 이 가벼운 원자들은 곧 눈에 충돌하여 시력을 만들어낸다고 주장하였으며, 이러한 감각 인식과 같은 현상들을 분석할 수 있다고 설득하였다. 그는 다른 감각에 대해서도 유사한 설명을 제시하였다. 심지어 원자론 원칙으로 꿈을 해석하는 것도 가능하다고 생각했다. 그의 이러한 관점에 따르면, 꿈에서 보는 이미지는 단지 물체로부터 나온 이미지의 잔상일 따름이며, 이들 이미지는 깨어 있는 생활 동안에 눈에 각인되어imprinted 있는 것으로 궁극적으로 영혼이라고 할 수 있다.

루크레티우스는 플라톤만큼 언급할 가치가 있는 뛰어난 철학자일 뿐만 아니라 엄청난 힘을 가진 작가이었다. 그는 자신의 생각을 시로 표현함과 동시에 과학적 및 철학적 사상도 소통할 수 있는 사람으로, 과거 몇 안 되는 철학자 가운데 한 사람이었다. 그의 저서에서, 그는 사람의 이성의 힘은 실제로 무한하며, 이 때문에 사람에게 충분한 시간이 주어지면, 우주의 비밀을 풀 수 있다고 확신하였다. 따라서 그는 어떤 형태의 종교나 교리를 거의 받아들이지 않았는데, 그 이유는 종교나 교리는 사람의 합리성을 회피하도록 만들며, 궁극적으로는 무지와 맹목을 초래할 것이라고 생각한 점은 놀랄 정도로 충격적인 것은 아니었다.

이후 중세 신학자들이 루크레티우스의 사상을 억압하기 위해 끊임없이 노력하였음에도 불구하고, 루크레티우스의 사상은 중세와 르네상스 시대까지 잘 살아남았다는 사실에서 그의 사상들이 얼마나 강력했는지를 알 수 있다. 그는 이후 부르노Giordano Bruno, 단테Dante와 같은 사상가들에게 크게 영향을 주었으며, 그 후 좀 더 최근의 원자론자, 돌턴Dalton, 베르셀리우스Berzelius[23]와 같은, 루크레티우스보다 수 세기 후에 생존하면서 연구했던 학자들은 루크레티우스와 추종자들이 만들어 낸 중요한 아이디어를 사용한 빚을 지고 있다. 실로, 주장컨대, 원자론 가설은 모든 현대 과학 이론의 개념적 토대이다. 이 이론은 생물학에도 적용할 수 있음이 반복적으로 증명되고 있다. 오랫동안 과학은 모든 생물체를 구성하는 분자들이 원자로 구성되어 있다는 사실을 의심의 여지없이 입증해오고 있다.

갈레노스Galen

만약 루크레티우스가 현대 물리학에 지대한 영향을 주었다면, 생물학자 갈레노스[24]는 미래 생물학에 루크레티우스와 마찬가지로 중요한 영향을 주었다.

23) Jöns Jacob Berzelius(1779－1848). 스웨덴 화학자. 보일, 돌턴, 라보아지에와 함께 근대 화학의 창시자로 불림. 원자량 측정, 정비례, 배수비례 법칙 증명

24) Galen(129/130－199/200). Aelius 또는 Claudius Galenus. 로마의 의사 철학자. 해부학, 생리학, 병리학, 약학, 신경학 등을 상당히 높은 수준으로 이해하였다고 전해짐

갈레노스는 131년 소아시아 페르가몬Pergamon왕국의 한 도시에서 태어났다. 비록 그리스인으로 태어났지만, 후에 로마로 이동하여 로마 문화를 사랑하게 되었으며, 심지어 로마식 이름 갈레노스Claudius Galenus로 개명했다. 그의 아버지는 건축가였고, 전설적인 이야기에 따르면, 그의 아버지는 아들을 치료하는 사람으로 키우라는 운명적 부름에 대한 꿈을 꾸었다고 전해지고 있다. 다른 대부분의 로마 사람과 마찬가지로, 그는 플라톤, 아리스토텔레스, 스토아학파, 시니시즘(냉소주의), 에피쿠로스학파[25] 등 그리스 철학에 대한 교육을 받았다. 이러한 예외가 일반적이라는 것은 이미 충분히 설명하였다. 앞에서 언급한 것처럼, 로마는 그리스로부터 많은 문화를 받아들였다. 로마 신들은 실제로 그리스 신들의 이름과 동일하였다. 예를 들면, 포세이돈Poseidon은 넵튠Neptune이었으며, 헤라클레스Herakles[26]는 헤르쿨레스Hercules와 같았다. 철학에서 로마는 새로운 것으로 기여한 바가 거의 없었다. 루크레티우스, 에피쿠로스와 같은 가장 뛰어난 로마 철학자들조차 그리스의 사상에 깊이 의존하였다. 로마시대에서는 플라톤과 아리스토텔레스와 같은 수준의 실력에 조금이라도 근접했던 철학자를 찾아보기 어렵다. 중세시대까지도 교회의 철학자들은 신학의 기초를 확립하는 데 로마보다 그리스 사상에 의존하였다. 예를 들면, 성 토마스 아퀴나스는 사실상 전적으로 아리스토텔레스의 사상을 그대로 받아들였으며, 성 아우구스티누스Augustine[27]는 플라톤에 전적으로 의존하였다.

철학에 대한 교육을 받은 후, 갈레노스는 그리스의 코린트Corinth[28]에서 먼저 의학공부를 시작하였고, 후에 헬레니즘[29]의 도시 알렉산드리아 시에서 수학

---

25) Epicureanism. Epicurus가 가르친 철학. 307BC 설립. 에피쿠로스는 원자물질주의자, 데모클리토스 추종자. 원래 플라톤의 사상을 반대했으며 후에 스토아학파도 반대하였음

26) 그리스 신화 가운데 최고의 영웅. 제우스의 아들, 미쳐서 아들과 아내를 죽임. 그 죄 값으로 12가지 모험여행을 하게 되는데 용기와 지략으로 어려움을 해결해 나갔음

27) Saint Augustine(354–430). 아프리카계 로마인, 신학자, 철학자. 서구 기독교 및 철학에 영향을 줌. 그리스도의 고귀함은 사람의 자유와 유리될 수 없다고 주장하면서 이후 원죄라는 교리를 구축

28) Corinth 고대 그리스의 상업, 예술의 중심지, 현재 그리스의 펠로포니스 지역의 일부이며 인구는 2018년 기준 약 36,555명

29) 헬레니즘: 기원전 334년 알렉산더 대왕의 동방 원정에서부터 기원전 30년 로마의 이집트

하였다. 158년 그는 고향으로 돌아와 검투사 양성 시립학교에서 궁중의사로 지냈다. 몇 년 후 이 일이 지겨워지자, 로마로 돌아가서는 과학을 가르치기 시작하였다. 곧 얼마 지나지 않아 그의 의학과 생물학에서의 명성은 만만치 않을 정도로 자자하게 되었다. 결국, 갈레노스는 로마 황제 가운데 가장 위엄 있는 철학자이며 정치가였던 아우렐리우스Aurelius[30]의 주치의가 되었다.

갈레노스의 생리학Galen's Physiology

갈레노스는 비록 순환계를 이해하지는 못하였지만, 병을 진단하는 데 맥박을 사용하였다. 비록 제대로 이해하지는 못하였지만, 그는 의학지식의 백과사전과 같은 것들을 모았다. 다른 여러 사람들과 마찬가지로 갈레노스는 아리스토텔레스의 사상에 많이 의존하였으나 그 나름대로 일부 독창적인 생각들을 제안하였다. 예를 들면, 혈액 순환에 대한 것으로, 그는 개, 돼지, 양, 그리고 그 외 동물의 대동맥과 주요 정맥을 묘사하였다. 소화계에 대한 그의 생각은 사실과 허구를 재미있게 혼합해 놓은 것이었다. 그는 소화를 신비로운 힘으로 설명하였는데, 이를 위장 내에 존재하는 변형의 힘transformation power이라고 명명하였다. 먼저 위장에 음식이 들어가고(여기까지는 그럭저럭 괜찮아 보임), 그 후에 음식은 혼합coction 또는 끓는boiling 과정을 거친다. 음식이 분해된 후, 위장은 이 기본 요소들을 간으로 보내며, 간에서 혈액으로 전환된다. 간에서부터, 혈액은 심장으로 이동하고 그리고 난 후 폐로 간다. 불필요한 생산물들은 '흑담즙black bile'으로 전환되며 곧 창자를 거쳐 몸 밖으로 배설된다. 마지막으로, 혈액과 정신/영혼의 혼합물은 대동맥으로 향하여 이동하고, 몸의 모든 부분으로 이동하면서 영양분을 제공하게 된다. 이러한 이상한 믿음들은 성 토마스 아퀴나스 시대까지 그대로 유지되었다.

병합 때까지 그리스와 동양이 서로 영향을 주고받음으로써 생긴 역사적 현상. 세계 시민주의·개인주의적 경향이 나타났으며 자연과학이 발달하였음

30) Marcus Aurelius(121 – 180). 로마 16대 황제(161 – 180), 선정을 한 5대 황제 가운데 1명

갈레노스의 해부학에 대한 생각들Galen's Anatomical Ideas

갈레노스는 해부학에 대한 흥미를 충족하기 위해, 상상할 수 있는 거의 대부분의 종류들의 생물들을 실험했다. 갈레노스는 사람을 제외하면 어떤 생물체이던지 죽어있던 살아있던 간에 생체해부를 실시하는 것을 두려워하지 않으면서 연구하였다. 갈레노스도 순환계를 설명하였는데 그 내용은 그렇게 나쁘지 않았다. 갈레노스는 심장의 좌심방에 공기가 들어있다고 주장하는 낡고 고루한 신화를 최초로 거부했던 사람이었다. 물론 갈레노스는 생리학에서 산소의 중요성을 이해하지는 못했지만, 그래도 그러한 관점을 예측하는 내용을 언급하였다. 즉 아직 밝혀지지는 않았지만 혈액에는 생명의 근간이 되는 무엇인가의 요소가 존재한다고 주장하였다. 물론 그 요소는 산소였다.

갈레노스는 이와 같은 탁월한 공헌을 했음에도 불구하고, 실수를 저질렀다. 갈레노스의 여러 제자들은, 과학적 방법을 충분히 이해하지 못하였으며, 다른 사람들이 아리스토텔레스의 말을 절대적 진리로 받아들이는 것처럼, 갈레노스의 말을 성경의 복음서처럼 받아들였다. 예를 들어, 심장의 해부학적 설명에서, 갈레노스는 동맥과 정맥 모두 심장으로부터 나온 혈액을 운반하고, 좌심실과 우심실 사이 벽에 구멍이 있어, 혈액이 양쪽 사이로 통과할 수 있다고 잘못 생각하였다. 그는 또한 간은 정맥계의 '중심부seat'라고 주장하였다.

반면, 갈레노스는 혈관과 생식기관에 대해서는 매우 정확하게 설명하였다. 그는 또한 뇌, 신경계, 척수와 함께 발과 손에 대해서도 매우 상세하게 설명하였다. 그는 발과 손은 신경 자극을 뇌로 전달하고 또 뇌의 자극을 반대로 전달하는 사실을 알아차린 것으로 보였다. 그는 신경다발들이 인체의 모든 부분에 분포하고 있다는 것을 보여 주었다. 그는 또한 뇌에 대한 상세한 지도map를 고안해냈다. 이 그림에서 갈레노스는 심지어 현대 신경학자들이 뇌신경이라고 부르는 신경다발의 통로들을 명확하게 묘사하고 있었다. 그럼에도 불구하고, 그는 뇌에 영혼soul pneuma이 존재하고 몸 전체를 순환한다는 고루한 철학에 집착하였다. 갈레노스의 과학적 업적은 비록 다 완전히 신뢰하기 어렵지만, 홀로 이루어낸 대량 업적이라는 자체만으로 가히 인상적이었다.

요약Summary

로마시대 생물학의 진보는 중단된 상태였다. 일부 비교해부학, 분류학, 생리학에서는 좋은 업적들이 나왔지만, 로마시대 의학의 대부분은, 다른 학문 영역도 마찬가지로 그리스시대의 의학을 그대로 받아들인 내용이었다. 갈레노스의 이러한 업적이 있었음에도 불구하고, 로마시대 과학에서 이루어낸 가장 큰 공헌은 의학이나 생물학이 아니라 데모크리토스의 업적을 이어낸 물리학이었다.

Chapter 05

중세Middle Age

AD 476년 로마가 멸망한 이후, 상대적으로 진전이 별로 없었던 매우 긴 기간이 지속되었다. 물론 혼란은 AD 3세기에 경제적 어려움과 정치적 혼란이 증대하면서 이미 시작되었다. 역사가 우리에게 가르쳐 주는 것은 이런 상황에서 대부분의 사람들은 추상적인 추측이나 과학적인 연구에 별로 많은 시간을 보내지 않는다는 것이다. 대신에, 항상 그랬듯이, 유럽인들은 기독교의 새로운 예배의식, 신비주의적 미트라교[1] 등의 종교에 관심을 돌리게 되었다. 이러한 혼란스러운 배경에 더해서, 로마의 멸망으로 인해 만들어진 힘의 간격을 메우고자 최소 3개 문명이 존재하고 있었는데, 비잔틴 문명, 서구 기독교, 새로운 종교인 이슬람교가 그것이었다.

1050년에서 1300년까지 중세시대에도 또 다시 과학과 철학에서 위대한 천재들이 나타났는데, 여기에는 아비센나Avicenna,[2] 아베로에스Averroes,[3] 토마스

1) Mithraism 로마제국 당시(1-400)의 신비주의 종교, 기원전 3세기경 고대 페르시아에서 일어났으며, 미트라를 숭배하는 종교. 초기 기독교에 대응하는 경쟁적 종교로 간주, 소아시아, 로마제국 등지에 전해져 성행하였으나 4세기 밀라노 칙령 이후 기독교에 눌려 쇠퇴

2) Avicenna(980-1037). 이븐 시나, 페르시아 박학자, 의사. 총 240편 이상의 논문 발표.

아퀴나스Thomas Aquinas[4]) 등이 있다. 최근 역사가들은 오래된 교리들에 대해 다시 생각하기 시작했다. 서구 기독교, 이슬람, 비잔틴 제국은 전통적으로 퇴보, 비진보적(특히 서구 기독교)이라고 보았는데, 역사가들은 아주 최근에 이 시기의 업적들 – (예를 들면 과학과 철학에서 이슬람의 진보, 특히 12세기까지는 알려지지도 않았던 아베로에스 같은 사람들의 업적들) – 을 충분한 수준으로 인정하기 시작하였다. 본질적으로 이슬람 사회에서 과학자로 봉사했던 페이라수프스(faylasufs: 그리스어 Philosophs에서 유래)들이 실제로 가장 먼저 중요한 일들을 수행한 사람들이었다. 이들은 화학에서 은, 질산, 병반–황산알루미늄–과 그 외 여러 물질을 발견하는 등의 중요한 업적을 남겼을 뿐만 아니라 광학에서도 빛의 굴절과 렌즈의 구조를 발견하는 중요한 업적을 남겼다.

생물학에서 아비센나는 결핵, 늑막염과 같은 질병이 전염성이 있다는 것을 보여주었다. 사실 그의 의학전범 5권[5])은 17세기 데카르트 시대까지 의학 영역에서 가장 많이 평가된 저술이었다. 다른 이슬람 내과의사들은 암을 연구하였고 다양한 안구 질병을 치료할 수 있었다.

이렇게 중세시대에 지식들이 재탄생하게 되는 이유는 복잡하다. 그러나 가장 많이 받아들여지는 이야기로는, 중세시대에는 학교교육이 널리 확산되는 것과 함께 모든 것이 더 나아지기 위해서 변화되었기 때문이었다. 학교는 교황의 지원 하에 큰 도시에서부터 설립되기 시작하였다. 그리고 경제적인 조건이 향상됨에 따라 더 부유한 집안의 자식들을 이런 학교에 보낼 수 있었고 학교는 더 이상 성직자들을 교육시키기 위해서만 봉사하는 곳이 아니었다. 사실, 14세기까

150편은 철학, 40편은 의학. 우즈베키스탄 부하라에서 태어났고 하마단에서 사망. 당시 페르시아 제국의 혼란스러운 여건에서도 학술 활동에 주력. 여러 곳에서 의사 생활함

3) Averroes(1126–1198). 스페인계 이슬람 박학자. 아리스토텔레스 철학, 이슬람 철학, 신학, 법학, 논리, 심리, 정치, 아랍음악, 의학, 지질학, 수학, 물리 천문역학 등에 박식

4) Thomas Aquinas(1224–1274). 기독교의 저명한 신학자, 스콜라 철학자, 로마가톨릭교회 철학적 전통의 기반인 토마스 학파를 구축

5) Canon of Medicine. 아비센나가 1025년 완성한 5권의 의학 백과사전, 당시 의학지식을 종합하고 매우 명확한 체계로 정리된 저서, 갈레노스의 영향을 가장 많이 받은 중세시대 저서로 알려짐. 먼저 아랍어로 저술, 후에 페르시아어, 라틴어, 중국어, 히브르어, 독일어, 프랑스어, 영어로 번역, 의학에서 가장 유명한 책으로 알려짐

지 대부분의 학교는 더 이상 교회가 통제하는 곳이 아니었다. 12세기 볼로냐Bologna 대학교를 시작으로 대학교들이 나타나기 시작하였다.

이러한 분위기에서, 마침내 과학이 다시 발전하기 시작하였다. 중세시대 후기에 이르기까지 교육과 과학을 향한 추진력은 강력하였으며, 당시 사회는 질병과 가난이 다시 만연하였던 어려운 시기였음에도 불구하고 오컴의 윌리엄[6]과 같은 위대한 사상가들이 출현하였다.

중세시대 동안에 수많은 아랍계 학자들은 아리스토텔레스의 학설을 다시 회복시켰고 아리스토텔레스의 저작물들은 르네상스 시대와 심지어는 계몽시대에 이르기까지 모든 후속 사상들에 스며들었다. 유럽은 중세시대 생물학과 과학을 상당한 수준으로 진전시켰으며, 중동에서도 마찬가지였다. 세계 도처에서 병원 체계가 세워졌고 고대 이집트를 회상할 만큼 훌륭하게 조직화된 의학 전문들이 존재하였다.

중세시대의 아리스토텔레스Aristotle in the Middle Ages

주저할 것도 없이, 중세시대의 생물학적 권위는 당연히 아리스토텔레스에게 있었다. 이 시대의 거의 모든 지식인들은 이 숭고한 그리스 철학자를 철학, 물리, 생물학, 천문학, 심지어는 시에 이르기까지 모든 영역에서 궁극적인 권위를 가진 사람으로 여겼다. 그는 토마스 아퀴나스가 한마디로 '위대한 철학자The Philosopher'라고 언급할 정도로 아주 위대한 사람이었다.

과거와 마찬가지로, 심지어 학자들조차도 생물학을 연구 그 자체에 가치를 두기보다는, 의학에 적용하기 위해 연구하였다. 가장 유명한 생물학자 가운데 중

6) William of Ockham(1287–1347). 영국 철학자, 신학자, 서리(Surrey) 지역 오컴 마을에서 태어난 사람으로 중세시대 대표적인 사상가. 논리, 물리, 신학 등에 업적을 남김. 오컴의 면도날–'많은 것들을 필요 없이 가정해서는 안 된다', '보다 적은 수의 논리로 설명이 가능한 경우, 많은 수의 논리를 세우지 마라'를 주장. 즉 어떤 현상을 설명할 때 불필요한 가정을 해서는 안 된다는 것임. 같은 현상을 설명하는 주장이 2개 있다면, 간단한 쪽을 택하며 필연성 없는 가설, 개념은 면도날로 잘라내듯이 배제한다는 의미. 사고 절약의 원리, 경제성의 원리, 단순성의 원리로 알려짐. 이는 논리학에서 추론의 건전성 개념과도 유사

세시대의 현자인 알베르토 마그누스Magnus[7])는 토마스 아퀴나스의 스승이었다. 1193년 즈음에 태어난 마그누스는 독실한 가톨릭 신자였으며, 부유하고 힘있는 가문 출신임에도 불구하고 어릴 때 엄격한 도미니칸 수도원에 들어갔다. 결국 그는 파리 대학교 교수가 되었고 나중에 레겐스부르크의 주교가 되었다. 그러나 그는 얼마 지나지 않아 곧 수도원으로 다시 돌아와서 스스로 과학적 철학에 대한 명상에 빠져들었다.

마그누스가 역사상 최초의 진정한 화학자 가운데 한 사람이었다는 주장은 타당한 것 같다. 비록 그 전에 많은 사람들이 연금술에 대담하게 뛰어들었지만, 그는 확실하게 화학 연구에서 진정한 과학계와 신비로운 과학계 연구의 차이를 인식한 최초의 사람이었다. 그는 비소를 최초로 합성하였으며, 특정 화학물질은 특정한 다른 물질과 자발적으로 결합하는 경향이 있다는 것을 깨닫기 시작했다. 아마도 마그누스는 아퀴나스가 연금술에 대해 강한 회의론을 가지도록 영향을 준 것 같은데, 이에 대해 아퀴나스는 다음을 인용하였다.

> 마치 연금술사가 외형의 부수적인 특징들을 금과 유사하게 만들어내는 것처럼, 심지어 이 기술로도 유사한 것을 만들어낼 수 있다. 그러나 이렇게 만들어낸 것들은 여전히 진짜 금은 아니다. 왜냐하면 금의 본질적인 형태는 연금술사가 사용하는 불에 의한 열로 인공적으로 만들어지지는 않기 때문이다. 그러므로 [연금술로] 만들어진 금은 진짜 금과 같이 작용하지 않으며, 그리고 연금술로 만들어낸 다른 물질들도 마찬가지이다.[8]

그의 제자인 토마스 아퀴나스가 그랬던 것처럼, 마그누스는 전능자가 자신에게 교회의 가르침을 아리스토텔레스의 철학에 근거하도록 요청했다고 믿었다. 아리스토텔레스와 마찬가지로 마그누스도 뇌는 '차갑고' 동맥은 '공기'를 포함하고 있다는 등을 주장하면서 어리석음에 빠져들었다. 그럼에도 불구하고 그는 또한 아리스토텔레스와 의견을 달리 하였는데 이는 그 당시에는 위험을 감수하는

---

7) Albertus Magnus(1193/1206－1280). 가톨릭 성인, 독일 도미니크 제국의 수사이며 대주교. 중세시대 독일의 대표적 철학자, 신학자

행동이었다. 그는 아리스토텔레스의 신념을 부인하였는데, 예를 들면, 영혼이 심장에 있다는 것이다. 대신에 현대적 관점을 예상하듯이 그는 영혼은 뇌에 있다고 추정하였다. 그는 유럽 전역을 여행하면서 가능한 모든 유형의 동식물을 관찰하고 목록화 하였다. 학문영역을 넓혀가는 사상가로서 그는 생물학뿐만 아니라 지질학과 물리학도 공부하였으며 수많은 광물을 서로 다른 범주로 분류하였다. 비록 오늘날 생물학자들이 그가 이룬 업적의 대부분이 틀렸음을 알고 있지만, 알베르투스 마그누스가 이루어낸 생물학의 위대한 공헌은 아마도 유럽의 식물을 기술하고 범주화한 성과에 있을 것이다.

중세의 사실과 허구Fact and Fiction in the Middle Ages

그러나 토마스 아퀴나스의 합리성과 아리스토텔레스가 제안했던 과학적 방법의 패러다임이 있었음에도 불구하고 중세 생물학과 과학에서 통상적으로 주술과 미신이 지배적인 역할을 지속하였다. 이것이 놀랍지도 않은 것은 당시 과학은 부득이하게 경험적이었으며, 어떤 견고한 이론적 근거가 부족하였기 때문이었다. 한편, 의사들은 개별 의약품들이 특정 질병을 치료하는 것을 발견하였고 그래서 그것을 계속해서 사용하였다. 보다 이론적인 생각을 가진 사상가들은 한 가지 의약품이나 의술이 효과가 있다는 단순한 사실에 만족하지 않았으며, 그 이유가 무엇인지 알고 싶어 했다. 현대의 과학 지식이 없었으므로, 의사들은 답을 제공하기 위해 주술과 미신으로 방향을 돌렸다.

고대와 중세 과학에서 두드러진 특징은 우주에서 어떤 일이 일어나는지 이유를 설명하기 위한 '이론들theories'로서 미신, 점성, 주술을 엄청나게 많이 사용했다는 것이다. 중세시대 사람들은 종종 주술에 의존하였는데 예를 들어 어떤 의약품이 그러한 방법으로 약효가 있다는 이유를 보여줄 때 주술에 의존하였다. 비록 이런 막연한 '이론'이 중세 생물학의 진전에 도움이 되지는 않았지만, 그렇다고 해롭게 하지도 않았다. 고대 사람들은 자신들이 가지고 있던 단순한 지식을 가지고 우주가 움직이는 방법에 대해, 현대의 과학적 학설과 유사한 어떤 이론들을 개발할 수 있는 기회는 거의 없었다. 그래서 그들은 계속해서 임상적으로 진행시키면서 다양한 식물과 광물의 효과를 목록화 해나갔다(예를 들면, 당시 사람들은 아편과 수은은 마취제로 작용한다는 것을 알고 있었다). 수십 년이 지나면서 목록은 더욱 길어졌다. 이후 17세기 영국의 내과의사인 토마스 시드넘Sydenham[8])과 여러 사람들은 이러한 자원들을 더 많이 사용하였고 또 그 외 다른 자원들도 도입하였다.

중세시대를 생물학이나 의학에서 특별히 뛰어난 기여나 진전을 이루어낸 기간이라고 말하기는 어렵다. 아리스토텔레스의 권위는 너무 컸으며, 많은 부분들을 원래 사고방식으로 되돌려 버렸다. 아마도 중세 사상가들이 과학에 기여한 가장 큰 공헌은 알베르투스 마그누스가 화학에서 이루어낸 업적일 것이다.

8) Thomas Sydenham(1624–1689). 영국 의사. 옥스퍼드에서 의학을 공부하였으며, 영국 히포크라테스로 불리며 의학계 대가로 알려짐

Chapter 06

르네상스The Renaissance

르네상스 시대는 후기 중세시대와 비교했을 때 교육에 관심이 많았던 시기였다. 과학, 예술, 문학, 그 외 영역의 발전은 가속화되어 가고 있었다. 철학만은 예외로 큰 발전을 이루지 못하였는데, 이는 사람들이 추상적인 것보다 실질적인 세계를 이해하는 데 더 많은 관심을 가지고 있었기 때문이라고 할 수 있다. 아리스토텔레스는 여전히 지배적인 힘을 행사하였으며, 갈레노스는 해부학 연구에 지속적으로 영향을 주고 있었다.

레오나르도 다빈치Leonardo Da Vinci

르네상스 시대 위대한 거인들 가운데 한 사람은 레오나르도 다비치[1)]였다. 그는 생물학에 남긴 업적뿐만 아니라 예술과 다른 과학영역에서도 측정할 수 없을 만큼의 큰 명성을 얻었다. 르네상스 시대 예술가들은 사람의 해부학을 철저

1) Leonardo di ser Piero da Vinci(1452－1519). 르네상스 시대 이탈리아 박식가, 화가, 조각가, 건축가, 음악가, 수학자, 공학자, 발명가, 해부학자, 지질학자, 지도제도사, 작가. 르네상스 시대 인본주의자의 상징으로 시대를 대표하는 모범적인 인물이었으며, 지칠 줄 모르는 호기심과 열광적으로 열에 들뜬 듯한 혁신적 상상력 등을 발휘

히 이해해야만 위대한 예술작품을 만들어낼 수 있다는 것을 알고 있었으며, 이 때문에 다른 예술가와 마찬가지로 레오나르도도 여러 영역에 걸쳐 관심을 가진 점은 충분히 이해할 수 있다.

1452년 레오나르도는 피렌체[2] 근처 빈치Vinci라는 마을에서 태어났다. 어린 시절 그는 피렌체 언덕에서 동물들을 살펴보면서 무수히 많은 시간을 보냈다. 살고 있는 마을 주변에서 식물들과 나무들을 수없이 그렸다. 그의 아버지는 그의 무한한 능력을 인정하여, 당대 최고의 예술가였던 베로키오Verrochio[3]로부터 교육을 받도록 하였다. 레오나르도는 베로키오로부터 르네상스 시대 현실주의 양식을 전수받았으며, 생물체를 그리는 예술가로서 그림을 그리도록 요청받게 되었다. 비록 아무도 확신할 수는 없지만, 많은 역사학자들은 레오나르도가 젊은 시절에 30구 이상의 시체를 해부했다고 추측한다. 또한 그는 그림을 그리고 해석을 기록한 노트 129권을 남겼다. 실제, 그가 기록한 노트 가운데 20권과 4천 페이지에 달하는 저서들이 여전히 남아 전해지고 있다. 레오나르도는 근육, 골격, 근육과 골격의 연결 구조를 섬세하고 아름답게 그렸으며, 다른 사람들은 이 레오나르도의 그림을 통해 생물학을 올바르게 이해하게 되었다.

레오나르도는 베로키오로부터 어느 정도 교육을 받은 후 곧, 피렌체에 있는 Santa Maria Nuova병원에서 해부학을 공부할 수 있도록 허락을 받았다. 그의 성인 시절의 삶은 거칠고 험난했는데, 유럽 전역을 끊임없이 헤맸으며 결국에는 프랑스에 정착하였다. 그는 철저한 경험주의자로서 물리든 예술이든 해부학이든지 간에 자세히 관찰한 결과에 근거를 두고 연구를 수행하였다. 다행히도, 그의 그림들과 예술품들의 일부가 오늘날까지 전해지고 있다.

그는 시작부터 아리스토텔레스의 경험주의 방법을 글자 한 자 한 자까지 철저하게 지켰지만, 때로는 주저함 없이 아리스토텔레스가 내린 잘못된 결론에 반대하였다. 그는 사람의 이성만이 신학적 신비를 이해할 수 있다고 주장하고 신봉하는 중세 교리인 스콜라철학을 철저하게 반대하였다. 그는 자신의 노트에

---

2) Florence 피렌체, 르네상스의 발상지로 불림. 중세 그리스의 아테네로 간주함
3) Andrea del Verrocchio(1435－1488) 이탈리아 피렌체 태생 조각가, 금세공사, 화가

서 '사람이 순수한 경험을 반대하고 항의하면, 이는 남을 속이고 거짓된 증거를 주장하는 잘못이며, 이 때문에 비난받게 된다'라고 말하고 있다. 그가 이와 같은 내용을 주장한 이유는 스콜라철학이 아리스토텔레스의 주장에 전적으로 의존하고 있기 때문이 아니라 스콜라철학의 중세 교리가 사람의 경험적 증거를 거만하게 받아들이기 꺼려하는 것이었기 때문에 도전하였다. 이렇게 그는 중세 교리를 신봉하는 모든 사람들을 우습게 보고 비난하였다. 다행히도 르네상스 시대 과학과 예술의 두 영역 모두에서, 그는 궁극적으로 당대 중요한 학자들 모두에게 영감을 주었다.

르네상스 시대의 권위 있는 학자들은, 레오나르도의 주장을 추종하면서, 중세 형이상학적 철학을 철저하게 비판적으로 바라보기 시작하였다. 이들은 왜곡된 라틴어 산문에서부터 독단과 편협한 추론에 이르기까지 스콜라철학의 모든 것에 대해 비난하였다. 레오나르도와 그의 주장을 따르는 학자들은 스콜라철학은 방법이 잘못되었다기보다 단순히 아리스토텔레스의 결론을 받아들이는 것으로 실수를 범했다고 믿었다.

레오나르도는 자신의 연구영역을 사람의 해부학에만 국한시키지 않고, 감각인지에 대한 생리학까지도 연구를 수행하였다. 나아가 그는 연구영역을 점차적으로 확장하여 심지어 지질학도 연구하였는데, 수많은 지층을 조사한 후, 아리스토텔레스의 주장에 상반되는 내용으로서, 고대 동물의 단편들이 굳어진 것이 화석이라는 완전히 근대적인 관점을 주장하였다.

르네상스 시대의 화학Chemistry during the Renaissance

역사적으로 이 시기, 과학자들은 생물학에서의 화학의 역할에 대해 이해하기 시작하였다. 르네상스 시대 이 영역의 핵심적 인물은 파라켈수스Paracelsus[4]

---

4) Paracelsus(1493~1541). 독일-스위스의 의사, 식물학자, 연금술사, 점성술사, 신비주의자. 의화학(醫化學)의 시조로 불리며, 고대 저서에 얽매이지 않고 자연을 관찰한 결과를 주장하였으며 혁신적인 연구방법을 개발하여 실험실에서 많은 의약품을 만들어냈음

이다. 1493년 테오프라스투스 호엔하임Theophrastus Hohenheim으로 세례를 받았다. 그의 삶에 대해서 자세히 알려지지 않았지만, 그는 명백히 스위스 마리아－아인시델른Maria－Einsiedeln에 있는 수도원에서 태어났다. 수많은 역사학자들은 그의 아버지는 호엔하임 왕족 기사인 아버지와 소작농 여성인 어머니 사이에 태어난 서출이라고 주장하고 있다. 의심할 여지도 없이, 서자 출신인 아버지를 둔 것으로 인해, 파라켈수스는 왕족 혈통의 이익을 거의 받지 못했으며 대신에 비참하고 가난했던 성장 시기를 보냈다. 비록 그렇게 가난했지만, 그의 아버지와 일부 성직자들은 그를 바젤대학교[5]로 보내어 제대로 교육을 받도록 하였다. 그는 바젤대학교에서 스콜라철학의 완고한 교리에 싫증을 느꼈으며, 수도원 실험실에서 대수도원장의 지도하에 연금술을 공부하는 것도 그만두고 그곳을 떠났다. 몇 년이 지난 후 그는 야금학[6]을 연구하기 시작하면서 자신의 연구영역을 넓혀 나갔다.

그는 그의 과학적 시야를 더욱 넓히기를 갈망하면서, 유럽을 횡단하는 여행을 시작하였다. 많은 사람들은 이렇게 여행하였는데, 이들을 방랑하는 학생scholare vagrante이라고 불렀다. 그는 수차례 프랑스, 이탈리아, 스페인, 독일, 스웨덴을 여행하였다. 여행하는 동안 신비로운 것들에 매료되었으며, 주술, 악마숭배, 그 외 다채로운 것을 탐구하였다. 그럼에도 불구하고 그는 대학 강의뿐만 아니라 바젤 도시에서 의사가 되기에 충분할 정도로 생물학과 진정한 과학의 기초를 지니고 있었다.

그는 거의 잔꾀를 부리지 않았으며, 항상 끊임없이 노력하고 획기적인 방법들을 통해 자신만의 방법을 얻어냈다. 그는 심지어 수업시간에서도 유별났는데, 학기가 시작할 때마다 아리스토텔레스, 갈레노스, 그 외 학자들의 책을 불태우는 극단적인 일들을 벌이면서, 이들 창조자들이 얼마나 예찬을 받는지에 상관하지 않고, 이들의 사상을 경멸하는 시위를 벌였다.

---

5) Basel University 스위스 바젤에 소재하는 대학교, 1460년 설립된 스위스에서 최고로 오래된 명문대학교, 교황이 설립 증서를 제시했으며 예술, 의학, 신학, 법학의 4개 단과대학으로 시작하였음

6) metallurgy 암석에서 금속을 추출하는 학문

여러 해 동안 방랑하는 학생scholare vagrante으로 지내다가, 16세기 중반 대주교 에른스트Ernst의 초청으로 잘츠부르크Salzburg로 이사하였다. 파라켈수스는 서로 다른 물질이 생물체에 미치는 효과를 강조하면서 현대 화학을 향해 발걸음을 내딛는 연구를 수행하게 되었다. 그러나 한편에서는 여전히 연금술에 몰입해 있었으며, 코페르니쿠스Copernicus, 케플러Kepler와 같이 우주는 물질보다 영적인 것에 의해 통제된다고 결론지었다. 그는 그의 저서, 파라그라눔Paragranum에서 의학은 물리의 한 분야일 따름이라고 주장하였다. 나아가 그는 생물학의 법칙은 실제 독립적인 법칙이 아니며 오히려 물리의 법칙을 적용한 특별한 사례로 보았다. 이러한 그의 관점은 오늘날에도 과학철학자들이 심각하게 논의하고 있는 내용이다. 이를 넘어서, 그는 아리스토텔레스와 같은 이전 철학자들의 권위를 자동적으로 받아들이지 않았다. 대신에 그는 수많은 여행기간 동안에, 항상 환경이 신체에 어떤 영향을 주는지에 대한 더 많은 지식을 찾았고 더 좋은 의술을 찾으려 하였다. 가장 중요한 것은, 그가 의학과 화학의 연관성에 심취한 점이며, 이러한 그의 관점으로 인해 후학들은 조만간 약리학을 연구해야 함을 예견할 수 있게 되었다.

르네상스 시대의 식물학Botany in the Renaissance

르네상스 시대 브룬펠스Brunfels와 훅스Fuchs와 같은 사람들은 식물학 영역에서 수많은 지식들을 축적하였다. 1489년에 태어난 오토 브룬펠스7)는 종종 '식물학의 아버지the fathers of botany'로 불린다. 그는 애초에 교회를 섬기는 신자의 길을 가려고 했지만, 이 계획을 포기하고 의학 도제 수업을 시작하였다. 브룬펠스는 스트라스부르Strasbourg의 서점으로부터 치료에 일반적으로 자주 사용되는 약초와 식물에 대한 의학책을 써달라는 부탁을 받았다. 이 의학책을 작성하는 과정에서 책자, '식물의 생활상Living pictures of herbs'을 저술하게 되었다. 불행

7) Otto Brunfels(1489–1534). 독일 신학자, 식물학자, 린네는 그를 식물학의 아버지로 불렀음. 화가의 도움으로 많은 식물들을 상세히 작성하여 약 250종의 식물과 135컷의 삽화를 모아 엮은 '식물의 생태도'를 만들어 '식물학의 아버지'라는 칭호를 받았음

Paracelsus(1493-1541)
(Courtesy of the Library of Congress.)

히도 브룬펠스는 이 책자에 새로운 것은 하나도 제시하지 못했으며, 디오스코리데스Dioscorides[8]와 아리스토텔레스와 같은 고대 생물학자들의 업적에 주로 의존하면서 작성하였다. 또 이 책자의 그림은 예술가 바이티츠Weiditz[9]가 그렸는데 명백히 결점이 많은 것으로 밝혀졌다.

훅스[10]도 브룬펠스에 뒤지지 않을 정도로 기여한 사람이었다. 1501년 그는 태어났으며 스콜라학파의 그늘 아래 학교 교육을 시작하였다. 그럼에도 불구하고 루터Luther와 칼뱅Calvin을 읽은 후에 그는 개신교로 전향하였다. 그 시대 관례에 따라, 그는 의학공부를 하면서 생물학 분야로 진입하였다. 브룬펠스와 유사하게, 그의 직업은 튀빙겐Tübingen대학교 의과대학 교수였지만 거의 모든 시간을 분류학을 공부하는 데 쏟아 부었다. 뿐만 아니라 그는 개업한 현직 의사였다.

연구를 수행한 후 몇 년이 지난 뒤, 1542년 훅스는 '식물사De Historia Stirpium'를 저술했다. 이 책에서 그는 400개 이상의 식물들을 정리하고 체계적으로 묘사했다. 놀랄 일도 아닌 것이, 그도 대부분의 생물학 이론들을 아리스토텔레스와 플라톤에서 도입하였다. 확실히, 훅스는 플라톤의 '소피스트The Sophist'[11] 대화에서 나타나는 복잡한 분류 체계를 도입하여, 식물들을 11개 특징과 형태를 준거로 여러 범주로 분류하였다. 훅스는 식물의 종마다 특징적인 구조뿐만 아니라 개화하는 시기와 장소에 대해서도 기록하였다.

---

8) Pedanius Dioscorides(40－90). 그리스 의사, 약학자, 식물학자. De Materia Medica라는 총 5권의 의약학 백과사전을 저술, 이후 1500년까지 널리 읽혀졌음. 약대생들은 디오스코리데스 선서를 하기도 함

9) Hans Weiditz(1495－1537). 르네상스 시대 독일 예술가. 특히 목판작품과 식물 그림으로 명성을 얻음. 당시 목판화는 예술가가 원판 그림을 그리고, 조각을 전문으로 하는 사람이 따로 있음, 작품의 질은 예술가뿐만 아니라 조각전문가의 능력에 따라 달라짐

10) Leonhard(또는 Leonhart) Fuchs(1501－1566). 독일 의사, 식물학자, 1542년 약초에 대한 방대한 내용을 담은 책자를 라틴어로 출판하였음. 500종의 식물들을 정확하고 상세히 그렸으며 목판으로 인쇄하였음

11) Sophist(Latin: sofista). 그리스 로마시대 교사, 대부분 소피스트는 철학과 산문을 가르치는 능력을 갖춘 사람들이지만 이들 가운데 음악, 체육, 수학을 가르치기도 하였음. 초기 소피스트는 돈을 지불한 사람들에게만 지혜와 교육을 제공했으나, 소크라테스는 돈 받는 행위를 비난. 이러한 비난에도 불구하고, 대부분의 소피스트들은 노년에 돈을 많이 벌었던 것을 알려지고 있음

기이하게도, 훅스는 범주에 기질temperament과 힘powers을 추가하였다. 아마도 훅스는 모든 살아있는 생물체는 성장하려는 힘에 의해 발달하고 번성한다는 아리스토텔레스의 주장에 근거하여 이 범주가 추가한 것으로 추측된다. 그럼에도 불구하고 분명한 것은, 이 책이 당시 어떤 이전의 식물학자의 저서보다 훨씬 더 많이 연구하고 기록한 측면에서 긍정적으로 볼 수 있다.

반 헬몬트와 자연발생설Van Helmont and Spontaneous Generation

1500년, 스위스 누페Nufer[12]는 실제로 제왕절개 수술을 성공적으로 수행하였다. 이는 역사상 최초로 기록된 사례일 것이다. 그 후 이 수술에 비교할 만한 사례가 나타나지 않았다가, 17세기 중반에 이르러서야 비로소 요한 슐츠Johann Shultes가 '수술 도구Tools of Surgeon'의 책자를 저술하였으며, 여기에 유방절제술에 대한 크게 유쾌하지 않은 수술 과정을 제시하였다.

지식인들은 항상 지구상에서의 생명의 기원이 무엇인지를 궁금하게 생각해왔다. 물론 이에 대한 많은 설명들은 영적인 것들이었다. 일부 종교 이론에 만족하지 못한 사람들은 자연적 현상에서 찾으려고 하였다.

생명의 기원에 대한 설명으로 초기에 제안된 자연발생설은 평판이 좋지 않은 악명 높은 학설이었다. 이 학설은 불가사의한 부분을 건드리는 학설이었다. 이 난해한 학설에 따르면, 생명은 무생물체에서 발생할 수 있는데, 이는 오랜 기간 동안 받아들여진 내용으로 아리스토텔레스와 다른 사람들이 주장한 대로 연못이나 강에서 작은 생물체들이 발생하는 것을 관찰했다는 내용에 근거하고 있다. 그러므로 자연발생설은 과학자들이 직접적으로 관찰할 수 없는, 생명의 기원에 대한 한 이론이었다. 16세기, 벨기에 생물학자 반 헬몬트Van Helmont[13] 또한

12) Jakob Nufer는 스위스에서 돼지를 거세시키는 사람이었으며, 1500년 당시 역사상 최초로 자신의 아내를 환자로 제왕절개 수술을 성공시킨 것으로 알려지고 있음. 수술 당시 아내는 쌍둥이를 포함하여 5명의 자식을 출산했다고 알려지고 있으나, 이 내용은 1582년에서 기록되었음에 따라 역사학자들은 이 내용에 대해 의구심을 가지고 있음

13) Jan Baptist van Helmont(1577 또는 1580－1644). 근대 초기의 벨기에 플라망 화학자, 생리학자, 의사. '기체' 용어를 최초로 도입하였으며, 기체화학의 창시자로 불림

이 학설을 지지하였는데, 헬몬트는 심지어 쥐같이 큰 동물들도 자연적으로 발생한다고 주장하였다. 헬몬트의 관점에 따르면, 축축하고 더러운 헝겊과 겨를 담은 그릇을 어두운 장소에 두고 주위를 음식으로 둘러싼다면, 자연적으로 쥐가 발생한다고 했다. 또한 헬몬트는 수은으로 금을 만들 수 있다고 믿었다. 반 헬몬트가 주장한 비과학적 내용은 이쯤에서 그만하고, 이제 그가 발견한 과학적 방법에 대해 이야기해 보아야겠다.

반 헬몬트에게 공정하려면, 반 헬몬트가 위에서 소개한 것보다 더 나은 발견들을 성취해 낸 사실을 살펴보아야 할 것이다. 예를 들면, 반 헬몬트는 식물생리학에서 훨씬 더 엄격한 실험방법을 적용하였다. 1577년 반 헬몬트는 네덜란드 남부도시 브뤼셀Brussels의 부유한 가정에서 태어났다. 어린 시절에 아버지가 돌아가셨지만, 곧바로 슬픔에서 회복하였으며, 17세 나이에 이미 자연철학 전공으로 대학 과정을 수료하였다. 후에 크게 알려지지 않은 예수회Jesuit 학교에서 학생들에게 신학을 지도하였다. 어린 시절부터 신경질적이며 신비주의적인 기질을 가지고 있었던 반 헬몬트는 중세 플라톤학파와 신플라톤학파의 철학사상이 정교하고 불가사의한 측면과 함께 놀라울 정도로 복잡하다는 것을 알았다. 신플라톤학파 학자들과 유사하게, 반 헬몬트는 자신의 미래를 부분적으로 예측할 수 있다고 믿고 있었다. 이는 반 헬몬트 스스로 자신의 운명에 대해 극단적으로 염려하고 신경질적으로 긴장하는 성향을 지니고 있는 탓이기도 했다. 명상을 통해 영혼이 발생되도록 만드는 절대적 완벽성의 신비주의적인 영역이 있다고 믿었다. 또한 그는 신플라톤학파가 우주의 생성 과정에서 단계별로 신의 영혼이 유출되거나 흘러나온다고 주장하는 내용도 받아들였다. 때때로, 그는 여러 시간 동안 밝은 빛은 응시하면서 신비로운 황홀경에 들어가려고 노력했었을 것이다. 놀랄 것도 없이 그는 파라켈수스의 신비로운 사고들의 영향을 받았다.

그럼에도 불구하고, 반 헬몬트는 자신의 개인적 성향 가운데 과학적으로 사고하는 부분이 더 많이 차지하고 있음에 따라 계속해서 괴로워했으나, 곧 의학과 생물학을 연구하는 데 몰두하면서 신비주의적 철학을 추구하는 마음을 달래게 되었다. 22세 의학박사 학위를 취득했으며, 여느 다른 학자들과 유사하게, '유랑하는 학생scholares vagrantes'으로 유럽을 떠돌면서 어느 곳이든지 도서관이 있으면 찾아들어가고 과학을 연구하는 사람을 만나며 기꺼이 이야기를 나누었다.

그는 다른 것들 가운데 발효 과정을 연구하였다. 그는 발효 과정에서, 숯을 태울 때 나오는 것과 똑같은, 이상한 종류의 공기가 만들어지는 것을 보여주었다. 비록 그는 이것에 대한 자세한 내용이나 이것이 이산화탄소라는 사실을 거의 이해하지 못했지만, 그는 이 독특한 공기를 가스gas로 명명하였는데, 이 용어는 과학적 명칭에 영구히 자리 잡은 용어가 되었다. 그는 이 결과를 소화에 연결시키면서, 신체가 일종의 발효 과정을 통해 음식물을 처리한다고 주장했다. 비록 그가 내린 많은 결론들이 중요성에서 벗어났지만 일부는 그렇지 않았다. 그는, 여러 다른 것들 가운데, 위장의 산이 소화에 중요한 역할을 하며 쓸개가 과다한 산을 중화한다는 것을 발견하였다.

그러나 반 헬몬트는 그의 타고난 철학적 신념으로, 신체의 기계적 과정을 넘어서서 생명 자체에 대한 어려운 문제를 해결하는 방법을 찾으려고 하였다. 여기서 또다시 반 헬몬트는 이상한 신비주의적 생각에 빠져들었다. 이 생각을 발전시켜서, 생기(生氣, 아르케우스, archeus)라는 기관이 위 근처에 위치하며 몸속의 모든 생리현상을 조절한다고 주장하였다. 또 생기에 대응하는 영적인 것으로 지성(知性, 인텔렉터스, intellectus)의 개념을 제안했는데, 이는 아리스토텔레스가 설명한 영혼의 개념을 거의 그대로 제시한 것이었다. 반 헬몬트는, 만약 에덴의 동산에서 사람이 타락하지 않았다면, 이 지성은 축복받은 영혼이었을 것이라고 주장하였다. 이 생각은 신비롭지만 아무 의미가 없는 주장으로 다만 사람이 에덴의 동산에서 신을 따르지 않은 대가로 '완벽한 선perfect goodness'을 잃어버리게 된다는 것과 유사한 내용이다. 신에 불복종한 사건으로 인해, 사람은 열등한 형태의 영혼을 받게 되는데, 반 헬몬트는 이를 배급품ration으로 명명하였으며, 이는 사람은 육체에 구속당하고 영혼은 땅에 묻어버린다라고 설명하였다.

반 헬몬트는 물은 우주를 구성하는 가장 기본적인 물질이라고 주장한 것으로 보아, 그가 소크라테스 시대 이전 철학자 탈레스[14]의 영향을 받았을 것이라

---

14) Thales(624~547 또는 546BC). 고대 그리스 철학자. 소아시아 이오니아 지방의 밀레토스(현재 터키 지방)에서 활약한 최초의 자연철학자. 밀레토스 학파의 시조, 만물의 근원(아

추측할 수 있다. 이를 증명하기 위해, 그는 좋은 실험을 계획하였다. 이 실험은 마른 흙 90.8kg을 담은 화분에 버드나무를 심고, 나무가 자라는 동안 물의 양 증가를 측정하는 내용을 포함한다. 그는 충분히 자란 나무의 무게와 나무가 자라는 동안 토양에 추가한 물의 양을 비교하였으며, 그 결과에 근거하여 버드나무가 자라는 데 물만 있으면 된다는 결론을 도출하였다. 비록 그가 내린 결론에는 영양소의 역할뿐만 아니라 공기와 햇빛의 역할도 반영하지 않았지만, 반 헬몬트가 시도한 문제 해결방법은 기본적으로 바람직하였다.

상동Homology

이 시대에 대두된 근대생물학의 중요 개념은 '상동'[15]으로 이는 발생학이나 진화의 기원이 유사함에도 불구하고 서로 유사하지 않은 두 개의 구조를 의미하는 것이다. 아마도 프랑스 생물학자 블롱Belon[16]은 상동의 존재와 이의 중요성을 학문적으로 접근한 최초의 학자이었을 것이다. 그는 1517년 프랑스 르망Le Mans 근교에서 태어났으며, 가난한 가정에서 성장하였다. 그러나 한 지방 주교는 그의 무한한 능력을 알아차리고 가능한 최상의 교육을 받을 수 있도록 하였다. 결국 그는 나중에 의사가 되었다. 다시 여러 부유한 후원자들의 도움으로, 독일에서 연구를 계속했으며, 여행을 하면서 넓은 세계를 경험했다. 블롱은 시리아, 페르시아, 북아프리카, 그리스 등의 상당히 멀리 떨어진 지역에서 생물학적 조사를 수행하였다. 그가 귀국했을 때, 앙리 2세는 블롱의 과학적 탐사연구를 지원하기로 결정하였다. 과학사에서는 불행한 일로서, 1564년 그는 강도들에 의해 살해당하였다.

르케)은 물이며 대지는 물 위에 떠 있다고 주장

15) 종류가 다른 생물체 사이에서 어떤 기관이 형태·기능은 일치하지 않아도 발생학적으로는 같은 기원을 가진 관계. 상동인 기관을 상동기관이라 명명하고, 발생학적 기원은 다르나 외견상으로 형태적 유사성이 보이는 기관은 상사기관으로 구분

16) Pierre Belon(1517－1564). 프랑스 박물학자. 어류학자. 어류와 그 밖의 해산물에 대한 도감과 해설서를 저술하였으며, 사람의 골격과 조류의 골격의 각 부분을 대비함으로써 비교해부학적 연구의 선구가 되었음

블롱은 그의 짧은 삶에도 불구하고 일생동안 방대한 비교연구를 수행하였다. 저서로 조류의 역사History of Birds, 이상한 해양동물의 자연사Natural History of Strange Marine Animals, 자연과 동물의 다양성The Nature and Diversity of Animals이라는 3권의 책을 출판하였다. 그는 생물체를 분류하는 데 다소 생소한 범주를 사용하였다. 실수한 부분은 물개, 갑각류, 말미잘, 비버, 수달, 심지어 하마와 특정 종류의 도마뱀 등과 같은 완전히 다른 종을 어류로 구분한 것이었다. 그러나 그가 분류에 내부 및 외부기관의 형태적 특징에 근거를 두고 구분하는 유용한 방법을 도입한 점은 인정해야 할 것이다. 그는 연골어류와 경골어류를 구분했으며 이 분류 기준은 오늘까지지도 여전히 의미 있게 사용되고 있다.

그의 생각들을 살펴보면, 블롱은 먼저 특정 뼈들이 물고기와 일부 포유동물에서 유사한 구조를 가지는 상동기관이 존재함을 발견하였다. 비록 그가 주장한 상동들이 대체적으로 정확하지 않았지만, 상이한 종들 간에 기본 골격이 유사한 구조를 가진다는 것을 증명하는 데는 성공하였다. 그가 성취한 결과 가운데 가장 설득력 있는 성과는 조류와 사람의 골격을 비교하고 골격과 근육 사이에 뚜렷한 유사성이 있음을 밝힌 것이다. 블롱은 여러 지역을 여행하였기 때문에 서양뿐만 아니라 동양이 원산지인 동물에도 깊은 관심을 기울였다.

요약Summary

르네상스 시대 과학이, 특히 레오나르도 다빈치와 같은 학자들의 관찰력으로, 상당히 빠르게 진보하였다는 점은 논의의 여지가 없다. 상동의 개념이 도입되면서 비교해부학은 현대 학문의 모습을 향하여 크게 진보하였다. 동시에 르네상스 시대 과학자들은 고대 사상들을 완벽하게 타파하지는 못했던 것으로 보인다. 아리스토텔레스 주장에 끌려 다니고, 연금술을 버리기를 망설였고, 파라켈수스는 근대 화학을 향해 나아가는 우회하는 긴 여정을 시작했다.

Chapter 07

르네상스 시대의 악성 유행병Pestilence in the Renaissance

중세시대 때 그러했던 것과 마찬가지로, 르네상스 시대에도 질병은 천벌이었다. 예를 들어, 프랑스 왕 샤를 8세가 이베리아[1] 반도를 공격하는 동안, 공격의 대상이었던 스페인 사람들이 그의 군대 병영에 매독을 감염시켰다. 프랑스 군대는 이 질병에 걸린 채로 고향으로 돌아갔고, 그 결과 온 유럽에 매독이 퍼져나가게 되었다. 이후에 이 질병으로 많은 사람이 죽게 되는 비극을 초래하였다.

천연두Smallpox

천연두는 모든 곳에 있는 것 같았다. 예를 들면, 천연두는 히스파니올라[2]의 작은 섬과 아즈텍Aztec 지역의 인디언들을 휩쓸었을 때, 스페인 군대 에르난도 코르테즈[3] 장군과 그의 병사들은 어려서 천연두에 걸려서 이미 면역 상태에 있

1) Iberia 유럽 남서 지역. 현재 스페인, 포르투갈, 프랑스, 안도라 지브랄타 등의 국가를 포함
2) Hispaniola 카리브 해안의 섬으로 도미니카 공화국 영토. 섬의 서쪽 1/3은 아이티 공화국 영토
3) Hernado Cortes(1485－1547). 스페인 장군. 아즈텍 제국을 멸망시키고 멕시코를 식민지

었으며, 병든 인디언들을 효과적으로 공격할 수 있었다. 페루에서도 비슷한 상황이 일어났는데, 여기서는 천연두가 수많은 백성들뿐만 아니라 잉카 지도자인 카팍Capac까지도 죽였다. 몇 세기 후, 영국 런던에서 발병된 악명 높은 흑사병은 거의 8만여 명을 전멸시켰다. 중세시대 아랍인 과학자 알라지Al-Razi가 처음으로 천연두에 대해 기록하였다. 그 후 1701년까지 천연두에 대한 과학적인 연구는 지지부진했었다. 1701년 이탈리아 의사 기아코모 파일라리니[4]가 단독으로 면역학 분야를 개척했는데, 그는 천연두에 대항하는 원시적인 형태의 백신을 콘스탄티노플에 있는 아이들에게 접종하였다. 그러나 역사가들은 그가 시도한 백신 접종 프로젝트의 실제 성공 여부에 대해서 동의하지 않고 있다.

1717년 영국의 부유한 서간문 저자이자 아마추어 박물학자였던 몬태규[5]는 실제적인 접종법을 터키로부터 도입하였으며, 심지어는 위험을 무릅쓰고 자기 자녀에게 백신 주사를 놓았다. 그녀는 자신의 진보적인 세계관과 미숙한 '접종' 방법에 대해, 1717년 아드리아노플Adrianople에게 보낸 편지에서 다음과 같이 기술해 놓았다.

> 질병에 대해 말하고자 하는데, 내가 이 이야기를 당신에게 들려주면, 당신은 여기 이 장소, 내가 있는 이곳에서 이야기를 듣기를 바랄 것입니다. 천연두는 너무 치명적이며, 너무 만연해 있었는데, 접종 - 이 용어는 여기 살고 있는 사람들이 붙여준 것입니다 - 의 발명으로 인해, 질병의 고통이 확실히 사라지게 되었습니다.

로 만들었으며, 아메리카 식민지화에 기여한 1세대

4) Giacomo Pylarini(1659-1718). 이탈리아 의사, 최초로 천연두 접종을 시도하였으며, 법학, 물리학을 공부한 후 파두아 대학에서 의학을 공부하였음. 후에 러시아 피더 대왕의 주치의로 지냈음

5) Lady Mary Wortley Montagu(1689-1762). 남자 형제가 천연두로 죽었으며, 1715년 그녀도 천연두에 걸려 흉터로 인해 미모에 흠집을 남기게 되었음. 1717년 영국 대사인 남편을 따라 터키에서 2년간 거주할 때 터키 여자가 천연두 백신을 접종하는 것을 보았고, 이에 대해 편지를 써서 영국으로 보내게 됨. 천연두에 걸렸지만, 증세가 심하지 않은 환자의 고름에서 채집한 살아있는 병균이 포함된 액체를 접종. 병균이 담긴 작은 용기를 가지고 와서, 자신의 아들에게 접종하였으며, 영국으로 돌아온 후, 보급하려고 했으나, 의료진으로부터 극심한 반대에 부딪히게 되었는데, 그 이유는 그녀가 여자였기 때문이며, 또한 터키, 즉 아시아지역에서 온 방법이었기 때문으로 해석되고 있음

사람들은 가족들 가운데 천연두에 걸린 사람이 누구인지를 서로 알려 주고 있습니다. 할머니들은 작은 그릇에 천연두 상처의 고름을 가득 담아 와서는; 어느 정맥을 열어야 하느냐고 묻습니다. 할머니들은 즉시 정맥 부분을 찢어서 열어 큰 바늘을 정맥에 넣고 주사바늘 윗부분의 내용물까지 다 정맥에 넣을 수 있게 해줍니다. 그 후에는 꿰매서 우묵하게 들어간 작은 상처 자국이 남게 됩니다. 이것으로 죽은 사람은 없습니다. 내가 이 실험이 상당히 안전한 것에 만족하고 있음을 당신을 믿을 수 있을 것입니다. 왜냐하면 내 아들에게 이것을 시도하려고 하기 때문입니다.9

그녀가 소개한 백신은 아마도 천연두를 발병시키는 바이러스를 약화시킨 것들로 구성되었을 것이다. 몬태규의 자녀들은 사실 병에 걸리지는 않았다. 역사가들은 이것이 백신의 기원인지, 단순한 행운인지, 아니면 잘못 진단한 것인지에 대해서 확신하지 못하였다. 역사 속에서는 천연두가 어느 정도로 전염되었는지 확실히 알지 못하는 경우가 많다. 왜냐하면 초기에 의사들은 종종 천연두를 수두나 심지어는 매독과 구분하지 못하고 혼란스러워 했기 때문이다. 어떻든 몇 년 후 미국 의사 보일스톤[6)]은 미국에 파일라리니의 백신 방법을 소개했는데 당시 보스턴 시에서는 전염병에 걸린 사람들이 들끓고 있었다. 백신의 성과는 역사가들이 말할 수 있는 정도로 아주 좋았다.

말라리아와 황열병Malaria and Yellow Fever

천연두에 뒤이어 면역학이 채 확립되기 전에 이탈리아의 뛰어난 생물학자인 지오바니 란스시Lancis[7)]는 '습한 평원에서 나는 독한 냄새에 대하여'라는 책

6) Zabdiel Boylston(1679–1766). 보스턴 근교 의사, 매사추세츠 브루클린 출생. 영국인 아버지 토마스 보일스턴과 함께 개업. 1710년 미국 최초로 외과수술을 시행한 사람. 쓸개에 생긴 돌을 제거한 수술을 처음 성공하였으며, 1718년 최초로 유방암을 제거한 의사
7) Giovanni Lancisi(1654–1720). 이탈리아 의사, 전염병 학자, 해부학자, 말라리아와 모기가 서로 연결된 것을 밝혔으며, 흉부질환에 대해 연구하였음

에서 모기가 말라리아와 황열병을 옮긴다고 주장하였다. 최소한 르네상스 시대부터 중세시대 말기까지의 사람들은 이 질병으로 고생하지 않았기 때문에 당시 사람들은 이 질병에 거의 면역이 되지 않은 상태였다. 가장 최악의 경우는 1647년 황열병이 발바도스[8]섬을 대규모로 공격하여 섬 전체 사람들이 죽은 경우이다. 1898년이 되서야 월터 리드Reed[9] 같은 의사들은 대중들이 치명적인 말라리아에 대해 관심을 가지도록 만들었으며, 의학적 지원을 하도록 했다. 그럼에도 불구하고 1892년 이탈리아의 유명한 생물학자인 카멜로 골기Golgi[10]가 말라리아는 기생충 감염으로 발병한다고 설명하였다. 1897년 영국 의사인 로날드 로스Ross[11]가 Anopheles라는 모기가 말라리아 기생충을 옮긴다는 사실을 발견하였다. 그 후 1904년 로스는 '말라리아에 대한 연구'의 저서에서 아노펠레스Anopheles모기(역주: 학질모기)와 어떻게 싸웠는지에 대한 내용도 기술하였다. 1881년 알폰스 레버란Leveran[12]은 말라리아를 일으키는 원생동물을 발견하였다.

글리슨의 공헌Glisson's Contributions

그러나 더 많은 전염병들이 잠복하고 있었다. 영국의 프란시스 글리슨Glisson[13]은 1650년 De Rachtide(1668년 니콜라스 쿨퍼[14]가 번역)를 출판하였다.

---

8) Barbados 독립국가 북아메리카의 남쪽과 남아메리카 북쪽 대양에 위치. 길이 34km 넓이 23km의 섬나라. 1500년대 스페인, 1536년 포르투갈, 1624년 영국이 지배하기 시작. 1966년 독립함

9) Walter Reed(1851－1902). 미국 군대의사. 1901년 특정 모기가 황열병을 전염시킨다는 가설 확인

10) Camillo Golgi(1843－1926). 이탈리아 의사, 병리학자, 과학자. 1906년 신경계 구조에 대한 연구로 노벨 생리 의학상을 수상

11) Ronald Ross(1857－1932). 인도 출생 영국 의사, 1902년 노벨 생리 의학상을 수상. 말라리아 원인이 모기의 내장 속 기생충이라는 것을 발견한 연구로 노벨상을 수상

12) Charles Louis Alphonse Laveran(1845－1922). 프랑스 의사, 1880년 알제리아 지역 군병원에서 근무하면서 말라리아로 사망한 환자의 혈액에서 기생충을 발견하고 말라리아의 원인이 원생동물임을 발견. 원생동물이 질병의 원인임을 최초로 밝힘. 1907년 노벨 생리 의학상을 수상

13) Francis Glisson(1599?－1677). 영국 의사, 해부학자, 의학 저술가, 간 해부학의 업적을 남김

이 책에서 글리슨은 구루병에 대해서 자세하기 기술하였는데, 태양을 충분하게 받지 못하거나 음식물에 비타민 D가 부족한 경우에 발병하며, 부드럽고 약한 뼈가 병의 특징적 증상이라고 설명하였다.

1597년 글리슨은 중류 가정에서 태어났다. 그는 캠브리지대학에서 의학을 공부하였다. 졸업하자마자 의학과 생물학을 가르치기 시작하였고, 영국 시민전쟁으로 런던으로 떠날 수밖에 없었다. 런던에서도 곧바로 의사로 치료를 시작하였고 상당한 명성을 얻게 되었다. 당시 이러한 그의 뛰어난 과학적 재능으로, 그는 최초의 과학자로서 왕립학회에 합류하도록 초대를 받게 되었다. 글리슨은 오늘날 해부학자들도 많이 연구하는 간과 소장을 대한 상세한 연구를 수행하였다. 이러한 노력을 기념하여 간의 조직층을 글리슨 캡슐이라고 명명하였다.

기이하게도 이렇게 늦은 때임에도, 스콜라학파와 시대에 뒤떨어진 아리스토텔레스학파의 사상들이 여전히 당시 사상가들에게 영향을 주었다. 시대에 뒤떨어진 사상에 대해 논쟁을 하느라 망하는 사람들이 있었는데, 글리슨도 예외는 아니었다. 그는 질료형상론hylomorphism 주의를 받아들였으며, 모든 사물은 물질과 형상으로 구성되었다고 생각하였고, 우주는 하늘에 있는 아버지의 작품의 증거로 보았다. 의사로서 그는 여러 병에 관심을 가졌으며, 구루병을 정확하게 설명하였다. 불행하게도 그는 구루병을 정확하게 이해하였음에도 불구하고 구루병을 어떻게 치료해야 하는지에 대해 거의 아무 말로 하지 못했다.

윌리스와 장티푸스 열Willis and Typhoid Fever

1640년경, 마침내 과학자들은 아프리카에서 영국에 들어온 노예들이 황열병을 옮겨왔다고 어림짐작하였다. 1659년 영국 그레이트 베드윈Great Bedwyn 지방의 토마스 윌리스Willis[15]는 영국에서 발병하는 장티푸스 열에 대해 매우 귀

14) Nicholas Culpeper(1616-1654). 영국 식물학자, 약용식물학자, 내과의사, 점성가

15) Thomas Willis(1621－1675). 영국 의사. 해부학, 신경학, 심리치료학에 중요한 역할을 수행하였으며, 왕립학회 창립자 가운데 한 명이었음

중한 정보를 제공하였다. 그는 자신의 책 발열De Febribus에서 이 질병의 증상과 과정을 처음으로 서술하였다. 생물학자들은 그에게 경의를 표하기 위해 경동맥과 척추동맥이 만나는 순환계 부분을 윌리스의 고리라고 명명하였다.

윌리스는 1621년 태어났으며 옥스퍼드에서 학사학위를 받았고 동시에 왕립군대의 군인으로 의회 군과 싸웠다. 이 전쟁에서 그는 국왕에 대한 충성을 보였고, 왕은 그가 옥스퍼드의 교수직을 받는 것이 당연하다고 확신했다. 그러나 대학에 대한 불만 때문에 런던으로 나와서 의사로서 진료를 시작하였다. 그는 곧바로 아직은 초기 단계인 왕립학회의 회원이 되었다. 그는 확실히 정치적으로는 이례적으로 보수주의자였으며 국왕에 충성하였다. 당시 저술가들은 그를 '최고의 도덕적 성품'을 가진 사람으로 묘사하고 있다.

의심할 바 없이 그의 위대한 업적은 앞에서 말한 바와 같이 사람과 다른 척추동물들의 뇌와 신경계에 대한 비교해부학적 연구이다. 그는 뇌와 신경에 대해서 상당히 정확하게 기술하였다. 그는 이러한 분석을 정확한 그림과 함께 제시하였다. 그의 친절한 동료이며 유명한 건축학자인 크리스토퍼 렌Christohper Wren 경이 그림을 완성하였는데, 그들의 우정과 연구의 정확성 모두를 인식하는데 도움을 주는 그림을 그렸다.

17세기 프랑스 철학자 데카르트가 그의 생명에 대한 개념에 상당히 많은 영향을 끼쳤다. 데카르트와 같이 윌리스는 인간은 몸과 영혼으로 구성되었다는 믿음인 '이원론'의 개념을 수용해서 영혼은 송과선을 통해 몸과 연결된다고 보았다. 이것에도 불구하고 그는 어떤 '정신 상태'의 위치가 글자 그대로 뇌에 위치하고 있다는 점에서 데카르트와 달랐다. 예를 들어 그는 대뇌피질이 기억을 저장한다고 생각하였다(20세기에도 비슷한 주장이 제기되었는데, 예를 들면 몬트리올 신경연구소의 윌더 펜필드Wilder Penfield[16]나 안티옥 대학의 엘리어트 발렌스타인Eliot Valenstein[17] 등이 여기에 속한다). 단지 약간 더 흥미로운 것은 그의 철학적인 추

16) Wilder Graves Penfield(1891–1976). 캐나다 신경외과의사. 생존하는 동안 가장 위대한 캐나다 사람으로 불렸음. 일생의 대부분의 시간을 마음이 어떻게 기능하며, 사람의 영혼에 과학적 근거가 있는지에 대해 죽을 때까지 고민하였음

17) Elliot S. Valenstein(?~?). 미국 미시간대학교 신경과학, 심리학 명예교수. 뇌 시뮬레이션,

측들이다. 데카르트보다는 아리스토텔레스를 더 추종하였으므로 그는 동물들이 인간의 '합리적인' 영혼을 가지지 않았다면, 동물들은 최소한 '식물적인' 영혼을 가지고 있다고 생각했다.

질병의 원인과 치료Causes and Cures of Disease

다른 과학자들도 헌신적으로 질병에 대해 연구를 수행하였다. 당시 매독이 유행하고 있었으므로, 많은 과학자들이 이 무서운 전염병을 이해하려고 한 것은 당연한 일이었다. 매독을 연구한 과학자 가운데 제롤라모 프라카스또로Girolamo Fracastoro[18]는 '매독 또는 프랑스 질병Syphilis sive Morbus Gallicus'의 저서에서 매독 증상에 대해 상당히 사실적으로 묘사하였으며 오늘날에는 효과가 없다고 알려진 몇몇 처방도 추천하였다. 1546년 프라카스또로는 질병에 대한 현대 병원균 이론과 유사한 것을 파격적으로 제안하는데, 이 생각은 몇 세기가 지나서야 다시 부활되었다. 이보다 50여년 앞선 1498년, 프란시스코 드 빌라로보스Franisco de Villalobos도 매독을 연구하였다.

발레리우스 코르두스Valerius Cordus[19]는 '식물학의 아버지' 가운데 한 사람인 것을 스스로 입증하였다. 1515년 태어났으며, 식물학자뿐 아니라 약제사이기도 하였다. 그는 당시 다른 식물학자와는 다르게 대부분의 교육을 아버지인 유리시우스Euricius Cordus[20]에게서 받았다. 사실 그의 아버지는 현대 역사가들이 큰 기여는 하지 못했다고 생각함에도 불구하고 많은 책을 쓴 능력 있는 식물학자였

정신외과에 권위 있는 현존하는 학자

18) Girolamo Fracastoro(1476/1478–1553). 이탈리아 의사, 시인, 수학자, 지질학자, 천문학자. 1546년 전염되는 질병은 작은 입자 또는 포자가 원인이며, 직간접적 그리고 먼 거리에 떨어져 있으며 직접적으로 접촉하지 않더라도 전염될 수 있다고 주장. 이때 포자는 생물체로 인식하지 못하고 오히려 화학물질이라고 주장하였음, 이 이론은 실제 거의 300여 년 동안 지속된 후에 병원균 이론이 대두됨

19) Valerius Cordus(1515–1544). 독일 의사, 식물학자, 에테르 제조 방법을 발견하는 데 기여한 것으로 알려지고 있음. 프랑스 박물학자들과 함께 이탈리아를 여행하는 중 여름에 늪지대에서 새로운 식물을 조사하다가 말라리아에 걸려 사망함

20) Euricius Cordus(1486–1535). 독일 의사, 루터교로 개종, 발레리우스의 아버지

다. 20세에 발레리우스는 약과 약을 의학적으로 사용할 수 있는 방법에 대한 백과사전 약국Dispensatorium을 훌륭하게 작성하였다. 그 다음 저서 식물의 역사Historia Plantarum가 더 중요한 책이었으며, 이 저서에 400종이 넘는 식물들을 기록하였다. 그는 식물의 겉모습 뿐 아니라 꽃과 열매를 포함한 내부 구조에 대해서도 상당한 분량으로 기록하였다. 그는 원산지 식물을 연구해야겠다는 결론을 내린 후에 더 많은 종들을 연구하기 위해 이탈리아로 건너갔다가 29세에 세상을 떠났다.

이 지점의 생물학사를 살펴보면, 비록 어떤 과학자들은 병을 치료하는 데에 기여하기는 했지만, 그들은 그 다음 단계인 병의 근본적인 생리학적 체계에 대해서는 전혀 이해하지 못하였다. 심지어 1626년 과도하게 몽상적인 반 헬몬트van Helmont는 다른 세계로부터 온 존재가 동물뿐 아니라 사람에게 퍼지는 악성 유행병과 감염을 일으킨다고 제안하였다. 이러한 기괴한 공상들이 지속되면서, 반 헬몬트는 이런 존재들이 주기적으로 침입하여 과거 유명한 역병들이 일어났다는 설명이 올바르다고 믿었다(물론 이 존재들은 '침입자들'이지만, 그들이 다른 세계로부터 온 것은 전혀 있을 수 없는 일이다).

제이콥 실비우스Jacob Sylvius 때가 되어서야 비로소 그의 권위 아래, 의사들은 고대 미신들을 버리기 시작하였다. 1478년 파리에서 태어난 실비우스는 독단적인 스콜라철학의 폐기를 주장하고 그리스와 로마의 유명한 저술들에 대해 보다 비판적이었던 레오나르도 다빈치Leonardo Da Vinci를 따랐다. 젊은 시절에 실비우스는 스스로 로마와 그리스, 히브리어의 고전 언어뿐 아니라 고전 저서들도 공부하였다. 후에 그는 의학에 몰두하였으며 고전 의학 서적을 광범위하게 강의하기 시작하였다.

그러나 여기에서 그는 중세 논리학자들이 존경할 만큼 비판하였던 그 혼란스러운 사고방식과 동일한 사고 유형에 빠져버렸다. 한편으로 스콜라철학의 독단을 포기하였지만, 갈레노스Galen 같은 저자들을 무비판적으로 따랐는데 심지어는 갈레노스가 '거룩하게 영감을 받아서' 전혀 오류가 없다고 선언하기까지 하였다. 플라톤의 '대화Timaeus' 시대 이래로 생물학자들은 '4가지 체액' – 점액,

황담즙, 흑담즙, 혈액 – 의 '불균형'이 병을 일으킨다는 제안을 의심 없이 받아들였다. 그렇게 함으로써 갈레노스의 연구로부터 도움을 받아 최소한 인간의 질병에 대한 지식은 빠르게 증가했다. 예를 들어 16세기 중반까지 자연주의자 다니엘 휘슬러Whistler[21]는 라이든Leiden 대학에서 의사로서 구루병의 의학적인 특징에 대한 연구를 최초로 제시했다.

요약Summary

르네상스 시대에서는 전염병을 정복하는 것이 주된 관심사였다. 몬태규 부인이 접종 방법을 소개한 일, 글리슨이 구루병에 대해 연구를 수행한 일, 윌리스가 황열병에 대한 연구를 발표한 일, 프라카스또로가 매독을 연구한 일 등과 함께 세계는 이런 치명적인 질병들을 정복하는 길로 들어서게 되었다.

21) Daniel Whistler(1619–1684). 영국 의사. 1645년 구루병에 대해 최초로 책자를 저술 인쇄, 프랜시스 글리슨이 구루병에 대해 심층적으로 연구한 결과는 1650년에 출판

Chapter 08

베살리우스 시대The Age of Vesalius

르네상스 시대에 가장 많이 추앙받은 생물학자는 베살리우스Vesalius[1])였다. 그는 1514년 브뤼셀의 학문과 의술을 중시여기는 전통의 가문에서 태어났다. 베살리우스는 가문의 전통에 얽매이기를 원하지 않았지만, 가족의 뜻에 따라 의학 공부를 시작하였다. 초기에는 과학보다 예술, 철학, 수학, 수사학 등에 더 많은 관심을 가졌다. 그리고 생물학에서 어려운 문제에 부딪치면 스스로 해결하려고 하였다. 생물학의 어려운 문제들을 제대로 해결하기 위해서 언제 어디서든지 고전 서적을 자세히 살펴보았다. 그는 또한 두더지와 쥐에서부터 고양이, 개 그리고 심지어 족제비에 이르기까지 잡을 수 있는 모든 종류의 동물을 잡아 해부하였다. 10대 시절, 아버지는 가문의 오랜 전통에 따라 의사가 될 것으로 기대하면서 베살리우스를 파리의 루뱅Louvain 대학교로 유학을 보냈다.

불행하게도, 베살리우스는 생물학을 독학하는 운명에 처해졌다. 파리에서는 실비우스Jacob Sylvius가 가장 권위있는 학자였으며 그의 학설은 압도적이었다.

1) Andreas Vesalius(1514－1564). 벨기에 근대해부학의 창시자. 1543년 저서 '인체해부에 대하여(human anatomy, de humani corporis fabrica)에서 갈레누스의 인체해부에 대한 학설의 오류를 하나하나 지적하고 정정하였으며, 의학 근대화의 새로운 기점이 되었음

베살리우스는 파리에 도착하자마자 곧, 생물학을 스스로 공부하게 될 것이라는 결론을 내렸다. 루뱅대학교의 독단적인 학풍에 좌절하고는 곧 파리대학교로 옮겼으며, 그곳에서 십대 시절의 3년 동안 해부학과 의학을 공부하였다.

인체의 구성De Humani Corporis Fabrica

여러 해 연구를 수행한 후인 1543년 29세의 나이로, 베살리우스는 '인체의 구성The Constitution of the Human Body'이라는 논문을 출판했다. 1543년은 코페르니쿠스가 당시 최고 걸작인 '천체의 혁명The Revolutions of the Heavenly Spheres'을 발표한 해이기도 하다. 베살리우스의 이 논문은 르네상스 시대 과학과 예술의 최고 걸작이다. 이 책에는 신경, 기관, 조직, 근육, 뇌를 묘사하였는데 그 시대에서는 상당이 높은 수준으로 인정받았다. 물론 의심할 여지도 없이 이 책에서, 베살리우스는 최초로 인체 해부 결과를 삽화로 아름답고 정확하고 상세하게 그렸다. 이 인체의 구성은 30페이지의 색인이 포함되어 있고 약 700페이지로 구성된 두꺼운 책이었다. 베살리우스가 만들어 낸 획기적인 저술 작업은 해부학적 지식을 단순하게 조합한 책이 아니었다. 현대 생물학의 정신으로 생각해보면, 그는 인체의 각 부분이 어떻게 보이는지 설명할 뿐만 아니라 여러 부분이 함께 있을 때 어떻게 다르게 보이는지를 설명하려고 시도하였다. 먼저, 골격계를 설명하고, 다음 차례로 근육계, 순환계, 신경계, 내부기관의 순서로 논의했다. 그는 대중을 대상으로 인체의 구성에 대해 강의하였으며, 이 저서에는 강의 순서에 따라 인체의 각 부분에 대한 설명이 기록되어 있다.

오늘날 지식과 비교하여 오류적인 측면이라면, 베살리우스는 혈액이 심장의 한 쪽에서 다른 쪽으로 흘러가는데 구멍pores이 존재한다고 가정하였다. 이 부분만이 그의 위대한 저서에서 단 한 부분의 오류라고 말할 수 있다(실제 이 구멍은 대부분의 척추동물에서 나타나는 태생적 기형으로 알려지고 있다).

이 저서의 삽화는 베살리우스를 추종했던 벨기에 사람인 반 칼카르van Calcar가 직접 손으로 그린 것이었다. 반 칼카르는 1499년 벨기에에서 태어났으며, 거장인 티치아노Titian의 가르침을 받은 사람이었다. 반 칼카르가 일생을 통해 성취한 삶의 고귀한 성과는 인체의 구성의 책자에 삽화를 그린 업적이었다. 이 책의 삽화를 그리는데 베살리우스는 해부한 결과의 내용뿐만 아니라 그 르네상스 시대 알려진 일반적 지식도 활용하였다. 이 책은 당시 코페르니쿠스의 업적과 함께, 르네상스가 성취한 예술, 이론, 실제가 종합적으로 통합된 위대한 업적이라 할 수 있다.

베살리우스는 일생을 통해 모든 생물체에 대한 모든 것들을 수집하고 고민하는 습관을 계속했다. 그는 신경계, 순환계, 근육계, 골격계에 대해 보다 더 정확한 보고서를 만들기 위해 새로운 부분을 발견하려는 노력을 지속했다. 인체의 내부 구조에 대해 매우 상세히 묘사하였을 뿐만 아니라 사형당한 사람의 시체를 가지고 와서 임의로 펼쳐놓고는 한 번도 손상을 입지 않은 상태의 골격으로 정확하게 조합할 수 있었다.

이러한 능력으로 얻은 명성은 여러 사람들에게 전파되었고, 의사들은 인체 시신을 해부하는 공개강의를 요청하기 시작했다. 이와 같은 드높은 평판으로 인해 당시 파두아Padua 대학교[2]에서 교수직을 제공했고 그때 그의 나이는 단지 22살이었다. 파두아 대학교는 베살리우스에게 안정적인 연구 여건과 방대한 과학 실험설비를 제공하였다. 당시 파두아 대학교는 현재와 마찬가지로 의과대학 가운데 최고로 선호하는 대학 가운데 하나였다. 그는 이 대학교에서 평화롭고 안정적으로 업적을 성취하면서 학생들을 가르칠 수 있었다. 일반적으로 베살리우스는 그를 추종하는 사람, 교수, 호기심 많은 일반인들 수백 명을 대상으로 강의하였다. 그는 일련의 패턴에 따라 강의를 진행했는데, 시체가 천천히 부패하는 겨울에 공개 강의를 하였다. 먼저 골격계의 다양한 뼈들을 설명하고, 그 다음에 구조와 기능을 설명하였다. 그리고 난 후, 시체 내부로 진행하면서 신경, 혈관, 내부 장기의 각 부분들을 노출시키면서 설명하였다.

---

2) 1222년 설립된 이탈리아의 두 번째로 오래된 유명한 대학교. 2010년 기준 등록 학생수는 65,000명

베살리우스가 받은 영향Influences on Vesalius

초기 베살리우스는 갈레노스의 가르침을 따랐으나 곧 갈레노스의 업적에서 오류를 발견하고는 그 오류들을 지적했다. 베살리우스는 갈레노스가 애매하고 비논리적인 오류로 전체 연구 업적에 큰 흠을 낸 것을 알았다. 베살리우스는 자신의 연구 보고서를 인정받기 시작하면서, 고대 아리스토텔레스, 갈레노스, 그 외 사람들의 업적과 권위로부터 벗어나서 자유롭게 연구를 추진하게 되었다. 그는 고대 학자들의 권위－지식－의 오류를 지적하는 것을 망설이지 않았다. 그러나 갈레노스의 오류를 지적한 내용은 전 세계적으로 받아들여지지는 않았다. 베살리우스는 갈레노스에 대한 존경심으로 그 상황을 견디었으며, 갈레노스의 신학적 관점, 즉 전지전능한 신의 지혜와 자비로움이 우주를 창조하였다는 관점을 받아들였다. 또한 순환계의 대부분은 갈레노스의 지식을 따랐고, 간과 순환계 사이에 생명을 연결하는 부분이 있다고 주장한 갈레노스의 믿음을 받아들였다. 심지어 아리스토텔레스의 주장도 완전히 버리지 않고 받아들였는데, 특히 위장은 음식을 요리하며, 호흡의 목적은 혈액을 식히는 것이라는 아리스토텔레스의 주장을 받아들였다. 또한 생식에 대해서는, 남자의 씨seed와 여자의 월경 혈액이 만나서 태아를 만들어 낸다고 주장한 아리스토텔레스의 생각을 따랐다.

일반대중의 비난Public Scorn

아리스토텔레스, 갈레노스, 그 외 다른 학자의 가르침에 거스르는 동안에 베살리우스는 그의 많은 추종자들을 화나게 했다. 일부는 베살리우스를 반대하는 말과 글을 작성하기 시작했다. 의학과 과학은 여전히 무지와 미신을 탈피하지 못하는 시대였다. 베살리우스가 주장하는 내용이 잘못된 오류라고 학문적으로 비난할 뿐만 아니라 인간적으로도 비난받았다. 일부 비난자들은 베살리우스가 퇴화하는 동물과 같은 특징이 있는 사람이라고 비난하였으며, 일부 비난자들은 그에게 악마가 덮여 있어서 정기적으로 인간의 생체 해부를 시행하고 있다고 거짓말로 경고하기도 하였다. 후자의 비난은 베살리우스가 실험 연구방법을 사용한 사실에 근거하였다고 볼 수 있으며, 특히 시체를 해부할 때, 형태적 특징을 보다 세밀하고 관찰하기 위해 피부를 벗겨내는 실험을 한 행동에 기인한 것이다. 수많은 목사와 시민들은 인간의 신체를 모독하는 것으로 생각하고 두려워했으며, 심지어 일부 외과의사들은 베살리우스가 무덤의 시체를 도둑질한다고 고발하기도 하였다. 이러한 심한 비난으로 인해 베살리우스는 더 이상 연구를 수행하지 못하게 되었으며, 결국 연구를 그만두게 되었다. 그럼에도 불구하고 베살리우스는 역사를 통해 르네상스 시대 가장 위대한 해부학자로 인정받고 있다.

베살리우스는 개척자였다. 그 후 수 세기가 지난 후에야 그의 업적을 충분히 인정받을 수 있었으며, 수많은 사람들이 그를 추종하였고 갈레노스의 권위에 의문을 가질 수 있었다. 17세기 중반, 리차드 로우어[3]는 뇌에서부터 점액이 흐르기 시작한다는 갈레노스의 생각이 잘못된 오류라고 지적할 수 있었다.

감각기관The Organs of Sense

르네상스 시대의 또 다른 위대한 해부학자는 이탈리아의 자연학자 바르토로메오 유스타키오[4]였다. 그는 다양한 감각기관의 해부학적 형태를 최초로 묘사했다. 그는 1520년에 태어났지만 그의 젊은 시절에 대해서는 알려진 내용은 거의 없다. 다만 교황이 설립한 의과대학에서 교수로 재직한 것과 로마에서 의료시술을 했다는 정도로 알려지고 있다. 그의 위대한 업적은 '해부 작품Opuscula Anatomica'이었다. 이 저서에서 그는 태아의 순환 과정을 정확하게 논의했을 뿐만 아니라 사람의 귀에 대해서는 매우 상세하게 기술하였다. 1601년, 줄리어스 카세리우스는 유스타키오의 책자 내용을 확장하여 '목소리 청각 기관 해부학의

3) Richard Lower(1631–1691). 영국 의사. 의학발전에 크게 기여. 심장과 폐의 기능과 수혈에 대하 연구 업적으로 유명함

4) Bartolommeo Eustachio(또는 Eustachi, 1500 or 1514–1574). 인간해부학의 창시자 가운데 한 사람, 갈레노스를 추종한 사람, 귀 내부를 심층적으로 연구하고 내부 기관 가운데 관을 그의 이름을 빌려 유스타키오관이라고 명명함

역사De Vocis Auditusque Organis Historia Anatomyic'를 작성하였고 특히 사람의 후두와 귀의 구조와 기능을 매우 정밀하게 묘사하였다.

실로 유스타키오가 해부학의 방대한 연구결과를 저술하였고 출판을 준비했다는 사실을 언급할 필요가 있다. 그러나 1574년 유스타키오는 갑작스레 죽었고, 그의 책은 1714년에서야 비로소 발표되었다. 그 당시에 기록한 내용으로서, 거의 150년이 지난 후, 그 책은 유스타키오가 해부학에서 탁월하고 방대하게 연구한 능력을 다시 보여주었다. 유스타키오는 사람의 생물학이 하등동물의 생물학보다 더 중요하지는 않다고 주장하였는데, 이는 교회 교리의 신 중심에서 르네상스 시대의 인간 중심의 사조로 변화되는 측면을 명백히 보여주고 있다. 이후 과학자들은 그를 기리기 위해 귀의 한 부분을 유스타키오관으로 명명하였다.

이탈리아 생물학자 콜롬보Realdo Colombo[5] 또한 감각기관에 대해 특별한 연구를 수행하였는데, 특히 사람의 귀의 구조와 기능을 연구하였다. 그는 연구결과를 '해부학에 대하여De Re Anatomica'의 저서에 최초로 제시하였다. 그의 업적은 탁월하였으나, 유스타키오와 달리 중세시대 스콜라학파 학자들의 오만한 태도를 그대로 간직한 학자였다. 1559년 그가 죽었을 때, 그의 해부학적 사상들은 다른 과학자들에게 거의 영향을 미치지 못하였는데, 그 이유는 주로 그의 불쾌한 성향과 자만심 그리고 교만하기까지 한 태도이었던 것으로 해석되고 있다. 과학계는 그가 죽고 수십 년이 지난 후에야 그의 업적을 인정하였다.

르네상스 시대 동물학자들은 분류학을 연구함

Renaissance Zoologists Study Taxonomy

오늘날 동물학 책들 가운데 가장 오래된 저서 중 하나는 스위스 생물학자

5) Realdo Colombo(1516-1559). 이탈리아 파두아 대학교 해부학 교수 역임(1544-1559). 약제상의 아들이었으며, 밀란에서 학부교육을 받았고 후에 가업을 물려받아 약제상에 잠시 종사한 후, 외과의사 밑에서 7년 동안 도제 생활을 한 후, 1538년 파두아 대학교 의과대학에 입학하였으며, 해부학에서 두각을 나타냈음

콘라드 폰 게스너Konrad von Gesner[6]가 작성한 '동물의 역사Historia Animalium' 이다. 게스너는 1516년 스위스에서 애국자의 아들로 태어났다. 그의 아버지는 1531년 카펠Kappel 전투에서 목숨을 잃은 군인이었다. 그 카펠 전투는 수많은 개신교 개혁자 가운데 한 사람이었던 츠빙글리Huldrych Zwingli[7]를 추종한 사람들에게는 역사적으로 중요한 사건이었으며, 종교 개혁을 반대하는 교회 세력의 입장에서는 막대한 손실을 초래한 전투였다. 게스너는 아버지의 죽음으로 의기소침하였고, 자신의 나라, 스위스에 머무르는 것을 두려워하여 파리와 몽펠리에 Montpellier의 아름다운 항구로 향했다. 이들 도시에서 머무르면서, 그는 의학, 수학, 천문학, 과학뿐만 아니라 고전, 동양의 언어들을 공부하기 시작했다. 그는 일생 동안 스위스 로잔Lausanne시에서 그리스어 전공 교수가 되었으며, 또한 취리히Zurich시의 공식 외과의사였으며, 그 후 1665년 역병으로 사망하였다.

그의 저서인 '동물의 역사'는 동물학을 독립된 분야로 만드는 데 기여하였다. 이 책은 4권으로 구성되며 총 3,500페이지가 넘었다. 그 책에서 동물을 분류하였는데, 르네상스 시대에서조차 잊어버리지 못하는 아리스토텔레스의 규칙에 따랐다. 그러므로 그는 태생을 통해 동물을 분류하였다. – 알 없이 태어난 것과 알에서 태어나는 동물. 하지만 게스너는 아리스토텔레스가 다소 비과학적 태도로 잘못 제시한 부분을 알아차리고, 자신의 저서에서는 이 내용을 삭제하는 선견지명을 가졌는데, 아리스토텔레스가 그의 저서 동물학에서 다음과 같이 진술한 내용이었다.

> 그러므로 여자는 남자보다 더 자비롭다. 그리고 더 쉽게 눈물에 감동받으며, 동시에 더 많이 질투하고 불평하며 쉽게 꾸짖는다. 여자는 … 남자보다 의기소침하고

---

6) Konrad von Gesner, 또는 Conrad Gesner(1516–1565). 스위스 박물학자, 전기학자. 저서 5권으로(책자는 4권으로 소개하고 있음, 추후 더 살펴보아야 할 부분임) 구성된 Historiae animalium(1551-1558)는 근대 동물학의 시초로 간주, 식물의 경우 저서를 출판하지 않았지만, 일부 식물은 Gesneria학명과 Gesneriaceae 과명으로 명명

7) Huldrych Zwingli 또는 Zwingly(1484–1531). 스위스 종교 개혁가. 취리히 대성당에서 체계적인 성경강해로 명성을 드높았음. 루터의 영향으로 취리히의 종교개혁의 지도자, 가톨릭교를 고수하는 주(州)들과의 전투에 종군 목사로 참전했다가 카펠 전투에서 전사

희망을 잃기 쉬우며, 자아존중과 허영심이 많으며, 거짓말을 많이 하며, 기억력이 좋다. 여자는 … 또한 영양분은 작은 양만 필요로 한다.10

그러한 함정을 피해가면서, 게스너는 어류, 곤충류, 조류, 파충류의 분류 목록을 만드는 일도 착수하였다. 이 책에서 주목할 부분은 디자인(설계)이다. 게스너는 동물을 8개 분류 범주로 설명했다. 동물의 이름은 8개 언어로 설명하였는데, 그것의 지역적 생태, 전형적인 해부적 특징, 영혼의 구성(아리스토텔레스가 살아있는 것은 영혼을 가진다는 것으로 생각했음)을 포함한다. 그는 분류할 때, 인간에게 필요한 것으로 먹을 수 있는 것과 의학적으로 사용할 수 있는 여부를 고려했다. 그리고 우주에서 동물의 역할에 대한 모호한 철학적 측면까지도 고려하였다. 플리니우스가 동물을 분류하는 데 이상한 신화적인 방법을 적용하여 정확성이 떨어지고 오류가 많았던 반면, 게스너는 플리니우스에 비해 신화의 영향을 적게 받았다.

해부학Anatomy

17세기 후반기 해부학에서 아주 의미 있는 발견이 있었다. 로우어Richard Lower8)는 심장이 인체의 다른 부분만큼 많은 근육을 가지고 있다는 것을 알았고, 심지어 심장의 형태를 정확하고 상세하게 해부학적으로 묘사하였다. 불행히도, 로우어는 신학에 대해 이단적 관점을 가지고 있었으며(전지전능하신 신의 힘을 전능하지 않다고 믿었던 이단적 관점), 신교도 개혁자 존 캘빈John Calvin9)에게 화형을 당했다.

8) Richard Lower(1631－1691). 영국 의사, 수혈과 심장과 폐의 기능에 대해 업적을 남김

9) John Calvin(1509－1564). 프랑스 신학자. 칼빈은 루터와 츠빙글리에 비하여 제2세대 종교개혁자. 루터(1483)와 츠빙글리(1484)는 15세기 말 태어난 인물이지만 칼빈은 16세기에 태어났기 때문. 루터가 독창적이고 대담하고 창조적이며 진취적인 개혁가였다면, 칼빈은 개혁사상을 논리적으로 체계화한 인물

신학과 혈액 순환Theology and the Circulation of the Blood

또 다른 뛰어난 생물학자는 미카엘 세르베투스[10]였다. 그의 실제 이름은 Miguel Serveto Reves이었고, 1511년경에 스페인의 빌라누에바Villanueva에서 태어났다. 그에 대해서 거의 알 수 없지만 부유하고 고상한 부모 밑에서 자유롭게 자랐다. 어린 시절부터 그는 생물영역의 경이로움에 매료되었다. 레오나르도 다빈치 또는 다른 사람들과 같이, 그는 생물학 지식을 광범하게 얻기 위해서 독일과 이탈리아 등으로 여행하였다. 그는 프랑스 북동부 스트라스부르Strasbourg 지방에서 그의 경력 시절의 대부분을 보내게 되었다. 그 곳에 있는 동안 '삼위일체의 오류De Trinitatis Erroribus'라는 저서를 작성하였다. 가톨릭 신학자들과 신교도들 사이의 투쟁이 충분치 않기나 한 듯이, 세르베투스는 이교도 아리우스파 – 그리스도가 신보다 하위라는 사상 – 의 이단적 교리를 옹호함으로써 두 집단을 공격하여 또 다른 갈등을 일으켰다. 그는 이교도의 관점을 지지한다는 이유로 생명의 두려움을 느껴 스트라스부르Strasbourg를 떠났다.

세르베투스는 혈액 순환경로를 정확하게 설명하면서, 더욱더 지배 계층의 반감을 유발하였다. 그는 갈레노스를 포함한 이전의 권위(여러 학설)에 반대했으며, 심장에서 폐로 다시 심장으로 그리고 최종적으로 우리 몸의 모든 부분으로 간다고 주장하였다. 더욱이, 그는 혈액–순환계에 신의 '살아 숨 쉬는 정신vital spirit'이 존재한다고 가르쳤으며, 간이 이 '숨 쉬는 정신'에 물질을 제공한다고 믿었다. 공기와 혈액의 요소가 선택적으로 결합하여 형성된 이 정신에 간이 물질을 더한다고 생각했다. 궁극적으로 과학에서 가장 중요한 부분, 혈액의 폐순환에 대한 그의 의견은 신비롭고 기괴함에도 불구하고 일부는 믿을 만한 발견이었다. 그러한 용기에도 불구하고, 그는 혈액이 정맥과 완전히 분리되어서 지나가는 것을 알아차리지 못했다. 이 세상은 17세기 초기 하비가 이 폐순환을 설명할 때까

---

10) Michael Servetus(1509/1511–1553). 스페인(에스파냐) 신학자, 의학자. 의학을 공부하여 혈액 등에 관해 연구하였으며, 신학에서는 삼위일체론을 부정하며 이단자로 선고되어 화형에 처해졌음

지 기다려야 했었다.

여기에는 명백히 강력한 종교적 차원이 영향을 준다. 육체와 정신의 관계를 이해하고 또 종교를 이해하기 위해서, 세르베투스에 따르면, 신체는 세 가지 활력을 띤 정기(正氣)의 요소가 있음을 이해해야 한다고 주장하였다. 즉, 심장과 동맥에는 생동하는 정기spiritus vitalis, 뇌와 신경계에서는 광선the ray of light의 동물적인 정기spiritus animalis, 그리고 간의 혈액(역주: 자연적인 정기spritus naturalis)이다. 더 나아가 그는 이 세 가지 요소에 신이 존재하며, 전지전능한 신의 영혼이 심장에서 간으로 이동한다고 강력하게 주장하였다. 그는 이렇게 지상의 모든 사물들 안에는 신이 존재한다는 교리인 범신론pantheism을 주장하여 반기독교 성향을 표현하였으며, 이러한 주장은 그 당시 위험했다.

스트라스부르를 떠난 후, 그는 마침내 리옹Lyons에 이주하여 그를 숨겨준 내과의사와 함께 지냈으며, 그 내과의사의 권유에 따라 다른 이름을 사용하였고 의학을 배우기 시작하였다. 이후 또다시 주변 인근 지역으로 이사하면서 살다가 베살리우스의 제자로 공부하기 위해 파리로 갔다. 그러나 그는 그러는 와중에 결코 기존 지식에 대한 반론을 포기하지 않았다. 비엔나Vienna에서 '기독교 신앙의 부흥Christianismi Restitutio'의 책을 저술하면서 종교를 다시 분석하기 시작했다. 이 책에서 성령에 대한 지식과 인체 해부와 생리학의 지식 사이에는 중요한 연관이 있다고 주장하였다. 요약하면, 그는 신의 모든 창조물은 신의 지혜로 만들어졌다는 오래된 가르침을 변호하고 지지하였다. 한편 스스로 신교도 개혁의 창시자라고 말하는 캘빈을 맹렬하게 비난하였다. 이 일로 인해 캘빈은 바리세이주 종교재판장의 입장에서 세르베투스를 감옥으로 보냈다. 그러나 세르베투스는 감옥에서 탈출하고 스위스에서 캘빈 세력을 반대하는 집단에 가입하고 신교도에 대한 비난을 계속하였다. 하지만, 캘빈은 그를 다시 잡아 화형에 처했다. 신교도 개척자는 기독교 십자군을 지지하면서, 1553년 성인의 날 3일 전 전야에 화형을 실제로 행하였다. 이후 가톨릭 신학자들은 파리와 마드리드에 그의 동상을 세우고 신교도의 광신적 숭배에 대항한 그의 용감함에 경의를 표했다.

비록 세르베투스의 가장 중요한 관심은 신학이었지만, 사실 직업이 내과의사였다. 그러나 세르베투스에게는 신학과 의학 두 분야는 위에 언급한 바와 같이 서로 연결된 것이었다. 비록 혈액의 경로를 밝히는 생물학이 종교, 즉 신학과는 아무런 관계가 없음에도 불구하고 혈액의 경로에 대해 논의한 내용은 실제로 전형적인 신학적 관점이 일부 포함되어 있었다. 놀랄 것도 없이, 세르베투스의 생각들은 그 시대에 긍정적이든지 부정적이든지 간에 큰 충격을 일으켰다. 특히 16세기 심지어 17세기에 작성된 여러 저서에서 세르베투스의 생물학적 공로가 지대했음을 발견할 수 있다.

순환계를 이해하는 데 기여한 또 다른 사람으로 파리대학교에서 베살리우스를 따랐던 이탈리아 과학자 콜롬보Realdo Colombo를 간과해서는 안 될 것이다. 콜롬보는 초기 갈레노스의 연구 결과를 받아들였다. 그러나 그 스스로의 노력으로 세르베투스가 설명하는 혈액경로가 옳다는 것을 증명하는 데 성공했다. 갈레노스는 혈액이 심장의 두 개의 방 사이를 지난다고 추측했다. 그러나 콜롬보와 세르베투스는 그렇지 않다는 것을 보였다. 실제, 혈액은 심장의 하나의 방을 떠나 폐로 향하고 그런 다음, 심장의 다른 면으로 들어온다고 주장하였다.

여러 사람들은 순환계에 대한 연구를 계속했다. 1537년 히에로니무스 파브리시우스Hieronymus Fabricius[11]는 이탈리아 아콰판덴테Aquapendente의 마을로 들어왔다. 그는 어쩌면 베살리우스 이후 그 시기에 해부학에서 가장 존경받은 교수였는지도 모른다. 그는 파두아 대학에서 60년 이상 교수와 연구를 동시에 수행하였다. 그의 연구에서, 그는 종의 다양한 변화를 조사했고, 생리학 및 해부학적인 연관성 모두를 비교하였다. 1603년, 그는 '정맥 속의 판막들De Venarium Ostiolis'을 저술하였다. 이 책에서 그는 일반적인 혈액의 흐름에 대해 다양하고 수많은 의견들을 제공하였고, 정맥의 망상 조직인 정맥 내 판막이 존재한다는 것을 설명했다. 파브리시우스는 최초로 혈액이 연속적으로 흐른다는 사실을 밝혀낸 학자였다. 게다가 정확할 뿐만 아니라 철저한 방식으로, 정맥계의 실제적인 해부학적 형태의 섬세함을 제시하여 그 베일을 벗겼다. 이후 윌리엄 하비는 유

---

11) Hieronymus Fabricius(1537~1619). 이탈리아 의사, 해부학자. 발생학의 아버지로 불림

명하고 전설적인 파브리시우스의 이론들에 기초를 두고 연구하였다. 그리고 실제로 그의 제자가 되었다.

생식 생물학Reproductive Biology

파브리시우스의 저서 가운데 가장 저명한 저서는 '태아의 형성에 대하여On the formation of the fetus'였다. 파브리시우스는 거의 독자적으로 동물학에서 분리된 한 영역으로서 발생학을 수립하였다. 이 책에서는 파브리시우스는 인간의 생식기관 가운데 태아의 탯줄, 태반, 그 외 기관의 혈액 순환에 대해 포괄적 관점을 제시하였다. 태아 발생에 대한 그의 생각은 그 당시 발생학이 아직 완성되지 않은 시기에 획기적이었다.

그의 저서 '달걀과 닭의 발생에 대하여De Formatione Ovi et Pulli'에서 닭의 배 발생의 다양한 과정을 정확하게 스케치하였다. 그 후 과학자 레그니어 드 그라프[12]는 파브리시우스의 업적을 확장시켜 나갔으며, 자궁에서 성숙한 난자를 포함하고 있는 작은 낭, 난포의 역할을 발견하였으며, 이로서 척추동물의 암컷 생식에서 획기적인 발전을 이루어냈다. 1672년 그라프는 난자가 난소에서 나팔관을 통해서 자궁에 이르는 과정에 대해 발표하였다. 당시 이 전체 과정에서 특히 난자는 난소에서 만들어진다는 주장은 획기적이었다. 또한 그는 여포세포 사이에 액체로 채워진 공간도 발견하였다. 생물학자들은 후에 그의 이름을 기념하기 위해 난소의 여포를 그라프 여포로 명명하였다. 그라프는 배란 과정을 논리적으로 믿을 수 있도록 묘사하였다. 명백히, 1500년대 중반까지 새로운 영역 발생학에서 놀라운 진전이 이루어졌다.

1561년 가브리엘 팔로피오Gabriel Falloppio[13]는 여성 생식기관을 정확하게 묘사하였다. 1523년에 태어난 팔라피오는 가난한 집안에서 자랐으며 가까스로

12) Regnier de Graaf(1641－1673). 네덜란드 의사. 소화기관과 생식기관의 해부학을 연구
13) Gabriel Falloppio(1523－1562). 이탈리아의 의사, 해부학자. 해부학 모든 분야에 걸쳐 연구, 여성 생식기에 대한 해부학적 업적이 뛰어나며 자궁관(난관)을 발견

부자 후원자의 도움을 받으면서 파두아 대학교에서 의학과 해부학을 공부하였다. 당시 베살리우스가 아직도 파두아 대학교에서 연구하고 있었으며, 팔로피오는 베살리오의 의학연구에 대한 접근방법과 기술을 많이 전수받았으며, 서로 알고 지냈던 것으로 보인다. 팔로피오의 명성은 초기부터 두드러지게 나타났다. 24세가 되면서 페라Ferra에 있는 대학에서 해부학 교수가 되었으며, 강의에서 베살리우스의 강의 내용을 그대로 활용한 것을 볼 때 베살리우스의 영향을 많이 받은 것을 관찰할 수 있다. 팔로피오의 저서는 그렇게 뛰어나지는 않았지만 그럼에도 불구하고 생물학 이야기의 중심에 자리잡고 있다. 저서 가운데 '해부학의 관찰Observationes Anatomicae'에서는 베살리우스의 영향을 받은 것을 볼 수 있으며, 특히 공개적으로 베살리우스의 덕분이라고 고백하고 있다. 이 연구 저서에서는 생식기관이 성장하는 과정에서 나타나는 변화를 묘사하였고, 골격계와 귀에 대해 새롭고 정확한 통찰력을 제시하였으며 그 결과는 탁월한 업적으로 인정되고 있다. 불행히도, 팔로피오의 삶은 짧았다. 1562년 그는 가난한 어린 시절에 겪었던 영양실조를 극복하지 못하고 세상을 떠났다. 과학자들은 후에 그를 기리기 위해 나팔관을 팔로피오 관Fallopian tubes으로 명명하였다.

이후 덴마크 생물학자 스테노Nicolas Steno[14]와 그라프de Graaf는 연골 어류인 상어들은 난자와 난소를 가진다는 학설을 증명하였다. 이 두 과학자들은 모든 포유동물들은 난자를 생산하여 새끼를 낳는다는 결론에 도달하고 이 개념을 일반화하였다. 1667년 스테노는 여성 생식관을 설명하면서 난소ovary라는 단어를 최초로 사용하였다. 스테노 이전의 모든 생물학자들은 단지 난생의 생물들만 난소를 가진다고 믿었기 때문에 이 주장은 생식 생물학에서 중대한 혁신이었다.

---

14) Nicolas Steno(1638－1686). 덴마크 코펜하게 출생. 해부학자, 지질학자, 신학자. 해부학 연구를 통해 침샘관을 발견하였고 심장이 근육으로 되어 있음을 처음으로 확인

Regner de Graaf(1641-1673)
(Courtesy of the Library of Congress.)

고생물학Paleontology

그라프와 거의 동일한 시기에 스테노는 생물학사에 자리매김을 했다. 스테노는 1638년 코펜하겐에서 금을 세공하는 가정에서 태어났다. 수많은 다른 학자들과 같이 그는 생물학 영역에 대해 교사와 부모에게 무수히 많은 질문을 던지면서 자신의 생물학적 재능을 일찌감치 발휘하였다. 그는 결국 덴마크의 생물학자 바르톨린Caspar Bartholin[15] 밑에서 의학을 공부하였고, 곧 자신의 연구를 시작하였으며 점차 유럽 과학계의 주목을 받았다. 비록 바르톨린이 그를 지도했지만 바르톨린의 기질로 인해 사이가 멀어졌다. 스테노는 코펜하겐 대학교의 교수직을 획득하는 데 실패한 후, 의심할 여지없이 행정기관과의 문제가 생겨, 결국 해부학 연구를 계속하기 위해 프랑스로 이동하였다. 운 좋게도, 토스카나Tuscany 대공작의 호의를 얻어서 그의 연구를 계속할 수 있는 연구비를 지원받았다.

나이가 들어가는 동안, 그는 점차적으로 다양한 종교적 망상에 빠져들었으며, 죄로부터 인류를 구원하는 것이 그의 의무라고 믿었다. 그는 스스로를 부정하는 극단적인 형태의 고행 수도에 빠져들었다. 하지만 그의 건강은 더 이상 고행의 가혹함을 견딜 수 없었고, 그는 48세의 나이로 죽었다.

그가 남긴 업적 가운데 하나를 살펴보면, 화석 연구 또는 고생물학의 기틀을 마련하는 데 기여한 점이다. 이 업적은 그가 프로방스에 지내는 동안 그 지역의 농부들이 '돌의 혀tongues of stone 또는 glossopetri'라고 일컫는 화석(상어이빨 화석)을 유심히 관찰했던 기회에서 비롯된다. 그는 프로방스에서 암석층을 조사하였으며 이 업적은 향후 현대 지질학의 방향으로 제시되었다. 화석으로부터 동식물의 다양한 흔적을 살펴보면서, 그는 이 지층이 물속에 있었던 것으로 결론을 내렸다. 그러나 그는 지층 연구를 통해 예측할 수 있었던 지구의 연령이 교회에서 가르치는 성경의 내용과 모순된다는 점을 알고 난 후, 더 이상 이 연구를 지속하지 않았다.

---

15) Caspar Bartholin the Younger(1655~1738). 덴마크 해부학자. 코펜하겐 출생. 할아버지와 아버지도 모두 해부학자. 코펜하겐 대학에서 공부하고 레이덴·파리 등 유럽 각지의 대학에서 유학한 다음 할아버지, 아버지에 이어 1677년 모교 교수가 되어 해부학을 강의

생리학Physiology

세르비아의 생물학자인 파두아 대학교의 산토리우스Sanctorius Sanctorius[16]는 1667년에 스테노가 난소에 대한 연구를 발표하기 10년 전에 자유진자를 사용하여 맥박을 측정하는 기구를 고안하였다. 이 맥박 측정 장치는 가치가 있었음에도 불구하고 널리 사용되지 않았다. 그의 저서 '의학의 예술에 대한 갈레노스의 해설Commentaria in Artem Medicinalem Galeni'이 오히려 더 많은 영향을 주었다. 그 저서에서 그는 의사들이 초기 온도계를 어떻게 만들었는지를 소개하였는데, 초기 온도계는 갈릴레오가 발명하였다고 명성을 돌렸다. 산토리우스는 물질대사를 최초로 논의하였으며, 이로서 세상에 기여하는 업적을 이루어냈다. 그는 맥박, 몸무게, 호흡률, 연구대상 활동, 그 외 다른 생리 변인들을 주의 깊게 측정하고 기록하였다. 그는 아마도 신체에서 나타나는 분비활동을 뛰어넘는 불감증산insensible perspiration[17]에 대한 연구로 더욱 잘 알려져 있다.

식물학Botany

1580년 이 분야의 과학적 관심이 증가하기 시작했으며, 이때 베니치아 태생인 알피니[18]는 식물에 대한 연구의 학문 이름을 영구적으로 식물학botany이라고 명명하였다. 이전 과학자들은 생식은 동물계에 한정된 현상이라고 생각하였다. 하지만 알피니는 저서, '이집트 식물De Plantis Aegyptii'에서 동물뿐만 아니라 식물도 서로 다른 성을 가진다고 설명하였다. 16세기가 가까워질 때까지 알피니의 노력으로 식물에 대한 관심은 더욱 증폭되었다.

16) Sanctorius Sanctorius(1561–1636). 이탈리아 생리학자, 의사, 교수. 1611년부터 1624년까지 파두아 대학교 교수로 지냈으며, 온도, 호흡, 몸무게에 대한 실험을 수행하였음

17) 불감증설(不感蒸泄)·불감증출(不感蒸出)이라고도 함. 생체로부터의 수분증발은 발한만이 아니라 피부 표면이나 기도(氣道)점막에서도 이루어짐.

18) Prospero Alpini(1553–1617). 이탈리아 베네치아(당시 베네치아 공화국) 의사, 식물학자. 식물에 대한 관심은 이집트 여행으로 더욱 높아짐

요약Summary

이 시기의 생물학은 모든 방향에서 분과되고 발전되었다. 생리학, 고생물학, 식물학에서 진전을 이루어냈다. 아마도 처음으로 파프리키우스, 팔로피오가 발생학과 생식 생물학에서, 유스타키오와 콜롬보는 사람의 귀에 대한 연구의 성과를 이루어냈다. 또한 게스너는 분류학에서 큰 진전을 이루어냈다. 이 시기에 아마도 역사상 가장 용기 있는 과학자 중의 한 사람은 세르베투스인데 그는 교회의 가르침에 반대하면서 혈액 순환을 발표하였다. 또 다른 관점에서, 베살리우스가 '인간 신체 구조에 대해De Humani Corporis Fabrica'의 저서에서 반 칼카르의 삽화를 포함시키면서 세계적으로 예술과 과학을 함께 접목시켜 최초의 진정한 걸작을 만들어 낸 일이다.

Chapter 09

하비 시대The Harvey Era

1578년, 생물학사에서 진정한 전설적인 인물 가운데 한 사람이 태어났다. 파브리시우스Fabricius의 제자였던, 전설적인 윌리엄 하비William Harvey[1])는 영국 남쪽 해안가 포크스톤Folkestone이라는 조용한 마을에서 태어났다. 그는 지방 유지이며 잘 나가는 사업가인 토마스 하비의 아들이었다. 형제들 7명 가운데 장남이었는데, 5명은 터키에서 무역을 하였고, 한 명은 내과의사였으며 또 다른 한 명은 제임스 1세의 왕궁에서 근무하였다. 하비의 초기 교육은 캔터버리 킹스 학교에서 이루어졌다. 16살 때 캠브리지 대학교에 들어갔으며, 명석한 학생으로 3년 만에 학사학위를 받았다. 그리고 난후, 이탈리아 북부 지역의 파두아 대학교에서 그 다음 단계의 교육을 받게 되었다. 그때 당시 파브리시우스Fabricius는 파두아 대학교에 있었으며, 상당히 큰 무리의 추종자들이 그를 따르던 시기였다. 이러한 분위기는 하비가 생물학을 공부하기에 아주 적절하였다. 파브리시우스는 팔로피오의 지도를 받았으며, 후에 하비는 그로부터 중요한 생물학적 전통을 생

1) William Harvey(1578－1657). 영국의 의학자·생리학자. 인체의 구조·기능, 특히 심장·혈관의 생리에 대해 연구하여 심장의 박동을 원동력으로 하여 혈액이 순환된다고 주장.

William Harvey(1578-1657)
(Courtesy of the Library of Congress.)

물학적 전통을 지속시키는 과제를 물려받게 된다. 1539년 캠브리지 대학교 가운데 키즈Caius 대학의 설립자 존 키즈John Caius가 파두아 대학교 베살리우스의 지도를 받은 이후부터 캠브리지 대학교와 파두아 대학교는 서로 밀접한 관계를 유지하였다.

1602년 하비는 파두아 대학교에서 물리학 박사학위를 받았다. 캠브리지로 돌아온 후 그 다음 해에 의학 박사학위를 받았다. 2년 후에는 런던의 유명한 (내과)의과대학을 들어갔으며, 1607년에는 런던 의과대학의 교수로 임용되었고, 그 후 찰스 1세와 제임스 1세가 치세하는 동안 왕궁의 내과의사로 근무하면서 유명한 사람이 되었다. 그럼에도 불구하고 그의 운명은 영국 내전이 발발하면서 기울기 시작했다. 그는 가족들과 런던을 떠나게 되었는데, 수년간 수집했던 가치 있는 소장품과 연구기록들, 집을 모두 잃게 되었다. 70세에 가까워지면서, 경제적으로 빈곤해지고 상황은 파국에 이르렀다. 다행히도 옥스퍼드에서 그를 교수로 임명하였다. 그의 교수 임명은 한 저명한 사회인사가 하비의 귀중한 기여를 높이 평가하여, 옥스퍼드 대학교에 압력을 넣은 결과였다. 곧 그는 친구들과 친지들의 도움을 받으면서 연구 자료를 축적하였고 남은 여생을 평화롭게 지낼 수 있었다.

그는 수년간 연구를 수행한 결과 정맥계를 포함한 혈액 순환계를 확실히 이해한 최초의 과학자가 되었다. 하비는 베살리우스와 세르베투스로부터 권위를 불신한 그 유명한 유산을 물려받았다. 하비는 생체해부를 수행함으로써 어느 누구보다도 앞서 나아간 사람이 되었다. 1616년 하비는 영국 왕립 의과대학에서 혈액 순환에 대해 최초로 강의하였다. 이후 그는 겨우 10년 정도 지난 1628년 독일 라인지역의 마인과 프랑크푸르트에서 '심장과 혈액의 이동에 대한 해부학 논문Anatomical Treatise on the Movement of the Heart and Blood'을 발표하였다. 겨우 72쪽 분량의 연구논문은 이후의 생물학과 의학의 방향을 영원히 바꾸어 놓았다. 하비의 강의 노트의 일부는 수세기를 견디어 내면서 보존되었고, 하비가 연구에 얼마나 강렬히 집중하였는지 잘 보여주고 있다. 그는 연구를 하면서 겪은 어려운 일들에 대해 그의 저서에서 다음과 같이 표현하였다.

내가 처음 생체를 해부하려고 마음먹은 이유는, 생체해부를 심장의 운동과 역할을 발견하는 방법으로 생각한 것이며, 이전 시대 사람들이 작성한 저서에서 발견하지 않고 실제 엄밀한 검사(관찰)를 통해 발견하려는 것이었다. 나는 그 일이 진실로 험난한 일이라는 것을 알았다. 나는 '신만이 심장의 운동을 이해한다'라고 주장한 프라카스토리스Fracastorius[2)]와 똑같이 생각하고 싶은 유혹을 느꼈다.11

하비가 반론을 제기했던 이전 가설은 심장에는 근육이 없으며 혈액 순환을 위해 팽창된다고 주장한 내용이었다. 그러하여 정맥에 있는 혈액이 심장으로 이동할 수 있게 된다는 것이었다. 하비는 많은 문헌과 자료 연구에 근거하고 끈기 있는 탐구를 통해, 심장에는 근육이 있으며, 실제 심장은 근육 그 자체라는 것을 증명하였다. 또한 하비는 심장은 팽창뿐만 아니라 주기적으로 수축하는 운동을 통해 혈액을 순환시키는 것을 보여 주었다. 혈액의 순환 방향도 밝혀냈는데, 심장의 수축운동으로 심장의 혈액이 동맥으로 들어가며, 이때 심실이 이 운동에 참여한다고 밝혔다. 그리고 혈액은 심장의 왼쪽에서 폐를 거쳐 오른쪽으로 흐른다고 설명하였다.

하비는 혈액의 기능에 대한 전통적 관념이 얼마나 어리석었음을 밝혀내는 데 기여하였다. 전통적 관념에 따르면, 음식은 간에서 혈액으로 변한다. 그리고 이 혈액은 간에서부터 정맥을 거쳐 심장으로 이동하며 심장에서 설명할 수 없는 정신/영혼vital spirit을 흡수하게 된다. 하비는 직관적으로 이 내용이 잘못된 것이며, 정신/영혼은 과학적 의미가 없다는 것을 즉각적으로 알아차렸다.

그는 사람의 신체에서 혈액의 양이 단지 섭취한 음식으로부터 나온다고 가정한 점이 논리적이지 않다고 믿었다. 혈액을 일정한 양으로 유지하려면 사람들이 규칙적으로 일정한 양의 음식을 먹어야 하는데 이러한 점도 논리적이지 않다고 믿었다. 하비는 사람이 굶주리고 있음에도 불구하고 혈액의 양은 줄어들지 않고 그대로 일정한 양으로 유지되는 것을 알아차렸다. 하비는 자신의 직관을

2) Girolamo Fracastorius 또는 Fracastoro(1478-1553). 이탈리아 외과의사, 시인 그리고 수학, 천문, 지리학자. 파두아 대학교에서 공부하고 이후 교수로 지냄

증명하기 위해 면밀하게 관찰을 계속하였다. 여러 관찰한 내용 가운데, 건강한 사람과 다양한 혈액순환계 질병을 앓고 있는 사람의 맥박을 비교하여 관찰하였다. 살아있는 생물체를 해부하고, 먼저 대동맥과 대정맥을 묶은 후, 혈액의 순환이 어떻게 달라지는 지를 관찰하였다. 그는 또 동맥을 자르고, 또 동맥과 나란히 있는 정맥을 자르고 난 후, 혈액의 순환이 어떻게 달라지는지를 관찰하였다. 결국, 하비는 혈액은 심장에서 동맥으로 그리고 나서 정맥을 통해 심장으로 돌아온다는 결론을 내리는 데 주저하지 않았다. 그러나 하비는 혈액이 동맥계를 떠나서 정맥계로 들어가는 기작을 설명하지는 못했다. 물론, 그 당시 현미경이 존재하지 않았으며, 하비는 모세혈관이 있는 것을 알지 못했다. 이후 반세기가 지난 후, 리차드 로우어Richard Lower[3]가 발표한 연구논문 '심장과 폐의 혈액순환Tractatus De Corde'에서 비로소 신체에서의 혈액의 순환 경로는 폐에서의 혈액의 색깔이 변하는 것과 연결되어 있다는 점을 밝혀내게 된다. 그러나 이러한 변화가 의학적으로 무엇을 의미하는지를 논의한 사람도 없었다. 그 후 지오바니 란시시Giovanni Lancisi[4]가 저서 '급작스러운 죽음Sudden Death'에서 심장의 근육이 퇴화되기 시작할 때 어떤 일이 일어나는지에 대해 처음으로 의문을 품고 연구하기 시작하는 시점에서야 비로소 관심을 가지게 되었다.

혈액 순환에 대한 기념비적 연구를 수행한 후 수십 년이 지나서, 하비는 배 발생의 단계를 설명하여 발생학의 초기 연구에 기여하였다. 1651년 그는 모든 생물체는 알에서 발생한다고 추측한Exercitationes de Generatione Animalium의 동물발생학 논문을 발표하였다.

하비는 생물학 분야에서 뛰어난 명성을 드러낸 인물이었다. 그의 실험은 혁명적이고 용기 있는 것이었으며, 비난을 받거나 오류에 빠질 걱정은 하지 않아도 되었다. 하비의 업적으로 인해, 생물학은 과거 미신적인 부분과 아리스토텔레스와 갈레노스와 같은 사람들이 부분적 사실에 근거하여 주장한 이론으로부터

3) Richard Lower(1631－1691). 영국 내과의사. '심장과 폐의 혈액순환(Tractatus De Corde)'에서 실험생리학 연구로 의학연구의 선구자가 됨

4) Giovanni Lancisi(1654－1720). 이탈리아 내과의사, 해부학자. 모기의 존재와 말라리아병의 발명을 연결, 심장병 연구

탈피하였고 근대 과학적 접근방법으로 변하는 전환점을 맞이하였다.

스와메르담과 동료Swammerdam and His Contemporaries

약간 다른 맥락에서, 대부분 과학자들이 신체를 흐르는 혈액의 이동과 혈액으로 인한 질병을 이해하는 데 많은 시간과 노력을 기울이는 동안 그 누구도 혈액 그 자체의 특성을 연구하지는 않았다. 세포학이 아직 밝혀지지 않은 시점에서 그 누구도 혈액이 세포의 특성을 지니고 있다는 점을 알아차리거나 의구심을 가지지 조차 못하였다. 이러한 시점에서, 1658년 스와메르담Swammerdam[5]은 혈액은 세포로 구성된다는 이론을 제시하고 실제 적혈구 세포를 기술하여 이를 증명함으로써, 자신을 불멸의 명성을 가진 생물학자들과 동등한 자격을 가진 사람으로 표현하였다.

스와메르담은 1637년 네덜란드 암스테르담에서 약사의 아들로 태어났다. 다행히 그의 아버지도 열정이 넘치는 아마추어 생물학자였으며, 수많은 종류의 동물을 수집하였고 가정집에 그것들을 진열한 박물관을 만들었다. 어린 스와메르담과 그의 친구들은 그의 아버지를 이해하기 어려웠으며, 전시한 동물들도 감정적으로 받아들이기 어려웠다. 사실상, 스와메르담은 정신적으로 안정적이지 않았다는 증거가 많이 발견되고 있다. 따라서 정신적 장애자로서, 그는 생계를 위해 돈을 벌지 못했으며, 다른 사람들이 베풀어 주는 것에 의존하였고 아버지의 지원을 받으면서 살았다. 그나마 스와메르담이 의사 시술을 그만둠으로써 아버지의 지원조차 중단되었다. 이후 그의 아버지는 사망하면서 이름만 유산이었지 큰 돈을 남겨주지 못했다.

스와메르담은 역경을 이겨내고 라이덴Leiden대학을 다녔으며, 의학 학위를 취득하였고, 그 후 파리에서 공부를 계속하였다. 결국 1667년 파리 대학교에서

---

5) Jan Swammerdam(1637–1680). 네덜란드 생물학자 곤충의 생활사, 알–번데기–성체의 형태적 특징을 관찰, 해부학에서는 근육의 수축을 연구. 1658년 최초로 혈액의 적혈구를 관찰, 해부과정에서 현미경을 사용한 최초의 과학자로 그의 방법은 100여 년 지속되었음

의학박사를 취득하였다. 그러나 개업하지 않고 생물학 공부로 되돌아가서는 수많은 동물을 해부하고 서로 다른 차이점에 의구심을 품고 비교하였다. 그의 일생에서 최대의 전환점은 프랑스과학원의 설립자면서 왕실의 도서관 사서였던 테브노Melchisedec Thevenot와 친구가 되면서부터였다. 테브노는 스와메르담의 능력을 인정하고, 그를 프랑스학술원의 권위자들에서 소개하였을 뿐만 아니라 그의 남은 일생동안에 경제적 지원을 제공하였다. 1669년 스와메르담은 테브노의 지원으로 철저한 실험을 거쳐 곤충의 변태에 대한 연구를 완성하였다. 이 개념을 적용하여, 곤충을 세 가지 종류로 분류하였다. 변태하지 않는 유형, 즉 좀, 빈대; 부분변태를 거치는 유형, 즉 메뚜기(태생 시 날개가 없으나 후에 발생함), 그리고 파격적으로 완전변태를 거치는 유형, 즉 파리, 벌, 나비 등. 스와메르담은 지금 잘 알려진 알, 번데기, 성체의 단계를 찾아냈다.

이것 이외에도, 스와메르담은 개구리의 변태 단계에 대한 그림을 준비하였다. 그리고 이를 근거로 전성설[6]의 오류적 학설을 주장하게 되었다. 곤충의 발달 단계에서 얻은 결과와 유사한 것을 찾아내면서, 스와메르담은 모든 생물체는 완전한 개체로 생명을 시작하며, 그리고 그들의 발달은 단지 성장이라고 결론을 내렸다. 더 나아가 '사람은 아담과 이브의 자식으로 이미 형성되었다'라는 주장을 발표하였다. 그리고 이미 결정된 인간의 탄생이 고갈되면, 인류는 멸종할 것이라고 주장하였다.

이후 스와메르담은 곤충에 대한 저서를 발표하였다. 오늘날 생물학자들이 이 책을 주요한 업적으로 인정하지는 않지만, 스와메르담은 이 책에서 많은 곤충의 생식기관을 상세히 묘사하였다. 그뿐만 아니라 그는 곤충의 변태 과정을 상세히 관찰, 실험하였다. 물론 그때까지 그는 곤충이 왜 이러한 변태 과정을 거치는지에 대한 이론은 제시하지 못했다. 그 후 남은 일생 동안에 그는 과학을 완벽히 버리고 오로지 종교적 의식과 묵상에 몰입하였다. 그는 43세에 세상을 떠났다.

---

6) 수정란이 발생하여 성체가 되는 과정에서 개개의 형태와 구조가 이미 알속에 갖추어져 있은 상태에서 발생하는 것으로 발생은 성장하는 과정이라고 주장하는 이론

곤충학은 그 후 스위스 제네바의 찰스 보넷Charles Bonnet7)이 저술한 곤충에 대한 논문Treatise on Insects으로 연결된다. 보넷은 이 책에서 자신의 관찰한 과정과 관찰 결과를 제시하게 되는데, 특히 진딧물, 하루살이 등 곤충의 무성생식(배 발생 시 수컷의 수정 없이 일어나는 생식)을 명확히 설명하였다. 그는 이후 지렁이, 구더기, 거머리 등과 히드라, 해파리 등의 강장동물을 연구하였다.

이 시기에 스와메르담은 암스테르담의 좁은 실험실에서 어려운 시간을 보내고 있을 무렵, 요한 그라우버Johann Glauber8)는 화학 이론과 관찰Opera Omnia Chymica에 대한 책을 저술하고 있었는데, 이 책은 19세기 초에 이르기까지 대학의 과학자와 학생들이 읽어야 할 일종의 안내서가 되었다. 그의 업적에서 가장 중요한 것은 아니지만 가장 널리 알려진 업적은 생물학계에서 그의 이름을 붙인 80도를 측정할 수 있는 온도계를 발명한 것이다.

레오뮈러, 톰슨 그리고 변태과정Reaumur and Thompson and Metamorphosis

1734년 레오뮈러René de Réaumur9)는 스와메르담의 곤충에 대한 연구조사를 더 진척시키고자 하였다. 같은 시기에 생물학자이며 군대 내과의사였던 존 톰슨John Thompson은 서인도 제도에서 게와 같은 해양생물의 변태를 탐구 조사하였다. 실제로 톰슨은 곤충과 마찬가지로 게도 완전한 변태과정을 거친다는 점을 처음 알아낸 사람이었다. 다윈도 조개 등 어패류의 놀라운 변태과정에 대한 책을 저술할 때, 톰슨의 저서의 내용에 대해서도 잘 설명하였다.

톰슨은 자신의 연구의 범위를 확장시켜 기생에 대한 연구를 수행하였다. 기생은 한 생물체가 다른 생물체에 붙어 살아가는 것을 의미한다. 톰슨은 특정 해

---

7) Charles Bonnet(1720－1793). 스위스 제네바 출생 자연박물학자. 프랑스 가문이나 종교박해로 망명. 철학에 대해 저서를 남긴 학자

8) Johann Glauber(1604?－1670). 독일계 네덜란드인 연금술사, 화학자. 1625년 황화염 Na_2SO_4를 제조하여 초기 화학공학자로 불림

9) René Antonie Ferchault de Réaumur(1683－1757). 프랑스 과학자. 수학 등 다양한 영역에 기여함. 생물학에서는 특히 곤충연구에 집중

안에서 사는 게의 복부 내부에 낭囊을 가지고 있는 것을 발견하였다. 이 낭은 게를 퇴화시키거나 파괴하는 것으로, 오늘날 과학에서는 기생충으로 불리고 있는 것이다. 이 기생충은 입과 그리고 생식기관 이외에는 다른 기관, 소화기관, 눈 등이 없는 생물체이다.

곤충학에 대해 논의하고자 한다면, 오늘날 과학의 관점에서 바라볼 때, 레오뮈러의 연구조사 결과는 곤충학 발전에 매우 독창적인 연구로서 크게 기여한 것으로 평가되고 있다.

레오뮈러는 오랜 기간 동안의 연구를 상세하게 수행한 노력으로 방대한 저서, '곤충의 역사에 대한 연구Studies on the History of Insects'의 결실을 맺게 된다. 그 당시 레오뮈러의 책은 곤충 해부에 대한 자료로서, 가장 탁월한 자료를 수집하여 집대성한 저서였다. 오늘날에서 조차도, 곤충학자들은 그의 책의 정확성과 철저성을 매우 높이 평가하고 있다. 레오뮈러는 그 외에도 다른 연구를 수행하였는데, 벌꿀의 사회적 특성을 관찰하였다. 또한 막시류는 벌, 말벌의 일종으로 날개와 유사한 막을 쌍으로 가지고 있으며 완전변태를 하는 것을 관찰하였다. 이 과정에서도 곤충의 다양한 발달단계에 대해 상세히 논의하였다.

비록 레오뮈러는 곤충의 변태과정을 해석하는 이론을 제안하지는 못했지만, 그는 최소한 열이 변태 과정을 가속화한다는 가설을 제안할 수 있도록 이끄는 시작점을 제공하였다. 레오뮈러는 1683년 귀족 가계의 부유한 가정에서 태어났으며, 처음에는 예수회 학교에서 신학(예수교)을 공부하였다. 그리고 나서 파리대학교에서는 법학을 공부하였다. 그러나 그는 곧 자연과학의 세계에 더 많은 매력을 느끼고 법학공부를 그만두었다. 린네와 같이 그의 연구는 주로 개인적 차원에서 진행되었다. 그가 일생동안 참여한 단체라면 프랑스과학학술원French Academy of Sciences이 전부였다. 그는 1757년에 세상을 떠났다.

레오뮈러는 그 시대 다른 동료 과학자들 가운데 가장 광범위한 영역에 대한 흥미와 배경지식을 가진 사람이었다. 곤충학 연구 이외에도 레오뮈러는 열의 특성, 기체의 특성과 구성, 용해, 야금술 등에 대해서도 탐구하였다.

식물 분류Plant Classification

이 시기까지 과학자들은 동물 및 식물의 분류학에 대한 연구를 단단한 기초에 근거하여 수행하지는 않았다. 실로 그 당시 알고 있는 것들은 초기 아리스토텔레스 체계에서 남겨준 잔존물들 수준이었다. 아직도 생물학자들은 생물체를 분류하는 데 어떤 특징을 사용할 것인지에 대해 혼란을 겪고 있는 상태이었으며, 식물과 동물을 구분하는 특징에 대해서도 모호하였다. 18세기 초(1710년대) 이탈리아 생물학자 마르시그리Luigi Marsigli[10]는 산호초는 대부분의 사람들이 식물이라고 믿고 있지만, 실제로는 식물이 아니고 동물인 것을 증명하였다. 그의 연구결과는 엄청난 것은 아니었다. 하지만, 그는 의심의 여지없이 조용한 사람으로서 오늘날 많은 과학자들이 스스로를 선전하기 위해 큰소리를 치는 것과는 전혀 다른 인물이었다.

1580년 카스파 바우인Kaspar Bauhin[11]은 분류학의 기술에 기여하였다. 그는 파두아 대학교에서 공부할 당시 이탈리아 파두아 지역 원산 식물을 관찰하기 시작하였다. 그 후 고향, 바젤Basel에 귀향한 후에도 식물 분류를 계속하였다. 1623년 그는 그때까지 조사된 모든 식물 종을 종합적으로 설명하는 저서를 완성하였다. 그는 식물 표본을 만드는 과정의 식물 건조 영역에서도 개척자 가운데 한 사람이었다. 조사한 식물의 수가 넘쳐남에 따라 그는 좀 더 체계적 분류법이 필요함을 인식하였다.

곧 바우인은 이분법체계를 사용하기 시작하였으며, 종species과 속genus으로 명명하였다. 바우인은 식물의 형태적 특징의 유사성에 근거하여 분류하는 방법을 사용하였다. 그가 설명하는 방법은 먼저 바우인이 생각하기에 가장 원시적 식물을 제시하였으며, 그 다음에는 좀 더 높은 수준의 식물을 설명하는 방식이었다. 그것은 더 원시적인 식물이 무엇인지를 이해하지 않고는 높은 수준의 식

---

10) Luigi Ferdinando Marsigli(1658–1730). 이탈리아 군인, 자연과학자. 수학, 해부학, 박물학을 연구하였음

11) Kaspar Bauhin 또는 Gaspard Bauhin(1560–1624). 스위스 식물학자. 수천 개의 식물을 분류하였음, 스위스 바젤(Basel)에서 태어났음

물 종을 이해하기 어려울 수 있다는 믿음에서였다. 따라서 그는 간단한 식물로 생각되는 벼과Poaceae, 백합과Liliaceae에서 시작하였고, 그 다음으로는 나무와 같은 목본을 높은 수준의 식물로 제시하였다. 물론 그의 관점은 오류 투성이었다. 예를 들면 벼과나 백합과는 하등의 간단한 식물이 아닌 점이다.

그 당시 또 다른 중요한 학자는 영국 위루비Francis Willughby[12]였는데 분류학 책을 저술하였다. 다소 업적이 가공되지 않아 투박하지만, 전설적 학자인 린네가 업적을 이루는 데 큰 기반을 제공하였다. 린네의 분류체계는 약간의 수정을 거친 후, 오늘날 아직도 사용하고 있다.

이탈리아 식물학자 세살피노Andrea Cesalpino[13]는 바우인의 분류 체계를 개선시켰다. 내과의사이면서 식물학자인 세살피노는 1519년 투스카니Tuscany에서 태어났으며, 피사Pisa에서 의학공부를 시작하였다. 1549년 의학학위를 받았으며, 곧 피사대학교 약리학 교수로 임명되었다. 교수로 재직하는 동안 그는 식물학 연구를 집중적으로 수행하게 된다. 이후 바티칸의 내과의사 대표가 되었으며, 그 후 세상을 떠났다. 1585년 식물학 발전에 기여한 업적으로서 식물학De Plantis의 저서를 발표하였는데, 분류의 기준으로 꽃과 열매의 특징을 사용하였다.

이 빈틈없는 생물학자는 식물과 동물의 생리적 활동에 공통점을 발견하고자 노력하였다. 즉 동물의 심장, 혈관 등의 요소의 개념을 적용하여 식물의 순환체계에 대해 탐구하기 시작하였다. 그는 식물의 심장은 뿌리와 줄기의 경계에 있다고 결론내렸다. 또한 그는 동물의 정맥은 심장에서 시작하는 것이지 갈레노스가 주장한 것처럼 간에서 시작하는 것이 아니라고 주장하였다. 그리고 또 신경도 동일하게 간이 아닌 심장에서 시작한다고 주장하였다. 그는 용기있게도 그리스 철학자 아리스토텔레스가 주장한, 말하자면, 영양분은 땅속에서 미리 만들어져 있다는 학설을 반박하였다. 그는 토양에 존재하는 모든 기본 성분은 식물

12) Francis Willughby(1635–1672). 캠브리지대학교 박물학자, 조류학자, 어류학자. 존 레이Ray의 친구이자 동료였음

13) Andrea Cesalpino(1519? 또는 1524?–1603). 이탈리아 내과의사, 철학자, 식물학자, 식물을 씨앗과 열매로 분류한 학자. 그는 하비가 주장한 물리적 순환의 개념과 달리 혈액은 증발과 응축의 과정을 반복하면서 순환한다는 화학적 순환을 제시하였음

이 영양분을 만들 때 사용하는 것이라는 사실을 믿고 거의 증명하기에 이르렀다. 그리고 물리학의 법칙을 사용하여 물이 어떻게 식물체에 들어가는지에 대한 설명을 시도하였다. 식물체에는 특정한 기관이 존재하는데 이 기관은 스펀지 같은 역할을 하여 수분을 흡수하는 것으로 설명하였다.

범 학문적 흥미를 지닌 이 학자는, 물론 식물학을 연구하는 데 가장 많은 시간을 보냈지만, 야금학, 형태학, 화학 등의 영역에서도 연구를 수행하였다. 그 시대의 다른 박물학자와 마찬가지로, 그는 철학적 통찰력을 가졌으며, 사실상 식물에 대한 의문을 가진 것처럼 철학에 대해서도 의문을 제기하였다. 비록 철학에 특별히 흔적을 남기지는 않았지만, 그의 철학적 관점에서의 세계관은 매우 흥미로웠다. 아리스토텔레스의 관점을 유지하였음에 따라 세살피노는 우주의 초자연적 설계자와 그 제1의 원인으로 원동력prime mover을 신봉하였다. 또한 플라톤을 반박하였고 아리스토텔레스가 주장한 경험적 방법과 변화의 타당성을 받아들였다. 유사하게 그는 심장은 생물체의 첫 번째 부분이면서 마지막 부분이라고 믿었다. 이를 논증하는 과정에서 그는 사람이 감정을 느낄 때 가장 먼저 심장에서 시작한다고 주장하였다. 20세기 철학자 비트겐슈타인Wittgenstein[14)]은 사람이 그림과 은유에 지나치게 도취되면 안 된다는 것을 반복적으로 강조하였는데, 세살피노가 확실히 그러하였다. 반대적 입장을 주장하는 동료들이 있었음에도 불구하고, 그는 지속적으로 아리스토텔레스가 주장한 심장의 벽에는 구멍이 있다는 신념을 유지하였다. 또한 그는 소리에 대한 주장(맥박소리, 심장소리 등), 즉

14) Ludwig Wittgenstein(1889－1951). 오스트리아와 영국의 철학자. 오스트리아 비엔나에서 태어났음. 유럽에서 가장 부유한 가정으로 알려진 가정에서 태어났으며 그는 상속한 유산 모두를 남에게 주었으며, 그의 형제 3명이 자살하였고, 그도 자살을 시도한 적이 있었음. 학문을 하는 과정에 수십 번 중지하였는데, 제1차 세계대전 시에는 최전선의 병사로서, 그 후 오스트리아 시골에서 수학을 가르치는 교사로서 학생들이 수학문제를 틀렸을 때 때려야 할 것인지를 고민하게 되었고, 제2차 세계대전 시에는 병원에서 짐꾼으로 근무하면서 환자들에게 처방된 약을 먹지 말라고 조언하기도 하였음, 철학만이 자신에게 진정한 만족감을 주는 것이라고 말하였음. 초기 논리학에서 시작하여 수학철학, 정신철학, 언어철학을 연구하였음. 1939년부터 1947년 캠브리지 대학교 철학과 교수로 지냈으며 생존 시 단 1편의 논문, '어린이가 사용하는 단어'라는 리뷰논문을 저술하였음. 사후에 '철학적 탐색'이라는 저서가 출판되었으며, 이 책은 20세기 철학영역에서 가장 유명한 저서임

정맥이 심장으로부터 혈액을 이동시키는 역할을 수행할 때 나는 소리에 대한 주장을 거부하였다. 그럼에도 불구하고 그는 옳은 주장을 한 부분이 있는데, 그것은 심장이 혈액순환의 중심이라고 주장한 내용이다.

그 후 다른 과학자들은 순환의 수리학에 대해 여러 생각들을 제안하였으며, 그 내용은 더욱 심화되어 갔다. 1676년 예를 들면, 17세기 프랑스 물리학자로서 후에 식물학자가 된 메리어트Edme Mariotte[15]는 프랑스과학학술원에 투고된 식물에 대한 논문을 읽었다. 이 '식물의 성장On the Vegetation of Plants'의 논문에 대해 그는 '나무의 수액은 상당한 크기의 압력하에서 윗부분으로 이동하며 이 압력은 액체가 식물체내부로 들어가도록 만드는 기작이며, 액체가 외부로 이탈하지 않도록 하는 것이다'라고 논증하였다. 그의 주장은 놀라울 정도로 앞선 내용이었으며, 특히 식물이 물과 같은 기본물질을 흡수하고 그것으로부터 영양분을 만들어 낸다는 사실을 화학작용으로 설명하였다. 이러한 설명에서, 그는 아리스토텔레스를 거의 완벽하게 거부하기에 이르렀다.

림프계의 생리학The Physiology of the Lymphatic System

일부 사상가들이 발생학, 유행병학(역학, 질병의 전염을 연구하는 학문), 생식, 그 외 기타 영역의 연구를 발전시키고 있는 동안, 신체의 다른 부분에 대한 연구는 거의 발전되지 않았다. 1652년 비로소 림프계의 비밀을 밝혀낸 연구가 발표되었는데, 덴마크의 토마스 바르톨린Thomas Bartholin[16]은 이 림프계를 종합적으로 설명하는 저서De Lacteis Thoracicis를 발표하였다. 바르톨린은 1616년 코펜하겐에서 해부학 교수의 아들로 태어났다. 덴마크에서 얻을 수 있는 학문자료를 다 공부하고 난 후, 그는 소위 방황하는 학자scholares vagrante라고 불리게 되었다. 그는 지혜를 찾기 위해 9년 동안이나 유럽 전역을 여행했다. 라이든 대학

15) Edme Mariotte(1620–1684). 프랑스 물리학자이면서 목사

16) Thomas Bartholin(1616–1680). 덴마크 내과의사, 수학자, 신학자, 림프계 발견 업적으로 유명. 가족들 중 12명이 코펜하겐 대학교 교수로 지냈으며, 17, 18세기 해부학, 의학의 발전에 지대한 업적을 남김. 냉동마취 이론을 최초로 제안, 과학적으로 설명하였음

교[17]에서 3년 동안 공부하면서 특별히 하비의 업적에 관심을 기울였다. 파두아 대학교에서 2년 동안 해부학 연구를 수행하고 나서는 이탈리아 남부 항구도시 나폴리로 이사하였다. 그 후 코펜하겐 대학교 해부학 교수직을 제의받으면서 덴마크로 귀향하였다. 그는 곧 실력 있는 실험과학자의 명성과 함께 열정적인 교사로서 인정받기 시작하였다. 그의 존재 덕에 원래 잘 알려지지 않았던 코펜하겐 대학교는 바르톨린 밑으로 제자들이 줄이어 들어오면서 전 세계적 명성을 얻게 되었다.

앞에서 설명한바, 그의 최고 수준의 전설적인 업적은 림프계 연구결과에 기인한다고 볼 수 있다. 그의 림프계 연구 업적 이전에 여러 연구들이 있었지만, 그들은 림프에 대해 밝혀낸 바가 거의 없었다. 바르톨린은 젖을 운반하는 통로에 대해 연구를 시작하였으며, 이 통로는 간과 연결되며, 통로에는 카일chyle이라는 유미乳糜 – 유화된 지방과 다른 소화과정의 부산물로 만들어진 – 이 존재한다고 주장하였다. 곧 그는 자신이 오류를 범했다는 것을 알아차렸으며, 이 통로는 다른 이상한 체계와 연결되어있다는 것과 이 관이 동물의 몸 전체에 퍼져있다는 것을 발견하였다. 그리고 이 림프계는 투명하고 물과 같은 물질을 포함하는 것도 발견하였다. 그의 저서De Lacteis Thoracicis에서 그는 곧 자신의 오류를 수정하였는데, 림프계에는 chyle 통로가 존재하지 않으며, 사실, 이 통로는 간과 연결되어 있지 않다는 것을 밝혔다. 그는 오늘날 림프계로 알려진 것을 발견하였다. 저서의 일부 내용은 잘못되었거나 오류를 범했지만, 여전히 그의 저서는 선구적인 연구논문이었다.

오류와의 투쟁 결과, 바르톨린의 연구 결과는 자연스럽게 더 많은 관심을 이끌어냈다. 바르톨린의 친한 동료이었던 스웨덴의 올로프 루드벡Olof Rudbeck은 스웨덴 왕국을 지배했던 크리스티나Queen Christiana 여왕에게 림프계를 설명하였다.

17) 네덜란드 라이든 시에 소재하며, 1575년 설립되어 네덜란드에서 가장 오래된 대학교. 2011년 전 세계 대학교 순위에서 65위로 예술, 인문학은 유럽에서 최고의 대학으로 알려졌음

루드벡의 림프계의 대한 업적Rudbeck'S Work on the Lymphatic System

루드벡Olof Rudbeck18)은 1630년 바스테라스Västerås에서 태어났다. 그의 아버지 요하네스 루드베키우스는 가톨릭 주교였으며 통찰력이 있는 사람이었다. 그의 아버지는 루드벡이 어렸을 때 남들보다 뛰어남을 발견하고 과학에 대한 호기심을 더욱 격려하였다. 사실 그는 자신이 설립한 학교에 입학하도록 아들을 설득하였는데, 이 학교는 루드벡 시대에는 꽤 괜찮은 평판이 나 있었다. 학교에서 루드벡은 과학뿐만 아니라 철학도 공부하였으며, 곧 의학도 공부하게 되었다.

그는 오후 시간의 대부분을 대학교 실험실과 집에서 동물을 해부하면서 보냈다. 이 시기 동안에 그는 십대였으나, 림프계와 바르톨린의 연구에 열중하였다. 1652년 연구논문에서 그는 혈액의 순환에 대해 다소 믿을 만한 설명을 제시했으며, 간에서 혈액이 만들어진다는 주장을 부인하였다. 1656년 논문에서 림프계에 대해 더 높은 이해를 보여주었는데, 젖샘의 경로를 제안했으며, 이 작은 통로는 인체의 모든 부분에 퍼져있으면서 chyle를 운반하는 것으로 설명하였다. 또한 림프액은 소금 맛을 띠며 열을 가하면 응고하는 사실도 인식하였다.

불행히도, 바르톨린과 루드벡 사이에 누가 먼저 림프계를 발견하였는지에 대해 가벼운 경쟁이 생겼다. 이 경쟁은 라이프니찌와 뉴턴 사이에 일어난 소름끼치는 불화, 즉 미적분을 누구 먼저 발견하였는지에 대한 논쟁과 비슷하였다. 각 주창자는 연설을 하였고, 그리 정중하지 않은 말로 상대방을 공격하는 소책자를 발간하였다. 현재 역사가들은 누가 먼저 림프계를 발견했는지를 밝혀내는 일은 수수께끼로 받아들이고 있는 듯하다.

누가 발견했던지 간에, 림프계를 분석한 연구결과는 생물학의 전환기를 만들어 주었다. 혈액순환에 대한 하비의 연구결과와 함께, 인체 생리학, 특히 소화

---

18) Olof Rudbeck 또는 Olaus Redbeck(1630－1702). 스웨덴 과학자, 작가, 웁살라 대학교 의과대학 교수. 주교 Johannes Rudbeckius의 아들이며, 식물학자 Olof Rudbeck the Younger의 아버지. 음악과 식물학에서도 업적을 남김. 웁살라의 식물원이 원래 그의 이름으로 명명했으나, 100여 년 후 자신의 아들의 제자인 린네의 이름을 빌려 린네 식물원으로 변경. 노벨상을 만들어낸 Alfred Nobel이 후손임

과정을 이해하기 시작한 시점에 도달한 것이었다. 몇 년 후에 크리스티나 여왕은 루드벡의 업적을 인정하였고, 1652년 루드벡에게 다른 나라에서 자신의 연구를 수행할 수 있도록 연구비를 제공하였다. 그는 라이든 대학교로 가서 3년 동안 연구를 수행하였다.

귀국 후, 루드벡은 해부학 교수가 되었으며, 또한 의학의 정치 싸움에 연루되었다. 그는 자신의 나라의 내과의사들이 추론을 강조하고 관찰을 소홀히 하는 점을 경멸하였다. 그래서 그는 오늘날에도 존재하는 자신의 실험실 '극장theater'을 만들었다. 그 후 그는 남은 여생동안 자신의 과학적 연구실험을 지속하였으며, 비록 속도는 늦어졌지만 자신의 연구에 온갖 열정을 다 쏟았다.

이해컨대, 역사가들은 이 시기 업적이 주로 식물학 관련 업적이었기 때문에, 이 시대의 업적을 특별히 기억할 만한 엄청난 것으로 인정하지는 않았다. 그러나 여왕이 림프계에 관심을 보인 관계로 인해 그동안 인체 생리학을 관망하던 차원에서 열정적인 흥미를 불러일으키게 되었다. 1656년, 예를 들면, 영국의 토마스 와톤Thomas Wharton[19]은 턱밑샘을 최초로 발견하여 설명하였는데 현재 생물학자들은 이 턱밑샘을 림프계의 통합적 부분으로 설명하고 있다.

1672년 프랜시스 글리슨Francis Glisson[20]은 캠브리지 대학교 졸업생으로서 발생생리학을 한 단계 발전시키게 되는데, 그 연구는 간에 대한 연구였으며 또한 모든 종류의 살아있는 조직들은 주변 환경에 반응한다는 것을 증명하였다. 그 이전의 과학자들은 생물체의 몸 전체가 반응한다고 주장하였다. 그 후 18세기 유럽의 합리주의의 계몽운동 시기에 스코틀랜드 생물학자 로버트 위트Robert Whytt[21]는 이 생각을 절대적으로 받아들이면서 살아있는 생체조직은 온갖 종류의 자극에 흥분을 일으킨다고 주장하였다.

19) Thomas Wharton(1614–1673). 영국 내과의사, 해부학자. 탯줄과 턱밑샘을 발견하였음
20) Francis Glisson(1599?–1677). 영국 내과의사, 해부학자. 간의 형태에 대한 연구 발표
21) Robert Whytt(1714–1766). 스코틀랜드 내과의사. 결핵내막염, 신경쇠약 등의 연구 수행

요약Summary

이 시기의 주제는 곤충학entomology, 식물분류학plant taxonomy, 그리고 생리학physiology였다. 곤충학은 그라우버Glauber, 레오뮈러Réaumur, 그리고 세살피노Cesalpino의 연구업적으로 인해 근대 과학에 근접한 수준으로 발전하였다. 바우인Bauhin의 식물학 논문은 그 당시 식물에 대한 정보를 모두 종합하여 정리한 업적으로 유명하였다. 최종적으로 생리학에서는 덴마크의 바르톨린이 최초로 림프계에 대해 종합적인 설명을 제시하였고, 스와메르담은 혈액이 세포로 구성되어 있다는 이론을 제안하여 근대로 진입하게 된다.

Chapter 10

뉴턴 시대The Age of Newton

이 시대, 과학과 자연철학의 여러 영역들은 엄청난 진전을 이루어냈다. 명성이 드높았던 프랑스 철학자이며 수학자인 데카르트[1]는 방법서설Discourse on Method[2]을 출판하였다. 데카르트는 이 저서에서, 자신의 다른 저서, 명상록Mediations을 보완하는 부분에서 그 유명한 '방법론적 회의method of doubt'를 적용하였는데, 이를 통해 데카르트는 '절대적인 확실성absolute certainty'이 존재한다는 것을 설명하려고 하였다. 이 개념은 오늘날까지 철학과 생물학을 독점적으로 지배하고 있다. 데카르트가 방법서설을 발간하기 몇 년 전, 갈릴레오는 '두 가지 주요 세계관에 대한 대화Dialogue Concerning the Two Chief World Systems'를 발간하였다. 이 저서는 태양계의 중심은 지구가 아니라 태양이라는 정확하고 새로운 개념을 제안하였다.

하지만 무엇보다도, 17세기 뉴턴은 위엄 있는 프린키피아Principia[3]를 출간

1) René Descartes(1596−1650). 프랑스 철학자, 수학자, 물리학자, 생리학자. '근대철학의 아버지', 합리주의 철학을 주도. 해석기하학의 창시자

2) Descartes의 철학서(1637), '데카르트의 회의(Cartesian doubt)로 알려져 있는 그의 사상의 근본적 개념 Cogito, ergo sum.(I think, therefore I am.)이 기술되어 있음

하였다. 이 책에서는 현대에서 '고전역학classical mechanics'이라고 말하는 과학을 만들어 냈다. 뉴턴은 프린키피아에 수많은 주요 이론들을 기술하였으며 그 가운데 가장 강력한 이론은 '만유인력의 법칙the law of universal gravitation'4)이다. 뉴턴은 이 법칙을 발견하는 과정에서, 두 가지 근본적인 질문을 하게 된다. 왜 물체는 지구를 향해 떨어지는가? 무엇이 지구를 계속 움직이도록 만드는가? 물체 사이의 만유인력의 개념에 대해서는 르네상스 시대 천문학자 케플러가 뉴턴보다 먼저 설명하였다. 하지만 케플러는 오래된 신비주의적이며 미신적인 생각에 근거를 두고 이 개념을 설명하여, 올바르다고 보기는 어려웠다. 뉴턴은 상호 인력을 새롭게 설명하는데, 즉 물질은 핵심적 성분이며 인력의 근원이라고 하였다. 뉴턴은 중력에 대한 이론에서 역제곱의 법칙inverse square law5)을 일부로 포함시키고 있는데, 이 역제곱의 법칙에 따르면 우주에 있는 모든 물질 조각은 상호적으로 끌어당기는데, 이 끌어당기는 힘은 물질 조각의 질량에 따라 달라지며, 상호 간 거리의 역제곱에 따라 달라진다는 것이다. 다시 말하면, 큰 물체일수록 중력(장)은 더 커지며, 상호 간의 거리가 멀수록 중력은 약해진다는 것이다. 뉴턴은 이 새로운 법칙으로 코페르니쿠스, 갈릴레오, 케플러가 제안했던 천문학에 대한 이전의 생각들을 증명하였다. 특히, 구시대적 이론이었던 천동설에 반대되는 코페르니쿠스의 태양중심설을 재확인시켰으며, 이로서 물리는 근대 실험과학에 어울리는 방향으로 향하게 되었다.

더욱 실질적으로, 이 법칙은 천체의 운동에 대해 관찰한 결과를 모두 확인시킬 만큼 정확성과 힘을 가졌다. 실제, 과학자들은 뉴턴의 개념으로 바닷물의 조수간만도 예측할 수 있다는 것을 거의 즉각적으로 알아차렸다. 처음으로, 과학은 세상의 모든 물체들이 어떻게 상호작용하는지에 대해 통일된 설명을 가지게

---

3) 1687년 출간된 저서, '자연철학의 수학적 원리(Philosophiae Naturalis Principia Mathematica)'에서 뉴턴은 만유인력의 원리를 처음으로 세상에 알리면서 유명해진 저서

4) 질량을 가진 모든 물체는 두 물체 사이에 질량의 곱에 비례하고 두 물체의 질점 사이 거리의 제곱에 반비례하는 인력이 작용한다는 법칙

5) 자연계에서 에너지의 크기는 2개의 에너지 간의 거리의 2승에 역비례한다는 것을 나타낸 법칙. 즉, 만유인력의 크기는 2개 물체의 질량의 곱에 비례하고 물체간의 거리에 반비례. 소리, 빛, 전기, 방사선 등의 세기도 이 법칙에 따라 원점에서 거리의 2승에 반비례함

되었다.

뉴턴은 생물학에도 기여하였다. 뉴턴은 볼록렌즈가 빛을 무지개 색깔로 분리시키는 현상 또는 색수차 현상으로 색을 관찰하는 데 간섭을 일으키는 문제를 증명하고 이를 부분적으로 해결해 내는 업적을 이루어냈다.

뉴턴 시대의 과학학회The Organization of Science in Newton'S Day

모든 진전이 이루어졌지만 한편에서는 생물학뿐만 아니라 모든 학문 영역에서 더욱 과학적으로 진전하는 데 만만치 않는 방해물이 존재하고 있었다. 이 방해물은 학문 내에서 의사소통하기 무척 어려웠던 문제였다. 현대 과학자들이 여행할 수 있는 비용, 구매할 수 있는 학술지, 팩스기, 연차 및 지역 학술대회 등등에 익숙해져 있다면, 이러한 어떤 여건도 주어지지 않았던 뉴턴 시대에서 연구하는 일을 즐기기는 어려웠을 것이다. 실로 학회, 학술지, 전화는 존재하지도 않았으며, 여행은 경비가 많이 들었고 몹시 힘든 과정이었다. 데카르트 이후 이러한 여건들은 비록 느리기는 했지만 조금씩 좋아지기 시작하였다.

아마도 초기 단계에 형성된 가장 중요한 과학자 단체는 신망이 드높은 왕립학회였다. 영국은 수년간 과학에 대해 관심을 보였으며, 그로 인해 많은 과학 전문가들은 새로운 발견들에 대해 논의하기 위해 비공식 모임을 가지기 시작하였다. 이러한 모임들은 일반적으로 '호기심curiosity' 위원회cabinets로 전해졌으며, 17세기 런던London, 더블린Dublin 등의 대도시를 중심으로 급증하였다. 1616년 최초의 과학학회 설립 제안서는 유명하고 열정적인 학자 에드먼드 볼턴Bolton[6]이 작성하였다. 제임스 1세 재위기간 동안, 볼턴은 왕과 왕가의 구성원뿐만 아니라 의회 구성원 심지어는 과학학회에 대해 관심을 가지도록 이끌어내는 산파 역할을 하였다. 그리고 시련이 왔다. 모든 일들이 잘되어 꽃을 피울 것 같았는데 갑자기 제임스 1세 왕이 죽어버렸다. 그 기세는 자취를 감추고 과학학

6) Edmund Bolton(1575–1633?). 영국 역사학자, 시인

회 설립을 위한 모든 계획은 와해되어버렸다.

그러나 1645년 식물학자 존 윌킨스John Wilkins[7], 조나단 고던Jonathan Goddard[8], 그 외 다른 사람들은 찰스 1세를 접촉하였고, 찰스 1세는 비록 제임스 1세보다 낮은 수준이었지만 과학학회를 설립하는 데 관심을 보였다. 런던에 있던 윌킨스와 다른 학자들은, 의지를 굽히지 않고, 과학 발견에 대한 의사소통의 문제점을 움켜쥐고 과학학회를 설립하는 것에 대한 사람들의 생각을 이끌어내기 위해 필사적으로 노력한 결과, 런던 그레셤Gresham대학에서 모임을 개최하였다. 때때로 이들은 그레셤대학의 천문학교수 사무엘 포스터Foster[9]의 집에서도 모이곤 했다. 1648년까지 이 모임은 호황을 이루었으며, 옥스퍼드에서는 원래 모임의 형식을 그대로 이어받은 과학학회 분과도 형성되었다. 윌킨스는 이러한 과학학회의 가장 기본적인 일들을 주도해 나갔다. 윌킨스의 영향을 받으면서, 옥스퍼드 그룹은 초기에는 독점적으로 물리에 대해서만 논의하였으나 곧 동물학과 식물학에 대한 논의도 대담하게 감행하였다. 1660년, 찰스 2세는 결국 이 학회를 공식적으로 인정하였다.

1795년 왕립학회는 과학자들에게 평생을 통해 이루어낸 업적이 높은 수준의 실험 및 이론 조사 결과로 인정되면 럼포드Rumford 메달[10]을 수여하기 시작하였다. 같은 연도에 미국과학진흥협회[11]도 설립되었다. 물리학 영역에서는 세계적으로 가장 권위 있는 과학학술지, '물리학과 과학의 분석Annalen der Physick

7) John Wilkins(1614－1672). 영국의 성공회 목사, 자연철학자, 저자, 왕립학회 설립자. 1668년부터 죽기 전까지 체스터(Chester)의 추기경을 역임. 당시 과학과 맞설 수 있는 자연신학을 만들어낸 사람으로 불림. 과학에서 혁신적 발견을 이루어내지는 않았으나 박식가로 알려짐

8) Jonathan Goddard(1617－675). 영국 의사, 올리버 크롬웰 군대 군의관으로 근무

9) Samuel Foster(died 1652). 영국 수학자, 천문학자. 그레셤대학과 다른 지역에서 태양과 달의 일식현상을 관찰하였음. 특별히 천문학 관찰 기구를 발명한 것으로 유명함

10) Rumford medal 왕립학회에서 유럽 과학자들에게 수여. 1796년 과학자 벤자민 톰슨이며 럼포드 백작이 기부한 5천 달러로 1800년부터 수여하기 시작하였음. 2014년에는 영국 제레미 바움버그(Jeremy Baumberg)가 나노광자학의 창의적인 업적으로 메달을 수상

11) American Association for the Advancement of Science 그러나 이 단체는 이 책 저자의 주장과 달리 1848년 설립되었음. www.aaas.org

und Chemie'이 창간되었다. 물리학은 도달할 수 있는 최고의 탁월한 수준으로 상승하였으며, 생물학과 화학도 물리학과 완벽히 동일한 수준의 중요성을 인정받기 시작하였고 이로서 오늘날 물리와 생물학, 화학이 동일하게 발전하는 상황을 만들어내게 되었다.

19세기 초, 아마추어 지질학자들은 런던지질학학회를 설립하게 되는데, 이후 설립된 지질학학회들은 이 학회의 형태를 이어받았다. 런던지질학회 설립 후, 지질학은 급속도로 발전하여 확립된 과학의 형태를 갖추기 시작하였다. 학회 설립 후 곧 런던지질학회 회보Transactions of the Geological Society of London를 출간하기 시작하였으며 오늘날까지 지속되고 있다. 그러므로 이 시기는 과학을 기록하는 일의 측면에서 가장 중요한 시기였다. 추측컨대 뉴턴 시대의 혁신적 발견들과 경쟁상대가 될 수 있는 것은 1905년 특수상대성 이론, 1915년 일반상대성 이론, 그리고 1925년에 출현한 양자철학 뿐일 것이다.

과학적 방법의 진화The Evolution of Scientific Method

이 기간에 이루어진 업적은 사회단체 설립과 실제 새로운 발견에 국한되지 않았다. 이 시기의 또 다른 중요한 발전은 과학적 방법이 놀랄 수준으로 진화되었다는 점이다. 1668년, 이탈리아 프란시스코 레디Francesco Redi[12]는 당시 여전히 받아들여지고 있던, 그리스 고전에 근거한 반 헬몬트의 오래된 개념과 생물이 자연적으로 발생하는 주장에 대한 오류를 밝혀냈다. 레디는 처음에는 피사대학교[13]에서 의학을 공부하였으나 나중에 메디치가[14]의 공식 주치의가 되었다.

---

12) Francesco Redi(1626－1697). 이탈리아 의사, 자연박물학자, 시인. 아리스토텔레스의 자연발생설을 부정한 최초의 과학자. 또한 최초로 기생충을 인식하고 정확하게 설명한 과학자로 인정되어 근대 기생충학의 아버지로 알려짐. 또한 실험생물학의 설립자로 인정받음

13) University of Pisa. 1343년 설립된 이탈리아 연구중심 공립대학교. 현재 이탈리아 내에서는 1~3위권이며 유럽에서는 30위권 이내, 세계적으로 300위권 이내 해당되는 명성 높은 대학교. 이 대학교에는 1544년 유럽에서 학술적 목적을 설립된 식물원이 있음. 현재 학부 53,000명, 대학원 등 3,500명의 총 57,000명의 대규모 대학교임

14) Medici family 14세기 후반 프로방스공화국 시절 Cosimo de Medici 시절 영향력을 축적

그는 또한 과학적 방법에 기여하였다. 레디는 자연발생설 이론에 대해 관심을 가졌지만 동시에 회의적이었다. 레디는 실험을 수행할 것을 결정하였으며, 이 실험은 매우 근대적이며 잘 계획된 시도로 평가받게 되었다. 먼저 레디는 뱀 몇 마리를 죽이고 이를 햇빛 아래에서 부패하도록 바깥에 두었다. 곧 구더기가 나타나서 사체를 먹기 시작하자 레디는 이 과정을 매일 매일 철저히 관찰하고 기록으로 남겼다. 곧 그는 일정 시간이 지난 후, 구더기가 이상하게도 활발히 움직이지 않는 것을 발견하였다. 곧 이들은 파리로 변태하였다. 그는 물고기, 거위, 닭, 토끼, 고양이, 오리, 수많은 다른 동물의 사체를 사용하여 유사한 실험을 반복적으로 수행하였다. 결과는 다 동일하였다. 구더기가 생겨났고 곧 파리로 변하였다.

그는 더 나아갔다. 대부분의 성체 파리는 부패한 사체 위에 작은 물체를 떨어뜨리는 것을 알아차렸다. 레디는 이 작은 물체가 구더기의 전구체일 것이라고 추측하였다. 이에 그는 추측한 가설을 검증하기 위해 또 다른 실험을 구상하였다. 병 속에 죽은 물고기를 두었다. 병들 가운데 일부는 병 입구를 막았으며 나머지는 막지 않고 열린 채로 두고서 공기와 접촉하도록 만들고 차이를 관찰하였다. 즉, 열린 병은 통제 집단으로 작용하였다. 통제 집단은 치료 과정이나 치료 의학 물질의 효과를 검증하는 것과 관련된다. 예를 들면, 의학 물질이나 치료를 처치 받지 못한 집단의 효과를 다른 집단의 효과와 비교하는 데 활용된다. 개방된 열린 병에서는 파리들이 재빨리 나타났으며 곧바로 구더기가 표면을 덮었다. 그러나 입구를 덮은 폐쇄된 병의 내부에서는 파리나 구더기 한 마리도 나타나지 않았다. 이 결과에서 레디는 생명은 어떤 조건이든지 간에 부패한 고깃덩어리에서 자연적으로 발생하지 않는다는 결정적인 증거를 발견하였다. 물론 그는 근대

하여 15세기 유럽에서 가장 큰 메디치 은행을 운영하고, 당시 프로방스 지역 정치적 힘을 행사하였음. 이 시기 왕가로 보다 일반시민의 자격으로 사회에 영향을 주었음. 이 힘은 점차적으로 이탈리아 전역으로 그리고 유럽으로 확대, 이 메디치 은행은 최초로 복리이자 체계를 사용하였음. 이 가문은 원래 섬유산업으로 시작하였는데, Alum이라는 염색물질을 발견하여 옷을 염색하는 데 필요한 물질은 더 이상 터키에서 수입하지 않아도 되었으며, 이로 인해 메디치가는 부를 축적하기 시작, 정략결혼으로 힘을 쌓고 은행을 설립하였으며, 가난한 화가 예술가 조각가들을 후원하여 르네상스 예술과 조각에 기여, 가계에 남성 자손이 사라지고 여성이 지배하다가 18세기에 몰락

과학자로서의 정신으로 헤아릴 수 없을 정도로 수없이 다양한 조건을 만들어 내면서 이 실험들을 반복하였다. 이러한 과학적 진전을 이루어냈음에도 불구하고 레디는 동물의 내장에 기생하는 회충이나 나무에 알을 낳아 혹을 만드는 곤충(어리상수리혹벌)들은 자연적으로 발생한다고 믿었다.

생물체의 전기와 근육의 작용

Electricity and Muscle Action in Living Organisms

레디는 시도한 일련의 실험들로 인해 오늘날 대조군 실험의 선구자로 인정되었다. 레디는 이 대조군 실험방법을 발견한 연구결과로서 생물학에서 불멸의 입지를 가질 수 있었지만, 그는 더 나아가 비교해부학의 새로운 분야를 개척하였다. 그는 전기가오리[15]를 해부하고 전기를 발생시키는 기관을 설명하였다.

17세기 후반이 끝날 무렵, 이탈리아 생리학자 조반니 보렐리Giovanni Borelli[16]는 '동물의 운동에 대해De Motu Animalium'의 저서에서 살아있는 조직에서 전기가 발생되는 현상에 대해 철저하게 조사한 결과를 발표하였다. 1608년 보렐리는 나폴리에서 스페인 해군 장교의 아들로 태어났다. 어린 시절에 이미 수학과 과학에 대한 재능을 나타냈다. 그의 가족들은 대학에 갈 수 있는 가장 빠른 시기에 그를 피사대학교로 보냈다. 존경한 갈릴레이가 플로렌스 근교 도시에 있었기 때문에 그는 수년간 피사대학교 교수로 근무하였다. 물론 보렐리는 자신의 생물학 관점에 데카르트의 철학적 관점을 비중 있게 반영했지만, 과학적 연구를 추진하는 데는 스승이었던 갈릴레이의 영향을 가장 많이 받았다. 따라서 그는 탐구 영역을 생물학에 국한하지 않고 물리, 철학, 기상학에 이르기까지 심도 있는 연구를 수행하였다. 몰론 가장 많이 기여한 영역은 생물학이었다.

그의 저서 '동물의 운동에 대해'는 그가 숨을 거둔 그 해 출간되었는데, 책

---

15) Torpedo fish 전기 쇼크를 일으키는 능력을 가진 물고기. 전기가오리 속. 크기 약 30cm~2m

16) Giovanni Borelli(1608-1679). 르네상스 시대 이탈리아 생리학자, 물리학자, 수학자. 나폴리 출생. 피사대학에서 의학을 공부하였음. 갈릴레이의 영향으로 수학, 천문학을 연구함

의 내용에서 나타나는 바와 같이 그는 데카르트의 영향을 많이 받았다. 그는 물고기 가운데 전기가오리가 전기충격을 만들어내며, 전기기관electric organ은 전기충격 생성에 연이어 재빨리 수축한다는 것을 정확하게 추측하였다. 그는 이 근육활동을 설명하는데 17세기 프랑스 철학자 데카르트가 제안한 수학적 원리를 사용하였다. 그는 심지어 새가 나는 행동과 물고기가 헤엄치는 행동의 근육작용에 대한 모델을 만들려고 했다. 그는 그의 저서에서 다음과 같이 말하였다.

> 관찰되는 현상들이 물리적·수학적 차원에서 일반적으로 이루어지는 것에 근거하여, 우리는 동물의 운동에 대해 상세하게 설명하려고 노력하였다. 그 결과 근육은 동물 운동의 근간이 되는 기관이라는 것을 알아냈다. 따라서 우리는 먼저 근육의 구조, 부분, 나타나는 작용을 조사해야 할 것이다.[12]

따라서 보렐리는 갈릴레이와 데카르트의 영향을 받으면서 물리학의 이론에 근거하여 생물학을 접근하였다. 이 저서의 내용은 독자들이 온통 빠져들면서 열중하도록 구성되어 있었다. 저서의 일부에서는 스피노자Baruch Spinoza[17])의 도덕적 형식을 도입하면서, 보렐리는 자신의 관점을 일련의 원칙과 주장으로 상세히 설명하였다. 먼저 동물의 근육조직에서 가장 기초적인 부분을 설명한 후, 점차적으로 생물체 전체를 나타내는 복잡함에 대해 설명하였다. 여러 생물체 가운데 물고기, 새, 곤충, 사람에 대해 거의 모든 시간을 들여 몰두하면서 조사하였다. 초기 그가 열광하면서 시도했던 생각은 (그러다가 곧 이 생각을 버리게 되지만) 근육은 수축할 때 짧아진다고 직관적으로 생각한 부분이다. 그는 이 직관적 생각을 보완하기 위해 데카르트의 생각을 도입하였는데, 즉 신경계를 통해 액체상태의 전류currents가 흐르는 것으로 인해 근육이 수축하게 된다고 설명하였다. 수축되는 현상은 발효로 인해 일어난다. 즉 데카르트 이론에 따라 액체와 혼합되어 있는 혈액이 발효하였기 때문이다. 물론 이 이론은 그 이후 잘못된 과학 이

17) Baruch Spinoza(1632−1677). 유태계 네덜란드 철학자. 18세기 계몽사상의 근간을 확립하였으며, 성서를 비판하였음. 17세기 합리주의·이성주의의 대표적 철학자

론으로 밝혀졌다.

보렐리는 근육 움직임에 대한 운동법칙을 제안하였는데 이 내용이 오히려 더 쓸 만하였다. 수축 시 근육이 짧아진다는 생각은 확실히 올바른 생각이었다. 또한, 근육 수축을 생리적 차원에서 설명하려고 시도한 것도 올바른 생각이었으며, 보렐리의 천재성을 충분히 입증시킨 생각이었다. 그는 더 나아가 새가 올라가고 걷고 뛰는 것 등등의 원칙을 사용하여 나는 행동의 운동법칙을 분석하려고 노력하였다. 또 동일한 개념을 적용하면서 사람의 움직임을 명확히 설명하려고 시도하였다. 궁극적으로 그는 사람이 헤엄치는 것과 물고기가 움직이는 것 사이에 여러 유사점이 있다는 것을 지적하면서 수영 운동을 분석하려고 하였다.

보렐리는 여전히 여러 관점에서 근육을 공격적으로 조사하였다. 그는 근육 그 자체를 규명하려고 노력하였으나 실로 그가 밝혀낸 것은 거의 설득력이 없었으며, 단지 논란의 여지없는 주장으로 제시된 내용은 근육이 '살flesh'로 이루어졌다는 부분이었다. 비록 그는 생물학의 여러 영역에 대해 회의하고 연구하였지만, 그가 이루어낸 가장 큰 업적이 근육작용이라는 점에 대해서 반대할 사람은 없을 것이다.

모든 사람들이 말하는 바와 같이 보렐리는 하비와 동급으로서 근대 생물학의 창시자로 인정된다. 물리학 개념을 이용하여 근육활동을 설명하고자 시도한 부분은 근대 생물학에 부합하는 정확한 개념이었으며 현재에 통일적으로 받아들여지고 있다. 이러한 업적으로 보렐리는 생물학에 영구적인 흔적을 남기게 되었다.

요약Summary

위에서 여러 가지를 언급하였지만, 이 시대는 뉴턴의 시대로, 중력의 법칙, 운동의 법칙, 그 외 여러 법칙의 시대였다. 뉴턴의 훌륭한 영감 아래, 과학은 내부로 향해 방향을 바꾸었다. 많은 사람들은 과학이 더 빠른 속도로 발달을 이루어내려면 일종의 학회가 형성되어야 한다는 점을 깨달았다. 이로서 미국의 미국 과학진흥협회가 설립되고, 물리화학연보, 런던지질학학회가 설립되었다. 레디가 자연발생설의 가면을 벗겨내고 대조군 실험의 개념을 도입시키면서 과학은 근대화를 이루어냈다. 그러나 이 시기는 유럽 대륙의 합리주의자, 데카르트, 라이프니츠,[18] 스피노자 등이 이루어낸 업적으로 철학의 시기이었으며, 이러한 철학 업적은 이 시기 과학에 영향을 주었다. 특히 데카르트는 보렐리가 동물의 일부분에서 전기가 발생된다고 생각하도록 만드는데 지대한 영향을 주었다.

18) Gottfried Wilhelm von Leibniz(1646－1716). 독일 수학자, 철학자. 뉴턴과 독립적으로 미적분학을 발명. 뉴턴과의 논쟁으로 부정적 인상을 만들어냈지만, 그는 일생을 독신으로 지냈으며, 매력적이고 매너가 좋았고 유머와 상상력이 있었던 사람으로 알려짐

Chapter 11

현미경과 레이엔후크The Microscope and Leeuwenhoek

생물학 발전을 방해하는 실제적 문제는 바로 실험 대상을 상세히 조사할 수 있는 실험도구의 부족이었다. 1609년 덴마크 과학자 한스 리퍼세이Hans Lippershey1)는 최소한 현미경의 원형이라 볼 수 있는 것을 발명했으나 초기 모형은 비용이 너무 비쌌으며 배율도 너무 낮고 구하기도 어려웠다. 이 시기는 독일 철학자이자 수학자인 라이프니츠Leibnitz, 영국 철학자 흄Hume, 영국의 뉴턴Newton이 활동했던 시기였으며, 변화의 시기였다. 더 개선된 현미경을 발명하면서, 과학자들은 정자와 난자와 같은 새로운 기관을 발견하기 시작했으며, 생식에 정자와 난자가 중요한 요소임을 알게 되었다. 물론, 그 당시는 현재 유전학과 유사한 지식은 전혀 발견되지 않은 시기였다. 이 시기 생물학자들은 유전자, 염색체, DNA 등을 전혀 모르는 상태였다. 반면, 수많은 과학자들은 괴상한 추측으로 혼란 상태에 있었으며, 이들은 여전히 고대 아리스토텔레스의 사상에서 벗어나지 못하고 있었다. 스와메르담은 '씨앗'이라는 가정을 제시하였는데, 당시 생

1) Hans Lippershey(1570－1619). 독일－네덜란드인 렌즈생산자. 후에 망원경 발견에 관여한 과학자

존하는 모든 생물체의 씨앗은 하느님 아버지의 창조물－플라톤의 티마이오스 Timaeus로 되돌아가는 형이상학－이라고 설명하였다.

안톤 반 레이엔후크Anton van Leeuwenhoek

의심할 여지도 없이 1600년대 후기 가장 탁월한 생물학자는 레이엔후크[2]였다. 그는 1632년 홀란드(네덜란드의 일부 지역을 말함) 델프트Delft에서 태어났다. 십대가 되어서 암스테르담으로 이사한 후 의류회사에서 옷 만드는 일의 도제가 되었다. 도제 기간이 끝난 후, 의류회사는 레이엔후크를 부기 장부를 정리하는 책임자로 고용하였다.

몇 년이 지난 후, 레이엔후크는 의류회사의 업무에 지루함을 느꼈으며 결혼하고 나서는 델프트로 귀향하였다. 그 후 고향에서 죽을 때까지 여생을 보냈다. 암스테르담에서 살던 이 시기 동안에 그는 도시에서 일어나는 정치를 경험하게 되었다. 그의 희망과 달리, 그는 경제적 상태를 고려해서 의류가게를 개업하였다. 그러는 와중에 여가시간이 있을 때 조사탐구 활동을 통해 스스로 학업을 수행하였다. 28세가 되었을 때, 델프트시 시청 보안관의 출납공무원이 되었으며, 그 후 10년 동안에는 생물학에 대한 연구를 본격적으로 시작하지는 않았다. 다만 틈틈이 렌즈를 다듬으면서 차후 현미경과 생물학의 발전에 지대한 영향을 미칠 업적의 기반을 준비하고 있었다. 90세까지 생존했으며, 델프트에서 1723년에 죽었다. 그 시기 생존했던 다른 동료들과 달리 그는 과학과 그 외 어떤 영역에서도 학교교육을 받지 않았으며, 라틴어도 알지 못해서 고전 원서도 공부하지 못하였다.

결국, 네덜란드 생물학자 그라프Graaf[3]는 레이엔후크의 능력을 알아차리고 1673년 런던왕립학회에 레이엔후크의 업적을 설명하는 편지를 보내게 된다. 그 당시 런던왕립학회 비서 올덴부르그Oldenburg[4]는 곧바로 레이엔후크에게 연락

---

2) Antonie van Leeuwenhoek(1632－1723). 네덜란드 무역상, 과학자, 미생물학의 아버지. 최초의 미생물학자로 현미경을 만들고 이를 도구로 미생물학을 발전시킴

3) Regnier de Graaf(1641－1673). 네덜란드 내과의사, 해부학자, 발생 생물학자

하여 연구한 업적에 대해 문의하는 편지를 보냈다. 물론 레이엔후크는 매우 기쁜 마음으로 자신이 발명한 현미경, 현미경으로 살점에 핀 곰팡이, 이lice와 벌bee의 입부분과 침을 관찰한 결과에 대해 논의하는 내용을 담은 장문의 편지를 보냈다. 그 후, 레이엔후크는 런던왕립학회 학술지에 관찰결과에 대한 논문을 출판하였다.

레이엔후크의 명성은 곧 다른 국가로 퍼져나갔다. 전해진 바에 의하면, 러시아 황제 피터는 레이엔후크를 초청하여 현미경을 사용하여 탐구하는 방법을 시연하도록 하였다. 영국 여왕도 이전에 이미 레이엔후크를 초청하여 현미경으로 사물을 관찰하는 방법을 시연하도록 하였다. 그러나 고위 인사들과 거리가 먼 레이엔후크는 자신의 사생활과 축적한 결과를 지키는 데 급급하여, 실제로 은둔자 같이 되었고, 마을 사람들은 그가 미쳐버렸다고 속삭이기 시작하였다.

현미경에 관련된 업적Leeuwenhoek's Work on the Microscope

여러 업적들 가운데 레이엔후크는 현미경을 개선하는 데 지대한 업적을 남겼다. 그는 일종의 집게 역할을 하는 두 개의 얇은 놋쇠판 사이에 여러 렌즈를 집어넣었다. 그 시기에 이 현미경을 설명하는 해설자들에 따르면, 현미경의 배율이 기존 현미경의 배율보다 크게 높지 않지만, 시야는 훨씬 깨끗했다는 점이었다.

레이엔후크는 단순히 독창적으로 확대 렌즈를 여러 개 배열하는 업적 그 이상으로 나아갔다. 실제로 할 수 있는 모든 기술을 동원하여 제작하였으며, 그 결과 현미경을 만들어내는 산파의 역할을 실천하였다. 예를 들면, 확대경으로 유리 렌즈에 추가하여, 수정체, 다이아몬드, 그 외 다른 물질을 사용하였다. 확신컨대 그의 가장 눈부신 업적은 300배 배율의 렌즈를 만들어낸 것이었다. 그가 세상을 떠난 후, 역사가들은 그의 집 실험실에 400여 개 현미경을 발견하였으며, 대부분은 유언대로 런던왕립학회에 기증하였다.

---

4) Henry Oldenburg(1619－1677). 독일 브레멘 출생. 신학자이면서 자연철학자

생식에 관련된 업적Leeuwenhoek on Reproduction

레이엔후크가 오로지 현미경만으로 성공하였다고 말하지는 않는다. 그는 매우 조심성이 있고 인내심이 강한 성격이었으며, 무엇이든지 관찰한 것을 주의깊게 기록하고 측정하였다. 또한 매우 꼼꼼하게 노트를 만들었으며, 그 연구관찰 노트의 대부분은 왕립학회에 보내졌고 출판되었다. 그는 최초로 파리의 눈이 수천 개의 부분들로 이루어져 있다는 것을 발견하였으며, 1677년 최초로 정자를 상세히 조사하였다. 레이엔후크의 정자에 대한 연구는 중요한 것이지만, 학자들은 아직 그 연구를 제대로 이해하지 못하여 오해하였다. 비록 1675년 한 의사 밑에서 도제로 지냈던 함Hamm이 먼저 정자를 관찰한 적이 있었지만, 레이엔후크는 정자의 중요성을 명백히 이해한 반면, 함은 정자가 질병의 원인이라고 잘못된 주장을 제시하였다. 레이엔후크는 정자가 실제적으로 생식에 필요한 것이라는 사실을 증명하였다. 레이엔후크는 토끼, 개, 물고기, 곤충의 몸에 서식하는 기생충 종류인 원생동물의 구조와 활동을 관찰하였다. 그는 또 함에 비해 더 많은 종류의 동물, 특히 개구리와 다양한 동물을 포함하는 생물체들의 수정과정을 철저하게 조사하였다. 레이엔후크는 최초로 개구리에서 알과 정자 사이의 중요한 결합을 관찰하였다.

반면, 레이엔후크는 오류를 남기기도 하였다. 아리스토텔레스의 주장을 받아들여, 정자 속에는 이미 형성되어 있는 완전한 형태의 개체가 존재하고 있으며, 난자는 정자가 생존하는 데 필요한 영양분을 공급한다는 잘못된 이론을 지속적으로 주장하였다(비록 그는 라틴어를 몰라서 아리스토텔레스 저서를 읽지는 않았지만, 많은 사람들이 대화를 통해 논의하는 과정에서, 레이엔후크도 그리스 사상들을 간접적으로 접하게 되었다). 그는 토끼를 교배시켜 얻은 결과에 근거하여 이 생각을 증명했다고 생각하였다. 그는 갈색brown 수컷과 흰색white 암컷을 교배하면 자손은 모두 회색gray으로 태어나며, 이 결과는 수컷이 우세하게 영향을 주었기 때문이라고 생각하였다. 비록 레이엔후크는 유전학에 대한 지식이 전혀 없는 상태에서 가설을 수립하였지만, 이 가설은 어느 정도 선에서는 설득력이 있었다. 이 시기

대부분의 생물학자들은 전성설을 받아들이고 있었다. 다만 생물학자들이 서로 다른 의견으로 충돌한 영역은 전성설을 받아들인 상태에서 미리 만들어진 것이 정자인가 난자인가라는 점이었다. 난자라고 믿는 학자들은 난자론자ovists이며 정자라고 믿는 학자들은 정자론자spermatists라 하였다. 레이엔후크는 정자론자였다. 탁월한 생물학자였지만 레이엔후크는 출판된 연구논문에서는 한 가지 이론을 강력하게 유지하지 못하였다. 한 가지 예를 살펴보면, 어느 시점에서 그는 곤충의 알이 실제 곤충이 아니며 마찬가지로 정자도 사람이 아니라고 주장하였다. 그러나 그는 배아의 일부는 생물체가 발달함에 따라 점차적으로 나타난다고 주장하기도 하였다. 여전히 전성설의 원칙은 이러한 종류의 신념들을 허락하지 않았으며, 레이엔후크가 발표한 대부분의 출판물을 살펴보면, 궁극적으로 그는 전성설 이론을 지지하는 학자였다.

레이엔후크는 토끼의 귀, 개구리의 발, 사람의 모세혈관의 혈액 순환을 조사한 후, 혈액의 혈구들은 서로 떨어진 상태로 있는 세포이며, 이 세포는 혈액의 핵심적 구성성분으로서 혈액을 통해 흐른다는 것을 보여주었다. 17세기 이탈리아 해부학자 말피기Malpighi[5]는 이전에 혈구를 관찰하였지만 혈구의 기능과 구성성분을 전혀 이해하지 못하고 단지 단순한 지방 소립fat globules으로 생각하였다. 그러나 레이엔후크는 말피기가 추진했던 모세혈관에 대한 연구를 더욱 진척시켰다. 그는 동맥과 정맥이 모세혈관으로 연결되어 있음을 의심할 여지없이 증명하였으며, 혈액은 어떤 방해도 받지 않고 동맥과 정맥을 통해 흐른다는 것을 보여주었다.

분류학에 관련된 업적Leeuwenhoek and Classification

레이엔후크는 정자와 난자 이외에도 육안으로는 관찰할 수 없는 작은 크기의 생물체가 무수히 많이 있다는 것을 최초로 발견한 사람이었다. 아직 발견되지 않는 생물체 가운데 가장 중요한 미생물은 박테리아였다. 물론 파스퇴르Pasteur[6]

5) Marcello Malpighi(1628–1694). 이탈리아 의사, 말피기관을 발견
6) Louis Pasteur(1822–1895). 프랑스 화학자, 의학 미생물학의 개척자. 특히 질병의 원인과

가 세균이 동물생리학에서 얼마나 중요한 역할을 하는지를 밝혀내기 전까지 레이엔후크뿐만 아니라 그 누구도 세균의 중요성을 알아차리지는 못했다. 그러나 레이엔후크와 독학한 또 다른 덴마크 과학자 뮐러Muller7)는 분류학을 미생물의 세계로까지 확장시키기 시작하였다.

1696년 레이엔후크는 박테리아를 현미경으로 관찰된 외형적 특징에 따라 분류하였다. 이 내용을 '자연의 신비'라는 저서에 기록하였으며, 이 책에서 최초로 작은 동물animalculist이라는 용어로 미생물을 소개하게 되었다. 그 후 생물학자들은 그를 '작은 동물학자'로 명명하기도 하였다. 작은 동물의 발견은 의심할 여지없이 생물학에 지대한 업적이 되었다. 레이엔후크는 처음 이들, 작은 동물들을 현미경으로 관찰했을 때, 이들을 불행하고 못생긴 생물체wreched beasties라고 불렀으며, 물속에 서식하는 이 작은 동물을 강수량 측정 관을 사용하여 채집하였으며, 미생물이 생존하는 서식지가 대단히 크다는 것을 알아내게 되었다. 실제 관찰한 것으로는 윤충, 원생동물, 아메바, 창자 내 서식하는 원생동물(예를 들면, 새우의 창자에 서식하는 Giardia) 등이 있었다. 시냇물에 서식하는 적충류/조류를 관찰하였고 개미의 번식을 관찰하였다. 또한 그는 생물학자들이 개미의 알이라고 하는 것이 실제는 개미의 번데기인 것을 발견하였다. 그 당시의 생물학자들과는 달리 레이엔후크는 부패를 통해 자연 발생한다는 학설을 잘못되었다고 강력하게 의심할 만큼 통찰력을 가지고 있었다. 생식을 명확하게 이해하지는 못하였지만, 가장 원시적인 동물들인 빈대나 벼룩조차도 생식을 하는 것을 알아차렸다.

평생 동안 현미경으로 고래의 근육 섬유, 황소의 눈, 양의 털, 그 외 수많은 동물의 털을 관찰하였다. 그가 관찰한 결과들은 조직학histology 학문이 동물학의 분과로서 분리된 학문으로 구축되는 근거가 되었다. 레이엔후크는 최초로 근육섬유에 평행하는 가는 줄이 있는 것을 알아차린 사람이라고 볼 수 있으며, 또한 치

예방에 대한 혁명적 발견을 이루어냈음. 병원균 이론(germ theory)을 제시하였으며, 발효는 미생물의 성장에 의한 결과이며, 배양액에서 세균이 발달하는 것은 자연발생이 아니라 생물체로부터 생물체가 만들어지는 속생설(biogenesis), 생물발생설을 주장하였음

7) Otto Muller(1730-1784). 덴마크 자연박물학자. 코펜하겐 출생. 동물학, 미생물학 연구

아의 구조도 관찰하여 기록하였다. 또한 눈의 홍채에도 근육조직이 있는 것을 알아차렸고 뇌에서부터 퍼져 나오는 신경조직을 최초로 밝혀낸 사람이었다.

또한 식물 분류학에도 중요한 업적을 남겼다. 레이엔후크는 떡잎이 하나인 외떡잎식물의 배와 떡잎이 한 쌍인 쌍떡잎식물의 배의 근본적인 특성을 처음으로 그림으로 그려서 이 두 식물을 구분한 최초의 학자였다.

Muller의 업적Muller's Contributions

레이엔후크와 같이 칭송받는 과학자들에게는 따르는 추종자들이 있었다. 그 가운데 한 사람이 생물학자 오토 뮬러였다. 1730년 코펜하겐에서 태어났으며, 그 당시 활약했던 생물학자들 가운데 아버지가 음악가인 생물학자는 뮬러뿐이었다. 그는 매우 가난한 어린 시절을 보냈으며, 친구와 친척의 후원으로 신학과 법학을 공부하여 성공하였다.

생물학에 대해 관심을 가졌는데, 주로 부유한 집안에서 가정교사로 지냈던 시기였다. 많은 곤충들을 조사하였고 그리고 나서 곤충학에 대한 내용을 출판하였다. 린네의 영향을 많이 받아서 일생 동안 린네의 연구방법을 따랐다. 그가 남긴 자료들을 살펴보면, 적충류Infusoria 가운데 특히 뮬러 시대에 고기가 썩는 현상과 습관적으로 연결시켰던 단세포 생물체인 섬모류의 하위집단으로 분류되는 적충류infusoria의 해부학적 세부사항을 체계적으로 설명하려고 노력했다.

뮬러의 업적을 무시할 수는 없지만, 생물학을 지배하기 시작한 이름은 레이엔후크였다. 그의 현미경 관련 기술, 미생물 세계에 대한 생물학적 탐구, 그리고 생식, 이 모든 업적은 레이엔후크를 생물학사에서 위대한 천재로 간주할 수 있도록 만들었다.

Chapter 12

생물학과 화학의 만남The Meeting of Biology and Chemistry

1697년 나타난 악명 높은 이론은 결국 화학의 진척을 수십 년 뒤처지게 만들어버렸다. 생물학과 화학이 더욱 서로 겹치면서 발전하고 있는 와중에 이 공상적이고 악명 높은 플로지스톤 이론은 생물학의 진척 또한 뒤처지게 만들었다.

플로지스톤Phlogiston

현대에는 이미 믿지 않는 이론으로 폐기되었지만, 한때 과학자들은 플로지스톤이, 예를 들면, 철이 녹슬도록 만드는 산화의 매개체라고 가정하였었다. 이 이론은 해결하기 어려운 문제로부터 생겨났다. 과학은 연소가 일어나는 동안에 정확히 어떤 일이 일어나는지를 이해하지 못했었다. 이 명백한 난제를 해결하려고 온갖 색다른 추측들이 나타났다. 독일 화학자 베커Becher[1]는 저서 '지하물리학Physica Subterranea'에서 예를 들어, 물체가 연소할 때 물질이 방출되는데, 이

1) Johann Joachim Becher(1635–1682). 독일 의사, 연금술사, 화학 연구의 창시자. 연소의 플로지스톤 이론을 개발하여 명성을 얻음

는 일종의 혼합물('기름 흙'이라고 불리는 물질)로써 존재한다고 추측하였다. 이 이상한 개념은 그의 동료 독일의 화학자 조지 스탈George Stah2)에게 전해졌으며, 스탈은 혼합물을 '플로지스톤Phlogiston'으로 이름을 바꾸는 것이 정당하다고 느꼈다. 스탈은 베커의 플로지스톤에 대한 내용을 자신의 저서, '베커의 표본Specimen Becherianum'에 요약해 두었다.

1660년 스탈은 바바리아Bavaria 지방 안스바흐Ansbach에서 독실한 기독교 집안의 자손으로 태어났다. 그는 제나Jena에서 공부를 시작하였고 마침내 개업의가 되었다. 이후 몇 년 동안 바이마르Weimar 정부의 궁정 의사로 취직하였다. 몇 년 후에 그는 할레Halle로 옮겨서 거의 20년을 그곳에서 머물렀다. 그는 실력은 부족하지만 정치적으로 힘이 있는 독일 의사인 프레드릭 호프만Friedrich Hoffman도 아주 잘 알고 지냈었다. 그러나 호프만의 오만함과 스탈의 과도한 자기 확신이 부닥치면서 결국 둘 사이의 진정한 우정 관계는 종말을 고했다. 스탈은 더 이상 호프만과 함께 연구할 수 없으며, 할레에서는 거의 기대할 만한 전망이 없다는 것을 깨달았다. 그래서 그는 할레를 떠나 베를린Berlin에서 궁정 의사가 되었고 1734년 죽을 때까지 그곳에서 여생을 보냈다.

스탈이 과학에서 예외적인 지위를 누릴 수 있었던 것은, 어느 누구도 진정한 과학으로서의 화학과 비과학적인 유사과학의 연금술을 구분하지 못했으나, 스탈은 이것을 구분했다는 사실에서 찾을 수 있다. 초기 그는 통상적으로 연금술의 신비주의를 찬성하였고, 초기 여러 저작물에서 연금술을 상당히 존중한 것으로 나타났다. 그럼에도 불구하고 점차 주로 자신의 연구에 대해 숙고하면서, 연금술이 사실상 부정적인 과학적 근거를 가지고 있다는 것을 인식하기 시작하였다. 그래서 그는 연소 연구에 실제 과학적인 접근을 적용하기 시작하였다. 그는 이것을 일종의 "비교하는comparative" 방법으로 수행하였는데, 일반적인 연소를, 연소 후 남아있는 산소가 풍부한 잔류물이 생성되는 금속의 산화(calcination) 과정과 비교하는 것이었다. 그는 이렇게 함으로써 다시 진실된 과학의 정신으로 두 과정을

---

2) George Stahl(1659–1734). 독일 화학자, 의사, 철학자. 생기론을 지지함. 18세기 후기 화학적 과정을 플로지스톤으로 설명

설명할 수 있는, 어떤 공통적으로 깔려있는 원리를 밝히기를 소망했다. 그는 이것을 플로지스톤에서 발견했다고 생각하였다.

그가 관찰한 대로 일반적으로 연소가 일어나면, 그 물질은 연기 형태로 플로지스톤을 방출한다. 그래서 만일 납과 목탄을 함께 가져와 전체를 가열해주면 플로지스톤이 목탄에서 나가서 납 화합물로 들어간다. 스탈은 어떤 원소들은 다른 것보다 플로지스톤을 더 많이 가지고 있다고 제안했다. 예를 들어 그는 석탄은 거의가 순수한 플로지스톤이라고 가정하였다.

그러나 얼마 지나지 않아 플로지스톤 원리가 엄청난 모순을 일으킨다는 것을 깨달았다. 추측컨대, 만약 연소하는 동안 플로지스톤이 물질에서 떨어져 나간다면, 그 물질은 가벼워져야 한다. 그러나 더 무거워진 것이 나타났다. 플로지스톤 가설이 옳다는 주장을 '유지'하기 위해, 스탈은, 오늘날 과학자들이 조롱하는 방법으로, 과학에서 이론과 일치하는 가정을 만들어냈다. 즉 플로지스톤은 음의 질량을 갖는다는 가정이었다. 사실 이것은 독특한 가정이었다. 하지만 과학사에는 한 가지 생각을 구하기 위해 필사적으로 노력하여 만들어낸 이상한 제안들이 가득 차 있다. 예를 들어 20세기 물리학자인 볼프강 파울리Wolfgang Pauli[3]는 에너지 보존 법칙(반응에서 나온 에너지는 들어간 에너지와 반드시 동일해야 한다는 개념)을 구하기 위해 갑자기 사라지는 작고 하전되지 않은 입자인 '뉴트리노neutrino'를 제안했다. 파울리는 이론에 불일치되는 여러 사례들이 관찰되자 이를 제안하였다. 비록 몇몇 과학자들은 파울리를 비웃었지만, 이후 파울리가 옳았음이 증명되었다. 뉴트리노는 정말 존재하였다. 플로지스톤 원리에서는 이와 비교할 만한 관찰결과들이 그렇게 잘 증명되지는 않았던 것이 사실이었다. 여전히 화학자들이 플로지스톤 생각을 최종적으로 버려야 하긴 했음에도 불구하고, 플로지스톤 이론을 지지한 과학자들을 심하게 비난하는 경우도 거의 없다. 이러한 과정은 이전에는 설명할 수 없는 과정을 이해하기 위해, 작동 가능한 주장을 만들어내는 시도였었다. 그래서 스탈은 플로지스톤 가설을 지지하는 과학자 가운데 한

3) Wolfgang Ernst Pauli(1900-1958). 오스트리아 이론물리학자, 양자물리학의 개척자. 1945년 아인슈타인의 추천으로 노벨물리상을 수상

사람이었으며, 이들은 일반적인 의미로서 과학자들이었다.

조셉 프리스틀리Joseph Priestley[4]는 산화수은에 열을 가하는('금속회calx') 실험을 수행했을 때 복잡한 결합물들이 생기는 것을 발견하였다. 그는 수은이 공기 중으로 특유의 '물질cast'을 내뿜는다는 것을 발견하였다. 그는 쥐 한 마리를 이 이상한 공기가 포함된 병 속에 두었을 경우, 일반적인 공기가 들어있는 병 속에 두었을 때보다, 쥐가 더 오래 사는 것을 관찰하였다. 프리스틀리는 플로지스톤 가설을 지지하였으므로 그는 이 공기를 '탈플로지스톤deplogistonated' 공기라고 불렀다. 물론 쥐가 더 오래 살 수 있었던 것은, '탈플로지스톤' 공기가 일반 공기보다 산소를 더 풍부하게 포함하고 있기 때문이었으며, 이는 수은을 가열하면 수은에서 산소가 빠져나가는 것과 같았다.

라부아지에와 플로지스톤의 종말Lavoisier and the End of Phlogiston

플로지스톤 신화는 1772년 프랑스 화학자 안톤 라부아지에Antoine Lavoisier[5]에 의해 종말을 고하게 되는데, 과학에서는 종종 그를 계몽시대의 가장 훌륭한 과학자이자 큰 용기를 가진 사람으로 여기곤 한다. 그는 프랑스 혁명 기간 동안에 목숨을 잃은 사람들 중 한 명이었다. 잘 알려진 산화에 대한 분석 이외에도 그는 산소와 수소의 원소명을 명명했다. 또한 그는 다이아몬드가 단지 탄소의 멋진 형태라는 것을 증명하였다. 그는 심지어 자연 그 자체는 화학적 변화의 뒤범벅에 지나지 않는다고 확언한 것을 볼 때 화학과 생물학 사이의 연결도 알고 있었던 것으로 보인다.

훌륭한 과학자로서 라부아지에는 자신이 수행한 실험들의 결과에 대해서도 극도로 의심하는 사람이었다. 인과 황을 가열하면 어떤 것을 내뿜기보다는 흡수한다는 것을 알았다. 이 실험을 확장시켜서, 다이아몬드를 태울 수 있다는 것을

4) Joseph Priestley(1733-1804). 18세기 영국 신학자, 자연철학자, 화학자, 교육자, 정치이론가. 150여 편의 책을 펴냄. 가스 상태에서 산소를 분리하여 산소를 발견한 과학자로 인정.

5) Antoine Lavoisier(1743-1794). 프랑스 화학자. 18세기 화학혁명의 중심 역할을 수행. 근대화학의 아버지

보여주었다. 그는 나중에 황을 가열하면 공기와 결합하여 무거워진다는 것을 깨달았다. 물론 라부아지에는 어떤 다른 물질이 황과 결합하여 무게가 증가하였다는 것을 깨달았으며, 그것이 산소라고 이론을 세웠다. 후에 자신이 수행한 연이은 실험들을 통해 이 가설이 타당하다는 것을 증명하였다. 라부아지에는 호흡과 연소combustion 둘 다 혹은 타는 것burning에는 산화가 포함되어 있다는 것을 깨닫고, 타는 것에 대한 새로운 개념을 세웠다. 플로지스톤 미신의 마지막이 다가왔다. 라부아지에는 플로지스톤설이 부정확하다는 것을 충분히 설득할 수 있게 되자 플로지스톤 가설을 공개적으로 거부하였다. 프리스틀리의 주장으로 '플로지스톤화되지 않은' 공기를 지금까지는 알 수 없는 기체라고 했었는데, 라부아지에는 이 기체를 '산소'라고 불렀다.

라부아지에는 자신이 발견한 결과 모두를 1789년 '화학의 기본 논설'이라는 책에 요약했는데, 이 책에서 그는 연소에서 산소의 역할에 대한 설명을 확신에 차서 논의했다. 일상적인 연소를 일으키는 것은 플로지스톤이 아니라 산소라는 것이다. 그는 금속이 연소될 때 무게가 증가하는 것은 산소를 흡수했기 때문이며 이를 증명하기 위해 확인 실험을 추가하여 연구를 수행했다. 프랑스 혁명 때까지 라부아지에는 30개 이상의 화학 원소를 찾아내었다. 그는 열과 빛도 원소가 될 수 있다고 생각하였는데 이는 오늘날 과학자들에 의해 잘못된 분류라고 판명되었다. 라부아지에의 업적 가운데 탁월한 기여는 질량 보존의 법칙을 발견한 것이다. 그는 화학 반응이 어떤 물질의 모양이나 심지어는 성질을 바꿀 수도 있지만 그 반응 전후에 그 물질 전체의 양은 동일하게 유지된다고 판단하였다.

1771년 프리스틀리는 '여러 기체에 대한 관찰'의 저서 집필을 완성해 가는 과정에서, 완벽하고 섬세하게 설계된 일련의 실험을 통해 식물이 산소를 방출한다는 것을 보여주었다. 그는 불이 공기에서 산소를 빼앗을 때마다 그 환경에 살아있는 식물을 두면 식물이 산소를 대치할 수 있다는 것을 발견하였다. 결국 1780년 프리스틀리는 수소와 산소를 합성하여 물을 만든 최초의 사람이 되었다(그는 또한 이산화탄소와 물을 혼합하여 탄산수를 만들 수 있다는 것도 보여주었다).

그러나 프리스틀리의 무용담은 비극으로 마친다. 당시에 알려지지 않은 여러 무고한 사람들처럼 프랑스 혁명은 그를 파멸시켰다. 혁명주의자였던 그는 바스티유Bastille 혁명 두 번째 기념일을 축하하고 있을 때, 반혁명주의자들이 버밍햄Birmingham 지방의 그의 교회 집과 실험실을 습격하였다. 순식간에 그곳을 약탈하고 실험 기구와 가구들을 눈에 보이는 대로 부수고 그 과정에서 모든 것을 불살라버렸다. 프리스틀리는 가족과 함께 탈출했지만 그의 과학 논문들 모두는 이 참사에서 모두 사라져버렸다. 나중에 그는 동료 영국 사람들에 대한 따뜻한 감정을 완전히 회복하지 못한 채, 미국으로 이민을 갔다.

해부학과 생리학에 대한 말피기의 업적

Malpigh's Work on Anatomy and Physiology

화학 못지않게 생리학은 새로운 발전을 이루기 시작했다. 이탈리아의 천재 마르셀로 말피기[6]는 무척추동물의 신경계뿐만 아니라 생리학에서 초기 믿을 만한 연구들을 수행하였다.

1628년 그는 까발쿠오레Cavalcuore 마을에서 부자 지주의 아들로 태어났다. 성장하자마자 볼로냐Bologna 대학에서 생물학을 배우기 시작하였다. 연구를 시작한 초기에 그는 아리스토텔레스의 철학에 매료되었으며, 이 저명한 그리스 사상가의 생각이 그의 생물학에 대한 생각에 많은 영향을 끼쳤다. 가족들의 위기를 여러 차례 겪은 후, 1653년 의학 학위를 취득하였다. 얼마 지나지 않아 그는 명성을 얻게 되었고 그 결과로 볼로냐 대학의 이사들은 그에게 명예 교수직을 약속하였다. 그러나 그는 피사 대학의 연구시설이 더 나은 것 때문에 피사 대학의 요청을 수락하였다. 피사 대학에서 초기에는 이탈리아 생리학자인 보렐리 아래에서 일하게 되는데, 이를 계기로 서로 우정을 꽃피웠으며, 그 후 남은 기간 동안 둘은 우정을 계속 유지하였다. 1691년 바티칸은 그를 교황의 주치의로 임명하였다. 그는 1694년 바티칸에서 뇌출혈로 쓰러졌다.

---

6) Marcello Malpighi(1628-1694). 이탈리아 의사. 말피기관을 발견

어느 정도 일상적인 패턴을 벗어나서 말피기는 내용을 많이 담은 책자보다 현대 학술지와 유사한 형식으로 자신의 연구 결과를 출간하였다. 그는 정기적으로 자신의 연구 결과를 기록하였고 이를 출판하기 위해 런던의 왕립학회로 보냈다.

그의 최초의 결론들 가운데 어떤 것은 보렐리에게 보낸 편지들에 포함되어 있는데, 이 편지에서 말피기는 폐에 대해 조사한 것을 설명하였다. 이 편지들에 따르면, 말피기는 폐는 '다육질fleshy'이라고 추론하고 있다. 그는 금방 죽은 동물의 폐에서는 최초로 피가 다량의 물과 함께 방출되는 것으로부터 이를 추론하였다. 그는 폐를 팽창시킨 후 건조시켰다. 그러나 그는 폐의 기능에 대해 여러 추측들을 제안했고 억측의 주장도 많았다. 그의 견해에 따르면, 폐는 혈액 응고를 방지하는 기능을 한다고 주장했는데, 따라서 폐에서의 호흡에 대한 기능을 인지하지 못했음을 알 수 있다. 보렐리에게 보낸 다른 편지에서 그는 개구리 폐에서 동맥과 정맥을 연결하는 모세혈관을 발견했다고 보고하고 있는데, 위의 설명과 비슷한 과정을 이용한 것이었다.

그는 연구실에서 많은 발견을 이루어 냈다. 1670년경 말피기와 레이엔후크는 동맥과 정맥을 연결해주는 모세혈관의 많은 관을 통해서 혈액이 흐른다는 것을 직접 관찰함으로써 하비의 순환에 대한 연구를 입증하였다. 추가 연구를 통해서 말피기는 간에 있는 모세혈관계에 대해서 상세히 설명하였다. 비록 말피기는 자신이 마음대로 다룰 수 있는 정교한 현미경은 없었지만, 그 시대 선두에 앞서서 유리의 확대 능력을 잘 이해한 가장 탁월한 자연과학자들 가운데 한 사람이 되었다. 그는 스스로 노력을 기울여 집에서 만든 일종의 '확대경magnifying glass'을 사용하였는데, 이것은 그가 모세혈관계를 볼 수 있을 정도로 강력한 것이었다. 모세혈관계에 대해 그가 내린 대부분의 결론들은 어림해서 대강 내렸지만 옳은 것이었다.

그는 다음으로 뇌와 신경계에 관심을 돌려서, 대뇌 피질에 대해 상세한 연구를 수행하였다. 여기서 그는 피라미드 모양의 세포들이 배열되어 있는 것을 발견하고 이것을 'fluidum'(근육이 수축하도록 해주는 액체 정수)의 근원이 되는 것이라고 추측했다. 그는 뇌혈관의 순환에 대해서 명쾌하고 꼼꼼한 연구를 수행하였다. 이 연구의 대부분은 그의 고전적 저서인 '뇌De Cerebro'에 기록되어있다. 이 연구에서 그는 척수는 섬유들이 결합된 것으로 뇌와 직접 연결되어 있다는 것을 증명하였다. 그는 또한 무척추동물의 해부학을 연구하였는데, 누에 해부학을 기술하였고, 여기서 그는 분비 기관을 발견하고 이를 '말피기관'으로 명명하면서 유명세를 타게 되었다.

그는 이 승리에 만족하지 않고 "누에"라는 책을 저술하였고, 이 책에서 그는 모든 무척추동물의 내부에 대해 처음으로 정확한 해부학적인 '지도'를 제시하였다. 1673년 그는 가장 중요한 논문인 '달걀에서 병아리의 형성De Formatione Pulli'을 출판하였다. 이것은 여러 종의 동물에서 암컷의 알이나 난세포의 발생 경로를 밝힌 그라프de Graff와 같은 이전 생물학자들의 노력을 완성한 것이다. 여전히 비슷하게 또 다른 훌륭한 책으로는 '부화된 알의 관찰observations on the incubated egg'이었으며 1689년에 출판되었다. 또한 그는 하비와 파브리시우스가 시작한 탐구와 비슷한 탐구들을 다시 수행하였고 증명하였다.

말피기와 전성설Malpighi and Preformation

여전히, 말피기는 전성설주의자(미수정 난자 내부에 생물체 전체의 형태를 갖춘 배가 존재한다고 믿는 것)로 타락하는 실수를 저질렀다. 더 상세하게 말하자면, 그는 생물체가 창조되는 순간부터 완전하게 형성된 심장이 존재한다고 믿었다. 그가 선배 과학자들에 비해 자신의 연구를 보다 더 철저히 과학적으로 연구하였음에도 불구하고, 전성설을 지지한 이유로 추측되는 한 가지는 그가 단지 닭의 배 발생에서 초기 단계(초기 24시간 정도)를 관찰할 수 없었다는 것이다. 그 결과로 그는 전성설이라는 잘못된 이론을 지지하였다. 사실 이 기간 동안 그리고 이 기간 이후, 생물학의 역사적인 책들에는 전성설과 다른 한편에서 초기 분화되지 않은 배로부터 다양한 조직들이 발생한다는 후성설 철학과의 경쟁으로 일어난 전쟁에 대한 설명들이 가득 차있다. 전성설은 생물체에 대한 여러 많은 개념들이 그런 것처럼 그리스 시대로 거슬러 올라간다. 플라톤은 이 생각을 가장 분명하게 지지한 과학자들 가운데 한 사람이었는데, 이 생각은 중세 절정기와 후기의 수없이 많은 신학자들의 저작물 속에 생존했다. 이 생각은 18세기 이르러 독일의 해부학자이며 생리학자인 카스파 볼프Caspar Wolff7)가 어떤 형태의 전성설도 거부하고 대신에 현재의 후성설 원리로 대치할 때까지 계속되었다.

말피기와 식물학Malpighi and Botany

1675년 그는 '식물 해부학Anatomy Plantrum'으로 다시 한 번 승리를 거두었다. 몇몇 과학사 학자들은 이 논문을 동물의 해부학이 아닌 식물의 해부학에 대한 최초의 의심할 여지없이 매우 중요한 논문으로 여겼다. 이 책은 수 세기 동안 동물학에 뒤쳐져 있었던 식물학에 중요한 진전을 만들어냈다. 다양한 질병의 치료에 식물이 지니는 엄청난 중요성을 생각해 보면, 식물학이 동물학에 뒤쳐진 것은 이상한 인간 중심주의에 비롯된 것이다. 그는 이 논문에 10년 동안 꽃의 구조를 비교 연구한 내용을 기록했으며 여기에는 목본과 초본이 함께 포함되어 있다. 그는 이례적으로 나무의 껍질, 꽃눈과 꽃잎 등에 대해 세심하게 기술하였다.

더 깊이 연구하면서 그는 식물이 세포(그는 이것을 '소낭utricle'이라고 명명)로 구성되었다는 것을 깨닫기 시작하였다. 그는 이것들을 자신의 확대 안경으로 볼 수 있었다. 곧 이러한 모든 세포들은 서로 연결되어서 '큐티클cuticle' 또는 나무껍질이라고 부르는 조직의 층을 형성한다는 것을 알게 되었다. 다른 식물에서도 발견했던 나선형 관들의 불규칙적인 모양을 주의 깊게 살펴봄으로써 그는 이 관들이 곤충의 기관과 관련되어 있다는 아주 독창적인 생각을 하였다. 이것은 그로 하여금 호흡에 대한 세계적인 가설(그가 믿기로는 이 이론은 동물과 식물 모두에게 적용할 수 있을 것이라고 믿었다)을 세우게 하였다. 어떤 사람은 이것을 생물학을 물리학에 대한 비유로 설명한 것이며, 생물학에서 첫 번째 '통합된 분야의 이론unified field theory'이라고 부르기도 했는데, 이것은 적어도 호흡에 대해서는 모

7) Caspar Friedrich Wolff(1735－1794). 독일 생리학자, 발생학의 창시자

든 형태의 생물체가 서로 밀접하게 관련된 것으로 보자는 제안이었다. 동물들이 기관을 통해 공기를 마시는 것처럼 식물은 이 나사 같은 관을 통해 공기를 받아들인다.

라부아지에와 프리스틀리처럼, 말피기의 이름이 빛을 잃은 것은 불행한 일이었다. 비록 말피기가 식물학과 신경계에 대한 이해뿐 아니라 무척추동물의 신경계를 이해하는 데 지대하게 기여했지만 수많은 실수들이 그의 찬란함의 빛을 바래게 하였다. 말피기는 17세기 생물학에서 존경만한 위치에 있을 만하다. 그러나 아마도 그가 전성설이라는 고대의 개념에 완고하게 집착하지 않았더라면 그의 명성은 더 위대했을 것이다.

말피기 이후 세대에서 플로지스톤 신화를 끝내버린 라부아지에의 위대한 업적은 화학에서 가장 극적인 진전을 이루었고 18세기 후반의 연구에서 가치 있는 분야를 만들었다.

Chapter 13

레이와 세포설의 탄생Ray and the Emergence of Cell Theory

1635년 또 다른 용맹무쌍한 자연과학자, 로버트 훅Robert Hooke[1]이 태어났다. 그의 수많은 업적에는 런던 왕립학회 운명을 정하는 데 기여한 내용[2]도 포함되어 있다. 또한 훅은 현미경의 기술 개선과 대중화에 공헌하였다. 그는 출판물을 통해, 일반인들이 현미경을 사용하도록 지속적으로 노력하였다. 그는 최초로 세포에 대한 개념을 생각해 냈고, 심지어 세포라는 용어까지 붙였다. 30세가 되기 전에 이미 '작은 그림들Micrographia'이라는 책을 완성하였다. 이 책을 통해 그는 최초로 코르크의 세포를 정확하게 묘사하여 과학자들에게 보고하였다.

역사적으로 훅이 세포설의 정립에 어떻게 기여했는지에 대해 논란이 있어왔다. 몇몇 학자들에 따르면, 훅은 일반적으로 알려진 내용보다 더 많은 측면에서 기여한 것으로 평가되고 있다. 예를 들면, 로버트 다운Robert Downs은 자신이 집필한 '과학의 이정표Landmarks in Science'라는 책에서 미국 생물학자 콘크

1) Robert Hooke(1635－1703). 영국 자연과학철학자, 박식가.
2) 왕립학회는 1660년에 설립되었으며, 로버트 훅은 1664년에 회원이 되어 사교모임의 학회를 학문모임으로 바꾸는 데 기여하였음

린Edwin Conklin[3]의 말을 인용하면서 다음과 같이 주장하였다.

> 슐라이덴Schleiden[4]과 슈반Schwann[5]이 세포 또는 작은 방으로 설명한 연구가 있었지만, 그들 연구 업적 발표 시기보다 170년 전 로버트 훅은 최초로 세포Cell라는 용어를 사용하였다. 코르크의 단면을 현미경으로 관찰한 후 작은 방, 또는 세포에 대해 설명하였다.13

훅은 자신이 집필한 마이크로그래피아Micrographia의 저서에서, 과거 현미경을 사용하여 조사한 연구결과를 집대성하였으며, 자신의 시대에 이르기까지 현미경의 발전에 기여한 기술적 측면을 제시하였다. 그는 복합현미경에 대해 엄청난 수준으로 상세히 설명하였는데, 조사 중인 피사체의 조명을 개선하는 방법을 제안하기까지 하였다. 또한 현미경의 기름종이 위에 물방울의 구형을 사용하는 방법을 도입하였는데, 이는 그의 가장 중요한 혁신 중의 하나이다. 물방울의 구형은 확대렌즈로서의 역할을 하여 햇빛을 효율적으로 모으게 만들었다.

그는 생물학 연구의 발전에 기여하는 절대적인 제안들을 만들어냈다. 빛의 회절현상을 통해 색깔의 구성을 조사하였다. 그는 코르크를 얇게 잘라서 작은 구멍들을 조사하였으며, 1644년 이 코르크 구멍들을 설명하기 위해 세포Cell라는 용어를 최초로 사용하였다. 동물의 호흡에 대해 매우 정확하게 설명하였다.

---

3) Edwin Conklin(1863－1952). 미국 생물학자. 오하이오 웨슬리언 대학교, 존 홉킨스 대학교에서 교육을 받았음. 노스웨스턴, 펜실베이니아, 프린스턴 대학교 교수 역임

4) Matthias Jakob Schleiden(1804~1881). 독일의 식물학자. Schwann과 공동으로 세포설을 주창. 변호사였던 그는 자살 미수 이후, 자연과학 특히 식물학으로 전향하여 예나대학의 식물학 교수를 역임함. 식물의 발생과정을 연구하여, 생물체의 기본 단위는 세포이고 이것은 독립된 생명을 영위하는 미소생물이라고 주장, 그의 세포설은 Schwann에 의해 완성되었지만, 두 사람 모두 세포 증식에 대해서는 잘못된 개념을 갖고 있었음

5) Theodor Schwann(1810~1882). 독일의 동물생리 및 해부학자. Schleiden과 함께 세포설을 주창. 본대학 등에서 공부한 후 벨기에로 옮겨, 해부학 교수를 역임하였음. 위액에서 소화효소를 발견하여 펩신이라고 명명하였고, 발효나 부패가 생물에 의한 것임을 실증하여 생물체의 자연발생을 부정하였음. 그의 발효설은 비판받았지만, 후에 Pasteur에 의해 옳은 것으로 밝혀짐. 동물조직의 연구 결과, 식물과 같은 세포 구조를 갖는 것을 발견하고, Schleiden의 의견에 찬성하여 세포설을 모든 생물계에 일반화하는 데 성공하였음

생물의 화석을 연구하였는데 그 연구결과는 오늘날 고생물학의 연구영역에도 영향을 미치게 되었다.

이 업적이 기념비적 측면에 비해, 이론적으로는 다소 부족하였지만, 유용한 부분은 조류와 곤충의 날개 구조와 기능, 명주의 섬유질에 대한 수많은 그림이었다.

그 당시까지만 해도 기술의 발전수준이 생물학 연구를 효율적으로 추진하는 데 부족하였다. 그때에도 식물과 동물을 구분하는 분류기준에 적절한 이론적 배경은 실제로 존재하지 않았다.

그래서 영국의 생물학자 존 레이John Ray[6]와 같은 사람들은 아리스토텔레스 이후 생물학자들이 혼란스러워했던 분류의 오래된 문제에 대해 새롭게 논쟁하기 시작했다. 논박의 여지도 없이 레이는 분류학 역사에서 린네와 어깨를 나란히 할 만큼 위대한 업적을 남겼다. 1627년 레이는 영국 에식스Essex 지방 블랙 노틀리Black Notley에서 태어났다. 그의 아버지는 번창하는 대장장이였으며, 그가 16세가 되었을 때 캠브리지 대학교의 캐서린 홀Catherine Hall[7]에 입학하였다. 몇 년 후에 그는 트리니티 대학Trinity College로 옮겼으며, 그 곳에서 신학을 공부하고 유명한 그리스 고전주의자인 뒤포트James Duport[8]의 교육을 받았다. 비록 그의 경력이 어느 정도 쌓이기 전까지 고전을 공부하였지만, 학문영역에서 최종적인 선택은 당연히 고전이 아닌 과학이었다. 이 시기는 유능한 과학자들이 정치적 혼란으로 인해 급작스럽게 경력을 중단해야 하는 상황들이 종종 일어났다. 찰스 1세 당시에 모든 성직자들은 통일령Act of Uniformity 영국 국교회의 기도방식을 따라야 했으며, 이를 통해 새로운 의견이나 반란을 억제했다. 레이는 목사가 되었으며, 그 후 그는 통일령을 무시할 수가 없었다. 그러나 상당히 용기있는 사람으로서 그는 불합리하게 끌려가 동굴에 갇혀서 자유를 억압당하기보다

---

6) John Ray(1627–1705). 영국 박물학자, 식물형태학, 동물학, 자연신학 등의 업적을 남김. 스콜라 학파의 연역적 합리주의/이성주의에 대응하여 과학적 실험주의를 진보시켰음

7) 캠브리지 대학교 St Catharine's College 1473년에 설립된 초기 대학교

8) James Duport(1606–1679). 영국의 고전주의 학자

목사직을 버리는 방법을 선택하였다.

그 후 죽을 때까지, 그는 자신의 집에서 개별적으로 연구를 신중하게 추진하는 데 온힘을 기울였다. 다행히도, 부유한 아마추어 과학자이며, 레이가 지도한 학생이었던 윌러비Francis Willughby9)는 레이에게 학문연구에 소요되는 경비를 지원하였으며, 일생을 통해 죽을 때까지 레이의 충실한 친구가 되어 주었다. 윌러비는 자신의 유언을 집행하는 사람으로 레이를 지명하였으며, 레이가 죽을 때까지 매년 60파운드의 연금을 받을 수 있도록 하였다. 이러하여 레이는 연구를 지속할 수 있었으며, 수년간 많은 업적을 남겼다. 1705년 레이는 세상에 헤아릴 수 없을 만큼 많은 새로운 생물학 지식을 만들어 냈으며, 그리고 가족으로는 세 딸을 남겨두고 세상을 떠났다.

레이의 동물분류학 업적 Ray's Contributions to Zoological Taxonomy

1693년 동물의 영역에서, 그는 '네 발 짐승과 파충류의 연구A Survey of Quadrupeds and Reptiles'를 저술했다. 그 저서에서 레이는 고대 아리스토텔레스가 제창한 혈액이 있고 없는 것으로 동물을 분류한 방법을 다시 주장하였다. 그러나 다른 영역에서는 아리스토텔레스의 이론을 따르지 않았다. 그 당시 과학자라면 동물들을 발가락이 여러 개, 발굽이 갈라진 동물, 발굽이 갈라지지 않은 동물로 분류해야 한다는 일반적 관점을 버렸다. 대신에 그는 동물들을 먼저 뿔과 같은 각질로 덮여 있는 발가락과 발톱이 있는 발가락으로 구분하는 이분법 체계를 받아들였다. 오늘날 생물학자들은 분류에 대한 선입견으로 사로 잡혀 있어서 이러한 개념에는 거의 관심이 없지만, 레이가 발표한 업적 가운데, 고래가 포유동물이라고 주장한 내용 등은 오늘날에도 타당한 것으로 받아들여지고 있다.

9) Francis Willughby(1635–1672). 영국 조류학자, 어류학자, 존 레이의 학생, 동료였음

레이의 식물분류학 업적Ray's Contributions to Botanical Taxonomy

레이는 동물학보다 식물학에 통찰력을 보인 훌륭한 연구를 더 많이 수행하였다. 1660년, 캠브리지 주변에 서식하는 식물에 대한 흠잡을 데 없는 논문을 저술하였다. 가장 중요한 생각들 가운데 하나는 '종species'을 분류의 기본 단위로 인식한 부분이었다. 그는 신앙이 깊은 사람이었으며, 조물주가 모든 종들이 일정하고 불멸하도록 만들었다고 믿었다. 레이는 종들의 순위는 임의적이지 않으며 사실, 신은 식물과 동물의 모든 종들을 미리 분류해 놓았다고 추측하였다. 과학자는 다만 신이 만들어 놓은 신성한 분류체계를 발견할 뿐이라고 생각했다. 그는 조물주가 만들어 놓은 분류를 조사해 보면, 식물계는 초본과 목본으로 구성되어 있다고 주장하였다. 그러나 오늘날, 초본과 목본의 특징은 서로 유사하여 이분하는 것이 비논리적임을 알 수 있다.

그는 1686년, 1688년 그리고 1704년 3회에 걸쳐 '식물의 역사'General History of Plants를 출판하였다. 이 저서에는 식물의 형태학, 생리학, 색깔, 그리고 지리적 분포에 대한 방대한 정보를 수집하여 제시하였다. 거의 모든 것의 모든 것을 논의하는 것처럼, 그 당시까지 발견된 식물 19,000종을 설명하였는데, 오늘날 우리가 알고 있는 종을 거의 다 설명하였다. 그는 식물학에 새로운 방법을 적용하여, 식물을 단자엽과 쌍자엽으로 구분하였으며, 이 새로운 방법은 발아초기 씨에서 나오는 떡잎의 수에 기준을 두는 방법이었고, 이 분류기준은 오늘날까지 사용되고 있다. 그는 위에서 언급한 '식물의 역사General History of Plants'에 이러한 내용들을 보완하였고, 이미 많은 다른 사람들이 구성하기 시작한 거대한 분류 체계에 또 다른 이야기를 제공하였다. 수많은 학자들 가운데 린네는 레이의 업적을 매우 높게 인정하였다. 아마 '식물의 역사'에서 가장 중요한 점은, 레이가 처음으로 생물학에 도입한 '공동 자손common descent' 학설을 통해 '종'의 개념을 정의하는 데 성공했다는 것이다. 비록 다른 과학자들은 분류학 체계를 구축하기 위한 다른 대안적 이론을 소개했지만, 레이의 '종을 통해 혈통을 유지한다'는 학설은 오늘날까지도 인정되고 있다(저자 주: 1813년 비주류의 스위스 생물학자 드 캉돌Augustin de Candolle[10]이 분류학이라는 단어를 처음 도입하기 전까지는 분류학이 존재하지 않았다. 이 생물학자는 21권으로 구성된 식물학 백과사전을 편찬하였는데, 이 책에는 그때까지 알려진 식물들을 모두 집대성하고 그림으로 설명하였다. 그는 그의 저서를 생전에 완성하지 못했으며, 그의 아들이 후에 완성하였다).

카메라리우스의 식물분류학 업적

Camerarius's Work on Botanical Classification

독일인 의사 카메라리우스Rudolph Camerarius[11]는 '식물의 성에 대한 글Letter on the Sex of Plants'을 통해 분류학에 또 다른 진보를 만들어 냈다. 이 책은 그루Nehemiah Grew[12]가 '식물의 형태The Anatomy of Plants'라는 책을 출판한 지 꼭 17년 후, 17세기 막바지에 나타났다.

카메라리우스는 1665년에 태어났다. 그는 학자 집안 출신이며, 그 집안의 학자들 중에는 자기 자신과 이전 세대 모두에서 어느 정도 이름을 떨친 사람들이 적지 않았다. 그 후에 그는 튀빙겐Tübingen의 의대 교수가 되었다. 카메라리우스는 초기 연구를 시작할 때 그루의 영향을 받았으며, 그 후에도 그 영향을 지속시키면서 연구를 수행하였다. 그는 식물의 생식에 대한 여러 가지 실험을 수행하였다. 그는 피마자(아주까리)의 표본에서 화분(꽃밥)을 잘라냈으며, 이 식물은 발아되지 않는 퇴화된 종자만을 생산하는 것을 발견하였다. 이러한 관찰 결과에서, 그는 식물의 생식기관의 일부를 제거했다고 추론하였다. 나아가 그는 이 식물들이 자웅동체hermaphrodites 식물이라는 사실을 발견하였다.

---

10) Augustin Pyramus de Candolle(1778－1841). 스위스 제네바 출생. 제네바와 파리에서 화학·물리학·식물학을 배웠으며, 파리 체재 중에는 퀴비에와 라마르크로의 사사를 받음

11) Rudolph Camerarius(1665－1721). 독일 의사, 식물형태학자, 식물의 생식기관에 대한 연구로 유명한 학자. 철학과 의학을 공부하였고 1688년 독일 튀빙겐 대학 식물원 원장을 역임

12) Nehemiah Grew(1641~1712). 영국의 의사, 식물학자, 식물형태학 및 식물생리학자. 식물생리학의 아버지로 알려지는 유명한 학자. 식물에 성(性)이 있음을 최초로 발견

그는 1694년 글리손Glesen에 거주하는 식물학 교수 발렌틴Gabriel Valentin[13]에게 보낸 편지에 이러한 발견들을 기록하여 보냈다. 이 내용들은 '식물의 생식기관'이라는 저서에 포함되어 있다. 이 책에서 그는 최초로 화분pollen을 수컷으로 씨방ovary을 암컷으로 설명하였다. 과학사를 연구하는 학자들은 카메라리우스가 최초로 마hemp와 홉hops을 교배하여 인공으로 잡종 식물을 만들었다고 믿고 있다. 그의 업적은 18세기에 이르기까지 영향을 주었는데, 18세기의 수많은 식물학자들은 한 종의 화분을 다른 종의 꽃에 수분하여 새로운 잡종을 만들어 냈다.

그루의 식물형태학 업적The Work of Grew on Plant Anatomy

몰론 과학자들은 식물도 신의 지배를 받는다고 생각했다. 이러한 와중에, 그루Nehemiah Grew는 식물학에서 또 다른 진보를 이루어냈다. 1628년[14]에 태어났으며, 그의 아버지는 영국 내전 중에 왕권에 대항하는 운동에 참여한 전도사였다. 그는 캠브리지 대학교서 공부를 시작하고 그 후 네덜란드 레이던 대학교로 옮겼다.

스와메르담Swammerdam과 다른 우수한 생물학자들과 마찬가지로 그는 먼저 의학을 공부했으며, 의학학위 논문은 신경계에 대해 작성하였다. 또한 스와메르담과 마찬가지로 의술을 시행하려고 노력하였지만 식물학 강의가 전국적으로 유명해지면서 그는 의학보다 식물학에서 유명해지는 진로를 선택하게 되었다. 그래서 그는 런던에서 식물학 연구를 계속하기 위해 의학을 그만 두었다. 1712년 세상을 떠났다.

그의 식물학 연구방법은 말피기Malpighi 연구와 유사하였는데, 말피기와 다른 점이 있다면 동물과 식물의 형태를 비교한 연구는 거의 하지 않은 점이었으며, 전적으로 식물학 연구에 집중하였다. 1672년 '식물의 철학적 역사

---

13) Gabriel Valentin(1810－1883). 독일 생리학자, 베른(Bern)대학교 생리학 교수 역임
14) 저자는 1628년으로 표기하였으나, 오류로 조사되었으며 실제 1641년임

Philosophical History of Plants'를 출판하였고, 그 후 1682년에는 식물의 형태학을 출판하였으며, 이 책에서 그는 식물의 다양한 부분은 수많은 종류의 세포로 조직되어 있다는 것을 명백히 밝혔다. 이 발견 이외에도 그는 꽃에서 종자를 만들어 내는 암술pistil과 꽃가루를 만들어 내는 수술stamen을 정확하게 설명하였다. 이 논문에서 그는 식물의 암술은 동물 암컷의 생식기관과 유사하다는 학설을 제안하였다. 수술은 수컷의 생식기관과 유사하며, 따라서 이들은 새로운 식물체의 종자나 화분을 포함하고 있는 것이다. 일부 식물의 종류는 한 개의 꽃에 이 두 가지 생식기관을 함께 가지고 있는 것을 발견하였다. 그와 다른 식물학자들은 이에 대해 한 개의 개체에 자웅이 동시에 존재하는 현상hermaphrodism을 이론화하게 되었으며, 이는 단지 동물계에서만 존재하지 않고 식물계에서도 발견되는 것으로 제안하였다. 또한 식물의 관다발에 대한 연구도 심층적으로 추진하였다. 의심할 여지도 없이, 그는 연구 업적에 근거하여 식물은 세포로 이루어져 있다는 인식을 이끌어내게 되었다.

그러나 이상하게도, 그의 업적은 말피기Malpighi처럼 매우 탁월했음에도 불구하고 동시대 사람들에게 거의 영향을 미치지 못하였다. 왜 그런지에 대한 해석이 분분했지만, 주요 원인은 그가 작성한 연구 논문이 너무 어려워 배척당했을 것이라고 추측되고 있다.

헤일즈의 업적The Work of Hales

헤일즈는 식물형태학도 아니며, 동물생리학의 발전도 아닌 식물생리학의 발전에 실마리를 던졌다. 이 전문적인 학문영역에, 영국 생물학자이며 성직자인 헤일즈Stephen Hales[15]가 위대한 업적을 남겼다. 헤일즈는 식물의 대사작용metabolism을 최초로 이해하였으며, 식물생리학 발전에 결정적 역할을 이루어냈다. 1677년 영국

15) Stephen Hales(1677–1761). 영국 성직자, 식물학자. 수학·물리학·화학·식물학 등에도 관심을 가지고 생명현상을 물리학적 방법으로 해명하려고 시도. 식물체 내 수분이동의 연구로 유명

남부 켄트Kent 베케스버리Beckesbury에서 태어났으며, 캠브리지에서 과학과 수학을 공부하였다. 그 후 캠브리지에서 신학을 공부하였으며, 나중에는 영국 교회의 신성한 부름을 받아들여 성직자가 되었다. 따라서 그는 곧바로 진정한 과학 탐구를 시작하지 못하였다. 그는 영국 미들섹스에 있는 테딩턴Teddington 지역 교회의 교구목사 직을 역임하였으며, 1761년 그곳에서 세상을 떠났다. 그는 일생을 통해 경건한 삶을 살았다. 그는 자선사업을 몸소 실천하곤 하였으며, 유럽, 특히 영국의 도덕성 타락을 개선시키기 위해 지속적으로 설교하였다.

그는 과학에 전념하면서 신학에 대한 관심도 병행하였다. 캠브리지에서는 물리, 화학, 식물학에 집중하였다. 그가 동물학에 대해 주목하기까지는 꽤 시간이 걸렸을 것인데, 후자의 분야에 대한 그의 기여는 비교적 미미하다. 하지만 그는 재미있는 동물학 연구를 수행했다. 일련의 실험에서, 혈액 순환을 상세히 연구하였으며, 동맥과 정맥에서 혈액이 어느 정도의 압력과 속도로 흐르는지를 측정하기까지 하였다.

그는 의심할 여지도 없이 그 당시를 앞서가는 근대적 관점을 가지고 있었는데 알코올은 순환계, 특히 혈관벽을 심각하게 손상시킬 수 있다는 관점을 제시하였다. 놀랄 만한 일도 아니지만, 그는 영국의 금주운동의 열렬한 지지자가 되었다. 이 시기는 뉴턴의 법칙이 과학계를 압도하였으며, 유럽의 모든 과학자들은 자연의 질서를 물리의 법칙으로 설명하려고 노력하였다. 헤일즈도 예외는 아니었다. 그는 뉴턴의 가설에 근거하여 식물과 동물의 출생, 성장, 번식을 명확히 설명할 수 있다고 생각하였다. 하지만, 레이의 연구업적의 결론은 헤일즈에게 엄청난 영감을 심어 주었다. 헤일즈는 특히 캠브리지 대학 주변에 서식하는 식물에 대한 레이Ray의 저술로부터 많은 영감을 받게 되었다.

헤일즈와 식물생리학Hales and Plant Physiology

헤일즈는 데카르트와 다른 사람들의 연구방법을 받아들였으며, 이에 따라 물리의 법칙에 근거하여 식물을 설명하려고 노력하였다. 식물의 영양과 식물의 생리에 대한 통계적 자료 논문에서, 그는 매우 놀라운 혁신적인 실험 과정을 사용하였다. 그는 최초로 식물의 순환계를 통해 액체가 흐르는 것과 식물은 지속적으로 조직의 표피층으로부터 기체를 방출하는 것을 알아차렸는데, 실제 이 기체에 대해서는 아는 것이 거의 없었다. 1733년, 그는 정역학Statical 논문에 동물의 혈액의 흐름에 대한 종합적 내용과 나무의 수액의 흐름에 대한 내용을 추가하였다. 이 논문에서 식물이 토양으로부터 흡수한 물의 양을 측정하는 방법을 설명하였으며, 토양에 남아 있는 물의 양과 식물의 뿌리가 토양으로부터 흡수한 물의 양의 비율을 계산하였다. 그리고 나서 그는 뿌리가 흡수한 물의 양을 측정하였다. 용기넘치며 때로는 오만한 사상가로서 그는 다른 사람들, 특히 그루Grew와 말피기Malpighi의 업적을 비판하였다. 그는 그의 영양분에 대한 정역학 논문에서 다음과 같이 말하였다.

> 만일 그들이 탐구를 정역학의 측면에서 의문을 제기할 수 있는 행운이 있었다면, 그들의 놀라운 응용력과 명민함으로, 의심할 여지도 없이 식물의 본성에 대한 지식을 상당한 수준으로 진보시켰을 것이다. 식물이 영양을 섭취하고 분비하는 양을 측정하는 방법에는 이 방법 한 가지만 있기 때문이다.14

1754년 이전까지 식물생리학에서 기념비적 진보는 이루어지지 않았다. 1754년이 되어서야 비로소, 단성생식을 발견한 것과 전성설을 주장한 것으로 잘 알려진 보넷Charles Bonnet16)은 '식물 잎의 기능에 대한 조사Investigation of the Function of the Leaves of Plants'의 저서를 발표하였다. 그 후 10년이 채 안 된 18세기 초, 프랑스 식물학자이며 화학자, 두하멜Henri Duhamel17)은 보넷의 연구 결과에 영감을 받고는 나무의 식물 생리에 대한 연구로 확대하여 추진하였다. 실로 두하멜은 나무의 구조와 기능을 학습하는데 몰두하였으며, 구조와 기능이

---

16) Charles Bonnet(1720－1793). 스위스 제네바 출생 자연박물학자, 철학자

17) Henri－Louis Duhamel du Monceau(1700－1782). 프랑스 물리학자, 해양공학자, 식물학자. 1738년 프랑스학술원 회장 역임

서로 어떻게 연결되었는지를 연구하였다. 1779년, 네덜란드 의사이면서 식물학자인 잉겐하우즈Jan Ingenhousz[18]는 식물에서는 2가지의 호흡이 존재한다는 것을 발견하였다. 낮에는 식물은 이산화탄소를 흡수하고 산소를 내보내며, 반면 밤에는 반대 현상이 일어난다는 것을 발견하였다. 1779년 그는 '식물 실험: 낮이나 햇빛에서는 공기를 정화하고, 밤이나 그늘에서는 공기를 오염시키는 위대한 힘(제목이 다소 길지만, 그 당시는 긴 제목이 일반적)'의 저서에서 식물이 산소를 방출하도록 만드는 요소가 햇빛이라는 것을 밝혀냈다. 그는, 산소를 방출하는 등의 과정을 거치면서, 식물에서 탄수화물이 점차적으로 축적된다고 추측하였다. 결국, 그는 식물은 낮 동안 영양분의 주성분인 이산화탄소를 흡수하며, 밤 동안 호흡작용의 산물인 이산화탄소를 방출한다고 주장하였다. 그는 그 후 식물은 광합성 – 녹색식물이 햇빛을 사용하여 이산화탄소와 물로 탄수화물을 만드는 과정 – 을 수행하는 데 햇빛이 필요하다는 것을 증명하였다.

화학과 로버트 보일Chemistry and Robert Boyle

19세기 초기, 스위스 지질학자이며 식물학자인 소셔Nicolas de Saussure[19]는 영양분에 대한 화학적 연구를 수행하는 과정에서, 오랫동안 식물학자들이 식물은 토양으로부터 이산화탄소를 흡수한다고 믿었던 사실을 반박하고 공기로부터 흡수한다는 점을 주장하였다. 식물이 토양으로부터 얻는 것은 질소다. 그러나 그는 식물의 잎이 녹색을 띠는 것은 식물의 건강상태와는 아무런 상관이 없다고 주장하여 오류를 만들었다. 이미 언급한 바와 같이, 과거 과학자들은 생물학 연구에서 화학의 중요성을 이미 인식하기 시작하였으며, 특히 파라셀수스 Paracelsus가 그러하였다. 그 후, 뉴턴 시대의 성직자 반 헬몬트van Helmont와 아일랜드 과학자 로버트 보일Robert Boyle이 업적을 발표하기까지는 과학영역에서

18) Jan Ingenhousz(1730–1799). 네덜란드 생리학자, 화학자 식물도 동물과 같이 세포호흡을 한다는 것을 최초로 발견

19) Nicolas Théodore de Saussure(1767–1845). 스위스 화학자, 식물생리학자, 광합성 연구의 개척자

큰 발전이 이루어지지 않았다. 실험방법에 화학적 연구와 연결되는 경우는 거의 없었으며, 물질들이 어떻게 서로 화학적으로 연결되는지에 대해서는 거의 밝혀지지 않았고, 연금술의 신비주의적 관점이 과학적 연구방법을 감염시키는 현상이 나타나고 있었다. 확실하게, 1627년 보일Boyle은 리스모어Lismore 성에서 태어났다. 그는 이튼Eton학교를 졸업했으며, 미신적인 요소를 담고 있던 연금술의 비과학적 측면을 실험실 과학으로 전환시켰고, 오늘날의 화학을 만들어냈다. 오늘날 염기, 산, pH, 기체 등의 과학내용들은 보일의 노력에서 시작하여 발전한 내용들이다. 보일은 '회의적인 화학자Skeptical Chymist'의 획기적인 저서에서 최초로 소립자(후에 화학결합으로 발전하는 내용)에 대한 내용과 함께 염기 등의 내용을 명확하게 설명하였다. 또한 보일은 그의 저서, 공기 용수철에 관한 '새로운 물리-역학적 실험New Experiments Physico-Mechanical Touching the Spring of Air'에서 그는 특정 용기의 공기를 모두 배출하여 진공으로 만들어내는 현상은 살아있는 생물체의 호흡을 방해할 수 있다고 주장하였으며, 이 내용은 후에 생리학을 발전시키는 주요한 기반이 되었다. 실제 보일은 오늘날 우리가 알고 있는 보일의 법칙을 발견하였으며, 그 보일의 법칙은 일정온도를 유지하는 이상적 조건하에 일정부피의 기체는 공기의 압력이 증가할수록 기체의 부피는 감소하여 공기압과 기체의 부피는 반비례한다는 내용이다.

결국, 프랑스 과학학술원French Academy of Sciences의 물리학자 마리오트Edmé Mariotte[20]는 이 물리학적 법칙을 보다 포괄적으로 설명하였다. 돌턴John Dalton[21]도 화학 발전에 대해 크게 기여하도록 만든 기체의 법칙을 제안했는데, 이 법칙에 따르면, 한 용기 내의 혼합 기체가 한 면에 가하는 압력의 크기는 개별 기체의 부분 압력을 모두 합한 압력의 크기와 동일하다는 것이다.

주목할 중요한 내용은 이 시기부터 의학과 생물학은 서로 각각의 길로 향하기 시작하였다. 생물학이 의학으로부터 분리되기 시작한 원인은 확신하기는

20) Edmé Mariotte(1620-1684). 프랑스 물리학자, 성직자. 1660년 눈의 맹점을 처음 발견하였으며, 프랑스 과학학술원의 초기 위원이었음

21) John Dalton(1766-1844). 영국 화학자, 기상학자, 물리학자, 근대 원자론의 개척자. 색맹을 처음 발견하여 제창한 학자

어렵지만, 아마도 현미경이 발견되면서부터 생물학자들은 새로운 생물학 현상의 세계로 관심을 기울였던 점이라고 볼 수 있다. 1672년 보일은 또 다른 이론을 제창하여 그의 명성을 높였다. 그가 제안한 이론은 특정 금속을 가열했을 때, 금속 표면의 기체는 표면을 떠나서는 불을 붙일 것이라는 점이다(후에 이 기체는 수소로 판명된다). 보일은 런던의 왕립학회 앞에서 시범을 보였는데, 현대적 인공 '호흡기'가 되기를 희망하며 스스로 호흡장치를 고안하여 이 호흡장치로 동물이 살아있도록 만들 수 있다고 주장하였다.

그 후 1729년 프랑스 화학자 루이 부르제Louis Bourget[22]는 무기물질과 유기물질을 정확하게 구분한 최초의 과학자였는데, 그의 논문 제목은 소금과 결정의 형성과 생식과 유기체의 기작에 대한 철학적 논문'Philosophical Letters on the Formation of Salts and Crystal and on Generation and Organic Mechanisms'이었다. 이 논문은 후에 살아있는 것과 살아있지 않는 유기체를 정확하게 구분하지 못했던 20세기, 바이러스를 연구하는 데 주요한 영향을 주었다. 사실, 과학사 학자들은 구세대 과학자들이 단순히 결정체 성장을 목격했을 때 생명을 이해하려고 많은 시간을 낭비했다는 사실을 깨달았다. 동굴에서 종유석과 석순이 형성되는 것이 좋은 예다.

모든 과학적 연구가 어렵고 불가해한 주제를 추구하는 것은 아니다. 이 시기, 과학의 전문성이 다소 낮은 내용으로 과학의 대중화가 일어나기 시작하였다. 1771년 스위스의 수학자 레온하르트 오일러Leonhard Euler[23]는 색수차(색깔의 차이)를 포함하는 과학주제를 모은 주요한 책을 발간하였으며 대중의 인기를 모았다. 그는 책에서, 예를 들면, 한 종류의 색깔을 보는데 빛이 파편화되는 것을 막기 위해서는 3개 또는 여러 개 렌즈를 함께 사용할 수 있다고 설명하였다.

---

22) Louis Bourguet(1678－1742). 라이프니찌에 버금가는 박식한 학자, 고고학, 지질학, 철학, 수학자

23) Leonhard Euler(1707－1783). 스위스 수학자, 물리학자. 무한대 미적분, 기계학, 유체 역학, 광학, 천문학 등의 영역에서도 유명

시드넘의 질병에 관한 연구Sydenha's Studies of Disease

이 시기, 또 다른 중요한 사람은 영국의 의사 시드넘Thomas Sydenham24)이었다. 시드넘은 결국에는 가장 유명한 명성을 얻었다. 다음 세대에 살았던 파스퇴르Pasteur와 같이, 시드넘은 질병의 원인은 감염이라고 믿었는데, 이 주장에 대한 그의 과학자로서의 명성을 과학자들은 그가 죽고 난 후에야 인정하였다. 그는 비교적 부유한 가정에서 태어났고, 옥스퍼드에서 공부하였다. 영국 내전이 시작될 때 그는 의회파에 소속되어 활동하였으며, 심지어 의사로서 봉사하였다. 그는 정통한 의사이면서 생물학에 대해 백과사전적 지식을 가진 학자였으며 상류계층과 어울리면서 유명한 사상가 존 로크John Locke나 화학자 로버트 보일Robert Boyle과도 친분을 가졌다.

17세기 영국에서 의사 역할을 수행하는 것이 쉽지 않았다. 그 당시 공중위생과 의료기구는 매우 열악하였으며, 전염병이 창궐하였다. 그러나 그 당시의 여건은 용기 넘치는 의사에게는 실세계를 실험실로 연구를 수행할 수 있는 기회가 되었다. 시드넘에 따르면,

> 식물학자들은 뚜렷한 의식이 부족하여, 엉겅퀴에 대해 대략적인 특징을 설명해 놓고도 만족하는 수준이었으며, 각 종류들의 독특하고 고유의 특징을 제대로 관찰하지 못했다고 비난하였다.15

그는 이론가이기보다 오히려 경험가였다. 그는 이상한 병으로 고통을 당하고 있는 환자를 발견하면, 그들이 어디에 살고 있는지를 매우 주의 깊게 기록하였는데, 이 연구방법을 역병 페스트를 연구할 때도 적용하였다.

전염병학의 연구에서 그는 이질-설사병, 선홍열, 백일해 등을 포함하여 익

24) Thomas Sydenham(1624-1689). 영국의 의사, 임상의학자. 철저한 임상 관찰과 경험, 자연치유를 중시하였으며, 성홍열, 무도병을 연구하고, 의료에 아편을 도입하였으며, 말라리아 치료 시에 키니네 사용을 대중화하였고, 철결핍성 빈혈 치료를 위해 철분을 사용했음

히 알려진 병으로 인해 나타나는 고통들을 상세히 기록하였다. 그는 말라리아를 치료하기 위해 퀴닌을 사용하였고 진통제로 아편을 처방하였으며, 빈혈예방을 위해 철이 중요하다는 것을 알고 있었다.

신학과 과학Theology and Science

과학사를 살펴보면, 이 시기와 이전 시기의 생물학자와 자연박물학자들은 창조는 신의 지혜와 섭리를 증명하는 것으로 인식했다. 실로, 창조로서 과학과 신학의 관계를 인식하는 이 방법은 19세기와 20세기에 걸쳐 지속되었다. 예를 들면, Ray는 어린 시절 공부했던 이 철학을 후에 노년에 다시 받아들이는 것을 볼 수 있다. 그는 그의 논문, 신이 '창조의 업적을 통해 보여준 지혜The Wisdom of God Manifested in the Works of Creation'에서, 화석은 오랜 과거시대의 동물의 흔적이 보존된 것으로 확신하였다. 궁극적으로, '설계에 대한 논의'argument from design 또는 '창조자의 실제에 대한 목적론적 논의teleological argument for the reality of the Creator'에서 신이 존재하기에 창조의 질서와 아름다움이 있다고 억측하였다.

레이Ray는 그 당시 어떤 생물학자들보다 강하게 이 주장이 보편적으로 받아들여지기를 원하였다. 아마도, 그의 가장 주요한 노력은, 사후에 출판된 '물리적 신학적 담화Physical, Theological Discourses'에서 볼 수 있다. 이 책에서, 그는 설계라는 논점을 지지하였는데, 현장에서 발견한 화석은 전지전능한 창조자가 만물을 창조하기 위해 만들어낸 위대한 설계의 증거라고 주장하였다.

이 유명한 논의를 한 번 살펴볼 가치가 있는데, 종교적 설명을 하고 싶은 자들이 이 논의를 가장 많이 사용하였으며, 레이의 논문은 실로, 전지전능하신 신의 존재를 증명하는 글로서는 매우 매력적인 논의 가운데 하나이다. 중세시대부터 빅토리아 시대에 이르기까지 대부분의 과학자들은 적극적으로 이 논의를 받아들였는데, 이 당시는 논의의 핵심내용으로서 신이 자연 질서를 창조했다는 세계관이 광범하게 퍼져있었다. 아이작 뉴턴도 예외는 아니었다. 아인슈타인도 그러했다. 이 논의는 확실히, Ray도 아니며 이 시기 어느 과학자가 만들어낸 것도 아니었다. 중세시대 토마스 아퀴나스의 고전 '신학의 집대성Summa Theologiae'에 최초로 나타났다. 18세기 신교도 신학자인 윌리엄 페일리William Paley가 이 논의를 재조명하였다. 본질적으로, Ray가 논의한 대로, 토마스가 주장한바, 신은 현명한 설계자로서 존재하고 있으며, 그 신의 존재를 명백히 증명하는 증거는 대우주macrocosm라는 점이다. 성 토마스는 천지만물인 우주의 질서와 아름다움이 고차원적으로 존재하고 있기 때문에 우주는 단지 우연으로 생성되지 않았다고 주장하였다. 오히려, 무한대의 위대한 정신이 만들어낸 예술품이라고 주장하였다. 그러나 토마스는 이 우주적 차원의 신의 정신은 인간의 정신과 전혀 다른 것이며, 이는 곧 인간의 정신의 역량을 넘어선 것으로 존재하기 때문이며, 천지만물이 창조된 것은 곧 우주적 신의 정신이 존재한다는 것을 증명하는 증거라고 주장하였다. 결론적으로 신의 정신만이 우주를 고안해낼 수 있는 것이라고 주장하였다.

신의 설계를 주장하는 것에 대한 비난
Assaults on the Argument from Design

신이 만물을 설계했다는 것에 대한 논쟁은 많은 약점들을 가지고 있다. 의심할 여지도 없이, 신의 존재를 주장하는 논의를 비난한 것 가운데 가장 오랫동안 인정된 것은 스코틀랜드 계몽사상가 철학자 흄David Hume이었다. 그의 고전적 저서, '자연종교에 대한 대화Dialogues Concerning Natural Religion'에서 그는 우주에는 좋은 것이 있는 반면에 나쁜 것도 포함하고 있다는 반론을 통해서 이 신의 설계를 필사적으로 반박했다. 따라서 그는 세상은 신이 만들어낸 것이 아니라고 주장하였다.

한편, 1713년 윌리엄 더햄William Derham은 '신의 업적인 창조의 본질과 존재에 대한 논의A Demonstration of the Being and Attributes of God from His Works of Creation'에서 이 문제를 다루었다. 더햄의 논박으로 인해, 이 논의는 물리-

신학physico-theological의 논쟁이라는 또 다른 제목을 얻게 되었다. 더햄은 독일의 이성주의 또는 합리주의 철학자 라이프니츠의 조언을 활용하면서 '나쁜 것의 문제problem of evil'를 해결하려고 노력하였다. 특별히, 더햄은 우주만물에는 나쁜 것이 어느 정도는 존재할 필요가 있으며 실제 존재하고 있는데, 따라서 신이 그것을 허락했다고 해서 이 때문에 신을 탓할 수 없다고 주장하였다. 이 나쁜 것의 문제에 대한 해결책은, 여기에서 설명하고 있는 것으로 해답을 찾기에는 적절하지 않은 것으로 보이며, 실제 이 책에서 다루어야 할 내용을 넘어선 것으로 보인다. 어떤 경우이든 간에, 이 논박이 일어난 것으로 인해, 생물학계에서 박물학은 어디에서부터 기원하는지를 논박하기 시작하였는데, 즉, 생물학계 전체에서 최정상에는 신의 신성함이 존재하고 있다는 논제에 대한 논박이 시작되었다.

요약Summary

이 시기 분류학에서 의미 있는 연구는 레이Ray가 실험실에서 단자엽 식물과 쌍자엽 식물을 명확히 구분했던 연구업적이라 할 수 있다. 카메라리우스Camerarius는 식물분류학에 업적을 추가했으며, 1773년 헤일즈Hales는 통계적 논문을 발표하여 식물생리학을 발전시켰다. 보넷Charles Bonnet, 두헤멜Henry Duhamel, 그리고 네덜란드 사람 인겐하우즈Jan van Ingenhousz와 같은 생물학자들은 식물생리학에 추가적 발견을 이루어냈다. 그럼에도 불구하고, 보일은 그 외 다양한 업적을 이루어 화학을 발전시켰으며, 그로 인해 화학은 그 시대 최고 수준을 차지한 생물학과 라이벌이 되기도 하였다.

또한 이 시기에는, 윌리엄 더햄과 라이프니츠의 업적으로, 철학적 신학은 생물학적 추론으로 넘쳐났었다.

Chapter 14

린네의 시대와 계몽운동

The Age of Linnaeus and the Enlightenment

계몽운동은 과거의 신화와 미신으로부터 벗어났다는 것을 상징적으로 의미하는 운동이었다. 즉 이 운동은 갈레노스, 아리스토텔레스의 사상이 압도적으로 지배한 과학과 신학에 근거를 둔 과학을 탈피한 운동이다. 예를 들면, 철학은 – 오감은 전혀 역할을 하지 않고 다만 이성을 통해서만 진정한 학습이 일어난다고 주장한 이론 – 합리주의/이성주의rationalism의 이론이 산산이 부서지면서 상당한 수준의 진보를 이루어냈다. 이성주의를 지지하는 학자들로는 데카르트Descartes,[1] 라이프니츠Leibnitz, 스피노자Spinoza 등이었다. 모든 지식은 오감을 통해 얻어진다는 경험주의empiricism가 일어났다. 흄Hume과 같은 경험주의 학자들은 회의론skepticism과 유물론materialism을 주장하였다. 흄은 과학과 철학의 업적들을 연보로 정리하면서 그의 명성은 더욱 높아졌다. 이전에 이미 언급한 대

1) Rene Descartes(1596–1650). 프랑스 철학자, 수학자, 근대 철학의 아버지. 그의 일생 가운데 장년기의 거의 대부분 시간을 네덜란드에서 거주함. 1650년 스웨덴 여왕 크리스티나의 가정교사로 초청을 받아 스톡홀름에서 거주하다가 폐렴으로 사망. 그전에는 늦게까지 침대에서 작업을 하였으나, 여왕이 이른 아침 공부를 요구하였으며, 이로 인해 거의 잠을 충분히 취하지 못한 원인으로 면역력이 저하되어 폐렴에 걸린 것으로 추측하고 있음

로, 흄은 목적론teleological에 근거하여 창조자의 존재를 주장하는 것을 반대하고 통렬하게 비난한 것으로 잘 알려져 있다. 흄의 강력한 논증은 회의론에 입각한 것으로, 절대적으로 논박할 수 없는 지식은 존재하지 않는다는 점을 확신시켰으며, 많은 과학자들이 과학적 사고를 따라갈 수 있도록 유도하였다.

생물학은 여러 이유로 철학과 함께 발전해 갔다. 그 가운데 한 가지 이유를 들자면, 아리스토텔레스는 서양 생물학의 원천이면서 최초의 철학자였다. 또 다른 이유를 들자면, 생물학은 사람에 대한 과학을 포함하기 때문에 신학적 이슈를 피할 수 없다는 점이었다. 즉 사람은 영구한 영혼을 가지고 있는지 여부, 또는 자유의지를 가지고 있는지 여부 등의 신학적 이슈를 논의해야 한다는 점이다. 그러하여, 흄은 과학자들이 이전 시대 전통적인 학자, 신성화된 성경의 구절, 이성주의 철학을 절대 신봉하지 않도록 설득하였다. 지금까지 살펴본 바와 같이 대부분 생물학자들은 생물권을 신의 계획에 따라 만들어진 세상이라고 보았기 때문에, 흄의 주장은 그때까지 과학자들이 이루어낸 업적들을 냉혹한 폭풍처럼 강타하였다. 흄은 뉴턴의 영향을 지속적으로 받았던 것으로 보였으며, 그는 뉴턴의 사상을 받아들여 과학자들은 생명을 신의 법칙이 아닌 자연의 법칙에 따라 일련의 기계론적 체계로서 인식하려고 노력을 기울였다. 이전 과학자들은 신과 대우주는 동일한 단어로 생각했으나, 흄의 주장은 대우주와 신의 사이에 쐐기를 박듯이 두 개념을 분리시켰다.

데카르트는 생기론vitalism, 즉 생명현상은 일반적인 물리적 및 화학적 과정 이외에 초자연적(정신적) 힘으로 설명할 수 있다는 이론과 기계론mechanism, 즉 생명현상은 물리적 및 화학적 과정만으로 설명할 수 있다는 이론의 양쪽을 걸쳤던 것 같다. 데카르트는 1596년에 태어났으며, 가장 유명한 과학자이며 수학자인 동시에 가장 추앙을 받은 철학자였다. 그는 살아있는 생물체는, 좀 더 정확히 말하자면, 살아있는 생물체의 행동은 물리적인 문제라고 주장하였다. 즉 물리의 원칙에 따라 동물의 행동을 적어도 부분적으로라도 설명할 수 있다는 것이다. 데카르트는 소년 시절 제수이트학교[2)]를 다녔지만, 청소년 시기에 스콜라 전통으

2) Jesuit School 예수회 학교, 즉 교회에서 운영하며 신학을 가르치는 학교

로부터 벗어나기 시작하였다. 17세, 그는 소르본Sorbonne으로 갔으며, 21세에 군에 입대하여 2년 동안 브레다Breda[3]에 머물렀다. 데카르트는 프랑스 고향에서 가톨릭 지도자들과 좋은 관계를 유지하지 못할 것을 두려워하여, 살기 좋은 기후의 홀란드로 이사하였다. 그곳에서 스스로 기계학, 수학, 생리학, 및 철학을 공부하였다.

자유의지와 결정론Free Will and Determinism

데카르트[4]는 탁월한 소논문 2개, 방법서설Discourse on Method과 명상론Meditations 가운데 방법서설 논문의 7번째 에세이에서, 인간과 동물의 행동을 유물론적materialist 입장으로 설명하였다. 이 사상에서, 데카르트는 기계론이 인간의 행동에 필수적인 부분이지만, 인간의 행동을 전적으로 기계적 접근방식으로 탐색하는 것은 헛된 일이라고 주장하였다. 오히려 데카르트의 철학에 따르면, 사람의 생명력은 영혼soul이며, 이 영혼은 간뇌의 위쪽에 위치하는 송과선을 통해 신체와 상호작용하고 있는 것이다. 이러한 데카르트의 인간의 지식에 대한 이성주의적rationalistic 접근방식은 생물학과 생리학을 탐구하는 데 방해가 되었다. 이 교리에 따르면, 정보는 원래 감각기관에서 만들어지지 않고, 오히려 어떤 도움도 받지 않은 독력의 이성에서 만들어지는 것이다. 물론 이러한 주장은 수학과 논리에서 만들어지는 지식의 경우는 논박의 여지도 없이 그러하지만, 과학 이론에서는 여러 가지 가운데 단지 사실을 구성하는 한 가지 요소일 따름이다.

3) Breda 네덜란드 남쪽에 위치. 요새화된 도시로서 전략 측면에서 군대와 정치적으로 중요함

4) 데카르트 철학: 이성을 사용하여 철학적 진리에 도달하는 것을 최대의 목표로 삼고 있음. 철학은 지혜와 탐구를 의미하는 것이며, 지혜는 모든 사물에 대한 완벽한 지식임. 즉 도덕, 의학, 역학이 나무의 가지라면 철학은 나무의 뿌리이며, 실천적 가치임. 철학의 이상은 학문적으로 확립된 진리들이 유기적으로 결합된 체계를 구성하는 것. 모든 것을 관통할 수 있는 질서를 갖춘 진리의 체계가 철학임. 철학은 통일된 전체로서 학문을 형성하는 것. 아리스토텔레스는 서로 다른 학문의 서로 다른 주제와 내용들이 서로 다른 방법이 필요하다고 본 반면, 데카르트는 모든 학문을 포괄하는 대학문, 철학을 건설하고자 했음. 이미 제시된 진리를 재배열하고 증명하며, 올바른 방법을 사용하는 과정에서 지금까지 알지 못했던 새로운 진리를 알게 됨

유럽에서, 드 홀바흐Baron d'Holbach[5]는 이 기계론 철학의 접근방식을 형이상학적 문제에 엄격하게 적용하였는데, 특히 고대의 풀기 어려운 난제인, 자유의지free will를 해석하는 데 적용하였다. 드 홀바흐는 결정론은 진실일 수밖에 없으며, 그 결과 사람은 종교에서 말하는 것처럼 스스로 자신의 운명을 결정할 수 없다는 것이다. 그의 분석에 따르면, 만약 인간이 단지 태양이 궤도를 따라 운행되는 것과 같은 자연의 법칙을 따르는 복잡한 기계라고 한다면, 이러한 원칙에 입각하여, 어떤 사람이든지 간에 미래에 어떤 행동을 할 것인지를 예측할 수 있다는 것이다. 따라서 사람은 자유의지를 가질 수 없다고 결론내릴 수 있다.

프랑스 생물학자 뷔퐁[6]은 라이프니츠가 주장하는 방법에 따라 우주를 기계론적으로 보는 관점을 전적으로 받아들이는데, 즉 거대한 우주라는 기계는 철저히 물리의 법칙을 따른다는 것이다. 이러한 주장을 우주에서부터 사람으로 확장시키는 데 주저하지 않았다. 그는 사람은 거대한 기계의 한 부분으로 추측하였으며, 이에 따라 사람의 자유의지를 믿을 수가 없었다. 이론적으로 행성과 혜성과 같은 것들이 미래에는 어떻게 움직이는가를 정확하게 예측할 수 있기 때문이다. 뷔퐁의 세계관에 따르면, 사람이 미래에 어떻게 행동할 것인가도 정확하게 예측할 수 있어야 하는 것이다. 이러한 해석과 주장은 라이프니츠보다 오히려 스피노자에 더 가까운 것이다. 이렇게 주장한 측면은 뷔퐁이 추측한 것 가운데 가장 대담무쌍한 것으로 볼 수 있는데, 뷔퐁은 생물학은 물리학에 속하는 한 분야이며, 생물체에 물리의 법칙을 적용할 수 있다는 관점에서 생물학을 바라보았다.

1748년 메트리Julien Offroy de la Mettrie[7]는 이러한 전통적 사고방식을 유지하여 '기계로서 사람Man as Machine'의 책을 발간하였는데 이 저서에서, 그의 논의의 방향은 드 홀바흐와 동일한 방식이었다. 즉 사람은 단지 기계일 뿐이며

---

5) Baron d'Holbach(1723 – 1789). 프랑스 – 독일 철학자. 백과사전 저서, 프랑스 계몽운동에 기여한 유명한 사람. 무신론자로서 종교를 반대하는 수많은 저서를 남겼음.

6) Georges – Luis Leclerc, Comte de Buffon(1707 – 1788). 프랑스 박물학자, 수학자, 천문학자. 퀴비에와 라마르크의 업적에 영향을 줌

7) Julien Offroy de Ia Mettrie(1709 – 1751) 프랑스 의사, 철학자, 프랑스 계몽시대 유물론자. 가장 잘 알려진 저서는 Machine Man이며 이 저서에서 사람을 기계로 설명하였음

그 이상도 아니며, 따라서 사람의 행위는 조석간만의 차이를 예측하는 것과 같이 예측 가능한 것이라고 주장하였다. 그러나 일부 사람들은 기계주의를 반대하였다.

한편, 영국의 생물학자 존 헌터John Hunter는 몇 년 동안 글래스고우에 사는 여동생에게 신세를 지는 것에 더하여, 생기력vital force을 주장하면서 이미 불신되어 버린 학설에 빠져들었다. 그는 실제로 혈액이 힘이라고 믿었다. 그는 한 과학자가 동물의 기능을 생물학, 물리학, 화학적으로 완벽하게 설명할 수 있지만, 사람에 대해서는 총체적으로 설명할 수 없다고 주장하였다. 따라서 정의할 수도 없고, 어디에 존재한다고 할 수도 없지만, 확실히 진정한 '생명력의 원칙vital principle'이 필요하다고 주장하였다. 또한 그는 신체의 모든 부분은 혈액에서 만들어진다고 주장함으로써 스스로 더욱 당황스러운 엇길을 헤매었다. 의심할 여지도 없이 이러한 황당한 주장으로 인해 그는 일생을 통해 과학자로서 인정을 받기 어려웠다.

프랑스 생물학자 찰스 보넷Charles Bonnet[8])은 위와 같은 생기론vitalism의 원칙을 신랄하게 공격하였다. 실로, 그는 비판하는 과정에서 자신이 얼마나 이론과학적 방법에 전념했는가를 보여주었다. 신을 공경하는 사람으로서 주님이 우주를 설계했다는 관점을 받아들였으며, 따라서 보넷은 생기론의 이론을 지지할 것이라 기대할 수 있다. 왜냐하면 생기론은 영혼soul이라는 생각과 상당히 가깝기 때문이다. 그러하여, 그는 과학적 사실은 무엇이든지 가능하지만, 동물을 전적으로 기계론적으로 설명할 수 없다는 점을 믿었다. 그는 오히려, 영혼이 있다는 전제하에서 생명의 지속성을 설명할 수 있다는 점을 주장하였다. 즉 동물의 신체에서 일어나는 상세한 과정을 기계적으로 설명할 수 없다고 주장하였다. 확신컨대, 그의 연구결과는 이탈리아 생물학자 스팔란차니Spallanzani,[9]) 전성설 망

---

8) Charles Bonnet(1720–1793). 스위스 제네바에서 태어난 프랑스 자연학자, 철학자. 16세기 가족들은 종교적 박해를 피하려고 제네바로 이동

9) Lazzaro Spallanzani(1729–1799). 이탈리아 가톨릭 성직자, 생물학자, 생리학자. 신체의 기능, 동물의 생식, 동물의 음향탐지를 발견했으며, 그의 생물발생설(생물은 생물에서 태어난다는 설)은 후에 Louis Pasteur탐구의 기초가 되었음

상에 집착한 것으로 잘 알려진 학자에게 많은 영향을 주었다.

18세기에는 최소한 3개의 철학 사조가 상호 경쟁하였는데, 첫째 합리주의/이성주의rationalism, 둘째 경험주의empiricism, 셋째 독일의 논리학자 라이프니츠의 이론에서 유래한 '존재의 대사슬great chain of being[10]'에 근거한 사조이다. 첫째와 둘째는 상당히 권위를 갖춘 사조이다. 이성주의는 3가지 사조 가운데 가장 오래된 고전적인 사조이다. 플라톤 시대에서도 나타났던 사조로 볼 수 있으며, 데카르트 이후 뛰어난 학파로 인정을 받게 된 사조이다. 데카르트와 그 학파, 라이프니츠Leibnitz, 말브랑슈Malbranche, 스피노자Spinoza들에 따르면, 인간이 지식을 생성하는 패러다임은 본질적으로 이성주의에 입각한 것이다.

데카르트가 이렇게 생각했던 이유는 수학적 지식은 감각을 통한 경험에 좌우되지 않는다고 믿었던 이유로 볼 수 있다. 물론 그 후 19세기 존 밀John Mill[11]이 이를 부정했다. 감각을 통해 생성된 지식과 달리, 이성주의에 따르면 수학에서 생성된 지식은 절대적으로 확신할 수 있는 지식으로 오류가 없다는 점이다.

이성주의는 진실을 추구하는 종합적인 접근방법으로 인식되었지만, 그럼에도 불구하고, 현재는 단지 역사적 호기심으로 접근하는 방법일 따름이다. 칼티전Cartesian-데카르트 철학의 사고방식을 반대하는 학자들의 그룹이 도래하여 역동적으로 활동함에 따라, 영국의 소위 경험주의 학파, 즉 로크John Locke,[12] 버클리George Berkeley,[13] 흄David Hume[14]이 이 학파에 속하면서, 이성주의는 점차적으로 사라지게 되었다. 본질적으로, 경험주의 학파는 지식에 대한 관점을,

---

10) 존재의 대사슬, 존재의 대연쇄, 만물이 가장 낮은 위치의 무생물에서 최고의 위치에 있는 신에 이르기까지 계층적으로 조직되어 있다는 우주의 질서에 대한 개념, 신의 섭리를 정당화하는 철학적 낙관주의의 표본. 인간의 관점에서 볼 때, 자신의 능력과 한계를 고착시켜 무한한 가능성이나 창의력을 마비시키는 부정적인 측면이 있음. 인간은 자신의 능력을 깨닫는 것이 아니라 자신에게 주어진 위치를 정확히 인식하는 것이 성장의 목표라고 함

11) John Stuart Mill(1806-1873). 영국 철학자, 공무원. 사회이론, 정치경제학에 많은 영향을 줌

12) John Locke(1632-1704). 영국 서머셋트 태생. 계몽주의 시대 최고 사상가

13) George Berkeley(1685-1753). 아일랜드 태생, 주교, 철학자. 주관적 이상주의, 관념론, 경험주의

14) David Hume(1711-1776). 스코틀랜드 에딘버러 출생. 철학자. 자연주의, 회의주의, 경험주의, 실용주의

데카르트 철학 학파에 극단적으로 대응하는 관점으로 가지고 있었다. 이들 학파의 입장에서는, 전부는 아니지만 대부분은 진정한 지식은 감각을 통한 경험에서 비롯되며, 이들 가운데 흄이 가장 철저하고 권위가 높은 경험주의 학자였다. 흄은 신학을 공격하였으며, 그 결과 많은 과학자들이 고대의 낡은 신학 기반 세계관을 버리게 되었지만 한편에서는 많은 사람들이 인과관계와 같은 전제에 기반을 두고 발전시켜온 소중한 과학을 불신하도록 만들었다. 흄은 그의 유명한 논문 '인간의 본성Human Nature'에서 우주에는 '인과관계causal relationships'가 존재하지 않는다고 주장하였다. 우리 모두가 관찰하는 것은 단지 하나의 사건 뒤에 또 다른 사건이 이어지는 것, '지속적 연결constant conjunction'일 따름이다. 우리가 자연을 관찰하는 보편적 방법에서, 흄은 사람들이 원인과 결과의 사이에는 원동력이 있다고 생각하고 있는 점을 지적하였다. 따라서 우리는 돌이 유리창을 깨드리는 것을 볼 때, 우리는 돌이 유리창을 깨뜨리는 힘을 발휘한다고 생각하는 경향이 있다는 것이다. 그러나 흄이 이것이 바로 잘못된 생각이라고 지적하였다. 힘이라는 것은 우리가 직접적으로 관찰할 수 있는 것이 아니므로, 그 힘은 허구fiction라는 것이다. 진정 우리가 보는 것은 던져진 돌과 부서진 유리창이 함께 일어났다는 것이며, 흄의 전문용어에 따르면, 이것은 '지속적 결합constantly conjoined'이다.

신학에 대한 또 다른 비판Other Critics of Theology

신학 측면에서, 흄은 전지전능한 신의 존재와 영혼, 영생, 그 외 여러 추상적 생각의 현실성에 대해 의문을 품었다. 결국, 흄은 계몽시대 전형적인 사상가였다. 그러자 곧 흄의 생각과 같이 하면서 신학/성서에 기반한 우주론의 가면을 벗겨내는 사람들이 나타나기 시작하였다. 1751년 스코틀랜드에서 태어난 로버트 와이트Robert Whytt[15]는 (척수의 반사운동의 역할을 설명한 사람으로 알려짐) 그의

15) Robert Whytt(1714–1766). 스코틀랜드 의사. '신경계 질병(diseases of the nervous system)'의 저서에서 무의식적 반사신경, 결핵성 뇌막염, 비뇨기 방광결석, 발작 등에 대

논문, '동물의 생명과 관련되고 자발적인 운동the Vital and Other Involuntary Motions of Animals'에서 인간의 행위에 결정적인 원인 요소는 영혼이라는 관념에 대해 강력하게 이의를 제기하면서 논쟁을 벌였다. 실로 오늘날 많은 철학자들도 인간의 행동을 전적으로 기계론적 관점에서 설명하고 있지만, 일부 다른 사람들은 기계론적 분석을 반대하는 강력한 논쟁을 열거해오고 있다. 오늘날의 이러한 것들을 살펴보면, 마치 와이트, 흄, 그 외 다른 사람들이 기계론적 설명을 제시했던 것이 설득력이 없는 것처럼 보인다. 그러나 과학과 철학의 역사에서 대부분의 실패는 성공만큼이나 중요하다. 실패는 과학과 철학이 어떻게 진보되어 왔는지를 더욱 진실되게 보여줄 수 있을 것이다. 실패는 철학과 과학의 역사가들에게, 진보는 실패를 통해 순조롭게 이루어지지 않고, 직선적이지 않으며, 오히려 부침과 절망 등으로 훼손이 되기도 한다는 것을 알려 준다. 이를 넘어서, 최종 분석에서 실패인 이론조차도 여전히 새로운 정보와 새로운 생각을 주며 더 새롭고 더 유익한 방향을 제시한다. 좋은 예시는 행동심리학 영역이다. 그 이론이 실패라는 것은 널리 동의하지만, 그럼에도 불구하고, 그 이론은 더 우수하고 더 수익적인 소위 사람의 컴퓨터 그림이라는 이론 유형 – 인간을 매우 정교한 컴퓨터의 한 종류라고 수익적으로 보는 개념 – 을 낳았다.

결론적으로, 라이프니츠의 철학에 따라 '존재의 대사슬great chain of being'이 제시되었다. 이 철학에 따르면, 지구상의 모든 만물의 질서는 불활성 물질에서부터 시작하여 인간에 이르기까지 지속적으로 연결되어 있다는 것이다. 지속적이라는 내용으로, 이 철학을 옹호하는 사람들은 돌과 어느 생물체이든지 생물체 사이에는 어떠한 분리나 차이도 존재하지 않는 것을 주장하고 있다. 그러므로 물에 서식하는 단세포 짚신벌레는 돌조각과 아무런 차이도 없다는 것이다. 단지 짚신벌레가 돌조각보다 좀 더 복잡할 뿐이라는 것이다. 이 제안은 초기 분류학에 적용되었지만, 오래전에 과학자들이 폐기한 관념이다.

한 내용을 발표하였으며, 에딘버러 왕립의과대학 학장 역임

물리와 화학Physics and Chemistry

과학을 영역별로 살펴보면, 화학은 다른 영역에 비해 발전 속도가 느렸는데, 그 이유는 라부아지에Lavoisier의 연구 이후에도 많은 사람들이 플로지스톤phlogiston의 신화를 버리지 못했기 때문이다.

그러나 물리는 급속히 발전했으며, 물리학의 발전 없이는 화학이 발전할 수 없었다. 이렇게 주장할 수 있는 것은, 화학은 대부분의 기본 개념이 물리에서 오는 것이기 때문이다. 오늘날 과학자들은 화학반응이 원자 바깥궤도의 전자들이 다른 원자의 전자들과 서로 공유하거나 교환되는 것이라는 것을 알고 있다. 일반적으로 원자의 핵을 도는 전자는 태양을 궤도로 도는 행성의 운동과 동일하다고 생각하는 점이 유사하다. 화학자 라이너스 폴링Linus Pauling,[16] 사무엘 가우스미트Samuel Goudsmit,[17] 월터 하이틀러Walter Heitler[18] 등은 양자역학의 법칙이 어떻게 원자들이 서로 결합하여 분자를 형성하는지를 설명하는 데 중요하다는 것을 보여주었다.

그러나 현재 우리가 당연하게 생각하는 원자atom에 대한 보다 상세한 개념은 돌턴John Dalton[19]이 한참 후에 설명하게 되며, 이후 20세기에는 보어Niels Bohr[20]와 좀버펠트Arthur Sommerfeld[21]와 같은 물리학자들의 천재성을 기다려야

---

16) Linus Carl Pauling(1901－1994). 미국 화학자, 생화학자, 평화애호 활동가, 저자, 교육자, 1200편의 논문과 저서를 남김. 그 가운데 850편은 과학내용임. New Scientists는 폴링을 과거부터 지금까지 가장 유명한 과학자 20인 가운데 1인으로 선정하였으며, 2000년을 기준으로 역사를 통해 가장 유명한 순서대로 16위를 차지하였음. 양자화학과 분자생물학의 기반을 마련한 과학자로 알려짐

17) Samuel Goudsmit(1902－1978). 네덜란드－미국인 물리학자. 1925년 George Eugene Uhlenbeck과 공동으로 전자궤도를 제안함

18) Walter Heinrich Heitler(1904－1981). 독일 물리학자. 양자 전기역학, 장의 양자론에 기여, 원자결합 이론으로 화학에 양자역학을 도입

19) John Dalton(1766－1844). 영국 화학자, 물리학자, 기상학자. 근대 원자이론을 개척한 과학자, 색맹 연구로 색맹을 Daltonism이라 함

20) Niels Henrik David Bohr(1885－1962). 덴마크 물리학자, 원자구조와 양자이론에 기여, 이 업적으로 1922년 노벨물리상학을 수상

21) Arnold Johannes Wilhelm Sommerfeld(1868－1951). 독일 이론물리학자, 원자와 양자물

했다. 예를 들면, 돌턴은 원자는 궁극적으로 물질의 개별적 요소라고 주장하였다. 그리고 이에 대해 다음과 같이 설명하였다. 화합물은 원소가 정수의 배수로 결합한 것이며, 각 원소는 일종의 분리된 개체로 구성되어야 한다. 20세기 물리학자들이 원자보다 작은 크기의 전자, 중성자, 양성자, 쿼크quarks – 원자의 핵이 서로 결합하도록 만드는 힘을 가지고 있는 것 – 등과 같은 입자를 발견했지만, 그 당시 돌턴은 지금의 과학이 밝혀내고 있는 이론에 거의 가까운 수준으로 설명하였다. 원자의 기본 구조를 발견함에 따라 전자와 핵의 관계가 명확해졌으며, 이에 화학은 활발하게 발전을 이루었다. 이어 곧 생화학이 뒤따르기 시작하였다.

간과 셸러, 화학과 해부학Gahn and Scheele, Chemistry and Anatomy

1769년 요한 간Johann Gahn[22]과 윌헤름 셸러Wilhelm Scheele[23]가 연구를 시작함으로서, 해부학과 생리학에서의 화학의 역할이 더욱 중요해지기 시작했다. 셸러Scheele는 화학의 개척자이며, 특히 기체의 화학적 운동에 대한 연구를 개척하였는데, 그는 이 원리를 동물과 식물에 적용하였다. 셸러는 1742년 스웨덴 슈트랄준트Stralsund에서 태어났다. 십대, 약제사 공부를 하였으나, 곧 코핑Koping 마을로 이사했으며, 그곳에서 1786년 세상을 떠났다. 셸러는 간Gahn과 함께 여러 종류의 화합물을 발견하였는데, 이 화합물들은 뼈와 다른 조직을 구성하는 필수 요소들이었다. 셸러는 특히 시아누르산cyanuric acid, 요산uric acid, 젖산lactic acid, 시안화수소산hydrocyanic acid, 시트르산citric acid 등을 분리했다. 이 시점 이후 생물학은 화학을 절대 무시할 수 없게 되었다. 특히 라부아지에가 셸러의 영향을 받으면서, 화학의 중요성을 더욱 강조하게 됨에 따라, 생물학은

리학을 개척한 과학자. 수많은 물리학자들을 지도하였으며, 지금까지 제자들이 노벨물리상을 가장 많이 받았음

22) Johan Gottlieb Gahn(1745–1818). 스웨덴 화학자, 야금학자. 1774년 망간을 발견. 1762–1770년 웁살라대학교에서 수학 시 화학자 셸러와 친분을 쌓음. 구리 용해법을 개선하였음

23) Carl Wilhelm Scheele(1742–1786). 스웨덴 약리화학자. 행운이 없는 셸러라고 불렸는데, 수많은 원소(산소, 텅스텐, 수소 등)들을 다른 사람보다 먼저 발견했으나 인정받지 못하였음

화학을 무시할 수 없게 되었다.

분류학Taxonomy

분류학에서 가장 대표적인 과학자 이름은 여전히 린네Carolus Linnaeus[24]라 할 수 있다. 그는 1707년 스웨덴의 웁살라Uppsala에서 태어났다. 그의 아버지는 성직자이면서 아마추어 생물학자였다. 대부분의 역사가들에 따르면, 린네는 아버지와 함께 스웨덴의 햇빛이 눈부시게 빛나는 시골길들을 산책하면서 야생 자연에 대해 매력을 느끼게 되었다. 20세가 되었을 때, 스웨덴 룬트Lund대학교에 등록한 후 1년 만에 집 근처에 위치한 웁살라대학교로 옮겼다. 그는 웁살라대학에서, 신학자이며 식물학자 셀시우스Olof Celsius[25]와 친하게 지냈다. 셀시우스는 린네의 능력에 감명을 받았고 린네에게 자신의 개인 도서실을 이용하도록 권하였다. 이 시기 린네는 식물학에 대한 진지한 조사를 처음으로 시작하는 시점이었으며, 특히 린네는 식물학자들이 식물의 생식기관에 따라 효율적으로 분류할

---

24) Carolus Linnaeus(1707－1778). 스웨덴 식물형태학자. 이분법의 기반을 만들어냈음. 근대 분류학 및 생태학의 아버지로 알려짐. 칭송하는 말들 가운데 분류학의 왕자, 북쪽의 플리니우스, 제2의 아담 등이 있음. 1750년 웁살라대학교 총장이 되면서 자연과학을 강화시키게 됨, 이 시기 그가 가르친 많은 학생들이 여러 지역을 방문하여 채집한 식물을 그에게 가져다 줌, 이들 제자 가운데 탁월한 학생들을 사도들이라 불렀음. 사도는 17명이었으며, 그들은 전 세계를 돌아다니면서 식물과 동물을 그의 이분법에 따라 채집하여 왔음, 대부분은 채집여행에서 돌아오지 못했음. 초기 채집여행에서 그의 사도 가운데 한 사람이었던 Christopher Tarnstrom은 43세였으며, 중국을 목적지로 한 채집여행에서 돌아오지 못하고 죽음을 당하자, 그의 아내는 린네를 비난하였으며, 이 때문에 이후 사도들은 결혼하지 않은 젊은 청년들이 채집여행에 참여하게 됨. 특히 Pehr Kalm은 북미대륙으로 채집을 떠난 사도들 가운데 2번째 사도로서 2년 반 동안 펜실베이니아, 뉴욕, 뉴저지, 캐나다의 식물상을 연구하였으며, 그동안 채집한 식물과 씨앗을 린네에게 가져다주었음. 북미 대륙의 700여 종 식물 가운데 이때 이미 90개 종의 식물들을 그의 책, 식물 종에서 상세한 설명으로 제시할 수 있었음. 그의 강의는 매우 인기가 높았으며, 주로 식물원에서 진행하였음, 그는 학생들에게 자기 스스로 생각할 수 있도록 가르쳤으며, 그 누구도 신뢰하지 않고 자기 자신조차도 신뢰하지 않도록 가르쳤음.

25) Olof Celsius(1670－1756). 스웨덴 식물학자, 철학자, 성직자 웁살라대학교 교수. 조카인 Anders Celsius(1701－1744)는 스웨덴 천문학자, 웁살라대학교 천문학교수로서 1742년 물이 어는 점 0도, 끓는 점 100도 발견. 린네는 1745년 이 척도를 centigrade scale로 만듦.

Carolus Linnaeus(1707-1778)
(Courtesy of the Library of Congress.)

수 있어야 할 것이라고 제안하였다.

28세, 스웨덴 펠운Falun이라는 도시의 의사의 딸인 모리어스Sara Lis Moraeus와 결혼하였다. 린네는 장인이 홀란드에서 의사가 되면 결혼을 허락하겠다는 약속을 받고, 실제 홀란드에서 의사가 된 후 결혼하였다. 그는 수년간 홀란드에서 머물면서 실제로 의사생활을 하기보다 생물학을 공부하는 데 더 치중하였다.

1735년 발표한 '자연의 체계System of Nature'이라는 대논문masterpiece에서 처음으로 분류체계를 제시하였다. 이 논문에서 린네는 동물계animal, 광물계mineral, 식물계vegetable의 3가지 대분류를 처음으로 제안하였다. 동물계와 광물계는 더 세분하여 강class, 속genus, 종species으로 구분하였다. 생물학 공부를 시작한 초기에 린네는 각 속genus마다 서로 다른 이름을 명명하고 각 종species의 특징을 주석 방식의 설명으로 추가한 생물학자 투네포어Tournefort[26]의 방법을 모방하였다. 이 방법이 서투르고 세련되지 않음을 알아차리고는, 린네는 곧 오늘날까지 알려지고 있는 이분법을 발명하였다. 이 이분법에 따라 모든 개체는 속명과 종명을 부여받게 되었다. 따라서 *Felis domesticus*는 털이 부드러운 집고양이이며, *Homo sapiens*는 사람이며, *Nerodia sipodons*는 물뱀이며, *Felis tigris*는 호랑이이다. 린네는 그의 논문, '식물의 성Dissertation the Sexes of Plants'에서 '속genus은 동일한 암술과 서로 다른 수술 사이에서 수정된 자손 식물'로 간결하게 정의내렸다.16

그의 새로운 발견에서 가장 중요한 것은, 최초로 고래를 어린 새끼를 키우는 포유동물로 정확하게 분류했던 점이다. 나아가 고래를 이빨의 구조적 특징을 기준으로 더욱 세분화했다. 이 이빨의 구조적 특징은 이전 동물학자들이 쉽게 관찰해 왔던 외부 형태적 특징을 선호하여 사용하지 않고 폐기시켰던 분류 기준이었다. 린네는 또한 사람을 원숭이와 함께 분류하면서 영장류primates로 명명하였고, 이 분류는 아직도 유지되고 있다. 린네는 파충류와 다른 냉혈동물을 생소하게도 두려움을 가지고 설명하였다. 그의 자연의 체계의 책자에서는 양서류를

26) Jeseph Pitton de Tournefort(1656-1708). 프랑스 식물학자. 식물의 속의 개념을 최초로 만들어낸 것으로 유명

'신이 만들어낸 무서운 작품Terrible are Thy Works, O Lord'17이라고 설명하였으며, 곧바로 이 생각을 양서류, 파충류를 포함한 냉혈동물에 적용하였다.

린네는 이 모든 분류방식을 '식물의 속Genera of Plants'이라는 소논문을 쓸 때 적용하였다. 이 논문에서, 린네는 동물의 분류에 적용했던 많은 원칙들을 식물에도 동일하게 적용하였다. 이 논문에서 린네는 18,000종의 식물을 분류하는 데 성공하였다. 비록 린네는 미국을 한 번도 여행한 적이 없었지만, 그의 친구인 미국인 식물학자 크레이턴John Clayton이 보내준 신세계 아메리카 대륙의 식물들을 분류한 것이다. 린네는 식물을 24개 강으로 구분하였다. 그 가운데 가장 하등한 식물은 은화식물 또는 민꽃식물Cryptogamia이며, 이들은 생식기관이나 어떤 다른 구조적 특징이 거의 없으므로 은화식물이라는 용어를 사용하게 되었다고 설명하였다.

몇 년 후에 린네는 책자를 저술하는 역할에서 편집하는 역할로 전향하였다. 완성도 높은 능력으로 그는 유명한 스웨덴 어류학자 알테디Artedi[27]와 함께 어류학에 대한 저서를 남겼다. 이 저서로 인하여 제대로 된 어류 분류에 대한 정보를 전 세계로 전하게 되었다. 알테디가 어류학의 아버지로 알려지는 것은 당연한 일이며, 실로 그는 그의 대부분의 일생 동안 린네와 매우 가까운 동료로 지냈다. 린네는 식물학에서 알테디는 동물학에서 서로 상호 협력하였다. 그 둘은 자주 서로의 아이디어와 글을 교환하면서 상호 도움이 되었다. 그뿐만 아니라 이 두 학자는 일생동안 대학의 자원을 활용할 수 없었음에 따라 경제적으로도 서로 상호 지원하였다. 불행하게도, 이 두 사람의 정신적 상호협력 관계는 1735년 알테디가 암스테르담 운하에서 익사하면서 종료되었다.

---

27) Peter Artedi(1705－1735). 스웨덴 자연학자, 어류학의 아버지. 1724년 웁살라대학교에 신학을 공부하러 갔지만, 실제 의학, 자연박물학, 어류에 대해 관심을 가졌으며, 후에 린네가 1728년 웁살라대학교에 왔을 때부터 서로 1732년까지 우정을 쌓았으며, 상호 도움이 되어 책자를 같이 발간하는 등의 업적을 남기며, 1732년 린네는 Lappland로 그리고 Artedi는 영국으로 떠나면서 헤어지게 됨. 1735년 암스테르담에서 우연하게 물에 빠져 죽게 되는데, 네덜란드 부호 Albertus Seba가 수집한 자료를 분류하는 일을 계약하였으며, 그 일로 그곳에 감. 그가 죽은 후에 그가 남긴 원고는 린네가 가지게 되었으며, 1738년 어류학과 그의 일대기에 대한 내용이 Leiden에서 출판

린네는 1753년 '식물의 종Species of Plants'이라는 저서를 통해 전형적인 분류체계를 완성하였다. 이 저서에서 나타난 내용들은 오늘날 아직도 분류학의 이론적 기반이 되고 있다. 동물과 식물로 구분하는 일에는 일반적으로 린네가 이 저서에서 제시한 이론을 받아들이고 있으며, 또한 쉽게 동물에도 적용할 수 있다. 오늘날까지 가장 널리 알려진 '자연의 체계Systerna Naturae'의 내용은 동물학자들이 거의 이 이론에 의존하고 있으며, 이를 부분적으로 수정한 근대 '명명법nomenclature'의 기반으로 사용하고 있다.

그 당시 오랜 기간 동안 린네는 가장 탁월한 생물학자 가운데 한 사람으로서 인정을 받았다. 여러 대학교들 가운데 옥스퍼드대학교는 결국 린네를 교수로 초청하였다. 이 당시 교수 초청에 책임을 진 사람은 J. J. Dillenius[28]이었는데, 그는 당시 옥스퍼드대학교에서 식물학 교수이었으며, 린네가 옥스퍼드대학교에서 학생들에게 분류체계를 가르치기를 원했으며, 본인의 봉급도 린네에게 나누어 줄 것을 제안했었다.

그러나 린네는 흥미를 가지지 못했으며, 스웨덴에 머물면서 개인적 차원에서 생물학을 지속적으로 연구하기를 선호하였다. 그러나 곧 그는 그의 의사개업도 겨우 명맥을 유지하는 처지이다 보니, 대학 초청을 거절한 것에 대해 후회하였다. 그 시대 대부분의 사람들은 고통스러운 가난으로 의료진 치료에 대해 돈을 지불하기 어려운 형편이었다. 결국 그는 스웨덴 군대에 들어가는 기회를 잡았으며, 나중에는 스웨덴 여왕을 치료하는 의사가 되었다. 1778년 자신이 사랑했던 정원이 있는 집에서 세상을 떠났다.

스웨덴 린네 학회Swedish Linnaean Society는 린네의 정원을 복원하였으며, 역사가들은 원래 그 당시 린네가 생존했던 시기의 정원과 거의 유사한 형태로 만들어 놓았다고 평가하고 있다. 방문객들은 정원의 산책길을 따라 걸으면서 식물마다 속명과 종명을 명확히 표시한 것을 볼 수 있을 것이다.

많은 사람들이 린네에 대해 쉽게 간과하는 부분이 하나 있는데, 이는 린네

---

28) Johann Jacob Dillenius(1687－1747). 독일 식물학자. 1736년 린네가 여행하는 동안 옥스퍼드에서 1달 머무를 때 함께 시간을 보냈음

의 체계가 오늘날까지도 사용되고 있지만, 한 측면에서는 터무니없이 비과학적이라는 점이다. 그 당시 대부분의 사람들처럼, 린네는 하나님의 창조를 믿었다. 노년기에는 높은 신앙심으로 인해 사람을 분류하는데 이상한 방법을 적용하게 되었다. 그의 경력을 통해 그는 항상 분류의 기본으로 외형적 구조를 사용하였다. 그러나 사람*Homo sapiens*의 경우는 감정 상태emotional states를 기본으로 사용하였다. 그가 당시 제시한 분류 항목은 극단적으로 기괴했다. 린네는 아메리카 인디언*Homo sapiens* americanus은 만족하는contented 사람으로 설명하였으며, 유럽인*Homo sapiens* europaeus은 활기찬lively 사람으로, 아프리카 흑인*Homo sapiens* afers은 느린slow 사람으로, 그리고 마지막으로 아시아인*Homo sapiens* asiaticus들은 거만한haughty 사람으로 분류하였다. 당시 자비로운 생물학자들은 린네의 업적 가운에 이 측면에 대해서까지도 넉넉한 마음으로 받아 넘겼음을 말할 여지가 없다.

그의 생물학적 세계관에서는 진화의 여지가 거의 없었다. 사실, 린네는 자신의 논의와 저서에서 체계적으로 진화에 대한 모든 증거를 무시하였다.

제시유의 분류학The Taxonomy of Jussieu

1789년 제시유Jussieu[29]는 존엄한 분류학자들의 명단에 자신의 이름을 추가하였다. 1748년 리용Lyon에서 생물학자 집안의 자손으로 태어났으며, 식물분류의 기초가 되는 일부 관찰을 수행했던 제시유Bernard de Jussieu[30]와 가족 관계였다. 그는 파리에서 의학 공부를 시작하였으며, 그 후 프랑스의 식물원Jardin des Plantes의 직원으로 근무하였다. 그는 1836년까지 장수한 후 89세로 세상을 떠났다.

그는 자신의 '식물종Plant Genera'의 저서에서 린네가 제안한 이분법을 수정

29) Antoine-Laurent de Jussieu(1748-1836). 프랑스 식물학자. 현화식물의 자연분류를 출판, 현재까지 그의 분류체계를 사용하고 있음

30) Bernard de Jussieu(1699-1777). 자연박물학자. Antoine de Jussieu(1686-1758)의 동생

하여 사용하였다. 그는 식물의 떡잎을 자신의 분류체계의 기본으로 사용하였다. 그는 떡잎은 논리적이며 학문적으로 믿을 수 있으며, 또한 성숙한 식물로 성장하는 핵심적 부분이며, 따라서 식물의 가장 중요한 부분이라고 생각하였다. 여기서 제시유는 동물학으로부터 일부를 빌려왔다. 그는 식물의 떡잎은 동물체의 심장과 동등하다고 생각하였다. 그의 저서에서 식물을 세밀하고 구분하여 과families로 분류하였으며 아직도 사용하고 있다. 린네와 레이의 영향을 받았으며, 또한 식물을 분류하는데, 레이가 제안하여 사용했던 단자엽monocotyledon, 무자엽acotyledons – 떡잎이 없는 식물, 쌍자엽dicotyledons의 분류를 사용하였다. 그리고 나서 식물들을 목order으로 세분하였다. 일부 그의 분류는 상당히 흥미로웠는데, 예를 들면, 양치류 가운데 소철Cycadales목은 야자수 나무의 잎과 같이 크고 두꺼운 잎과 가지가 없는 두꺼운 줄기를 가지고 있는 식물로 분류하였다. 식물학자들이 목 분류 이외 부분을 수정하였으나, 오늘날 아직도 그가 발명한 그대로의 분류법을 사용하고 있다.

퀴비에Cuvier

린네의 명성을 쫓아가는 학자로서, 전설적인 프랑스 과학자 조르주 퀴비에 Georges Cuvier[31]는 당황케 할 만큼 복잡한 포유동물 분류의 해결하기 어려운 문제들에 관심을 가지기 시작했다. 퀴비에는 1769년 몽베리아드Montbeliard (Wurttenberga 영국 왕실의 영지인 Basel에서 가까운 마을)에서 태어났다. 그의 가족들은 위그노Huguenots 교도였으며, 그 당시 위그노 교도들은 고발을 피해 도망을 가야 하는 시대였다. 그의 아버지는 프랑스 군인이었으며, 몽베리아드로 돌아온 후에는 군대 연금으로 겨우 생계를 연명하였다.

퀴비에의 능력은 어린 시절부터 두드러졌다. 지역 학교 졸업 시에는 최우수

31) Georges Leopold Cuvier(1769 – 1832). 프랑스 박물학자, 동물학자. 비교형태학, 살아있는 동물과 화석의 동물을 비교 연구한 고생물학 업적 남김. 멸종을 과학현상으로 받아들일 수 있도록 만들었으며, 진화를 점진적 이론으로 주장하는 것에 반대하였음

상을 받았다. 학창시절 그는 프랑스 동시대 분류학자 뷔퐁Buffon의 분류학의 연구업적을 공부하기 시작하였으며, 그의 일생을 통해 영감을 받았다. 곧 슈투트가르트Stuttgart의 칼슈레Karlsschule[32]에 입학하였다. 이 대학은 한때 사관학교였으나 가장 훌륭한 교육기관으로 발전하였으며, 그 유명한 독일 시인 실러Schiller, 1759-1805)가 공부했던 학교로도 명성을 드높였다. 퀴비에는 이 학교에서 생물교사인 독일 생물학자 키엘마이어Karl Friedreich Kielmayer를 만났는데 그는 후에 튀빙겐Tubingen 대학교 교수가 된 사람이었다. 여러 가지 일들 가운데 키엘마이어Kielmayer은 퀴비에에게 생물학 탐구에서 비교해부학이 얼마나 중요한가를 설득하였다.

퀴비에와 분류학Cuvier and Taxonomy

퀴비에는 분류학의 실질적인 부분에 기여하였다. 초기 그는 작가와 예술가로서의 실력을 상당한 수준으로 계발하였다. 이 당시의 초기 업적으로, 파리의 생물학자들은 퀴비에에게 자연사 박물관에 참여하도록 초청하였다. 그가 이룬 여러 업적들 가운데 최고봉으로 볼 수 있는 업적은 '조직별 분포에 따른 동물계The Animal Kingdom Distributed by its Organization'의 저서를 발간한 것이다. 이 저서에서 그는 동물계 전체를 목록화한 후 4개 그룹으로 세분하였다. 이들은 척추동물, 연체동물, 관절동물(관절joints이 있는 동물), 그리고 방사형동물(불가사리 등)이다. 척추동물에는 포유류, 조류, 파충류, 어류를 포함시켰다. 연체동물에는 따개비barnacles, 조개clams, 굴oysters 등을 포함한다. 제3그룹인 관절동물에는 갑각류, 거미류, 곤충류 등이 포함된다. 제4그룹 방사형동물에는 방사형 대칭의 형태를 이루는 동물을 포함시켰다. 이 동물들은 중앙의 축을 중심으로 모든 방면에서 대칭을 이룬다. 이 그룹에는 불가사리와 말미잘, 히드라 등이 포함된다. 놀랄 필요도 없이, 과학 탐구조사의 속도와 효율성이 높아지면서, 새로운 정보는 축적되었으며, 과학자들은 최근에서야 이 분류학 분야를 변화시켰다.

32) 1770-1794년 당시 Stuttgart에 설립된 최초의 대학이며, 유일한 대학이었음

퀴비에와 비교형태학Cuvier and Comparative Anatomy

졸업한 해, 18세인 퀴비에는 해양생물학과 저술에 관심을 돌렸다. 심각하게 연구 중독에 빠진 퀴비에는 빈번히 여러 연구를 동시에 추진하곤 하였다. 그는 최초로 동물의 형태와 동물의 기능을 연결하였으며, 일부 골격은 특정한 기능을 수행하기 위해 형성되었다는 이론을 주장하였다.

물론, 오늘날 비교형태학은 퀴비에의 노력으로 만들어졌다고 볼 수 있다. 예를 들면, 비교형태학 강의에서, 퀴비에는 생물학 내에서 독립된 분야로서 비교분석에 기반을 둔 동물형태학을 확립시켰다.

알비노스와 해부학Albinus and Anatomy

해부학은 베른하르드 알비너스Bernhard Albinus[33]의 업적을 기반으로 더욱 발전해 나갔다. 알비너스는 독일 의사의 아들이었는데, 그의 아버지는 독일에서 상당한 수준으로 인정을 받는 과학자로서, 레이덴 대학교[34]과 베를린 대학교에서 교수로 지냈다. 1697년 알비너스Albinus는 프랑크푸르트Frankfurt에서 태어났으며, 그 후 가족들과 함께 레이덴으로 이사한 후 그 곳에서 일생을 보냈다. 어린 시절 천재성을 발휘했으며, 24세 나이로 레이덴 대학교의 해부학 교수가 되었다. 1770년 죽을 때까지 그 도시에서 교수직을 지냈다.

쾰로이터Kolreuter,[35] 멘델Mendel,[36] 스프렌걸Sperngel[37]과 같은 과학자와

---

33) Bernhard Siegfried Albinus(1697－1770). 독일 태생 네덜란드 형태학자. 그의 기념비적 저서, '인체의 골격과 근육'은 1747년 처음 출간하였음. 책의 그림은 Jan Wandelaar (1690－1759)와 함께 그렸으며 예술적 경지에 도달한 수준. 두 사람은 형태학의 과학적 정확도를 높이기 위해 새로운 기술을 개발하였음. 즉 일정 간격으로 생물체 형태표본과 예술을 연결하고, 모눈종이 패턴으로 복사하는 방법을 적용하였음

34) Leiden University 1575년 설립된 네덜란드에서 가장 오래된 대학교

35) Joseph Gottlieb Kölreuter(1733－1806). 독일 식물학자. 많은 식물과 꽃가루를 연구하였음

36) Gregor Mendel(1822－1884). 오스트리아 헝가리 제국 과학자. 근대 유전학 기반 마련

37) Carl Sprengel(1787－1859). 독일 식물학자. 식물의 성장은 필수영양소의 최소 기준에 의해 제한된다는 이론을 주장하였음

는 달리, 알비너스는 생존하는 동안 사람들에게 잊혀지는 인물은 아니었다. 실제 살아 있는 동안 유명한 과학자들로부터 엄청나게 존경받았고 광범한 영역에서 흥미를 가진 사람이었다. 여러 가지 가운데 그는 철학과 과학사에 대한 열정을 가지고 있었다. 그는 전기 작가로서도 한가닥 한 사람이었다. 베살리우스와 하비뿐만 아니라 다른 사람의 전기를 저서로 발간하였다. 그러나 그가 남긴 가장 위대한 업적은 '인간의 골격과 근육Plates of the Skeleton and Muscles of the Human Body'이라는 저서이다. 이 저서에서 그는 그 이전 시대와 비교하여 그 누구보다도 골격계와 근육조직간의 연관성을 가장 잘 설명하였다. 사람의 태아의 근육조직과 골격계를 섬세하고 정확하게 조사하였다. 그러나 스스로 골격계를 정적으로 설명한 것에 만족하지 못하고, 태아의 발달 과정에서 어떻게 성장하는지를 알아내는 데도 노력을 기울였다.

퀴비에, 신, 그리고 진화Cuvier, God, and Evolution

이 당시에 진화에 대한 생각도 여유롭게 과학 토론에 한 부분으로 포함되기 시작하였다. 그러나 지축을 흔들 만큼의 결과를 도출하는 진화에 대한 이론은 다윈이 지배한 19세기가 되어서야 비로소 정점에 도달했다. 또한 수년 동안 옛날식의 교리로 인해 진화를 가르치는 일도 더디고 지연되었다. 여전히 17, 18세기 생물학자들은 신이 모든 생물체, 종들을 불변하고 불멸하도록 만들었다고 믿었다. 린네조차도 그의 저서 '식물학의 철학'에서 진화의 개념을 명백히 무시한 것을 알 수 있다(다윈 이후 시대에서 조차, 수십 년 동안 진화를 반대한 집단들이 있었다. 여기에는 20세기 과학의 기둥이라 불린 캘리포니아 공학연구소의 로버트 밀리칸 Robert Millikan[38])도 진화를 반대한 집단에 포함되었다. 이 논쟁은 엄청나게 복잡한 논쟁이다. 그러나 생물철학자들은 과거는 직접적으로 증명할 수 없다는 주장으로, 다윈주의는 과학이론이 전혀 아니라는 주장에 대해 논쟁하였다).

38) Robert A. Millikan(1868−1953). 미국 실험물리학자. 1923년 전하 측정방법과 광전효과에 대한 업적으로 노벨 물리학상을 수상

피에르 루이 모로Pierre-Louis Moreau[39]가 자신의 저서, '자연의 체계System of Nature'에서 모든 생명은 위대한 설계자의 자비로운 의지로 만들어진 것이 아니라 우연에 의해 시작되는 것이라는 생각을 채택하면서 다윈을 향한 눈부시고 굳건한 행진은 시작되었다. 의사였던 에라스무스 다윈Erasmus Darwin이 1794년 동물생리학을 발간하고, 이어 1800년 식물학을 발간했을 때, 진화의 가설에 활력을 불어 넣었다. 이들 책은 다윈주의보다 오히려 라마르크주의에 더 근접한 책으로서, 진화를 일으키는 데 환경의 요인을 잘못 이해하고 과다히 강조한 것으로 밝혀진다. 이로서 이 책은 찰스 다윈의 저서를 더욱 돋보이도록 만드는 역할을 하게 된다.

퀴비에 또한 진화에서 가장 중요한 사람은 아니었지만, 그래도 여전히 당시 큰 업적을 만들어 과학의 발전에 기여한 과학자로 받아들여지고 있다. 흄Hume의 영향을 받았지만, 사실, 퀴비에는 진화의 개념을 전혀 수락하지 않았으며, 오히려 신이 모든 종을 불변하도록 만들어냈으며, 따라서 모든 종들은 불변하다는 고대 교리를 선호하였다. 놀랄 일도 아닌 것이 그는 격변설을 선호하였으며, 그 이유는 성경의 교리, 신은 주기적으로 인간을 처벌하기 위해 모든 종들을 일시에 멸망시키는 내용과 상당히 잘 일치하였기 때문이었다.

뷔퐁Buffon

모든 사람들이 다 린네 또는 퀴비에 이론에 동의하지는 않았다. 린네의 학설을 반대한 학자 가운데 유명한 학자는 뷔퐁 백작Comte de Buffon[40]이었다. 뷔퐁은 18세기 생물학자 가운데 린네에 버금가는 명성을 가진 한 사람으로 볼 수 있다. 그는 1701년 프랑스 동남부 지역 벨흐건디Burgundy 지역 몽바흐Montbard에서 태어났다. 그는 정치적 배경을 가진 부유한 가정에서 태어났으며, 그의 아버지는 수년간 디종Dijon의 하원 의원직을 맡았었다. 그는 고향에서 공부를 하였

39) Pierre Louis Moreau de Maupertuis(1698-1759). 프랑스 수학자, 철학자
40) Comte de Buffon(1701-1788). 프랑스 자연과학자, 수학자, 우주론자, 백과사전 저자

으며, 집안의 전통을 이어 받아 정치에 입문하기로 하였지만, 갑자기 마음을 바꾸었다. 이러한 뷔퐁이 영국인 유랑 학자, 영주 킹스톤Kingston을 만나서 친하게 지낸 후, 정치에서 과학으로 전공을 바꾸는 돌발적인 변화가 일어났다.

뷔퐁은 생물학에만 국한하지 않았다. 뉴턴의 미분을 번역하였으며, 유럽의 합리주의/이성주의로 알려진 철학 사조도 철저하게 연구하기 시작하였다. 특히, 라이프니츠의 철학에 매료되었다. 그는 라이프니츠가 주장한, 지구는 한때 무서울 정도로 뜨겁게 불타는 물질의 덩어리였으나, 영겁의 긴 시간 후에 냉각되었다는 것을 받아들였다. 1779년 뷔퐁이 '자연의 신기원Epochs of Nature'의 저서에서 라이프니츠가 주장한 지구의 탄생의 시기를 훨씬 더 이전 시기로 논의하였다. 그는 지구는 한때 태양의 일부라고 주장하였다. 그러나 먼 과거에 혜성이 태양에 충돌했고, 태양의 거대한 일부가 떨어져 나왔으며, 그 일부는 우주 공간을 날아다니다 영구적인 궤도에 들어서서 냉각되었다고 설명하였다.

당연하게도, 그는 당시 육지에서 수많은 해양생물학 화석을 수집하여 증거로 사용하였다. 예를 들면, 누구나 산에서 해양생물 화석을 발굴할 수 있다고 정확하게 지적하였다. 그리고 지구의 진화를 다음 7가지로 구분하였다: (1) 지구와 행성이 형성되는 시기, 태양과 혜성이 최초로 충돌한 후 급회전 이탈한 직후, (2) 산맥이 점진적으로 형성되는 시기, (3) 해양이 지구 전체를 덮는 시기, (4) 해양이 한 쪽으로 퇴보하고 화산 활동이 시작되는 시기, (5) 코끼리와 같은 거대한 동물들이 출현하는 시기, (6) 거대한 육지가 서로 분리되어 오늘날의 대륙을 형성하는 시기, (7) 인간과 같은 고등동물이 출현하는 시기.

이 책에서 가장 중요한 논의는 지구가 75,000년 전에 형성되었다는 부분이다. 물론 이 주장이 수십억 년과 비교하여 상당히 차이가 나는 내용이지만, 그럼에도 믿을 만한 생물학자가 성경에서는 지구가 6,000년 전에 형성되었다는 것을 부인하고 훨씬 이전에 형성되었다고 말하였다는 자체가 의미가 있는 일이었다. 물론, 뷔퐁이 이렇게 말할 수 있도록 동기를 부여한 배경은, 뷔퐁이 지질학의 화석 증거를 성경과 일치시키는 일이 헛된 무익한 일이라는 사실을 잘 알고 있었기 때문이었다. 그러나 뷔퐁은 지질학의 화석 증거와 성경의 불일치를 알아차린 최초의 사람은 아니었다. 스테노Steno[41]는 물론 이 불일치의 문제를 알아차렸지만, 열렬히 신봉했던 가톨릭교를 내동댕이칠 만큼 대담하지 않았으며, 오히려 자신이 지질학 증거를 잘못 이해했으며, 연구가 실패했다고 말하는 것을 선호하는 입장이었다.

뷔퐁은 그의 저서, '일반 및 특정 박물학General and Particular Natural History'에서 종은 변형되고 또 변형할 수 있다는 내용을 가르치도록 허용하기 시작하였다. 물론 그의 일생의 초기 시절에는 위대한 창조자가 설계한 종은 불변한다는 시대에 뒤진 사실을 받아들였었다. 비록 그가 한 종에서 모든 창조물이 유래될 수 있다는 가능성을 수용하였지만, 실제 진화를 완전하게 받아들이지는 않았다.

뷔퐁이 유전학에 대해 확신을 가지기는 하였지만 실제 유전학의 내용과는 상당히 거리가 있는 것이었다. 그는 또 여러 가지 지나친 내용들을 주장하였는데, 그 가운데 대혼란이 진화적인 변화를 초래했으며, 생물체는 획득형질을 유전시킨다는 라마르크의 주장과 유사한 내용을 주장하기도 하였다. 또 다른 터무니없는 주장으로는 교회 규정을 따르는 내용들로서 이 특별한 창조를 진화와 일치시키려고 노력한 것이었다. 그는 원숭이는 사람의 하등한 형태이며, 노새도 말의 하등한 형태로 규정하였다. 위대한 신들이 하등한 형태의 생물체를 창조했다고 주장하는 것이 전지전능하고 자비로운 신의 권위를 부인하는 일임에도 불구하고, 뷔퐁은 이 주장을 크게 불편해 하지 않았던 것으로 보였다.

어쨌든, 뷔퐁이 주장한 내용들에는 여러 장점들이 있었지만 일생 동안 그의 업적을 신봉하는 사람들이 그렇게 많지는 않았다. 그 시기, 뷔퐁은 가장 많은 부분에서 이론에 입각한 과학자였다. 뷔퐁이 라이프니츠의 반 경험주의 철학을 신봉한 일은 놀랄 일이 아니다. 그러나 필연적으로, 그 시기 존경받는 생물학자 퀴비에는 뷔퐁의 강의를 승인했으며 뷔퐁의 업적의 중요성을 진정히 인정한 최초의 사람이었다.

---

41) Nicolas Steno(1638–1686). 네덜란드 카톨릭 대주교, 과학자, 형태학과 지질학 개척자

에라스무스 다윈Erasmus Darwin

에라스무스 다윈Erasmus Darwin42)을 진화에 대한 논의에서 빈번히 그리고 당연하게 빠뜨리는 경향이 있다. 그는 1731년 노팅엄Nottingham에서 태어났으며, 캠브리지Cambridge와 에딘버러Edinburgh에서 의학을 공부하였으며, 그리고 리치필드Lichfield에서 개업 의사를 성황리 수행하였다. 또한 명성이 높은 왕립학회를 위해 수많은 논문을 저술하여, 가장 생산성이 높은 다작의 학자였다. 그는 또한 날카로운 문필을 갖춘 학자였다. 에라스무스 다윈이 저술한 내용 가운데, 식물에 대한 사랑을 표현한 다음 문장들에서는, 생물학 법칙들이 숨겨져 있는 것을 볼 수 있으며, 식물의 암술과 수술을 사람의 남성과 여성을 상징하는 것으로 표현한 것을 볼 수 있다:

> 수많은 처녀들은 수많은 시골 젊은 남자 구혼자들과 만난다.
> 사랑스런 아도니스는 기운찬 기차를 이끌고;
> 쌍쌍이, 신성한 숲을 따라, 혼인의 성전을 향해 행진하면서
> 눈부신 광경을 만들어내고,
> 작은 섬 전체를 덮은 실크 망사 옷은 그녀가 끌어당기고,
> 사랑하는 애인들이 웃는데, 이는 자연의 법칙18

그의 많은 자녀들 가운데, 아들은 찰스 다윈의 아버지이며, 딸은 유명한 유전학자 프란시스 갈톤의 어머니였다. 에라스무스 다윈이 남긴 가장 유명한 저서는 동물학이다. 그 책에서 그는 뉴턴이 물리의 법칙을 제안했던 방법을 생물학에 시도하려고 하였다. 1794년 발간된 잘 알려진 저서에서, 그는 다음과 같은 유명한 내용으로 확신을 가지고 선언하였다:

---

42) Erasmus Darwin(1731－1802). 영국 의사, 자연철학자, 철학자, 생리학자, 노예매매폐지론자, 발명가, 시인. 손자로는 진화이론의 찰스 다윈과 우생학의 프랜시스 갈톤이 있음

천지만물을 창조하신 위대한 신은 무한히 다양한 업적을 만들어냈다. 그러나 동시에 천지만물의 자연에 유사한 특징을 새겨 넣었다. 이는 곧 한 부모로부터 만들어진 가족임을 알려주고 있다. 이 유사성의 개념은 합리적 추론에서 비롯되었다.[19]

그러나 이 내용은 여전히 에라스무스 다윈이 생물학 발전에 기여한 핵심적인 내용과는 상당히 거리가 있는 것이다. 그는 초기 종들은 변화할 수 있으며 변화했다고 믿었던 초기 과학자들 가운데 한 사람이었다. 사실 그의 손자, 다윈의 저서에 나타난 많은 내용들은, 실제 에라스무스 다윈의 저서에 있었던 내용들이었다. 예를 들면, 동일 조상을 가진 자손, 적자생존 등이었다. 그의 진화에 대한 관점은 라마르크의 관점과 유사하였다. 즉 에라스무스 다윈은 동물과 식물의 획득형질이 유전될 수 있다고 믿었던 점이다.

다행히도, 에라스무스 다윈은 일생을 통해, 그의 업적이 사회적으로 인정받는 것을 즐겼다. 대부분의 독일 과학자들과 실험주의 철학자들은 그의 업적의 중요성을 솔직하게 인정하였다. 그러한 칭송에도 불구하고, 그의 업적은 근대에서는 거의 인정을 받지 못한 것으로 보인다. 그 이유는 찰스 다윈의 명성으로 그를 볼품없이 만들어버리는 슬픈 일을 벌어졌기 때문이다. 똑같은 일이 영국 경험주의자이며 도덕가 존 스타우트 밀John Stuart Mill의 경우이다. 그는 그의 아버지 제임스 밀James Mill의 비록 많이 알려지지 않았지만 중요한 업적을 볼품없이 만들었다.

뷔퐁의 분류학Buffon's Taxonomy

뷔퐁은 특출나게 재능을 타고났고 수많은 저서를 출판한 것으로 인해, 과학사를 기록하는 사람들은 비록 뷔퐁의 분류학이 린네의 분류학과 차이가 많이 나지만, 그를 분류학에 영향을 준 사람으로 인정하였다. 1739년 그의 경력은 곧바로 영예를 보장시켜주는 프랑스 과학학술원 위원으로 선출, 임명되면서 시작하였다. 결과적으로, 그는 생물학자이면서, 정치가였으며, 또한 작가로서 르네상스 시대의 유명한 사람이었다.

뷔퐁은 생물체의 외형적 특징보다 내부적 특징이 체계적 선택의 근거라는 신념을 밝혔다. 그 결과로 그는 현재 과학자들이 개체 간 생식이 가능하다면 종이 될 수 있다는 개념의 이론을 도입한 것이다. 즉 생물학자들은 두 동물이 교배하여 생식이 불가능한 자손을 생산하거나 서로 교미할 수 없다면 두 동물은 서로 다른 종으로 생각해야 한다는 내용이다. 따라서 당나귀와 말은 서로 다른 종이다. 왜냐하면 서로 교미하여 낳은 자손이 자식을 생산하지 못하는 불임의 노새이기 때문이다.

뷔퐁은 또한 훌륭한 과학사 학자였다. 1749년 첫 번째 저서 '일반 및 특정 박물학General and Particular Natural History'은 1778년까지 매년 연보로 출간하였으며 총44권을 저술하였다. 이 백과사전적 업적의 저서에서 뷔퐁은 알려진 모든 생물과 무생물 물질을 다 포함시키려고 노력하였다. 그는 사람과 하등 유인원의 유사성이 어느 정도인지를 최초로 설명한 사람으로서 오늘날 현대 생물학에서 인정하는 수준과 비슷한 수준의 유사성을 예측하였다.

과학학회의 조직The Social Organization of Science

과학을 체계적으로 조직하는 일은 과학이 여러 분야의 발전을 이루어내면서 진행되었다. 1739년 스웨덴에서와 마찬가지로 스코틀랜드에서는 그 지역의 왕립학회가 설립되었다. 미국도 이러한 경향에 동참하였는데, 벤자민 프랭클린이 필라델피아에 미국 철학학회를 설립하였다. 그러나 이 학회는 철학을 다루지 않고 단지 과학 분야를 조직하는 일을 수행하였다. 미국은 또한 토마스 제퍼슨이 식물과 화석을 면밀히 조사, 분석하는 등의 자신만의 과학연구를 추진하기 시작하였다.

그 후, 에라스무스 다윈은 만월회The Lunar Society[43]를 설립하였는데, 이

43) The Lunar Society. 디너클럽, 중세 계몽시대 산업주의자, 자연철학자. 그 외 유명한 지식인이 참여하는 비공식 학회로서, 1765년부터 1813년까지 규칙적으로 개최

학회는 보름달이 뜰 때마다 회의를 개최한 학회로서, 보름달이 뜨는 날에는 먼 거리에서 온 사람들이 밤늦게 귀가할 때 달의 도움을 받도록 하기 위한 것이었다. 이 모임에 참여한 학자들은 증기기관을 발명한 제임스 와트James Watt, 벤 프랭클린Ben Franklin, 산소를 발견한 조셉 프리슬리Joseph Priestley 등이다.

1742년은 생물학에서 불후의 발전이 이루어진 해였다. 이 해에는 덴마크 과학자들이 왕립학회와 유사한 자신만의 학회를 설립하였으며, 이 학회를 덴마크 왕립과학학술원Royal Danish Academy of Sciences and Letters으로 명명하였다. 과학은 학회뿐만 아니라 다른 방식으로도 확산되어 갔다.

계몽운동 시기의 할러와 생리학Haller and Physiology in the Enlightenment

계몽운동 시기에 생리학의 과학은 혁신적이며 신속한 발전을 이룩하였다. 스위스 생물학자, 할러Albercht von Haller[44]는 '생리학에 대한 개론First Introduction to Physiology'이라는 책을 저술하였는데, 이 책은 실로 20세기 생리학을 예견하는 내용을 담고 있었다. 할러는 1707년 스위스의 수도 베른Bern에서 교육을 맹신하고 영향력 있는 변호사 집안의 후계자로 태어났다. 수긍할 수 있을 정도로, 변호사인 아버지는 아들에게 자신의 재력으로 지원할 수 있는 최대의 수준으로 교육을 제공해 주었다. 할러는 튀빙엔Tubingen 대학교에서 공부한 후 또 그 후에는 레이든Leiden 대학교에서 공부하였다. 할러는 걸음마 시절부터 놀랄 만한 영재성을 보였으며 그 당시 가장 재능이 뛰어난 과학자들 가운데 한 사람으로 등장하였다. 19세기 영국 과학자이면서 철학자인 밀John Stuart Mill과 유사하게, 할러는 10세 때 그리스 시대에 대한 엄청난 수준의 내용을 알고 있었으며, 2년 후인 12세에는 시와 연극 대본을 작성하기 시작하였다. 그는 20세가 되기 전에 의학 박사학위를 취득하였다.

학위 취득 후, 할러는 의학과는 상반되는 순수 과학에 매력을 느끼고 이를

---

44) Albrecht von Haller(1707－1777). 스위스 형태학자, 생리학자, 자연박물학자, 시인. 근대 생리학의 아버지로 알려짐

추구하기 위해 파리에 갔었고 나중에는 스위스 베른으로 갔다. 결국에는 스위스 베른에서 병원을 열어 개업의가 되었지만, 다시 그의 실제 흥미는 응용 의학보다 순수 생물학에 남아 있었다. 그가 남긴 저서 가운데 가장 우수한 저서는 '생리학의 실험대상으로서의 인체The Human Body as a Subject of Physiological Experimentation'이었다. 비록 그는 새로운 것을 거의 발견하지는 못했지만, 그 당시 기준으로 생리학의 최신 지식을 상당히 많은 양으로 수집하고 정리한 후 1권의 책으로 만드는 데 기여하였다.

할러는 신경계를 '자극에 민감한 것'으로 설명한 최초의 학자들 가운데 한 사람이었다. 오늘날에도 이 관점이 받아들여지고 있다. 그는 일반적으로 인체는 자극에 민감한 것과 민감하지 않은 두 가지 기본적인 감각이 있다는 이론을 내세웠다. 이상하게도 그는 이것을 과학적으로는 설명할 수 없지만 이러한 현상이 존재하는 것을 증명하는 것 자체로 충분하다는 입장을 주장하였다. 그는 신체의 민감하지 않는 부분은, 외부 물체에 접촉되었을 때 수축이 일어나는 부분으로 정의하였다. 그는 또한 만일 신체의 일부가 자극을 받으면 자국이나 흔적을 남기게 되며, 이 신체의 일부는 이 흔적에 대해 민감하든지 아니면 민감하지 않든지 두 가지 가운데 하나라고 주장하였다. 그의 이러한 주장은 당시 루크John Locke와 버크리George Berkeley와 같은 영국 철학자의 경험주의에 입각하여 설명한 내용이다. 예를 들면, 물체가 주변 환경으로부터 자극을 받아서 흔적이 남겨지면, 이 물체는 순수한 원자들이 방출하는데, 이러한 생각은 고대 그리스의 생각이다. 그래서 만일 한 사람이 긴 의자를 보면, 긴 의자로부터 방출된 순수한 원자들이 관찰하는 사람의 뇌에 가서 긴 의자의 정신적 이미지를 만들어 낸다는 것이다.

할러는 근육수축 현상에 대해, 어떤 의미에서는, 생물체에 자극을 주면 수축이 일어난다는 것과 연결된다는 가설을 세웠다. 그는 신경계는 자극을 뇌로 전달시키는 것이며, 그 다음에는 인체가 자극이 전달된 환경에 대해 다양한 방법으로 반응하도록 말하는 것이라고 최소한 초보적인 수준으로 이해하였다. 이 연구에 이어서 그 다음 단계의 연구를 수행하여 근육은 근육조직과 연결된 것이 아니라 신경계와 연결되었기 때문에 자극에 민감하게 반응한다는 것을 보여주려고 노력하였다. 나아가 그는 근육운동은 뇌에서 나온 신호가 신경계를 통해 이동하여 궁극적으로는 근육조직을 흥분시켜서 일어난다는 것을 증명하려고 노력하였다. 이 개념은 어느 정도는 진실에 가까운 설명이었다.

데카르트 역시 신경계의 기능에 대해 유사한 추측을 제안하였다. 그의 철학에 따르면, 감각기관으로부터 나오는 감각은 감각계에 영향을 준다. 신경은 중간이 빈 작은 관이며, 이 관을 통해 감각들이 송과선을 향해 흘러간다. 여전히 데카르트는 감각은 신경에서 감각의 흐름을 조절하는 여러 판막들을 활성화시키고 통제시킨다는 것을 설명하려고 했으나 실패하였다.

갈바니Galvani

1772년 이탈리아의 유명한 생물학자 갈바니Luigi Galvani[45]는 전기 충격과 특정 금속은 개구리의 근육운동을 자극한다고 추측하였다. 같은 연도에, 이 내용을 철저한 실험으로 증명하였다.

1790년 갈바니는 외부 자극에 대해 무의식 운동, 생리적 반사reflex를 발견한 후, 생리학에서 아직 밝혀지지 않은 부분을 더욱 깊이 파고들었다(그러나 반사라는 용어는 1833년 영국 생리학자 홀Marshall Hall[46]이 그의 저서에서 처음 사용하였다). 1791년, 최종적으로 19년 전에 수행했던 전기 자극에 대한 기념비적 연구결과를 발표하였다. 갈바니는 또한 기술적인 측면의 발전에도 기여하였다. 예를 들면, 그는 오늘날 생리학자들이 그를 기념하여 갈바노미터galvanometer라고 부르는 기계를 발명하였는데, 이 기계는 신경계에서 흐르는 전류를 측정하는 장치이다.

갈바니는 근육조직에 대한 생리학 영역을 연구하였으며, 이러한 연구 영역의 특징으로 인해 다른 영역의 생물학자들도 필연적으로 참여하게 되었다. 지금

45) Luigi Aloisio Galvani(1737－1798). 이탈리아 의사, 물리학자, 생물학자, 철학자. 동물의 전기를 발견. 생물전자기장의 선구자. 1780년 죽은 개구리 다리 근육에 전기충격을 주어 움직이는 현상을 관찰. 이는 신경계의 전기신호와 패턴에 대한 생물전기의 시초

46) Marshall Hall(1790-1857). 영국 의사, 생리학자. 척추의 반사궁 이론을 제안, 익사한 사람을 소생시키는 데 적용됨

이 시점에 이르기까지 비록 생물학자들이 어떻게 조직들이 기능하는지에 대해 또한 근육조직들이 어떻게 신경계와 연결되는지를 대해 이해하고 있지만, 그 당시에는 동물이나 식물 어느 종류이건 간에 조직의 다양한 측면에 대해서는 아는 것이 거의 없었다.

비샤와 신경계 생리학Bichat and the Physiology of the Nervous System

이 시점에서, 프랑스 생물학자 비샤Marie Bichat[47]가 이 상황을 회복시키기 위해 나타났다. 1771년 마리 프랑소아 비샤Marie Francois Bichat는 스위스의 쥐라Jura라는 주에서 태어났다. 그의 아버지는 잘 알려진 내과의사였으며, 자손이 자신과 동일한 전문직을 가질 것을 원하였다. 비샤는 리용Lyon 병원에서 외과에 대한 공부를 시작하였지만, 프랑스 혁명이 일어나면서 병원이 파괴되어 그의 공부는 중단되었다. 그 후 파리에서 공부하면서 유명한 외과의 뒤졸트Desault[48]를 만났으며 그와는 평생지기가 되었다. 뒤졸트 지도하에, 비샤는 해부학과 외과수술을 공부하였다. 뒤졸트가 죽은 후, 비샤는 그의 업적들을 편집하였으며, 남겨진 부인과는 돈독한 친구 사이가 되었다.

프랑스 혁명 시기의 가장 험난한 기간에 살았음에도 불구하고 그는 실질적으로 방해를 받지 않은 채 자신의 연구를 수행하였다. 1802년 비샤는 짧은 기간이지만 생산적인 일생을 보낸 후 이 세상을 떠났다. 그는, 오만하다고 볼 수 있는 어떤 흔적도 남기지 않았으니, 확실히 친절하고 신사적인 사람이었다.

1801년 비샤는 '응용 해부학, 생리학, 의학에 대한 연구The Study of Applied Anatomy, Physiology, and Medicine'라는 저서를 작성하였다. 이 책의 대부분은 조직을 분석하는 내용들이었다. 사실, 비샤는 조직을 골격, 연골, 또는 근육으로

---

47) Marie François Xavier Bichat(1771–1802). 프랑스 해부학자, 생리학자. 근대 조직학과 해부학의 아버지로 명명. 현미경을 사용하지 않은 채 연구를 수행하면서, 조직학이라는 개념을 최초로 도입하였으며, 질병은 몸 전체나 전체 기관들을 공격하기보다 조직들을 공격하는 것이라고 주장하면서 해부학적 병리학에 혁명을 만들어냄

48) Pierre–Joseph Desault(1738–1795). 프랑스 해부학자, 의사

Luigi Galvani(1737-1798)
(Courtesy of the Library of Congress.)

분류하는 체계를 만들어냈다. 조직에 대한 정보 전체를 일반해부학General Anatomy이라고 불렀다. 그는 신비적인 태도 같은 것을 받아들인 것으로 나타났다. 즉 신체가 생기가 있고 건강하도록 만드는 생명력은 조직에 있다고 믿었다. 실제 그는 뇌를 정확하게 탐구한 결과와 같은 신뢰로운 업적들도 남겼지만, 그가 남긴 조직에 대한 연구결과는 불후의 업적으로 여겨진다. 이 때문에 과학사를 연구하는 학자들은 그를 근대 조직학의 아버지로 부른다. 그는 20개의 서로 다른 조직들을 설명하고 분류하였다. 여기에는 혈액, 횡문근, 심장근, 골격, 연골, 또는 입의 점액막 조직 등이 포함된다.

레오뮈르와 소화Réaumur and Digestion

계몽시대 생물학자들은 신경계의 생리학적 측면만을 조사하지는 않았다. 1752년 프랑스 과학자 르네 레오뮈르René-Antoine Ferchault de Réaumur[49]는 이전 곤충학 연구업적에 추가하는 업적을 만들어냈다. 그는 소화는 기계적인 부분뿐만이 아니라 화학적인 부분이 있다는 것을 발견하면서 고등 동물의 소화 과정을 알아내기 시작하였다. 이 사실은 독수리를 재료로 수행한 실험에서 위에서 위액이 분비되어 고기가 분해된다는 것을 관찰하면서 발견하였다. 그후 이탈리아 생물학자 스팔란차니Spallanzani[50] 또한 소화를 연구하게 된다.

영국의 생물학자 헌터John Hunter는 1767년 출판된 철학회보Philosophical Transactions에 논문을 발표하면서 소화에 대한 지식을 발전시키는 데 기여하였다. 그는 이 논문에서 죽은 지 얼마 되지 않은 사람을 관찰한 결과로서 소화는 위와 위액의 기능이라는 내용을 아주 정확하게 제안하였다.

---

49) René Antoine Ferchault de Réaumur(1683-1757). 프랑스 과학자, 곤충학자

50) Lazzaro Spallanzani(1729-1799). 이탈리아 신부, 생물학자, 생리학자. 신체기능, 동물생식, 동물 반향위치 결정 등에 대한 실험연구를 수행. 1768년 자연발생설 연구에서 니담에 대응하여 공기 속 미생물이 발생한 것으로 주장. 이후 100년 후 파스퇴르가 자연발생설을 타파하는 기반을 마련함

할러의 발생학Haller's Embryology

할러 역시 레이엔후크와 마찬가지로 병아리 배의 발달과정을 조사하였다. 전성설에서 난자에 온전한 생물체가 존재한다는 난자설, 아니면 정자에 완전한 형태를 가진 생물체가 존재한다는 정자설 둘 가운데 어느 입장을 취하였는지는 명확하지 않다. 하지만, 난자는 태아가 탄생하는 데 필수적이라고 말하였으며, 이 주장에 비추어 보면, 그는 난자설을 지지한 것으로 보인다. 반면, 그는 또한 '수정된 정자spermium' 또는 '운동성이 있는 수정된 정자vermiculus serminalis' 등의 용어를 만들어낸 부분을 본다면, 그는 정자설을 지지했다고 볼 수 있다. 그 후 프랑스 생물학자 보넷Charles Bonnet은 난자 속에는 이미 형성된 온전한 소형 생물체가 존재한다고 믿으면서 난자설을 단호하게 지지한다고 밝혔다. 역사를 통해, 할러의 결론은, 비록 지금은 반박의 여지가 적어졌지만, 반박의 여지를 남기고 있다. 특히 그의 남긴 업적을 중상모략하고 싶은 사람들은 실험탐구에 대한 논문이 완전하지 않고 상세하지도 않다고 공격하였다. 그럼에도 불구하고, 이들이 요점을 놓치는 부분이라면, 할러는 무엇보다도 이론가였으며, 그저그런 고만고만한 과학자들도 실험기법을 잘 처리할 수 있다고 믿었던 사람이다. 오늘날 그 누구도 할러가 생리학에 엄청나게 기여했다는 사실을 부정할 사람은 없을 것이다.

보넷과 발생학Bonnet and Embryology

보넷Charles Bonnet은 1729년 부유한 가정에서 태어났다. 그의 가족은 프랑스 위그노들이 박해를 받는 시기에 파리를 떠났다. 십대 시절, 변호사 공부를 하였으며 학교를 졸업한 후 고향에서 시의회의 위원이 되었다. 그러나 법 공부에 대해 흥미를 잃어버렸으며 과학에 무조건적으로 빠져들기 시작하였다. 초기에 그는 레오뮈르의 제자가 되었으며, 자연스럽게 곤충을 연구하기 시작하였다. 곧 연구의 방향을 잃어버리고는 실용 과학을 효율적으로 연구할 수 없게 되었다.

그래서 그는 비록 정교회(정통 기독교)의 경계를 넘어서는 위험을 저지르지 않는 범위 내에서, 순수 과학에 관심을 쏟기로 결정하였다. 이러한 그의 입장은 그가 논문에서 신을 반복적으로 인용했던 특징에서 찾아볼 수 있다. 1793년 그는 제네바에서 죽었다.

1764년 보넷은 그의 저서, '자연에 대한 명상Contemplation of Nature'에서 정자 속에 있는 초소형 사람homunculus을 제안하면서 전성설의 입장을 밝혔는데, 그 후 생물학자들은 '초소형 사람'이라는 용어를 즐겨 사용하였다. 그는 그 후 '윤회에 대한 철학Philosophical Palingenesis'을 연구하였다. 이 논문에서 그는 그전과 마찬가지로 전성설에 집착하였으며, 확고한 증거도 없이 단지 자손 세대를 만들어내는 씨앗이 암컷에 있다는 사실만으로 전성설을 주장하였다. 그전과 마찬가지로 이와 같이 설명된 내용들은 그리스 업적과 비교해보면 하찮은 것들이다.

보넷은 그의 동료였던 독일 생물학자 할러보다 더욱 확고하게 전성설에 집착하였다. 여전히 확신할 수 있는 증거도 없이 전지전능한 신이 태초에 창조한 것으로 여기면서, 그는 니담Needham, 뷔퐁Buffon과 같은 다른 사상가들과 격렬한 논쟁을 벌였다. 보넷은 전성설에 대해 기괴한 설명까지 제시하면서, 모든 종의 암컷들은 미래 태어나는 바로 직전의 모든 생물체들을 포함하고 있는 난자를 가지고 있다고 믿었다. 그래서 보넷은 신이 아담과 이브를 만들었을 때, 천지 창조 직전 이브의 몸에는 미래 사람으로 태어나게 될 모든 난자들이 미리 형성되어 존재한다고 믿었다. 1758년 보넷은 자신의 조사 연구를 끝냈으며, 난자 안에는 이미 형태를 갖춘 배아가 존재한다고 결론 내렸다.

할러는 정자설보다 난자설을 선호하면서 넋을 잃게 만들 만큼 매혹적인 주장을 발표하였다. 1945년 보넷이 관찰한 것과 마찬가지로, 할러는 난자는 수정되지 않았지만 발생할 수 있다는 것을 관찰하였다. 그러나 실제 할러가 알아낸 내용은 난자설이 아니었으며, 단지 처녀생식이었다. 그의 믿음은 진딧물에 대한 초기 연구에 근거를 두고 있었다. 예를 들면, 적합한 선행조건하에, 암컷 진딧물은 수정 없이도 자손을 생산하는 것을 관찰하였다. 그러나 진딧물에서 처녀생식을 처음 관찰한 것은 올바른 것이었지만, 문제는 수많은 고등 동물들은 수정 없이 발생을 시작할 수 없다는 점이다. 그가 실제 관찰한 것으로는 생물계에서 난자설이 공통적 현상이라는 증거를 만들어낼 수 없었다.

곤충의 생식Insect Reproduction

보넷은 이전 많은 생물학자들이 특정 동물은 신체의 일부가 잘린 후에 재생한다고 발견한 업적들에 따른 연구를 수행하였다. 그는 강장동물과 산호, 해파리를 포함하는 무척추동물들, 이끼벌레, 끈적끈적한 표피를 가진 수생동물, 그 외 일부 벌레 등의 하등동물을 연구하였다. 그는 일부 생물체는 몸체 전체의 반이 잘려 나간 후에도 다시 온전한 생물체로 재생한다는 것을 관찰하였다. 그는 그의 연구를 곤충의 변태 과정으로 진행시켜 나갔는데, 생물체가 변태 과정을 거칠 때 몸체의 다양한 부분들이 어떻게 변하는지를 정확하게 알아내려고 노력하였다.

질병Disease

계몽시대 학자들은 질병에 대한 연구를 게을리 하지 않았다. 생물학이 급속히 발전해 나가는 동안, 의학은 더욱 빠른 속도로 앞으로 나아가고 있었다. 이는 의학이 죽음과 삶이라는 실생활의 특성을 가지기 때문이었다. 18세기 의사들은 의학 지식을 획득하는 수단으로써 죽은 시체를 부검하는 기술들을 발전시켰고 현미경을 통해 조직학을 진척시켰으며, 혈압의 중요성을 확실하게 이해하였다. 접종에 대한 새로운 사실은 무슬림 의사들 덕분에 근동에서 영국으로까지 전해졌다. 미국인 청교도 지도자 코튼 마더Cotton Mather[51]는 보스턴에서 빠르게 번져나가는 천연두를 막기 위해 접종을 체계적으로 실시한 최초의 사람

51) Cotton Mather(1663–1728). 미국 청교도 목사. 잡종실험, 질병예방 접종 실시

이었다.

다시, 비샤가 핵심적 인물이었다. 비샤는 의학 공부를 한 배경으로, 또한 자신이 건강한 생물체로서, 질병 생물학에 흥미를 가졌다. 결론적으로 그는 부검에 엄청난 시간을 투자하였는데, 특히 천연두와 발진티프스와 같은 여러 이상한 희귀 질환으로 사망한 시체 부검을 많이 실시하였다.

아마도 이 시대의 가장 매력적인 의학 이야기는 영국 생물학자 존 헌터John Hunter[52]의 일생에 대한 이야기라 할 수 있는데, 존은 유명한 생물학자 윌리엄 헌터의 형제였다. 그는 1728년 스코틀랜드의 가난한 농부 가정에서 태어났으며, 어린 시절 고아가 되는 불행을 겪었다. 1771년 존 헌터는 '사람의 치아에 대한 자연박물학Natural History of the Human Teeth'의 논문을 작성하였는데, 그는 이 논문에서 근대 치과의술, 치과형태학, 치과생리학을 발전시키는 기반을 마련하였다. 이상에서 언급한 업적들에 추가하여, 존 헌터가 치과의학에 기여한 업적은 '치아질병에 대한 실용 논문A Practical Treatise on the Diseases of the Teeth'을 발표한 것인데, 이를 통해 치의술을 진보시켰을 뿐만 아니라, 치아를 앞니, 어금니, 작은 어금니, 송곳니로 분류하여 분류학 영역에 추가하였다. 그는 또한 치아의 기원, 형태, 발달과정에 대해서도 알아냈다.

헌터가 남긴 업적 가운데 가장 괄목할 만한 점은 정식 교육 경력이 매우 미천함에도 불구하고 성취를 이루어냈다는 점이다. 그는 모국어를 읽고 쓰는 방법을 제대로 배운 적이 없었다. 이 때문에 오늘날의 과학자들이 가지는 전문직을 한 번도 가지지 못했다. 다행히 그의 형 윌리엄은 의사가 될 수 있었으며, 따라서 존 헌터를 상당히 지원하였고, 존이 연구를 추진하는 데 필요한 지원을 지속적으로 제공하였다. 다른 사람들도 존 헌터를 도와주었는데, 도와준 이유의 대부분은 존 헌터가 확실히 재능을 가지고 있었으며, 비록 때때로는 성질을 부리지만, 매우 이례적으로 호감이 가고 붙임성이 많은 사람이었기 때문이었다. 결론적

52) John Hunter(1728－1793). 영국 외과의사. 의학연구에 치밀한 관찰과 과학적 방법을 지지한 초기 연구자. 윌리엄 헌터(William Hunter, 1718－1783)가 그의 형임. 해부학자이며 산부인과의사

으로, 존 헌터는 비참한 상황에서도 최후에는 외과의사가 되었으며, 7년 전쟁 동안 영국 해군들을 치료하는 임무를 수행하였다.

마침내 순발력 있게 돈을 저축하여, 개인 박물관을 설립할 수 있었으며, 전적으로 자신의 연구에 몰입하였다. 결국에는 세인트 조지St George 병원의 외과의가 되었으며, 곧바로 박물관들에 매료되어버렸다. 그는 여러 곳을 여행하면서 자신의 박물관에 전시할 표본들을 찾아다녔다. 가장 유명한 표본이라면, 전설적인 거인 오브리언O'Byrne의 골격이었는데, 키가 거의 8피트(2m 40cm)에 이르렀다.

그의 취미는 체험하는 것이었다. 항상 직접 경험한 것을 믿는 사람으로서, 이전에 저술한 책들에 있는 지식은 아주 미천한 수준이라는 신념을 가지고 있었다. 그는 동틀 녘에 일어나서 비교 해부학 관찰을 시작하는 지칠 줄 모르는 과학자였다. 그리고 대부분의 오후 시간 동안 환자들을 치료한 후, 해 저무는 저녁시간부터는 자신의 탐구를 다시 시작하였다. 아마도 존 헌터가 일생을 통해 가장 관심을 가진 부분은 자신의 죽음이었다. 실로 그는 자살을 시도했는데, 이유는 우울 때문이 아니라 스스로 탐구하려는 것이었다. 1767년 초기 자신에 대한 실험을 시작하였다. 다른 사람들이 알아차리는 것보다 훨씬 더 많은 것들을 알기 위해 자신을 실험대상으로 실험을 하기 시작하였다. 당시, 성병, 주로 임질과 매독에 대해서 생물학자와 의학자 집단 사이에는 상당한 부분에서 논쟁이 있었다. 잘못 되게도, 많은 사람들이 동일한 질병을 2개의 다른 질병으로 구분하고 있다고 주장하였다. 좀 변덕스럽게, 그는 질병의 진행 과정을 따라해 보기로 결정한 후, 매독을 앓고 있는 환자의 고름을 자신의 몸에 직접 주입시켰다. 한 가지 세균이 서로 다른 방법으로 증상을 일으켜 두 가지 질병이 나타난다는 이론을 주창하였다. 예를 들면, 세균이 우연하게 숙주 생물체의 점막을 침입했다면, 임질의 증상이 나타날 것이다. 그러나 만일 세균이 피부에 내려앉았다면 매독 증상이 나타날 것이다.

불행하게도, 그는 환자들 가운데 어쩌다가 한 번에 두 가지 질병 모두를 앓고 있는 불행한 환자로부터 근거 약한 주장을 이끌어냈다. 헌터는 눈에 띄게 회복이 빠른 튼튼한 사람이었다. 적절한 의료 처치를 받지 않고서도 이후 25년이 넘도록 오래 살았다. 그럼에도 불구하고, 결국에는 치료를 하지 않은 매독의 대가로 1793년 10월 22일 사망하였다. 이미 그의 정신 기능은 죽기 훨씬 전에 나빠지기 시작하였었다. 전염병학 관점에서 본다면, 진짜 불행은 잘못된 연구결과 때문에 수 년 동안 철저하게 잘못된 방향에 들어선 일이었다. 문제의 일부는 그가 자신의 책, '성병에 대한 논문Treatise on the Venereal Disease'에서 잘못된 결론을 발표한 일이었다. 생물학자들이 이 혼란을 풀어내는 데 약 50년의 시간이 걸렸으며, 그 이후에야 매독과 임질은 서로 다른 질병이라는 것을 깨달았다.

그렇다고 하더라도, 헌터는 상당히 믿을 만한 업적을 이루어냈다. 1762년 존 헌터는 포르투갈에 주둔한 영국군대에 소속되었다. 당시 그곳에서 임상 훈련을 받으면서, 그는 우러러볼 만한 논문, '혈액 염증과 총상Treatise on Blood Inflammation and Gunshot Wounds'을 작성하였다.

헌터의 형제, 영국 생물학자 윌리엄 헌터 또한 자신의 존재를 드러냈다. 그는 비교생물학과 생식 둘 다에 대해 관심을 가지고 있었는데, 실제 그는 산부인과를 개업하고 있었다. 그는 글래스고와 에딘버러에서 공부하였으며, 이후 곧 런던의 의학 학술단체 내에서 만만찮은 존재감을 드러냈다. 그의 최고 걸작은 '임신부 자궁의 해부학Anatomy of the Human Gravid Uterus'이었는데, 비록 포함된 내용들은 시대에 뒤떨어진 진부한 것들이었지만, 걸작과 같은 생물학 삽화들이 포함되어 있었다. 좌우지간 그는 일반 대중들이 좀 더 적절한 영양과 아동 보육에 대한 인식을 가지도록 노력했기 때문에, 영유아 사망률뿐만 아니라 출산 시 산모의 사망률도 크게 감소시켰다.

요약Summary

이 시기 동안 과학에서 철학적 업적은 엄청난 흥분 상태로 최고조에 도달하였다. 주로 데카르트Descartes, 라이프니츠Leibnitz, 스피노자Spinoza, 말브랑슈Malbranche, 메트리Offroy de la Mettrie, 뷔퐁Buffon 등의 업적들이었다. 그러나 흄David Hume이 세상의 주목을 받았는데, 그는 목적론적 증명[53]을 막강한 힘으로 강력하게 공격한 사람이었다. 이 주장은 오늘날에도 여전히 널리 논의되는 주제이다. 물론 이 시대는 린네의 시대였지만, 프랑스 과학자 제시유와 같은 다른 학자들도 분류에 기여하였다. 비교해부학은 퀴비에 업적으로 자리를 잡아갔다. 다윈Erasmus Darwin은 종이 변할 수 있다는 당시에는 이단적인 생각을 품고 있으면서, 그보다 더 유명한 친척을 예측해 내기 시작하였다. 다윈은 또한 과학단체를 설립하여 단체 수를 증가시키기도 했다. 생리학에서는, 할러Haller가 출중하였으며 존 헌터John Hunter는 근대 치의학에 업적을 남겼다. 동시에 윌리엄 헌터William Hunter는 산부인과 발전에 기여하였다. 잠재력은 무한해진다.

53) design argument 자연 신학의 전통적 주제로서 목적론적 증명 또는 설계를 주장. 이 주장은 신이 복잡한 세상을 설계한 것이며, 따라서 복잡한 세상이 존재하는 것은 신이 존재하는 것을 증명한다는 것임. 가장 인기 있고 신학적 관점에 가장 근접한 주장으로서 자연에서 설계의 증거를 찾아내어 전지전능한 설계자를 추론해내는 과정임, 실제 우주 전체가 일관성 있게 효율적으로 기능하는 시스템이며, 이러한 관점에서 세상을 만드는 일이 전지전능한 지적 능력이 있다는 것을 보여주는 것임

Chapter 15

라마르크와 그의 체계Lamarck and His System

라마르크Lamarck는 생물학에서 중요한 위치를 차지할 만하다. 사실, 그는 동물은 살아있는 동안 획득한 형질을 세대를 거쳐 전달시킨다고 추측하였으나 잘못된 내용이었다. 라마르크의 이 환상은 잘 알려진 내용이지만, 다른 한편에서 살펴볼 수 있는 그의 업적으로는, 1801년 새로운 세기가 펼쳐지는 시점에서 진화에 대해 흥미를 가지고, '무척추 동물의 체계System for Animals without Vertebras'라는 고전적 저서를 저술한 부분이었다. 라마르크는 이 저서에서 진화에 대한 초기 생각을 제시하였고, 이와 동등한 비중으로 무척추동물의 분류에 대한 내용도 중요하게 다루었다. 그리고 생물학biology이라는 용어를 사용하였다.

라마르크Jean-Baptiste Lamarck[1]는 1744년 프랑스 북부 지방 피카르디Picardy에서 11명의 형제자매 가운데 막내로 태어났다. 16세 아버지가 돌아가신 후 가족들은 경제적으로 어려운 환경에 처하게 되었으며, 이 때문에 라마르크는 학교를 그만두고 군대를 가야 했다. 당시 군대에서는 치욕스러운 '7년 전쟁Seven

1) Jean-Baptiste Lamarck(1744-1829). 프랑스 자연박물학자, 생물학자, 군인

Years War'[2])이 한창 진행되는 중이었다. 전쟁은 그에게 요구한 것이 거의 없었으나, 그는 영웅적으로 참전하였다. 그가 소속된 연대의 상급 군인들 대부분이 적군에게 죽음을 당하게 되자, 실질적으로 그가 군대를 지휘하였다. 이로 인해 그는 군대에서 지휘관 장교가 되었다.

이 시기 동안, 전적으로 전쟁 때문은 아니었지만, 그는 림프계 질병에 걸려 군대를 떠나게 되었다. 병을 충분히 완치한 후, 파리의 은행에서 근무하는 동안 의학과 생물학을 공부하기 시작하였다. 이때 그는 식물학자 가운데 한때 가장 유명했던 제시유Jussieu[3])를 만나게 되었으며, 그 시기 4번째 결혼을 한 상태로 불행한 시기를 보내고 있었다. 의심할 여지도 없이 소년 시기부터 시작된 가난을 벗어나지 못한 상태였다. 특히 그의 노년기는 더욱 슬프고 불행한 시기였다. 비록 두 딸이 함께 거주하면서 그를 돌보았지만, 시력이 급속하게 나빠져 마지막 시기에는 시력을 잃게 되었다. 그럼에도 불구하는 그는 인생의 말년 동안에도 여전히 생물학 연구를 지속하였다.

그는 수년 동안 유럽을 여행하면서 '식물학 사전Dictionary of Botany'과 '프랑스의 식물상Flora of France'을 저작할 만큼의 자료를 축적하였다. 그가 불멸의 명성을 얻을 수 있었던 업적은 50세가 되어서야 이루어졌다. 그가 이루어낸 훌륭한 업적으로 인해, 프랑스 과학학술원에서는 그를 종신위원으로 임명하였으며, 그 후 그 직무를 수행하면서 지내게 되었다. 프랑스 혁명 시기 동안에는 파리대학교의 식물학학과의 학과장직을 역임하였다.

---

2) 프랑스 혁명 이전 벌어진 마지막 전쟁(1756-1763). 유럽 열강들이 모두 참전했던, 일반적으로 프랑스·오스트리아·작센·스웨덴·러시아가 동맹을 맺어 프로이센·하노버·영국에 맞선 전쟁. 영국과 프랑스의 대립에 있어서는 유럽이 아니라 식민지로, 이들은 북아메리카 및 인도를 둘러싼 패권 경쟁을 벌였음. 이 때문에 전쟁의 결과는 유럽뿐만 아니라 전 세계에 영향을 줌

3) Antoine Laurent de Jussieu(1748-1836). 프랑스 식물학자. 현화식물의 분류체계 연구

라마르크와 분류학Lamarck and Taxonomy

초기 그는 프랑스 생물학자이며 지질학자인 뷔퐁의 제자였으며, 후에는 파리의 식물원에서 재직하였다. 그의 주장들은 기묘한 것들로도 유명하였지만, 분류학에 기여한 내용들은 그 시기 그 누구보다 훨씬 앞선 생각들이었다. 예를 들면, 그의 분류 기준은, 구조보다 기능을 기준으로 삼아 분류한 린네와는 차이가 있었다. 그는, 린네가 관찰하지 못했던, 기능과 구조가 얼마나 밀접히 연결되었는지를 명확하게 볼 수 있었다. 결론적으로, 그는 아메바와 같은 반사운동만 할 수 있는 생물체는 분류체계의 바닥위치에 배열하였다. 해면동물과 같이 원시적인 신경계를 가진 동물들은 중간부분에 배치시켰으며, 지성을 가진 생물체는 최고로 높은 부분에 배치하였다. 1822년 라마르크는 고전적 저서, '무척추동물의 자연사Natural History of Invertebrate'를 완성하였는데, 이로서 그는 이 저서에 그동안 축적된 지식을 항목별로 분류하여 사람들이 손쉽게 지식을 이해할 수 있도록 만들었다.

라마르크와 획득형질의 유전
Lamarck and the Inheritance of Acquired Characters

1809년 라마르크는 신간으로 출판한 책, '동물학의 철학Zoological Philosophy'으로 명성을 누리고 있었다. 그는 이 책에서, 오늘날 악명 높게 알려지고 있는 망상을 논의하여 나쁜 평판을 얻으면서 더욱 유명해졌다. 그는 분류체계를 논의하는 부분에서, 특히 고등 생물체는 하등 생물체로부터 진화한다는 관념을 진리로 충분히 인정했지만, 대격변론을 받아들이지 않았다는 사실로 그가 이룬 공적을 충분히 평가받지 못하게 되었다. 그러나 그는 아마도 다음과 같은 사실을 최초로 인지한 사람이었다. 한 종의 생물체들이 지리적으로 분리된 것만으로도 급진적으로 변할 수 있으며, 만일 서로 다른 두 종이 지리적으로 가까운 장소에 서식하게 되면, 유사한 문제에 직면하게 되어 유사성을 만들어 가

Jean-Baptiste Lamarck(1744-1829)
(Courtesy of the Library of Congress.)

기 시작한다는 점이다. 이는 오늘날에도 받아들여지고 있는 정확한 명제였다.

명백한 사실은, 라마르크가 동물은 어버이 세대가 획득한 형질이 다음의 자손 세대로 유전된다는 의견을 제안하였으며, 이 때문에 명성을 얻는 데 과녁을 벗어나게 되었다는 점이다. 예를 들면, 환경의 변화는 동물이 새로운 습성을 개발하도록 만들고 그러하여 그 동물은 불가피하게 형태적으로 변하게 된다는 것이다. 동물은 그 변화를 다음 세대로 유전시킨다는 것이다. 이렇게 유전된 형질이 수 세대를 거쳐 전달되면, 그 결과 완벽하게 새로운 종이 만들어진다는 것이다. 또한 라마르크는 제한적 환경 조건 이외 요소도 변화를 유도할 수 있다고 추측하였다. 그는 기관은 사용하지 않으면 퇴화된다고 생각하였다. 이 생각은 거의 진실에 가까운 주장이었다.

오늘날 유명한 과학자들은 라마르크가 일생동안 분류학 업적으로 명성을 얻었다는 것을 인정하고 있다. 사실 그가 자연철학에 기여한 부분은 거의 인정을 받지 못하였는데 그 점은 충분히 그럴 수 있을 만하였다. 19세기 초 그 누구도 받아들이지 않았던 유물론을 도입하였기 때문이다. 그가 유물론을 받아들인 것은 존 스튜어트 밀John Stuart Mill과 낭만주의Romanticism 시대 사상 때문이었으며, 흄Hume이나 드 홀바흐d'Holbach의 시대에는 걸맞지 않았던 생각이었다. 다행히도 19세기 유명한 과학자 가운데 독일 생물학자 헤켈Haeckel은 수년 후에 다시 라마르크의 주장을 받아들였다. 사실 헤켈은 1840년부터 1900년까지의 빅토리아 시대에 가장 입담이 센 챔피언 수준급의 학자였다.

로비넷과 진화Robinet and Evolution

1761년 프랑스 철학자이면서 문법학자인 로비넷Jean Baptiste René Robinet[4]은 '자연에 대해On Nature'라는 저서를 발간하면서, 진화 이론을 발전시켰다. 그는 이 책에서, 식물과 동물을 포함한 모든 종들은 일직선으로 발달하며, 이들은

4) Jean-Baptiste-René Robinet(1735-1820). 프랑스 자연박물학자. '자연에 대해' 저서 5권을 출판, 백과사전과 불어로 수많은 역서를 편찬

무작위로 선택된 요소가 동일하게 영향을 주며, 따라서 한 가지 척도에 따라 배열할 수 있다고 추측하였다. 그는 초기에는 유물론자이었지만, 나중에는 조잡한 유심론/관념론으로 전향하였다. 비록 그의 철학적 업적은 영점이지만, 그의 생물학적 관점은 간략하게나마 언급할 가치가 있다.

오켄과 두개골의 형성Oken and the Formation of the Skull

1807년 또 다른 흥미를 이끌어내는 생각이 나타났다. 물론 이 생각은 궁극적으로는 오류로 판명되었다. 독일의 생물학자 로렌스 오켄Lorenz Oken[5])이 생물학 세계에 등장한 것이다. 그는 1779년 독일의 가난한 가정의 아들로 태어났다. 그렇지만, 그는 웬만한 수준의 교육을 받을 수 있었으며, 결국 의사가 되었다. 1807년 골격계에 대한 연구업적으로 예나Jena대학교 교수로 임용되었다.

오켄은 과학의 발견보다 오히려 과학사의 발전에 기여한 것으로 보인다. 예를 들면, 수년 동안 이시스Isis[6])의 편집위원으로 기여하였는데, 이 학술지는 오늘날 여전히 미국 과학사학회 학회지로 출간되고 있다.

과학에 기여한 부분으로 언급할 가치가 있는 발견은, 척추동물의 배 발생 시 창자의 발달에 대한 내용이다. 그가 관찰한 내용은 대부분 정확하였다. 그의 경력 초기에는 악명 높게도 두개골에 대한 왜곡된 내용의 논문을 작성하였다. 오켄은, 괴테가 척추동물의 두개골은 척추가 하등형태에서부터 점진적으로 융합하는 과정을 통해 형성된다고 주장한 내용을 면밀히 조사하였다.

그 시대 독일 철학자 칸트Kant(독일 철학자, 1724-1804), 피히테Fichte(칸트파

5) Lorenz Oken(1779-1851). 독일 자연박물학자, 식물학자, 생물학자, 조류학자

6) Isis. 이집트 여신. 학술지명, 1816년 Oken은 정기간행물. 자연과학, 비교해부학, 생리학 학술지 출판을 시작. 자연과학에 대한 내용 이외 시, 독일정치 관련 내용도 포함하여 출판. 독일 바이마르법원은 오켄에게 학술지를 중단 또는 교수직 사임 중 하나를 선택할 것을 요구. 오켄은 교수직 사임을 선택하지만, 정부는 출판을 금지. 1821년 자연과학자 의학자 학술대회 정기총회에 아이디어를 제시. 1822년 ISIS 학술지를 재개. 1828년 신설된 뮌헨대학교 교수직으로 임명되었고, 학술지 출판을 계속하지만, 정부는 타대학교로 이직할 것을 제안, 이를 거부하고 바이마르 정부를 떠남, 1833년 스위스 취리히대학교 자연사 교수로 임용, 출판을 지속

독일 철학자, 1762-1814), 그리고 셸링Schelling(독일 철학자, 1775-1854)과 같이, 그는 과학자라기보다는 철학자였다. 그는 다양한 학문 영역에 걸친 학자였으나, 칸트에 견줄 만큼의 철학자는 아니었다.

볼프와 신비주의Wolff and Mysticism

계몽시대 과학자들은 발생학 연구도 다시 시작하였다. 역사적으로 알려진 계몽운동 시대의 지성인intellectuals들 가운데 일부는 그럼에도 불구하고, 계몽되지 않았다. 실로, 한 사람은 근대 과학적 방법과 초자연적인 신비주의를 이상하게 융합시켰다. 상트 페테르부르크 학술원Academy of St. Petersburg 소속 독일인으로 절충주의 생물학자 카스파 볼프Caspar Wolff7)는 배 발생 연구를 섬세하게 수행하였는데, 정자 속에 작은 사람(극미인 homunculus 호문클루스)이 존재한다는 이론을 기각하고, 그 대신 생기력이라는 불명예스러운 주장을 제안하기에 이르렀다. 그에 따르면, 이 생기력 또는 핵심영양소는 생물체의 영양과 성장 둘 다에 영향을 주는 것이었다. 사실, 볼프는 '내장기관의 형성About the Formation of the Intestines' 논문에서 거의 진정한 과학적 발견을 이루어냈다. 이 과학적 발견의 내용은 발생학의 기반을 확실하게 제공하였다. 볼프는 후성설epigenesis을 제안하여 과학발전에 보다 긍정적으로 기여하게 되었다. 배 발생기간 동안에는 미분화된 기본 조직에서 동식물의 조직과 기관이 발생한다는 것을 확신한 부분이다.

이처럼 탁월한 업적을 발견했음에도 불구하고, 그가 생전에 자신의 연구업적에 대한 비교 분석을 소홀히 하고 신비주의적 차원에서 생각을 만들어냈던 점은 큰 잘못이었다. 그 당시 그는 발생학 연구업적을 할러Haller에게 헌정하지만, 할러조차 그의 업적에 거의 관심을 기울이지 않았다. 물론 공식적으로는 헌정한 내용에 대해 감사를 표현하였지만 진정으로 그의 연구업적에 대한 관심을 전혀 보이지 않았다.

---

7) Caspar Friedrich Wolff(1735-1794). 독일 생리학자, 발생학의 창시자

스팔란차니와 난자설Spallanzani and Ovism

이탈리아 생리학자 스팔란차니Spallanzani는 유명한 과학자였음에도 불구하고, 그도 볼프처럼 엉터리 같은 신비주의 이론을 받아들였다. 스팔란차니는 1729년 이탈리아 레기오Reggio에서 변호사의 아들로 태어났다. 이 시기 유럽의 관습에 따라 초기에는 아버지의 직업을 이어받기로 하였다. 그래서 그는 볼로나Bologna 대학교에서 법학을 공부하기 시작하였다. 그러나 미래 변호사가 될 수 있었지만, 우주의 법을 위해서 사람의 법의 세계를 버리게 된다. 그는 스스로 공부하여 생물학을 완전 학습하고 정통하게 되었으며, 곧 모데나Modena 대학교[8]의 철학 교수가 될 계획을 세웠다. 그는 전성설의 신비주의를 받아들이면서 사상적으로 표류하였다. 비록 그는 정자의 활동과 기능에 대해 철저히 연구하였고, 정자가 생식에서 중요한 역할을 하는 것을 알아차렸지만, 난자가 온전한 생물체를 가지고 있다고 주장하는 난자설을 스스로 걷어 찰 수 있는 용기가 없었다. 대신에 그는 정자가 난자 속에 들어있는 생물체를 발달시키는 데 도움을 준다는 것만을 주장하였다.

스팔란차니는 수정은 정자가 실질적으로 난자를 접촉했을 때만 일어난다는 것을 증명하였으며, 이러한 발견은 근대 과학에 매우 근접하였다. 1785년 그는 개의 인공수정을 최초로 실시하면서, 생식생물학 영역에서 개척자의 역할을 수행하였다. 그는 20세기 생식생물학 영역에서 혁신적인 인공수정 기술이 거대한 논쟁을 만들어 내리라고는 예측도 할 수 없었을 것이다.

스팔란차니와 자연발생설Spallanzani and Spontaneous Generation

스팔란차니는 자연발생설을 신랄하게 공격함으로써 그의 과학적 업적은 근대 과학의 내용과 상당히 유사하게 되었다. 스팔란차니는 전성설에 대한 일련의

---

8) 1175년 설립. 경제학, 의학, 법학이 유명. 제2의 오래된 대학

재기 넘치는 실험을 수행하면서 무생물 물질에서 생명이 발생한다는 이론에 대해 해결하기 어려운 논쟁을 일으켜 그 당시의 상황을 더욱 복잡하게 만들었다. 여기서 스팔란차니는 전성설을 난도질하기 시작하였다. 레디Redi[9]와 같이 그는 이론을 증명하기 위해서는 실험이 필요함을 알아차렸다. 1768년, 수년에 걸쳐 개인 생활을 황폐화시켰던 저술 작업을 완성하였다. 한때 지속되었던 우울증을 성공적으로 극복한 후, 그는 '동물의 생식에 대한 연구의 서문Preface to Studies on Animal Reproduction'을 출판하였다. 이 저서에서 그는 자연발생설을 완전히 파괴시켰다고 판단하였다. 여러 중요한 시도들 가운데 한 실험에서 그는 쇠고기 혼합 수프를 한 시간 동안 끓인 후, 이 수프가 든 용기를 밀봉하였다. 실제 아무런 생물체가 발생하지 않자, 자연발생설은 신화라는 결론을 내렸다. 이 실험 이전 실험에서 그는 자연발생설이 신화인지 여부에 대해 확신을 가지지 못했었다. 초기 자연발생설의 불확실성에 대해 '니담과 뷔퐁의 발생설의 현미경적 관찰에 대한 토의Discussion of Microscopic Observations Relative to Generation in Needham and Buffon's Work'에서 다음과 같이 설명하였다.

> 오랫동안 물을 끓이는 일은 물에 포함된 작은 동물이 발생하는 것을 방해하거나 손해를 입힐 수 있는지 여부를 발견하려는 데 목적이 있었다. 서로 다른 종류의 알 11개가 포함된 물을 준비한 후, 30분 동안 끓였다. 끓인 물이 든 용기는 코르크 마개로 느슨하게 닫아서 공기가 소통이 되었다. 8일 후 현미경을 사용하여 물을 관찰하였다. 용기에서 작은 동물이 서식하는 것을 발견하였는데 이들은 11개 종과는 다른 종들이었다. 그러므로 오랫동안 물을 끓이는 일이 생물체 발생을 방해하지 않는다고 볼 수 있다.[20]

또 다른 재능이 뛰어난 생물학자는 스팔란차니가 연구결과에서 옛 신화를 부인했다는 점에 대해 동의하지 않았다. 존 니담John Needham[10]은 가톨릭 성직

---

9) Francesco Redi(1626–1697). 이탈리아 의사, 자연박물학자, 생물학자, 시인. 실험생물학과 근대기생충학의 창시자. 파리 알에서 구더기가 나오는 것을 보여주면서 자연발생설에 도전한 최초의 과학자

10) John Turberville Needham(1713–1781). 영국 생물학자, 신부. 그는 자연발생설과 관련

자로 스팔란차니와 같이 생물학에서 동일한 주제에 대해 관심을 가지고 있었는데, 그는 스팔란차니가 극단적으로 높은 온도를 사용하여 생기력을 파괴했으며, 따라서 자연발생을 방해한 것이라고 생각하였다. 그러나 실험결과를 계속 발표하면서, 스팔란차니가 정곡을 찌른 정확한 발견을 찾아내면서 니담의 주장이 그릇됨을 증명하게 되었다.

판더와 병아리 발생학Pander and Chick Embryology

19세기 초 10여 년 동안, 러시아 생물학자 크리스티안 판더[11]는 병아리 발생시기에는 3개의 서로 다른 기본 조직을 가지고 있다는 점을 발견하였으며, 이로서 발생학은 한 걸음 더 나아가 발전할 수 있었다. 판더는 리가Riga[12]라는 현재는 라트비아Latvia 국가의 지역에서 태어났다. 그의 아버지는 영향력 있고 부유한 은행원이었으며, 자신의 아들을 유명한 학교로 보낼 수 있었고, 판더는 도르팟Dorpat, 베를린Berlin, 괴팅겐Gottingen, 그리고 뷔르츠부르크Wurzburg의 대학교에서 공부하였다. 뷔르츠부르크 대학교에서 판더는 병아리 배 발생을 관찰하였으며, 연구결과를 발표하였다. 1826년 상테 페테르부르크St. Petersburg에 있는 과학학술원 교수로 임용되었으나, 곧 정치에 환멸을 느끼고는 곧바로 고향 리가로 돌아왔다. 비록 그는 지질학을 연구하였지만 크게 기여하지는 못하였다. 그가 이룩한 가장 중요한 기여는 병아리 배 발생에 대한 연구결과로서 차세대 생물학자들에게 많은 영향을 주었으며, 오늘날의 발생학을 만들어낸 창시자의

하여 고기즙이 든 용기로 실험한 후, 다시 부패한 밀알로도 실험을 수행. 실험은 물질이 든 물을 끓인 후, 식혀서 용기 뚜껑을 열어서 실온에 두고 관찰함. 후에 용기를 봉함, 2,3일 후 미생물이 나타나는 것을 관찰. 이 실험은 자연발생을 만들어내는 생명력이 있다는 것을 보여주기 위해 수행

11) Christian Heinrich Pander(1794－1865). 독일 생물학자, 발생학자. 병아리 배 발생을 연구한 업적으로 발생학의 창시자가 됨

12) 현재 라트비아 수도로 인구 64만여 명임. 역사적으로 여러 국가가 지배. 스웨덴(1629－1721), 러시아제국(1721－1917), 독일(1917－1918), 라트비아공화국(1918－1940), 러시아(1940－1941), 나치독일(1941－1944), 러시아(1944－1991), 1991년－현재 라트비아

한 사람으로 인정받고 있다.

뒤자르댕과 무척추동물학Dujardin and Invertebrate Zoology

프랑스 동물학자 펠릭스 뒤자르댕Felix Dujardin[13])은 라마르크의 무척추동물에 대한 연구를 승계하면서 자신의 연구를 추진하였다. 1801년 태어났으며, 먼저 툴루즈Toulouse 대학교 생물학 교수가 되었다. 그 후 렌Rennes 대학교에서도 교수가 되었다. 그는 원래 무척추동물학자로서 주로 원생동물(원생동물 가운데 작은 단세포 동물로서 이질적 집단인 적충류Infusoria)에 대해 연구하였다. 그는 아메바, 짚신벌레와 같은 대부분의 원시 단세포 무척추동물이 좀 더 진화된 척추동물의 기관계에 비교할 수 있는 어떤 특징도 가지고 있지 않다는 것을 처음 발견한 과학자였다. 뒤자르댕은 이 생물체들의 내부는 동질의 물질로 이루어졌음을 발견하고 이를 '원형질sarcode'로 명명하였으며, 이후 이 용어는 더 이상 사용되지 않았으나 오늘날에는 원형질protoplasm이라는 용어를 사용하고 있다. 비록 원형질에는 액포와 작은 과립들이 있지만, 이들이 어떤 세포소기관에도 고정되어 있지 않음을 발견하였다. 언뜻 첫 눈에 보기에는 유사한 것처럼 보이지만, 많은 원생동물들에게서 발견된 섬모는 고등 척추동물의 몸통을 덮고 있는 털과는 전혀 상관이 없다는 것을 깨달았다. 뒤자르댕이 만들어낸 이론, 발표논문, 용어들은 오늘날까지 사용되고 있다. 후에 다윈은, 뒤자르댕이 발견한 업적 가운데, 생명이 처음 생성될 때 우연하게 생성된다는 법칙만을 활용하였던 것 같다(이 이론은 그리스 시대까지 거슬러 올라 그 당시 주장된 것이며, 뒤자르댕이 처음 주장한 것은 아니다).

스팔란차니는 무척추동물에도 기여하였다. 초기 연구에서는 양서류, 그 가운데도 주로 도롱뇽을 연구하였다. 이 동물의 꼬리, 근육, 신경, 골격, 실제적으로 모든 부분의 형태를 매우 상세하게 연구하였다. 특히 재생 현상에 관심을 가지고 집중적으로 연구하였는데, 주로 하등동물에서 잘린 부분을 재생시키는 능

13) Félix Dujardin(1801－1860). 프랑스 생물학자. 원생동물과 무척추동물을 연구

력은 특별히 온도의 변화와 섭취한 먹이의 종류에 따라 어떤 차이를 나타내는지에 대한 재생능력의 수준을 연구하였다.

괴테와 식물구조의 진화Goethe and the Evolution of Plant Structure

생물학을 역사적으로 이야기하자면, 요한 볼프강 괴테Johann Wolfgang Goethe[14]의 업적을 그냥 지나칠 수 없다. 괴테는 프랑크푸르트Frankfurt의 부유한 가정에서 태어났다. 라이프치히Leipzig대학교에서 법을 공부하였으며, 그 다음에는 스트라스부르크Strasbourg대학교에서 공부하였다. 비록 법률가로 개업하였지만, 실제 그는 문학과 과학에 진정한 열정을 부렸다. 1786년 이탈리아를 여행하였고 그 곳에서 2년간 머물렀다. 그 곳에서 그는 과학 연구에 진지하게 노력을 기울였다. 1832년 82세로 죽을 때까지 장수하였으며 풍요로운 인생을 살았다.

초기 괴테는 생물학뿐만 아니라 물리학의 자기장, 전기와 같은 개념을 탐색하였다. 그는 바이마르Weimar 법정에서 시인으로 근무하는 동안, 예나Jena대학교 교수들과 18세기 과학자 헤르더Johann Herder[15]와 토의를 하였다. 비록 그는 진화에 대해 관심은 있었지만 생물학 경력에 비추어보면 이 주제가 핵심적인 관심사는 아니었다. 저술을 살펴보면 그는 실제로 식물구조에 대해 가장 많은 관심을 가졌음을 알 수 있다. 그의 논문, '식물의 변형에 대한 설명Attempt to Explain the Metamorphosis of Plants'을 살펴보면, 그는 영리하지만 완전히 비뚤어진 관점으로 식물의 모든 부분은 잎의 변형이라고 주장하였다. 이 책에서 이러한 잘못된 주장을 하였음에도 불구하고, 그가 이러한 현상들이 신의 특별한 창조로 보지 않고 종의 진화라는 가설을 더 선호했던 점이 명백히 엿보인다. 생물학은 이제 다윈을 받아들일 준비가 된 것 같았다.

속상하게도, 괴테 생전에 동시대 대부분의 사람들은 괴테의 과학적 업적의

14) Johann Wolfgang Goethe(1749–1832). 독일 작가, 예술가, 정치가, 파우스트를 저술
15) Johann Gottfried von, Herder(1744–1803). 독일의 철학자, 작가

탁월성을 검증하지 못했다. 반면, 괴테는 시인과 작가로서의 찬란한 명성으로 인해, 과학의 업적에서 어떤 불명예나 비난거리도 그를 헤칠 수 없었으며, 막아낼 수 있었다.

궁극적으로는 후에 헤켈Haeckel[16]을 포함한 권위자들이 괴테의 과학 업적을 인정하기 시작하였다. 실로 헤켈은 비록 괴테가 진화에 대해 충분할 만큼 흥미를 가지지는 않았지만, 다윈 이전 생물학자 가운데 진화의 개념에 가장 가까이 다가간 학자라고 생각하였다. 괴테가 '마음의 본질the nature of the mind'에 대해 논의한 업적들은, 이후 독일 생리학자 뮐러Johannes Muller[17]와 체코 생물학자 푸르키네Jan Purkinje[18]에게 많은 영향을 주었다.

콜로이터와 식물의 생식Kolreuter and Plant Reproduction

계몽시대 중요한 사람이 있다면, 조셉 콜로이터Joseph Kölreuter[19]이다. 그는 1733년 독일 뷔르템부르그Wurttemberg지방 슐츠Sulz에서 태어났다. 베를린과 라이프니츠대학교에서 공부를 시작했으며, 또한 상트 페테르부르크에서도 공부하였다. 1764년 칼스루허Karisruhe의 식물원에서 역사가 및 관리자의 직위를 부여받았다.

그는 연구에서 첫 번째 관심은 생식에 대한 것이었으며, 그 후 그의 연구경력 전체를 통해 생식만을 연구하였다. 현미경 관찰을 통해, 그는 꽃가루의 수정능력은 방출되는 유액에 따라 좌우된다고 주장하였다. 콜로이터는 또 꽃들이 자연적으로 수정하는 다채로운 방법에 대해 연구하였다. 그는 곤충이 다양한 방법으로 수정하는 것을 보여준 거의 확실히 첫 번째 사람이며, 바람이 한쪽의 꽃에

16) Ernst Haekel(1834–1919). 독일 생물학자 자연박물학자, 철학자, 의사, 교수, 예술가. 수많은 새로운 종의 이름을 명명하였음

17) Johannes Peter Müller(1801–1858). 독일 생리학자, 비교형태학자, 어류학자, 파충류학자

18) Jan Evangelista Purkyně(1787–1869). 체코 형태학자, 생리학자, 유럽 어느 지역에서나 그에게 보내는 편지주소는 '유럽 푸르키네'로 충분할 만큼 당시 유명세를 떨쳤음

19) Joseph Gottlieb Kölreuter(1733–1806). 독일 식물학자. 많은 식물과 꽃가루를 연구하였음

서 다른 쪽의 꽃으로 꽃가루를 이동시키는 것도 조사하였다. 그는 담배 연구에서 잡종 식물은 어버이 식물을 닮을 수 있기도 하지만 전혀 닮지 않을 수도 있다고 밝혔다. 오늘날에도 마찬가지로, 콜로이터는 두 종이 혼합 교배되어 낳은 자손의 형태와 최종 모양에는 두 종이 동일하게 영향을 준다는 점을 알아냈다. 예를 들면, X형 잡종 수컷과 Y형 순종 암컷이 혼성 교배할 경우, X형 순종 암컷과 Y형 순종 수컷을 교배한 것과 똑같은 식물이 나타난다. 그는 이러한 관찰을 현삼과mullein, 패랭이꽃pinks, 그리고 그 외 식물에도 확장하여 연구하였으며, 연구결과 항상 똑같은 현상을 관찰하였다. 특정 식물 종에 대한 관찰과 실험의 초기 연구 보고서에서, 식물의 유전에 대한 생각을 제시하였다. 그는 또한 멘델이 밝혀낸 식물 유전학의 일부를 이미 예측하였다. 그리고 돌연변이 현상도 추가로 이해하기 시작하였다.

불행하게도 그는 연구결과들을 괴이하게 의인화시키는 관점으로 인해, 그의 연구에 오점을 남겼다. 예를 들면, 그는 식물의 암컷 생식기관의 요소들은 변덕스럽다고 설명하였다. 이것은 어떤 의미 있는 특성을 설명하지도 않고 주장한 점이다. 이로 인해, 그는 생전에 진정한 명성을 얻지 못했으며, 그의 연구업적은 멘델과 함께 해야 하는 운명에 처하게 된다. 다행하게도, 이후 과학자들이 그가 남긴 연구업적을 소생시켰으며, 비록 기상천외한 방법으로 설명을 한 뒷면에는 최소한 일부 비중 있는 생각들을 해냈다는 점을 인정하기 시작했다.

포이지엘과 식물수리학Poiseulle and Plant Hydraulics

프랑스 의사 장 포이지엘Jean Poiseuille[20]은 1842년 수은압력계를 사용하여 모세혈관을 통해 혈액 이동경로를 설명하는 법칙을 발견하여 명성을 떨쳤다. 이 생각을 어떤 형태의 튜브를 통해 액체가 흘러가는 것에도 적용하였으며, 이 법칙을 식물에서 액체가 흐르는 방법에도 적용하였다.

20) Jean Louis Marie Poiseuille(1797–1869). 프랑스 물리학자, 생리학자

프루스트와 식물생리학Proust and Plant Physiology

식물세계의 내부를 더욱 깊게 파헤치게 됨에 따라, 프랑스 화학자, 조셉 프루스트Joseph Proust[21]는 채소에서 얻어낸 달콤한 주스에는 과당fructose, 젖당lactose, 포도당glucose이 포함된다는 것을 밝혀냈다. 그리고 포도와 꿀에도 동일한 당들이 포함되어 있는 것을 밝혀냈다. 몇 년 지난 후, 프랑스 생물학자 앙리 브라코노트Henri Braconnot[22]는 나무껍질과 톱밥과 같은 물질로부터 추출한 포도당의 생화학적 특징을 수집하는 데 성공하였다. 이로서, 다음 세대 과학자들은 포도당의 생화학적 전구체는 식물의 일반 화합물인 셀룰로오스cellulose임을 밝혀내게 되었다. 유사하게도, 프랑스의 아마추어 박물학자, 버나드 코트와Bernard Courtois[23]는 해초에 요오드iodine가 있다는 것을 밝혀낼 뻔 했다. 그러나 이후 1814년 험프리 데이비Humphrey Davy[24]가 그때까지 발견하지 못했던 요오드를 기본 화학 원소로 밝히고서야 그의 업적이 인정되었다.

기술Technology

계몽운동의 정신을 따르면서, 기술 또한 엄청난 행보를 이루어냈다. 무엇보다도 기술자들과 열정적인 아마추어들은 렌즈 연마의 과학을 개선하였다. 1768년, 프랑스 물리학자 앙투안 보메Antoine Baumé[25]은 액체비중계를 발명하였으며, 이로서 과학과 생물학의 연구에 필요한 또 다른 설비를 추가시켰다. 그가 액체비중계를 처음 발명했을 때, 그 내용을 학술지 레방L'Avant에 발표하였고, 곧 이 실험설비로 액체 또는 고체의 비중을 측정할 수 있었으며, 과학의 발전에 헤아릴 수

21) Joseph Louis Proust(1754–1826). 프랑스 화학자 일정 비례의 법칙을 발견
22) Henri Braconnot(1780–1855). 프랑스 화학자, 약제사
23) Bernard Courtois(1777–1838). 프랑스 디종에서 태어난 화학자
24) Humphry Davy(1778–1829). 영국 화학자, 발명가, 알칼리성 물질과 알칼리성 금속을 발견, 염소, 요오드의 성질을 발견
25) Antoine Baumé(1728–1804). 프랑스 화학자

없을 만큼의 가치를 만들어냈다.

새무엘 클링엔스티나Samule Klingenstierna[26]는 1698년 스웨덴에서 태어났으며, 더욱 개선된 렌즈와 광학기구를 설계한 업적으로 러시아과학학술원Russian Academy of Science에서 명성 높은 최고의 상을 받았다. 그리고 후에는 웁살라대학교에서 물리를 가르치는 교수의 직위를 성취했다. 렌즈를 개선하는 방법은 렌즈의 색수차를 최소화하는 것이었다. 이 방법으로 현미경과 망원경의 기능이 더욱 개선되었다. 그 결과 과학은 급속하게 발전할 수 있었다.

여전히 다른 기술적 혁명도 생리학의 발전에 엄청난 도움을 주었다. 1797년 예를 들면, 포이지엘Jean Poiseuille[27]은 혈압계를 발명하여 스스로 명성을 높였다. 이것은 오늘날 의사가 혈압을 측정할 때 사용하는 소박한 가압대 같은 도구이다. 의학적 응용의 목적을 넘어서서, 이 도구는 생리학자들이 신체의 기능에 영향을 주는 스트레스(압력), 화학물질, 환경요인 등을 측정하는 데 필수적인 도구가 되었다. 그러나 실제 오늘날 사용하는 혈압계는 1860년대 독창적인 지성을 갖춘 생물학자 에티엔 줄 머레이Etienne-Jules Marey[28]가 발명한 도구이다.

스팔란차니와 질병Spallanzani and Disease

계몽시대, 과학자들은 질병의 원인이 부패한 음식이라고 생각하기 시작하였다. 실제 초기 이들은 무엇이 정확한 원인인지에 대해서는 명확한 답이 없었지만, 그들은 음식이 상하는 것을 방지하기 위해 무수히 많은 방법을 동원하는 데 최선을 다했다. 이탈리아 생리학자 스팔란차니는 상한 음식이 진정 무엇인

26) Samule Klingenstierna(1698-1765). 스웨덴 수학자, 과학자., 처음 변호사로 경력을 시작했으나, 자연박물학자로 전향함. 그는 연구결과를 그의 조국인 스웨덴에서 스웨덴 말로 발표함에 따라 그의 명성이 널리 알려지지 않았음

27) Jean Louis Marie Poiseuille(1797-1869) 프랑스 의사, 생리학자. 포이지엘의 방정식

$\Delta P = \frac{S_{\mu} L Q}{\pi r^4}$ ΔP is the pressure drop; L is the length of pipe μ is the dynamic viscosity Q is the volumetric flow rate; r is the radius π is pi

28) Étienne-Jules Marey(1830-1904). 프랑스 과학자, 생리학자, 천연색 사진사. 심장학에 기여. 또한 생리학 연구의 양적자료를 해석하고 표현해내는 기술을 확립하는 데 기여

지를 최초로 밝혀낸 사람으로서 학계의 중심에 서게 되었다. 1765년 음식에 공기가 들어갈 수 있다면, 음식이 질병의 원인일 수 있을 것이라고 추측하기 시작하였다.

19세기 초 10여 년 프랑스 요리사 니콜라스 에퍼트Nicolas Appert29)는 스팔란차니의 생각을 다른 방법에 적용해보았다. 즉 열을 이용하여 음식을 살균할 수 있는 온갖 방법들을 세상에 소개하였다. 이 노력으로 그는 곧바로 명성을 얻게 되었다. 다른 사람들은 이 내용을 프랑스어와 다른 언어로 재빨리 번역하였다. 그 후, 1780년 스팔란차니는 '동식물 생리에 대한 논문A Treatise on the Physiology of Animals and Plants'에서 그 이전에 누구도 건드리지 않았던 소화의 과정을 밝혀냈다.

철학Philosophy

계몽시대 가장 영향력이 높은 스코틀랜드 철학자, 흄Hume의 영향으로 인해, 그 시기 철학적 관념들 가운데 이상한 주장들은 거의 없었다고 보아야 할 것이다. 흄의 철학과 과학에 대한 생각은 오늘날 거의 받아들여지지 않지만, 오늘날 철학을 전공하는 학생들은 누구나 흄의 철학적 규범들을 공부하고 있다. 반면, 그 당시 흄의 경험주의 이외 다른 나머지 철학적 사조나 주의들은 그렇게 중요하지 않았다. 악명 높은 학자로는 프랑스의 백사사전 저술가 학파의 한 사람, 디드로Denis Diderot30)를 떠올릴 수 있는데, 그는 여러 영역의 지식을 포괄적으

29) Nicolas Appert(1749–1841). 프랑스 공기를 압축시켜 저장 식품을 만들어낸 발명가, 통조림의 아버지, 과자 제조사

30) Denis Diderot(1713–1784). 프랑스 철학자, 예술 비평가, 후에 백과사전 편집가로 유명. 어린 시절, 성직자 공부를 했으나 곧 이 꿈을 버리고 법을 공부했음. 공부한 두 영역 직업을 거부하고, 1734년 작가를 결심, 이로서 아버지의 버림을 받고 그 후 10여 년을 보헤미안 생활을 하게 됨. 1742년 루소(Jean–Jacques Rousseau)와 친분을 가지기 시작. 그의 철학 사조는 자유의지에 대해 회의를 가지며, 전적으로 만물을 유물론 입장에서 바라보았음. 모든 인간의 행동은 유전으로 결정된다고 주장. 따라서 주변 학자들이 과도하게 수학을 신봉하거나 사회 발전에 대한 낙관론적 입장을 가지는 것에 대해 반대. 그는 진보라는 생각을 반대, 기술을 통한 진보는 결국에서 운명적으로 실패한다고 주장. 그는 실험에 입

로 종합하는 데 몰두하였기 때문에 그렇게 불린다. 초기, 프랑스 당국은 디드로 Diderot가 조직화되어 있는 종교를 공격했다는 이유로 그를 지하 감옥소에 던져 넣듯이 가두어 버렸다. 그러나 여전히 그는 대적할 사람이 없을 정도로 용감무쌍하였으며, 이로서 그는 유심론(정신론)을 완벽히 버리고, 유물론적 철학 관점을 옹호하는 데 일말의 지체도 없는 태도를 보이면서 전혀 두려움이 없었다. 흄과 같이 디드로는 처음부터 끝까지 진정한 기계론자였다. 그는 신은 존재하지 않으며, 다만 만물을 관장하는 데는 물리의 법칙만 있을 뿐이라고 믿었다. 그의 논문, '달랑베르의 꿈The Dream of d'Alembert'에서 외부세계의 구성과 지식의 본성에 대한 형이상학적 생각에 빨려 들어갔다. 그의 저서에서 나타난 바와 같이, 그는 미신적 관습과 투쟁하였으며, 대신 인간의 비참함과 불행을 고치는 만병통치약으로 과학과 기술의 미덕을 옹호했다. 오늘날 철학자들은 실질적으로 그의 지식의 본성에 대한 생각과 형이상학적 사상들을 보편적으로 받아들이지 않았지만, 과학이 인간의 모든 문제를 해결할 수 있다는 관념은 여전히 많은 사람들이 선호하는 사상으로 남아있다.

요약Summary

이 장에서 논의한 사상가들의 업적은 18세기 말에서부터 19세기 초반까지의 시기가 상당히 급격한 전환을 만들어낸 시기임을 말해주고 있다. 라마르크는 무척추동물의 자연사에 대한 저서를 통해 분류학을 진정한 과학으로 만들어냈다. 이 와중에 라마르크는 획득형질의 유전이라는 이론으로 외적으로 나쁜 평판을 동반하는 유명세를 얻어내기도 하였다. 또한 판더Pander와 볼프Wolff는 발생학 영역에서 상당한 수준으로 인정받는 업적을 남겼으나 동시에 볼프는 신비적인 생기력vis vital 주의에 집착하였다. 스팔란차니Spallazani도 미신적 관점과 근

각한 철학적 입장을 가졌으며, 가능성(probabilities)에 대해 연구. 백과사전 이외 도박, 범죄율, 천연두 예방접종 등에 대한 논문도 발표. 초기 종교를 믿었으나 점점 더 나이가 들수록 유물론, 무신론으로 전향. 그 후 발간한 철학책에서 유물론, 무신론 주장을 잘 표현

대과학의 방법적 관점에 동시에 일조하였다. 비록 그는 난자론ovism을 신봉했지만 수정fertilization에 대한 관점과 인공수정artificial insemination, 상한 음식food spoilage 등에 대한 연구들을 진정한 과학으로 접근하도록 만드는 업적을 남겼다. 역시 기술도 클링엔스티나Klingenstierna와 보메Baumé의 업적으로 인해 상당한 수준으로 진보했다. 식물학에서는 포이지엘Poiseulle와 프루스트Proust가 식물 생리학의 지식을 추가하였으며, 뒤자르댕Dujardin은 무척추동물학의 새로운 행로를 열었다.

Chapter 16

고생물학의 대두The Rise of Paleontology

17세기까지 고생물학, 또는 화석에 대한 과학은 발전되었지만 속도는 느렸다. 뷔퐁Buffon과 토마스 제퍼슨Thomas Jefferson은 화석에 묻혀 있는 생물체를 확인하였다. 19세기에 이르러서 이 영역은 바쁜 속도로 발전하였다. 다윈Darwin 시대 이전부터 생물학자들은 지구 지각에는 진화되었거나 생존하였거나 또는 오래전에 멸종한 동물과 식물로 뒤덮여 있다는 것을 알아차렸다.

큐비에Georges Cuvier[1]는 이 영역의 주요 과학자들 가운데 한 사람이었다. 그는 연구를 시작한 초기에 선사 시대 파충류 연구를 수행했으며, 곧 고생물학에 대한 연구를 하고 싶게 되었다. 프랑스 혁명 당시 한 탐험가가 악어의 두개골로 보이는 것을 프랑스 식물원에 보냈다. 탐험가들은 네덜란드 구딩Goddin박사 사유지에서도 이 화석들을 발견하였다. 사실, 이 두개골은 악어가 아니라 고대 파충류로서 근대 파충류의 원조를 추적할 수 있는 것이었다. 큐비에는 자신의 저서 '화석 뼈에 대한 연구Research on Fossil Bones'에 발견한 것들을 많이 포함

1) Georges Cuvier(1769–1832). 프랑스 자연학자, 동물학자, 19세기를 이끈 과학자. 비교해부학, 고생물학을 확립

시켰다. 이 저서는 실제 고생물학을 또 다른 과학 영역으로 분리시키는 데 기여하였다. 이 업적을 넘어서서, 큐비에는 바다에 서식했던 파충류 화석과 이미 멸종한 익룡과 같이 날개 달린 파충류를 동정해 냈다. 큐비에는 날카로운 관찰력을 발휘하여 화석 조각을 맞추어 그린 그림으로부터 익룡을 발견해냈다.

1780년 한 학자가 이전에 동정하지 못했던 공룡의 두개골을 발견했는데, 당시 네덜란드 채석장에서 일부 아마추어 탐험가들이 공룡을 발견하곤 했다. 결국 과학에서는 이 생물체를 모사사우루스mosasaurs(해룡)로 명명하였다. 이 시점에서 큐비에는 고생물학에서 권위 있는 전문성을 발휘하기 시작하였다. 큐비에가 측정한 결과에 따르면, 도마뱀을 죽 늘여서, 자로 측정한 결과 거의 50feet[2]나 되었다. 다른 경우에서와 마찬가지로 고생물학의 발견은 우연적이었다. 사실상, 대부분의 과학자는 이를 파악하기도 어려웠으며 동물인지 조차도 알기 어려웠으나, 1795년이 되어서야 비로소 큐비에가 공룡임을 알아냈다. 19세기 중기, 고생물학자 리차드 오웬Owen[3]은 고생물학자들이 엄청나게 많이 발견해낸 거대 파충류 화석들을 설명하는 이름으로 신조어 '공룡dinosaur'을 제안하였다. 1799년 한 지질학자 팀이 탐사를 통해 시베리아 빙하지대에서 완벽하여 확신할 수 있도록 보존된 완전한 형태의 매머드mammoth를 발견하였다.

매머드는 선사 시대 생존한 거대 동물들 가운데 이 시대에 발견해낸 마지막 동물은 아니었다. 또다시 큐비에는 초기에 발견한 화석 뼈를 설명하였다. 이들 화석 뼈에 대해, 오랜 기간 동안 종교 추종자들은 성경의 대홍수로 죽은 동물들의 잔여물이라고 주장하였다. 그러나 큐비에는 이들이 자연적 이유로 죽은 거대한 크기의 도롱뇽 뼈라는 것을 밝혔다. 고생물학은 풍요로워지면서 성숙한 과학의 모습을 갖추게 되었다. 19세기 중엽, 독일 자연학자 헤르만 마이어Herman von Meyer는 화석 뼈에서 날개 깃털 화석을 최초로 발견하였다. 이어 곧 과학자들은 또 다른 놀랄 만한 발견을 이루어냈다. 완벽한 형태를 갖춘, 날개를 가진 동물, 시조새 화석을 발견하였다. 마이어는 진화의 관점에서, 사실적으로 멸종한

2) 역주: 1ft=30.48cm, 약 15m 24cm

3) Richard Owen(1804-1892). 영국 생물학자, 비교해부학자, 고생물학자. 화석을 해석하는 데 탁월한 능력을 갖춘 자연학자로 간주

동물은 존재하지 않으며, 어디에선가 숨어있으며 발견될 것을 기다리고 있을 것이라고 추측하였다.

유형 이론The Type Theory

큐비에가 남긴 또 다른 불후의 유산은 '유형'이라는 원리이다. 이 유형 연구방법으로는 개별 종 내에서 진화한 생물체 유형들을 상호 비교할 수 없다. 예를 들어, 큐비에에 따르면 모든 동물은 4가지 주요 유형 가운데 한 유형에 속한다. 이 4유형에는 척추동물Vertabrata, 연체동물Moliusca, 절지동물Articulata, 환형동물Radiata이 포함된다. 이 4유형의 동물들에는 각 유형에 따라 형태 전반에 걸쳐 커다란 차이가 있기 때문에, 한 유형의 동물을 다른 유형의 동물과 비교해 볼 수 없다. 더 나아가 큐비에는 발생에 대해 다양한 의견을 제시했으며, 이로써 진화에 대한 근대 이론을 형성하는 데 크게 기여하였다. 필연적으로 큐비에는 결국 종이 멸종한다는 사실을 받아들이고 전통적인 견해에 가까운 관점의 진화를 가르치는 쪽으로 움직였다. 그러나 그는 여전히 우주와 종은 전지전능의 신의 자비로운 손길의 증거라고 믿고 있었으며, 이 믿음을 절대 포기하지 않았다.

대격변론의 대두The Rise of Catastrophism

이 모든 주장들이 있었음에도 불구하고, 큐비에는 확실히 과학 데이터로부터 조화로운 결론을 만들어내려고 엄청나게 노력하는 숭고한 세계관을 가지고 있었다. 오늘날 대부분의 과학자들은 큐비에가 1812년에 이르러 최소화한 표현으로 말한다 해도 엄청난 수준의 생각에 도달했다는 것에 동의하였다. 당시 큐비에는 '네발짐승 화석의 뼈Fossil Bones of Quadrupeds'의 제목으로 여러 권의 책을 연작으로 발표하였다. 이 저서에서 큐비에는 진화에 대해 '대격변론catastrophism'을 발표하였으며, 고생물학에서 척추동물 비교연구방법에 대한 안내서도 제시하였다. 큐비에는 화석에 대한 연구에 더욱 몰입하였으며, 대격변론에 대해 그의 관점을 발전시켜 나아갔다. 즉 대격변론은 주기적으로 생태계의 모든 동물과 식물의 종을 제거하는 것이며, 이는 신의 지혜로 이어서 새로운 것들을 만들어 낸 것이다. 이 우아한 철학은 오늘날 아직도 일부 지역에서 존중되는 설명으로, 주기적으로 또는 예기치 않게 일어났던 재해들, 대홍수, 빙하 등으로 지구상의 모든 생물체를 완전히 멸망시킨 현상을 설명하는 데 가치를 발휘하고 있다. 예를 들면, 워싱턴 대학 피터 와드Peter Ward[4] 교수는 1980년대 여전히 고대 연체동물, 암모나이트ammonites는 서서히 멸종되어 갔다고 믿고 있다. 그러나 최근 와드교수는 생각을 바꾸어서 이들의 멸종은 매우 급작스럽게 일어나며, 원인은 일종의 대재해라고 설명하고 있다(노아의 방주에 대한 이야기는 대재해의 대표적인 사례이다).

동일과정설Uniformitarianism

휴턴Hutton,[5] 라이엘Lyell,[6] 다윈 등의 과학자들은 상당히 설득력 있었던 동일과정설uniformitarianism을 선호하였다. 이 이론에 따르면, 지구상에 관찰되는 모든 것들은 거대한 시간에 걸쳐 조금씩 조금씩 나타난다는 것이다. 다윈은 비슷한 주장을 진화를 가르치는 데 포함시켰다. 즉 종은 측정할 수도 없는 시간에 걸쳐 점차적으로 변해간다고 주장하였다. 다윈의 명성 때문에 동일과정설은 이어지는 수년 동안 지질학과 진화에 대한 생각을 압도적으로 지배하였던 것으로 보인다. 1726년 제임스 휴턴은 부유한 유지의 자녀로 태어났다. 휴턴은 다윈

---

4) Peter Douglas Ward(1949－). 미국 고생물학자, 시애틀 워싱턴대학교 생물학, 지구천문학 교수. 화석과 종 다양성 대멸종 관련 저서 많음

5) James Hutton(1726－1797). 스코틀랜드 지질학자, 물리학자, 화학공학자, 자연과학자, 실험중심농업학자. 동일과정설의 창시자로 알려짐. 휴턴은 지질학을 정당한 과학으로 만들어냈으며, 이로서 근대 지질학의 아버지로 불림

6) Charles Lyell(1797－1875). 영국 변호사, 지질학자. '지질학의 원리'의 저서에서 휴턴의 동일과정설의 개념을 설명. 이 개념은 지구는 동일한 과정을 통해 형성되어 왔으며 지금도 아직 이 형성 과정이 진행 중이라고 주장하였음. 지질학적 예외적 현상에 근거하여 지구가 3억년이 넘었다고 믿었던 최초의 사람, 다윈과 친분을 가지고 서로 학문적으로 영향을 미친 것으로 알려짐

이 더 깊게 생각하도록 부추겼으며, 그의 논평, '지구에 대한 이론A Theory of the Earth'으로 생물학에서 가치를 따지기 어려운 전설적 업적을 남겼다. 그의 주장에 따르면, 지질학에는 생물체가 점차적으로 변해간다는 것을 명백히 보여주는 증거가 있으며, 따라서 지질학의 어느 부분에서도 성경에서 주장하는 창조를 지지하는 증거는 제시할 수 없다는 것이다. 그의 관점에 따르면, 화석 층에서 발견된 화석들은 점차적으로 축적된 침적물의 결과이다. 성경에서 말하는 대홍수는 지층의 화석을 만들어낼 수 없다는 점이다.

해양 탐사Exploration of the Seas

곧 과학자들은 지구의 표면으로부터 모든 생물체를 발견할 수 없다는 점을 생각하기 시작하였으며, 바다 밑에 있는 수수께끼는 그 깊이를 가늠하기조차 어렵다는 것도 깨닫기 시작하였다. 1815년 영국 더햄Durham의 생물학자 에드워드 포브스Forbes[7]는 여러 차례 항해를 통해, 살아있는 생물체는 바닷속에서도 번성하였다는 것을 보여주었다. 19세기 중반에 이르기까지 이 영역에서 더 이상의 탐사는 이루어지지 않았다. 19세기 중반 스코틀랜드 동물학자 톰슨Thomson[8]은 바다 밑 바닥을 뒤지는 일을 시작하면서 아직도 발견해야 할 생물체들이 무궁무진하다는 것을 알게 되었다. 1872년 톰슨은 챌린저호에 승선하여 연구에 참여하는 과학자로 동참하였고, 최근 생물학에 중요한 업적을 남기게 되는 해양탐사를 시작하였다. 톰슨은 4년간에 걸쳐 해양탐사를 실시했으며, 이 탐사 결과, 새로운 생물체에 대해 독특한 정보들을 얻어냈으며 해양 자체의 깊이와 구성요소에 대한 정보도 수집하였다.

---

7) Edward Forbes(1815－1854). '영국제도 동식물의 분포와 지질학적 변화'의 논문 발표

8) Charles Wyville Thomson(1830－11882). 스코틀랜드 해양 동물학자. 챌린저호 탐사에 참여. 해양생물학 업적으로 작위 수여받음

지질학의 대두The Rise of Geology

1799년은 주장컨대 고고학에서는 가장 중요한 연도이다. 이때, 나폴레옹 군대는 3가지 다른 유형의 문자를 포함하는 지층 석판을 발견하였다. 이 로제타 석판Rosetta stone9)은 만들어진 당시의 문명화를 밝혀내 주었다. 곧 과학자들은 로제타 석판에서 얻은 정보로 이집트 상형문자와 수메르 설형문자를 번역할 수 있게 되었다. 놀랄 여지도 없는 당연한 발견으로, 1802년 오스트리아 고고학자 헨리 로린손Henry Rawlinson10)은 페르시아 제국으로 거슬러 올라갈 수 있는 내용이 담긴 설형문자를 최초로 번역하였다. 그러나 이 역사적 번역물을 그 당시 누구도 출판하려 하지 않다가, 1846년에서야 비로소 출판되었다.

윌리엄 스미스William Smith

지질학 영역과 연결하여 칭송을 받을 만한 학자는 토목 공학자 윌리엄 스미스William Smith11)이다. 그러나 그는 업적을 제대로 인정받지 못하는 경우가 많았던 학자였다. 윌리엄 스미스는 영국의 지질학 지도를 제작한 사람으로, 1769년 가난한 집안의 자녀로 태어났다. 학교교육을 받지 못했지만 측량기사가 되었으며, 일생을 통해 지층에서 나타나는 생물학 지식을 추적하게 되었다. 그는 지층에서 생물체를 찾아내는 것 이외의 목적으로 화석을 활용하여 연구한 최초의 과학자였다. 그는 화석에서 나타나는 특징들이 또 다른 새로운 패턴을 지니고 있다는 것을 알아차렸다. 즉 제대로 조사한다면, 화석들을 분류하여 특정 지층에 속하는 것들로 구분할 수 있다는 것이다. 화석들을 세밀히 조사하고 이들

---

9) 196BC 고대 이집트 프톨레마이오스 5세 왕조에서 제정한 법령이 새겨진 석판. 이 법령은 3가지로 구분. 윗부분은 고대 이집트 상형문자로 기록. 중간 부분은 데모틱의 민중문자, 아랫부분은 고대 그리스문자로 기록. 동일한 내용을 3가지 문자로 제시하였으며, 이로서 근대에서 고대 이집트 상형문자를 이해할 수 있게 됨

10) Henry Rawlinson(1810−1895). 영국 동서회사 소속 군인, 정치가, 앗시리아 연구의 아버지, 영국은 반드시 러시아의 남아시아에 대한 욕망을 인지할 것을 강조한 정치학자.

11) William Smith(1769−1839). 영국 지질학자. 최초로 영국 내 지질도를 제작. 이 지도를 제작한 당시 과학자들은 이를 중요하게 평가하지 않았음

이 지구 역사상 특정 시기 특정 지층과 연계된다고 가정할 수 있다면, 지질학자들은 지층과 화석이 얼마나 오래 된 것인지를 산출해낼 수 있었다. 결국 스미스는 거대한 지도책에 대한 그의 관점과 이론을 설명한 책을 출판하였다. 그는 가감없이 과학자로서는 최초로 지각의 특정 지층의 연대를 추적하는 데 화석의 중요성을 밝혀냈다.

화학의 지속적인 성장The Continuing Rise of Chemistry

이 시대, 다른 과학 영역에서도 발전을 이루어냈다. 예를 들면, 1772년 물리학자 헨리 캐번디시Henry Cavendish[12]와 다니엘 러더포드Daniel Rutherford[13] 둘 다 질소를 발견했으며, 셸레Scheele[14]는 산소 가스를 발견하고 이를 '불타는 공기fire air'로 명명하였다. 실로 불은 산소가 있을 때 더욱 맹렬하게 타오르기 때문이다. 비록 과학자들이 이들 원소들과 생물학을 연결시키는 것을 중요하게 받아들이기 시작했지만, 그 후 생물학에서 이들의 중요성은, 특히 생화학자들이 질소와 산소가 단백질의 구조로서 통합적으로 연결되었다는 것을 발견했을 때, 이는 생물학에서 더욱더 포괄적인 것으로 밝혀졌다. 조셉 프레스틀리가 산소를 최초로 발견한 것으로 업적을 인정받았지만, 최근 역사학자들의 재평가를 통해 비록 쉘러가 프레스틀리가 논문을 발표하기 전까지 어떤 연구 결론도 발표하지 않았지만, 쉘러도 프레스틀리와 동시에 산소를 발견한 것으로 인정하기 시작했다.

12) Henry Cavendish(1731–1810). 영국 자연철학자, 과학자, 실험과 이론을 겸비한 화학자이며 물리학자. 연소될 수 있는 공기, 즉 수소(hydrogen)를 발견한 사람

13) Daniel Rutherford(1749-1819). 스코틀랜드 내과의사, 화학자, 식물학자. 질소 분리한 업적은 명성을 얻었음.

14) Carl Wilhelm Scheele(1742-1786). 스웨덴 약리화학자. 다른 사람보다 먼저 발견했지만 업적을 인정받지 못하는 경우가 많아 행운이 따르지 않는 사람으로 알려짐

천문학Astronomy

천문학에서는 베를린 천문대의 요한 보데Johann Bode가 태양에서부터 행성까지의 거리를 수학식으로 계산하는 방법을 고안해냈으며, 그 후 이를 보데의 법칙[15]이라고 명명하였다. 또한 보데는 태양의 구성성분에 대한 이론을 개발했으며, 이 이론은 윌리엄 허셜William Herschel[16]과 유사하였다. 추가적으로 프랑스과학원의 피에르 사이먼 라플라스Pierre Simon Laplace[17]는 확률에 대한 연구업적으로 유명세를 얻게 되는데, 그는 다른 행성들이 태양계로 진입하는 것을 다른 행성들의 미세한 크기의 편차로 일어나는 것임을 증명하였다. 이어지는 해는 프랑스 혁명 후 10년 되는 해로, 라플라스는 천문학에서 밝혀낸 모든 내용을 여러 권의 책으로 만들어 냈다. 이 내용들은 웅장한 천체역학으로 표현되었다.

물리Physics

헨리 캐번디시Cenvendish는 또한 전기는 실제 현실에서는 액체와 같이 움직인다고 주장하였다. 19세기 미국 물리학자 헨리 롤랜드Rowland[18]는 이 주장을 의심하였다. 그 후 캐번디시는 중력상수 g를 측정하였다. 이 생각을 증명하기

15) 보데의 법칙

추정값1	4	4	4	4	4	4	4	4	4	4
추정값2	0	3	6	12	24	48	96	192	384	768
계산값	4	7	10	16	28	52	100	196	388	772
행성	수성 Mercury	금성 Venus	지구 Earth	화성 Mars	소행성 Asteroids	목성 Jupiter	토성 Saturn	천왕성 Uranus	해왕성 Neptune	명왕성 Pluto
실제관측값	3.9	7.2	10	15.2	ceres 27.7	52.0	95.4	191.9	300.7	395

16) Sir Frederick William Herschel (1738－1822). 독일 태생. 영국 천문학자, 기술자, 작곡가. 천왕성을 발견한 것으로 명성을 얻었으며, 목성을 도는 두 개의 달도 발견. 또한 최초로 적외선을 발견한 사람. 음악에서는 심포니 24편을 작곡한 것으로도 유명함

17) Pierre－Simon Laplace(1749－1827). 프랑스 학자. 수학, 통계, 물리, 천문학에 영향력을 끼친 과학자 1799년부터 1825년까지 천체역학에 대한 저서 5권을 저술

18) Henry Augustus Rowland(1848－1901). 미국 물리학자. 1899－1901년 미국물리학회 초대 회장 역임. 질 높은 회절격자를 제작하였음

위해 전선 한쪽 끝에 작은 납덩이 2개와 다른 한쪽 끝에 큰 납덩이 2개를 매달았다. 무게가 더 큰 물체의 중력은 무게가 더 작은 물체를 끌어당기기 때문에, 전선을 비틀어지게 만든다. 전선이 비틀어지도록 만드는 힘이 바로 중력상수이다. 큰 물체에 대한 작은 물체의 비율에 따라 중력상수 g가 산출된다. 결론적으로 캐번디시는 뉴턴이 시작했던 물리학의 연구를 결론지었다. 캐번디시는 중력상수를 활용하여, 지구가 물보다 6배가 되는 밀도를 가지고 있다는 것을 밝혀냈다. 이전 시대와 마찬가지로 물리학의 엄청난 발전으로 생물학자들은 더욱 노력하게 되었으며, 나아가 물리학 이론들을 생물학적 현상에 적용하였다.

의학Medicine

의학에서는, 독일 내과의사 메스머Mesmer[19]의 시대였다. 그는 질병을 치료하기 위해, '메스머리즘mesmerism' 또는 동물 자기animal magnetism로 알려진 최면술을 최초로 사용하였다. 이 방법은 19세기 프로이드Sigmund Freud[20]가 사용하였다. 19세기 중반, 스코틀랜드 의사 제임스 브레이드James Braid[21]는 최면의 효과를 다시 설명하였다. 즉 최면이 어떻게 작용하는지를 설명하는 이론적 기작을 제안하였다. 최면술은 재빨리 내과의사의 진료방법으로서의 위치에 안착하였다. 거의 동시에, 성 바르톨로뮤St. Bartholmew 병원의 퍼시벌 포트Percival Pott[22]는 질병의 원인으로 환경요인을 설명하면서 근대과학으로서의 의학을 제시하였

19) Franz Anton Mesmer(1734－1815). 독일 내과의사. 천문학에 많은 관심을 가진 학자로서 자연에서 에너지 전이는 생물과 무생물체 사이에 일어나는 데 이를 동물자기라고 주장. 후에 메스머리즘(mesmerism)으로 명명. 이 이론은 1780－1850년 동안 지배적으로 받아들여짐. 1843년 스코틀랜드 내과의사 브레이드(James Braid)는 동물자기 활용방법을 '최면'이라고 말하였으며, 오늘날 메스머리즘의 의미로 받아들여짐

20) Sigmund Freud(1856－1939). 오스트리아 신경학자, 정신분석의 아버지. 비엔나 대학교에서 의사 자격을 취득. 비엔나종합병원에서 뇌성마비, 실어증, 신경해부학에 대한 연구를 수행함. 후에 신경병리학 교수 역임

21) James Braid(1795－1860). 스코틀랜드 외과의사, 최면술 개척자. 최초의 진정한 최면술을 시술. 근대 최면술의 아버지로 간주

22) Percivall Pott(1714－1788). 영국 외과의사, 정형외과 창시자. 암의 원인이 환경의 발암물질이라고 보여준 최초의 과학자

다. 그는 영국에서 굴뚝을 청소하는 사람들이 음낭에 암이 발생하는 경우가 많다는 것을 발견하였으며, 숯 검댕이 질병의 원인임을 정확하게 추측하였다.

칸트 시대The Age of Kant

철학의 측면에서 보면, 이 시대는 단연코 역사적으로 가장 중요한 시기였다. 1781년 독일 철학가 임마누엘 칸트는 위대한 저서, '순수이성의 비판Critique of Pure Reason'을 출판하였다. 이 사상은 경험적 철학가들의 생각에 성공적으로 스며들었다. 특히 로크Locke, 버클리Berkeley, 흄Hume과 데카르트Descartes, 라이프니찌Leibnitz, 스피노자Spinoza의 사상과 연결되었다.

식물학과 개체군 이론의 대두Botany and the Rise of Population Theory

이어지는 해에, 화이트Gilbert White[23]는 저서, '자연의 역사와 셀본의 유물Natural History and Antiquities of Selborne'에서 영국의 도시 셀본Selborne의 식물상과 동물상을 체계화된 개체군 집단으로 편성하여 훌륭하게 설명하였으며, 이를 통해 식물학을 발전시켰다. 1789년에 출판된 이 책은 생물학에서 환경과 생태적 관점의 중요성을 확립시키는 데 큰 도움이 되었다. 곧이어 1798년 토마스 멜서스Thomas Malthus[24]는 유명한 생각을 만들어냈다. 멜서스는 1766년 영국의 부유한 영주의 자녀로 태어났다. 그는 캠브리지에서 목사가 되기 위한 공부를 하고 있었지만, 학문에 대한 열정은 경제학에 집중되었다. 그의 부친은 프랑스 계몽사상 철학자 루소와 함께 일을 하였으며, 따라서 아들 멜서스에게 대중에게 순수 이익을 주기 위해서 부를 재분배해야 한다는 가치와 공정함을 가르쳤다. 멜서스는 논문, '인구의 원칙과 미래 사회 발전에 미치는 영향Principle of Population as It Affects the Future Improvement of Society'을 필명으로 발표하

---

23) Gilbert White(1720–1793). 영국 목사, 자연박물학자, 조류학자

24) Thomas Robert Malthus(1766–1834) 영국 목사. 정치경제학 및 인구통계학에 큰 영향을 줌

였는데, 그는 이 논문으로 인해 극단적인 사회적 사조를 만들어내게 될 것을 두려워하였다. 이 저서에는 이 세상 사람들의 불행은 근원적으로 지구의 자원을 함부로 쓰고 낭비하는 것 때문이라는 내용이 포함되어 있다. 멜서스는 빈곤과 전쟁만이 세계 인구를 통제할 수 있으며, 세계 인구를 통제할 수 없게 된다면, 빠른 속도로 악순환이 반복된다고 하였다. 1970년대까지 이 책자는 성경과 같이 인식될 정도로 인정받았으며, 인구 성장을 제로로 만드는 운동으로 진화되었다.

생물학의 입장에서 본다면, 이 저서에서 멜서스가 제시하는 중요한 논쟁거리는 사회경쟁은 불가피하게 평균 이하 또는 부적응 집단을 범죄나 악행의 방법으로 제거시킬 것이라는 점이다. 이 관점은 다윈이 속속들이 철저하게 분석한 결과에 근거하여 추천하는 내용이다.

곤충 분류학Entomological Taxonomy

1734년 레오뮈르Reaumur가 이루어낸 역사적 발견 이후, 어느 누구도 곤충학에서 괄목할 만한 결과를 이루어내지 못했다. 동물학자 요한 파브리시우스 Johan Christian Fabricius[25](200년 전 과학자와 동명이인)가 이 가뭄 같은 곤충학의 공백을 해갈시켰다. 1775년 그는 '곤충 계통학Systematic Entomology'을 출판하였다. 그는 덴마크 출신으로 내과의사의 아들이었다. 1763년 코펜하겐대학교에 입학하였으며, 그후 웁살라대학교에 들어가서 린네와 수년간에 걸쳐 친분을 쌓았다. 얼마 지난 후 키엘Kiel[26]대학교 교수로 임명되었다. 비록 봉급은 적었지만 파브리시우스는 학기 동안 파리의 친구들을 방문하여 생각을 논의하는 데 많은 시간을 보냈다.

25) Johan Christian Fabricius(1745－1808). 덴마크 동물학자, 곤충, 거미, 갑각류, 절지동물을 집중적으로 연구. 린네의 학생. 약 10,000종의 동물을 명명. 18세기 가장 중요한 곤충학자로 간주. 현대 곤충 분류의 기초를 마련함

26) The University of Kiel는 독일 키엘 소재 공립대학교. 1665년 설립, 현재 약 24,000명 학생 등록. 1864년까지 독일 북부지역 유일한 대학

파브리시우스는 곤충 계통학을 통해 생물학의 두 가지 분야, 곤충 탐사와 곤충 분류에서 매우 인상적인 발전을 이루어냈다. 그는 저서에서 곤충을 분류하는 데 대체적으로 린네 방법을 적용하였다. 그의 저술의 제목조차도 린네의 것들과 비슷하였다. 이 논문에서 종과 변종을 분류하는 데 날개보다 입의 구조에 근거를 두고 효율적으로 분류하였다.

슈프렝겔과 곤충의 생식Sprengel and Insect Reproduction

발전으로 향하는 힘이 줄어들지는 않았다. 독일 생물학자 크리스티안 슈프렝겔Christian Sprengel[27]은 쾰로이터Kolreuter[28] 연구, 즉 곤충과 바람이 꽃가루를 이동시켜 식물을 수정시키는 방법에 대한 연구를 지속하였다. 슈프렝겔은 1750년 브란덴부르그 지방의 신앙이 독실한 집안에서 태어났으며, 그의 아버지는 수년간 대성당 서기로 지낸 사람이었다. 초기 교육은 언어, 신학, 철학이었다. 그 후 몇 년 동안 베를린학교 학교장을 지냈다. 그러나 변덕스럽고 잘 참지 못하는 성격으로 학교 교직원과 학부모들과 갈등을 초래하였다. 또한 그가 진정 형편없는 교사라는 점은 모든 사람들이 다 아는 사실이었다. 불가피하게, 1794년 비록 연금을 전부 받게는 되었지만 학교를 그만두어야만 했다. 그는 일생 동안 거의 대부분의 시간을 홀로 지냈으며, 1816년 베를린에서 세상을 떠났다. 그는 대부분 집에서 연구를 수행했는데, 식물의 개화기에 대한 정보, 식물이 번성했을 때 나타나는 형태적 특징에 대한 정보를 저술하는 연구였다. 식물의 수정에 대한 생각은 주로 이미 언급한 것처럼 곤충과 바람이 꽃가루를 이동시킨다는 생각이었는데, 대부분이 쾰로이터의 생각과 유사하며 오늘날에도 여전히 유효한 지식으로 남아 있다. 그 자신 스스로 저서, '자연에서 발견된 신비: 꽃의 구조와 수

---

27) Christian Konrad Sprengel(1750–1816). 독일 신학자, 교사, 자연학자. 식물의 성에 대한 연구로 유명함

28) Joseph Gottlieb Kölreuter(1733–1806). 독일 식물학자. 수많은 식물의 종과 꽃가루를 연구. 특히 식물을 교배시킨 최초의 과학자. 이 식물은 담배로서 *Nicotiana rustica*와 *Nicotiana paniculata*임. 식물 가운데 genus Koelreuteria는 그의 이름으로 명명

정The Secret of Nature Discovered in the Structure and Fertilization of Flowers'에서 다음과 같이 설명하고 있다.

> 1789년 여름, 여러 종의 붓꽃을 조사하다가 곤충에 의해 수정된다는 것을 발견하였다. 다른 꽃들 가운데 동일한 구조를 가진 경우에도 곤충으로 수정된다는 것을 관찰하였다. 내가 발견한 연구결과에 근거한다면, 아마 꿀을 분비하는 모든 꽃들은 곤충에 의해 수정된다고 확신할 수 있다.[21]

이 시대 대부분의 과학자들에게 당연했던 것처럼, 슈프렝겔은 현실에서 찾아낸 증거와 신의 관대함으로 질서를 만들어내는 것을 알게 되었다. 쾰로이터, 멘델과 마찬가지로 슈프렝겔은 동료 과학자들이 무시하는 것으로 고통을 당해야 했다. 부분적으로 그가 자신의 저작물에 신학적인 메시지를 명백하게 포함시켰던 것은, 이 당시 세상을 기계적으로 해석하려고 안간 힘을 쓰고 있었던 과학자들과 거리를 두려는 목적으로 볼 수 있다. 그는 저서에서 언급한바, 일부 신들이 최종적 상태에 도달하기 위해 자연을 설계하였다고 추측하는 것은 오히려 아리스토텔레스나 중세 신학을 연상하도록 만드는 생각이다. 다행히도, 다윈이 사람들로부터 잊혀져가는 슈프렝겔을 그 망각으로부터 탈출시켜 주었다. 다윈은 슈프렝겔의 꽃과 식물의 형태에 대한 조사와 곤충과 꽃의 관계에 대한 조사 결과에 근거하여 진화와 자연선택에 대한 대부분의 결론을 도출하였다.

요약Summary

이상 모든 것을 보더라도, 이 시대는 큐비에의 것이었다. 고생물학이 일어나기 시작하였는데, 모사사우루스와 같은 동물 화석을 무수히 발견한 것들에서 그렇게 결론내릴 수 있다. 이 시대는 또한 진화 이론으로서 대격변론과 동일과정설 간의 경쟁이 더욱더 치열해져가는 시대로 볼 수 있다. 이는 현재까지도 아직 해결되지 않는 논쟁이다. 고생물학과 사촌이 되는 과학으로 지질학은 장 귀타Jean Guettard[29)]의 업적으로 더욱 발전해 나갔다. 장 귀타는 고대 빙하기가 존재했다는 것을 최초로 밝힌 과학자이다.

다른 과학 영역도 재빠르게 진척되었다. 천문학에서는 보데Bode의 법칙이 발견되었고, 물리학에서는 캐번디시Cavendish의 업적, 그리고 화학에서는 셸레Scheele의 업적들이 탁월하게 드러났다. 의학에서는, 메스머Mesmer의 시대였다. 독일의 거장 임마누엘 칸트Immanuel Kant는 철학을 지배하였다. 식물학에서는 길버트 화이트Gilbert White의 업적으로 발전을 이루어냈으며 토마스 멜서스Thomas Malthus는 인구성장에 대해 역사적인 고찰을 만들어냈다. 무척추 동물학, 특히 곤충학에서는 슈프렝겔Sprengel과 파브리시우스Fabricius가 노력한 결과로 진척을 이루어냈다.

29) Jean-Étienne Guettard(1715-1786). 프랑스 자연주의자, 금속학자. 어린 시절 할아버지로부터 식물에 대해 배웠으며, 후에 의학박사 학위를 취득, 프랑스와 인근 국가 여러 지방의 식물을 연구하면서 식물의 분포와 토양의 관계에 관심을 가짐

Chapter 17

빅토리아 시대의 생물학Biology in the Victorian Era

18세기, 19세기를 통해, 과학자들은 과학의 대부분의 분야에서 놀라운 진보를 이루어냈으며, 나아가 심리학에서조차 업적을 만들어 냈다. 에르스텟Hans Oersted, 암페어André Ampere, 패러데이Faraday, 볼타Allesandro Volta 등 많은 사람들은 전기를 완벽히 이해하고, 이 전기의 힘을 움켜잡고 이용하였다. 에르스텟Oersted[1]는 전기가 자기장을 만든다는 것을 발견하였다. 암페어André Ampere[2]는 전기가 여러 전선에 흐를 때 전기가 같은 방향으로 흐르면 서로 당기게 되며, 반대 방향으로 흐르면 서로 밀어낸다는 것을 증명하였다. 또한 자기장은 작은 크기의 전하량이 물체 내부를 이동할 때 만들어진다는 이론을 제시하였다. 실로 이러한 발견은 거의 진실에 가까운 내용들이다.

빅토리아 시대, 최초의 진정한 과학혁명은 영국인 물리학자 맥스웰James

1) Hans Christian Ørsted(1777−1851). 덴마크 물리학자 화학자, 자기장을 만들어내는 전기회로를 발견, 전기자기장의 개념을 발전시킴. 근대 사상가로 사고실험(thought experiments)을 명확히 설명하고 명명한 학자였음.

2) André−Marie Ampère(1775−1825). 프랑스 물리학자, 수학자. 고전적 전기자기장을 발견. 전기회로에서 암페어는 그의 이름으로 명명.

Clerk Maxwell[3])이 탁월함과 명민함으로 발견해낸 전기와 자기장의 통합이다. 이 시기 이후부터 지속적으로 과학자들은 힘, 즉 전기자기장 힘을 한 가지의 힘으로 설명하였다. 그 전에는 전기력과 자기력으로 구분하여 논의하였다. 비록 이 용어가 최근에는 쉽게 사용되지만, 맥스웰의 업적은 실로 패러다임의 변화였다. 그의 연구 노력으로 인해, 다른 과학자들이 만물의 힘을 통합시키려는 연구를 추진하기 시작했다. 방사능에 해당되는 약한 힘, 전기자기장, 중력에 해당되는 것으로 핵을 유지시키는 강한 힘을 제안하였다. 과학은 통합의 목표를 향한 여러 방법의 일부이지만, 맥스웰은 이 모두를 시작하였다.

이 시대에는 진정 위대한 발견들이 많이 이루어졌다. 빅토리아 시대가 끝나자마자, 영국 물리학자 러더포드Ernest Rutherford[4])는 원자의 핵은 원자의 중앙에 집중되어 있으며, 따라서 소형의 압축된 핵이라는 가설을 세웠다. 간략히 말하자면, 이례적인 범위에까지 도달할 정도로, 빅토리아 시대의 물리학은 집중적으로 관심을 받았다. 그럼에도 불구하고, 한 동안 과학의 모든 영역은 동일한 수준의 터전에 머물러 있었다고 보아야 할 것이다. 과학자들은 몇몇 예외를 제외하고는 본질적으로는 아마추어 수준이었다. 열정적인 젊은 과학자들이 여행 기금, 돈 벌이가 되는 대학 직책, 정부와 재단 자금 등을 받을 날은 아직 멀었다.

여러 국가들 가운데, 독일은 과학자들에게 위에서 나열한 현대적인 혜택과 유사한 것들을 제공하는 정책을 만들어낸 최초의 국가이었다. 그러한 신임으로, 20세기에 과학계가 여전히 유럽을, 주로 대학원 바로 직후에 배움의 장소로 여겼던 것은 놀랄 일이 아니다. 예일대학교의 물리학자 깁스Willard Gibbs[5])는 학교 공부를 마친 후 그 다음 단계의 공부를 위해 유럽으로 갔으며 로렌드Henry Rowland[6])나 그렇게 추앙받았던 마이클슨Michelson[7])도 마찬가지로 유럽에 가서

---

3) James Clerk Maxwell(1831－1879). 영국 스코틀랜드 에딘버러 출생. 수학 물리학자, 전기자기장 이론 발견. 그의 업적은 뉴턴과 아인슈타인의 수준이었음. 뉴턴은 물리학의 통합을 최초로 이루어 냈으며 그 다음 단계의 물리학의 통합을 이루어낸 사람

4) Ernest Rutherford(1871－1937). 뉴질랜드 태생 영국 화학자 물리학자, 핵물리학의 아버지. Michael Faraday 이후 가장 위대한 실험가. 초기 방사능 반감기의 개념 발견

5) Josiah Willard Gibbs(1839－1903). 미국 커네티컷 주 뉴헤븐 출생. 물리, 화학, 수학, 열역학에 기여. 벡터 미분학 발명. 1863년 예일대학교 최초 공학박사 취득

공부하였다. 화학영역에서는, 라이너스 폴링Linus Pauling8)이나 어빙 랭뮈Irving Langmuir9) 같은 사람들은 그 길을 따라 유럽으로 공부하러 갔으며, 물리에서는 슬레이터John Slater10)와 블랙J. Van Vleck11) 등이 이런 길을 따랐다. 이러한 과학자들이 유럽에 가서 앞선 연구를 추진하게 되는 일들은, 19세기 당시 미국에는 진정한 과학으로 볼 수 있는 연구들이 거의 없었으며, 미국은 과학연구 영역에서는 단지 서투른 수선 직공 수준이었다. 그러나 물론 몇 명의 유명한 과학자들, 에디슨Edison, 웨스팅하우스Westinghouse, 라이트형제the Wright, 이스트맨George Eastman 등이 있긴 했다. 이 관점은 대체로 사실이지만, 예외도 있었다. 미국의 가장 주목할 만한 과학자들을 열거한다면, 시카고대학교 마이클슨Michelson은 최초로 광속도를 정확하게 측정하였다. 미국 물리학자 로렌드Henry Rowland는 전류가 무엇으로 구성되어 있는 것에 대한 실험을 수행했으며, 그 실험은 당대에 가장 획기적인 것으로 평가되었고 이론가 깁스J. Willard Gibbs는 예일대학교에서 열역학 이론을 개척하는 데 바쁜 시간을 보냈다. 이외에도 과학자의 이름을 계속적으로 열거할 수 있을 것이다.

---

6) Henry Augustus Rowland(1848－1901). 미국 펜실베이니아 주 혼스데일 출생. 물리학자. 회절격자 질을 높인 업적으로 유명, 미국물리학회 초대 회장(1899－1901) 역임

7) Albert Abraham Michelson(1852－1931). 미국 물리학자, 광속도 측정으로 유명, 최초의 미국인으로서 1907년 노벨 물리학상을 수상함. 폴란드에서 유태인 가정의 아들로 태어남

8) Linus Pauling(1901－1994). 미국 오리건주 포틀랜드 출생. 화학자, 생화학자, 평화주의자. 화학의 양자화학에서 가장 중요한 업적을 남김. 생물학의 분자생물학 업적을 이루어 냄. 노벨상을 단독으로 2회 수상한 유일한 사람이며, 서로 다른 영역에서 노벨상을 수상한 2명에 포함됨. 폴링은 화학과 평화, 퀴리는 화학과 물리에서 수상

9) Irving Langmuir(1881－1957). 미국 뉴욕 브루클린 출생. 화학자, 물리학자. 가장 유명한 업적은 1919년 발표한 원자와 분자의 전자의 전자 배열의 논문

10) John Clarke Slater(1900－1976). 미국 물리학자, 원자, 분자, 고체의 전자구조에 대한 이론을 구축. 이 이론은 화학과 물리에 중요한 영향을 주었음. 극초단파 전자공학에도 기여함

11) John Hasbrouck Van Vleck(1899－1980). 미국 물리학자, 수학자, 자기장 고체의 전자의 움직임에 대한 업적으로 1977년 노벨 물리학상을 공동수상. 1942년 맨해튼 프로젝트에 참여, 오펜하이머와 원자폭탄의 원리를 발견함

빅토리아 시대 과학의 철학적 기반
Philosophical Foundations of Science in the Victorian Age

과학이 그 시대마다의 사상과 철학의 지배를 받는 것처럼, 19세기 과학자들도 마찬가지로 당대 철학적 선입관의 지원을 받으면서 연구를 진행하였다. 대부분의 철학은 그 이전과 마찬가지로 주로 독일에서 나왔으며, 독일의 자연주의 학파에 속하는 학자들은 헤겔Hegel, 피히테Fichte, 슐레겔Schlegel과 그 외 학자들이다. 임마누엘 칸트의 영향과 그 누구도 필적하기 어려운 저서, '순수 이성에 대한 비판'으로, 19세기에는 로크Locke와 흄Hume의 경험주의보다 데카르트Descartes와 라이프니츠Leibnitz의 이성주의를 강조하였다. 과학을 합리주의 학문으로 전환하는 것이 쉽지 않은 상황에서, 독일 학자들은 비록 엄격한 실험관찰 데이터가 없는 상황에서 조차도, 독일의 추상적 추론에 대한 개방성으로 수십 년 동안 추상 과학을 이끌 수 있게 하였다.

과학은 영역별 특징을 가진다. 그러나 만약 다른 과학의 발전을 방해하였다면, 물리 영역일 것이다. 그렇다고 하더라도, 물리학이 다른 과학보다 낫다면, 아주 조금이다. 무엇보다도 다윈이 있었다. 화학은 화학 자체적으로 영광을 가지고 있었다. 유기화학은 이 시대 진공과 같은 무에서 시작했으며, 마리 퀴리, 곧 알아볼 돌연변이 가설의 드브리스, 그 외 많은 다른 사람들의 빛나는 혁신으로 가득 차 있었다. 기묘하게도, 이 시점까지 과학자들은 서로 다른 인종들의 차이점을 분석하는 데 거의 주의를 기울이지 않았다. 최소한 생물학 분류체계에서 점잔을 빼는 내용을 넘어서는 것에 대해 고민을 했어야 했다.

인종의 출현The Emergence of Race

곧 변화는 물밀 듯이 일어났다. 1819년 영국 과학자 로렌스William Lawrence[12]는 영어로 출판된 '생리학 강의' 저서에서, 생물학biology이라는 단어

12) Sir William Lawrence(1783–1867). 영국 의사, 생물학자. 다윈 이전 시대 진화에 대한

를 처음으로 사용하였으며, 일련의 강의에서 아무런 악의도 없이 인류는 다양한 종족들로 구성되어있다고 언급하였다. 비록, 로렌스Lawrence 주장에는 특별히 무례함이나 섬뜩한 내용은 어디에도 없었음에도 불구하고 강의 후, 다른 사람들은 어떤 집단이 다른 집단보다 더 지능이 높다는 것을 보여주려는 목적으로 여러 가지 비상식적이고 인종적으로 편향된 "과학적" 논문으로 그릇 해석하였다. 예를 들면, 유명한 프랑스 인류학자, 폴 브로카Paul Broca[13]는 프랑스에서 남자와 여자의 뇌의 무게를 측정하기 시작하였다. 이 결과에 근거하여 여자의 뇌가 남자의 뇌보다 가볍기 때문에 여자가 남자보다 이해력이 부족하다고 연역하게 된다. 그의 제자 르봉Le Bon[14]은 이 고전적 연구의 후속 연구로 여자의 뇌는 남자의 뇌보다 더 많이 고릴라의 뇌와 유사하다고 주장하는 연구를 추진했으며, 다음과 같이 결론을 내리게 된다.

> 여성의 지적능력을 연구한 심리학자들은 여성이 진화에서 열등한 유형이며, 어린이나 미개인에 근접하다고 인식하고 있다.[22]

우생학Eugenics

확신컨대, 르봉Le Bon의 심리 판결 이후 초래된 가장 불행한 여파는 '우생학'이 시작된 점이라 할 수 있다. 이렇게 1883년 프란시스 갈톤Francis Galton[15]은 '인간의 능력에 대한 탐구Inquiry into Human Faculty'에서부터 1869년 발표한 '천재성의 유전Hereditary Genius'에 이르기까지, 그 외 다수의 책자에서 우생학을

생각을 책자로 발표했으나, 곧 혹독한 비판으로 자신의 생각을 담은 제2권을 후퇴시켰음

13) Paul Broca(1824–1880). 프랑스 의사, 형태학자, 인류학자. 실어증 환자 뇌의 전두엽 피질에 반점을 발견, 뇌의 기능의 위치를 형태학적 증거로 제시한 최초 연구임

14) Gustave Le Bon(1841–1931). 프랑스 사회심리학자, 사회학자, 인종우월성, 집단행동, 민중 심리 등에 대한 연구업적. 의학을 공부한 후, 1860년대에서 1880년대 유럽, 아시아, 남아프리카를 여행했으며, 고고학, 인류학에 대한 저술작업 및 과학실험장치를 고안·제작함

15) Francis Galton(1822–1911). 영국인 빅토리아 시대 박식가, 찰스 다윈의 사촌, 에라스무스 다윈이 할아버지, 인류학자, 우생학자, 열대지방 탐험가. 지리학, 기상학 등을 연구

논의하였다. 갈톤은 전기 작가 칼 피어슨Karl Pearson에게 보낸 편지에서, 인도 공직자를 대상으로 실시한 IQ 연구의 결과에 대해 다음과 같이 흥미롭게 논의하였다.

> 내가 현재 몇 년 전에 시작한 연구를 검토하는 중인데, 아직 더 연구를 해야 할 것이라 생각이 드네. 이제 막 유용한 결론을 도출하는 중이라네. 그러나 지금이 결론을 내릴 수밖에 없는 시점이네. 이것은 인도 공직자들 가운데, 후보자의 위상을 검토하고 그가 임명됨으로써 얻어지는 가치와의 상관관계란 말일세 …23

갈톤은 과학이 선택적 육종을 통해 인간을 향상시킬 수 있다고 주장하였다. 그의 가족 배경을 살펴보면, 우생학을 선호하는 점이 놀랄 일은 아닌 것 같다. 그는 가정에서 얻을 수 있는 최상 수준의 지적 및 문화적 배경의 장점을 누렸다. 일부 생물학자, 예를 들면, 터만Lewis Terman[16]은 갈톤의 IQ가 200정도 된다고 하였는데, 그러나 이것은 공상인 것 같다. 갈톤은 어린 시절, 부모님들이 그의 변덕스러움을 계속해서 모두 받아주었으며, 그러하여 그는 자기 스스로를 '완전한perfect' 인간의 패러다임으로 정하게 되었다. 갈톤은 연구내용에서 불만족스러운undesirable 특성은 임상적으로 발견될 수 있다는 내용을 포함하고 있는데, 그가 높은 수준의 IQ를 타고났다고 주장되고 있음에도 불구하고, 이 연구내용에서 나타나듯이 추상적 사고에 대한 재능은 거의 타고나지 않았다는 점을 알 수 있다. 즉, 만일 갈톤이 뛰어난 사람이라면 불만족스러운 특성은 과학적으로 측정할 수 있는 성질이 아님을 깨우쳤어야 했다는 점이다.

그럼에도 불구하고, 그 당시 많은 사람들이 갈톤의 주장을 지지하였으며, 거기다가 당시 실제로 발간되었던 학술지, 바이오메트리카Biometrika[17]에서조차

16) Lewis Terman(1877－1956). 미국 심리학자. 20세기 초 스탠포드대학교 교육대학원 교육심리학 개척. 스탠포드－비네 지능검사 개발. 고지능(high IQ) 아동에 대한 종단연구. '천재에 대한 유전적 연구'를 수행, 탁월한 우생학자로 알려짐

17) Biometrika 과학학술지 1901년 10월 옥스퍼드 대학교에서 창간한 후 지금까지 지속되며 현재에는 연간 4회 발간됨, 당시 칼톤, 피어스(Karl Pearson), 웰돈(Raphael Weldon) 등

우생학 관련 연구를 독점적으로 발간하였다. 갈톤은 만족스러운desirable 특성은 항상 불만족스러운undesirable 특성에 대해 우성이라고 믿었다. 물론, 오늘날 이 연구내용은 거의 살아남지 못하고 사라진 상태이다.

그러나 공정하게도 갈톤은 대규모 유전으로 인종을 재건하려고 의도하지는 않았다. 오히려 그는 개별 사람에게 적용할 수 있는 유전의 과학적 의미로서 우생학이라는 용어를 사용하고자 의도하였다. 아마도 이 문제는 갈톤의 생각이 너무 쉽게 받아들여졌기 때문에 생겨난 것이라 할 수 있다. 사회 개혁가들은 사회가 강간, 성범죄자를 거세시켜야 한다고 주장하는데, 오늘날 이 주장은 최소한 논의할 만한 주제이다. 그러나 우생학 운동에 대한 최후의 일격은 그 끔찍함을 여기서 부연할 필요도 없는 1930년대와 1940년대의 나치주의였다.

렛시우스와 인종에 대한 과학적 연구

Retzius and the More Scientific Study of Race

결국에는, 최소한 이 우생학에 대한 연구는 스웨덴 생물학자 렛시우스Anders Retzius[18]의 연구로 조금은 더 과학적인 연구로 돌아서게 되었다. 렛시우스는 1796년 룬드Lund에서 태어났으며, 그는 소수 민족의 자손이었지만 자신감이 있는 과학자였다. 실로 그는 초기에는 아버지가 직접 집에서 교육을 시켰으며, 후에는 코펜하겐에서 제이콥슨Ludvig Jacobson[19] 지도하에 공부하였다. 학자 경력으로, 스톡홀름 가축연구소의 생물학 교수로 시작하였다. 그의 조사 탐구방법은 다소 독특하였다. 대부분의 조사결과는 초기 메모들과 생각들이었다. 그럼에도 이러한 조사결과는 매우 중요하였다. 인생의 장년기 시절, 특별히 먹장어의 혈액순환과 신경계뿐만 아니라 구강 형태에 대한 연구 업적을 부분적으로 남겼

이 생물통계학(biostatics 또는 biometrics) 연구논문을 홍보하기 위해 창간하였음

18) Anders Retzius(1796-1860). 스웨덴 해부학 교수, 카롤린스카연구소 책임자. 다양한 인종의 두개골을 연구. 서로 다른 두개골을 가진 인종은 기원이 다를 것이라 생각

19) Ludwig Lewin Jacobson(1783-1843). 덴마크 의사. 코펜하겐의 유태인 가정에서 출생. 코펜하겐에서 의학을 공부하였음. 1807-1810년 왕립축산농업고등학교에서 교사로 근무

다. 그 후 오늘날 비교 인류학이라고 일컫는 학문영역으로 전향하였다. 그는 스칸디나비아에서 노아의 대홍수 이전에 만들어진 묘지의 흔적을 탐색하기 시작하였다. 그리고는 곧 두개골은 길거나 짧은 것으로, 즉 장두형dolichocephalic과 단두형brachycephalic으로 쉽게 분류할 수 있었다. 예를 들면, 슬라브 사람은 단두형short-skulled이며, 독일 인종은 장두형long-skulled이었다. 나아가 후에 얼굴의 골격을 총괄적으로 분류하는 체계를 고안하였다.

그러나 곧, 1842년, 렛시우스는 지능에 대한 더 과격한 접근방법에 고무되었다. 이 개념에 의하면, 인종에 따라 지능에 차이가 있다는 것이다. 두개골의 형태적 구조가 지능의 차이를 만들어 내는 핵심적 요인이라는 점이다. 그러나 그는 여전히 인종별 지능을 서열화 시키지는 않았다. 브로카Broca는 개별 사람의 능력들이 뇌의 특정 위치에 존재하고 있다는 이론을 제안하였는데, 이 제안은 그 이전 연구 결과보다 좀 더 과학적이었다. 브로카Broca는, 예를 들면, 언어장애가 있는 사람을 부검했을 때, 뇌에 병변의 흔적이 있는 것을 찾아냈다. 슬프게도, 이 연구방법으로 인해 많은 과학자들이 막다른 골목길에 부딪히는 상황에 도달하였다. 즉 기억과 같은 많은 정신적 기능이 뇌에 위치한다고 추측하였다. (예를 들면, 콘웰대학교 말콤Norman Malcolm[20]은 1974년 출판한 '기억과 정신Memory and Mind'의 저서에서 이 관점에 대해 상당 수준의 의구심을 제기하였다). 그래도 약간 더 유망하거나 또는 불분명한 탐색과정에서, 빅토리아시대의 많은 생물학자와 심리학자들은 뇌의 다른 부분에서 다양한 정신 기능을 '찾을locate' 수 있다는 기이한 개념에 사로잡혔다. 일부 사람들은 지능은 전두엽에 위치하고 있다고 생각했다. 그러나 이에 대한 실험결과는 즉각적으로 지능이 전두엽에 위치할 것이라는 선입견이 잘못 의도된 편견이라는 결론을 확인시켜 주었다. 이처럼 기이한 견해를 반대하는 증거가 명백한데도 체계적으로 왜곡하여, 그것이 그 견해에 대한 증거로 보이도록 한 것은 '자기봉인self-sealing' 논증으로 논리적 오류의 전형적 사

20) Norman Malcolm(1911-1990). 미국 철학자, 콘웰대학교 교수 역임. 1938-1939년 캠브리지대학교에서 비트겐슈타인의 강의를 들었으며, 이후에는 가장 친한 친구로 서로 연구에 대해 많은 의견을 나눔

례가 되어버렸다.

실질적으로 소동법석의 소란은 쇠퇴되고, 비과학적인 주장은 다시는 재현되지 않을 것처럼 보였다. 그러나 20세기, 노벨 물리상을 수상하고 트랜지스터를 발명한 물리학자 윌리엄 쇼크리William Shockley[21]는 브로카Broca형식의 논쟁을 이어받아 흑인은 백인보다 열등하다고 주장하였다. 1990년대 뉴욕시립대학교의 철학자, 마이클 레빈Michael Levin[22]은 쇼크리Shockley의 관점을 받아들였다. 실제 학문적으로 아무런 의미도 없지만, 이와 같은 관점들이 계속적으로 받아들여져 오고 있다.

멘델의 업적The Work of Mendel

1857년, 언급할 가치를 뛰어 넘을 만큼의 조사가 유전학에서 시작되었다. 그해, 전설적인 오스트리아 실레지아 지방의 멘델Mendel[23]은 뒷마당에서 완두콩을 만지작거리기 시작하였다. 1822년에 태어났으며, 그가 일생을 통해 성취한 유전학에 가장 큰 영향을 준 것은 초기 완두콩*Pisum sativum* 실험에 근거를 두고 있다. 멘델은 야외활동을 취미로 좋아하는 아버지와 농장에서 자란 덕분에 어린 시절부터 생물학에 매료되었다. 고향의 성직자 슈라이버Pater Johann Schreiber신부는 멘델의 관심과 재능을 알아차리고 생물학 공부를 지속하기를 희망하였다. 사실 실제적으로 그 스스로 멘델에게 농업과 식물학을 가르쳤다.

1843년 멘델은 알트번Altbrunn수도원에 입소하였다. 이 체코슬로바키아 수도원은 플라톤의 철학에 근거한 기독교와 운명론(예정설)을 신봉하였다. 오늘날

21) William Bradford Shockley Jr.(1910－1989). 미국 물리학자, 발명가. 1950, 1960년대 트랜지스터를 상품화하여 실리콘 벨리를 주도. 1956년 다른 2명의 과학자와 함께 트랜지스터 발명으로 노벨 물리학상을 수상. 스탠포드 교수 역임. 우생학을 확고히 지지하였음

22) Michael Levin(1943－). 미국 뉴욕시립대학교 철학 교수. 인종에 대해 Arthur Jensen과 Richard Lynn이 백인이 흑인에 비해 유전적 차이로 IQ가 더 높다고 주장한 내용에 동의

23) Gregor Johann Mendel(1822－1884). 함스부르크 제국(오스트리아－헝가리 제국) 실레지아 지방 하인첸도르프 마을 출생. 신부, 생물학자, 기상학자, 수학자. 사후에 근대유전학의 창시자로 인정받음

에 잘 알려져 있듯, 그러한 체제의 수도사들은 엄청난 학문적 활동을 수행하였다. 대부분의 공부는 번역이거나 과학이었다. 따라서 멘델은 많은 시간을 할애하여 동물학과 식물학을 완벽히 공부할 수 있었다. 알트번수도원에 있는 동안, 멘델은 완두콩 실험을 했으며, 이 연구결과로 근대 유전학을 만들어냈다.

중년기, 멘델은 점차적으로 더욱 유전학에 매료되었는데, 그 당시만 해도 유전학이라는 학문과 이름조차도 존재하지 않던 시기였다. 일생을 통해, 호박, 대두, 완두, 많은 종류의 과실류, 그리고 심지어는 농장에서 발견할 수 있는 동물의 유전현상을 상세히 관찰하였다. 현명하게도 멘델이 완두콩을 연구하게 된 이유는 오늘날 유전학자들이 초파리를 이용하는 이유와 유사하다. 즉, 완두콩과 초파리 둘 다 번식주기가 빠르고, 대단위 자손으로 번식하며, 유전되는 특성들을 명백하게 발현하고, 두 개체군 모두 구조적으로 단순한 점이다. 추가로 완두콩은 다른 식물과 교배하는 일도 드물다는 점이다. 즉 완두콩의 특징은 다른 어떤 식물의 특징과 선명하게 구분된다는 점이다. 멘델이 실험하는 동안 가장 관심을 기울인 특징은 식물의 키 높이, 씨앗의 색깔, 씨앗 껍질의 주름진 것과 둥근 것, 줄기 정단의 축 방향의 꽃과 줄기 말단의 꽃이었다.

빈틈없이 정교한 실험 중 한 가지는 완두콩 키가 '큰tall'과 '작은dwarf 것'의 특징을 조사하는 실험이었다. 먼저, 키가 큰 완두콩을 자가수분(완두콩의 한 개 개체에 암컷과 수컷 생식기관이 함께 있으므로 가능함)하였다. 실험결과, 모든 자손들이 키가 큰 것으로 나타났다. 그리고 유사하게 키가 작은 식물들의 모든 자손들이 키가 작은 것으로 나타났다. 비록 서식 조건이 다소 척박하더라도 키가 큰 식물은 키가 평균치 7피트(1ft=30cm, 2m10cm)보다 약간 작아지지만 여전히 키가 큰 식물로 성장하였으며, 이들과 동일한 환경에서 자라는 키 작은 식물보다 항상 키가 컸다. 멘델은 온도, 날씨, 그 외 다른 환경 요인을 지속적이며 또 불규칙적으로 변화하더라도, 이 기본적 패턴은 변하지 않는 것을 알아차렸다. 이는 결론적으로 완두콩의 키가 크거나 작은 것은 환경요인이 아니라 전적으로 유전적 요인에 달려있다는 것이다.

유전 법칙The Laws of Heredity

곧, 멘델은 유전의 가장 기본적인 법칙을 설정할 수 있었다. 그 다음 단계로 멘델은 키 큰 식물과 키 작은 식물을 교배하였더니 모든 자손이 키 큰 것으로 나타났으며, 키 작은 식물은 나타나지 않았다. 그 다음에 멘델은 키 큰 자손을 자가수정하였다. 그 결과 키가 큰 완두콩의 2대 자손에서는 다시 일부 키가 작은 자손이 나타났다. 실험을 반복하면서 키가 큰 자손의 수를 기록함에 따라, 멘델은 평균적으로 2대 자손의 키 큰 식물과 키 작은 식물의 비가 3:1임을 증명하였다. 이러한 사실을 설명하기 위해 이론을 만들어가기 시작하였다. 이 결과는 이제 유전학에서 가장 유명한 내용으로, 일부 형질들은 우성인 반면 다른 형질들은 열성이라는 내용이다. 멘델은 1865년 브륀Brunn자연사학회에서 이 내용을 포함한 논문에서 다음과 같이 기록하고 있다:

> 이 논문에서, 이러한 형질들은 세대를 거치면서 완전하게 전달되거나, 교배에서 거의 변하지 않으며, 따라서 이 형질들은 잡종의 특징이 되는데, 이를 우성dominant으로 명명하며, 그리고 잠복성의 숨어 있는 형질들은 열성recessive이 된다.[24]

더 나아가 멘델은, 어버이 식물은 자손 세대에게 유전적 특징의 형질들이 두 가지가 함께 '입자' 쌍의 형태로 전달된다는 내용도 제안했다. 비록 그 당시 멘델이 유전자나 염색체에 대해 알지 못했지만, 이 내용은 확실히 올바른 방향으로 향한 첫 번째 단계였다. 그 이론이 형성되기 위해서는 다음의 4가지가 전제되어야 할 것이다: 자손 세대는 두 가지 형질 가운데 각 형질의 열성, 열성과 우성, 그리고 우성이다.

형질의 우성이 열성과 결합하면 자손 세대에서 우성이 발현될 것이다. 그러므로 키가 큰 형질이 키가 작은 것에 대해 우성이므로, 키가 큰 형질이 한 개만 있어도 그 식물은 키가 큰 것으로 발현할 것이다. 키가 작은 식물은 모두 키가 작은 형질이어야 할 것이다. 서로 차이나는 특징의 확률이 평균 3:1이며, 키가 큰 식물이 키가 작은 식물에 비해 3배 많이 나타난다. 19세기 중반을 지나면서 멘델은 이러한 법칙을 만들어내는 데 상당한 진보를 이루어냈다. 특히 난자 또는 정자의 생식에서 유전자를 분리하고, 새로운 개체를 형성하는 유전자로서 독립적으로 재결합을 만들어내는 분리segregation에 대한 가설을 제안하였다.

멘델의 업적은 무시됨Mendel's Work Falls on Deaf Ears

이 시점에서, 멘델은 실험연구의 과정에서가 아니라 실험연구의 결과를 알리는 데 실패하였다. 멘델은 천성적으로 부끄럼이 많은 사람으로서 자신의 연구결과를 억지로 권유하는 것을 꺼려하였다. 이 문제로 인해 멘델은 나중에 추진한 실험에서 결론을 확인하는 것에도 실패하였다. 그 후 연구에서 나타난 결과들을 다시 반복하여 검증하는 일이 오늘날에는 다음과 같이 쉽게 추진할 수 있는 연구이다. 당시 멘델이 실험에 반복적으로 사용한 식물은 완전하게 자가수정으로 생산된 것들이며, 이로 인해 잡종을 생성하는 일은 불가능하였다. 그러나 멘델이 교배를 실시했더라면 – 즉 한 종 또는 변종과 다른 종과의 교차 교배 – 멘델의 비율이 지속적으로 관찰되었을 것이다. 이 당시 식물학과 유전학에 대한 연구는 매우 초보적이었으며, 다른 과학자들은 실험결과의 자료를 해석하는 방법을 명확하게 이해하지 못했다.

멘델은 초기 실험 결과에 대해서만 독일 생물학자 네글리Karl von Nageli[24)]

---

24) Karl von Nageli(1817–1891). 스위스 식물학자. 취리히 근처 도시 출생. 취리히대학에서 의학을 공부. 취리히대학교 교수로 지내다가 1852년 독일 프라이부르크대학교 식물학과 학과장 역임. 1857년 뮌헨대학교 교수로 지내다가 거기서 사망. 1842년 꽃가루의 세포분열을 최초로 관찰한 사람이라고 하나, 실제 핵에 대한 것을 알지 못한 시기이었음에 따라 핵분열을 관찰하지 못했다는 주장이 있음. 멘델과 서신교류를 통해 유전에 대한 멘델의 발견을 전해 들었음에도 불구하고, 그는 유전적 특징을 전달하는 유전물질에 대해 언급한 그의 저서에서 멘델에 대해서는 단 한 자도 언급하지 않았음. 2006년 전기 작가 사이먼 마웨(Simon Mawer)는 멘델 연구에서 '네글리(Nägeli)가 우둔하고 건방진 점을 용서할 수 있으며, 당시 유전에 대해 심도 있게 고민했음에도 불구하고 멘델 연구의 중요성을 알아차릴 능력이 없었던 점도 용서해 줄 수 있다. 그러나 자신의 책에서 멘델의 이름을 인용하지 않은 점은 용서할 수가 없다'라고 기술하고 있음

와 서신 교환을 했으나, 네글리Nageli는 흥미를 보여주지 않았는데, 이는 실험자료 해석방법을 명확히 알지 못한 탓으로 보였다. 멘델은 후에 그의 연구결과와 결론을 '브륀 자연사학회 회보Transactions of the Brunn Natural History Society'에 게재하였다. 20세기 초기에 영국 생물학자 윌리엄 베티슨William Bateson[25]은 즉각적으로 멘델의 연구결과가 얼마나 강력한 업적인지를 알아차렸으며, 왕립원예학회에서 '원예탐구의 유전적 문제들The Problems of Heredity as a Subject for Horticultural Investigation'이라는 제목하에 루부릭을 사용하여 멘델의 연구를 발표, 토론하였다. 한참의 시간이 지난 후, 멘델의 논문은 1901년 왕립원예학회 학회보에 실렸다. 그러나 이것은 단지 홍보를 위한 노력에 지나지 않았다.

그럼에도 불구하고, 결국에는, 프랑스 생물학자로서 파리식물원의 누댕Charles Naudin[26]은 멘델의 연구결과에 흠뻑 매료되었다. 그는 교배실험을 시작했으며, 멘델의 연구에 기반을 두고 식물에서 이전 조상세대로부터 유전되는 특징들의 규칙성을 찾아내는 연구를 수행할 수 있었다.

세포분열에 대한 이해의 진척Progress in Grasping Cell Division

아직, 유전형질이 유전되는 부분에 대해서 제대로 이해하지 못한 시점이었으며, 이는 그 당시에는 유전자, 염색체 등에 대해서는 알지 못했고, 이에 대한 연구는 20세기의 연구였다. 유전자, 염색체를 발견하는 연구 이전에, 그래도, 과학자들은 세포 그 자체에 대해 더 많이 이해했어야 하였다. 즉 이 불가사의한 존재 내부에 유전자가 자리를 차지하고 있었던 것이다. 이러한 발견을 향해 한 걸음 가까이 가도록 만든 업적은 폴란드 생물학자로서 본Bonn 대학교 교수 에드워드 스트라스버거Eduard Strasburger[27]와 독일 생물학자로서 키엘Kiel대학교 교

25) William Bateson(1861－1826). 영국 유전학자, 캠브리지 세인트 존 대학 교수. 유전과 생물학적 유전형질을 설명하기 위해 유전학이라는 용어를 처음 사용한 사람. 멘델의 연구결과를 알리는 데 주도적 역할을 한 과학자

26) Charles Naudin(1815－1899). 프랑스 자연박물학자. 근대 유전학의 선구자로 알려짐

27) Eduard Strasburger(1844－1912). 폴란드－독일, 바르샤바 출생. 겉씨식물과 속씨식물의

수 플레밍Walther Flemming[28]이 유사분열mitosis, 즉 세포가 분열되는 과정을 찾아낸 부분이다. 1843년 플레밍은 슈베린Schwerin에서 태어났으며, 대학원 과정 후, 프라하와 키엘에서 생물학 교수로 지냈다. 세포 내 소기관을 고정하고 염색하는 데 탁월하고 혁신적인 기술을 사용하였다. 대부분의 생물학자들 가운데 특별히 플레밍Flemming은 현미경으로 생체보다 사체를 사용하여 관찰하는 방법을 개척하였다. 생물학자들은 죽은 조직을 사용하는 이 방법으로 세포내 물질의 대사적metabolic 전환과 물리적 전환을 보다 신뢰도 높게 조사할 수 있었다. 당시 생물학자들은 유사분열 직전에 세포 내 염색체가 일직선으로 배열된다는 것을 알아냈으며, 점차적으로 세포분열에 대한 정보를 추가하였다. 실로 플레밍은 세포분열에서 나타나는 일련의 과정을 표시하기 위해 최초로 전기prophase, 중기metaphase, 후기anaphase, 말기telophase의 용어를 사용하였으며, 염색질chromatin과 성상체aster, 그 외 여러 가지를 처음으로 발견하고 명명하였다. 벨기에 생물학자 베네당Edouard von Beneden[29]은 식물과 동물들은 종마다 서로 다른 수의 염색체를 가지고 있다는 사실을 발견하면서, 생물학에서 염색체에 대한 과학 지식은 점점 더 축적되었다.

빅토리아 시대 마지막 10년의 시기에 이르자, 플레밍은 세포학, 즉, 세포물질, 핵, 세포분열에 대한 기념비적 논문을 저술하였다. 이 논문에서 그는 유사분열과 염색체에 대한 발견을 밝혔다. 그 당시는 생식세포의 세포분열 과정에서 감수분열에 대해서는 아직 밝혀진 내용이 없었던 시기였다. 플레밍은 중심체centrosome도 발견하였다(반 베네당도 독자적으로 중심체를 발견하였다).

발생 시 특징을 구분하고, 피자식물의 중복수정을 발견하였음, 식물세포학에서 세포의 핵분열에서 새로운 세포의 핵이 만들어진다는 근대 법칙을 만들었으며, 세포질(cytoplasm)과 핵질(nucleoplasm)의 용어를 처음 사용하였음

28) Walther Flemming(1843 – 1905). 독일 생물학자, 세포유전학의 창시자, 세포분열 시 딸핵의 핵이 실과 같은 형태의 염색체임을 발견하고 이를 염색질(chromatin)로 명명함. 그는 멘델의 유전학을 알지 못했으며, 따라서 자신의 관찰과 유전을 연결시키지 못했음

29) Édouard Joseph Louis Marie Van Beneden(1846 – 1910). 벨기에 발생학자, 세포학자. 세포유전학에서 회충 연구로 염색체가 감수분열 시 배우체를 만드는 것을 발견함

보바리와 유사분열Boveri and Mitosis

1888년 뷔르츠부르크Wurzburg[30] 대학교에서 교수로 지낸 독일 동물학자 테오도르 보바리Theodor Boveri[31]는 유사분열 시 나타나는 방추사spindle 형성을 매우 정확하게 묘사하였다. 방추사는 분열 시에만 나타나는 소기관으로서 염색체로부터 방사형 형태로 배열된다. 가장 놀라운 점은, 보바리는 식물세포에는 방추사가 존재하지 않는 점을 발견하였는데, 이 내용은 그 누구도 예측하기 어려운 내용이었다. 식물세포에서는 세포질 자체가 동물세포의 방추사 역할을 한다고 설명하였다. 보바리는 또한 현재는 중심체centrosome라고 불리는 소기관도 발견하였는데, 이는 세포분열 시에만 나타나며, 방추사를 형성하는 데 결정적 역할을 한다고 설명하였다. 그는 정확한 이론으로 제시하였는데, 중심체는 세포분열의 전 과정을 통제하는데, 즉 세포분열 직전에 염색체들이 일렬로 배열하라고 지시를 내리는 것과 같다는 이론을 제시하였다. 사실, 뉴욕의 유티카Utica에서 생물학자였던 월터 서튼Walter Sutton[32]과 함께, 보바리는 가장 먼저 염색체의 존재를 유전정보의 운반자라는 가설을 주장하였다.

감수분열의 발견The Discovery of Meiosis

1887년 벨기에의 베네당Beneden은 세포분열의 대안적 과정으로 감수분열을 발견하였다. 그는 최초로 감수분열 시 유사분열과는 반대로 염색체의 수가 반으로 줄어든다는 것을 알아차렸다. 이와 같이 반으로 줄어든다는 것은 유성생

---

30) Wurzburg 대학교. 원래는 Julius-Maximilians-Universität Würzburg. 1402년 설립, 독일에서 전통적 대학으로 가장 오래 된 대학교 중 하나

31) Theodor Heinrich Boveri(1862-1915). 독일 생물학자. 세포단계에서 암 발생과정을 최초로 제안. 성게실험에서 배 발생 시 모든 염색체의 순차적 과정 발견. 이는 이후 보바리-서튼 염색체 이론이 됨. 1888년 중심체 발견. 배 발생 시 염색질 감소현상도 발견

32) Walter Sutton(1877-1916). 미국 유전학자, 의사. 현대 생물학 발전에 가장 큰 공헌을 함. 멘델의 유전의 법칙은 생물체의 세포 수준에서 염색체에 적용할 수 있다는 이론을 만들어냄. 현재 이 이론은 Boveri-Sutton 염색체 이론으로 알려져 있음.

식에서는 필수적이다. 즉 각 부모가 염색체의 반을 각각 기여하며, 그 결과 새로운 자손은 그 종만의 특징이 되는 염색체의 수를 가지게 된다는 점이다. 또한 1903년 논문, '유전에서의 염색체Chromosomes in Heredity'에서 다음과 같이 서튼Sutton이 말한 것을 인용하고 있다:

> 우리가 유전현상의 궁극적인 해답을 찾고자 했다면, 미생물 세포의 구조를 조사했어야만 했다는 것을 인정해야 한다. 멘델은 이 내용을 충분히 인식하고 있었다. 요즘 멘델의 연구를 재탄생시키고 멘델의 실험결과를 확장시키고 있는 생물학자들은 세포조직과 세포분열 사이의 연관성이 반복적으로 일어나는 가능성을 찾아냈을 것이다. 거의 1년 전에 나(Sutton)는 명확히 Brachystola와 같은 미생물 세포에서 염색체들이 고도로 조직화되는 것을 관찰했으며, 이 관찰결과에 비추어 볼 때, 유전의 중요성이 반드시 여기에 있다는 점을 알 수 있다.[25]

서튼은 멘델의 노력에 대해 큰 죄를 지었다는 부분을 일찍부터 알아차렸다. 서튼 그 자신은 유전에서 염색체의 역할을 논의하는 데 정자이론자의 한 사람이었다. 또한 그는 세포분열 시 염색체와 유전자가 어떻게 변해가는가를 발견하는 데 기여하였다.

이 연구와 아주 유사한 연구를 수행한 독일의 코셀Albrecht Kossel[33]은 1879년 원형질 세포에서 발견할 수 있는 핵Nuclein(이는 후에 스트라스버거Eduard Strasburger가 세포질로 재명명하였으며, 오늘날, 세포 핵 속의 세포질은 핵질nucleoplasm로 명명하고 있다. 그런데, 지금 세포 내부의 액체는 '세포질'로 불린다)의 성질과 구조를 조사하기 시작하였다. 그 후 몇 년 이내에 코셀Kossel의 연구는 유전학이라는 새로운 학문 영역에서 핵산Nucleic Acids의 거대한 발견을 이끌어냈다. 이 발견의 중요성은 곧 과학계 목록에 명백히 중요한 내용으로써 등단하게 된다. 즉 과학

---

33) Albrecht Kossel(1853–1927). 독일 생화학자, 유전학의 개척자. 1910년 세포핵의 핵산의 화학적 구조를 밝힌 업적으로 노벨생리의학상 수상, 핵산에는 adenine, cytosine, guanine, thymine, and uracil의 5가지 유기화합물인 핵산이 있다는 것을 발견, 이 물질들이 DNA와 RNA의 주요 물질임을 제안. 단백질 구성을 연구하고 폴리펩티드의 성질을 예측

자들은 핵산 DNA, RNA는 생물체의 분자, 유전자와 염색체, 유전형질을 세대를 거쳐 전달시키는 물질로 구성되는 것이라는 것을 알아차리게 된다. 그리고 코셀은 핵산 영역의 영웅적 연구로 1910년 노벨상을 손에 넣게 된다.

바이스만과 생식질Weismann and the Germ Plasm

독일의 아우그스트 바이스만August Weismann[34]은 반드시 기억해야 할 생물학자이다. 사실, 그는 다윈의 사상을 받아들이고 개선시켰으며, 이는 곧 획득형질이 유전된다는 라마르크의 개념을 거부한 것을 의미한다. 그는 라마르크의 유전이론은 불가능하다는 것을 증명하는 실험연구를 수행하였다. 즉 체세포와 생식세포는 서로 상당히 차이가 있으며, 따라서 체세포가 생식세포가 될 수 있다는 것은 생각도 할 수 없다는 점을 주장하였다. 1892년 최초로 생식질germ plasm은 세대를 거쳐 변하지 않고 다음 세대에 유전물질을 전달하는 일을 수행한다는 것을 발견하였다. 또한 생식질germ plasm은 염색체 내에 존재한다고 제안하였다. 1909년 '선택에 대한 이론On the Theory of Selection'의 위대한 논문을 발표하였으며, 이 논문에서 그는 다윈과 유사한 이론으로 자연선택의 개념을 강력하게 주장하였다. 또한 라마르크의 획득형질 유전을 철저하게 반대했다.

질병의 원인들The Bearers of Disease

1892년은 생물학의 분수령이었다. 이전 과학자들은 세균, 원생동물, 그리고 일부 다른 생물체들이 질병의 원인임을 알고 있었다. 그러나 일부는 의심하고 있었지만, 그 누구도 바이러스가 질병의 원인이라는 것을 진실로 알아차리지 못

34) Friedrich Leopold August Weismann(1834－1914). 독일 진화생물학자. 에른스트 마이어는 바이스만을 다윈 다음으로 가장 유명한 진화이론가로 평가. 주요업적은 생식질 이론(germ plasm theory)으로 다세포 생물체는 생식세포에서만 유전이 이루어진다는 점을 주장. 다른 체세포들은 유전을 일으키는 전달매체의 역할을 하지 않는다고 주장. 바이스만의 사상은 멘델의 업적을 재발견, 강조하여 해석한 것에 기초한 것으로 고찰

하는 상황이었다. 극도로 작은 미시적 크기의 여과성이 있는 특성의 바이러스를 발견한 것은 러시아 식물학자 이바노프스키Ivanovsky[35]였다. 그는 최초로 담배 마름병은 모자이크 바이러스(현재 TMV로 불림)가 발병 원인인 것을 발견하였다. 그 후 1898년 베이제린크Martinus Beijerinck[36]도 담배 모자이크 질병을 일으키는 매체가 바이러스라는 중요한 연결점을 만들어냈다. 사실, 이 발견은 그 당시 그 누구도 특정 바이러스를 판명하지 못하던 시기에 최초로 발견한 셈이 된다. 그러나 바이러스 기작에 대한 연구는 한 수십 년 동안 조용히 숨어있는 시기를 거치다가, 1936년에 이르러 생물학자 스탠리Wendell Stanley[37]가 담배모자이크 바이러스로부터 핵산을 분리해낸 시점에서 다시 연구가 활발히 시작되었다. 그리고 1901년 리드Reed[38]와 칼로스Carlos[39]가 황열병의 발병원인은 어떤 것도 통과할 수 있는 극도로 미세한 매체라는 것을 발견하게 된다.

요약Summary

빅토리아 시대는 명백히 과학뿐만 아니라 특별히 생물학 역사상 탁월한 시기였다. 물리의 거장들을 열거하자면, 에르스텟Oersted, 암페어André Ampere, 퀴리Marie Curie, 패러데이Faraday, 볼타Volta, 전설적인 맥스the legendary James Clerk Maxwell, 그리고 미국의 마이켈슨A. A. Michelson 등이 있다. 동 시대 러더

35) Dmitri Ivanovsky(1864–1920). 러시아 식물학자, 바이러스의 여과성 특성을 발견. 즉 바이러스학의 창시자

36) Martinus Beijerinck(1851–1831). 네덜란드 미생물학자, 암스테르담 출생. 담배모자이크병 연구에서 세균보다 작은 바이러스를 발견함. 이바노프스키 연구와 유사한 연구결과를 발표. 세균과 달리 살아있는 식물 체내에서 복제와 증식이 가능한 이것을 병원체 바이러스를 명명하고 이 바이러스는 일종의 액체의 본성을 가지고 있는 것으로 주장함

37) Wendell Stanley(1904–1971). 미국 생화학자, 바이러스학자. 1946년 노벨 화학상 수상. 후에 UC Berkeley에서 생화학 교수 역임

38) Walter Reed(1851–1902). 미국 군의관, 1901년 황열병이 모기로부터 직접 감염되는 것이 아니라 모기 가운데 특정 종에 의해 전염되는 것을 발견

39) Carlos Juan Finlay(1833–1915). 스페인–쿠바 유행병학자, 황열병 연구의 개척자, 이 책에서 오타로 Carroll로 제시함

포드Rutherford는 응축 핵compact nucleus을 발견하여 핵물리학의 기반을 구축하였다. 순수과학보다 기술 영역에서 별같이 반짝이는 인물들을 열거하자면, 에디슨Edison, 웨스팅하우스Westinghouse, 라이트 형제the Wright brothers, 그리고 이스트먼George Eastman 등이 등장하였다. 칸트Immanuel Kant는 어느 누구와도 대적할 수 없을 만큼의 유명한 저서, '순수이성에 대한 비평Critique of Pure Reason'으로 철학사상을 지배하였다.

생물학에서는, 다윈이 등장하여 진화의 역사적 관점을 이끌어낼 수 있도록 모든 것이 준비되어 있었다. 암울한 측면이라면, 갈톤Francis Galton의 우생학이 등장하여 과학적 객관성에 구름의 망토를 덮어씌우게 된다. 다행히도, 곧, 렛시우스Retzius가 지적능력에 대한 혁신적 연구를 주장함에 따라 우생학은 과학적 연구업적에서 급격히 멀어져 가게 된다.

이 모든 것을 다 고려하더라도, 멘델이 가장 전설적인 유전의 법칙에 대한 탐구의 연구결과로 가장 높은 위치에 있다고 보아야 할 것이다. 다른 과학자, 스트라스버거Strasburger와 플레밍Flemming은 세포의 유사분열에 대한 연구 과정에서 세포의 신비를 더욱 깊게 파헤쳤으며, 1887년 벨기에 사람 베네당Beneden은 세포분열에서 감수분열을 통한 생식과정의 독특한 비밀을 풀어냈다. 바이스만Weismann은 생식질germ plasm 연구에 집중하여 그 업적으로 그 당시 연구의 완성도를 더욱 높이는 데 기여하였다. 빅토리아 시대는 그 이전 과학의 발전과 비교하여 가장 드라마틱한 업적을 이루어낸 시기라고 해도 과장된 표현은 아니다. 다른 연구와 비교하여 단지 뒤쳐지는 부분이라면 20세기 초 1910년 즈음에 발견된 상대성 이론the theory of relativity과 양자 이론quantum theory일 것이다.

Chapter 18

다윈과 그의 시대Darwin and His Age

과학 전문화의 성장The Professionalism of Science Grows

뉴욕 락포드Lockport에서 태어난 마쉬Othneil Marsh[1]는 엔도버Andover아카데미를 졸업한 후, 1866년 예일대학교에서 척추동물에 대한 고생물학을 전공하는 교수가 되었다. 당시 과학자들이 학자 또는 전문가로서, 속도는 느리지만, 점진적으로 자리를 잡아가기 시작하였다. 마쉬는 초대 미국 지질학 학회 회장을 역임하였다. 그는 미국 서부 지방에서 공룡 화석을 탐사하는 데 많은 시간을 투자하였으며, 사람을 포함한 모든 종들의 조상을 찾아내려는 데 노력을 기울였다. '북미 공룡Dinosaurs of North America'의 저서에서 이에 대한 자신의 생각을 드러냈다.

빅토리아 시대[2] 초기 십여 년 동안 과학 관련 기관들의 수는 급격히 증가

1) Othniel Charles Marsh(1831-1899). 미국 고생물학자. 화석연구를 통해 500여 종의 새로운 종을 발견, 그의 이름으로 명명. 당시 라이벌 Edward Drinker Cope와 경쟁하면서, 새로운 공룡 80종을 발견한 반면, Cope는 56종을 발견함

2) 빅토리아시대는 영국 빅토리아 여왕이 통치한 1837년부터 1901년까지를 말함

하였다. 미국의 전형적인 과학학술원인 스미소니언이 그런 것처럼, 왕립과학회의 회원 명단은 19세기 내내 강세를 보였다. 1823년 미국 동물학자, 스펜서 베어드Spencer Baird[3]는 우드홀실험실Woods Hole Laboratories을 설립하였고 스미소니언과학관의 총책임자로서 엄청난 수의 동물화석을 수집·보존하였으며, 이 수집물은 오늘날 전 세계적으로 널리 인정받고 있다. 베어드는 북미에 서식하는 조류들의 목록을 작성한 생물학자로서도 널리 알려져 있다.

과학이 사회에서 구조를 갖추면서 점점 더 조직화되고 전문화되는 동안, 과학 자체의 발전을 저해하는 또 다른 힘이 있었다. 부인할 여지도 없이, 신학은 여전히 과학을 움켜쥐고 있었다. 예를 들면, 1820년 버랜드William Buckland[4]는 옥스퍼드대학교 교수로 취임하는 강의에서 지질학의 궁극적 목적은 성경의 주장을 증명하는 일 이외 다른 목적은 있을 수 없음을 단호히 주장하였으며, 이는 이후 20세기 창조과학 대 진화의 논쟁을 예고하는 사건이 되었다. 1823년 저서, '동굴, 골짜기, 홍적층에서 발견한 유기 잔존물에 대한 관찰과 기타 지질학적 현상[5]'을 발표하였다. 충분히 예측할 수 있는 것처럼, 버랜드는 이 저서를 통해 자신의 편파적인 의견을 강경하게 주장하였다. 그는 수집한 여러 증거들을 체계적으로 자신의 주장에 대해 우호적인 증거들로 왜곡시켰으며, 증거들이 자신의 주장을 강력하게 지지하지 않는 것으로 드러나면 무시하였으며, 동굴의 수위를 표시하는 흔적을 증거로 삼아 성경의 대홍수를 실제 있었던 일이라고 증명하였다. 또한 성경의 대홍수는 6,000년 전에 일어난 일이라고 증거를 들어 증명하였다. 수십 년 후, 처음 소개된 다윈이론은 창세기를 반대하는 내용이었기 때문에, 종교 집단의 근본주의자들은 공립학교 교육과정에서 다윈이론을 추방하려고 노력하였다.

3) Spencer Fullerton Baird(1823－1887). 미국 자연학자, 조류학자, 어류학자, 박물관 큐레이터, 스미소니언 과학관 최초의 큐레이터. 1878－1887년 스미소니언 과학관 제2대 사무총장 역임. 스미소니언 과학관의자연사 박물관 수집품을 확장시키는 데 기여하였음

4) William Buckland(1784－1856). 영국 신학자, 웨스터민스터 대학 학장이었으며, 공룡화석을 전체적으로 기술한 최초의 학자

5) Observations on the Organic Remains Contained in Caves, Fissures, and Diluvial Gravel and on Other Geological Phenomena

기계주의Mechanism

이 시대는 기계주의 즉, 모든 생물학적 현상은 순수하게 물리법칙으로 설명할 수 있다는 사상에 대해 상반되는 논쟁이 가장 확산되었던 시기였다. 소르본의 클로드 베르나르Claude Bernard[6]는 저서, '실험의학 연구개론Introduction to the Study of Experimental Medicine'에서, 기계주의 철학은 진리라는 입장 즉, 생기력의 개념은 소용없고 구성물질이 무엇인지조차 파악하기 어려운 난해한 짐짝이라고 주장하였다. 그러나 이후 명백하게도, 과학은 더 이상 이와 같은 주장에 대해 논의할 필요가 없게 되었다.

다윈은 이 논쟁에 기여하였다. 1872년 저서 '사람과 동물의 감정 표현Expression of the Emotions in Man and Animals'에서 자신의 입장을 명확히 밝혔다. 이 저서를 출판함으로써, 다윈은 정신이 기계적으로 진화하는 현상이라는 주장을 옹호하는 과학자 명단에 자신의 이름을 포함시키게 되었다. 예를 들면, 사람의 감정은 과거 좀 더 원시적이었던 종들이 나타내는 행동과 유사하며, 이 행동에서부터 직접적으로 유전되었다는 입장을 지지하는 내용이다. 독일의 칼 비젠하우젠Karl Witzenhausen은 혈액 순환 연구에서 신체 활동은 전적으로 기계적 관점에서 설명할 수 있다고 주장하였다.

독일 철학자 헤켈Ernst Haeckel[7] 역시 초기 철학자 소크라테스의 사상을 받아들인 유물론자였다. 신은 존재하지 않으며, 우주에 대한 모든 것을 물리법칙에 따라 설명할 수 있다는 것이다. 물론 생물체도 화학적 요소들이 무작위로 결합하는 기회를 통해 시작되었다. 헤켈은 다윈과 마찬가지로 사람의 정신은 동물의 정신과 비교할 때 생명을 유지하는 행동적인 측면에서는 서로 차이를 구분할 수

---

6) Claude Bernard(1813–1878). 프랑스 생리학자. 생물체의 항상성을 최초로 주장. 객관적인 과학적 관찰을 확증시키기 위해 blind 실험을 사용하는 방법을 최초로 도입

7) Ernst Haeckel(1834–1919). 독일 생물학자, 자연학자, 철학자, 물리학자, 교수, 예술가. 생물체 가계도 작성, 수 천종 발견 명명. 생물학 영역 인류학, 생태학, 분류체계의 문, 계통학, 줄기세포, 원생동물계 등 용어 도입. 독일에서 다윈 업적을 지지 대중화시킴. 개별 생물체 발달은 가계도 또는 종의 진화단계와 병행한다는 개체발생 계통학 이론을 개발

도 없으며, 다만 어느 정도인가의 수준에서만 미미한 차이가 있을 따름이라고 주장하였으며, 이 때문에 전통적 근본주의자들을 화나게 만들었다. 실로 심리학은 생리학의 한 분야일 따름이었다.

오늘날에도 마찬가지의 논쟁이 일어나고 있는데, 시대가 흘렀음에도 불구하고 기계주의에 대한 논쟁은 거의 완화되지 않고 있다. 중요한 철학가, 영국의 분석철학자 엔스컴Elizabeth Anscombe[8])과 호주 에델라이드대학교 암스트롱Armstrong[9]) 교수는 데카르트의 영혼에 대한 고전적 사상이 완전히 부인되었는지 여부에 대해 여전히 논쟁하고 있다. 오늘날 많은 철학자들은 기계주의가 반드시 진리는 아니라고 믿고 있다. 이 사상가들은 전설적인 철학자, 비트겐슈타인의 영향을 많이 받은 철학자들로서 기계주의 사상에 대응하여 수많은 강력한 논쟁들을 제시해오고 있다.

고생물학과 오웬Paleontology and Richard Owen

1822년 틸게이트Tilgate[10]) 숲에서 아마추어 동물학자 멘텔Mary Mantell[11])은 라이엘Charles Lyell[12])의 콩피당트, 즉 측근이었는데, 고대 도마뱀(후에 이구아노돈Iguanadon으로 명명)의 화석을 발견하였다. 이 발견은 고생물학 발전의 핵심이 되었다. 비록 이미 이전에 공룡 화석들이 발견되었지만, 공룡 화석들이 무엇인지를 알아낸 사람들은 없었다. 사실상, 공룡이라는 용어조차 이 시대에는 존재하지 않

---

8) Gertrude Elizabeth Margaret Anscombe(1919–2001). 영국 분석철학자, 아일랜드 출생, 비트겐슈타인의 학생이었으며, 그의 업적을 편집하고 번역하고 철학적 탐색을 정리

9) David Malet Armstrong(1926–). 호주 철학자, 메타물리, 정신철학. 사실주의 존재론, 정신의 기능주의 이론, 형식주의자 인식론, 자연의 법칙에 대한 숙명론을 옹호

10) 영국 서섹스 Sussex 서쪽 지방 Crawley에 위치하는 공원

11) Mary Ann Mantell(1795–1855). 영국 과학자 Gideon Mantell의 부인, 최초의 Iguanodon 화석을 발견하였음. 남편이 연구한 이구아노돈 화석을 그리는 데 기여하였음

12) Charles Lyell(1797–1875). 영국 법률가, 당대 가장 유명한 지질학자. '지질의 원리'의 저자로 유명하며, 이 저서를 통해 James Hutton의 동일과정설, 즉 지구는 동일한 과정을 통해 형성되었으며, 여전히 이 형성과정은 진행 중이라는 가설을 주장. 당대 찰스 다윈과 가장 가까운 친구였으며, 영향을 많이 준 학자임

았다. 오웬Richard Owen13)은 이 거대한 파충류, 수백만 년 전 지구를 지배했던 동물을 공룡으로 명명한 사람이었다.

리차드 오웬은 1804년 영국 랭커스터Lancaster에서 지방 도매상인의 아들로 태어났다. 이후에는 저명한 사람이 되었지만 초기 어린 시절에는 특별한 재능을 전혀 발휘하지 못했다. 동네 약제사 이상의 직업은 기대하지도 않았으며, 약제사의 도제생활을 하였다. 그러나 과학과 의학에 대한 열정은 끊임없이 솟구쳤다. 결국에는 의학을 공부하기 위해 에딘버러대학교에 들어갔으며, 여가 시간이 날 때마다 해부학에 몰입하였다.

오웬이 해부학을 공부할 때 자신이 살고 있었던 고향에서는 함께 해부학을 공부하는 동료들이 없었다. 오웬이 해부학에 대해 설명한 것들은 관찰 대상을 그림으로 그리고 주석을 달아 놓았으며 꼼꼼하고 정확하게 기록하였다. 큐비에의 지도를 받으면서 파리에서 생물학을 공부하고, 런던 영국 박물관의 자연사 부서를 책임지는 부장이 되었다. 그는 나이 80세까지 이 직책을 맡았다.

수많은 전임자들과 달리, 그는 실험들을 시범실험으로 보여주었을 뿐만 아니라 또한 이론가이었다. 그는 조사하고 탐색하는 과정에서 찾아낸 의심스러운 설명들에 탐닉하였다. 그는 큐비에 이론을 추종하면서, 동물계 전반에 걸쳐 동일한 기관을 찾아내고, 동일한 기관들이 진화 과정에서 어떻게 재정비되었는지를 이해하려고 노력하였다. 이러한 방법을 적용하면서, 그는 진화 과정에서 변이가 뚜렷이 나타났음에도 불구하고, 진화에서 거대한 괴리로 분리된 동물들 사이에서 동일한 기관이 동일한 역할이나 기능을 수행하는 부분에 대해서도 설명하였다. 예를 들면, 날치나 새는 다리를 날개로 사용하였으며, 포유동물의 폐와 물고기의 부레는 유사한 기능을 수행한다는 점들이다.

13) Richard Owen(1804－1892). 영국 생물학자, 비교해부학자, 고생물학자. 화석을 해석하는 데 탁월성을 가진 것으로 알려짐

상동과 상사에 대한 오웬의 이론Owen on Homology and Analogy

1858년 오웬은 저서 '포유동물의 분류와 지리적 분포에 대해On the Classification and Geographical Distribution of the Mammalia'를 저술하였으며, 2년 후에는 '멸종동물과 지리학적 연계에 대한 종합적 견해Systematic Summary of Extinct Animals and Their Geological Relations'를 저술하였다. '척추동물 골격의 원형과 상동On the Archetype and Homologies of the Vertebrate Skeleton'에 대한 저서를 출판하면서 또 한 번 더 가치 있는 업적을 남겼다. 이 저서에서 그는 척추판을 관찰하면서, 일련의 적응된 돌출 부분이 드러나는 골격을 상상해냈다. 여기서 그는 그의 관점에서 그리고 오웬 이후 오웬을 추종하는 생물학자들의 관점에서 상동과 상사를 구분해내는 심상치 않은 발견을 이루어냈다. 생물체의 두 기관이 진화 과정에서 동일한 조상을 가진 부분이라면, 비록 이 두 기관이 전혀 다른 기능을 할지라도, 이 두 기관을 상동이라 한다. 한편, 진화적 역사에서는 서로 분리되었지만, 현재 유사한 기능을 수행한다면 이를 상사라고 한다. 예를 들면, 음경과 음핵은 상동기관이다. 이 관점은 19세기 여명의 시기에 괴테의 업적만큼이나 놀라운 발견이었다.

이 이론은 근대 비교 해부학에서 여전히 없어서는 안 될 중요한 역할을 하고 있다. 생물학을 전공하는 학부 2학년 학생이라면 금방 쉽게 이해할 수 있는 내용이다. 이러한 업적을 넘어서서, 오웬의 상동과 상사에 대한 해부학적 개념은 진화를 지지하는 초기 주장의 대부분에서 나타난다. 오웬은 원래부터 다윈의 관점을 선호했다는 점도 주목할 만한 측면이다. 이러한 측면에도 불구하고 그가 이루어내지 못한 부분은 진화에서 사람을 연결하지 못한 점이었다. 이 때문에, 그의 저서와 관점은 다윈의 저서, '종의 기원Origin of Species'보다 오히려 '인간의 유래Descent of Man'의 내용과 비교할 때 상당한 차이를 보여주었다. 피할 수 없이, 오웬은 인간이 특별한 위치를 차지한다는 선입견을 가졌는데 이는 의심할 여지도 없이 그가 종교에 대한 신념을 가지고 있었기 때문이라고 볼 수 있으며, 이 때문에 그는 다윈과 완전히 헤어지게 된다.

고생물학에 대한 아가시의 기여Agassiz's Contributions to Paleontology

고생물학은 하버드의 동물학자이자 지질학자이며 큐비에의 학생이었던 아가시Jean-Louis Rodoiphe Agassiz[14)]가 저서, '물고기 화석에 대한 연구Studies of Fossil Fishes'를 출판하면서 더욱 앞서가기 시작했다. 이 저서를 통해 또다시 생물학을 발전시키는 데 지질학의 힘이 얼마나 큰 가를 보여주었다. 실제, 아가시는 빙하기의 지질학에 대한 방대한 연구를 수행하였는데, 이 연구에서 빙하의 형성과 이동을 유창하게 설명하면서, 여기서 그는 창조에 대한 성경적 관점을 선호하는 편견을 드러냈다.

> … 엄청나게 큰 잡식성 동물은 거대한 얼음 지층이 급작스럽게 초원 호수 바다 평원을 뒤덮으면서 매몰되었다. 강력한 창조주가 만들어낸 생동감과 움직임은 갑작스럽게 죽음의 침묵에 이르렀다.[26]

라이엘의 지질학 업적The Geological Work of Lyell

고생물학과 밀접히 연계된 연구는 지질학과 라이엘의 업적이다. 스코틀랜드 농부의 아들이었던 라이엘이 이 세상에 태어난 것은 1797년이었다. 라이엘의 아버지 또한 생물학을 공부하였기 때문에 아들이 타고난 무한한 재능을 발휘할 수 있는 분위기를 만들어 주었다. 라이엘은 옥스퍼드대학교를 졸업한 후 잠시 변호사를 하다가 지질학에 완전히 매료되어 이 일을 중단하였다. 특히 주목할 점은, 그는 여러 차례 항해를 하면서 지표면에 흩어져 있는 수많은 생물체의 화석을 조사한 일이다. 이 업적은 다윈이 고등동물은 하등동물에서 유래되었다고 주장할 수 있는 이론적 배경이 되었다.

라이엘은 지구상에서 무한히 긴 시간 동안 자연을 만들어내는 데 기여한

---

14) Jean Louis Rodolphe Agassiz(1807-1873). 스위스 태생. 유럽에서 공부한 생물학자, 지질학자. 1847년 미국으로 이민 가서 하버드대학교 동물학과 지질학 교수 역임

Louis Agassiz(1807-1873)
(Courtesy of the Library of Congress.)

강력한 힘에 대해 연구하였다. 그는 백만 년 전 지구에 가해졌던 힘과 동일한 비율의 힘이 현재에 작동한다는 결론에 도달하였다. 그는 논의하기를 이 사실에 근거한다면 대격변론에 대한 성경의 주장, 즉 지구상의 다양한 형태의 생물체가 지구의 역사의 여러 단계에서 갑작스럽게 극적으로 변했다는 주장을 받아들이기 어렵다는 점이다. 그가 주장한 바대로, 화석 기록에 근거한다면 종의 역사는 점진적 변화를 통해 이루어졌으며, 따라서 성경에서 주장하는 내용의 반대되는 것이 진실이라는 점이다. 그는 저서, '지질학의 원리Principles of Geology, 1830-1833)'에서 여러 제안들을 밝혔다. 이 저서에서 그는 획득형질이 유전된다는 라마르크의 망상과 같은 주장을 명확하게 부인하였다.

수년 후, 라이엘은 일부 구석기 시대 돌로 만들어진 도구들을 탐사하는 과정에서 초기 인류의 존재를 증명하는 증거들을 발견하였으며, 그는 이 발견으로 생물학과 지질학의 발전에 추가적으로 기여하게 되었다.

너무나 당연히, 라이엘과 같이 통찰력이 있고 기민한 과학자에게는 이론을 같이 하는 강력한 추종자들이 있었다. 예를 들면, 다윈은 자신의 두 번째 지질학 연구에서는 첫 번째 연구결과보다 더 강력한 연구결과를 만들어냈다. 즉 다윈은 이 두 번째 연구에서 라이엘이 신생대 홍적세가 존재한다고 주장할 수 있는 증거들을 제공하였다. 홍적세는 현재와 가장 근접한 식물상과 동물상이 존재했던 시기이다. 또한, 다윈은 지구 역사에서 홍적세 이외 다른 시기에 대한 라이엘의 견해도 확인하였다. 이와 같이 다윈은 라이엘의 업적을 재평가했으며, 지구 역사에서 빙하기가 존재했다는 점을 확인하는 데 도움을 얻었다.

챔버, 다윈의 영향Chambers as an Influence of Darwin

다윈을 추종하는 전형적인 학자인 또 다른 한 사람은 아마추어 지질학자인 로버트 챔버Robert Chambers[15]('북유럽의 흔적Tracings of the North of Europe'라는 저서

15) Robert Chambers(1802-1871). 스코틀랜드 출판업자, 지질학자, 진화사상가. 형인 William Chambers와 함께 학술지 편집일을 하면서 19세기 중반 과학 및 정치단체에 상당한 영향을 주었음

Asa Gray(1810-1888)
Courtesy of the Library of Congress.

의 저자이자 출판자)이며, 저서, '창조에 대한 자연사의 흔적Vestiges of the Natural History of Creation'을 출판하였다. 비록 이 저서에는 여러 군데 부정확한 점들이 있지만, 심사숙고하여 도출한 내용들로서 상당한 수준에서 바람직한 내용들이었다. 그는 다윈과 왈라스가 진화 이론을 더욱 발전시킬 수 있도록 지원하는 데 크게 기여하였다.

식물학의 진척Progress in Botany

식물학에서도 자료를 축적해가고 있었다. 1823년 독일 식물학자 나다나엘 프링사임Nathanael Pringsheim[16]은 조류를 엄청나게 수집하여 연구한 최초의(최초로 인정하는데 논의의 여지가 있지만) 과학자였다. 그는 조류를 연구하는 과정에서 분류와 함께 생화학적 연구를 수행하였으며, 이렇게 접근하는 과학이 최초로 시작되었다. 그는 조류 가운데 바다에서 서식하는 바우케리아Vaucheria[17]를 연구하면서 어떻게 수정이 일어나는지를 정확하게 밝혀냈다. 추가로 조용한 성격의 아사 그레이Asa Gray[18]라는 영국 과학자는 식물의 구조와 기능에 대한 분석을 완성하였다. 곧 그는 '식물의 구성요소the Elements of Botany'라는 저서를 발간하였는데, 이로서 그는 과거 유명했던 식물학자의 명단에 오르게 되었다. 미국 북쪽에서 알려진 모든 식물들에 대해 목록을 포함하는 식물학 도감으로 제작하였다. 이 업적뿐만 아니라, 그레이는 다윈을 지지하는 사람으로 잘 알려져 있다. 심지어 하버드대학교의 동료 루이스 아가시Louis Agassiz를 반대하면서까지 다윈을 지지하였다. 수년간 지치지 않고 노력한 결과, 다윈을 지지하는 모든 증거를 수집하였으며, 이에 대한 저서, '다윈Darwiniana'을 출판하였다. 주목할 점은, 그

16) Nathanael Pringsheim(1823－1894). 독일 식물학자. 조류학 발전에 지대하게 기여. 특히 최초로 생식과정을 연구한 과학자 가운데 한 사람

17) 바우케리아(Vaucheria)는 황록조류, 몸은 관 모양으로 머리카락처럼 가늘지만 가지가 불규칙하게 나뉘어 발생하므로 전체적으로는 매트를 깔아놓은 것과 같은 모양임. 몸에는 세포벽 칸막이가 없으므로 이러한 매트 모양의 부분은 모두 하나의 세포로 되어 있음

18) Asa Gray(1810－1888). 미국 식물학자. 수십 년 동안 하버드대학교 식물학 교수 역임. 유럽을 방문하면서 다윈과 여러 유럽 학자들과 소통하였음

레이는 진화와 신학 사이에는 실로 아무런 갈등이 없다고 공언하였다.

한 식물학자가 브라운 운동을 발견하다

A Botanist Discovers Brownian Motion

이 시기 초반에는 역사에 거의 일어나기 어려운 극히 드문 일이 일어났다. 즉 자신의 연구 영역이 아닌 영역에서 획기적인 발견을 이루어낸 과학자가 있었다. 1827년 스코틀랜드 식물학자 로버트 브라운Robert Brown[19]은 일상적인 현미경 분석을 하는 도중에, 매우 작은 입자가 들어있는 액체를 살펴보았더니, 그 액체에서 휘젓는 것과 같은 외부로부터 가해지는 힘이 없이도 지속적으로 운동이 일어난다는 것을 발견하게 되었다. 그 후 과학에서는 이 현상을 브라운 운동이라고 명명하였다. 이 브라운 운동은 오늘날에도 브라운의 업적을 기리면서 그대로 사용되고 있다. 20세기 초기 10여 년 동안 과학자들과 물리학자들은 이 현상을 분자의 존재를 증명하는 현상으로 제시하곤 하였다.

1773년 브라운은 스코틀랜드 성직자의 아들로 태어났다. 에딘버러대학교에서 의학을 공부한 후, 군의관으로 지냈다. 이 시기 동안, 스스로 식물학에 몰입하였으며, 오스트레일리아에서 상당한 분량의 탐사를 수행하였다.

브라운은 브라운 운동뿐만 아니라 여러 업적들을 이루어냈다. 여러 업적들 가운데, 그는 논문, '식물 꽃가루에 대한 현미경 관찰Microscopic Observations on the Pollen of Plants'에서 세포의 세포질을 정확하게 설명하였다. 또한 그는 세포의 핵을 발견한 업적으로도 잘 알려져 있다. 또 다른 중요한 업적은 여러 식물을 다양한 과(科, family)로 분류하면서 이에 대해 정확하게 기록한 부분이었다. 이 가운데 대극과(유액을 분비하는 식물을 총칭; 아스클래피아스과)에 대해 탐사한 결과는 가장 탁월한 예시 사례이다. 이 대극과에는 수많은 식물들이 포함되는데, 주

---

19) Robert Brown(1773-1858). 스코틀랜드 고생식물학자, 식물학자. 현미경을 사용하여 식물세포의 핵, 세포질 유동현상 관찰. 수정과정에 나자식물와 피자식물의 차이를 최초로 밝혀냄. 초기 꽃가루학 발전에 기여. 식물분류학에도 기여

로 아프리카에서 서식하는 식물 가운데 선인장과 유사한 식물들도 있다. 브라운은 다양한 기후 조건하에 식물들이 어떻게 분포하는 가의 방식에 대한 연구를 수행하면서 소위 지표geographer 식물을 찾아내려고 노력하였다.

그러나 그의 여러 업적들 가운데 가장 선구적인 업적은 무엇보다도 브라운 운동이었다. 하지만 이상하게도 브라운 운동에 대한 논문의 인지도는 보통 수준이었으며, 다른 논문들은 오히려 전 세계 과학 1위 국가로 인정되는 독일에서도 출판될 정도로 인지도가 높았다. 그럼에도 불구하고, 브라운은 과학자 집단에서 역사적으로 유명한 식물학자들 가운데 한 사람으로 당당하게 인정받았다.

다윈과 식물의 진화Darwin and Plant Evolution

대부분의 사람들은 다윈이 동물뿐만 아니라 식물의 진화에서 대해서도 상당한 업적을 이루어냈다는 점을 간과하는 경향이 있다. 실제로, 다윈이 '종의 기원The Origin of Species'을 발표한 후 곧 곤충에 의한 꽃가루 수정이 가장 효과적으로 이루어지도록 진화된 꽃의 특정 부위에 대한 논문을 발표하였다. 결국, 다윈은 '동일 종 식물들의 꽃의 모양이 서로 다른 형태Different Forms of Flowers on Plants of the Same Species'에 대해 논의하였으며, 나아가, 꽃의 모양이 서로 극단적으로 다른 형태를 가지는 것은, 식물이 다양한 진화적 '목적purpose'을 가지고 있기 때문이라고 설명하였다.

다윈과 진화의 대두Darwin and the Rise of Evolution

전설적인 이론, 진화를 향해 나아가는 데 중요한 걸음을 이루어낸 사람은 곤충학자 헨리 베이츠Henry Bates[20]이며, 그는 남아프리카 곤충에 대한 방대한

20) Henry Walter Bates(1825–1892). 영국 자연학자. 동물의 의태(mimicry)를 최초로 탐구. 1848년부터 왈라스와 함께 아마존 열대림을 탐색. 왈라스는 1852년에 영국으로 귀국하였지만 귀국길에 배 화재로 수집한 표본들을 모두 손실. 그러나 베이츠는 11년 동안 더 탐사 후 1859년 귀국하였으며, 이때 수집한 곤충을 포함한 14,712종 표본 가운데 8,000종이

연구를 수행하였다. 이 연구에서 그는 나비에 속하는 헬리코니데Heliconidae에 대한 연구였다. 현대 생물학자들은 그가 이루어낸 업적을 크게 인정하지는 않았지만, 그가 다윈이 세계적인 주장을 이루어내는 데 기여한 점은 인정하였다.

다윈Darwin[21]은 1809년 영국 서쪽 지방의 슈루즈베리Shrewsbury에서 태어났으며, 내과의사 로버트 다윈의 상속자였다. 찰스 다윈은 7명의 형제자매를 두었으며, 전통적인 교육을 받았다. 고전을 공부한 후 에딘버러대학교에서 의학을 공부하였다. 그러나 곧 캠브리지에 가서 성직자 공부를 하였다. 다시 곧 자연사에 온통 정신을 쏟았다. 캠브리지대학교에서 신학을 공부했지만 여유 시간에는 곤충을 채집하고 지질학에 대한 책들을 발견하는 대로 다 읽었다. 당시 가장 유명한 지질학 교사 세져윅Adam Sedgwick[22]과 함께 캠브리지에서 공부할 수 있는 행운을 가졌다.

의심의 여지도 없이 다윈이 진화 이론을 만들어 가는 행보에서 가장 영향을 준 것은 빅토리아 시대 찰스 라이엘의 지질학 업적이었으며, 이후 비글호 탐사에 참여하게 되었다. 1831년에 시작한 비글호 탐사 여행은 5년간에 걸쳐 진행되었다. 영국 왕실에서는 비글호가 남아메리카를 거쳐 전 세계를 일주하는 의무를 주었다. 영국 왕실은 비글호 선원들이 각자 지도를 작성하고 어느 누구도 살지 않았던 지역을 발견하고, 거리를 측정하는 등의 임무를 수행하도록 하였다. 다윈이 과학에서 탁월한 실력을 보여주었던 점으로 미루어 비글호 선장은 그를 과학 담당자로 임명하였는데 사실 무보수 직책이었다. 1835년 비글호는 갈라파고스에 도달하였으며, 다윈은 갈라파고스 제도에서 특정 핀치 새들은 남아메리카에 생존하는 핀치 새가 아닌 과거에 생존했던 한 종류의 핀치 새를 조상으로 하여 진화되었다는 것을 알아차렸다.

새로운 종이었음. '아마존 강의 자연과학자(The Naturalist on the River Amazons)' 저술

21) Charles Robert Darwin(1809－1882). 영국 자연과학자, 지질학자. 진화이론, 왈라스와 함께 자연선택으로 새로운 종이 생성되는 이론 제창. 다윈은 8명 중 1명－본문 오류, 다른 자료에서는 6명으로 2남 4녀 중 5번째 차남; 메리엔, 캐롤라인, 수잔, 에라스무스(형), 찰스, 캐서린

22) Adam Sedgwick(1785－1873). 근대 지질학의 창립자. 데본기, 캠브리아기 제안. 어린 다윈을 지도, 다윈의 자연선택 진화이론 반대자

Charles Darwin(1809-1882)
(Courtesy of the Library of Congress.)

1839년, 다윈은 사촌 하나 웨지우드Hannah Wedgwood와 결혼하였다. 다윈에게는 엄청난 행운이었는데, 부인 웨지우드는 도자기 산업으로 번창하고 있는 집안 출신이었으며, 이 때문에 다윈은 남은 일생동안 아무런 경제적 어려움 없이 편안하게 살 수 있었으며, 비록 병으로 고통스럽게 지낸 시간들도 많았지만, 자신이 흥미롭다고 생각하는 일에 모든 시간을 투자할 수 있었다.

다윈은 역사적인 '비글호 항해 동안 방문한 국가의 지질학과 자연사에 대한 학술 논문Journal of Researches into the Natural History and Geology of the Countries Visited during the Voyage of H.M.S. Beagle'을 발표하였다. 이 책자는 다윈이 5년에 걸친 비글호 탐사 동안 애쓰면서 수집한 동물과 식물뿐만 아니라 수많은 화석에 대한 조사 결과를 설명한 내용이었다. 다윈은 지질학이 생물학에 미치는 영향이 얼마나 중요한지를 인지하면서, 방문한 모든 지역의 지질학적 특징을 철저하게 조사하는 데 중점을 두었다. 이 저서에서 다윈은 이러한 지질학에 대한 특징들도 기술하였다. 탐사가 종료되었을 때, 다윈은 멜서스의 '인구론'이라는 위대한 저서를 읽었으며, 생존할 수 있는 사람보다 더 많은 사람들이 출생한다는 점에 대해 깊게 생각하였다. 이러한 주장에 근거하면, 먹이를 차지하기 위한 경쟁에서 약자는 사리지게 될 것이다. 1840년 다윈은 비글호 탐사의 동물학을 출판하였으며, 이 책자에서 탐사 동안에 수집한 식물과 동물들을 생생하고 상세하게 기록하였다.

1842년까지 다윈은 이 책, '비글호 탐사에서 나타난 지질학의 제1부 : 산호초의 구조와 분포The Structure and Distribution of Coral Reefs, Being the First Part of the Geology of the Voyage of the Beagle'에 대해 확신을 가지고 출판할 준비를 완료하였다. 이 저서에서 부주의하게도 산호초를 3개 범주로 구분하여 분류학에 추가하였다. 그러나 다윈의 분류학에 대한 기여는 크게 중요한 업적은 아니었다. 이 저서에서 다윈은 산호초가 형성되는 것은 인근 지역의 섬들이 쇠퇴되는 과정에서 생성되었다는 자신의 신념을 설명하였다. 이 결과에 근거하여 다윈은 산호초는 육지가 바다로 점차적으로 잠겨 들어가는 과정에서 생성된다는 이론을 제안하였다.

종의 기원이 출현하다The Origin of Species Appears

1859년, 19세기의 완벽한 과학적 사건이 일어났다. 저서, '종의 기원 : 자연선택의 방법 또는 생존 경쟁에서 유리한 종의 보존On the Origin of Species by Means of Natural Selection, or the Preservation of Favoured Races in the Struggle of Life'이 발간된 사건이었다. 여기서, 이미 언급했던 바와 같이, 다윈은 자연선택의 전제에 대해 모든 힘을 쏟아 상세하게 설명하였다. 다윈은 신이라기보다 자연이 생존에 가장 유리한 종을 선택한다고 주장하였다. 다른 개체들 사이에서 대부분 종들의 어버이는 생존할 수 있는 것보다 더 많은 자손을 생산한다는 점을 지적하였다. 한편 이 자손들은 서식지, 먹이, 물 등에 대한 경쟁을 주도한다. 그러다가 무작위로 새로운 형질들이 나타난다. 자손들은 무작위로 새로운 다양한 형질들을 가지게 되며, 이들 가운데 환경에 탁월하게 적합한 형질들을 가진 자손만이 생존하게 된다. 일부 자손들은 더 강하며, 일부는 더 잘 들을 수 있으며, 일부 자손들은 환경과 구분하기 어려운 몸통색깔로 포식자를 피해 잘 숨을 수 있다. 결론적으로 환경에 생존하기 적합한 형질을 가진 동물과 식물은 이 유리한 형질을 자손들에게 전달시킨다. 다윈은 '종의 기원'을 발표하고 3년이 지난 후에 두 번째 논문으로 '인간의 유래The Descent of Man'를 발표하였다. 이 논문에서 다윈은 최초의 인간은 원숭이와 유사한 조상으로부터 유래한다고 주장하였다. 다윈은 또한 이미 알려진 여러 종들이 어떻게 자연선택에 의해 발전되어 왔는지를 보여주었다.

이 저서에서 다윈은 놀랄 만큼의 세계적 관점에서 호모 사피엔스의 '정신적 삶mental life'은 수많은 신학자들이 당연하게 생각한 것처럼 유일한 것이 아니라고 논의하였다. 다윈은 논리적으로 기억, 상상, 호기심 등의 심리적 형질들은 하등동물에서도 다양한 수준에서 존재하고 있다고 주장하였다. 최근 침팬지와 언어학습에 대한 실험결과에 비추어 볼 때, 다윈은 생각이 명쾌하고 심오했다는 것을 알 수 있다.

성 선택Sexual Selection

다윈은 '종의 기원'을 저술한 것에서 멈추지 않고 연구에 대해 계속적으로 노력을 기울였다. 몇 년 지난 후 '동식물 길들이기에서 나타난 다양성The Variation of Animals and Plants under Domestication'에서 종의 기원의 1장 내용을 더욱 상세하게 논의하였다. 곧 성과 연관된 선택과 인간의 유래의 논문은 종의 기원의 내용을 보완시키는 내용이 포함되어 있었다. 이 논문에서, 다윈은 하등 생물체에서부터 인간으로 진화되어온 부분을 강조하였다. 다윈은 성 선택의 진실을 설명하였다. 이 설명의 근거가 되는 주장은, 일반 선택과정은 2차 성징의 유리한 형질, 즉 나비와 새를 포함한 동물들이 다양한 색깔을 가지고 있는 특징, 수사슴의 뿔 등을 명료하게 설명하지 못한다는 점이었다. 반면, 수컷 사이의 경쟁이라는 독특한 방법으로 암컷의 선택을 받을 수 있게 된다는 점이다. 이 방법으로 가장 힘이 세고 잘 생긴 수컷이 자신의 독특한 특징을 번식시키고 다음 세대로 전달시킬 수 있다. 다윈은 이 현상을 다음과 같이 설명하였다:

> 이러한 형식의 선택은 외부 조건이나 다른 종의 개체와의 관계에서 생존하기 위한 선택이 아니라 동일한 성을 가진 개체들 간에 나타나는 생존을 위한 투쟁으로 설명하였다. 결과로 성공하지 못한 경쟁자가 죽는 것이 아니라 자손을 번식시키지 못하거나 겨우 소수만을 번식시킬 수 있게 된다. 따라서 성 선택은 자연선택보다는 다소 덜 경쟁적이라 볼 수 있다.[27]

그 후, 다윈은 말년에 들어서면서, '길들여진 식물과 동물Animals and Plants under Domestication'을 저술하기 시작하였는데, 이 책에는 식물과 길들여진 동물에 대한 생물학적 조사 결과를 상세히 제시하였다. 의심할 여지도 없이, 이 책자를 작성하는 과정에서 얻어낸 가장 가치 있는 아이디어는 고등 생물체는 하등 생물체로부터 유래한다는 가정이었다. 하등 생물체의 특징들이 고등 생물체에서 유전적인 흔적으로 관찰할 수 있다는 것까지 제시하였다. 이 주장에서 다윈은 어버이는 먹이, 기후, 팔과 다리를 자주 사용하지 않는 것 등의 환경 요인들의 영향 하에 만들어 낸 특징들을 자손에게 직접 전달할 수 있음을 제안했다. 다윈의 이 생각은 유명한 라마르크의 주장을 지지하는 것이었다.

논쟁의 폭풍A Storm of Controversy

다윈의 생각에 대한 즉각적인 여파는 전적으로 우호적이지는 않았다. 종교적 분열이 일어났으며 이 분열은 아직도 여러 사람들을 불편하게 만들고 있다는 점은 언급할 필요도 없이 공공연한 사실이다. 창세기와 다윈을 어떻게 중재할 수 있겠는가? 다윈은 신자들에게 유일한 문제의 원인이 아니었다. 독일 신학자 스트라우스David Strauss23)와 프랑스 사상가 레난Ernest Renan24)은 성경에 많은 불일치가 있음을 밝혀내어 그 역사적 정확성을 부인했었다. 그럼에도 불구하고 주저할 여지도 없이 다윈주의에서 가장 어려운 문제점은 정통 신학자들에게 우주를 관장하는 신이 없다고 직접적으로 설명하는 부분이었다. 반면, 우주는 예측하기 어려운 것에서부터 유래했으며, 어떤 것도 증명할 수 없으며, 절대적인 신의 진리는 없으며, 또한 절대적인 도덕적 진리도 없다는 점이다.

다윈주의의 사회적 의미는 더욱 심화되어 갔다. 궁극적으로 이 독단적 해석은 심지어 '사회적 다윈주의social Darwinism'로 불리기도 했는데, 이는 다윈주의 원칙을 사회와 도덕의 발전 과정에 적용시켜 해석하는 내용이다. 도덕규범은 사람이나 사회가 생존하는데 도움이 된 '진실'이다. 이 도덕은 하늘에서 신이 진실이라고 정한다고 해서 진실이 되는 것이 아니다. 여러 내용들 가운데, 사회적 다윈주의는 백인은 서구 문명을 성공시킨 것으로 인해 다른 인종보다 우월하다는

---

23) David Friedrich Strauss(1808–1874). 독일 신학자, 작가. 유럽의 기독교를 역사상의 예수(historical Jesus)라고 묘사하면서 반란을 일으키기도 하였으며, 그의 연구업적은 튀빙겐 학파(Tübingen School)와 연결되는데 이 학파는 신약, 초기 기독교에 대해 파격적으로 연구하는 학파이며, 그는 최초로 예수의 업적을 역사적으로 조사한 개척자임

24) Joseph Ernest Renan(1823–1892). 프랑스 철학자, 작가. 초기 기독교와 정치학 이론으로 유명. 고대 언어와 문명화에 대한 전문가

것을 단언하였다. 다윈은 이 인종 차별적 관점을 적용시킨 적이 없음에도 불구하고, 이 관점을 주창한 사람들 가운데 한 사람이 스펜서Herbert Spencer[25]였다. 다윈은 헉슬리Huxley와 헤켈Haeckel과 마찬가지로 이 스펜서의 생각을 변형시켰으며, 진화의 관점으로 보편화하였으며, 따라서 다윈의 이러한 진화의 관점에서 우주의 모든 것은 진화의 산물이라는 점이다.

헉슬리는 다윈을 지지하다Huxley Supports Darwin

다윈주의에 대한 폭풍우 같은 소용돌이로 인해, 곧 헉슬리T. H. Huxley[26]와 같은 학자들은 다윈주의를 더욱 심각하게 생각하게 되었다. 헉슬리는 그레이Asa Gray와 함께 다윈을 가장 눈에 띄게 옹호한 사람이었다. 헉슬리는 다윈에게 측정할 수 없을 만큼 많은 도움을 주었으며, 진화 대 창조라는 질문 전반에 걸쳐 필요한 당위성을 추가하면서, 다윈주의를 옹호하였으며 이로서 십자가를 짊어지게 되었다. 당시 다윈은 스스로 '종의 기원' 출판 때문에 겪는 혹독한 시련으로 납작 엎드려 있었다.

> 의심할 여지도 없지, 내가 할 수 있는 가장 사려 깊은 연구와 선입관 없는 판단을 한 후, 가장 바람직한 생각을 가진 자연철학자들의 관점, 내가 이전에 품고 있었던 관점, 즉 각각의 종은 개별적으로 만들어졌다는 생각은 오류적인 관점이라고 생각할 수 있게 되었다.[28]

헉슬리는 1825년에 태어났으며 어린 시절 손에 잡히는 책들은 모두 다 탐닉하였으며 과학과 철학에서 감탄할한 재능을 발휘하였다. 시드넘Sydenham대학에

---

25) Herbert Spencer(1820－1903). 영국 철학자, 생물학자, 인류학자, 사회학자

26) Thomas Henry Huxley(1825-1895). 영국 생물학자(비교해부학 전공). 다윈의 진화론을 지지하여 '다윈의 불독'으로 알려짐. 1860년 사무엘 윌버포스와의 논쟁으로 유명세를 얻음. 이 논쟁으로 진화는 대중으로부터 대폭적인 지지를 받음

서 생물학을 체계적으로 공부하기 시작하였으며, 1845년 런던대학교에서 학사 학위를 취득하였다. 그리고 나서 2년 후 의학 학위를 완성하였다.

곧 빅토리아호에 주둔하고 있는 영국 해군의 군의관으로 입대하였으며 1년도 채 되지 않았을 때 레틀스네이크Rattlesnake호로 이동하였다. 빅토리아호 배로 옮긴 이유는 이전 배의 선원들로부터 받은 적개심 때문이었으며, 이후 레틀스네이크호 배로 옮긴 이유는 이 배가 오스트레일리아로 가게 되었기 때문이었다. 헉슬리는 오스트레일리아에서 풍요로운 생물학적 환경에서 서식하는 동식물학상을 시찰할 수 있는 기회를 가졌다. 이 항해를 통해 헉슬리는 수많은 생물학 자료를 수집하였으며 1854년 그 유명세를 떨치는 런던왕립학회의 지원하에 '해양 히드로충류Oceanic Hydrozoa' 책자를 출간하였다.

한편, 헉슬리는 처음에는 진화를 받아들이지 않았다. 다른 한편에서 헉슬리는 라마르크의 주장도 좋은 대안이라고는 생각하지 않았다. 그렇다고 성경의 관점을 받아들이지도 않았다. 이러한 철학적인 관점으로 궁지에 몰렸던 상황은, 1852년 위대한 철학자 스펜서Herbert Spencer를 만났을 때 끝이 났다. 스펜서는 진화를 확실히 지지하는 학자이었으며, 헉슬리는 스펜서와 여러 차례 논의한 후 곧바로 마음을 바꾸어 다윈주의를 지지하게 되었다. 마지막에 그는 진화를 지지하게 되었으며, 결국에는 대중을 대상으로 다윈을 대변하였다. 1859년 종의 기원이 출간된 이후, 영원히 헉슬리는 다윈과 연결되는 학자로 남게 된다.

1860년 다윈주의에 대한 논쟁은 절정에 이르렀다. 논쟁에 대한 열기는 대단히 높았다. 1860년, 헉슬리는 주교 윌버포스Wilberforce를, 이어 옥스퍼드 주교와 또 이어서 수학과 교수를 영국 과학진흥협회British Association for the Advancement of Science 회의에 불러냈다. 먼저 주교가 점수를 얻게 되었는데, 주교는 헉슬리에게 진화는 할아버지 아니면 할머니를 통해서 진화되는지에 대해 질문하였다. 헉슬리는, 비록 자신이 무신론이 아니라고 대중에게 공언하였지만, 자신의 조상이 주교가 아니고 원숭이이라는 사실이 오히려 좋다는 답변하였으며, 이렇게 답변한 이유는 원숭이는 이러한 진지한 내용에 대해 농담을 할 때 자신의 지적능력을 잘못 사용하지는 않을 것이기 때문이라고 응답하였다.[29] 이 유명한 응답에 대해 구경꾼들은 오랫동안 큰 박수를 보냈으며 성경 근본주의자들의 지배력은 약해지기 시작하였다.

이것 이외에도 헉슬리는, '신학에서 말하는 신이 존재했다는 증거는 어디에도 없다'라고 말한 것으로도 유명세를 탔다. 그는 기독교를 다음과 같다고 주장하였다.

> 일종의 화합물, 이교도와 유대교의 특징 가운데 최고와 최악의 요소들로 만들어낸 관습으로 서구 세계의 특정 사람들이 타고난 특성으로 만들어낸 행위30

사실상, 헉슬리는 불가지론이라는 용어를 처음 사용한 사람이었다. 이 용어로 그는 지금까지 주변에서 일어나고 있는 맹목적이고 독단적인 확신에 대한 증오를 표명하였다. 다윈을 완고하게 변호하는 일 때문에, 헉슬리는 '다윈의 불독 Darwin's Bulldog'이라는 별명을 얻었다. 여전히, 헉슬리는 수년 동안 생물학 영역, 주로 비교 해부학에서 멋지고 명확한 연구업적을 만들어 냈다. 그러나 그가 오랜 기간 동안 강력하게 다윈을 옹호한 일은 생물학에 그가 남긴 주요 유산 가운데 하나이다.

주교만이 이 비열하고 극악무도한 가르침(진화)에 대해 감정을 표현하지는 않았다. 다른 한편에는 일부 과학자들이 윌버포스의 편에 섰다. 여러 학자들 가운데 미국 생물학자 루이스 아가시Louis Agassiz27)는 진화이론이 어리석고 불가능한 이론이라고 공격하였다. 한편 아가시는 신이 모든 종을 개별적으로 창조하였다는 유서 깊은 신학적 개념을 다시 제안하였다(그러나 그의 여러 연구 결과는 실제적으로 진화를 확증시키는 결과들이었다).

27) Jean Louis Rodolphe Agassiz(1807–1873). 스위스 생물학자, 지질학자, 내과의사, 지구의 역사에 대해 훌륭한 업적을 남긴 학자. 스위스에서 자랐으며 스위스 서부 뇌샤텔 대학교의 교수로 있다가 1847년 미국 하버드 대학교 교수직을 수락하여 미국에서 살게 됨

왈라스와 진화Wallace and Evolution

알프레드 왈라스Alfred Russell Wallace[28]는 주저할 필요도 없이 진화론을 공동으로 만들어낸 사람으로 충분하다고 언급할 만하다. 1823년에 태어났으며, 1913년까지 과학영역의 발전에 수년간 기여하였고 풍요로운 인생을 보내면서 장수하였다. 진화이론 이외에, 그는 지구 전체에 서식하고 있는 동물 종들의 분포에 대해 상당히 많은 시간에 걸쳐 집중하였다. 14세 때, 형인 윌리엄과 그는 당시 인기 있었던 직업, 측량술에 종사하였다. 그러나 곧 측량술 직업을 그만두고 전혀 다른 영역인 천문학과 식물학에 빠져들기 시작하였다. 18세기 중반 그는 유명한 토마스 멜서스의 제자가 되었으며, 다윈과 마찬가지로 멜서스의 인구에 대한 논문을 읽고 많은 영향을 받았고, 그 후 생물학에 대한 의문에 더욱 집념을 굳히게 되었다. 1848년 4월, 그는 생물학 지식에 대한 만족할 수 없는 갈망으로, 그의 동생 허버트와 함께 영국을 떠났으며, 남아메리카의 동식물상을 탐색하였다. 슬프게도, 영국으로 귀국하는 길에 그가 타고 갔던 배에서 일어난 화재로 불행을 겪게 되었다. 비록 화재에서 살아났지만 실제 탐사 동안에 기록한 일지와 수집한 모든 종들을 잃어버렸다. 그러나 이에 굴하지 않고, 기억을 되살려 아마존 여행과 야자나무에 대해 저술하였다.

46세에 결혼하였으며, 런던에서 생물학에 대한 연구를 계속적으로 진행하였고, 런던에서 그는 진화에 대한 자신의 확고한 생각을 최종적으로 만들어냈다. 이에 대해 1870년 저서, '자연선택의 이론에 대한 업적Contributions to the Theory of Natural Selection'을 출판하였다. 아마도, 이 책 이외에도 그의 저서 가운데 가장 잘 알려진 저서는 1876년에 완성한 '동물의 지질학적 분포Geographical Distribution of Animals'이다. 이 저서에서 그는 지구를 6개 대륙으로 구분하였으며, 각 대륙에는 대륙만의 독특한 생물체를 가지고 있었다고 기록하였다. '구북악구Paleartic'는 상당 부분의 아시아와 거의 모든 유럽 지역으로 구성되는데, 이

28) Alfred Russel Wallace(1823－1913). 영국 자연주의자, 탐험가, 지리학자, 인류학자, 생물학자. 다윈과는 독립적으로 자연선택에 근거한 진화이론을 주장한 학자로 널리 알려짐

지역은 순록, 돼지, 매, 비둘기, 개, 들쥐, 소, 고양이, 그 외 사슴, 들소, 곰 등의 종들이 살고 있는 곳으로 설명하였다. '신북악구Neartic'는 북아메리카 지역을 포함하며, 여우, 곰, 뿔이 큰 사슴 들이 서식하는 지역이라고 하였다. 이디오피아는 고릴라, 사잠, 호랑이, 기린, 코뿔소가 서식하는 복잡하지 않는 서식지로 분류하였다. 중국과 서남아시아를 포함하는 동양 지역은 코끼리, 날아다니는 여우flying foxes 박쥐, 오랑우탄의 자연적 서식지로 설명하였다. 호주와 뉴질랜드는 들두더지들이 많이 서식하는 곳으로 분류하였다. 마지막으로 '신열대Neotropical' 지역은 남아메리카를 포함하는데 나무늘보, 맥tapir, 원숭이, 박쥐, 그 외 여러 동물들이 서식하고 있다. 물론, 그는 그의 동포, 다윈의 업적을 철저히 조사하였으며, 또한 다윈주의Darwinism라는 책자도 저술하였다.

왈라스는 다윈과 동등한 수준의 지명도를 얻을 수 있었을 것이다. 1858년, 린네학회 서기는 왈라스와 다윈 사이에 왕래된 서신을 읽었을 때, 그리고 다윈이 출판하지 않았던 논문을 읽었을 때, 이들 두 사람의 원고에는 진화에 대한 상당히 상세한 내용이 포함되었고, 자연선택의 개념에 대해 상당한 분량으로 설명되어 있었다. 이들 서신과 다른 증거들에 근거해볼 때, 왈라스는 다윈과는 독립적으로 진화에 대한 핵심 개념을 만들어냈다는 것은 명백한 사실이다.

분류학: 무척추 동물Taxonomy: Invertebrate

진화에 대한 논쟁이 19세기 생물학 전체를 대변하지는 않는다. 이러한 경향은 항상 그렇게 진행되어 왔던 것 같다. 린네 시대 이후로, 과학자들은 점차적으로 린네가 만들어낸 방식에 기초하여 분류학의 기반을 구축해왔다. 1872년 요한 뮐러Johannes Muller의 제자이며 브레슬라우Breslau[29]의 식물학자 페르디나드 코헨Ferdinand Cohn[30]이 3권으로 구성된 책자, '박테리아, 가장 작은 생물체Bacteria, The Smallest of Living Organisms'를 출판하면서, 과학의 중대한 발전

---

29) Breslau 브레슬라우 또는 Wroclaw 브로츨라프 폴란드 남서부 상공업 도시
30) Ferdinand Julius Cohn(1828－1898). 독일 생물학자 근대 미생물학 세균학 창시자

을 이루어냈다. 이 책자를 통해 코헨은 오늘날에 이르기까지 역사적 업적으로 인정받고 있는 세균학의 발생에 대한 연구결과를 만들어냈다. 세균의 분류학에 대한 연구는 덴마크 세균학자 한스 그램Hans Christian Gram[31]의 노력의 결과로 이어졌다. 1884년 그램은 그램 양성과 그램 음성으로 구분하는 염색법을 발명했다. 그램 양성은 염색약을 흡수하고 그램 음성은 염색약을 흡수하지 않는다. 당시 이 엉뚱하게 분류하는 원칙의 발견은 즉각적으로 받아들여졌는지 여부는 명확하지 않다. 그러나 1940년대 세균학자들은 이 분류가 실로 중요한다는 것을 발견하게 되었다. 즉 이 두 집단이 항체에 대해 반응할 때 서로 상이한 현상을 보였으며, 따라서 백신을 만들어 내는 데 세균이 그램 양성인지 음성인지를 찾아내는 것이 매우 중요하였다.

라마르크가 무척추동물에 미친 영향Lamarck on Invertebrates

라마르크는 빅토리아 시대에서도 연구를 수행하였다. 1822년 그는 '무척추동물의 자연사Natural History of Invertebrates'를 발간하였다. 이 저서에서 그는 동물에 척추가 있는지 여부에 따라 척추동물vertebrates과 무척추동물invertebrates로 구분한 것으로 인해 생물학에 중요한 업적을 남기게 되었다.

분류학: 척추동물Taxonomy: Vertebrate

라마르크의 연구 결과에 큰 영감을 받은 과학자는 벨푸어이다. 1880년 스코틀랜드 동물학자이며 헤켈Haeckel의 제자인 프란시스 벨푸어Francis Balfour[32]는 이전 생물학자들이 가르친 척추 가운데 척수는 진정한 척추가 아니라고 주장하면서 생물학의 분류영역에서 새로운 방향을 열었다. 벨푸어는 생물학자들이

31) Hans Christian Joachim Gram(1853－1938). 덴마크 세균학자. 코펜하겐 대학교에서 식물학은 공부. 약학에 사용할 수 있는 식물학의 기초와 현미경 사용방법을 주로 연구

32) Francis (Frank) Maitland Balfour(1851－1882). 영국 생물학자, 몽블랑 산행에서 사망. 다윈의 계승자

척색이나 척추가 있는 동물은 원삭동물Chordata 문에 포함시킨 것을 척색만 있는 동물로 구분하여 포함시키고, 진짜 척추를 가진 동물들만으로 구분하여 지금도 존재하는 아문에 분류해야 한다고 주장하였다. 벨푸어는 수많은 관찰 결과와 아이디어에 근거하여 무척추와 척추동물을 심층적으로 비교 분석하였으며, 그 연구결과를 2부로 구분하여 저술한 '비교 발생학Comparative Embryology'를 발간하였다.

순환계The Circular System

아마, 생물학이 실험하는 과학으로 진정하게 변화시켰다는 확고한 증거는 앞서 언급한 독일 생물학자 칼 비젠하우젠Karl Witzenhausen33)의 실험일 것이다. 1847년 그는 혈액의 압력을 측정하는 기구 혈압계를 만들어냈다. 이 기구로 그는 당시 그 이전 과학자 누구보다 철저하게 혈액의 순환에 대해 연구할 수 있었다. 곧 보어Christian Bohr34)의 제자였던 덴마크 생리학자 크로그S. A. S. Krogh35)는 몸을 순환하는 혈액의 흐름을 만들어내는 매우 작은 혈액관인 모세혈관을 보여주었다. 이 발견으로 그는 1920년 노벨상을 수상하게 되었다.

발생학과 생식 생물학Embryology and Reproductive Biology

이 시대 급속한 발전을 이루어낸 또 다른 영역은 생식 생물학이었다. 스웨덴 베른의 생물학자이자 저술가인 가브리엘 발렌틴Gabriel Valentin36)과 체코 과

---

33) Samuel Siegfried Karl Ritter von Basch(1837－1905). 칼 비젠하우젠으로 제시하나, 오류로 보임. 오스트리아계－유태인. 혈압계 발명

34) Christian Harald Lauritz Peter Emil Bohr(1855-1911). 덴마크 내과의사. 노벨상 수상 물리학자 닐 보어(Niels Bohr)와 수학자 Herald Bohr의 아버지. 또 다른 물리학자이며 노벨상을 수상한 Aage Bohr의 할아버지.

35) Schack August Steenberg Krogh(1874－1949). 덴마크 코펜하겐 대학교 동물생리학과 교수(1916－1947). 생리학 영역의 수많은 발견을 이루어냄. 1920년 골격근육의 모세혈관의 조절기작을 발견하여 생리학의학영역 노벨상을 수상함

학자 얀 푸르키네Jan Purkinje[37]는 여성 생식기를 세밀하게 조사하였는데, 그들은 척추동물에서 난관에 배열된 섬모는 난자가 생식기관을 통과하도록 하는 기능을 가진다고 발표하였다. 그 후 생물학자 폰 지볼트von Siebold[38]가 다시 한 번 더 확증하였다.

발생학 영역과 밀접히 연관되는 연구영역에서, 동물학자 게겐바우어Karl Gegenbaur[39]는 척추동물의 모든 세포는 수정된 난자가 지속적으로 분열하여 만들어진다는 것을 증명하였다. 그 당시 과학자들은 실로 포배기blastula, 낭배기gastrula 등등의 분열 단계를 완벽하게 이해했다고 보기는 어렵다. 그 후 20년이 채 지나지 않아, 스위스 생물학자 루돌프 콜리커Rudolf von Kolliker[40]는 난자는 세포이며 생물체의 모든 세포들은 난자 세포로부터 만들어졌다는 확신을 증명하였다.

그는 1817년 취리히Zurich에서 태어났으며, 동물학을 완벽하게 파악하였다. 유명한 사업가의 아들로 태어났으며, 그의 첫 스승은 로렌츠 오켄Lorenz Oken[41]이었다. 후에 요한 뮐러Johannes Muller 지도하에 베를린에서 공부를 보충하였다. 1847년 이후부터 은퇴한 1902년까지 뷔르츠부르크Wurzburg에서 교수로 지냈다. 1905년에 죽었는데, 그 해 아인슈타인이 유명한 '상대성 특수 이론special theory of relativity'을 발표하였다. 콜리커Kölliker는 또 다른 영역 조직학, 한동안 침체되어 있었던 영역을 발전시켜 명성을 얻게 되었다. 그는 세포이론을 개별 세포에서 배 발달 및 전체 조직들로 확장시켰다.

---

36) Gabriel Gustav Valentin(1810–1883). 독일 생리학자. 1836년 베른대학교 교수로 임용. 1881년 퇴임할 때까지 45년간 교수로 재임. 연구 업적으로는 혈액과 순환, 소화, 근육과 신경의 전기 감각기관의 생리학, 독성학에 걸쳐 수많은 발견을 함

37) Jan Evangelista Purkyně(1787–1869). 체코 해부학자, 생리학자. 당대 가장 유명한 과학자 가운데 한 사람이었으며, 1839년 세포의 액체 부분을 원형질protoplasm로 명명하였음

38) Philipp Franz Balthasar von Siebold(1796–1866). 독일 의사, 여행가. 일본에서 서양의학을 가르침. 일본의 동식물 연구 업적으로 유명

39) Karl Gegenbaur(1826–1903). 독일 해부학자, 비교해부학, 진화이론 지지 비교해부학 증거를 제시. 다윈 진화이론을 강력히 지지한 학자.

40) Rudolf Albert von Kölliker(1817–1905). 스위스 해부학자, 생리학자, 동물학자

41) Lorenz Oken(1779–1851). 독일 자연학자, 식물학자, 생물학자, 조류학자

곧바로 두려움도 없이, 콜리커는 세포이론과 함께 미래 유전학의 고전적 개념을 어렴풋이나마 예측해내는 업적을 남겼다. 그는 비록 그가 유전자, 염색체, 등등에 대해서는 거의 이해하지 못하고 있었지만, 세포가 유전 물질을 전달하는 운반체라는 것을 예측하였다. 만일 그가 더 많은 연구를 추진했더라면, 신경세포인 뉴런으로 들어가고 나오는 축색, 수상돌기, 섬유세포가 신경세포의 기본물질의 확장된 부분임을 확증할 수 있었을 것이다. 콜리커는 생식세포를 연구하면서 정자와 난자 또한 세포임을 발견했다. 난자를 연구하면서, 그는 난자가 세포이며, 세포 전체가 분열하기 전에 핵이 분열하는 현상은 세포 증식에 중요한 단계라는 것을 알아차렸다. 독일의사 레막Remak은 곧 이 관점을 확증하였다. 이전 과학자들은 난자는 유기물질의 발효과정의 결과라고 믿었다. 콜리커는 또한 내장을 만들고 있는 평활근이라는 세포조직을 최초로 발견하고 설명한 생물학자이었다. 19세기 중반을 막 지나면서, 콜리커는 세포 분열에서 나타나는 발생학 부분을 설명하였다.

진화와 발생학의 연계A Link between Evolution and Embryology

19세기 중반을 지나면서 진화와 발생 사이에 놀라운 연결이 만들어졌다. 천재적인 독일 생물학자 헤켈Ernst Haeckel은 종교 세계를 또 다른 차원에서 흔들어대는 생각을 제안했다. 그는 초기 내과의사로 시작하였으나 후에 대학의 생물학 교수가 되었다. 비록 영국 내에서 다윈을 지지하는 사람들이 있었지만, 헤켈은 다윈주의를 단호하게 받아들였던 유럽 전역에 걸쳐 평판 좋게 알려진 과학자였다. 그는 '우주에 대한 수수께끼The Riddle of the Universe'라는 저서를 통해 다윈주의에 대한 그의 사상을 소개하였다.

헤켈이, 기계론에 집착하는 것보다 더 격렬하게 소란을 일으킨 생각은, '개체 발생은 계통 발생을 되풀이 한다ontogeny recapitulates phylogeny'라는 슬로건에 내포되어 있었는데, 이 말에는 발생하는 배는 현재 존재하는 형태가 되기까지 과정에서 생물체는 발생의 모든 단계를 거친다는 점이었다. 1866년 그는 역사적 저서, '일반형태학Generelle Morphologic'에 다음과 같이 설명하였다.

> 개체 발생은 유전(생식)과 적응(영양)의 생리적 기능에 의해 조절되는 계통 발생의 짧고 신속한 반복이다. 개별 개체는 짧고 빠른 발생 과정 동안, 고생물학적 진화의 길고 느린 과정 동안에 조상들이 거쳐 지나간 가장 중요한 변화를 반복하는 것이다.[31]

곧장, 그는 모든 척추동물의 배는 배 발생의 특정 단계에서 아가미 틈새와 같이 생긴 형태를 보여준다는 것을 알아차렸다. 비록 오늘날 그 누구도 이 생각을 진지하게 받아들이지 않고 있지만, 헤켈은 당시 스스로 생태학이라는 용어를 처음 명명할 때 이에 대해 제고하였다. 그는 부분적으로, 유전물질은 다음 세대에서 조정될 뿐만 아니라 환경도 유전물질을 조정할 수 있다고 생각하였다. 이렇게 생각하는 과정에서 그는 심리학자들이 곧 '타고난 것인가-만들어지는 것인가nature—nurture'에 대한 논쟁을 일으킬 것이라고 예측하였다.

요약Summary

이 모든 것들을 고려해본다면, 19세기는 심오한 변화의 시대이고 새로운 통찰력의 시대이었다. 19세기 동안 과학자들의 학회 조직은 왕립학회와 스미소니언이 급속히 성장하면서 더욱 확장되었다. 논의하자면, 과학은 처음으로 버나드Bernard, 비젠하우젠Witzenhausen, 헤켈Haeckel이 성취해 낸 업적으로 생기론vitalism을 폐기하기 시작하였고 기계론mechanism을 받아들이기 시작하였다. 또한 상동과 상사의 원리를 만들어 낸 리차드 오웬Richard Owen이 고대 파충류의 화석 연구결과를 발표하면서 고생물학의 발전을 독점해오고 있었다. 이와 함께 여전히 취약했던 주장, 대격변 원칙을 무너뜨리면서, 찰스 라이엘Charles Lyell은 종은 수 백만년에 걸쳐 점진적으로 변했다는 것을 화석으로 보여주었다. 이와 연관시키면서 새로운 발견을 이루어낸 부분은, 베른 대학교 발렌틴Valentin, 푸르키네Purkinje, 콜리커Kölliker가 발전시킨 생식 생물학과 특히 헤켈의 '개체 발생은 계통 발생을 되풀이 한다'는 그 유명한 원칙이다.

Chapter 19

다윈주의자 시대의 발생학과 생화학

Embryology and Biochemistry in the Darwinian Era

다윈의 전설적인 연구 바로 직전에 화학에서는 중요하고 획기적인 진전이 있었다. 이 진전은 결국 생물학에 엄청난 영향을 주었다. 1834년 프랑스 화학자 장 뒤마Jean Dumas[1]는 최초로 '치환의 법칙law of substitution'을 발표했다. 이 법칙은 적절한 온도와 압력의 조건에서 플루오르, 염소, 브롬과 다른 원소들을 포함하는 여러 화학물질들이 모든 유기 화합물에서 수소를 대치시킬 수 있다는 것이다. 이것은 이후 몇 년 내에 생물체에 많은 필수적인 분자들을 포함하여 수많은 종류의 물질을 합성할 수 있게 만들었다. 수소 대치 현상의 대표적 사례로는 냉동기기에 사용되는 냉매 프레온 가스가 널리 알려져 있다. 화학자들은 메탄가스 분자의 수소 원자를 플루오르와 염소 원자로 대치하여 프레온 분자를 만들었다.

얼마 후 또 다른 프랑스 화학자 로랑Auguste Laurent[2]은 물질의 특성에 거

1) Jean Baptiste André Dumas(1800–1884). 프랑스 화학자. 유기분석에 대한 업적, 화합물에서 질소를 분석하는 방법을 발견
2) Auguste Laurent(1808–1853). 프랑스 화학자

의 변화 없이 각 물질에서 수소 대신 염소로 치환하는 것이 가능할 것이라는 증거를 제시하였다. 이것은 보통의 직관이나 당시의 의견 모두에 반대되는 것이었기 때문에 아무도 로랑의 제안을 받아들이지 않았다. 나중에야 실질적으로 모든 사람들이 이 제안을 받아들였다.

화학에서는 두 명의 개척자, 이탈리아의 칸니짜로Stanislao Cannizzaro[3]와 그의 동료 아보가드로Avogadro가 있었다. 아보가드로는 플루오르, 산소, 이산화탄소 등의 모든 기체는 같은 온도에서 동일한 입자 수를 가진다는 명제를 확증하였다. 아보가드로는 당시 분자를 알지 못했지만, 칸니짜로는 분자는 실제로 존재하며, 그 분자가 바로 아보가드로가 말하는 '입자particles'라는 것에 대한 몇몇 최초의 증거를 제시하였다. 칸니짜로는 아보가드로 가설을 계속해서 지지하였고, 그 후 몇 년 뒤 1860년 국제화학학회에서 이 가설은 명료해졌다.

생물에서 중요한 다른 화학적 개념은 화학결합에 대한 것이다. 이 생각을 처음 명확하게 말한 사람 가운데 한 사람은 스코틀랜드 과학자이자 에딘버러대학교 교수인 쿠퍼Archibald Couper[4]였다. 그는 모든 유기 화합물의 중심축으로부터 무한한 길이의 탄소 사슬이 뻗어 나온다고 제안하였다. 그는 또한 방향족 화합물의 구조를 처음으로 발표한 사람이었다. 비록 이후 루이스G. N. Lewis,[5] 라이너스 폴링Linus Pauling,[6] 어빙 랑뮤어Irving Langmuir[7] 등이 화학결합의 신비를 실제로 의미 있게 이해하도록 밝혀냈지만, 이와 같은 결합 자체에 대한 가정은 한 단계의 중요한 진전을 이루어 낸 것이었다. 증명된 바와 같이 단백질, 아미노산, DNA, 그 외 여러 생물학적 분자에 존재하는 결합은 대부분 쿠퍼가 토의했던 결합을 한데 모은 것이다.

---

3) Stanislao Cannizzaro(1826－1910). 이탈리아 화학자
4) Archibald Scott Couper(1831－1892). 스코틀랜드 화학자. 화학구조와 화학결합에 대한 초기 이론을 제창.
5) Gilbert Newton Lewis(1875－1946). 미국 물리화학자. 공유결합, 전자쌍을 발견
6) Linus Carl Pauling(1901－1994). 미국 화학자, 생화학자, 평화운동가
7) Irving Langmuir(1881－1957). 미국 화학자, 물리학자

영양에 대한 과학이 출현The Emergence of Nutrition as A Science

코네티컷 주 뉴헤이븐의 토마스 오스본Thomas Osborne8)은 위의 여러 가지 새로운 발견들을 상세하게 이해하였으며, 사람의 몸에는 단백질이 수없이 많이 존재한다는 것을 보여주었다. 이외에도 그는 비록 음식의 중요한 요소로서 새로운 종류인 비타민의 포괄적인 의미를 충분하게 알아차리지는 못했지만, 사람의 물질대사에서 비타민A가 중요하다는 것을 최초로 인식하였다.

영양에 대한 과학은 신인으로 과학계에 첫 선을 보였다. 하지만, 그 이후로 40년 동안 별다른 진전이 없었다. 1875년이 되어서야 비로소 미국 버지니아 주 태생으로 콜롬비아 대학교 생물학자 헨리 셔만Henry Sherman9)이 또 다른 중요한 단계에 대한 발견을 이루어냈다. 셔만은 인체의 영양소는 양만 중요한 것이 아니라 비율도 중요하다는 것을 대략적으로 보여 주었다. 예를 들어 적절한 물질대사를 위해서는 인과 칼슘의 비율이 각 영양소의 전체적인 양만큼이나 중요하다는 것을 증명하였다. 한편, 셔만은 카네기재단에 근무하는 동안 음식에 필요한 비타민의 양이 얼마인지 탐구하기 시작하였다. 일반적으로 셔만이 제안한 값은 너무 작았고 보다 정확한 값은 20세기에 이르러서야 밝혀지게 되었다. 그럼에도 그의 이름은 그의 위대한 업적으로 미국영양학연구소American Institute of Nutrition의 회장으로 기록되었다.

생리학의 발전Progress in Physiology

빅토리아 시대가 시작된 1837년부터 종료되는 새로운 세기 1901년까지의 기간 동안 생리학은 성장하였으며 그 어느 때보다 더 명백하게 분리되었다. 실

---

8) Thomas Burr Osborne(1859–1929). 미국 생화학자, 비타민A를 공동으로 발견. 코네티컷 농업실험연구소에서 연구함

9) Henry Sherman 미국 콜롬비아 대학교 화학과 재직 교수. 칼슘, 인 등이 사람의 물질대사에 미친 영향 등의 논문을 작성. Serman, H., & Hawley, E. (1922). Calcium and phosphorus metabolism in childhood. Journal of Biological Chemistry, 375–399.

제 동물 생리학과 식물 생리학의 두 분야로 나뉘었다. 초기 생리학자들은 스스로를 두 분야 가운데 한 분야의 전문가라고 주장하지 않았다. 최근에는 아주 공식적으로 그렇게 주장한다. 이 시대 생리학자들이 연구한 가장 중요한 주제들 가운데 하나는 감각에 대한 현상이었다. 예를 들어, 독일 생물학자 에른스트 웨버Ernst Weber[10]는 어떤 사람의 피부를 두 개의 핀으로 두 지점을 동시에 찌를 때, 두 지점이 아주 가까운 경우에는 찔린 사람이 두 지점을 구별할 수 없다는 것을 알았다. 찌른 두 지점이 하나의 감각으로 인식된 것이다.

1833년까지 이 분야는 아주 빠르게 발전하였으며, 요한 뮬러Johannes Müller[11]는 방대한 책을 쓸 준비가 되었다고 느꼈다. 1833년 뮬러는 '생리학 편람Handbook of Physiology'을 출판하였는데, 이 책에는 당시 모든 생리학적인 논평들이 기록되었다. 그는 또한 비록 자기 자신도 의미를 잘 알 수 없음에도 불구하고, 모든 신경은 '에너지'를 가지고 있을 것 같다는 생각을 주장하였다. 추가적인 노력을 통해 이 독일 생리학자 뮬러는 신경섬유가 신경세포 또는 뉴런으로부터 직접 뻗어 나온다는 것을 증명함으로써 신경세포에 대한 현대적인 개념에 좀 더 다가서게 되었다. 흥미롭게도 이 영역에서 진보는 너무 더뎌서 1927년이 되어서야 비로소 감각을 주제로 한 책을 쓸 준비가 되었다고 느꼈고, 그 해에 영국 신경생리학자인 에드가 아드리안Edgar Adrian[12]이 '감각의 기초The Basis of Sensation'라는 저서를 발표하였다.

오래지 않아 베를린대학교의 생리학자 보이스-레이몬드Emil Heinrich Bois-Reymond[13]는 생리학의 새로운 분야를 개척하였다. 프랑스 혈통인 그는 1818년 베를린에서 태어났으며 베를린대학교에서 의학 공부를 시작하였다. 곧 그는 뮬러의 제자가 되었으며 스승의 뒤를 이어 1855년부터 1896년까지 베를린

---

10) Ernst Heinrich Weber(1795-1878). 독일 의사, 실험심리학 개척자
11) Johannes Peter Müller(1801-1858). 독일 생리학자, 비교형태학자, 어류학자, 파충류학자. 새로운 발견과 지식을 생성하는 능력
12) Edgar Douglas Adrian(1889-1977). 영국 전기생리학자. 1932년 뉴런의 기능에 대한 업적을 공동으로 생리학 노벨상을 수상
13) Emil du Bois-Reymond(1818-1896). 독일 의사, 생리학자. 뉴런의 잠재적 활동에 대해 발견, 실험전기생리학의 아버지

대학교에서 생리학 교수로 재직하였다. 이 기간 동안 그는 검류계를 사용하여 신경계가 전기를 이용하여 몸의 다른 부분에 신호(보이스-레이몬드는 이를 '파동 waves'이라고 불렀다)를 보낸다는 것을 증명하였다. 현대에 이 내용은 신경 충격의 전달에 대한 가설의 한 부분으로 인식되고 있다. 보이스-레이몬드의 연구 대부분은 근육의 전기적인 활동성을 중심으로 이루어졌다. 이 사실은 쇠퇴하고 있던 '생기론적vitalistic' 환상을 더욱더 쇠퇴하게 만들었다. 이 생기론적 환상은 동물의 존재의 '핵심essence'은 선천적으로 감지할 수 없으며 절대로 측정할 수 없는 것을 의미한다. 보이스-레이몬드의 관점에서는 자신이 측정한 전기 흐름이 실제 생명의 힘élan vital이며 이것이 고대 생물학자들이 선호했던 것이었다. 그가 생물체의 생리학에서 전기의 중요성을 인식한 것은 옳았으나 '전기 분자 electric molecules'의 존재를 추측하는 데는 실패하였다. 물론 이 생각이 모두 터무니없는 것은 아니었지만, 과학자들은 이 생각을 오랫동안 기억하지 못하고 있었다.

비슷한 시기에 스코틀랜드 의사인 데이비드 페리 경Sir David Ferrie은 동물에서 뇌와 신경계에 대한 기념비적인 연구를 수행하였다. 그의 연구는 운동신경의 자극을 받는 위치, 즉 근육이 운동을 하도록 만드는 충격의 위치와, 뇌와 신경계에 외부 자극을 전달해 주는 감각신경을 찾는 데 목적을 두었다. 1850년 여전히 많은 결과들이 나오고 있던 해에, 독일의 물리학자 구스타프 페히너Gustav Fechner[14]는 감각의 힘과 자극의 강도 사이에는 단순한 선형적 관계가 없다는 것을 밝혔다. 단순한 선형적 관계보다 자극의 힘이 증가함에 따라 감각은 더 빠르게 증가한다고 주장하였다.

1852년 독일 생리학자 헤르만 본 헬름홀츠Hermann von Helmholtz[15]는 18세기 이탈리아 생리학자 갈바니Galvani가 제안한 결론에 하나를 더 추가하였다.

---

14) Gustav Theodor Fechner(1801-1887). 독일 철학자, 물리학자, 실험심리학자. 실험심리학과 심리물리학의 창시자, 심리적 감각과 물리적 세기는 비선형 관계임을 증명하였으며 베버-페히너의 법칙(Weber-Fechner law)을 제창함

15) Hermann Ludwig von Helmholtz(1821-1894). 독일 의사, 물리학자. 심리학과 생리학 영역에서 눈에 대한 수학, 시각에 대한 이론, 공간에 대한 시각적 인식, 음조에 대한 감각, 소리에 대한 인식 등을 연구

헬름홀츠는 과학사 업적에서 독특하게도 물리학과 생물학 두 분야 모두에 크게 기여한 몇 명 안 되는 특출한 사람이었다. 그는 1821년 포츠담의 지역 고등학교 교사의 아들로 태어났다. 그는 베를린대학교 뮬러Johannes Müller의 지도하에 의학 학위를 받았다. 여러 해 동안 군의관으로 근무하다가 마침내 뛰어난 철학자 임마누엘 칸트Immanuel Kant[16]의 고향인 쾨니스베르크Köningsberg에서 교수가 되었다. 마지막에 그는 베를린대학교와 샬로텐부르크Charlottenburg에 신설된 물리-기술 연구소의 물리학 교수가 되었다. 그는 1894년 죽을 때까지 교수로 재직하였다. 비록 헬름홀츠가 생물학, 철학, 물리학, 수학 분야에 관심을 기울였지만 철학과 수학 분야에서는 이렇다 할 성과를 내놓지는 못하였다.

헬름홀츠가 이루어낸 업적 가운데 가장 뛰어난 것은 갈바니의 발견을 보완한 것이다. 그는 최초로 신경섬유를 따라 지나가는 '메시지'의 속도를 측정하였다. 그는 개구리 신경에 굉장한 관심을 기울이는 과정에서 이 발견을 이루어냈다. 그는 충격들이 1초당 약 30미터를 이동한다는 것을 발견하였으며 또한 화학적 변화가 신경계의 건강에 중요하다는 것을 보여주었다. 그는 이 연구를 지속하였으며 나중에 이 지식을 감각기관의 연구에도 적용하였다.

헬름홀츠와 귀Helmholtz and Ear

1856년 헬름홀츠는 내이의 달팽이관 막이 증폭된 소리의 공명기 역할을 한다고 주장하면서 청각의 '공명resonance'의 원리를 제안하였다. 1863년 헬름홀츠가 동물은 귀를 통해 듣는 소리의 높낮이를 결정한다는 것을 발견하였으며, 이 발견에 기반하여 달팽이관 속에 일련의 공명기가 있다는 가정을 다시 주장하면서, 청각 기작에 대한 또 다른 진전을 이루어냈다. 그러나 1950년대에 이르러서야, 생리학자들은 헬름홀츠의 발견으로부터 올바른 실마리를 찾아내고서야 청각 기작을 제대로 파악할 수 있게 되었다고 주장하였다. 1961년 헝가리 물리학자

16) Immanuel Kant(1724-1804). 독일 철학자, 근대철학에 핵심적 학자. 인간 마음의 구조는 인간의 경험으로부터 온다는 개념 확립

게오르그 폰 베케시Georg von Békésy[17]는 이 영역의 연구로 노벨상을 수상하였다. 베케시의 이론에 따르면, 달팽이관에 있는 액체가 나타내는 '파동'은 외부의 진동을 전달하여 뇌에서 청각을 형성하는 과정을 만든다는 것이다.

벨과 신경생물학Bell and Neurophysiology

결국 생리학은 급속히 진전되었고, 찰스 벨Charles Bell[18]은 이 분야를 더욱 발전시키는 연구를 진행하였다. 벨은 1774년 에딘버러에서 목사의 아들로 태어났고, 유년기 아주 가난하게 살았다. 벨의 아버지는 가족들의 끼니를 간신히 하루하루 이어나갈 정도이었다. 그럼에도 불구하고 벨은 에딘버러대학교에 입학하여 의사 학위를 취득했다.

벨은 사냥꾼을 기념하는 박물관의 큐레이터로 지내다가 마침내 스코틀랜드에서 해부학 교수가 되었다. 1830년 저술한 '인체의 신경계The Nervous System of Human Body'에서, 벨은 감각신경과 운동신경을 포함하는 여러 종류의 잡다한 신경을 구분해 냈으며 이후에 마젠디Magendie[19]가 이 연구내용을 확인하였다. 1810년 작성한 '뇌의 새로운 해부학에 대한 생각Idea of a New Anatomy of the Brain'의 논문에서 벨은 척추의 골수신경은 두 가지 방법으로 기능한다는 것을 발견하였다. 즉 골수신경은 실험자가 전근을 건드렸느냐 아니면 후근을 건드렸느냐에 따라 달라진다는 것이다. 만일 실험자가 골수신경의 후근을 건드리면, 이 골수신경과 연결된 근육은 수축하지 않았지만, 전근을 건드리면 근육은 경련을 일으켰다. 이 결과는 이전 생물학자들이 신경이 충격을 내보내고 받아들이는 방법들에 대해 이해하지 못했던 문제를 설명해 주었다. 벨은 이 현상을 완전하게 설명하지는 못하였

17) Georg von Békésy(1899－1972). 헝가리 생물물리학자. 헝가리 부다페스트에서 태어남. 1961년 포유동물 청각기관의 달팽이관의 기능에 대한 연구로 노벨 의학상을 수상

18) Charles Bell(1774－1842). 스코틀랜드 외과의사, 해부학자, 신학철학자, 척추의 감각신경과 운동신경의 차이를 발견

19) François Magendie(1783－1855). 프랑스 생리학자, 실험생리학 개척자. 소뇌에 상처가 난 것이 원인으로 눈동자가 안으로 몰리거나 아래로 내려가는 것을 마젠디 신호라 함.

지만 전근과 후근이 각각의 기능을 수행한다는 점을 확실하게 이해하도록 해주었으며, 지속적으로 더 많은 자료를 추가하여 근육 해부학과 생리학을 연구할 수 있는 자금을 마련할 수 있게 만들었다. 또한 벨은 그 시기 이전과 이후의 여러 다른 과학자들과 마찬가지로, 철학적 생각에 대한 근대적 탐구방법을 적용하여, 뇌의 여러 부분들이 어떤 정신 상태를 만들어내는지 각각의 위치를 알아내려고 노력하였다. 이러한 방법으로, 벨은 신경계에 대한 최근 연구들과 지금도 인기 있는 연구로서 인간 마음의 구성에 대한 연구들에 상당한 도움을 주었다.

헬름홀츠와 식물학Helmholtz and Botany

푸르키네Purkinje와 마찬가지로 헬름홀츠도 그 시대에 최고의 연구자였으며 가장 인기있고 칭송받는 교사였다. 헬름홀츠는 연구 업적들 가운데 1862년에 수행한 실험에서 식물 잎에 왁스를 칠한 채 햇빛에 노출시켰다. 그는 즉각적으로 왁스를 칠하지 않은 잎에서만 녹말을 만들어내는 것을 밝혀냈으며, 이 발견은 이후 광합성에 햇빛이 필요하다는 실마리를 제공하게 된다. 독일 식물학자 삭스Julius von Sachs[20]와 프링그샤임Nathanael Pringsheim[21] 모두 엽록소가 식물의 색소체에 존재하며 조직에 전체적으로 퍼져있지 않다고 확신하였다.

1840년 프랑스 식물학자 뷰생그Jean Boussingault[22]는 식물 체내 질소와 탄소의 양은 거름의 구성성분인 탄소, 수소, 산소, 질소들을 단순히 합친 총합으로는 설명되지 않는다는 것을 증명하였으며, 이로서 이미 엄청나게 집대성되어 있는 식물생리학의 지식을 더욱 확장시켰다. 그는 식물은 성장에 필요한 질소를 토양에 있는 질산염에서 얻는다는 것을 보여주었다. 또한 탄소는 공기 중에 있는 이산화탄소에서 직접 온다는 것을 증명하였다.

---

20) Julius von Sachs(1832–1897). 독일 식물학자, 식물생리학자
21) Nathanael Pringsheim(1823–1894). 독일 식물학자. 조류학(phycology)에 업적을 남김
22) Jean–Baptiste Boussingault(1801–1887). 프랑스 화학자, 농업, 석유과학(petroleum science), 야금학(metallurgy)에 업적을 남김

생화학의 발전과 실제적 적용

The Rise of Biochemistry and Some practical Applications

식물학에서 이러한 진전이 이루어짐에 따라, 다른 여러 과학자들은 이러한 발견들이 실제 어떻게 적용되는지에 대해 연구하기 시작하였으며, 이 결과 생화학 과정에 대한 지식들이 생성되기 시작하였다. 독일 생물학자 리비히Justus von Liebig[23]는 저서 '농업과 생리학에 대한 유기화학의 적용Applications of Organic Chemistry to Agriculture and Physiology'를 발표하였으며 오늘날 생화학으로 알려진 분야를 믿을 만한 수준에서 연구하기 시작하였다. 리비히는 1803년 다름슈타트Darmstadt의 한 상인의 아들로 태어났다. 그가 화학에 대해 처음 흥미를 가진 것은 아버지 가게 일을 도우면서부터였다. 그는 잠시 약제사가 될까 생각했지만 결국은 파리에서 유명한 화학자인 게이뤼삭Gay-Lussac[24]의 연구실에 들어갔으며, 거기서 화학에 완전히 빠져들게 되었다. 결국 기센Giessen대학교 화학과 교수로 임명되었다. 거의 틀림없이, 독일에서 생화학 연구를 시작하고 나아가 더 많은 유럽국가에서 생화학을 연구하도록 만든 것은 그의 노력 때문이었다. 그는 주로 유기화학에 대해 관심을 가졌으며 유기화합물을 분석하는 많은 기술들을 제공하였다.

리비히는 동물과 식물이 탄소를 질소로 바꾸는 방법을 설명하면서 생화학의 기초를 다졌는데, 이를 기반으로 질소 순환을 밝혀내는 데 한걸음 더 나아가게 되었다. 이 질소 순환은 녹색 식물이 공기와 토양에 있는 질소를 자신들이 사용하는 물질로 변환시키는 과정이다. 그는 거름을 분석하기 시작하면서 이 업적을 이루어냈다. 즉 식물은 탄산으로부터 탄소를 얻으며, 암모니아로부터 질소를 얻는 것을 밝혀내면서 이 업적을 완성하였다. 이 연구업적은 또한 식물 생리학

23) Justus von Liebig(1803-1873). 독일 화학자, 농학 및 생물학적 화학에 기여를 함. 지센 Giessen대학교 교수, 비료산업의 아버지로 불림

24) Joseph Louis Gay-Lussac(1778-1850). 프랑스 화학자, 물리학자. 물이 수소2분자와 산소1분자로 구성된 것을 발견. 기체운동, 화학분석법

에 지대한 공헌으로 간주되었다.

리비히의 탐구가 부정확하지 않았거나 비판을 받지 않았던 것은 아니다. 다른 여러 과학자들 가운데 19세기 독일 생물학자 슐라이덴Matthias Schleiden[25]은 특히 그가 식물이 거름으로부터 질소를 얻는다는 것을 부정한 것에 대해 비판하였다. 또한 리비히는 식물에서 호흡의 역할을 무시한 부분과 농장에 불용성 인산을 뿌리면 농작물이 더 잘 자랄 것이라는 이상한 환상을 가진 부분에서도 다른 사람들로부터 비판을 받았다. 현대 농업에서 리비히의 생각들이 아주 잘못된 것이라는 것을 알고 있다. 리비히가 자신에 대한 대부분의 비난들을 스스로 초래했다는 것은 분명한 사실이다. 이러한 비난은 그의 거만함과 비판적인 태도 때문이었다. 그는 역사적으로 가장 무례한 생물학자 가운데 한 명일 것이다.

이후, 미국 생물학자 사무엘 댄Samuel Dan은 거름의 1차적 화합물이 인산염이며 식물에 대한 비료 역할을 한다는 것을 밝혀냈으며, 거름의 역할에 대한 생물학적 이해를 확장시켰다.

폰 베어의 발생학The Embryology of Von Baer

발생학 분야에서는 러시아 생물학자 폰 베어가 중요한 연구를 수행하였다. 폰 베어Karl Ernst von Baer[26]는 1792년 에스토니아에서 독일계 귀족으로 태어났다. 이러한 귀족 신분은 폰 베어의 이후 생활에 큰 도움을 주었다. 그는 레벨Revel[27]에서 처음 학교를 다녔고 그 곳에서 자연과학을 공부하기 시작하였다. 1810년 도르팟Dorpat[28]대학교에서 의학을 공부하기 시작했다. 폰 베어는 자서전에서 그 시기 자신은 의학보다 생물학을 공부하고 싶었지만 과학을 배울 수

25) Matthias Jakob Schleiden(1804 – 1881). 독일 식물학자, 슈반(Theodor Schwann), 피르호(Rudolf Virchow)와 공동으로 세포설을 주장

26) Karl Ernst Ritter von Baer(1792 – 1876). 에스토니아 또는 러시아의 자연과학자, 생물학자, 지질학자, 기상학자, 지리학자, 발생학자

27) 에스토니아의 수도 Tallinn의 옛 명칭

28) Dorpat은 Tartu 도시의 다른 이름. 에스토니아 제2의 도시. 지식의 중심이며 가장 오래된 타투(Tartu)대학교가 있음

있는 유일한 통로가 의학이었기 때문에 의학을 공부했다고 회상하였다. 19세기 후반까지 많은 과학자들은 의학 공부를 통해 과학 공부를 하던 풍조가 있었다. 폰 베어는 초기 질병의 확산에 대한 연구, 유행병학 또는 역학epidemiology에 대한 연구들을 많이 수행하였으며, 특히 자국의 사람들에 초점을 맞추었다.

폰 베어는 의학학교를 떠난 후 뷔르츠부르크Würzburg 대학교로 가서 비교해부학을 연구하기 시작하였다. 그는 처음으로 거머리 한 마리를 사서 해부를 실시하였다. 이 시기 뷔르츠부르크대학교에는 돌링거Ignaz Döllinger[29]라는 유명한 교수가 있었다. 이 교수는 독일 철학자 쉘링Schelling[30] 지도하에서 공부했던 학자였다. 돌링거는 철학과 해부학에 대해 열정을 가진 학자로서, 폰 베어에게 사람의 기원과 동물 종의 진화에 대해 지속적인 관심을 불러일으켜 주었다.

이 대학교에서 폰 베어는 생리학과 해부학에 대해 폭넓게 독서하기 시작하였다. 그러나 돈 문제가 발생하였고 악화된 재정 상태를 만회하기 위해 새로운 의학 시술을 하고자 하는 희망을 품고 베를린으로 여행길에 올랐다. 필연적으로 그의 재능은 매우 분명해졌고 쾨니스부르크Königsberg대학교에서 생물학 교수로 채용하여 대학 박물관을 책임자가 되었다. 이 박물관에서는 폰 베어에게 완벽한 환경을 제공하여 그의 연구를 지지해 주었다. 일련에 뛰어난 연구를 수행한 후, 폰 베어는 의과대학 학장이 되었고 나중에는 대학교 총장이 되었다. 1827년 폰 베어는 포유동물들의 모든 종들은 암컷 난소에 저장되어 있는 난자로부터 나온다는 것을 발견하였다. 이 연구에 대한 많은 결과들은 1828년 출간된 '편지들Epistele'의 저서에 실렸으며, 그는 여기에 포유류 난자에 대해 발견한 내용을 포함시켰다.

그는 이 저서의 뒤를 이어 '동물의 발달사The developmental history of animals'라는 책을 저술하였다. 이 책은 이후 '발생학' 저서의 표준이 되었다. 이

29) Ignaz Döllinger(1770－1841). 독일 의사, 해부학자, 생리학자, 의학을 자연과학으로 간주하고 연구를 수행한 최초의 학자. 1803년 뷔르츠부르크(Würzburg)대학교의 해부학 및 생리학 교수가 되었으며, 1823년 뮌헨으로 이사하였으며 연구를 지속함

30) Friedrich Wilhelm Schelling(1775－1854). 독일 철학자. 쉘링의 철학은 자연은 영원히 변하기 때문에 어려운 것으로 간주하는 관점

책에서 아주 중요한 부분은 난자와 척색을 재검토한 연구결과였다. 특히 척색은 척추동물의 배에서 척추로 발생하는 과정에서만 발생하는 원시적인 형태이다. 또한 그는 배 발달에 대한 '배엽germ-layer'이론을 조심스럽게 발표하였다. 이 이론의 가설에 따르면, 포유동물의 수정란은 4개 층으로 분리되는 조직 형태로 발생된다. 이후 독일 생리학자 레막Remak은 3개 층으로 수정하였다. 각 층으로부터 각 조직계가 발생한다는 것이다.

폰 베어와 생물발생 법칙von Baer and the Biogenetic Law

이렇게 오늘날 '생물발생 법칙'이라고 부르는 것이 최초로 나타났다. 생물발생 법칙은 고등동물이 발생과정에서 거치는 단계들이 하등동물에서도 유사하게 나타난다는 내용이다. 더 정확하게 말하면 이 법칙은 한 생물체의 일반적인 특징은 그 생물체가 분화되기 전에 나타난다는 것이다. 비록 폰 베어가 이 변화를 대략적으로 적절히 기술하기는 했지만, 당시 그는 진화에 대한 개념이 없었고 이 발견을 진화와 연결시키려는 어떤 시도도 하지 않았었다.

폰 베어는 발생학이 보다 광범한 방법에서 과학으로 진보되도록 하는 데 일조하였다. 그 가운데 하나로, 그는 발생학을 해부학에 의거한 '비교'학으로 전환시켰다. 이 관점에서 그는 다양한 종들의 발생학적 발달과정을 서로 비교하는 연구의 장점을 강조하였다. 또한 그는 최초로 소화계와 신경계뿐만 아니라 양막과 비뇨생식계의 발생에 대한 설명을 부분적으로 제시하였다.

폰 베어는 또한 자연과 야생에 매료되었다. 그는 여러 차례, 랩랜드Lapland와 노바 지역Nova Zemlya[31])으로 탐험을 떠났으며 해양의 동식물을 연구하기 위해 카스피 해를 항해하기도 했다. 말년에 그는 세인트 페테스부르그St. Petersburg에 지리학학회와 민속학학회를 창립하였고 독일인류학학회를 발족시키는 데 뒷받침을 제공하였다. 그는 수많은 상을 수상하였고 파리 과학학술원 위원으로 임

31) Novaya Zemlya 또는 덴마크어 Nova Zembla. 북 러시아 극지방. 2010년 약 90,650㎢(우리나라 100,210㎢)지역 약 2,010명이 주거하고 있음

명되었을 뿐만 아니라 유명한 코플리Copley[32] 훈장을 받았다. 그가 이후 생물학에 끼친 영향은 논의할 여지가 없이 명백하다. 그가 제안한 배엽에 대한 개념은 오늘날에도 변형된 형태로 남아있다. 이러한 업적을 넘어서서, 그는 선지자적 능력을 보였다. 그는 여러 연구들을 많이 수행했지만, 동물계의 여러 기관들이 지니는 수많은 다양성들을 비교 해부학적으로 분석하는 것이 중요한 결정적 탐구방법이 될 것이라고 예측하였다. 이 예측은 오랜 기간이 지나서야 성취되었다.

발생학에서 레막의 업적Remak's Work in Embryology

1845년 독일 의사 레막Robert Remak[33]은 발생학의 모든 것을 가장 완벽한 수준으로 만들었다. 1815년 레막은 포센Posen에서 유태인으로 태어났다. 그는 뮬러로부터 생물학을 배웠는데, 뮬러는 레막의 재능을 알아차리고는 교수직을 얻도록 도와주었다. 그럼에도 불구하고 레막은 일생을 통해 대부분의 수입은 의사로서 벌어들인 것이었다.

레막은 폰 베어의 연구에서 비교적 사소한 결점들을 발견하였는데, 그것은 발생 초기 층이 4개가 아니라 실제로는 3개 층, 즉 외배엽, 중배엽, 내배엽이라는 것이었다. 폰 베어가 내린 일반적인 생각과 차이가 난 상세한 설명들은 타당한 것으로 판명되었다. 레막은 또한 1841년 슐라이덴의 연구를 다시 수행한 결과, 슈반이 내린 확신과 반대되는 결과를 얻게 되었다. 모든 세포는 이전에 존재하는 세포로부터 왔다는 것을 보여주었다. 이를 완성하는 과정에서 그는 개구리 난자를 자세히 조사하였으며, 개구리 난자는 그 자체가 지속적으로 세포분열이 일어나 새로운 '딸'세포를 형성한다는 것을 금방 증명해 냈다. 그는 또한 세포분열은 핵에서 시작된다는 것을 증명하였다. 그는 개구리와 새의 난자를 실험대상

32) Copley Medal 런던 왕립학회에서 과학 전 분야에 걸쳐 탁월한 업적의 과학자에게 수여. Godffrey Copley가 과학자에게 실험비 £100 제공에서 시작. 격년으로 물리와 생명과학으로 수여, 1731년부터 시작하였으며 가장 오래된 과학자 상

33) Robert Remak(1815－1865). 폴란드계 독일 발생학자, 생리학자, 신경학자. 폰 베어가 주장한 발생단계 4층이론을 외배엽, 중배엽, 내배엽의 3층으로 정정하여 발견

으로 비교발생학적 발달 연구를 수행하여 이 연구결과를 보강하였다. 그 후 그는 '전할적holoblastic'이라는 용어를 만들어 냈는데 이는 개구리 난자에서 전형적으로 볼 수 있듯이 난자가 동일한 크기의 두 부분으로 나누어진다는 것을 말한다. 한편 '부분할meroblastic'은 새의 난자에서 전형적으로 볼 수 있듯이 난자가 서로 다른 크기로 분열되는 것을 말한다. 이 부분에서 그는 폰 베어의 연구를 수정하였고 오늘날 잘 알려져 있는 3배엽을 제안하였다. 바깥쪽 혹은 외배엽ectoderm은 피부와 신경계를, 중간부분 혹은 중배엽mesoderm은 근육을, 안쪽 혹은 내배엽endoderm은 소화관을 만든다고 가정하였다. 이러한 발견은 오늘날 모두 옳은 지식인 것으로 밝혀졌다.

코발레브스키와 무척추동물의 발생학

Kovalevski and the Embryology of Invertebrates

이 연구 이후, 러시아 생물학자 세인트피터스버그대학교의 코발레브스키Alexander Kovalevski[34]는 다른 척추동물과 무척추동물을 관찰하고, 폰 베어의 발견을 무척추동물에도 적용할 수 있다는 것을 발견하였다. 따라서 무척추동물도 배 단계에서 3배엽에서부터 생활사가 시작된다고 보기 시작하였다. 코발레브스키는 또한 척색 혹은 척추에 대한 연구를 상당한 수준에서 수행하였으며, 러시아에서 다윈주의를 촉진시키기도 하였다.

뮬러와 폰 베어 이론에 대한 추가적인 정교화

Müller and Further refinements of von Bear

폰 베어의 연구결과에 대한 추가적 탐색들이 나타나기 시작하였다. 19세기

---

34) Alexander Onufrievich Kovalevsky(1840－1901). 폴란드계 러시아 발생학자. 하이델베르크대학교에서 의학을 공부한 후, 세인트피터스버그 대학교 교수가 되었음. 모든 동물들이 낭배를 형성한다는 것을 밝혀냈음

중반 무렵 독일 생리학자 요하네스 뮬러Johannes Müller[35]는 새로운 주장을 하였으며, 이를 통해 불후의 명성을 얻게 되었다. 뮬러는 1801년 상당히 부유한 구두제조공의 아들로 태어났으며, 고향마을인 라인Rhine강 근처 코브렌츠Coblenz로부터 얼마 멀지 않는 본Bonn대학교에서 공부를 시작하였다. 의학 학위를 받은 후에 베를린으로 이사하였으며, 1830년 베를린대학교 교수가 되었다.

역사가들은 보편적으로 뮬러를 당대 가장 위대한 생리학자 가운데 한 사람으로 인정하고 있다. 그의 여러 저서들 가운데 앞에서 언급한 '생리학 편람Handbook of physiology'은 1840년에 출판되었다. 19세기 많은 과학자들과 학자들은 이 편람을 아주 폭넓게 사용하였다. 뮬러는 생리학과 화학에서부터 비교해부학과 물리학에 이르기까지 관심을 확장시켰다. 뮬러는 폰 베어의 연구결과를 더욱 정교화시키고 앞에서 언급한 배 조직이 3배엽으로 된 것을 추가적으로 기술하고 확장하여 강조하였다. 또한 그가 주장한 '특별한 신경 에너지'는 어느 정도의 반론을 제기시킨 이론으로, 신경 충격은 감각 기관에서 시작하여 중추 신경계를 거치면서 이동한다는 내용이었다. 그는 일반적인 주변 환경이 한 생물체의 신경계와 개체 전체에 어떤 영향을 주는지에 대한 많은 생물학 지식들을 추가하였다.

더 수수께끼 같은 것은, 뮬러가 '인간 생리학 편람Handbook of human physiology'에서 사람의 사고를 '기계적으로' 설명하려고 시도했다는 부분이다. 이 접근에 대해 극단적으로는 반대하는 입장인데, 왜냐하면 이 견해는 사람의 영혼은 생각이 일어나는 위치인데, 신체와는 분리되어 뚜렷이 구분된다는 관점과 일치하지 않기 때문이다. 여기에서 분리되어 나온 또 다른 기묘한 개념은 마음이 '컴퓨터'이고 모든 정신 상태들은 실제 '컴퓨터적인' 상태라고 보는 것이다(20세기, '마음-뇌의 물질주의적 관점'에 따른 모든 주장들은 무분별한 방종처럼 나타났다. 그럼에도 불구하고 1960년대 많은 철학자들은 오스트리아 루드비히 비트겐슈타인Ludwig Wittgenstein[36]의 저서로부터 영감을 받고 이러한 명제들에 대해 상당 수준에서 의

35) Johannes Müller(1801-1858). 독일 생리학자 비교해부학자, 어류학자, 파충류학자

36) Ludwig Josef Johann Wittgenstein(1889-1951). 오스트리아-영국 철학자, 초기 논리, 수학, 마음, 언어의 철학을 연구. 1929년부터 1947년까지 캠브리지대학교에서 강의하였으

심을 가지기 시작하였다). 뮬러는 정년에 가까워지자, 자신의 연구를 이어받을 제자들을 양성하기 시작했으며, 제자들 가운데 슈반Theodor Schwann[37]은 세포설을 만들어냈고 독일 생물학자 루돌프 피르호Rudolf Virchow[38]는 병리학에서 중요한 연구를 수행하였다.

얄궂게도 뮬러는 말년에 자신을 유명하게 만들어 준 바로 그 현상, 신경병에 걸렸다. 그는 어려서부터 우울증에 시달렸다. 나이가 들어가면서 나타나는 쇠약함과 난파당했을 때 고생했던 후유증의 정신적 외상이 그를 압도하였다. 어느 시점을 넘긴 이후부터는 우울증을 회복시킬 수 없게 되었다. 아무도 증명할 길은 없지만, 뮬러는 스스로 쇠약해짐과 유전적 우울증이 합쳐져서 자살을 했다고 알려졌다. 그는 큰 병에 걸리지도 않았음에도 불구하고 어느 날 아침 침대에서 죽은 채로 발견되었다. 그가 만일 실제로 자살했다면, 어떻게 자살했는지 방법이 알려졌어야 함에도 불구하고 아직 아무것도 알려지지 않고 있다.

기술의 발전Advances in Technology

다른 사람들은 현미경을 더욱 개선시키고 있었다. 1830년 조셉 잭슨Joseph Jackson은 무색 렌즈achromatic lens를 개발하였다. 이 렌즈는 두 개 이상의 물질로 만들어져서 서로 다른 색깔들이 한 위치에 초점을 맞출 수 있도록 하여 상의 왜곡을 방지한 것이다. 이미 이 렌즈는 이전에 개발되어 있었지만, 특별히 현미경으로 조립한 사람은 없었다. 19세기 말에 다가서면서, 무채색 렌즈를 장착한 현미경이 일반화되었으며 그 결과 이전 현미경에서 보였던 심한 색수차 문제를

며, 일생을 통해 75쪽 길이의 논문 1권, 책 1권에 대한 논평, 그리고 어린이용사전을 출판하였음. 버나드 러셀은 비트겐슈타인에 대해 가장 완벽한 천재, 열정적(passionate), 심오하며(profound) 집중하며(intense) 독점적(dominating) 사람으로 평가

37) Theodor Schwann(1810–1882). 독일 생리학자. 세포설, 말초신경계 슈반세포, 펩신 발견, 대사작용 용어 발명

38) Rudolf Ludwig Carl Virchow(1821–1902). 독일 의사, 인류학자, 병리학자, 역사학자, 생물학자, 정치가. 공공보건을 개선시킴. 근대 병리학의 아버지, 의학 사회학, 수의학병리학의 개척자, '의학의 교황(Pope of medicine)'으로 불림

피해갈 수 있었다. 얼마 지나지 않아 많은 대학교, 박물관, 심지어는 부유한 아마추어 과학자들까지도 이렇게 화려하게 바뀐 현미경을 구입할 수 있었다. 1840년경 현미경이 더욱 대중화되면서, 이탈리아 물리학자 지오반니 아미치Giovanni Amici[39]는 현미경과 관련된 기술을 부지런히 개량하였다. 그는 이전 어떤 현미경보다 뛰어난 6천배 배율의 기름－침적oil－immersion 현미경－기름방울의 광학적 성질 때문에 이렇게 명명함－을 고안할 수 있었다. 그는 이 현미경을 가지고 식물의 수정과정을 최초로 관찰한 과학자가 되었다.

곧 아마추어 미생물학자 존 돌란드John Dolland[40]가 나타났다. 그는 당시 유명한 수학자이며 과학자인 클링겐스티에르나Klingenstierna[41]의 조수였다. 1844년 돌란드는 야심찬 물－침적water－immersion 렌즈를 만드는데 성공하였다. 이 현미경은 렌즈와 유리 슬라이드를 분리하는 매질로 물을 사용한 것이다. 그의 업적 이후, 현대의 현미경은 접안렌즈와 이동가능한 관에 부착된 접물렌즈 형태로 개발되었으며, 이 현미경이 요즘 대학교 학생들이 익숙하게 사용하는 현미경이다.

골기와 세포학Golgi and the Rise of Cytology

카밀로 골기Camillo Golgi[42]는 더욱 정교해진 놀라운 기술들을 잘 활용하여, 세계적으로 위대한 생물학자의 반열에 오르게 되었다. 1844년에 태어난 골기는 이탈리아 파두아 대학교에서 의학 학위를 받았고, 1875년 파두아 대학교 교수가 되었다. 여러 업적들 가운데 그는 은염silver salts으로 세포를 염색하는 기술을

---

39) Giovanni Battista Amici(1786－1863). 이탈리아 천문학, 현미경학자, 식물학자. 망원경과 현미경의 반사경 렌즈를 개선하였음. 천문학의 목성, 태양의 적도 둘레를 측정하는 천문학적 업적과 함께 식물 세포액의 유동을 관찰하며 꽃가루관을 최초로 관찰

40) John Dollond(1706－1761). 영국 광학자

41) Samuel Klingenstierna(1698-1765). 스웨덴 수학자, 과학자. 1728년부터 웁살라대학교 수학교수로 지냄. 뉴턴의 회절 이론에서 오류를 발견하여 최초로 이를 발표하였음. 존 돌란드는 이 내용을 자신의 실험에 사용함.

42) Camillo Golgi(1843－1926). 이탈리아 의사, 생물학자, 병리학자, 과학자, 노벨수상자. 골기체로 유명. 당대 가장 위대한 신경생물학자

고안하여, 신경계와 세포에 대한 과학적 연구를 효율적으로 수행하였다. 과학자들은 이 세포 염색 기술로 세포를 더욱 쉽게 관찰할 수 있게 되었다. 골기는 이와 같은 실험도구를 활용하여 신경섬유 사이에 있는 틈, 시냅스를 최초로 발견하였다. 한마디로 골기는 신경섬유가 연속적인 실로 구성된 것이 아니라 시냅스로 분리되어 있다는 것을 보여주었다. 그는 또한 수많은 말라리아 병원충을 조사하면서 면역학 분야도 개척하였다.

여러 해가 지난 1883년 골기는 신경계 기능에 핵심적인 역할을 수행하는 세포 소기관을 발견하였다. 그는 자신이 발견한 것을 한 번 더 확증하고 상세히 조사하여 1898년에는 세포 내 세포질에서 발견된 소기관의 구조를 자세하게 설명하였다. 이후 후배 생물학자들은 그를 기념하는 의미에서 이 세포 소기관을 '골기체'로 명명하였다. 존 해리스John E. Harris 교수는 자신의 에세이, '이것은 세포질 내에서 어떤 구조이며 어떤 기능을 하는가?What Is Its [cytoplasm] Structure, and How Does It Work?'에서 골기체를 다음과 같이 설명하였다.

> 찾아내기 어려운 것으로 세포질 내 포함된 것을 골기체라고 부르는데, 이 골기체는 복잡한 물주머니 구조를 가지며 일부분은 지방으로 싸여있고, 여러 복잡한 조직학적 방법에 따라 다양한 형태의 유도단백질protean인 것으로 밝혀졌다.[32]

골기는 말라리아와 펠라그라 병에 대한 연구로 세계를 더욱 발전시켰다. 그는 힘써 노력하여 말라리아 두 종류, 간헐성과 악성을 밝혀냈다. 간헐성 말라리아는 기생충이 혈액에만 침입했을 때 나타나는 반면, 악성 말라리아는 기생충이 뇌나 다른 장기에 침입한 경우에 나타난다. 골기는 또한 혈액 속에 기생충의 수가 얼마나 많은가에 따라 말라리아의 심각성도 달라지는 것을 발견하였다. 골기는 1906년 신경계와 후각계에 대한 연구와 신경세포의 다양한 종류의 차이점을 밝혀낸 연구 업적으로 노벨상을 받았다.

페퍼와 반투과성Pfeffer and Semipermeability

독일 식물학자인 빌헬름 페퍼Wilhelm Pfeffer[43]는 반투과성 연구와 관련되는 학자이다. 1878년 페퍼는 '반투과성' 막에 대한 혁신적인 탐구를 시작하였다. 반투과성 막은 특정한 크기 이하의 분자들만 통과할 수 있는 조직이다. 페퍼는 이 개념을 단백질 한 분자의 무게를 측정하는 데에도 적용하였다. 그러나 단백질의 체계적인 구조를 밝혀내는 추가적 통찰력은 20세기가 되어서야 비로소 도로시 린치Dorothy Wrinch,[44] 어빙 랭뮤어Irving Langmuir,[45] 어윈 샤가프Erwin Chargaff[46] 등이 발휘하였다.

일리치와 혈액과 질병에 대한 연구
Ehrlich and the Study of Disease and Blood

독일 의사 폴 일리치Paul Ehrlich[47]는 질병의 본성에 대해 심도 깊은 연구를 수행하였다. 일리치는 화학요법뿐만 아니라 혈액학의 혈액의 형성과 기능 분야에 있어 초창기 영웅 가운데 한 사람이었다. 일리치는 실레시아 위쪽 스틀렌

43) Wilhelm Friedrich Pfeffer(1845－1920). 독일 식물학자, 식물생리학자.

44) Dorothy Maud Wrinch(1894－1976). 수학자, 생화학이론가. 단백질 구조를 수학적으로 표현하려고 시도함

45) Irving Langmuir(1881－1957). 미국 화학자, 물리학자

46) Erwin Chargaff(1905－2002). 오스트리아－헝가리계 화학자. 나치 시절 미국으로 이민. 콜롬비아대학교 생화학 교수. DNA 발견을 이끌어내는 2가지 법칙을 발견. 첫 번째 법칙은 염기 구아닌은 시토신과 쌍을 이루며, 아데닌은 티아민과 쌍을 이루며 동일한 개수로 존재함을 밝혀냈으며 이후 염기쌍 구조를 발견하는 근거를 제공. 두 번째 법칙은 구아닌, 시토신, 아데닌, 티아민의 상대적 분량이 종마다 다르다는 것을 밝혀냈으며 따라서 단백질이 아니라 DNA가 유전물질이라는 것을 발견할 수 있는 근거를 제공하게 됨

47) Paul Ehrlich(1854－1915). 독일 의사, 과학자, 혈액학, 면역학, 항세균화학치료학을 연구함. 그람염색약으로 세균을 염색시킬 수 있는 전구체를 발명함. 이를 통해 혈액 세포들의 서로 다른 형태를 구분할 수 있었으며, 혈액 관련 질병 진단에 기여. 매독 치료에 화학요법을 최초로 고안함. 디프테리아를 치료할 수 있는 항혈청을 개발함. 1908년 면역학 발전에 기여한 연구업적으로 노벨 생리의학상 수상

Strehlen 지방의 유태인 가정에서 태어났다. 그는 어린 시절 화학에 매혹되었으나 곧 생물학으로 관심을 바꾸었다. 그는 1878년 라이프치히Leipzig대학교에서 의학 학위를 받았다. 대학 시절부터 새로운 발견들에 대해 탐구하였다. 아닐린aniline이라는 염색약을 사용하여 백혈구 세포들 사이의 차이점을 거의 모두 다 발견하였고 유형별로 분류하였다. 1881년에는 좀 더 효과적인 염색약, 메틸렌블루methylene blue를 사용하였다. 일리치는 메틸렌블루가 세균에게 미치는 영향을 관찰한 후, 이 염색약이 세균 감염과 싸우는 데 의학적으로 유용할 것이라는 단서를 포착하였다. 실제로 그는 메틸렌블루가 말라리아에 효과적이라는 것을 발견하였다. 그리고 나서 그는 자신의 추론을 다음과 같이 일반화하였다. '특정 염색약이 선택적으로 특정 조직에 영향을 준다면, 다른 약도 선택적으로 다른 특정 조직에 영향을 줄 것이다.' 그는 숙주 조직에는 피해를 주지 않으면서 선택적으로 침입한 세균만을 파괴시키는 '마법의 탄환magic of bullet'이라는 개념을 도입하였다.

그는 염색에 대해 연구를 수행하면서 결국 다른 화합물에 대해서도 실험하기에 이르렀다. 그는 트리파노소마증에 이미 별로 효과가 없다고 알려진 약들을 대충 섞으면서, 매독과의 전쟁에 사용할 수 있는 새롭고 훌륭한 약제를 발견하였다. 여러 해 동안 투쟁한 끝에 제약회사들은 그가 만들어낸 매독 치료약 살바르산Salvarsan을 판매하기 시작하였다. 페니실린이 출현한 이후 의사들은 살바르산을 거의 사용하지 않게 된다. 이러한 노력 덕분에, 1908년 일리치는 노벨상을 받았다.

질병에 대한 추가 연구More Work on Disease

1894년 일본 도쿄대학교 병리학자이며 코흐Koch의 제자 시바사부로 키타사토Shibasaburo Kitasato[48]와 파스퇴르 연구소 프랑스 세균학자 알렉산더 예신

48) Kitasato Shibasaburō(1853－1931). 일본 의사, 세균학자. 1894년 홍콩에 퍼진 선페스트의 병원균을 알렉산더 예신(Alexander Yersin)과 공동으로 발견, 키타사토는 에밀 폰 베

Alexandre Yersin[49]은 각각 선페스트의 원인이 되는 세균을 발견하였다. 선페스트는 로마와 중세, 그 외 기간에 파멸을 초래한 문화의 천벌로 악명 높은 질병이었다. 또한 키타사토는 탄저병, 파상풍, 디프테리아와 같은 천벌같은 병을 규명하였다. 예신도 디프테리아를 연구하였다.

19세기가 끝나기 바로 전, 프랑스 의사 시몽Paul－Louis Simond[50]은 쥐벼룩이 사람의 여러 질병의 매개체 역할을 했다는 것을 밝혀냈다. 이 발견은 그가 인도에서 페스트를 퇴치하는 과정에서 이루어졌다. 물론 20세기에도 다른 여러 과학자들은 비슷한 경로를 거쳐서 탄저병, 소아마비, 천연두, 황열병, 디프테리아 등과 같은 동물과 사람의 다양한 질병에 대한 '백신'을 개발하였다. 폴 일리치는 위에서 제시했던 것처럼, 디프테리아에 대한 백신을 완성하여, 면역학 분야를 새로이 창조하였다.

결과적으로 1913년 벨라 쉬Bela Schick[51]은 디프테리아 검사를 위해, 그 유명한 쉬 검사를 고안하여 의사들이 쉽고 빠르게 이 두려운 질병을 진단할 수 있도록 만들었다. 1900년 수백 만 명을 죽인 황열병을 치료하게 된 것도 월터 리드Walter Reed[52]가 쿠바에서 유행한 전염병을 탐색하면서부터 가능하였다. 그는 동료들과 함께 황열병을 전염시키는 모기Aëdes(보다 정확하게는 Stegomyian 모기로 Aëdes종의 아종)를 발견하였다.

링(Emil von Behring)과 공동으로 디프테리아항독소 혈청을 발견하여 1901년 노벨 생리의학상 후보로 지명되었지만, 폰 베링만 수상했고 키타사토는 수상하지 못함. 1885년부터 1889년까지 베를린대학교 로버트 코흐 지도하에서 공부하였으며, 최초로 순수배양액에서 파상풍균을 배양

49) Alexandre Emile Jean Yersin(1863－1943). 스위스에 귀화한 프랑스 의사, 세균학자. 선페스트 세균을 발견

50) Paul－Louis Simond(1858－1947). 프랑스 의사, 생물학자, 선페스트 세균이 쥐에서 기생하는 벼룩을 거쳐 사람으로 전염되는 것을 발견

51) Béla Schick(1877－1967). 헝가리계 미국인 소아과의사. 헝거리에서 태어났으며 오스트리아에서 의과대학을 다님. 1902년 오스트리아 비엔나 의과대학 의사로 부임하여 1923년까지 근무함. 디프테리아－파상풍 검사(Schick test)를 발견하여 유명해짐. 1923년 뉴욕병원에서 일하다가, 1950년부터 1962년까지 뉴욕 브루클린 Beth－El 병원의 병원장을 역임, 말년에는 신생아 영양을 연구함

52) Walter Reed(1851－1902). 미국 군대 의사. 1901년 황열병이 특정 모기에 의해 전염된다는 가설을 확증하였음, 이 발견으로 유행병학과 생명의학에 새로운 장을 열게 됨

요약Summary

요약하면, 듀마Dumas, 쿠퍼Couper, 칸니짜로Cannizzaro의 연구뿐만 아니라 아보가드로Avogadoro의 유명한 연구로 화학은 비약적인 진전을 이루어냈다. 생리학에서도 웨버Weber와 뮬러Müller의 감각에 대한 연구로 성과를 거두게 되었다. 세포학 영역 연구의 초기에서, 전설적인 카밀로 골기Camillo Golgi는 골기체라는 위대한 발견을 이루어냈다. 의학 또한 일리치가 '마법의 탄환'을 발견한 것과 같이 빠르게 발전하여 20세기를 향해 가고 있었다. 키타사토와 예신은 선페스트를 해결하였고 벨라 쉭은 디프테리아 진단을 위한 쉭 검사를 개발하였다. 기술도 진보하였는데, 아미치Amici는 '기름-침적oil-immersion' 현미경을 개발하였고 클링겐스티에르나Klingenstierna는 '물-침적water-immersion' 렌즈를 개발하였다.

Chapter 20

파스퇴르 시대와 현미경의 발달

The Age of Pasteur and the Development of the Microscope

비록 파스퇴르Pasteur의 이름은 이 시대 어떤 과학자들보다 더 높은 명성을 얻었지만, 그의 연구도 이전 시대 과학의 거장들이 이루어낸 연구에 기반을 두고 이루어냈다는 것은 명백한 사실이었다. 예를 들면, 코흐Robert Koch[1]는 콜레라를 발병시키는 세균 콜레라균*Vibrio cholerae*을 발견하여 이 질병에 대한 생물학적 지식을 추가하였다. 파스퇴르와 마찬가지로 코흐는 상한 음식과 오염된 물이 질병을 퍼뜨리는 필연적 요소라는 확신을 가지고 주장하였다.

코흐Koch는 1843년에 출생하였으며 유명한 괴팅겐Gottingen대학교 병리학자 헨레Jacob Henle[2]의 지도하에 생물학과 화학을 전공으로 학위를 취득하였다. 그는 유태인이라는 배경과 반체제적인 관점 때문에 프러시아Prussia에서 수년 동

1) Robert Heinrich Herman Koch(1843–1910). 독일 의사, 초기 미생물학자. 근대 세균학의 개척자로 결핵, 콜레라, 탄저병 병원균을 발견. 전염병의 개념을 밝혀내는 실험을 제시, 미생물학의 실험실 기술을 개선하였으며, 공공보건을 위한 여러 발견도 이루어냈음, 특정 병원균이 특정 전염병을 일으킨다는 연계의 원리를 설명하는 코흐의 가설을 제창. 결핵에 대한 연구공로로 1905년 생리의학 영역 노벨상을 수여

2) Friedrich Gustav Jakob Henle(1809–1885). 독일 내과의사, 병리학자, 형태학자, 콩팥의 Henle루프를 발견. 질병의 병원균 이론에 기여

안 박해와 고문을 겪었지만, 그런 역경 속에서도 질병에 대해 세균설germ theory을 예견했던 업적은 주목할 만한 일이었다. 1866년 코흐는 대학에서 의학 분야 박사학위를 수여받았으며, 그 후 수년 동안 의사로서 환자를 진료하는 데에만 관심을 가지면서 연구는 거의 수행하지 않았다. 심지어 그는 보불전쟁Franco-Prussian War[3] 동안 군에 복무하였다. 비록 확실하지는 않지만, 전쟁 기간 동안 질병과 미생물학에 대해 관심을 가지게 된 것으로 보인다. 이러한 관심은 그가 전쟁시절 전쟁터 주변에서 심각한 질병에 걸린 수많은 사례들을 경험한 것에 비추어 보면 그렇게 놀라운 일은 아니다. 1876년 그는 탄저균*Bacillus anthracis*의 전체 생활사를 성공적으로 추적하고 설명하였으며, 궁극적으로 파스퇴르가 그 무서운 질병, 탄저병을 치료하는 방법을 개발할 수 있게 되어 이 분야에 공헌하였다. 그는 탄저균 연구를 지속하면서, 감염은 한 동물로부터 다른 동물로 퍼져나갈 수 있다는 것을 알게 되었다.

코흐가 이루어낸 또 다른 업적은 결핵균을 분리한 성과였다. 1882년 그는 이 성과를 완성하였으며, 이는 확실히 세균학 연보에 기념할 만한 것이었다. 이로서 코흐는 최초로 과학에서는 이미 잘 알려진 질병이었던 결핵의 원인이 한 사람으로부터 다른 사람으로 미생물이 옮겨가서 전염된다는 것을 입증하게 되었다. 1905년 코흐는 이 업적으로 노벨상을 받게 되었다.

그 후 파스퇴르Louis Pasteur[4]가 이루어낸 가장 훌륭한 업적이 등장하였다. 처음으로 그리고 무엇보다도 우선적으로, 그는 생물체는 단지 생물체로부터 나온다는 사실을 일말의 의심할 여지도 남기지 않고 확증하였으며, 이는 자연발생설의 개념이 단지 신화에 불과한 것을 의미하였다. 파스퇴르는 1822년 프랑스 프랑 슈 콩테 지방의 마을 돌Dole에서 살고 있었던 중산층 가정에서 태어났다.

---

3) Franco-Prussian(-German) War 또는 War of 1870(1870.7.19.-1871.5.10). 제2프랑스제국 나폴레옹 3세와 프러시아제국으로 불린 북부 독일연방과 알력으로 일어난 전쟁.

4) Louis Pasteur(1822-1895). 프랑스 화학자, 미생물학자. 백신, 미생물 발효, 파스퇴르화 발견. 질병예방, 산욕열 사망률 감소, 광견병, 탄저병 백신, 질병원인이 세균이라는 세균설 기여. 우유와 포도주 세균오염 방지 저온처리법, 파스퇴르방법 발견. 미생물학의 아버지로 알려짐

그의 아버지는 나폴레옹 시대에 장교로 근무하였으며 퇴역 후에는 가죽 가공업을 시작하였다. 파스퇴르는 파리대학교에서 학생들을 가르치기를 시작하였으나, 장래 희망은 다른 것 다 접어두고 단지 학교 과학교사가 되는 것이었다. 마침내 스트라스부르Strasbourg에 있는 고등학교에서 뜻을 이루게 되었으며, 곧 학교장의 딸과 결혼하였고 이 무렵 화학을 탐구하기 시작하였다. 이 때문에 그는 곧 릴Lille대학교 화학전공 교수가 되었으며, 그 후 파리에 있는 사범대학에서 화학 교수로 지냈다.

그의 삶은 평탄하지 않았는데, 부분적으로는 그가 평생을 통해 끈질기게 가톨릭정교에 대한 신앙심에 집착하였기 때문으로 보인다. 당시 과학자 집단에서는 가톨릭에 대한 신앙이 크게 인기가 있지 않았었다. 또한 당시 대중의 의식에는 정치적 급진주의가 깊게 뿌리 내리고 있었는데, 그는 보수적 입장을 취하고 있었다. 이 시기는 그 누구도 잊지 못하는 프랑스 혁명[5]의 역사적 시기였다.

파스퇴르는 원래 화학을 공부하였지만 생물학 문제에도 화학만큼 매혹되었다. 그는 같은 고향 사람인 푸샤Felix Pouchet[6]를 포함한 다른 과학자들의 연구결과를 훑어보면서 자연발생설에 대한 문제에 몰두하기 시작하였다. 당시 푸샤는 이미 루앙Rouen대학교 교수였으며 동물학과 식물학의 업적으로 선도적인 생물학자의 명성을 얻고 있었다. 그래서 파스퇴르는 가설을 검증하기 위해 실험들을 설계했다. 파스퇴르의 실험설계는 대략적으로 푸샤의 것과 비슷하였지만, 실험재료로 푸샤가 이용한 상한 고깃덩어리 대신에 설탕과 효모용액을 사용한 점

5) 프랑스 혁명(레볼루션 프랑세즈 Révolution française, 1789–1799). 프랑스에서 발발한 자유주의 혁명. 프랑스의 광범위한 사회정치적 대변동시기. 프랑스혁명은 프랑스에서 군주제도를 타파하고 공화국을 세웠고, 정치적 혼란의 폭력 사태에서 마침내 나폴레옹 독재정권에 대한 혁명이 절정에 달했음. 혁명군들은 자유롭고 급진적이었으며, 근대역사의 과정을 크게 변화시켰고, 전 세계적으로 절대군주제도의 쇠퇴를 촉발시켰으며 공화국과 자유민주주의로 대체시켰음. 혁명전쟁을 통해 카리브 해에서 중동에 이르기까지 확장되어 세계적인 갈등의 물결을 만들어냄. 역사학자들은 프랑스혁명을 인류 역사상 가장 중요한 사건 중 하나로 간주. 1789년 바스티유 폭동, 1793년 1월 루이 14세 처형

6) Félix–Archimède Pouchet(1800–1872). 프랑스 자연학자 무생물에서 생물이 발생한다는 자연발생설을 지지한 학자. 파스퇴르가 질병의 원인이 세균이라고 주장한 것에 반대. 1828년 루앙자연사박물관과 루앙식물원의 관장과 루앙의과대학 교수가 되었음

에서 차이가 났다. 실험플라스크 몇몇은 살균시켜서 밀봉하였고, 반면 몇몇은 뚜껑을 개봉한 채로 다양한 환경에 두었다. 아마도 가장 인상적인 실험결과는 파리의 길거리와 더러운 건물 안에 뚜껑이 열린 상태로 두었던 플라스크에서 생물체들이 나타났던 것이었다. 그러나 밀봉된 플라스크에서는 어떤 생물체 같은 것조차도 발생되지 않았다. 만약 생물체가 자발적으로 발생된다면, 무생물 매체가 담긴 플라스크에서 생물체가 발생되어야 했다. 파스퇴르는 생명은 자연적으로 발생할 수 없다는 것을 즉, 플라스크에서 발생한 생물체는 외부로부터 와야 한다는 것을 입증하였다. 파스퇴르가 다음과 같이 말했다:

> 그러나 이미 태워버린 석면 덩어리에 먼지를 채우든지 아니면 안 채우든지 간에 한 번 더 열을 처리하고 나면, 석면은 흐려지지도 않고 작은 원생동물도 안 생기며, 식물조차도 생기지 않는다. 액체는 완벽하게 깨끗한 상태로 남아있다. 빈 플라스크 실험에서는 어떤 생물체도 생기지 않았다. 단지 먼지를 채워 넣은 플라스크에서 생물체들이 생겨났다.[33]

그러나 파스퇴르는 푸샤의 탐구를 크게 존경했었지만, 반면 푸샤는 파스퇴르가 내린 자연발생설에 대한 결론을 받아들이지 않았다. 신랄한 논쟁 후, 두 과학자는 프랑스과학학술원에서 자신들의 실험을 반복하였다. 곧바로 파스퇴르는 프랑스과학학술원 사람들에게 자신이 옳았다는 것을 확신시켰다.

파스퇴르는 또한 발효과정에 대해 관심을 가졌다. 수년 동안 과학자들은 발효는 본질적으로 생물학적 과정으로 보기보다 주로 화학적 과정이라고 주장해오고 있었다. 예를 들면, 화학자 리비히Liebig[7]는 발효과정에서 발효를 일으키는데 영향을 주면서 스스로는 변하지 않는 특정 물질이 있다고 믿고 있었다. 왕궁에서 근무했던 세포학자 슈반Schwann[8]도 유사한 이론을 믿었으며, 알코올 발효

---

7) Justus von Liebig(1803－1873). 독일 화학자, 농학 및 생물학적 화학에 기여를 함. 지센 Giessen대학교 교수. 비료산업의 아버지로 불림

8) Theodor Schwann(1810－1882). 독일 생리학자. 세포설, 말초신경계 슈반세포, 펩신 발견, 대사작용 용어 발명

는 효모에 의존한다고 주장하였다. 그러나 효모는 간단한 화학 물질이 아니라 살아있는 생물체이었기 때문에 모든 사람들이 슈반의 주장을 반박하였다. 그럼에도 불구하고 파스퇴르는 슈반의 생각을 일축하지 않았다. 사실 그 자신이 밝혀낸 연구결과들은 슈반이 옳았다는 것을 증명하였다. 1856년, 파스퇴르는 '발효에 대한 연구Researchers on Fermentation'를 출판하였으며, 이 논문에서 최초로 발효과정은 화학적 반응이 아니라 미생물이 원인으로 작용하여 일어나는 과정이라고 추론하였다. 특별히 효모는 당을 알코올과 탄산으로 전환시킨다고 밝혔다. 1857년, 그는 한 걸음 더 나아가 당을 젖산으로 분해시키는 또 다른 생물체들을 발견하였다. 이 발견으로, 그는 거의 대부분 또는 모든 종류의 발효과정은 일부 미생물들이나 다른 생물체들이 원인으로 작용하여 일어난다고 추측하였다. 그는 자신의 가설을 검증하기 위해 수많은 실험들을 설계하였으며 마침내, 다양한 종류의 발효를 발생시키는 엄청나게 많은 미생물들을 발견하였다. 예를 들어, 그는 알코올 발효를 발생시키는 미생물과 유사한 미생물이 젖산을 만든다고 믿었다. 그러나 그 후 생물학자들은 이러한 미생물들이 파스퇴르가 믿었던 만큼 그리 유사하지 않다는 사실을 발견하였다.

중요한 발견을 이룬 후, 명예에 안주하지 않고 그는, 연구에 박차를 가하였다. 1863년, 파스퇴르는 포도주가 신맛이 나도록 만드는 미생물을 발견하였다. 그는 13년 동안 이 연구를 진행해 왔으며, 마침내 '맥주에 대한 연구, 질병과 질병을 악화시키는 원인들Studies of Beer, Its Diseases and the Causes That Provoke Them'의 논문을 발표하였다. 이 논문에서 파스퇴르는 산소가 없어도 생존할 수 있는 미생물들이 있다는 사실을 발견하였다. 오늘날 생물학자들은 이 미생물들을 통상적으로 공기가 없다는 의미인, '혐기성anaerobic' 박테리아로 부르고 있다. 1877년, 파스퇴르는 어떤 박테리아 집단은 다른 박테리아들과 동일한 성질을 가지고 있지 않다는 점에 주목하면서 박테리아를 분석하기 시작하였다. 만일 한 종류의 박테리아가 서식하는 배양액과 다른 종의 박테리아가 서식하는 배양액을 함께 혼합해 두면, 두 종류 가운데 한 종류의 박테리아는 생존하지 못할 것이다. 이를 발견한 당시 그는 이 현상이 얼마나 중요한지를 깨닫지 못하였다. 오늘날 우리는 당시 파스퇴르가 관찰한 것이 항생반응이었으며, 이후 전염병학과 근대의학의 주요 부분이 된 것을 잘 알고 있다. 이를 통해, 공중보건과 공중위생을 획기적으로 개선할 수 있게 되었으며, 음식의 박테리아를 제거하는 파스퇴르화의 저온살균을 보편적으로 처리하는 과정이 되도록 만들었다.

1880년, 파스퇴르는 논문 '특정 일반 질병들의 병인학으로서 세균설의 확장On the Extension of the Germ Theory to the Etiology of Certain Common Diseases'을 발표할 준비를 마쳤다. 이 세균설germ theory에 대한 가설은 파스퇴르가 진행해온 발효에 대한 연구와 자연스럽게 연결되는 연장선이었다. 파스퇴르는 다른 생물체들이 발효와 부패를 만들어내는 것과 동일한 방법으로 생물체가 사람과 동물의 질병을 발생시킨다는 내용을 상당히 잘 맞아 들어가는 이론으로 만들어냈다. 물론 파스퇴르는 질병의 원인이 세균이라는 세균설을 제안한 최초의 사람은 아니었다. 사실 16세기 과학자 프라카스토라Hieronymus Fracastorius[9]는 그의 논문, '전염병On Contagion'에서 이 내용을 이미 예측했던 적이 있었다. 그의 관점에 따르면, 씨앗과 같은 생물체는, 당시 그는 이를 '세미나리아seminaria'로 명명하였는데, 한 사람으로부터 다른 사람으로 옷, 공기 또는 신체의 접촉을 통해 질병을 옮긴다는 것이다.

19세기가 끝나가는 마지막 10여 년간, 파스퇴르는 사람과 동물 모두에게 치명적인 질병인 탄저병을 겨냥하여 확실히 예방할 수 있는 백신을 최초로 고안해냈다. 몇 주 이내, 농장의 동물들 가운데 아주 나쁜 탄저병의 병원균에 노출되었으나, 백신을 접종받지 않은 동물들은 죽었으며, 백신을 접종받은 동물들은 탄저병에 걸리지 않았던 결과를 얻었으며, 이로서 고안한 백신이 성공적인 것을 증명해냈다.

파스퇴르는 과학자이기 전에 인도주의자였으며, 인류를 위협하는 역경들이 일어나는 한 휴식을 가질 수가 없었다. 그래서 1886년 파스퇴르는 광견병에 대한 백신을 개발하여 소년 조셉 마이스터Joseph Meister의 생명을 구하게 되었으

9) Girolamo Fracastoro or Hieronymus Fracastorius(1476–1553). 이탈리아 의사, 시인, 수학자, 지질학자, 천문학자. 파두아 대학교 교수

며, 이로서 바이러스의 정체가 밝혀지기 시작하였다. 마침내 그가 이루어낸 면역학적 업적으로, 이후 리스터Joseph Lister10)는 멸균 수술을 제창하였다.

질병과 전쟁을 치른 또 다른 용사들

Other Soldiers in the War on Disease

파스퇴르는 흠잡을 데 없이 빈틈없는 노력으로 질병의 원인이 박테리아라는 내용의 세균설이 확립되어야 한다는 생각을 품게 되었다. 파스퇴르는 전설적인 발견을 이루어낸 놀라운 저력과 명성으로 다른 사람들에게 영감을 주었다. 이들 가운데 한 사람이 리스터Joseph Lister였는데, 1865년, 리스터는 흙더미 위에서 수술을 시술할 때 환자의 상처에 파스퇴르가 발견했던 박테리아가 감염될 것을 생각하고 이를 방지하기 위해 석탄산을 사용할 것을 제안하였다. 사실 리스터는 1892년 소르본에서 열린 파스퇴르의 70번째 생일날 그의 공헌을 칭송하는 연설을 했다.

> 의학은, 적어도 수술은, 파스퇴르의 심오하고 철학적인 연구의 덕을 입고 있다. 파스퇴르는 수세기동안 전염병을 가리고 있던 장막을 걷어냈고, 미생물의 본성을 발견하고 입증해냈다.34

또한 런던 내과의사 스노우John Snow11)는 킬링워스Killingworth 탄광에서 일하면서 몇몇 우물에 박테리아들이 대규모로 서식하고 있었으며 이것이 콜레라를 창궐시킨 원인이라는 것을 발견하였다. 정화조의 오물이 우물로 새어 들어가

---

10) Joseph Lister(1827–1912). 영국 외과의사, 멸균수술의 개척자. 글래스고우 왕립진료소에서 파스퇴르가 이루어낸 미생물학 연구업적을 적용하여 주사기 바늘을 멸균하여 사용하였음. 석탄산으로 수술기구와 상처를 소독하여 수술 후 감염을 감소시켰음

11) John Snow(1813–1858). 영국 의사. 병원에서 마취와 위생을 지키도록 이끌어낸 사람. 1854년 런던 소호 지역에 창궐했던 콜레라의 원인을 역학적으로 찾아낸 업적으로 근대 유행병학의 아버지로 불림. 이 업적으로 인해 런던 상수도 및 화장실 정화조 시설이 개편됨

는 정화조 구멍을 밀봉하자 더 이상 새로운 감염이 일어나지 않았다. 파스퇴르는 연구를 계속하였으며, 1879년 닭들을 약화된 콜레라 박테리아에 미리 노출시키면 무시무시한 콜레라 감염에 예방된다는 것을 우연히 발견하였다.

이와 거의 같은 시기, 사람들은 질병과의 전쟁을 치르고 있었다. 19세기가 끝나갈 무렵의 마지막 10여 년, 러시아 세균학자 하프키네Waldemar Haffkine[12]와 스페인 하이메 페란Jaime Ferran[13]은 이 고질적인 전염병과의 전쟁에 놀랄 만한 무기를 추가하였다. 하프키네는 인도에 머무르는 동안 지겨운 검증을 지속적으로 추진하면서, 콜레라 박테리아를 약화된 균주로 만들어 낼 수 있었으며, 자기 스스로를 연구대상으로 실험을 수행하였다. 하프키네는 경구용과 주사용 백신 둘 다를 시험해 보았다. 오래지 않아, 인도에서 의사들은 이 백신을 사용하였으며 사망률을 거의 80% 감소시켰다. 파스퇴르는 스스로 새로운 청결 절차를 지지하였으며, 군의관들이 모든 수술기구를 철저히 멸균하도록 설득해 나갔다.

루돌프 비르호Rudolf Virchow가 남긴 업적을 잊을 수는 없다. 비록 그는 세포학에 남긴 업적으로 더 잘 알려져 있지만 또한 과학 분야에서 괄목할 만한 인도주의자 가운데 한 사람임을 부정할 수 없다. 그는 생물학과 질병에 대한 연구에 열중하였으며, 이는 그가 가지고 있었던 내재된 관심 때문만이 아니라 인류 생존의 질을 향상시키고 고통을 감소시키고자 함이었다. 이러한 이유로, 그는 정책결정자들을 설득하여 위생법 개선안들을 통과시켰으며, 공중보건 분야에서 끊임없는 노력을 기울였다. 그가 수천 명의 목숨을 구했다고 말하더라도 절대 과장일 수 없다.

빅토리아 시대의 발생학Embryology in the Victorian Era

1881년, 생물학자 빌헬름 루Wilhelm Roux[14]는 발생학을 관찰적인 측면이

12) Waldemar Mordecai Haffkine(1860–1930). 러시아 제국의 유태인 세균학자
13) Jaume Ferran(1851–1929). 스페인 세균학자, 보건위생학자. 근대의 코흐로 불림
14) Wilhelm Roux(1850–1924). 독일 동물학자 실험발생학 개척자. 1879년 자신의 발생학연

아니라 이론적인 측면에 대해 잠정적인 힌트를 가장 먼저 제안하였다. 1850년에 태어난 그는 헤켈Haeckel의 매우 뛰어난 제자들 가운데 한 명이었으며, 따라서 그가 이루어낸 발생학에 대한 전설적인 공헌은 어느 누구에게도 그리 놀라운 일은 아니었다. 그럼에도 불구하고 그의 연구는 과학을 즉각적으로 향상시키지는 않았다. 사실, 어떤 측면에서는 이해할 만한 이유들이 있긴 했지만, 과학의 발전을 뒷걸음치도록 만들었다고 볼 수 있다. 왜냐하면 루는 고대 전성설의 개념을 지지하는 일부 증거를 발견했다고 생각했기 때문이다.

루는 이러한 민간 설화에 대해 1881년부터 관심을 가지기 시작했었는데, 이는 '기능적 적응functional adaption'이라는 개념, 즉, 실제로 동물 몸의 모든 부분들은 수행해야 하는 기능을 수행하기 위해 어떤 변화든지 겪어내기 충분할 만큼 유연성이 있다는 원칙에서부터 시작되었다. 다른 실력 있는 과학자들이 하는 것처럼, 그는 여러 종류의 배embryo 발생과정을 관찰하면서 이 원칙을 검증하려고 시도하였다. 루는 단지 병아리 발생단계를 묘사하는 데 만족하지 않았다. 대신, 발생단계를 두 가지 시기 즉, 배 발생시기와 기능적 발생시기로 분리할 수 있다고 제안하였다. 그래서 그는 여러 측면에서 발생과정의 배embryo는 하나의 기계로서 모든 부분이 총체적으로 다른 부분들과 연결되어 있다는 견해를 가지고 있었다.

1888년, 루는 가설을 검증하기 위해 가장 널리 알려지게 되는 실험을 고안하였다: 첫째, 막 분열이 시작된 개구리 알에서 초기 2개 세포 가운데 1개 세포를 바늘로 찔러 죽였다. 루는 개구리 알은 배 발생 초기 반만으로 발생하였으며, 이론상의 기계는 세포분열 이전에 생물체 전체에 대한 청사진을 가지고 있다고 결론을 내렸는데, 이는 오류였다. 그는 기계의 반만이 각 딸세포에 존재하므로 각 딸세포는 전체 생물체의 반만이 발생한다고 주장하였다. 왜냐하면 이 기계가 세포분열— 당시 세포분열 과정들은 완전히 밝혀지지 않은 상태 —에서 살아남으려면, 스스로 해체되었다가 최종 단계 산물에서는 재결합해야 한다고 주장하

구소를 설립, 오스트리아 인스부르크대학교 교수

였다. 그 당시 이 생각은 매우 독창적이었다.

그러나 1891년, 초기에는 루의 주장을 지지했던 학자로, 생물학자 헤르트비히Hertwig[15]는 조금 더 주의를 기울인 실험에서, 각 딸세포가 완전한 배아로 자라날 수 있음을 입증해보였다. 결과적으로 루가 제안했던 이론상의 '기계machine'는 존재하지 않는 것으로 밝혀졌으며, 그의 가설은 폐기되어야 했었다.

이제 그가 주장한 내용은 단지 역사학자들의 관심으로만 남았지만, 루는 배 발생단계를 단순한 묘사를 넘어서서 감히 상상으로 기계론을 제창했던 최초의 과학자였다. 이 이유 때문에, 역사학자들은 그를 제대로 인정하여 근대 발생학의 창시자로 부르고 있다. 1896년, 브린 모어Bryn Mawr대학과 콜롬비아Colombia대학교 생물학자 윌슨Edmund Wilson[16]은 알이 배로 발생하는 과정을 조사하면서 난해한 발생학을 심층적으로 연구하였으며, 저서 '발생과 유전에서의 세포The Cell in Development and Heredity'에서 이에 대해 논의하였다. 그는 또한 X와 Y의 염색체가 존재한다는 것을 최초로 알아차렸다. 그러나 당시 이들 염색체가 성을 결정하는 데 얼마나 중요한지는 제대로 알아차리지 못한 상태였다. 이외에도 그는 멘델의 사상을 적극적으로 지지하였다.

식물의 발생학Embryology in Plants

비록 당시 과학이 동물 발생학에 더 많은 관심을 기울였던 것은 사실이지만, 누구도 식물 발생학을 소홀히 여긴 것은 아니었다. 식물의 생식 분야에서 이루어낸 최초의 중요한 발견은, 전적으로 혼자서 공부한 독학자이었던 독일 식물학자 빌헬름 호프마이스터Wilhelm Hofmeister[17]가 이끼, 쇠뜨기, 고사리, 우산이

---

15) Richard Hertwig(1850－1937). 독일 동물학자. 50년간 대학 교수로 지냄. 형(Oscar Hertwig, 1849－1922)과 함께 수정 시 난자 막 안으로 정자가 유입되면서 배우체(zygote)를 형성하는 과정을 최초로 설명

16) Edmund Beecher Wilson(1856－1939). 미국 동물학자, 유전학자. 근대생물학 역사에 대한 유명한 교과서를 저술. 일리노이주 제네바 출생. 미국에서 최초의 세포생물학자로 알려짐. 계통발생학에서 배 발생의 유사성을 설명. 성염색체 XY, XX를 발견

17) Friedrich Wilhelm Hofmeister(1824－1877). 독일 식물학자, 대학교수. 이끼, 고사리, 종

끼와 같은 민꽃식물에서 세대교번의 현상을 발견한 일이었다. 호프마이스터는 이 식물들에서 진화 초기 단계의 원시적인 생식이 무성 생식과 번갈아 일어난다는 것을 알아차렸다. 이 발견은 호프마이스터 이전 그 누구도 생각하지 못했던 내용이었다. 1847년 호프마이스터는 각고의 노력 끝에 수정된 난자 세포가 식물의 배로 발생하는 과정을 설명하였으며 또한 고사리류의 전체 생활사를 추적하였다.

그러나 덴마크 생물학자 요한 스틴스트럽John Steenstrup[18]은 동물의 세대교번, 특히 해파리의 세대교번 현상을 알아냄으로써 이에 합당한 인정을 받았다. 스틴스트럽은 덴마크에서 성직자의 아들로 태어났다. 그는 코펜하겐대학교에서 초기 교육을 받았으며, 마침내 그 대학교의 생물학 교수가 되었다.

스틴스트럽은 초기에는 식물학과 동물학을 공부하였으며, 당시 아직 잘 이해하지 못하고 있었던 물이끼와 여러 종류의 생물체들을 탐색하였다. 동물학에서 그는 해파리의 자손이 조부모 세대를 닮아 보이지만 부모 세대와는 전혀 닮지 않았다는 것을 발견하였다. 이 부분에서, 스틴스트럽은 세대교번과 같은 현상이 있다는 것을 깨닫기 시작하였다. 그는 다양한 벌레들, 해파리의 생활사 가운데 메두사 단계, 통 모양의 몸통으로 자유 수영하는 플랑크톤성 무척추동물인 살파Salpa 등에 대해 조사하였다. 그는 미성숙 단계 또는 유년 단계는 성적으로 더 성숙한 2기 단계와 교번한다는 것을 알아차렸다. 1894년 슈트라스부르거Eduard Strasburger[19]는 이 현상에 대한 더 많은 비밀들을 밝혀냈다. 1844년에 태어난 슈트라스부르거는 천재성을 가진 대학생이었으며 마침내 본Bonn에서 식물학 교수가 되었다. 의심할 여지없이 그가 이루어낸 가장 주목할 만한 업적은 체세포분열과 분열의 여러 단계를 엄청나게 자세히 설명하고 그림으로 제시한 부분이었다. 그는 이끼, 고사리, 그 외 여러 다른 종류의 민꽃식물들은 포자를

자식물의 세대교번의 유사성을 최초로 인식

18) Johannes Japetus Smith Steenstrup(1813－1897). 덴마크 생물학자, 자연학자, 동물학자. 1845년부터 코펜하겐대학교 교수로 재임

19) Eduard Adolf Strasburger(1844－1912). 폴란드계 독일인 교수, 19세기 유명한 식물학자. 바르사바 태생. Jena대학교와 Bonn대학교 교수

가지는 세대에서 동일한 종류 2개가 쌍을 이룬 염색체들을 가지는 반면, 유성세대는 서로 다른 종류의 단일 염색체를 가진다는 사실을 알아냈다. 이 발견은 동물 생식의 감수분열과 유사한데, 즉 염색체 수는 정자와 난자에서 반으로 줄어드는 것과 유사하다. 1879년, 그는 세포의 핵은 기존의 핵에서만 온다는 사실을 증명하였다.

세포학, 슐라이덴, 그리고 슈반Cytology, Schleiden, and Schwann

물론, 세포의 핵에 대한 연구와 밀접히 관련되는 분야는 세포학 혹은 세포 그 전체에 대한 연구이다. 생물학자 브라운Robert Brown[20]은 1831년 세포핵을 발견하였으며, 이 발견으로 이 분야에서는 최초의 주요한 진척을 이루어냈다. 몇 년 후 체코 생물학자 푸르키네Jan Purkinje[21]는 식물과 동물 모두가 세포로 이루어졌다는 사실을 발견하지만 푸르키네나 그 어느 누구도 두 세포들 사이에 존재하는 수많은 차이점들에 대해서는 인지하지 못하였다.

곧바로, 생물학 분야에서 전설적인 인물들 가운데 한 명으로 독일의 슈반Theodor Schwann[22]이 나타났다. 슈반은 뷔르츠부르크Würzburg와 베를린Berlin의 두 대학교에서 생물학을 연구하면서 현미경으로 수많은 동물과 식물의 조직에 대해 탐구하였다. 그로부터 몇 년 후, 그는 벨기에 루반Louvain대학교 생물학 교수가 되었다. 그는 초기에는 생리학을 연구하였다. 1836년, 그는 효소 펩신이 동물의 소화과정을 도와준다는 것을 밝혀냈다. 그러나 그가 이루어낸 훨씬 더 위대한 업적은 세포학의 분야에서였다.

1839년, 슈반은 '동물과 식물의 구조와 생장의 유사성에 대한 현미경적 연

---

20) Robert Brown(1773 – 1858). 스코틀랜드 식물학자, 고식물학자. 식물학에서 현미경을 사용하여 많은 업적을 이루어냄. 초기 세포핵, 세포질유동에 대해 설명하였음. 브라운운동을 관찰. 나자식물과 피자식물의 수분과 수정의 차이점을 처음 발견함

21) Jan Evangelista Purkyně(1787 – 1869). 체코의 형태학자, 생리학자, 당시 가장 널리 알려진 과학자. 1839년 세포 내 액체상태의 물질을 원형질(protoplasm)로 최초로 명명함.

22) Theodor Schwann(1810 – 1882). 독일 생리학자. 세포설, 말초신경계 슈반세포, 펩신 발견. 대사작용 용어 발명

구Microscopical Researches on the Similarity in Structure and Growth of Animals and Plants'의 논문을 출간하였다. 여기서 그는 식물과 동물의 조직학을 완벽하여 분석하여 제시하였다. 그는 이 논문의 도입 부분에서 모든 생물체가 가지고 있는 '세포의 본성에 대한 동질성universal cellular nature'을 다음과 같이 논의하였다.

> 발생이 진행되는 동안, 동물세포들은 식물세포들과 유사한 현상들을 명백하게 나타낸다. 동물계와 식물계 사이의 커다란 장벽, 즉 근본적인 구조의 다양성은 세포 수준에서는 자취를 감추게 된다. 동물에서 세포, 세포막, 세포내용물, 핵은 식물에서 유사한 명칭의 세포 부분들과 유사하다.[35]

그리고 나서 슈반은, 실제적으로 생물체가 완전히 세포들만으로 이루어졌다는 것은 잘못된 사실이라고 밝힘으로써 세포에 대한 가설을 더욱 정교하게 만들어 냈다. 꽤 우연하게, 그는 뼈와 결합조직이 단지 몇 개의 세포들로 구성되어 있으며 반면 엄청난 양의 세포 부산물도 포함되어 있다는 것을 발견하였다. 그는 곧 세포에 대한 논문에서 '모든 생물체는 세포와 세포 부산물로 구성되어 있다all living things are composed of cells and cell products'라는 주장으로 보완하였다.

슈반은 현재는 원형질로 불리는, 세포 내부의 살아있는 물질에 대해 세포질체cytoblastema라는 용어를 만들었다. 뿐만 아니라 세포내 일어나는 모든 생물학적 과정에 적용되는 물질대사metabolism라는 용어를 만들어냈다. 이 개념들을 통해, 그는 세포학을 생물학의 독립적 분야로 확고하게 구축하였다.

푸르키네의 세포학에 대한 공헌Purkinje's Contributions to Cytology

그럼에도 불구하고, 이 시대 과학자들은 세포의 내부에 대해서는 거의 이해하지 못하였다. 오직 파스퇴르만이 슈반의 전제를 받아들이긴 했지만 곧 슈반은 효모가 실제로 현미경으로 관찰되는 살아있는 무수한 유기체들로 구성되어 있다는 것을 밝혀냈다. 1839년, 최소한 세포 내부의 작용을 이해하는 일을 향해 나아가는 작은 발걸음을 내딛었다. 푸르키네는 세포 내부에서 젤과 같은 물질을 조사하고 이를 원형질protoplasm이라고 불렀다.

푸르키네는 1787년 보헤미아[23] 롭코비츠Lobkositz에서 태어났다. 그의 아버지는 그가 성장하기 전에 죽었지만 법조계에서 일하였고 충분히 저축하여 그의 어머니에게 든든한 지원금을 남겼으며, 그는 인근 신학교에 등록할 수 있었다. 몇 년간 그는 성직자가 되기 위해 전력을 다하였다. 그러나 얼마 지나지 않아서는 신학을 의심하기 시작하였고, 프라하에 가서 의학과 철학을 공부하였다.

푸르키네는 생물학에 상당히 흥미로운 내용들을 제공하였다. 예를 들면, 그는 1824년 자신의 집에 자신만의 식물생리학 실험실을 지었는데, 이러한 일은 그가 처음이었다. 마침내, 프러시아 정부는 그의 실험의 중요성을 알아차리고, 그에게 광범한 실험실 설비로 정비된 개인 소유의 연구소를 마련해주었다. 그가 심취한 분야는 세포학에서부터 생리학, 의학, 식물생리학에 이르기까지 아주 광범하였다. 과학 분야 전공으로 대학교육을 마친 후, 1823년, 브레슬라우Breslau의 대학교에 합류하였으며, 프러시아 왕 프레드릭 윌리엄 3세의 뜻에 따라 생리학 교수가 되었다. 많은 유명한 생물학자들과는 달리, 그는 또한 교사로서도 높이 평가받았다.

그럼에도 불구하고 푸르키네는 원형질의 특성과 작용을 거의 이해하지 못하였으며, 이에 대한 수수께끼는 19세기 중반 독일 생물학자 폰 몰Hugo von Mohl의 연구결과로 해결되었다. 푸르키네는 생물학에 탁월한 업적을 남겼지만, 자료 수집과 실험적 추론들은 다소 비체계적이었다. 그렇지만 그는 식물뿐만 아니라 동물의 조직이 세포로 구성되어 있다는 것을 밝혀냈고 원형질이라는 용어를 과학 사전에 처음으로 소개하였다(그 후 폰 몰은 원형질은 세포 내 주요한 요소이며 대부분의 물질대사 활동이 일어나는 매체가 원형질이라는 것을 밝혀냈다. 폰 몰도 자신이 원형질이라는 용어를 발견한 사람이라고 주장하였다). 또한 푸르키네는 과학자로서 최초로 척추동물의 섬모 운동을 정확하게 묘사하였다. 그의 전기 작가에 따르면,

23) Bohemia 보헤미아 왕국은 당시 오스트리아 군주국의 일부, 현재 체코 공화국 소속 지역

결국, 1835년 푸르키네는 최초로 신경계는 신경섬유와 신경세포들로 이루어져 있다는 것을 밝혀냈다.

슐라이덴Schleiden

동 시대, 세포학에서 또 다른 거장이었던 뛰어난 슐라이덴Matthias Schleiden24)이 등장하였다. 그는 1804년 함부르크Hamburg에서 태어났으며, 어린 나이부터 고향에서 생물학 영역에 예리한 능력을 발휘하였다. 그는 유명한 의사이자 생물학자의 자손이었다. 슐라이덴은 원래 변호사가 되기 위해 공부하였지만 점차적으로 법률가에 흥미를 잃어버리고는 의학을 공부하기 위해 대학원으로 되돌아갔다. 이 시기 그는 식물학에 대해 가장 많은 관심을 가지고 있었으며, 그 후 제나Jena대학교 식물학 교수가 되었다. 1837년, 브라운Robert Brown이 남긴 연구결과에 근거하여, 그는 식물의 발생과 조직에 대해 체계적으로 일련의 문헌 연구를 시작하였다. 1838년 그는 브라운이 알아내는 데 실패한 내용으로, 즉, 식물의 기본 구성 단위는 세포라는 것을 인지하였다. 그렇다 하더라도 슐라이덴은 자신의 논문 '식물발생론On Phytogenesis'에서 브라운의 관점을 존경하면서 다음과 같이 논의하였다.

> 로버트 브라운은, 종합적으로 타고난 천재로서, 비록 이전에 이미 관찰하였지만 소홀히 여겨졌던 현상이었는데, 이 현상이 얼마나 중요한가를 처음으로 알아차렸다. 그는 난초의 표피층에 있는 수많은 세포들로부터 불투명한 점들을 발견하였으며, 이것을 세포의 핵nucleus으로 명명하였다. 그는 꽃가루 세포의 발생 초기 단계에서도 이 현상을 추적해 냈다. 나 역시 초기 발생 단계의 배아embryo 세포에서 핵들이 지속적으로 나타나는 것을 관찰하였는데 매우 인상적이었다. 이 관찰로부터, 나는 핵이 세포 발생과 매우 밀접히 연결되는 무엇인가 있다는 생각을 이끌어

---

24) Matthias Jakob Schleiden(1804－1881). 독일 식물학자. 슈반, 피르호와 공동으로 세포설을 주장

내게 되었다.[36]

그러므로 슐라이덴이 이루어낸 업적으로 칭찬하지 않을 수 없는 공헌은 핵의 중요성을 완벽하게 알아낸 부분이다. 후에 슐라이덴은 세포핵을 'cytoblast'라고 불렀다. 그는 배 조직의 세포들을 관찰하기 시작하였으며, 세포핵에 대해 상세히 기록하였다. 이것으로 그는 또 다른 실체인 인nucleolus을 발견해내는 유명한 업적을 이루어냈다. 인은 핵 내부에 존재하는 아주 작은 물체였는데, 오늘날 생물학자들은 인이 단백질 제조에 결정적인 중요한 역할을 한다는 것을 알고 있다. 그의 연구에는 오류들이 있었다. 예를 들면, 그는 세포가 성장함에 따라 핵이 사라진다고 잘못 믿었는데, 물론 이것도 잘못 발견한 내용이다. 그럼에도 불구하고 그는 핵의 중요성을 알아차린 업적으로 생물학 분야에서 불멸의 소중한 존재로 남게 되었다.

특이하게도, 슐라이덴은 살아있는 동안 자신이 이룬 업적에 대해 뒤섞인 반응들을 듣게 되었다. 그것은 아마도 그가 자신의 논의들을 거의 신비로운 수준의 철학적 용어로 내용들을 모호하게 가려 버렸기 때문이었으며, 또한 그는 동향인 리비히Justus von Liebig처럼, 자기가 싫어하는 의견을 말하는 사람들을 향해 꽤나 독설적이었기 때문에, 당시 그는 인기 있는 사람은 아니었다.

이상하게도, 이 시점에서 그 누구도 동물세포의 원형질과 식물의 연관성을 이해하지 못하였다. 예를 들면, 헉슬리T. H. Huxley[25]는 자신의 논문 '생명의 삼중 동질성The Threefold Unity of Life'에서 단지 다음과 같이 말하였다:

> 이런 상황에서는 당연히 이렇게 질문할 수도 있다. '어떻게 핵이 없는 원형질 덩어리가 다른 것과 구별될 수 있는가? 왜 어떤 것은 식물이라 하고 또 다른 것은 동물이라 부르나?' 이 질문에 대한 답은, 오로지 형태에 관한 한, 동물과 식물은 분리할 수 없다는 것이다. 그리고 수많은 경우, 우리가 어떤 임의의 생물체를 식

---

25) Thomas Henry Huxley(1825–1895). 영국 생물학자, 비교해부학자, 다윈의 진화론을 지지하는 행동으로 인해 다윈의 불독으로 알려짐

물이나 동물로 명명하는 것은 단지 관습의 문제이다.37

이러한 모든 생각들을 1850년 독일 식물학자 코흔Julius Cohn[26]이 변경시켰다. 그는 식물과 동물 세포들이 어떤 면에서는 많이 다르다는 것을 부인할 수는 없지만, 동물과 식물 세포의 원형질 사이에는 중요한 차이가 없다는 사실을 확실히 증명하였다. 세포설의 역사는 그 자체가 광대한 범위에 걸친 주제들이다. 고대 이래로 생물학자들은 식물과 동물의 조직에는 서로 특별히 차이를 나타내는 구조나 구성은 없다는 것으로 간주해 오고 있었다. 많은 사람들은 육안으로 볼 수 있는 단계 이외는 관심을 가질 필요가 없다고 느꼈다. 그러나 이 관점은 17세기 로버트 훅Robert Hooke[27]의 업적 이후로 변하기 시작하였다.

식물세포학이 급속도로 발전하다Botanical Cytology Takes a Surge Forward

그 무렵, 생물학의 발전 과정에 진기한 반전이 일어났다. 이전까지는 동물학 지식이 식물학보다 더 빠르게 앞서 나아갔다. 이는 아마도 사람은 동물을 더 가까운 동족 관계로 생각하거나 사람의 건강을 위해서는 동물학에 대해 먼저 밝혀내야 한다고 느꼈기 때문이었을 것이다. 어떤 이유든지 간에, 이 일반적 패턴이 세포 연구에서는 역전되었다. 역전된 주요한 이유로는 식물세포와 동물세포 둘 다 세포막을 가지고 있지만 식물세포만 세포벽을 가지고 있으며 따라서 동물세포보다 관찰하기 용이하였기 때문이다. 로버트 브라운과 푸르키네가 탐구를 계속 진행했음에도 불구하고 세포설을 발전시키는 발걸음은 중단되었는데, 여러 이유들 가운데 가장 큰 이유는 이례적으로 세포가 존재한다는 사실을 믿는 사람이 거의 없었다는 점이다.

---

26) Ferdinand Julius Cohn(1828－1898). 독일 생물학자. 근대 세균학과 미생물학 창시자로 불림. 조류(Algae)를 식물로 최초로 분류함

27) Robert Hooke(1635－1703). 영국 자연과학자, 건축가, 박식가. 1665년 저서 작은 생물들(Micrographia) 발간. 세포를 최초로 명명. 현미경으로 관찰한 식물의 세포가 벌집 모양과 유사하다는 것에 근거하여 세포로 명명함

폰 네겔리Von Nägeli

19세기 중반 즈음, 슐라이덴은 찬란하게 빛나는 저서 '과학적 식물학의 원칙들Principles of Scientific Botany'을 출판하였다. 현대 생물학에서 슐라이덴과 슈반을 세포설의 창시자로 인정하는 것은 절대적으로 옳은 일이다. 또한 이후 과학자들이 세포설의 기본 원칙들을 수정하고 보완한 것도 사실이다. 1844년 독일 생물학자 칼 폰 네겔리Carl von Nägeli28)는 슈반이 새로운 세포들은 이미 존재하는 세포로부터 발아해서 나온다고 주장한 내용이 틀렸다는 것을 확정하였다. 확실하게, 네겔리는 세포분열, 즉 유사분열에 대한 근본적인 생각을 가지고 있었다. 하지만 이후 세포분열 과정의 자세한 내용들을 밝혀내기까지는 수년이 걸렸다.

이를 넘어서서, 네겔리는 세포에 대한 대규모 화학 실험을 실행하였고 세포핵은 대부분이 질소 복합체로 구성되어 있는 반면, 세포벽은 탄수화물로 구성되어 있는 것을 보여주었다. 또한 네겔리는 다윈이 제안했던 식물의 생활사에 대한 내용을 일부 적용하여, 식물은 동물과 마찬가지로 무수히 많은 방식으로 경쟁한다고 주장하였다.

폰 지볼트와 동물학의 세포설Von Siebold and Cell theory in Zoology

세포 가설에서 또 다른 공헌자는 뷔르츠부르크Würzburg의 대학교 교수 아들 칼 폰 지볼트Karl von Siebold29))이다. 1804년, 유명한 철학자 임마누엘 칸트Immanuel Kant가 죽었던 해, 지볼트는 태어났다. 그는 베를린대학교에서 교육을 받기 시작하였으며 괴팅겐대학교에서 박사학위를 받았다. 하지만 또다시 익숙한

28) Carl Wilhelm von Nägeli(1817－1891). 스위스 식물학자, 세포분열을 연구. 하지만 유전학에서 멘델의 업적을 반대한 사람으로 알려짐. 취리히 근처 킬흐베르크(Kilchberg) 태생. 취리히 대학교에서 의학을 공부, 나중에 제네바에서 식물학을 공부

29) Karl Theodor Ernst von Siebold(1804－1885). 독일 생리학자, 동물학자. 베를린과 괴팅겐에서 의학을 공부한 후, 괴팅겐대학교에서 동물학을 심층적으로 연구함. 동물학에서 도롱뇽 변태에 대해 연구논문을 발표

패턴이 나타났다. 그는 곧 의학보다는 '순수한pure' 생물학에 저절로 끌려들었다. 그는 원시 해양생물체를 연구하기 시작하였으며 곧 주목을 받게 되어 에를랑겐Erlangen대학교 교수로 임용되었고, 이어 브레슬라우Breslau대학교에서도 교수로 임용되어 프리키네의 임무를 짊어지게 되었다. 그의 건강은 수년간 점점 악화되었으며 결국 1885년 생을 마감하였다.

폰 지볼트는 친한 친구였던 베를린대학교 생물학자 스타니우스Friedrich Stannius[30]와 협력하여, 위대한 공동 저서 '비교해부학Comparative Anatomy'을 출간하였다. 지볼트는 무척추동물학에 대해 논의하였으며 스타니우스Stannius는 척추동물학에 대해 논의하였다. 이들은 철저하고 체계적으로 작업하였으며 그 당시까지 밝혀진 거의 모든 생물체에 대해 논의하였다. 이들은 먼저 특정 기관에 중점을 두었고 그 다음에 이것을 같은 동물 집단 내 유사한 기관과 비교하였다. 그들은 현미경을 광범하게 사용하여 연구를 수행하였기 때문에 세포의 기본 개념을 수많은 종류의 생물체에 적용할 수 있었다. 예를 들면, 원생동물, 짚신벌레와 같은 단세포 생물체에 적용하여, 원시 생물체의 세포 구조에 특별히 주목하면서 연구를 수행하였다.

또한 폰 지볼트는 기생충과 기생 생활에 대해 막대한 공헌을 이루어냈다. 그는 회충 같은 기생충들이 '자연발생설'로 생긴다는 주장을 절대적으로 반대하였다. 그는 이를 평이하고도 성실함 그 자체로 증명하였다. 주의 깊고 꼼꼼한 연구들을 수행하여 기생충 내부에 알이 있다는 것을 밝혀냈다. 결론적으로 그는 기생충들도 수많은 다른 생물체들과 같은 방식으로 번식할 것이라고 생각하였다.

미셰르와 세포설Miescher and Cell Theory

여전히 세포는 생물학자들을 사로잡고 있었다. 오늘날까지 세포에 대해서는 신비로운 내용들 가운데 겨우 일부 중요한 것들만 밝혀낸 상태이다. 따라서 생

30) Hermann Friedrich Stannius(1808–1883). 독일 해부학자, 곤충학자, 파리목(Diptera) 장다리파리과(Dolichopodidae)를 중점으로 연구

물학자들은 이 분야의 연구를 계속 추진해오고 있었다. 예를 들어, 요하네스 미셔Johann Miescher[31]는 생식세포에서 산성을 띤 인산 물질, '뉴클레인nuclein'을 발견하였다. 이상하게도, 동료 과학자들의 대부분은 그에게 이 연구결과를 발표하지 말라고 말했는데, 이유는 그가 밝혀낸 연구결과가 주류적 이론들과 반대되는 내용이라서 과학자 단체들이 그를 배척할 위험성이 있었기 때문이었다. 예를 들어, 빌헬름 루Wilhelm Roux는 오래된 전성설을 지지하는 사람으로 알려져 있었다. 그래서 루는 미셔의 연구가 발표된 10년 뒤, 그 유명한 실험을 통해 전성설이 생식에 대한 올바른 설명이라는 것을 증명하려고 시도하였다.

폰 몰, 식물학 그리고 세포설Von Mohl, Botany, and Cell Theory

독일 식물학자 후고 폰 몰Hugo von Mohl[32]은 탐구에 대한 통찰력을 발휘하였다. 그는 1805년 슈투트가르트Stuttgart에서 태어났으며, 영향력 있고 정치활동을 활발히 하는 가족의 상속인이었다. 그는 의학 학위를 받자마자 곧 베른Bern대학교 생리학 교수가 되었고 마침내 튀빙겐Tübingen으로 이사하여 식물학 교수가 되었다. 그는 태도 면에서 위풍당당하게 엄격하고 조용한 기질을 가지고 있었다. 그는 결혼한 적이 없었으며 일생을 과학을 추구하는 데 전적으로 쏟아부었다.

이 시기 즈음에는 생물학이 성숙해지면서, 과학자들은 살아있는 세포에 대해 상당히 상세하게 이해하고 있었다. 이미 앞에서 언급한 대로, 1831년 브라운Robert Brown은 난초를 꼼꼼하게 관찰한 연구를 통해 각 세포는 각자 핵을 가지고 있다는 것을 밝혀냈다. 슐라이덴도 이미 언급했듯이 이 분야에서 철저한 실험들을 수행하였다.

---

31) Johannes Friedrich Miescher(1844–1895). 스위스 의사, 생물학자. 핵산을 최초로 분리하여 발견함. 1869년 독일 튀빙겐대학교 실험실에서 백혈구로부터 인–화합물 분리하여 핵산(nucleic acit)의 전구체를 분리해냄. 이후 이 연구결과는 DNA 발견의 기반을 제공함

32) Hugo von Mohl(1805–1872). 독일 식물학자. 1823년 튀빙겐(Tübingen)대학교에서 의학을 공부한 후, 뮌헨(Munich)에서 식물학 연구를 시작

폰 몰의 접근방법은 체계적이고 빈틈이 없었다. 많은 다른 경우가 그러하듯이, 이러한 접근방법은 강한 장점인 동시에 장애요인으로 작용할 수도 있다. 즉, 그가 실제 실험에 사로잡혀 있었기 때문에 중요한 생물학 이론을 결코 생각해내지 못하였다. 하지만 몰은 그의 논문 '식물세포의 해부학과 생리학의 원칙Principles of the Anatomy and Physiology of the Vegetable Cell'에서 세포설을 식물로 확장하여 해석해야 한다는 것을 주장하였다. 그는 조류algae와 고등식물에도 세포가 존재한다고 주장하였다. 또한 그는 이 세포들이 이전에 존재하는 세포로부터 다양한 세포분열을 통해 생성된다고 논의하였다. 그는 세포분열을 '격막 만들기partitioning'로 명명하였다. 그는 식물의 나무껍질, 나선형 물관, 잎, 꽃 그리고 다른 많은 부분들에 세포 구조가 있다고 증명하였다. 또한 그는 현미경 렌즈를 개선시키는 방안을 고안하여 적으나마 도움을 주었다. 이에 대한 상세한 사항들은 저서 '현미경의 세계Micrographia'에 포함되어 있다.

피르호, 세포설 그리고 질병Virchow, Cell Theory, and Disease

19세기 중반 무렵, 독일인 루돌프 피르호Rudolf Virchow[33]가 과학자 세계에 등장하였다. 그는 1821년 발트해 연안 지역 포메라니아Pomerania에서 상인의 아들로 태어났다. 젊은 시절 뮐러Müller 지도하에 의학과 병리학을 공부하였다. 그는 베를린 샤리테Charite[34] 병원에서 인턴 과정을 마쳤는데 이미 병리학에 대해 많은 책을 출판했으며 일찍이 관심을 끈 질병 분야에서도 인도주의적 업적을 정점에 달할 정도로 성취하였다. 그 후 병리학과 세포학 공부를 위해 자기만의 실험실을 만들었다. 피르호는 여러 동물들의 결합 조직과 뼈 조직을 매우 자세하게 관찰하기 시작하였다. 그는 초기부터 병리학에 대해 관심을 가졌기 때문에

---

33) Rudolf Ludwig Carl Virchow(1821–1902). 독일 의사, 인류학자, 병리학, 역사학자, 생물학자, 정치가, 공공보건을 개선시킴. 근대 병리학의 아버지, 의학 사회학, 수의학병리학의 개척자, '의학의 교황(Pope of medicine)'으로 불림

34) 1710년 설립 베를린의 의과대학병원, 1810년 베를린 훔볼트대학교 의과대학병원, 2003년 베를린자유대학교 통합 유럽 최대 의과대학병원

건강한 동물과 병든 동물 둘 다의 세포 조직을 연구하는 일은 전혀 이상하지 않았다. 피르호는 논문, '암의 진화On the Evolution of Cancer'에서 질병은 항상 세포가 비정상적으로 행동한 뒤에 발병된다는 확신을 가지고 논의하였다. 그 후 1858년, '세포의 병리학cellular pathology' 개념을 확립하였다. 지금까지 기초가 잘 다져진, 세포는 세포에서 생긴다는 믿음을 받아들인 피르호는 병리학에 세포 이론을 적용하였다. 피르호는 충분할 정도로 정확하게 세포들이 정상적인 행동을 변경시키면서 이들 세포로 구성되는 생물체를 공격한다고 믿었다. 다른 말로, 생물체 자신이 스스로를 공격하면 질병이 일어난다고 믿었다. 이 발견은 여러 사례에서 거의 진실로 밝혀졌다. 물론 당연히 병을 발병시키는 다른 원인들, 예를 들면 박테리아와 바이러스도 있다. 파스퇴르Pasteur와 프랑스 세균학자 샹벨롱Charles Chamberland[35]은 박테리아와 바이러스에 대한 연구를 이미 시작하고 있었다.

피르호는 다재다능한 과학자였다. 그는 세포에 대한 연구를 넘어서서, 신체에 나타나는 크고 작은 이상 현상을 조사하였으며, 사람의 질병을 일으키는 감염에 대해 조사하였다. 결국, 독일 과학계는 피르호에게 베를린대학교 교수직을 제공하였다. 또한 베를린대학교는 피르호를 명성 높은 '해부학 및 생리학 관점의 병리학 자료집Archives for Anatomical and Physiological Pathology' 편집위원장으로 임명하였으며 그는 55년 동안 그 직책을 맡았다.

---

35) Charles Chamberland(1851–1908). 프랑스 미생물학자, 루이 파스퇴르와 함께 연구. 1884년 Chamberland filter or Chamberland–Pasteur filter를 만들어냄. 이것은 세균의 크기보다 작은 구멍이 있는 여과기이며, 용액의 세균을 완벽하게 제거할 수 있음. 1879년 멸균기 발견. 샹벨롱은 파스퇴르와 함께 연구할 때, 우연히 닭의 콜레라에 대한 백신을 만들어냈음. 휴가를 가면서 닭에 질병을 감염시키는 것을 잊어버렸는데, 휴가에서 돌아와 보니, 닭에 주입했어야 할 세균이 옆에 놓여있었는데, 놀랍게도 세균들이 죽지 않았으며, 상벨롱은 휴가 후 세균을 닭에게 주입하였고, 파스퇴르에게는 주입했다고 보고하였음. 그런데 닭들이 죽지 않았으며, 백신을 발견함. 즉 질병의 병원균이 약화된 형태는 백신으로 작용할 수 있다는 것을 발견하였음

베르나르, 소화 그리고 생리학Bernard, Digestion, and Physiology

빅토리아 시대 어느 누구와도 비길 데 없이 훌륭한 내과의사인 프랑스인 클로드 베르나르Claude Bernard[36]는 연구를 통해 창의적 통찰력을 드러냈다. 1813년 프랑스 생 줄리앙Saint-Julien에서 태어났으며, 프랑스 외과의사이며 해부학자 마장디Magendie의 뛰어난 제자들 가운데 한 사람이 되었다. 베르나르 가족은 궁핍한 농부였으며, 몇 년 동안 베르나르는 교육을 전혀 받을 수 없을 것 같았다. 그러나 그는 어릴 때 과학에 관련된 것들을 닥치는 대로 읽었다. 그의 멘토는 지방 행정관으로 과학보다 신학에 능통했을 것임에도 불구하고 베르나르의 재능을 알아보았다. 1832년 베르나르 가족은 더욱 더 가난해졌기 때문에 계속 교육을 받고 돈을 벌기 위해 리옹으로 이사해야 했다. 그곳에서는 지방 약사 밀레M. Millet의 견습생으로 일했다. 그곳에서 맡은 일은 주로 청소로 힘들고 단조로웠지만 직접적으로 의학에 대해 조금이라도 배울 수 있는 기회를 잡을 수 있었다.

베르나르는 인근 수의학학교에서 규칙적으로 수업을 청강하였는데, 자격을 얻기 위해 많은 노력과 아부를 한 후에야, 학교 관계자는 그에게 시범 실험과 생체 해부 수업도 들을 수 있도록 허락해 주었다. 그의 실력이 점점 더 향상되면서 약국 주인은 베르나르에게 간단한 약들을 조제하는 기회를 제공해 주었는데, 그때 베르나르는 '난 이제 무언가를 만들 수 있어 나는 이제 진정한 사람이다'라고 스스로 감탄했다고 한다.

잠시 동안, 베르나르는 작가로 일하면서 돈을 벌어보려고 했지만 실패하였다. 하지만 마장디는 베르나르의 탁월한 재능을 알아본 뒤 그를 가르치기 시작하였다. 베르나르는 마장디와 함께 수많은 해부를 실행하였으며, 그 후 수년 동

---

36) Claude Bernard(1813-1878). 프랑스 생리학자. 하버드대학교 역사학자 코헨(Cohen)은 과학자들 가운데 최고의 과학자로 칭송, 과학적 관찰의 객관성 확보를 위해 블라인드 실험을 최초로 제안하였음, 항상성(homeostatis)로 알려진 내부환경(milieu intérieur) 용어를 최초로 정의. 의학에서 과학적 방법을 확립한 것, 즉 이전 오개념을 버리고 과학적 방법의 결과에 근거, 판크레아제 선 기능을 발견. 간의 글리코겐 기능을 발견

안 함께 지냈다. 베르나르에게는 이와 같은 마장디와의 관계가 행운이었다. 마장디는 1978년 보르도Bordeaux의 의사 가정에서 태어났다. 관습에 따라 마장디는 의학을 공부하였지만, 콜레주 드 프랑스[37]의 교수가 되었다. 그는 학자 또는 교사로서 엄청나게 성공하였다. 마장디가 기꺼이 생체해부를 수행하기 때문에 동료들에게 혐오감을 주었지만, 생체해부 실험기술들을 발전시키는 데 기여하였다. 무엇보다도 마장디는 순환계와 호흡계 분야 해박한 생물학 지식을 축적하는 데 지대하게 공헌하였다.

한편, 마장디의 학생 베르나르는 적어도 초기에는 그렇게 잘 나가지는 않았다. 결국 베르나르는 측은한 강연자라는 평판에도 불구하고, 그 유명한 콜레주 드 프랑스의 의학 교수가 되었으며, 심지어 그의 스승인 마장디의 자리를 물러받았다. 많은 책들 가운데 '실험의학 연구개론Introduction to the Study of Experimental Medicine'에서 베르나르는 최초로 생리학과 의학의 기본법칙들을 명확하게 설명하였다.

베르나르의 생리학 그리고 신경계 해부학
Bernard's Physiology and Anatomy of the Nervous System

19세기 중반, 베르나르는 온혈동물들은 신경계로 체온을 조절한다는 것을 알아냈다. 베르나르는 저서, '실험심리학 수업Lessons in Experimental Psychology'에서 이 개념을 추구하였는데, 주변 환경의 온도가 변함에도 불구하고 동물들은 체온을 안정적으로 유지할 수 있다고 논의하였으며, 요즘은 이 개념을 '항상성homeostasis'이라고 한다. 후에, 그는 신체 내 에너지에 대해 더 많이 배우게 되었다. 간은 포도당을 저장하며, 신체는 포도당을 글리코겐으로 전환하여 신체가 필요로 하는 에너지로 사용한다는 것을 깨달았다. 이 외 베르나르가 이룬 위대

37) Collège de France는 파리에 위치하며 행정 자치성이 보장되고 수업료, 학위 수요 등의 규제의 자율성을 가지고 있는 대학. 석좌교수들은 무료 강의를 하며, 고학력을 요하는 특별한 과목 외에는 누구든지 자유롭게 수업에 참여할 수 있음. 1530년 인문학자들이 왕을 대상으로 강의하는 교육기관으로 창립. 초기 그리스, 이스라엘에 대한 2개 과목에서 시작하였으나, 현재 프랑스법, 수학, 의학 등 10개 분야를 교육함

한 발견은, 척추동물의 귀를 자세하게 묘사한 것이다. 여기에는 뇌신경이 뇌에서부터 혀 앞까지 연장되어 있다는 설명도 포함되어 있다. 이것은 고삭신경chorda tympani nerve으로 불린다. 베르나르는 초기 마장디로부터 교육을 받았기 때문에, 해부에 대해 상상할 수 있는 수준 이상의 실력을 가지고 있었으며, 신체에서 가장 긴 신경통로를 철저하게 추적하고자 한 목표를 달성하였다. 이러한 능력을 바탕으로 베르나르는 목에서부터 몸통을 통과하는 제일 긴 미주신경을 찾아냈으며 미주신경과 척수 부신경의 연결을 그려냈다. 가차 없는 탐색의 결과로 그는 혈관의 압축과 확장을 통제하고 있는 혈관 운동신경의 기능에 대해 알아내기 시작하였다. 또한 압축과 확장을 통제하는 그러므로 혈관을 통제하는 중요한 화학물질도 찾아냈다. 그는 처음으로 과학적 방법에 주의를 기울인 생리학자 가운데 한 사람이었다. 그는 이렇게 말했다:

> 한마디로, 나는 진정한 과학적 방법은 억압받지 않은 마음으로 시작하며, 가능한 한 그 자체로서 면대면으로 직면하고 이끌어내는 것이라고 믿는다. 과학은 오직 새로운 아이디어로 발전하며 창의적이고 독창적인 생각의 힘으로 발전한다.[38]

베르나르의 소화 연구Bernard on Digestion

베르나르는 또한 소화에 대한 깊이 있는 연구들을 수행하였다. 1830년대 후반, 그는 위액과 소화에서 위액의 기능을 연구하기 시작하였다. 그는 또다시 자신의 해부 실력을 바탕으로, 음식을 섭취하는 시점에서부터 여러 소화관으로 통과하는 길을 추적하였다. 이외에도 베르나르는 척추동물의 음식물 대사과정에 관련되는 특이한 화학 과정들을 분석하면서, 수많은 다른 소화 효소들뿐만 아니라 효소 스테압신steapsin도 발견하였다. 한참 후, 생물학자 에른스트 호페 자일러Ernst Hoppe-Seyler[38])는 효소작용에 대한 생리학적 연구결과를 추가하였으며,

38) Ernst Hoppe-Seyler(1825-1895). 독일 생리학자, 화학자. 생화학, 생리화학, 분자생물학 창시자로 알려짐. 면역학자 폴 일리치(Paul Ehrlich)와 함께 유기화학을 발전시킴

특히 자당을 포도당과 과당으로 전환시키는 과정을 촉진하는 효소, 인버타제 invertase를 발견하였다. 게다가 또 다른 독일 생리학자 빌헬름 프리드리히 Wilhelm Friedrich39)도 이미 발견된 수많은 효소들에 추가하여 또 다른 중요한 효소를 찾아냈다. 그는 췌장의 트립신trypsin을 발견하였다. 사실, 그는 '효소 enzyme'의 용어를 만들었다. 즉 효소는 살아있는 세포의 안과 밖에서 기능하는 화학물질을 의미한다. 이와 비슷한 과정으로, 1897년 베른대학교의 독일 생리학자 에두아르트 부흐너Eduard Buchner40)는 '치마아제zymase'를 발견하였다. 치마아제는 설탕을 알코올로 전환시키는 과정을 촉진시키는 효소이다. 치마아제는 최초로 분리된 효소였다. 또한 부흐너는 효소들이 알코올을 발효시킬 수 있다는 것을 밝혀냈다.

호페 자일러의 연구 이후, 독일 생리학자 칼 폰 포이트Karl von Voit41)는 음식의 특정 성분들만이 살아있는 생물체에게 에너지를 제공한다고 확실하게 입증하였다. 예를 들면, 단백질은 휴식하든지 힘든 활동을 하든지 상관없이 동일한 속도로 대사작용을 하기 때문에 에너지를 생산하지는 않는다는 것이다.

보몬트의 소화 연구Beaumont on Digestion

1833년쯤 미국 외과 전문의 윌리엄 보몬트William Beaumont42)는 소화에서 위산의 역할에 대해 이해하기 시작하였다. 실제로 소름끼치는 방법으로, 총을 맞아 복부에 영구적인 구멍이 있어 심각하게 상처가 난 남자를 연구하였으며, 이 남자가 회복한 후에도 연구를 지속하였다. 1888년 러시아 생물학자 이반 파블로

39) Wilhelm Kühne(1837－1900). 저자 오류, 독일 생리학자. 퀴네는 1878년 효소를 처음 명명, 1876년 단백질 소화효소 트립신 발견

40) Eduard Buchner(1860－1917). 독일 화학자, 효소학자(zymologist), 1907년 발효에 대한 연구업적으로 노벨 화학상을 수상함

41) Carl von Voit(1831－1908). 독일 생리학자, 영양학자, 근대 영양학의 아버지. 화학자 생리학자로서 오줌에 질소의 양으로 단백질의 양을 측정할 수 있는 것을 발견

42) William Beaumont(1785－1853). 미국 군대의 외과의. 사람의 소화에 대한 연구를 수행하였으며, 위액생리학의 아버지로 불림

프Ivan Pavlov[43]는 더 새로운 발견들을 이루어냈다. 파블로프는 다른 수많은 생물학자와 마찬가지로, 먼저 의학을 공부하였다. 1891년 상트페테르부르크의 '실험의학연구소Institute of Experimental Medicine'에서 소화를 탐구하기 시작했다. 그는 주장한 이론에 따르면 소화는 3단계로 구성된다: 신경nervous, 유문pyloric, 창자intestinal. 물론 현대 생리학자들은 소화가 3단계보다 훨씬 더 복잡하다는 것을 알고 있다. 하지만 파블로프는 '자극－반응stimulus－response' 이론과 '조건반사conditioned reflex'의 원칙으로 세계적 명성을 얻었다. 그는 자극이 위액을 분비시킬 때 신경계는 모든 반응을 통제하는 것을 보여주었다.

세기가 바뀌고 얼마 지나지 않아, 파블로프는 '조건반사'에 대해 착안하였다. 이 이론에 따라, 파블로프는 동물을 훈련시킬 때 자극(예를 들면, 종을 울리는 것, 파블로프가 실제 실험에 사용)과 함께 음식을 제공하면, 동물은 음식을 주지 않고 자극만 주어도 침을 흘리게 된다는 것이다. 1904년 파블로프는 이 연구업적으로 노벨상을 수상하였다. 1927년 파블로프는 이 새로운 개념을 요약해서 저서 '조건반사'를 출간하였다.

요약 Summary

대체로 이 기간 동안 생물학이 가장 위대한 진보를 이루어냈다고 볼 수 있다. 파스퇴르의 질병에 대한 업적, 보몬트와 베르나르의 소화에 대한 업적, 푸르키네, 슐라이덴, 슈반, 피르호, 폰 몰의 세포설 업적, 루의 발생학 업적 등이 있었다. 이 가운데 어느 한 과학자가 다른 과학자보다 더 최고였다고 말하기는 어렵다. 학회들이 번창해지고 과학적 방법이 광범하게 사용되었으며, 과학은 20세기를 맞이할 준비를 하고 있었다.

---

43) Ivan Petrovich Pavlov(1849－1936). 러시아 생리학자. 어린 시절부터 연구에 대한 통찰력으로 지적 천재성을 발휘. Pavlov는 종교인 경력을 버리고 과학에 몰두함. 1870년 상태페테르부르크 대학교 교수가 됨. 1904년 러시아 최초로 노벨 의학생리상을 수상

Chapter 21

20세기의 생물학Biology in the Twentieth Century

거의 확실하게, 20세기가 되어서야 과학은 진정한 전문직으로 자리 잡게 되었다. 이 시기는 아인슈타인과 상대성이론의 시대였고, 양자역학과 컴퓨터의 시대였다. 독일과 이탈리아는 향후 수십 년 동안 과학 분야 선두 주자의 자리를 유지하게 될 것으로 보인다. 20세기 전반에 걸쳐 인상적인 부분은, 당시 막 졸업한 미국 과학자들이 공부를 완성하기 위해 유럽 주요 도시들로 향하는 일이 필수적인 과정이었던 점이다. 그들 가운데 랭뮤어Irving Langmuir,[1] 밀리컨Robert Millikan,[2] 폴링Linus Pauling[3]는 정확히 그러하였다.

록펠러Rockefeller 재단, 시어스Sears 재단과 같은 대규모 재단들이 출현하면서, 과학자들에게 연구비를 지원하고 과학자들이 정기적으로 학술대회에서 발표

1) Irving Langmuir(1881–1957). 미국 화학자, 물리학자. 1919년 '원자와 분자의 전자 배열'의 유명한 논문을 발표. 1932년 노벨화학상 수상. 콜롬비아대학교를 졸업 후 독일 괴팅겐대학교 노벨수상자(Walther Nernst)를 지도교수로 박사학위 취득

2) Robert A. Millikan(1868–1953). 미국 실험물리학자. 1923년 광전효과의 초기 전하량을 측정한 연구로 노벨물리상 수상

3) Linus Carl Pauling(1901–1994). 미국 화학자, 생화학자, 평화운동가. 양자화학, 분자생물학 개척자, 1954년 노벨화학상, 1962년 노벨평화상 수상

할 수 있는 경비를 제공하게 되었으며, 이로서 과학은 그 이전과 19세기 전반에 걸쳐 지속되었던 아마추어 상태를 벗어났다. 또한 과학 전문학술지들도 급증하였다. 전화기와 비행기가 발명되고 인쇄기술이 현대화되면서, 과학자들은 여행하고 다른 사상가들과 서로 의사소통하기도 훨씬 더 쉬워졌다. 이에 덧붙여 일반대중은 과학 전반과 특히 생물학에 대한 교육을 더 많이 받게 되었다. 근대 생물학은 평온한 시대 동안 묘사적이며 분류에 관심을 둔 고전적 생물학에서 더욱 이론적이며 나아가 수학적으로 발전하였다. 다른 종류의 변화도 일어났다. 20세기가 발전해 나감에 따라, 자신의 뒷마당이나 벌판에서 홀로 투쟁하는 용감한 '땜장이 tinkerer－서투르게 수선하는 사람'들은 점점 줄어들었다. 유례없는 20세기 연구팀들이 홀로 연구하는 개인 연구자의 자리를 차지해 나가기 시작하였다.

결코 이 모든 것이 문명화에 보탬이 되었다고 보기는 어렵다. 이 시기는 맨해튼 프로젝트와 원자폭탄의 시대였으며, 치명적인 새로운 재앙으로 최후 심판일을 일으킬 수 있는 유전공학의 시대였다. 1942년 전설적인 이탈리아 물리학자 페르미Enrico Fermi[4]는 미국 시카고대학교 한 쪽의 버려진 스쿼시 코트장 아래에서 통제된 핵분열 연쇄반응을 최초로 성공시킴으로써, 궁극적으로는 일본을 항복시키고 제2차 세계대전을 종결짓게 되었다.

비록 그렇다 하더라도, 전쟁은 어떤 측면에서는 이점을 가져오기도 했다. 수많은 기술 분야 업적들이 전쟁을 통해 성취되었다. 이들 기술 가운데는 페니실린, DDT, 레이더의 발견이 있었으며, 컴퓨터 기술이 급속하게 발전되었다.

새천년 전환기의 생리학Physiology at the Turn of the Century

생리학에서 독일 생물학자 오토 마이어호프Otto Meyerhof[5]는 20세기 초기

4) Enrico Fermi(1901－1954). 이탈리아 물리학자. 최초로 핵반응기를 제작. 원자폭탄 설계자, 이론과 실험 모두 실력을 갖춘 물리학자. 원자력 관련 특허권을 가지고 있음. 1938년 중성자 충격으로 방사능을 유도하고 우라늄을 발견한 업적으로 노벨물리상 수상

5) Otto Fritz Meyerhof(1884－1951). 독일 물리학자, 생화학자. A. Hill과 함께 연구한 근육대사작용의 당 분해에 대한 논문으로 1922년 노벨 생리의학상을 공동으로 수상

10여 년 간에 현저하게 두드러진 활약을 펼쳤다. 1884년 마이어호프는 베르나르Bernard가 먼저 관찰한 것을 발전시켜, 동물계가 스트레스를 받으면 신체는 근육의 글리코겐 '저장소storehouse'에서 글리코겐을 젖산으로 전환시키며, 젖산이 산소와 결합하면 다시 저장소에서 글리코겐을 생성시키는 과정을 반복한다는 것을 밝혀냈다. 이 연구업적과 캠브리지대학교 생리학자 힐Archibald Hill[6]과 함께 수행한 연구에서, 근육은 운동하는 동안 열을 생성시킨다는 결과를 얻었으며, 이후 1922년 마이어호프와 힐은 공동으로 노벨 생리의학상을 수상하였다. 덧붙여 힐은 생리학에서 근육에 대한 세련된 연구뿐만 아니라, 철저하게 통제되고 엄격한 과학적 방법과 당시 논쟁의 소지가 컸던 생체해부에 있어서 초기 가장 널리 알려진 챔피언이었다. 그는 맨체스터에서 개최된 영국의학학회British Medical Association 연설에서 자신의 발견에 대해 이렇게 설명하였다:

> 나는 오늘 저녁, 특히 자연이 인류를 고통 받도록 만드는 것들에 대해 실험을 수행하고, 그 고통을 완화시키는 데 일생을 바친 친구들, 관계자 여러분들께 강연하려고 합니다. 이 실험들 가운데 일부는 박테리아 감염에 대한 실험도 있습니다. 그리고 <중략> 그러므로 어떤 고통들은 어느 정도는 피할 수 있었습니다. 그럼에도 불구하고 자연은 극단적으로 나쁜 실험들을 수행하는 실험자 입니다; 사실, 자연은 문헌 기록에서 생체해부 반대주의자로 표현되지만 가식적이며, 실제 생체해부주의자로 무자비하게 분명한 이유도 없이 실험을 수행합니다. 이 실험들은 형편없이 우연적으로 수행되고 통제도 잘 하지 못하여, 실험 결과로부터 인과관계를 밝혀내는 것이 불가능합니다. <중략> 오직 이러한 혼돈을 피하는 유일한 방법은 자연이 인간을 대상으로 우연하고 무작위적이며 복잡하게 수행한 실험 결과를 사람이 살아있는 동물을 대상으로 간단하고 적절하게 통제시키면서 수행한 실험 결과와 비교하는 것입니다.[39]

6) Archibald Vivian Hill(1886－1977). 영국 생리학자, 생물물리학 작용에 대한 연구 분야의 개척자. 1922년 근육대사작용에 대한 연구로 생리의학 영역 노벨상을 공동으로 수상함

마이어호프는, 한 10년이 지나서야, 이 분야에 대한 자신의 연구들을 요약한 '생명에 대한 생화학적 역학Chemical Dynamics of Life'이라는 우수한 논문을 작성하였다.

1904년까지, 리스터Lister연구소의 영국인 아서 하덴Arthur Harden7)은 최초로 조효소를 발견하였다. 이 조효소는 폴리펩티드 사슬, 즉 단백질 분자를 구성하는 아미노산의 줄/끈이 효소로 작용하도록 만드는 요인이다. 그는 이 연구를 발효 효소에 대한 연구의 일부로서 진행하였다.

내분비학Endocrinology

또 다른 분야는 장기간에 걸쳐 중요성을 확보해오고 독립성을 갖추면서 발전해온 학문, 내분비학 또는 호르몬의 과학이었다. 에딘버러Edinburgh대학교의 영국인 생화학자 필립 이글스톤Philip Eggleston은 저서, '화학자는 살아있는 세포에 대하여 무엇을 말해줄 수 있는가?What can the chemist tell us about the living cell?'에서 호르몬에 대한 초기 해석을 다음과 같이 흥미롭게 설명하였다.

> 호르몬은 오늘날 생화학자의 관심을 이끌어내는 또 다른 물질이다. 호르몬은 화학물질의 화합물이며, 때로는 상당히 간단한 물질로서 체내 선(glands, 腺)이라는 특별 기관에서 만들어지는 것으로 알려져 있다. 이 호르몬들은 몸 전체를 돌아다니고 혈액 속에 용해되며 매우 놀라운 효과를 만들어낸다.[40]

거의 틀림없이, 이탈리아 내과의사 펜드Nicola Pende8)가 1909년 처음으로 '내분비학'의 용어를 만들었으며, 이로서 내분비학 분야는 정체성을 나타내기 시작하였다. 미국 사우스다코타South Dakota의 뛰어난 스미스Philip Edward Smith9)

7) Arthur Harden(1865−1940). 영국 생화학자. 1929년, 발효과정의 당과 발효효소를 발견한 업적으로 Hans von Euler−Chelpin과 공동으로 노벨 생리상 수상

8) Nicola Pende(1880−1970). 이탈리아 내분비학자. 그의 스승 Giovanni 연구를 확장해나가면서, 파시스트가 만들고자 한 새로운 인간의 구성에 내분비학의 중요성을 주장함

는 아직도 새로운 분야로 여겨지는 내분비학에서 차세대를 이끌어갈 권위자였으며, 일생을 통해 대부분의 시간을 뇌하수체의 구조와 기능을 연구하는 데 보냈다. 1884년 그는 여러 연구들 가운데, 이 뇌하수체 선(腺)은 전체를 조절하는 '마스터스위치master switch'로서, 이를 제거하면 내분비계 전체가 작동하지 않는다는 것을 밝혀냈다. 이를 능가하는 업적으로서, 그는 뇌하수체에 대한 새로운 외과 기술을 개발하였다. 스미스는 뇌하수체에 대해 무수한 저서와 논문을 작성하였으며, 이로서 뇌하수체 연구가 나아가야 방향을 활짝 열게 되었다. 미국 내과의사 쿠싱Harvey Cushing[10]은 이 분야의 연구자료 가운데 최초이며 가장 탁월한 연구로서 '뇌하수체와 이상질환The Pituitary Body and Its Disorder'의 저서를 발표하였으며, 이 저서의 내용은 매우 빠르게 널리 알려졌다. 당시, 그의 저서는 뇌하수체의 기능을 가장 잘 이해할 수 있는 최고의 요약본이었다.

쿠싱은 미국 신경외과의사이며 이 분야에서는 초기 선구자 가운데 한 사람이었다. 새로운 세기의 첫 10년 동안 스위스 외과의사 코허E. T. Kocher[11]와 협력하였고 그 후에는 옥스퍼드대학교 세링턴C. S. Sherrington[12]과 합류하였다. 그는 처음으로 수술을 9시간 이상 집도한 사람들 가운데 한 사람이었으며, 이로서 뇌수술에 신선한 활력을 불어넣었다. 쿠싱이 이루어낸 뇌하수체 연구에 근거하여, 오늘날에는 종양에서 발생하는 뇌하수체 질환, 쿠싱 증후군Cushing's syndrome을 더욱 포괄적으로 이해할 수 있게 되었다.

얼마 지나지 않아, 영국 생리학자 베이리스William Bayliss[13]는 이 분야에서

---

9) Philip Edward Smith(1884–1970). 미국 내분비학자, 뇌하수체선 관련 연구로 가장 널리 알려짐. 올챙이와 쥐의 뇌하수체 제거방법을 개발하고, 이 결과 성장이 멈추고 다른 아드레날린 생식기관의 내분비선이 감소되는 결과를 관찰

10) Harvey Williams Cushing(1869–1939). 미국 신경외과의사, 뇌수술 개척자. 근대 신경외과의 아버지로 불림

11) 본문에서는 Kocher을 Cohen으로 오류 표기. Emil Theodor Kocher(1841–1917). 스위스 의사, 의학연구자. 1909년 스위스 최초로 노벨 생리의학상 수상. 외과수술에서 무균처리와 과학적 방법을 도입 강화하였음

12) Charles Scott Sherrington(1857–1952). 영국 신경생리학자, 조직학자, 세균학자, 병리학자. 1932년 뉴런의 기능에 대한 연구로 노벨 생리의학상을 Edgar Adrian과 공동수상

13) William Maddock Bayliss(1860–1924). 영국 생리학자. 소장 융털돌기(peristalsis) 펩티드 호르몬 분비를 Ernest Starling과 공동으로 발견

업적을 남겼다. 베이리스는 철강 제조자의 아들이었고 런던과 옥스퍼드에서 교육을 받았다. 그는 동료 스탈링Ernest Starling[14]과 함께 췌장에서 소화액이 분비되도록 자극하는 호르몬, 세크레틴secretin에 대해 연구하였다. 이들은 자신들의 연구결과를 1902년 생리학회지Journal of Physiology에 '췌장분비의 기작The Mechanism of Pancreatic Secretion'의 논문으로 발표하였다. 노년기 동안 베이리스는 '일반생리학의 원칙Principles of General Physiology'과 '효소작용의 본성The Nature of Enzyme Action'을 출판하였으며, 이 두 권의 저서는 체내 내분비 작용과 다른 여러 생리 작용에 대해 당시까지 밝혀진 내용을 가장 종합적으로 제시하였다.

몇 년 후 1913년, 베를린대학교 독일계 미국인 생화학자 미카엘Leonor Michaelis[15]과 그의 연구원들은 효소가 화학작용의 속도를 높이는 비율을 설명하고 예측하는 수학 공식을 만들었으며, 이 공식은 곧 미카엘-멘텐 식Michaelis-Menten equation으로 알려졌다. 한편, 일상생활에 기여한 업적으로, 그는 케라틴keratin에 대해 연구하였으며, 이 연구결과로 사람들은 가정에서 머리를 파마할 수 있게 되었다.

섬너와 우레아제Sumner and Urease

1913년 이후는 효소에 대한 진리를 탐구하는 일에 가뭄이 든 상태였다. 1926년 매사추세츠 생물학자 섬너James Sumner[16]는 결정화 기술을 이용하여 효소 우레아제urease를 분리시켰으며, 이는 결정화 기술을 사용하여 발견된 최초의 효소가 되었다. 이로서 효소 연구의 분위기는 반전되었다. 섬너는 1910년 하버드대학교에서 화학 학사 학위를 받았으며, 결국에는 코넬대학교 의과대학 화학

---

14) Ernest Henry Starling(1866-1927). 영국 생리학자

15) Leonor Michaelis(1875-1949). 독일 생화학자, 물리화학자, 의사. 효소기작, 특히 미카엘-멘텐 식(Michaelis-Menten kinetics)으로 유명

16) James Batcheller Sumner(1887-1955). 미국 화학자. 1946년 노벨 화학상을 John Northrop과 Wendell Stanley와 공동 수상

교수가 되었다. 그는 코넬대학교에서 효소에 대한 연구를 시작하였다. 섬너는 요소urea가 탄산암모늄으로 전환되는 과정에서 속도를 증가시키는 효소인 우레아제를 분리시키는 연구에 집중하였다. 1930년 생물학자 노스롭J. H. Northrop[17]은 섬너의 연구결과를 완벽하게 확증하였다. 또한 노스롭은 섬너가 우레아제urease는 단백질이며 실로 모든 효소들은 단백질이라고 주장한 가설이 옳다는 것을 증명하였다. 1905년 리스터Lister연구소 화학자 하덴Arthur Harden은 생화학적 '촉매제catalysts'를 발견하였으며, 이 촉매제는 체내 대사과정에서 한 물질이 다른 물질로 전환될 때 생성되는 화합물이라는 것을 밝혀냈다. 촉매제 같은 것은 체내에서 본질적인 목적이 있기 때문에 생성되는 산물은 아니지만, 최종적 타깃요소를 생성하는 과정이 빨리 진행되도록 도와준다. 특히, 그는 인산염이 발효과정의 속도를 증가시키는 것을 밝혀냈다.

남아프리카 로즈Rhodes대학교 교수인 영국인 생화학자 이워D. W. Ewer[18]는 '효소는 무엇이며 왜 그렇게 중요한가?What Are Enzymes and Why Are They So Important?'에 대해 강연하면서 다음과 같이 촉매제와 효소에 대해 설명하였다:

> 일반적으로 서서히 진행되는 화학작용을 가속화시키는 역할은 화학에서 잘 알려진 현상이며, 산업체에서도 아주 중요하게 받아들이고 있다. 화학자들은 이 물질을 촉매제라고 부른다. 효소는 살아있는 생물체가 정교하게 만들어낸 촉매제이다. 동물 체내에는 엄청나게 다양한 효소들이 있으며, 각 효소는 단 한 종류의 화학반응 속도만을 증가시키는 능력을 가진다.**41**

1940년대, 챈스Britton Chance[19]는 통찰력으로 연구로 이끌어 갔다. 그는 펜실베이니아대학교 생물물리학자였으며, 미토콘드리아의 기능과 과산화효소

---

17) John Howard Northrop(1891–1987). 미국 생화학자. 1946년 J. Sumner, W. Stanley와 노벨화학상을 공동수상. 이들 과학자들이 효소, 단백질, 세균을 분리, 결정체를 밝혀냄

18) Denis William Ewer(1913–2009). 영국 무척추 동물학자, 생리학자

19) Britton Chance(1913–2010). 미국 생물물리학자, 물리화학자. 효소의 기능과 구조에 대해 연구하였으며, 대사과정과 생화학 반응에 대하여 수많은 시뮬레이션을 제안하였음

peroxidase에 대한 획기적인 연구를 시작하였다. 이 효소는 체내에서 과산화 화합물 분해를 촉매시키며, 따라서 산화과정을 촉진시킨다. 이 발견은 결국 효소는 화학반응에서 실제로 촉매시키는 성분들과 일시적으로 결합하는 기능을 수행한다는 이론을 이끌어냈다. 챈스는 다양한 방면에서 재능을 발휘하여, 선박에 사용하는 자동조종장치를 개발하였으며, 폭격조준기를 개선시켰다.

귀와 뇌의 해부The Anatomy of the Ear and the Brain

1914년에 이르러 해부학과 생리학이 충분한 수준 이상으로 발전하였으며, 이렇게 발전한 덕택으로 스웨덴-헝거리계 내과의사 바라니Robert Barany[20]는 귀 해부학과 기능뿐만 아니라 질환에 대한 완전한 지식을 획득하였다. 예를 들면, 그는 뇌와 척수가 귀와 어떤 관계를 가지는지를 연구하기 위해 표시검사indication test를 개발하였다. 이 분야의 연구에서 이루어낸 모든 업적으로, 그는 노벨상을 수상하였다.

1870년 베를린 과학자로서 정신이상에 대한 연구자인 프리트쉬Gustave Fritsch[21]와 히칙Julius Hitzig[22]은 뇌에 대한 유명한 실험을 시작하였으며, 이 연구는 뇌의 전기 자극에 대한 초기 연구들 가운데 하나가 되었다. 이들은 다양한 종류의 생물학적 활동들이 뇌의 여러 영역들과 상호 관련성을 가지며, 이를 대뇌피질의 지도로 나타낼 수 있다는 것을 밝혀냈다. 예를 들어, 이들은 호흡을 통제하는 곳은 뇌간 또는 뇌의 하부에 위치한다는 것과 뇌를 자극하면 근육이 수축한다는 것을 밝혀냈다.

20) Róbert Bárány(1876-1936). 오스트리아-헝거리계 학자. 귀에 대한 과학(이과학), 1914년 전정장치(vestibular apparatus)의 생리학과 병리학 연구로 노벨 생리의학상을 수상

21) Gustav Theodor Fritsch(1838-1927). 독일 해부학자, 인류학자, 생리학자. 개 뇌의 운동영역 부위에 대한 연구

22) Eduard Hitzig(1838-1907). 독일 신경학자, 신경치료학자. 베를린에서 출생. 유태인 조상, 뇌와 전기자극의 상호작용에 대한 연구 수행

근육생리학역자 삽입Muscle Physiology(역자 삽입)

1913년에 이르러서 근육 생리학은 한 단계 더 발전하였다. 1913년 영국 생물학자 힐Archibald Hill은 근육세포들이 수축이 일어난 후에 즉각적으로 산소를 요구한다는 것을 발견하였다. 그러나 이전까지는 대부분의 사람들이 수축하는 동안에 산소가 필요한 것으로 알고 있었다. 곧 바로 이 연구결과와 밀접하게 연관된 것으로 심지어는 이보다 앞서가는 연구가 수행되었다. 독일 카이저–빌헬름Kaiser–Wilhelm연구소의 생물학자 리프만Fritz Albert Lipmann[23]은 처음으로 근육 수축에서 아데노신 3인산 혹은 ATP의 역할을 찾아내고 에너지를 생산하는 실험을 수행하였다. 리프만은 이 ATP 분자가 에너지 저장소이며, 각 세포들이 필요할 때마다 사용하는 것이라고 설명하였다. 이것이 증명됨에 따라, 세포 내 모든 것들이 산소 대사를 하는 것이 아니라는 것을 알게 되었다. 1929년 리프만은 실제로 근육세포들로부터 ATP를 분리해냈다. 그는 또한 조효소 A를 발견하였고 단백질이 생체 내에서 어떻게 합성되는지에 대해 조사하였다. 1921년 캠브리지대학교 생화학교수 홉킨스Frederick Hopkins[24]는 글루타티온 화합물을 발견하였다. 이 글루타티온은 3개의 단백질 블록 단위로 구성되어 있으며, 세포는 이 글루타티온이 없으면 산소가 즉각적으로 충분히 공급되더라도 이용할 수 없다는 것을 증명하였다. 그는 또한 근육수축에서의 젖산의 역할을 연구하였다. 그 후 1923년 독일 카이저–빌헬름연구소 생물학자 오토 바르부르크Otto Heinrich Warburg[25]는 암세포들이 산소 없이 자랄 수 있다는 것과 젖산으로부터 에너지

---

23) Fritz Albert Lipmann(1899–1986). 독일계 미국인 생화학자. 1945년 조효소 A를 Krebs와 공동으로 발견. 이 연구업적으로 1953년 노벨 생리의학상을 수상하게 됨

24) Frederick Gowland Hopkins(1861–1947). 영국 생화학자, 1929년 Christiaan Eijkman와 공동으로 비타민을 발견하여 노벨 생리의학상 수상. 1901년 아미노산인 트립토판을 발견. 제1차 세계대전 동안 식량부족 등의 사회문제가 대두되었을 때, 비타민의 영양학적 가치에 대해 연구하였으며, 마아가린이 버터보다 비타민이 부족한 것을 발견하고 비타민이 보완된 마아가린을 개발함

25) Otto Heinrich Warburg(1883–1970). 독일 생리학자, 의사. 20세기를 선도한 생화학자. 1931년 호흡기관 세포에서 효소작용의 본성을 발견한 것으로 노벨 생리상을 수상

를 유도해낸다는 것을 증명하였다. 1931년 노벨상위원회는 이 연구결과를 최고로 영예로운 연구로 인정하여 노벨상을 수여하였다. 그리 긴 시간이 지나지 않아서, 독일 생리학자 루버Max Rubner[26]는 인체의 궁극적인 에너지원은 탄수화물과 지방이라는 것을 증명하였다.

이와 밀접하게 연결되는 내용으로 영국 캠브리지대학교의 러시아인 생물학자 케일린David Keilin[27]은 효모균 세포들로부터 색소, 시토크롬cytochrome을 발견하였다. 이 효소는 또한 세포호흡에서 중요한 역할을 하는 것으로 밝혀졌다. 1929년 또 다른 중요한 발견이 나타났다. 리스터연구소Lister Institute의 하덴Arthur Harden 교수와 스웨덴 한스 폰 오일러-첼핀Hans von Euler-Chelpin[28]은 설탕을 발효시키는 데 효소가 작용하는 과정을 밝혀냄으로써 노벨상을 수상하였다. 특히, 하덴Harden은 무기인산이 발효를 가속화시킨다는 것을 보여주었다.

크렙스와 크렙스 회로Krebs and His Cycles

1920년대 중반, 전설적인 생화학자 한스 크렙스Hans Krebs[29]는 당시 베를린대학교에 근무하고 있으면서, 물질대사에 대해 이해하기 시작하였다. 그는 1925년 괴팅겐대학교에서 의학 학위를 받은 후 베를린과 프라이부르크Freiburg로 이사하였다. 그 후 나치정권 동안 영국으로 이민 갈 필요가 있음을 알고, 이민 가서는 캠브리지대학교 홉킨스F. G. Hopkins와 협력하였다. 마침내, 그는 옥

26) Max Rubner(1854-1932). 독일 생리학자, 위생학자, 뮌헨대학교에서 공부. 대사작용, 에너지생리학 등에 대해 연구함

27) David Keilin(1887-1963). 러시아 출생. 청년기부터 영국에서 공부 후 학자로 활동. 곤충학자, 기생충학자, 이(lice) 생활사. 파리 유충의 호흡기관 적응력 등을 연구. 시토크롬 발견으로 유명해짐

28) Hans von Euler-Chelpin(1873-1964). 독일에서 출생한 스웨덴인 생화학자. 1929년 하덴과 공동으로 설탕 발효과정과 효소에 대해 조사한 연구로 노벨화학상을 수상함

29) Hans Adolf Krebs(1900-1981). 독일계 영국 의사, 생화학자, 세포호흡 개척자. 세포에서 에너지 생성의 생화학 과정을 밝혀냄. 생체 내 두 회로, 우레아(urea) 회로, 시트르산(citric acid) 회로, 특히 시트르산 회로는 그의 이름을 기념하여 크렙스 회로-TCA (tricarboxylic acid)회로로 명명. 1953년 이 발견으로 노벨 생리의학상을 수상함

스퍼드대학교 생화학 교수가 되었다. 그 후, 1932년 크렙스는 '요소 회로urea cycle'를 설명하였는데, 이 회로는 포유류 몸에서 암모니아가 요소로 전환하는 과정이다. 1937년, 크렙스는 새로운 개념을 발표함으로써 유명해지고 환영받게 되었으며, 이로서 세상의 주목을 받았다. 그는 모든 생물체의 세포에서 에너지 생산을 담당하는 일련의 물질대사와 생화학적 변화의 과정에 대해 설명하였으며, 이 개념은 오늘날 '크렙스 회로'로 알려져 있다. 크렙스 회로는 'TCA 회로'로도 불리며, 체내에서 피루브산을 산화시켜 물과 이산화탄소를 내놓는 과정으로 복잡한 화학 연쇄 반응이다. 이 과정은 체내에서 지속적으로 일어나는 과정으로 음식물로 섭취한 지방, 단백질, 탄수화물을 물질대사 하는 것이다. 크렙스는 또한 소위 '글리옥살산 회로'라고 불리는 개념을 밝혔는데, 글리옥살산 회로는 크렙스 회로의 변형으로 식물세포에서 활발히 일어난다. 이 업적들로, 당연하게도 그는 1953년 프리츠 리프만Fritz Lipmann과 공동으로 노벨상을 수상하였다.

인슐린 이야기The Story of Insulin

아주 최근까지도 많은 효소들이 발견되었다. 1930년, 록펠러Rockefeller 연구소의 노스롭John Northrop는 섬너J. B. Sumner의 효소 결정화 작업에 기초하여 소화 효소인 펩신을 분리해냈다. 그럼에도 불구하고 이 단계에서 대부분의 생물학자들은 음식물이 에너지로 변하는 물질대사 작용에 대해 너무 고지식한 시각을 가지고 있었다. 신체는 음식을 '태우는burned' 과정을 한 단계로 거치고 나서 곧바로 에너지로 전환시킨다는 생각이 우세하였다. 곧이어 리비히Leibig[30]의 학생, 폰 포이트Karl von Voit[31]는 신체에서 음식물을 에너지로 전환시키는 일련의 대사과정이 모두가 생각하는 것보다 훨씬 더 복잡하다는 것을 보여주게 된다. 폰 포이트는 휴식 상태의 생물체에서 생리활동 속도를 측정하는 '기초 대사' 테

30) Justus Freiherr von Liebig(1803－1873). 독일 화학자, 농업과 생물화학, 유기화학의 창시자. 비료산업의 아버지로 알려짐

31) Carl von Voit(1831－1908). 독일 생리학자, 영양학자. 뮌헨대학교에서 의학을 공부, 1860년부터 이 대학교 생리학 교수 역임

스트를 개발하였다. 그리고 그는 체내에서 사용되는 단백질의 평균량을 최초로 알아냈고, 이것은 필수 아미노산들의 발견으로 이어졌다.

인슐린 이야기는 현대로 접어들고 있었다. 인체에서 인슐린을 생산하는 '공장'의 기능을 가진 이자에 대한 중대한 연구가 시작되었다. 1889년 괴팅겐대학교 민코프스키Oskar Minkowski[32]는 말단 비대증에 대한 중요한 공부를 하고 있던 차에 외과수술로 개의 이자를 제거한 실험을 통해, 이자의 기본적 기능을 발견하였다. 그는 환자들의 소변에 파리가 모여드는 것을 보고, 이자에는 당을 대사작용시키는 것과 관련되는 무엇인가가 있음을 알게 되었다.

민코프스키는 메링Joseph von Mering[33]과 함께 인슐린을 발견하였다. 1901년, 록펠러연구소의 생리학자 오피에Eugene Opie[34]는 이자에서 인슐린을 분비하는 내분비 세포, 랑게르한스섬과 인슐린 사이의 관계를 알게 되었다. 오피에는 1902년 저서 '이자에 대한 질병들Diseases of the Pancreas'에서 연구결과를 요약하였다. 과학자들은 점차적으로 당뇨병에 대해 점점 더 많이 알게 되었다. 곧이어 1902년 영국 내과의사 베이리스William Bayliss와 스탈링Ernest Starling(신체의 화학적 상호작용은 신경 활동을 필요로 하지 않는다는 것도 증명하였음)은 호르몬 세크레틴을 발견하였다. 이 중요한 호르몬은 작은 창자의 점막에서 분비되고, 이자의 기능을 조절하는 호르몬이며, 일반적으로는 소화과정을 도와주지만, 당뇨병의 가장 일반적인 양상과는 직접적인 관계가 없는 호르몬이었다. 세크레틴은 분비된 후, 혈액으로 들어가서 이자액과 쓸개즙을 생성시킨다.

그로부터 얼마 지나지 않아, 캐나다 온타리오 주의 밴팅Frederick Grant Banting[35]과 제자, 미국 메인 주의 베스트Charles Best[36]는 콜립J. B. Collip[37]과

---

32) Oskar Minkowski(1858－1931). 리투아니아(당시 러시아) 브래슬라우(Breslau)대학교 교수, 이자와 당뇨병 연구로 유명. 형제 Hermann Minkowski는 수학자, 아버지 Rudolph Minkowski는 천체물리학자.

33) Joseph von Mering(1849－1908). 독일 의사. 이자에서 인슐린이 생성된다는 것으로 민코프스키와 함께 최초로 발견한 사람

34) Eugene Lindsay Opie(1873－1971). 미국 내과의사, 병리학자. 결핵의 원인 전염, 진단과 질병에 대한 면역체계에 대한 연구를 수행하였음. 초기 조직병리학에 대한 연구를 수행하는 과정에서 당뇨병 환자의 이자의 랑게르한스섬의 형태가 교대하면서 변하는 것을 발견

맥클로드J. R. Macleod[38]의 도움을 받아, 사람으로부터 인슐린을 먼저 추출하였고, 당뇨병에 대항하는 무기를 찾기를 희망하면서 개를 이용한 실험에서 추출한 사람의 인슐린을 사용하였다. 이들 생리학자들은 췌장 관을 묶어 봉인시켜서 분리된 이자의 조직으로부터 나온 분비액을 이용하여 인슐린을 분리하는 데 성공하였다. 이 연구업적에 기반하여, 동물의 이자로부터 사람의 인슐린을 만들어내는, 최초의 효과적이며 대규모적인 기술을 만들게 된다. 1922년, 제약회사들은 일제히 인슐린을 제조할 수 있게 되었다. 이 일로, 1923년 토론토대학교 밴팅과 맥클로드는 노벨상을 수상하였다. 한참 뒤, 1953년 의학연구위원회Medical Research Council 소속 영국 생화학자 생거Frederick Sanger[39]가 인슐린의 아미노산 배열을 밝혀냄으로써 인슐린의 구조를 최초로 해독하게 된다.

갑상선과 기능The Thyroid and Its Function

갑상선 실험은 인슐린 실험과 유사한 역사를 가지고 있다. 1896년 독일 과학자 뷔르템베르크Eugen Wurttemberg[40]는 '요오드티린iodothyrin'을 발견하였는데

---

35) Frederick Grant Banting(1891－1941). 캐나다 의학과학자, 내과의사, 화가. 최초로 사람에게 인슐린을 사용하여 1923년 Macleod와 노벨의학상을 공동수상하며, 상금을 그의 제자인 Charles Best에게 나누어 줌. 2011년 기준으로 노벨 생리의학상 영역에서 32세의 최연소로 수상함, 캐나다 정부는 그에게 평생 연구할 수 있는 연금을 지급함

36) Charles Herbert Best(1899－1978). 미국－캐나다 의학과학자, 인슐린을 공동으로 발견함. 22세 나이에 토론토대학교에서 밴팅교수를 도와서 이자의 호르몬인 인슐린을 발견. 1921년 토론토대학교 생리학 교수 J. Macleod를 방문. 실험실을 빌려 10마리 개의 이자를 추출하는 실험을 수행하며, 이때 실험조교로 참여하여 인슐린 발견에 기여

37) James Bertram Collip(1892－1965). 토론토대학교 인슐린을 분리시키는 연구진의 일원

38) John James Rickard Macleod(1876－1935). 스코틀랜드 생화학자, 생리학자, 연구 주제는 주로 당대사작용과 관련됨. 토론토대학교에서 연구년을 보내는 동안, 밴팅과 공동으로 노벨 생리의학상을 수상함

39) Frederick Sanger(1918－2013). 영국 생화학자, 노벨 화학상을 2회 수상. 1958년 단백질, 특히 인슐린의 구조에 대한 연구와 1980년 핵산의 염기결정에 대한 연구로 수상함.

40) Eugen Baumann(1846－1896). 과학자 이름 오류. 독일 화학자. 갑상선의 주요 구성성분에 대해 연구. 수천마리의 양의 갑상선 샘을 끓이면서 침전물에 호합된 호르몬을 'iodothyrin'을 추출함. 화학영역에서 최초로 폴리비닐클로라이드(PVC)를 만들어냄

이것은 갑상선샘에서 분비되며, 인체의 생리적 기능에 필수적인 요오드를 함유하고 있다. 궁극적으로, 이 발견을 계기로 의사들은 갑상선종과 같은 내분비선 이상과 관련되는 치료에 요오드를 사용하게 되었다. 리스터Lister의 제자인 스위스 의사 코허Emil Kocher[41]도 갑상선에 대한 연구로 1909년 노벨상을 수상하였다. 다재다능한 과학자였던 그는 신경외과 수술에서도 중요한 업적을 남겼다. 이 연구업적은 이후 엄청나게 유용한 이익을 가져다준 것으로 밝혀졌다. 1910년 미국 군대의료봉사단의 소령 우드베리Frank Woodbury는 요오드를 의약품으로 사용할 수 있는 가능성을 알아차리고는, 요오드를 소독약으로 사용하기 시작하였다.[42]

1914년 요오드 연구는 한층 더 이론적 단계에 도래하였다. 미국 코네티컷주 사우스노왁South Norwalk의 켄달Edwin Kendall[43]은 건강한 생물체의 갑상선에서 일정한 수준으로 분비되는 호르몬, 티록신thyroxin을 발견하였다. 후에 켄달은 애디슨병Addison's disease[44]에 대한 연구로 더욱 큰 명성을 얻었다. 다른 과학자들은 곧바로 갑상선과 관련되는 과학적인 사항들에 대한 상세 내용들을 추가하였다. 1926년 토론토대학교 생화학자 콜립James Collip은 파라토로몬parathormone을 추출해내었는데 그는 이것이 부갑상선에서 분비되는 것을 알게 되었다. 그 후 그는 이것을 사용하여 근육강직성 경련을 성공적으로 치료하였다. 이들 용감무쌍한 관찰자들은 최초로 의심의 여지없이 신경계는 적절하게 작용하

---

41) Emil Theodor Kocher(1841－1917). 스위스 위사. 베른에서 출생. 1909년 갑상선샘에 대한 연구로 노벨생리의학상을 수상함

42) 1811년 프랑스 화학자 Bernard Courtois는 해조류에서 요오드를 분리. 1820년 스위스 의사 Jean－Francois Coindet(1774－1834)는 갑상선종 크기와 요오드 섭취량을 연결했음. 이를 처음에는 소독제와 갑상선종에 사용되었음. 이후 세계보건기구의 필수 의약품 목록에 포함. 요오드화 소금으로 알려진 요오드가 함유된 식탁용 소금은 110개 이상의 국가에서 사용—저자의 설명이 오류로 보임

43) Edward Calvin Kendall(1886－1972). 원서의 Edwin은 Edward의 오타임. 미국 화학자, 1950년 노벨 생리의학상을 수상, 스위스 화학자 Tadeus Reichstein과 의사 Philip S. Hench와 공동으로 부신(adrenal gland) 호르몬에 대한 연구로 수상함

44) Addison's disease 희귀 만성 질환, 토마스 에디슨이 발견. 코르티졸 호르몬 부족으로 나타나는 질환. 혈압과 심장 기능을 조절. 인슐린과 유사한 방법으로 조절됨. 존 F 케네디 대통령이 이 질환으로 고통을 받았음. 체중감소, 저혈압, 피곤, 검은 피부반점, 인공 코르티졸로 처방

여 동물의 모든 신체활동을 조율한다는 개념을 확인하였다.

아드레날린과 코르티손Adrenalin and Cortisone

20세기에 막 들어선 무렵, 왕립농상업부Imperial Department of Agricultural and Commerce 화학부장이었던 일본계 미국인 생물학자 타카미네Jokichi Takamine[45]과 벨Thomas Bell[46]은 아드레날린을 발견하고 합성하였다. 타카미네는 또한 녹말분해효소를 효율적으로 만드는 시스템을 고안한 것으로도 유명하다. 1940년대 몬트리올대학교 의사 셀리Hans Selye[47]는 신체의 여러 변화뿐만 아니라 외부 스트레스도 호르몬의 농도에 영향을 준다는 것을 발견하여 아드레날린의 발견을 더욱 확장시켰다. 셀리는 1956년 저서 '생활의 스트레스The stress of Life'에서 이에 대한 연구내용을 종합하였다. 1927년 내분비학자들은 다른 기관들에 대한 이 새로운 과학의 비밀을 찾아가기 시작하였다. 생물학자인 하트만Frank Hartmann[48]은 부신 연구를 통해 코르티솔cortisol을 정확히 찾아냈다. 그는 이 호르몬이 부족하면, 애디슨병이 발병한다는 것을 정확히 추론하였다. 이 병은 부신의 기능장애가 원인이며 체중이 감소하고, 피부가 검게 변하며, 불안증 등이 증상으로 나타난다. 1929년까지 예일대학교 해부학자 스윙글W. W. Swingle과 파이퍼J. J. Pfiffner는 부신으로부터 추출한 물질을 이용하여 애디슨병을 성공적으로 치료하였다. 이 연구와 밀접히 관련하여 미네소타대학교 생화학자 켄달Edward Calvin Kendall은 부신에 대하여 보다 더 면밀하게 장기간에 걸친 연구를

---

45) Jōkichi Takamine(高峰 譲吉, 1854–1922). 일본계 미국인 화학자. 일본에서 태어나 활동하였으며, 1884년 미국 뉴올리언스로 이민. 1901년 동물로부터 호르몬 아드레날린을 분리, 순수 추출액으로 정제함. 아드레날린으로 명명하고 특허를 가짐

46) John Jacob Abel(1857–1938). 미국 생화학자, 약리학자, 1897년 에피네프린(이후 아드레날린으로 명명)을 추출, 불활성 대사물질이었음. Abel이 발견하였으며, 본 원서에서 인용한 과학자 T. Bell에 대한 자료를 찾기 어려움

47) János Hugo Bruno Hans Selye(1907–1982). 오스트리아계 캐나다 내분비학자. 원래는 헝거리 출신. 스트레스에 대한 반응을 주로 연구

48) Alexis Frank Hartmann(1898–1964). 미국 임상화학자, 임상소아과의사. 미주리 세이트루이스 워싱톤대학교 공부, 혈당측정기술 개발

수행하였다. 그는 부신에서 여러 호르몬들이 분비되는 것을 알아냈고, 이들 가운데 가장 중요한 호르몬이 코르티손cortisone이었으며, 이들 호르몬들을 관절염과 류마티즘 열병에 대한 치료제 연구를 수행하였다. 이 업적으로, 켄달Kendall은 헨치Philip Hench[49]와 바젤Basel대학교 라이히스타인Tadeusz Reichstein[50]과 공동으로 1950년 노벨 생리의학상을 수상하였다. 그로부터 10년 후 라이히스타인Reichstein은 이 필수 호르몬의 구조를 확실히 밝혔고, 아울러 비타민 C, 스테로이드, 여러 종류의 당에 대한 구조를 조사하였다.

성호르몬Hormones of Sexuality

아드레날린에 대한 연구가 이루어진 후, 그 다음으로 중요하게 나타난 단계는 성호르몬에 대한 연구의 시기였다. 생리학에서 성호르몬에 대한 관심은 새로운 것이 아니었다. 독일 생화학자 부턴난트Adolf Butenandt[51]는 수년간 이 분야를 연구해오고 있었다. 그는 말버그Marburg대학교와 괴팅겐Gottingen대학교에서 처음으로 생물학과 생화학을 공부하기 시작하였으며, 1936년 독일 막스 프랑크Max Planck연구소 책임자가 되었다. 이 시기 동안 그는 성호르몬에 대한 연구를 시작하였다. 1929년 그는 에스트로겐estrogen을 분리하였고, 1931년 테스토스테론testosterone을 분리해냈다. 1934년, 최종적으로 여성호르몬인 프로게스테론progesterone의 순수한 표본을 최초로 추출하였다. 물론 다음 단계에서는 이 호르몬에 대한 화학적 구조를 분석하는 것이었다.

그는 성호르몬에 대한 분석을 척추동물에만 한정시키지 않았다. 그는 곤충

49) Philip Showalter Hench(1896－1965). 미국 의사. 1950년 노벨생리의학상 수상. 메이요(Mayo) 클리닉의 공동연구자 켄달과 스위스 화학자 Reichstein와 함께 호르몬 코르티손을 발견하여 관절염 치료에 사용하는 업적으로 수상함

50) Tadeusz Reichstein(1897－1996). 폴란드계 스위스 화학자. 1933년 스위스 취리히에서 연구하여 비타민 C를 만들어냄. 아직까지 비타민 C 생산 과정은 라이히스타인 과정으로 불림

51) Adolf Friedrich Butenandt(1903－1995). 독일 생화학자. 1939년 성호르몬 연구 업적으로 노벨화학상을 수상. 독일정부 정책으로 수상을 거부했으나, 제2차 세계대전 종료 후 1949년에 수락하여 수상할 수 있었음

의 성호르몬인 페로몬pheromone에 대해서도 조사하였다. 독일정부는 독일에서 발생한 불길한 정치적 혼란 때문에 그가 노벨상을 받는 것을 저지하였지만, 1939년 노벨상을 수상하였다. 1935년 취리히대학교 화학자 루치카Leopold Ruzicka[52]는 남성호르몬 테스토스테론과 안드로스테론androsterone의 구조를 명확히 해독하고 무스크 향을 합성한 최초의 과학자가 되었다.

생물학 관련 지질학적 연구Biology-Related Geologic Work

19세기 중반부 동안, 새 시대의 획기적 연구가 호르몬 연구과는 상당히 동떨어진 영역들에서 진행되고 있었다. 이 시점 동안, 생물학의 매우 심오한 의미를 가지는 획기적인 발전이 지질학에서 일어났다. 스코틀랜드 천문학자이며 뮌헨 대학교의 레이몽Johann von Lamont[53]은 '지구 자기장 연구 편람Handbook of Terrestrial Magnetism'을 출판하였다. 레이몽은 그 외에도 많은 다른 업적들을 이루어냈다. 천왕성의 질량을 추정해 냈으며, 34,674개 별들에 대한 목록을 작성하였다. 또한 지구는 자기장을 가지며 이 자기장은 신비로운 방법으로 자체적으로 변한다는 것을 입증하였다. 이러한 지구 자기장의 변화는 태양의 흑점 운동과 연결되어있다고 주장하였는데, 이 주장은 오늘날에도 논란의 여지를 가지고 있다. 놀랍게도 레이몽은 언뜻 보기에는 상관없어 보이는 연구들을 연결시켜서 새로운 발견을 이루어냈다. 레이몽 이후 100년이 지난 시점에서 동물학자들은 지구의 자기장의 변화에 대한 기작을 동물들이 이동하는 항해 경로와 연결하여 탐구하기 시작하였다. 1960년에 일어난 대표적인 사례를 소개하자면, UCLA 노리스Kenneth Norris[54]는 (어류의 이빨 분야에서도 이색적인 업적을 남겼음) 병코돌고

52) Leopold Ružička(1887–1976). 크로티안계 스위스(Croatian–Swiss) 과학자. 1939년 노벨화학상 수상. 주로 스위스에서 생을 보냄

53) Johann Lamont(1805–1879). 스코틀랜드계 독일 천문학자, 물리학자. 가장 중요한 업적은 지구의 자기장에 대한 연구

54) Kenneth Stafford Norris(1924–1998). 미국 해양포유동물학자, 자연보존주의자. 최초로 돌고래 반향위치에 대해 연구하였으며, 해양포유동물보호법 제정에 기여

래들이 물 속에서 메아리를 이용하여 물체의 위치를 파악하는 것을 알아냈는데 이것은 박쥐가 레이더를 사용하는 것과 유사한 현상이다. 그리고 1970년대 뉴욕 주 이타카Ithaca 조류학자들은 철새의 이동경로 시스템에서 이상하고 설명하기 어려운 시간 낭비가 있다는 것에 대해 연구하기 시작하였다. 실험을 통하여, 조류학자들은 통신용 비둘기와 철새들이 정상적인 상황에서는 지구의 한 장소에서 다른 장소로 이동하는 능력이 있음에 불구하고, 특정 지점에서는 이러한 능력을 완전히 상실한다는 것을 밝혀냈다. 조류학자들은 일반적으로 뉴욕 주 호넬Hornell지역의 집으로 돌아오는 데 아무런 어려움이 없는 통신용 비둘기들을 이타카에서 날려 보냈다. 이타카에서 날려 보낸 새들은 어느 한 마리도 집으로 돌아오지 않았다. 지금까지도 이것은 설명되지 않고 있다.

비록 이 현상이 동물학에서는 상대적으로 크게 중요하지 않은 이슈이며, 특히 새의 이동경로에 대한 가설들 가운데 수락된 가설이 하나도 없다 하더라도 이 현상은 흥미로운 발견이다. 레이몽의 연구에 연결시킨 부분은, 이러한 새들의 특이한 행동을 설명하는 가설로서, 지구의 자기장이 새들의 이동 능력을 교란시키는 원인이라고 인정한 사실이다.

20세기 진화Evolution in the Twentieth Century

20세기 동안 진화론에서는 드브리스De Vries[55]와 같은 이름뿐만 아니라 유전학 이론에서 중요하고 선구적인 다양한 발전들이 이루어진다. 예를 들어 1895년 여러 생물학자들 모임들은 세포분열 시 염색체는 자신의 특성을 잃지 않는다는 것을 증명하였다. 보다 명확히 설명하자면, 염색체는 한 세대에서 다음 세대로 중요한 유전정보를 전달하는 역할을 한다는 것이다. 그러나 생물학자들이 초기에 가장 먼저 풀어야 했던 문제들 가운데 하나는 다윈 이론의 일부와 차이가 나는 부분이었다. 다윈의 이론이 전체적인 과정을 종합적으로 설명하고 있음에

55) Hugo Marie de Vries(1848－1935). 네덜란드 식물학자, 최초의 유전학자. 유전자 개념을 최초로 제안한 학자로 널리 인정받고 있음. 멘델의 연구업적을 알지 못한 상황에서 유전의 법칙을 발견하고, 돌연변이 용어를 도입하였으며, 진화에 돌연변이 이론을 발전시켰음

도 불구하고, 한 생물체의 변화가 어떻게 다음 세대로 전달되는지에 대해서는 개념이 없었다. 그것은 멘델이 어쨌든 대답하기 시작한 문제이다. 사실, 드브리스는 생물학계에서 수년 동안 무시되어온 멘델의 연구가 얼마나 중요한지를 최초로 인지한 사람이었으며, 멘델의 발견들을 재확인하는 데 공헌하였다. 멘델이 유전의 법칙들을 발견했던 시기는 대략적으로 다윈이 역사적인 조사를 수행한 시기와 비슷하였다. 그러나 다윈은 순식간에 유명세를 얻은 것에 비해, 멘델은 40년을 기다려야 했다. 이럴 수밖에 없었던 이유는 초기 멘델은 자신의 확신을 지지해 줄 지원자를 찾을 수가 없었으며 심지어 그의 업적을 발표해 줄 출판업자도 없었다. 마침내 잘 알려지지 않은 무명의 자연사학회에서 멘델의 생각을 출판하기로 동의하였지만, 여전히 멘델은 큰 명성을 얻지는 못하였다. 멘델의 연구가 다윈의 이론을 정립하는 데 매우 중요한 역할을 했음에도 다윈조차 생전에 멘델의 업적을 충분히 인정하지 않았다.

드브리스와 돌연변이De Vries and Mutations

드브리스Hugo De Vries는 '돌연변이' 즉, 생물체의 유전적 구조를 급진적으로 수정한 개념을 도입하여 다윈의 가설을 확장시켰다. 드브리스는 네덜란드에서 의학학위를 취득하였고 그 후 암스테르담에서 학생들을 가르쳤다. 가장 초기에 그의 뇌리를 사로잡았던 생각은 유전학에 대한 문제, 더 정확히는 식물 유전학이었다. 그는 동료 삭스J. von Sachs[56]와 함께 식물이 물을 이용하는 방법과 물이 식물의 물질대사에 어떻게 작용하는지를 탐구하였다. 이 탐구는 결과적으로, 드브리스가 이전보다 훨씬 더 유전에 대해 집착하게끔 만들었다. 드브리스는 독일 코렌스Karl Correns,[57] 오스트리아 폰 자이제네크Erick Tschermak von

56) Julius von Sachs(1832－1897). 독일 식물학자. 1851년 푸르키네 장학금으로 프라하대학교에 입학. 푸르키네 실험실에서 업무종료 후 밤늦게까지 온갖 시간을 전적으로 헌신하면서 식물의 성장을 밝혀냄

57) Carl Erich Correns(1864－1933). 독일 식물학자, 유전학자, 유전의 법칙을 독자적으로 발견. 멘델이 완두콩 연구결과에 대해 서신을 교환하였지만 연구업적의 중요성을 알아차리지 못했던 칼 네겔리(Karl Nägeli) 제자였음

Seysenegg[58]와 거의 같은 시기에 순전히 우연적으로 멘델의 이론에 귀결하여 이를 부활시켰다.

드브리스는 멘델 이론을 재발견한 후, 다윈이론 초기부터 다윈이론을 성가시게 만들었던 수수께끼에 대해 관심을 가졌다. 즉 지질학 증거들은 지구가 다윈이 주장한 대로 형질전환이 일어나기에 충분히 긴 시간 동안 존재하지 않았다는 것을 말해주는 부분이었다. 다윈이론의 관점에서 볼 때, 돌연변이 가설의 가장 매력적인 측면은 이 가설이 다윈 생각에서 가장 눈에 띄는 약점을 제거한다는 것이었다. 다윈의 세계관에서는 그가 생각했던 매우 작은 변화도 긴 시간이 걸려서 새로운 종을 창조하는 데는 어마어마한 시간이 요구된다. 하지만 화석 증거는 지구가 현재 존재하는 모든 종을 생성할 만큼 충분히 긴 시간 동안 존재하지 않았음을 보여주었다.

반면, 드브리스이 주장한 기본 개념은 진화가 다윈이 믿었던 것처럼 작고 점진적인 변화로부터 일어나기보다는 한 생물체의 급진적인 형질전환으로 일어난다는 것이었다. 돌연변이가 주어진 환경에서 생물체의 생존 기회를 향상시킬 때, 이러한 돌연변이를 가진 개체들은 생존 투쟁에서 승리하였을 것이다. 돌연변이가 충분해지면, 결국 완전히 새로운 종이 출현하게 될 것이다. 나아가 그는 이러한 돌연변이를 통해 세대에 걸친 변화가 급격하게 일어날 수 있다고 제안하였다. 즉각적으로, 다른 약삭빠른 과학자들도 이 1901년 발표된 '돌연변이' 설이 다윈의 과학적 주장을 지지한다는 것을 깨닫게 되었다. 드브리스 관점의 중요한 측면은 돌연변이들을 직접적으로 관찰할 수 있는 것이었다. 그는 저서 '종과 다양성, 돌연변이의 기원Species and Varieties, Their Origin by Mutation'에서 기술한 것처럼, '정원에서 다른 식물들보다 오랜 기간 동안 두드러지게 존재하는' 식물이 기본 종elementary species이다.**42**

이제 코렌스Karl Correns에 대해 언급할 만한 가치가 있다. 코렌스는 멘델을 재발견한 다른 사람들과 동등하게 공로를 인정받아야 함에도 불구하고 종종 충

---

58) Erich Tschermak, Edler von Seysenegg(1871–1962). 오스트리아 농업학자. 질병에 대한 저항성이 높은 농작물을 개량

분히 주목받지 못하였다. 1890년대, 코렌스는 튀빙겐대학교에서 멘델과 비슷한 실험을 수행하였다. 그가 훑어보았던 많은 유전적 양상들 가운데에는 성, 불임, 잎의 다양성 등이 포함되어 있었다. 그가 연구를 수행하는 동안 가장 많이 사용하였던 식물은 분꽃Mirabilis 속에 속하는 소위 분꽃이라고 불리는 식물이었다. 코렌스는 튀빙겐대학교에서 수행한 연구 이외에도 라이프치히대학교에서도 근무하였으며, 나중에는 베를린 소재 카이저-빌헬름연구소의 소장을 역임하였다.

멘델주의의 다른 개척자들Other Pioneers in Mendelism

1905년, 점점 더 많은 과학자들이 멘델주의의 시류에 편승하기 시작하였다. 영국 베이트슨William Bateson[59]은 모든 유전형질 가운데 서로 독립적이지 않은 유전형질이 있다는 것을 증명하였다. 즉 몇몇 형질이나 유사한 형질군들은 반드시 함께 유전된다는 것이다. 베이트슨은 그 후 멘델의 유전 법칙을 사람이 아닌 동물에 적용한 연구로 저서 '멘델의 유전 원리Mendel's Principles of Heredity'를 출판하였으며, 이로서 유전학 장서에 연구 업적을 추가하였다. 프랑스 퀴에노Cuenot[60]와 하버드 생물학자 캐슬W. E. Castle[61]을 포함한 다른 사람들도 이에 동참하였다. 유럽의 무척추동물학자 퀴에노도 멘델이론의 중요성을 인식하였다. 1902년 흰색 쥐를 연구대상으로 한 실험에서 유전되는 특징들이 멘델의 수학적 비율을 따르는 것을 밝혀냈으며, 이어 1903년 색깔이 유전될 때 복잡한 색깔 유형도 멘델의 법칙을 따른다는 것을 밝혀냈다. 그럼에도 불구하고 퀴에노는 다른 과학자들의 추측들을 단순히 확인하는 것에 만족하지 않았다. 그는 자신의 의지를 가지고 대담무쌍하게 관찰하는 사람이었다. 쥐의 암을 조사하는 일련의 재기

59) William Bateson(1861-1926). 영국 생물학자. 유전에 대한 연구에서 유전학이라는 용어를 최초로 사용한 학자

60) Lucien Cuénot(1866-1951). 프랑스 생물학자, 20세기 전반기 프랑스에서 멘델주의는 인기 있는 주제가 아니었으나, 동물과 식물에 적용하여 연구결과를 발표. 쥐를 연구대상으로 복수대립유자를 최초로 발견함

61) William Ernest Castle(1867-1962). 미국 초기 유전학자. 기니피그 등 포유동물 유전을 연구. 그 후 유전 연구에 초파리를 최초로 사용. 이는 이후 모건에 큰 영향을 줌

넘치는 연구를 수행하였다.

DNA와 바이러스 연구의 초기 단계들

Early Stages of DNA and Viral Research

같은 시기, 캐슬Castle은 여러 동물의 다양한 유전형질들이 멘델의 법칙을 따른다는 것을 증명해냈다. 그는 사람, 고양이, 기니피그, 쥐 등의 유전형질에 관심을 기울였다. 그가 발견한 가장 흥미로운 유전형질 가운데 하나는 사람의 색소결핍증albinism이었다.

그렇게 오래 걸리지 않아서, 과학자들은 생물체에서 '돌연변이'가 일어날 때 실제 어떤 일이 일어나는지에 대해 더욱 깊이 있는 수준의 내용들을 발견해냈다. 결국 이 결과로 인해 과학자들은 유전자, 염색체에 대해 더욱 흥미를 가지고 연구하였으며, 곧이어 어느 것과도 비교할 수 없는 DNA 구조에 대한 발견을 이루어내게 되었다. 1902년 유전학은 더욱 발전해 나가기 시작하였는데, 뉴욕 주 유티카의 서튼Walter Sutton[62)]은 논문, '유전에서 염색체Chromosomes in Heredity'에서 세대에 걸쳐 유전되는 특징을 전달하는 것은 실제적으로 쌍염색체라고 제안하였다. 스탠리Wendell Stanley[63)]는 담배모자이크 바이러스 연구업적으로 잘 알려진 과학자로서, DNA 실험에서 또 다른 개척자 역할을 이루어냈다. 1929년 화학에서 학위를 얻었으며, 그 후 록펠러연구소에 들어갔다. 섬너Sumner와 노스롭Northrop의 효소 연구결과에 덧붙이는 업적으로, 이들의 실험기법과 이론들을 담배모자이크 바이러스에 적용하였으며, 제2차 세계대전 때에는 독감바이러스에도 적용하였다. 핵심적으로, 그는 생물체와 무생물체의 중간매체, 매우 작은 크기의 생물체인 바이러스를 발견하였다. 예를 들면, 바이러스들은 살아있는 세포

62) Walter Stanborough Sutton(1877－1916). 미국 유전학자, 의사, 멘델의 유전법칙이 생물체 세포수준의 염색체에 적용된다는 이론을 최초로 발견하여 현대 생물학에 대해 공헌. 이것은 보바리－서튼 염색체 이론(Boveri－Sutton chromosome theory)으로 알려짐

63) Wendell Meredith Stanley(1904－1971). 미국 생화학자, 바이러스학자, 노벨수상자. 일리노이대학교에서 1927년 석사, 1929년 박사 취득

에서만 증식한다. 1946년 스탠리는 바이러스 연구로 노벨상을 수상하였다.

1937년 영국 식물학자 바우든Frederick Charles Bawden[64)]은 로스탐스테드 Rothamsted 실험연구소에서 식물 바이러스를 분리해낸 성공적인 업적을 넘어서서, 담배모자이크 바이러스에서 핵산의 비정형적 형태인 RNA 또는 리보핵산을 밝혀낼 수 있었다. 이 업적을 기반으로 이후 과학자들은 바이러스 활동을 확실하게 책임지는 것이 이들 핵산들임을 발견하였다. 1939년에 이르러, 러시아 생물학자 벨로제르스키Andrei Nikolaevitch Belozersky[65)]는 세균들이 RNA와 DNA 둘 다를 가지고 있다는 것을 발견할 수 있었다. 역사를 통해 볼 수 있듯이, 담배모자이크 바이러스는 생물학사에서 가장 엄청난 중요성을 지닌다는 것이 밝혀지게 되었다. 20세기 벤더빌트Vanderbilt대학교 델브뤽Max Delbrück[66)]과 유사한 연구를 수행하는 과학자들이 이 바이러스를 연구하였으며, 이들의 연구는 실제적으로는 왓슨Watson[67)]과 그 외 과학자들이 '생명의 분자, DNA'의 구조를 밝힐 수 있도록 이끌었다.

19세기 후반부터 바이러스에 대한 이야기는 시작되었다. 1892년 러시아 이바노브스키Dmitri Ivanovsky[68)]는 과학사에서 회의적으로 생각했던 바이러스가 실제 존재한다는 것을 최초로 증명하였다. 파스퇴르가 사용했던 도자기 필터 양초를 사용하여 최초로 박테리아를 걸러냈는데, 병에 걸린 담배식물로부터 추출한 수액을 건강한 식물에 감염시킬 수 있다는 것을 발견하였다. 곧 과학자들은 바이러스는 세균과 다르다는 것을 알아차리게 되었고 어떻게 서로 차이가 있는

---

64) Frederick Charles Bawden(1908－1972). 영국 식물바이러스 연구 개척자

65) Andrei Nikolaevitch Belozersky(1905－1972). 러시아 생물학자, 지금의 우즈베키스탄 타슈켄트에서 출생. 핵산 연구

66) Max Ludwig Delbrück(1906－1981). 독일계 미국 생물물리학자. 1930년대 분자생물학 연구 프로그램 발족에 기여. 물리학자로서 생물학에 관심, 특히 유전자를 물리적으로 설명하는 기초연구에 관심을 가졌음. 1969년 루리아(Luria), 허시(Hershey)와 함께 3명이 공동으로 바이러스의 유전적 구조와 증식기작에 대한 발견으로 노벨 생리의학상을 수상

67) James Dewey Watson(1928－). 미국 분자생물학자, 동물학자. 1953년 클릭Francis Crick과 공동으로 DNA를 발견. 1962년 노벨상 수상

68) Dmitri Iosifovich Ivanovsky(1864－1920). 러시아 식물학자. 1892년 최초로 바이러스를 발견

지에 대해서도 곧 알아냈다. 그러나 그들이 알아내지 못했던 것들 가운데 하나는 당시 이 두 가지 생물체의 생태학적 관계였다.

이 분야에서 핵심적인 인물은 영국 트위트Frederick Twort[69]와 캐나다 몬트리올의 드헬르Felix D'Herelle[70]였다. 트워트Twort는 1877년 영국에서 태어났다. 그는 런던에서 의학을 공부하였으며 그 후 브라운연구소 소장을 역임하였다. 그는 학생 시절부터 세균학에 빠져들었는데, 특히 농장 가축들이 걸리는 병으로서 고질적이며 때로는 치명적인 요네Johnes 질병에 대해 연구하였다. 1915년 그와 드헬르는 함께 주목할 만한 종류의 바이러스, 세균을 먹어치우는 바이러스를 발견하였다. 이들은 이 바이러스를 '박테리오파지bacteriophage'로 명명하였는데 이는 바이러스와 세균은 포식자 대 피포식자–먹이와 같은 관계로 상당히 연결되어 있기 때문이었다. 그러나 세균은 쉽게 포기하지 않았다. 1968년 스위스 생물학자 아르베Werner Arber[71]는 세균이 바이러스 DNA의 목을 베어버릴 수 있는 소위 억제효소restriction enzyme를 생성함으로써, 박테리오파지를 싸워 물리칠 수 있다는 것을 발견하였다. 그 후, 1960년대 후반과 1970년대 초반, 과학자들은 이 새로운 효소들을 의도적으로 조작하는 방법으로 DNA 재조합 연구의 새로운 기반을 만들어낼 수 있었다.

페니실린, 루리아, DNA, 세균Penicillin, Luria, DNA, and Bacteria

1940년 콜롬비아대학교의 이탈리아계 미생물학자 루리아Salvador Luria[72]는

69) Frederick William Twort(1877–1950). 영국 세균학자. 1915년 세균을 감염시키는 박테리오파지를 발견

70) Félix d'Herelle(1873–1949). 프랑스계 캐나다 미생물학자. 박테리오파지를 공동으로 발견함. 파지 치료법을 연구, 응용미생물학에 공헌

71) Werner Arber(1929–). 스위스 미생물학자, 유전학자. 1978년, 스미스(Smith), 나탄(Nathans)과 공동으로 억제 엔도뉴클레아제(restriction endonucleases) 발견으로 노벨상을 수상. DNA 재조합 기술을 이끌어냄

72) Salvador Edward Luria(1912–1991). 이탈리아 미생물학자. 이후 미국시민으로 귀화. 1969년 바이러스의 유전자 구조와 증식 기작 발견으로 노벨상을 공동으로 수상. 세균이 바이러스에 저항하는 형질이 유전되는 것을 밝혀냄

전자현미경을 사용하여 박테리오파지 사진을 최초로 쓸 만한 수준으로 촬영하였다. 1945년, 루리아는 숙주 세균에서 일어나는 돌연변이와 동일한 돌연변이가 박테리오파지에서도 자연발생적으로 일어난다는 것을 발견하였다. 이 결과에 근거하여, 그는 박테리오파지의 DNA는 숙주 세포 DNA로 들어가는 길이 있다는 것을 이론화하였다.

오늘날 과학자들은 이 이론이 DNA의 구조를 밝혀내는 실제적 해결과정에서 중요한 단계가 된다는 것을 알아차렸다. 실제적으로 모든 이론적 발견들은 때로는 우연하게 찾아내기도 하지만, 당연히 실제적 적용을 이끌어냈다. 우연은 때때로 과학 발전에 극도로 중요한 역할을 한다. 예를 들면, 1921년 플레밍 Alexander Fleming[73]은 감기에 걸렸다. 그는 배양접시의 일부 세균들 위에 재채기를 하고 나니, 그 세균들이 용해되었다. 그 후 플레밍은 용해효소, 라이소자임 lysozyme이 점액질 또는 침에 존재하며 항생제 역할을 한다는 것을 발견하였다. 유사한 행운으로 플레밍은, DNA의 본성을 밝혀낼 수 있는 지식뿐만 아니라, 페니실린을 발견할 수 있게 되었다. 이 발견은 1928년 플레밍이 곰팡이를 연구하는 동안에 일어났다. 플레밍은 1946년 리나커Linacre[74] 강의에서 페니실린 발견에 대해 다음과 같이 회고하였다:

> 최근 몇 년 동안 사람들은 페니실린에 대해 종종 이야기하곤 한다. 1928년 내가 세인트마리병원에서 실험하던 배양접시들 가운데 한 개가 곰팡이 포자로 오염되었으며, 이 곰팡이는 어떤 효과를 가지고 있는지에 대해 조사할 필요가 생겼다. 나는, 이 곰팡이, 페니실린이라고 세례명 같은 이름으로 명명한 곰팡이가 어떻게 확산적이며 선택적 항균체로 성장하는 지를 알아내려고 하였다. 이 페니실린 물질

---

73) Alexander Fleming(1881 – 1955). 스코틀랜드 생물학자, 약리학자, 식물학자. 1923년 라이소좀 발견과 1928년 페니실린을 발견으로 유명. 이 결과로 1945년 노벨 생리의학상을 Howard Florey와 Ernst Boris Chain과 함께 수상

74) Linacre College, Oxford 옥스퍼드대학교 단과대학, 50여 명 교수진 및 500여 명 대학원생으로 구성. 계몽시대 유명한 인문주의자이며 왕립의과대학 설립자 Thomas Linacre (1460 – 1524)의 이름을 기념하여 대학을 명명

이 다른 이전 살균제와 전혀 다르게, 세균을 죽이지만 어떻게 동물이나 사람의 백혈구에게는 무독성이었는지를 알아내려고 했다.43

그러나 플레밍은 페니실린 때문에 존경받았던 유일한 사람은 아니었다. 독일계 영국인 화학자, 체인Ernst Chain75)은 1906년에 태어났으며, 이 영역에서 매우 탁월한 업적을 남겼다. 그는 1933년 독일을 떠나서 영국으로 건너가서 캠브리지에서 공부하고 연구를 수행하였다. 그 후 그는 호주 의사 플로리Howard Florey76)와 연구팀을 구성하여 다양한 미생물체들을 연구하기 시작하였다.

비록 플레밍이 대중적으로 널리 알려져 있음에도 불구하고, 페니실린의 사용법 도입에서 플로리의 역할은 아무리 강조해도 지나치지 않다. 1898년 호주에서 태어났으며, 옥스퍼드에서 로즈Rhodes 장학금을 받으면서 공부하였고, 결국에는 옥스퍼드 퀸즈Queens 대학의 학장이 되었다. 그가 만들어낸 최초의 중요한 업적은 위에서 언급했던 효소 라이소자임lysozyme에 대한 연구였으며, 이 라이소자임은 과학자들이 알고 있었던 것처럼, 세균을 죽일 수 있다. 이 최초의 연구를 기반으로 항세균성 물질에 대한 다음 단계의 연구를 수행하였다. 1939년 그와 체인은 함께 페니실린에 대한 연구를 시작하였으며, 결국에는 페니실린이 강력하고 실용적인 항세균 약제라는 것을 의심의 여지없이 증명하였다. 비록 그 시점에 플레밍은 다른 연구로 넘어갔지만, 체인과 플로리는 이 페니실린에 대해 아직도 밝혀내지 못한 부분들이 있다고 느꼈다. 전쟁이 종료된 후, 이들은 연구를 지속하여 광범한 종류의 합성 항세균 약제를 개발하였다. 특히, 플로리는 제약회사를 설득하여 군대를 위한 페니실린을 제조하도록 만드는 데 주요한 역할을 하였다. 이 일로, 국제과학자단체는 1945년 체인, 플레밍, 플로리에게 노벨상을 수여하여 경의를 표하였다.

---

75) Ernst Boris Chain(1906–1979). 독일 출생 영국 생화학자. 1906년 독일 베를린에서 태어난 유태인. 1933년 독일 나치정권을 벗어나기 위해 영국으로 이사함. 1945년 페니실린으로 노벨 생리의학상을 공동으로 수상함

76) Howard Walter Florey(1898–1968). 호주 약리학자, 병리학자, 1945년 노벨 생리의학상을 페니실린 개발 연구로 체인(Ernst Chain), 플레밍(Alexander Fleming)과 공동 수상,

이후 세균과 항세균 약제에 대한 지식은 꾸준히 증가하였다. 예를 들면, 1939년 프랑스 바이러스 학자, 듀보스René Dubos[77]는, 에이버리Avery의 동료이며 협력연구자인데, 서로 상호적으로 파괴시킬 수 있는 천연의 유기화합물들을 찾아내기 시작하였다. 그는 엄청난 성공을 거두었다. 플레밍이 순전한 우연을 통해 페니실린을 발견하였지만, 이 발견은 항생제를 신중하게 찾아내면서 발견해 낸 최초의 발견이었다. 그럼에도 불구하고, 1940년대까지 어느 누구도 실제 보편적인 의술치료에 항생제를 사용하지는 않았으며, 주된 이유는 필요한 양을 제조하는 일이 불가능하였기 때문이었다. 실제, 항생제antibiotic이라는 용어는 1941년 이전까지 사용되지 않았다. 그러다가 러시아 출신 미국 미생물학자, 왁스만Selman A. Waksman[78]이 이 용어를 처음 사용하였는데, 다른 생물체는 그대로 남겨두고 세균만 죽이는 물질을 편리하게 명명한 것이었다.

이상하게도, 그 누구도 특별히 권위 있는 세균학 저서를 저술한 사람은 아직도 없었다. 이 상황은 1926년 크루프Paul de Kruif[79]의 저서 '미생물 사냥꾼 The Microbe Hunters'으로 달라졌으며, 실제 이 책은 베스트셀러의 위치를 얻었다. 미생물학자들은 세균과 항세균 작용의 기작들에 대한 지식들을 확장시켜 나가면서, 다른 항생제들의 숙주를 발견하기 시작하였다. 예를 들면, 1943년 미국 럿거스Rutgers대학교 왁스만Waksman은 토양 미생물, *Streptomyces griseus*을 연구하면서, 항생제 스트렙토마이신Streptomycin을 발견하였다. 이 약제는 결핵을 치료하는데 가장 광범위하게 적용되었으며, 한편 이 항생제는 페니실린에 반응하지 않는 다른 유행병들을 치료하는 데 효과가 있는 것 또한 증명되었다. 1944년 위스콘신Wisconsin대학교 내과의사 듀가Benjamin Duggar[80]는 식물의 병에 대

77) René Jules Dubos(1901－1982). 프랑스 태생 미국 미생물학자, 실험병리학, 환경학자, 인문학자. 논픽션 전기의 대중적 저서, '그러한 사람, 동물(So Human An Animal)'을 저술하여 퓰리처상 수상

78) Selman Abraham Waksman(1888－1973). 우크라이나 태생 유태계－미국인 발명가, 생화학자, 미생물학자

79) Paul Henry de Kruif(1890－1971). 네덜란드계 미국인 미생물학자, 저자. 저서, '미생물 사냥군(Microbe Hunters)'은 장기간 베스트셀러였으며, 과학의 추천 도서이며, 과학자, 내과의사들에게 영감을 주는 도서로 남아있음

한 연구로 권위를 얻은 과학자로서, *Streptomyces aureofaciens*을 연구하는 과정에서 테트라사이클린tetracyclines으로 알려진, 항생제 계열에서는 최초의 항생제인 오레오마이신aureomycin을 발견하였다. 오늘날 내과의사들은 이 항생제를 광범하게 사용하고 있으며, 포도상구균staphylococci, 리케차rickettsiae (세균과 바이러스 중간의 미생물) 그리고 다른 침입 세균을 막아내는데 효과적인 것으로 알려지고 있다.

20세기 생물학의 발전을 도운 기술
Technology aids biology in the 20st century

누구도 예상하지 못했던 일은 컴퓨터가 생물학에 사용되는 것으로 드러났다. 컴퓨터 보조 생물학 실험에서 가장 초기이며 가장 뛰어난 선구자들 가운데 한 사람은 의심할 나위 없이 찬사를 받는 호지킨Dorothy Hodgkin[81])이다. 그녀는 틀림없이 생물학에서 컴퓨터의 영역을 최초로 인식하였다. 1932년 옥스퍼드대학교에서 화학 분야의 학위를 받은 후, 그녀는 영국 생화학자 버널J. D. Bernal[82])과 협력하였으며, 결국은 옥스퍼드로 돌아가 X선 결정학을 추구하였다. X선 기술로 1956년 그녀는 철저하게 페니실린의 구조뿐만 아니라 비타민 B12의 구조까지 명확히 밝혔다. 이 연구업적으로, 1964년 그녀는 노벨상을 받았다. 그러나 그녀는 이 명예에 안주하지 않고, 연구에 컴퓨터를 계속 사용하였고, 1972년 인

80) Benjamin Minge Duggar(1872–1956). 미국 식물생리학자. 식물학 전문가로 여러 실험실에서 연구한 후, 미연방농업국 식물산업부에서 생리학자로 임용됨

81) Dorothy Mary Crowfoot Hodgkin(1910–1994). 영국 화학자, 단백질 결정학 개발. 1964년 노벨화학상 수상한 세 번째 여성. X선 결정학 기술을 진보, 결정체의 3차원 구조 측정에 사용. 여러 업적들 가운데 페니실린과 비타민 B12구조를 확인시킨 업적. 1969년 35년간 연구업적으로 인슐린 구조 해독. 구조는 기능을 이해하는 데 매우 중요한 지식이며, 따라서 생물학적 분자의 구조를 확인할 때 X선 결정학 사용. 생물학적 분자에 대한 X선 결정학 영역에서 선구적 과학자들 가운데 한 사람으로 간주

82) John Desmond Bernal(1901–1971). 분자생물학의 X선 결정학 사용의 선구자인 과학자. 과학사 연구업적 방대함. 공산주의에 정치적 지지자이며, 과학과 사회에 대해 인기 있는 저서들을 작성

슐린의 구조도 해결해냈다.

1956년 중국계 미국인 화학자 리Choh Hao Li[83]는 코흐Frederick Koch의 협력자였으며, 캘리포니아대학교의 그의 연구팀은 호지킨의 선례를 따랐고, 계속 새로워지는 신형 컴퓨터로 부신피질자극ACTH, adrenocorticotrophic 호르몬의 구조를 풀어냈다. 이 부신피질자극 호르몬은 뇌하수체pituitary gland에서 분비되며, 부신피질adrenal cortex의 건강에 필수적인 호르몬으로, 39개 아미노산이 폴리펩티드 사슬로 구성되어 있는 것을 발견하였다. 그는 또한 뇌하수체에 있는 5개 호르몬을 분리해냈으며, 사람의 성장호르몬의 구조를 해결해 냈다.

끊임없이 탐구를 수행해 오고 있는 과학의 면전에는, 구조에 대한 수수께끼가 계속 나타났다. 1960년 영국인 생물학자이자 분자생물학 학술지 편집장인 켄드류John Cowdery Kendrew[84]는 헤모글로빈hemoglobin과 유사한 분자, 미오글로빈myoglobin분자를 구성하는 원자들의 모든 위치를 찾아냈다. 켄드류Kendrew는 프랭클린Rosalind Franklin,[85] 폴링Linus Pauling, 톨만Richard Tolman[86]과 마찬가지로 X선 결정학의 분야를 확장 시키면서 일반적 단백질과 핵산 DNA, RNA와 같은 거대 생물학적 분자의 구조에 대한 기술에 초점을 두었다(켄드류는 이 기술로 폴링의 알파-나선 단백질을 확인하였다). 켄드류는 캠브리지 대학에서 생물학 학위를 받았으며, 영국의 캐번디시 연구소에서 생물학자 페루츠Max Perutz[87]를 만났다. 이들은 단백질과 같은 생물학적 분자들의 화학적 및 구조적 문제들에 몰두하였다. 종종 결정 상태의 단백질을 이용하면서 연구문제와 씨름하였다.

---

83) Choh Hao Li(Cho Hao Li, 李卓皓, 1913-1987). 중국 태생 미국 생화학자. 인간의 뇌하수체 성장호르몬(somatotropin) 발견. 이 호르몬은 256개 아미노산 사슬로 구성. 1970년 이 호르몬을 합성하는 데 성공함. 당시 가장 거대한 단백질 분자였음

84) John Cowdery Kendrew(1917-1997). 영국 생화학자, 결정체학자. 캐빈디쉬 연구소 연구팀원과 Max Perutz와 함께 1962년 노벨 화학상을 수상

85) Rosalind Elsie Franklin(1920-1958). 영국 화학자, X선결정체학자. DNA, RNA, 바이러스, 석탄, 흑연(graphite)의 분자 구조에 대한 이해 증진에 기여. 그 가운데 DNA구조 발견에 대한 기여가 가장 두드러짐

86) Richard Chace Tolman(1881-1948). 미국 수리물리학자, 물리화학자, 통계역학자

87) Max Ferdinand Perutz(1914-2002). 오스트리아 태생 영국 분자생물학자. 1962년 헤모글로빈과 미오글로빈의 구조의 대한 연구로 John Kendrew와 공동으로 노벨화학상 수상

페루츠Perutz는 1914년 태어났고 비엔나대학교 학부생으로 화학 과정을 마쳤다. 후에 그는 캠브리지대학교(그는 이 대학교에서 박사학위를 받았음)로 옮겨갔으며, 버널J. D. Bernal과 힘을 합쳐 X선 결정학의 사용에 대한 연구를 수행하였다. 1937년 그는, 많은 생물학자들이 그러했듯이, 건강과 질병에 영향을 주는 헤모글로빈에 대한 탐구를 시작하였다. X선 기술을 이용해 어느 정도 '사진을 잘 받는' 헤모글로빈 분자를 조사하는 것은 비교적 쉬웠다. 그 뒤 오래지 않아, 페루츠는 켄드류와 힘을 합쳐 다른 거대한 생물학적 분자를 관찰하기 시작하였다. 결국 이 그룹은 분자생물학에서 세계적으로 유명한 의학연구협의회연구소Medical Research Council Laboratory를 설립하였다. 1947년, 캠브리지에서 페루츠와 켄드류는 X선 기술로 헤모글로빈뿐만 아니라 헤모글로빈과 유사한 단백질로서, 향유고래로부터 추출해낸 단백질, 미오글로빈에 초점을 두면서 단백질 구조와 씨름하였다. 1953년까지 이 두 분자들의 구조를 면밀하게 탐구하였으며, 이로서 1962년 노벨상을 획득하였다.

20세기의 화학Chemistry in the 20st century

화학에서 많은 전문가들은, 우주의 다른 원소들의 화학적 성질은 원자의 핵을 둘러싸고 있는 다양한 '껍질shells'의 전기적 구조와 상관관계를 가지고 있다는 것을 완전히 인식하기 시작하였다. 랭뮤어Irving Langmuir,[88] 밀리컨Mulliken[89]과 루이스C. N. Lewis[90]가 개발한 '껍질' 이론에 따르면, 전자는 원자의 핵을 고정된 일정 거리에서 궤도를 그리는데, 이는 마치 여러 행성들이 태양을 도는 것과 같은데, 예를 들면, 태양으로부터 지구보다 더 멀리 있는 명왕성이 궤도를 따라 도

88) Irving Langmuir(1881–1957). 미국 화학자, 물리학자, 1919년 논문 '분자와 원자의 전자 배열'로 유명, 1932년 표면 화학에 대한 연구업적으로 노벨화학상 수상

89) Robert Sanderson Mulliken(1896–1986). 미국 물리학자, 화학자. 분자궤도이론(molecular orbital theory)에 대한 초기 연구에 기여

90) Gilbert Newton Lewis(1875–1946). 미국 물리화학자. 전자쌍 개념과 공유결합 발견. 근대 화학결합이론에서 원자 결합이론에 기여

는 것이다. 1916년 루이스는 그의 고전적 저서, '원자와 분자The Atom and The Molecule'를 완성하였으며, 이 저서에서 유명한 '짝수'의 법칙을 언급하였다. 이 제안에 따르면, 전자는 거의 예외 없이 화합물에서 짝수로 존재한다. 거의 쉬지도 않고, 다작의 루이스는 뚜렷이 차별화되는 내용의 또 다른 논문을 만들어냈다. 이 논문은 미국인 렌달Merle Randall[91]과 공저로 '열역학과 화학물질의 자유에너지Thermodynamics and the Free Energy of Chemical Substances'의 제목으로 발표되었으며, 이 논문에서 그는 미국 과학자 깁스J. Willard GIbbs[92]와 다른 사람들이 화학에서 밝혀낸 열역학에 대한 일부 제안들을 적용하였다.

1930년대, 폴링은 오늘날까지 화학결합에 대해 가장 철저한 설명을 내 놓았다. 그는 이 설명에서 소위 이온결합(두 개의 원자가 전자들을 교환하여 결합)과 공유결합(두 개의 원자가 전자를 공유하여 결합)을 구분하였다. 이 업적을 완성하면서, 그는 새로운 과학, 양자역학의 권고사항들을 화학결합에 적용한 선구자들 가운데 한 사람이 되었다. 그는 시간을 초월하는 고전적 저서 '화학결합의 본성The Nature of the Chemical Bond'에 이 모든 것을 구체화시켰으며, 이 저서는 1930년대에 저술되었다. 곧 얼마 지나지 않아, 폴링은 다시 생물학적 진리의 총합에 중요한 내용을 추가하였다. 이 내용은, 그가 단백질 구조에 대한 '폴리펩티드 사슬' 가설을 조사하여 조심스럽게 풀어헤쳐낸 것이었다. 이 추측에서 그는 아미노산은 사슬의 연결고리와 같이 서로 연결되어서 단백질의 골격을 형성한다고 제안하였다.

1907년경, 독일의 뛰어난 유기화학자 피셔Emil Fischer[93]는 단백질 과학에서 존재감을 알렸다. 1852년에 태어난 그는 에를랑겐Erlangen과 베를린대학교에서 가르쳤다. 베를린에서 수많은 화학자를 매료시켜서, 확장적으로 탐구하도록 독려하는 데 성공하였다. 그의 업적 가운데 가장 놀랄 만한 부분들은 퓨린purine

---

91) Merle Randall(1888–1950). 미국 물리화학자. 25년간 루이스(Lewis)와 공동으로 화학적 화합물의 반응열 및 대응 자유에너지를 측정

92) Josiah Willard Gibbs(1839–1903). 미국 과학자. 물리, 화학, 수학의 이론에 업적을 남김

93) Hermann Emil Louis Fischer(1852–1919). 독일화학자. 1902 노벨화학상 수상. 에스테르화 발견. 비대칭 탄소 원자 모식도 개발

에 대한 화학과 관련된 것이다. 퓨린은 질소화합물로 DNA 구성요소 아데닌과 구아닌을 포함한다. 이 업적 이후로, 단백질 분석은 자연스러운 과정이 되었으며, 이는 DNA와 단백질 분자들은 많은 공통점을 공유하기 때문이었다. 생명에 필수적인 부분을 넘어서서, 둘 다 거대 유기분자이며, 과학자들은 둘 다를 연구하는 데 X선 결정체 같은 동일한 기술을 사용할 수 있었다. 피셔가 단백질 이론에 지대하게 기여한 내용은, 첫 번째 단백질을 인위적으로 합성한 것이었다. 이는 그가 실험실 기법들을 조합하여, 단백질 분자의 기본 구조를 구성하는 폴리펩티드 사슬에 아미노산들을 '연결시켰던hooking' 것이다.

1935년, 일리노이대학교 로스William Cumming Rose94)는 펩신과 요산의 신진대사에 대한 중요한 연구 끝에 '필수아미노산'의 마지막 부분이 트레오닌threonine을 발견하였다. 여전히, 당시 시점에서, 영양에서 아미노산의 수와 기능은 확실하게 분명하지는 않았다. 불과 2년 후, 그는 단백질 분자에는 20개 아미노산이 존재하며, 이 가운데 10개 이하만이 사람의 정상적인 건강을 위해 필수적임을 증명하여 다시 두각을 드러냈다.

요약Summary

물론, 20세기는 맨해튼 프로젝트와 원자폭탄, 상대성 이론, 양자역학의 시대였다. 이 시대는 물리학이 실제적으로 생물학과 화학을 능가하여 무색하게 만들었던 역사적으로 흔치 않는 드문 순간들이었다. 그래도 여전히 마이어호프Meyerhof는 스트레스를 받은 동물계는 글리코겐 저장소로부터 글리코겐을 끌어내는 것을 알아냄으로써 생리학에서 새로운 지평을 열었다. 내분비학에서 하덴Harden은 최초의 조효소coenzyme를 발견하였으며, 한편 쿠싱Cushing은 뇌하수체에 대한 역사적 업적을 수행하였다. 마찬가지로 베이리스Bayliss과 스탈링Starling은 세크레틴secretin을 조사했으며, 반면 밴팅Banting은 당뇨병과 인슐린에

94) William Cumming Rose(1887-1985, 98) 미국 생화학자, 영양학자. 아미노산 트레오닌threonine을 발견. 식이요법의 필수아미노산 제시

대한 놀라운 업적을 가장 잘 이루어냈다. 코허Kocher는 곧 갑상선에 대한 연구로 노벨상을 거머쥐었다. 타카미네Jokichi Takamine과 벨Thomas Bell은 둘 다 아드레날린을 발견하고 인공적으로 생산하였다. 지질학에서는 물리학자 레이몽Johann von Lamont이 지구는 자기장을 가지며 이 자기장은 이상한 방법들로 변하는 것을 처음 발견하였다.

진화에서 아마도 가장 의미 있는 일은 드브리스De Vries가 멘델의 생각을 망각으로부터 구조했던 업적이었다.

이 가운데 제1인자는 DNA의 구조에 대한 기념비적 업적이었다. 예를 들면, 서튼Walter Sutton은 염색체가 쌍을 이루어 다음 세대에 유전정보를 전달한다는 것을 보여주었다. 곧 이탈리아 미생물학자 루리아Salvador Luria는 전자현미경을 사용하여 최초로 쓸 만한 박테리오파지 사진을 찍었다. 의학에서는 왁스만Selman A. Waksman은 항생제인 스트렙토마이신streptomycin을 발견하였으며, 악티노마이신actinomycin과 네오마이신neomycin에 대한 지식을 추가하였다. 이 시대의 가장 위대한 과학자 가운데 한 사람, 호지킨Dorothy Hodgkin은 생물학에서 컴퓨터를 사용한 선구자였다. 이 업적과 더불어, 그녀는 페니실린의 구조뿐만 아니라 비타민 B12의 구조도 해결하였다. 화학과 단백질 연구에서는 프랭클린Rosalind Franklin, 폴링Pauling, 톨만Richard Tolman과 같은 과학자들이 신체 내 거대분자들을 연구하는 데 X선 결정학 분야를 적용하여 확장시켰다. 화학에서는 랭뮤어Irving Langmuir, 밀리컨Robert Mulliken, 루이스G. N. Lewis들의 노력으로 화학결합의 '껍질shell' 이론이 발전된 것을 목격할 수 있었다.

Chapter 22

모건과 유전학의 부상T. H. Morgan and the Rise of Genetics

생물체에서 단백질 분자는 필수적이기 때문에, 단백질 분자에 대한 미묘한 비밀을 밝혀내려는 일은 지구상 생명의 기원에 대한 고찰로 이어질 수밖에 없었다. 예를 들면, 오하이오 주 마이애미Miami대학교 폭스Fox[1]는 얼마 전 (1958년) 아주 오랜 옛날 충분히 뜨거운 환경이 아미노산을 중합체로 만들어냈거나, 유기분자들을 긴 사슬로 연결시켰을 것이라고 주장하였다. 이 과정은 완전한 유기체 – 생물체를 '제조manufacturing'하는 과정의 첫 번째 단계라고 주장하였다. 그는 단백질들로 합체된 소위 유사 생물체quasi–living entities를 만들어내고 이를 유단백질–프로티노이드protenoids로 명명하였다. 이미 우리가 잘 알고 있다시피, 중합polymerization은 어마어마하게 광범위한 분야에서 실용적으로 응용되고 있다. 1926년, 독일 프라이부르크Freiburg대학교 슈타우딩거Staudinger[2]는 중합체

1) Sidney Walter Fox(1912–1998). 미국 생화학자. 생명의 기원 발견에 공헌. 무기화합물로부터 아미노산을 생성시키는 방법 연구

2) Hermann Staudinger(1881–1965). 독일 유기화학자. 중합체로 알려진 거대분자가 존재하는 것을 증명. 1953년 노벨 화학상 수상. 케텐(ketenes)을 발견. 케텐은 고반응성 무색 기체로 유독하며 불쾌한 냄새가 나며 에테르, 아세톤에 녹고 물, 알코올에 분해됨

화학에 대한 엄청난 지식을 바탕으로 플라스틱을 최초로 합성해냈다. 1928년 슈타우딩거의 이 업적에 근거하여, 독일 과학자 딜스Diels[3]와 알더Alder[4]는 소위 딜스-알더 반응Diels—Alder reaction을 명확히 밝혀냈다. 이들은 이 반응으로 원자를 신속하게 결합시켜 분자로 만들어냈다. 마침내, 이 반응을 사용해서 완벽하게 효율적인 방법으로 플라스틱을 제조해냈으며, 전적으로 이 반응 자체만으로 사실상 플라스틱 산업이 시작되었다.

생명의 기원The Origins of Life

그 후 얼마 지나지 않아, 러시아 생물학자 오파린Oparin[5]은 살아있는 생물체가 '기계machine'라는 주장에 대해 강력하게 반대한 일로 세상에 널리 알려지게 되었다. 그는 '생명의 기원이 무엇인가'에 대한 질문에 몰두하기 시작하였고, '지구상 생명의 기원The Origins of Life on Earth'의 저서를 출판하였다. 오파린은 그리스 철학자 데모크리투스Democritus와 그 외 다른 철학자들이 남긴 주장들에서 초기 서구과학 원서들의 조잡한 지식들까지도 갈퀴로 긁어내듯이 샅샅이 살펴본 후, 생명은 전적으로 우연적인 무작위 과정을 통해 진화된다는 가설을 세웠다. 그는 바닷물을 '생화학적 수프biochemical soup'로 명명하고, 이 바닷물에서 분자들은 이리저리 돌아다니다가 목적 없이 변화를 일으키고 결국에는 우연하게 초기 생물체의 형태를 출현시켰다고 설명하였다. 오늘날 아직까지도 많은 사람들은 오파린의 이 주장을 지지하고 있다.

이상하지만, 한편으로 이 개념은 고대 자연발생설의 개념을 다시 부활시킨

---

3) Otto Paul Hermann Diels(1876-1954). 독일 화학자. 알더(Alder)와 딜스(Diels) 작용을 만들었음. 이 업적으로 두 사람은 1950년 노벨화학상 수상. 이 방법으로 고리모양 유기화합물(cyclic organic compounds)을 만들 수 있으며, 합성고무와 플라스틱 제조에 기여

4) Kurt Alder(1902-1958). 독일 화학자, 노벨 수상자. 베를린대학교에서 화학을 전공. 키엘대학교 딜스(Diels) 지도하에 박사학위 취득

5) Alexander Oparin(1894-1980). 러시아 생화학자, 저서 '생명의 기원'과 이에 대한 이론으로 유명. 식물세포의 효소작용에서 물질처리 과정의 생화학적 연구를 수행. 여러 식품 제조과정은 생물 촉매제에 기반하는 것임을 밝혀냈으며, 생화학 산업의 기반을 확립함

것이다. 오파린 이론은 먼저 원시성 수프가 존재하는 상황에서 아미노산과 핵산이 적절히 조합을 이루고 있을 때 아마 우연적으로 번개가 한두 번 치면, 실로 생물체가 자발적으로 발생되기 시작했을 것이라고 제안하고 있다. 이 제안과 일상적으로 이야기하는 자연발생설 사이의 주요한 차이점은, 자연발생설에서는 생물체가 어느 때를 막론하고 이 방식으로 항상 생성된다고 주장하는 부분이다. 반면, 이 수프 이론에 따르면, 생물체의 출현은 측정할 수도 없는 아주 오랜 과거에 이러한 방식으로 한 번만 일어났다는 점이다. 비슷한 맥락에서, 1962년 코넬Cornell대학교 물리학자 칼 세이건Carl Sagan[6]은 생물학 전문지식을 노련하게 활용하여 지구상 생물체의 출현에 관련되는 이슈들을 조사하였다. 먼저, 그는 아주 먼 옛날 지구상에 존재했을 수도 있는 원시 생화학적 수프와 조건을 그대로 복제한 것으로 생각되는 화학물질의 혼합물을 최초로 만들어냈다. 그는 이 별난 혼합물을 끓인 후 샅샅이 조사하여, 화학물질 DNA를 발견해냈다. DNA 발견은 이러한 환경으로부터 생물체가 충분히 출현할 수 있다는 강력한 지표가 되었다. 짐작하건대, 이 연구결과로 이때부터 사람들은 생물체를 출현시키는 수프를 만드는 방법을 알게 되었으며, 이로서 인류는 생물체를 인위적으로 만들어내는 일에 한 발짝 더 가까이 다가갔다.

마음의 본성The Nature of Mind

생명의 기원에 대한 문제를 넘어서서, 많은 생물학자들은 생물체의 특징에 대해서도 관심을 가졌다. 특히 사람 마음의 본성에 관련된 문제를, 풀기 엄청나게 어렵고 술에 만취한 듯 혼란스러운 수수께끼라고 생각하면서 관심을 가지고 있었다. 생각건대, 정신생리학psycho-physiological의 연구결과로 절대적으로 전지전능하다고 생각되고 있었던 이 분야의 과학은 상당히 특이하고 형이상학적인

6) Carl Sagan(1934-1996). 미국 천문학자, 우주학자, 천문물리학자, 천문생물학자, 과학대중화 저자. 외계생물체 연구로 과학발전에 기여. 특히 기본 방사능을 사용하여 화합물로부터 아미노산을 생성시키는 실험을 수행. 최초로 우주 공간에 물리적 메시지를 전달

철학의 방향으로 나아갔다. 영국 내과의사 셀링톤Sherrington[7])은 마음의 본성에 대한 연구에서 영향력을 드러내기 시작하였다. 셀링톤은 런던과 캠브리지에서 생물학을 공부한 후, 리버풀Liverpool에서 생리학 교수가 되었다. 후에 옥스퍼드 Oxford에서 웨인프리트Waynflete 기금 생리학 석좌교수로 임명되었다. 그는 생애에 걸친 모든 경력을 뇌와 신경계를 고민하는 데 전념하였으며, 뇌와 신경계를 백과사전과 같이 세밀하게 묘사하였다. 1904년 그는 평생에 걸친 업적을 종합하여 저서, '신경계의 통합작용Integrative Action of the Nervous System'을 출간하였다. 1906년 그는 신경계를 '기계적mechanical', '사고thought', '마음mind'으로 구분해야 한다고 주장하였다.

로엡과 기계론Loeb and Mechanism

저명한 생물학자 자크 로엡Jacques Loeb[8])은 저서, '생명에 대한 기계론적 개념The Mechanistic Conception of Life'을 발표하였다. 다른 여러 학자들과 마찬가지로 로엡은 이 저서에서, 영혼soul을 숭배해온 신학적이고 데카르트적인 교리로 설명하는 일은 생물학이 짊어진 벅찬 짐이라고 명확히 설명하였다. 이 저서에서 로엡은 화학, 물리, 생물학의 원칙만을 사용하여, 살아있는 생물체의 개념을 설명하려고 노력하였다. 이 설명은 하등동물에게는 적용할 수 있었으나, 많은 철학자들은 이 설명에 반대하는 강력한 주장들을 산더미같이 만들어냈다. 이 논쟁은 복잡하여 이 책자에서 논의할 수 있는 범위를 넘어서는 내용들이다. 그러나 일반적으로 공격받는 내용으로는, '사람'에 대한 개념에서 실제 뇌와 신경계를 거의 연결시킬 수 없다는 점을 지적하고 있다. 예를 들면, 어떤 한 사람이 진

---

7) Charles Scott Sherrington(1857–1952). 영국 신경생리학자, 형태학자, 세균학자. 병리학자. 뉴런의 기능에 대한 연구업적으로 아드리안(Edgar Adrian)과 공동으로 노벨의학상을 수상. 반사신경은 통합적으로 활성화되고, 근육에 상호보완적 신경이 분포함을 발견

8) Jacques Loeb(1859–1924). 독일 태생 미국 생리학자, 생물학자, 동물의 굴성과 본능 연구. 해양무척추동물, 인공처녀생식 실험 실시, 성게로 정자의 수정 없이 배 발생이 일어나는 실험 수행. 즉 서식하는 물에 화학적 변화를 일으켜 배 발생이 일어나도록 자극

정으로 울부짖으며 엄청나게 큰 고통을 겪고 있는 사람과 똑같은 방식으로 행동한다 할지라도, 이 사람의 '뇌 상태'에 대한 정보는 실제 고통을 느끼는지 아니면 느끼지 않는지를 보여줄 수 없다는 것이다. 핵심적이고 보편적인 문제는 마음mind을 생리학적으로 분석하기 어려운 것이며, 이는 곧 마음은 논리적인 문제이지 생리학적인 측면이 아니라는 점이다. 철학자 비트겐슈타인은 다른 학자들과 마찬가지로 이 부분을 깊이 있게 논의하였다. 이 부분을 이해하기 위해서는 비트겐슈타인 저서[9])를 참조하기 바란다[44](한편, 이 생물학사 책의 저자인 나는 영혼을 전통적이며 종교적인 개념으로 접근하여 이러한 논쟁거리를 해결하려는 시도는 바람직하지 않다고 생각한다).

신경계 생리학Nervous System Physiology

아드리안Adrian[10]) 또한 신경계와 신경세포 또는 뉴런의 기능을 탐구하는 연구 경로를 따라갔다. 아드리안은 1889년에 태어났으며 1908년 캠브리지대학교를 졸업하였다. 그는 대학교 시절부터 신경학에 모든 열정을 쏟았으며, 특히 근육과 신경자극의 관계에 관심을 집중시켰다. 제1차 세계대전 동안, 그는 관심을 가져왔던 문제들을 다른 각도에서, 상처 조직을 진단하여 평가하는 일을 통해 경험하게 되었다. 1925년 그는 뇌에 저장되는 기억과 정보에 대해 고찰하기 시작하였다. 1932년 아드리안과 셀링톤Sherrington은 이 업적으로 노벨상을 공동 수상하였다.

여전히, 비록 생물학자들이 신경세포와 신경섬유의 구조를 구분해 내는 데 꼭 필요한 연구업적을 이루어냈지만, 이들은 신경계 충격을 전달하는 데 필수적인 화학적 대사 조건에 대해서는 그렇게 많이 알지 못하였다. 1904년, 저명한 스페인 생리학자 카할Cajal[11])은 수년간에 걸쳐 이루어낸 뇌와 신경계에 대한 연

9) 이 책의 저자는 Ludwig Wittgenstein(1953). Philosophical Investigation. New York: MacMillan. 원본은 독일어판. 국어판은 1994년 이영철 번역 '철학적 탐구' 서광사.

10) Edgar Douglas Adrian(1889–1977). 영국 전기생리학자. 1932년 Sherrington과 공동으로 뉴런의 기능에 대한 연구로 노벨생리의학상 수상

구결과를 책으로 저술하였다. 스페인 과학자들이 오랫동안 지켜온 전통에 따라 그도 마드리드Madrid에서 의학 공부부터 시작하였으며, 그곳에서 결국에는 형태학 및 조직학 교수가 되었다. 그는 결론적으로 신경계의 '빌딩 블록building blocks'은 신경세포, 축색axons, 수상돌기dendrites라는 것을 밝혀냈다. 이것은 섬유로서 신체 전체에 퍼져있는 신경세포로부터 신경충격을 전달시키고 또 신경충격을 발산시킨다. 그는 역사적인 저서 '신경계 조직학Histology of the Nervous System'을 저술하였다.

그는 골기Camillo Golgi와 함께 신경세포와 신경세포 사이에 시냅스synapse가 존재하는 것도 발견해냈으며, 신경섬유가 재생되는 방법에 대해서도 밝혀내, 새로운 지식을 추가하였다. 1906년 그는 이탈리아 생물학자와 공동으로 노벨상을 수상하였다.

그리고 나서 1914년 영국 생리학자 데일Henry Dale[12]은 신경충격의 전달에 대한 내용을 발전시켰고, 나아가 아세틸콜린은 신경전달물질로써 신경계를 자극하는 기능을 수행하며, 신경충격을 전달하는 기반이라는 것을 밝혀냈다. 비록 이 물질을 발견하기까지 수년이 걸렸지만, 결국 1929년 데일은 이 화합물을 분리해냈다. 그의 명성을 기리기 위해, 의학계에서는 근육수축성 검사를 '데일 반응Dale reaction'으로 명명하였다. 이 획기적인 과학 혁명으로 1935년 스웨덴은 데일과 뢰비Loewi에게 노벨상을 수상하였다. 이 영역의 연구에 노력을 기울인 사람들 가운데 좀 더 최근의 과학자로 맥길McGil[13]에서 온 미국인 부부팀 마벨Mabel과 호킨Hokin[14]이 있다. 1953년 이들은 아세틸콜린이 췌장세포에서 인을

---

11) Santiago Ramón y Cajal(1852–1934). 스페인 생리학자, 조직학자, 신경과학자, 노벨수상자, 뇌의 현미경적 구조를 개척한 연구업적을 성취. 근대 신경과학의 아버지. 뇌세포 수지상부를 세밀하게 수백 번 그려낸 의학적 예술성은 전설적으로 아직도 의학교육에 사용

12) Henry Hallett Dale(1875–1968). 영국 약리학자, 생리학자, 신경충격을 전달하는 화학물질 매체로서 아세틸콜린을 연구. 1936년 Otto Loewi와 노벨 과학상을 공동수상함

13) McGil 맥길대학교, 캐나다 퀘벡 주 몬트리올 시에 위치한 연구중심 대학교

14) Mabel Ruth Hokin(1924–2003). 영국 태생 미국 생화학자. 남편 Lowell Hokin과 분비조직의 phosphoinositide 전환율 자극 연구를 수행. 막 관통 신호의 핵심요소와 세포조절과정에 대한 'PI Effect' 연구

섭취하도록 만드는 요인이며, 이후 세포막 일부가 되는 것을 발견하였다. 이를 은유적으로 세포 사이의 '소통communication' 모드로 표현하였다. 인은 생리적으로 대단히 중요하며, 잘 알려진 다른 역할들 가운데 글리코겐을 포도당으로 전환시키는 데 중요한 일을 하는 것으로 알려져 있으며, 그 결과 포도당은 신체에 에너지를 공급하게 된다.

1920년대 워싱턴대학교 미국인 생리학자 얼랭어Joseph Erlanger15)는 순환계 생리학 연구로 잘 알려진 학자이다. 그는 개서Herbert Gasser16)와 함께 진동기록기를 이용하여 신경섬유 단일전파의 전파속도를 측정하기 시작하였다. 이 연구 업적으로 그들은 결국 1944년 노벨상을 수상하였다. 1921년 독일 그라츠Graz대학교 독일인 생물학자 뢰비Otto Loewi17)는 생물학을 더욱 앞서가도록 만드는 업적을 이루어냈다. 그는 개구리 심장에 아세틸콜린을 처치하는 실험으로 신경을 흥분시키는 화학물질들이 존재한다는 것을 발견하였다. 이 화학물질들은 신경세포가 전기충격을 발생시키고 이 충격을 다음 신경세포로 이동시키면서 신체 전체로 신경충격을 전이시킨다는 것이다. 과학에서는 이제 신경계의 기능은 화학적 기반을 두고 있다는 것을 알아차리기 시작하였다.

신경계 생리학 영역에서 스웨덴의 오일러Ulf von Euler18)는 또 다른 선구자가 되었다. 오일러는 스톡홀름 카롤린스카 연구소에서 의학학위를 받은 후, 영국과 독일에서 록펠러 장학금으로 연구를 계속하였다. 그는 런던에서 액설로드Julius Axelrod19)와 함께 신경충격 전이에 대한 연구를 수행하였고, 이 연구는 역

---

15) Joseph Erlanger(1874–1965). 미국인 생리학자. 신경과학에 큰 업적을 남긴 것으로 명성을 얻음. Herbert Spencer Gasser와 공동으로 다양한 신경섬유를 찾아냈으며, 작용 포텐셜 속도와 신경섬유 직경의 관계를 확립함. 1944년 이 업적으로 생리의학 노벨상 공동 수상

16) Herbert Spencer Gasser(1888–1963). 미국인 생리학자. 1944년 얼랭어와 공동으로 수행한 신경섬유의 작용포텐셜에 대한 업적으로 노벨 생리의학상 수상

17) Otto Loewi(1873–1961). 독일태생 유태인 약리학자 심리생물학자, 아세틸콜린을 발견 의학치료에 기여. 이 발견으로 1936년 영국 학자 Dale과 공동으로 노벨생리학상을 수상

18) Ulf Svante von Euler(1905–1983). 스웨덴 생리학자, 약리학자. 1970년 신경전달계 연구 업적으로 노벨생리의학상 공동수상

19) Julius Axelrod(1912–2004). 미국 생화학자. 1970년 Bernard Katz, Ulf von Euler와 공동으로 노벨생리의학상 수상. 신경전달물질 catecholamine의 방출과 재흡수의 연구업적으

사적인 공동연구가 되었다. 데일을 포함한 다른 사람들은 신경세포에서 다른 신경세포로 충격을 전달시키는 신경전달물질의 화학물이 존재한다는 것을 이미 확증하였다. 이들이 알지 못했던 것은 일반적으로 신경전달물질이 어떻게 저장되는지, 활동기작은 무엇인지에 대한 것이었다. 오일러는 신경전달물질 가운데 하나인 노르아드레날린noradrenaline이 뉴런에 미세과립으로 저장되는 것을 발견하였다. 그리고 1935년 오일러는 화학물질, 프로스타글란딘prostaglandin을 처음으로 발견하였다. 이 프로스타글란딘은 과학계에서 이미 잘 알려진 호르몬과 유사한 화합물로서, 면역계와 신경계가 적절히 기능하는데 필수적인 화합물이다. 이 연구는 프로스타글란딘이 근육수축과 혈압상승을 일으키는 것을 밝혀냈다. 이 연구업적으로 1970년 액설로드, 오일러, 카츠Bernard Katz는 노벨상을 수상하였다.

1982년 영국인 생물학자 베인John Vane,[20] 스웨덴의 베리스트룀Sune Bergstrom,[21] 사무엘손Bengt Samuelsson[22]은 유사한 조사를 수행하고 있었다. 곧 그들은 프로스타글란딘의 형태와 내부 구조에 대한 발견으로 노벨상을 수상하였다. 베리스트룀은 이 영광을 받기까지, 노벨위원회 내부의 복잡한 정치적 갈등을 이겨낼 만큼 자신의 경력을 잘 관리해 왔다.[23] 베리스트룀은 1916년에 태어났으며 1943년 스톡홀름 카롤린스카 연구소에서 의학학위를 받았다. 1947년 룬드Lund대학교 생화학 교수가 되었으며, 혈액응고의 기작을 밝혀내는 연구를 시작하였다. 그때부터, 그는 담즙산과 콜레스테롤에 대한 연구를 개척해 나갔다. 그는 생물학에 대한 타고난 탁월한 재능으로 프로스타글란딘 연구를 이루어냈으며, 이 업적으로 노벨상을 수상하였다. 그는 프로스타글란딘이 화학적으로 단지

로 수상. 도파민 발견. 척추선에 대한 이해. 수면사이클이 어떻게 조절되는지 밝힘

20) John Robert Vane(1927－2004). 영국 약리학자. 아스피린이 어떻게 통증을 완화시키며 항 염증효과를 생성하는지를 밝혀냈으며, 심장과 혈관질병을 치료하는 새로운 처치방법을 이끌어냈음. 1982년 S. Bergström과 B. Samuelsson과 함께 노벨생리의학상을 수상

21) Karl Sune Detlof Bergström(1916－2004). 스웨덴 생화학자. 1975년 스웨덴 노벨상수상위원회 위원장으로 임명됨

22) Bengt Ingemar Samuelsson(1934－). 스웨덴 생화학자. 1982년 J. Vane과 S. Bergström과 프로스타글란딘 발견으로 노벨상 수상

23) 베리스트룀이 1965년 스웨덴 왕립과학학술원(1983년 회장 역임)과 스웨덴 왕립공학학술원 위원으로 선출 등에 근거한 것으로 추측

5개 탄소 고리로 구성된 지방산이라는 것을 알아냈지만, 프로스타글란딘의 생리학적 활동의 범위는 이전에 알려진 것보다 훨씬 더 광범하였다. 더 구체적으로, 프로스타글란딘은 창자벽의 평활근에서 일어나는 일반적 수축에 중요한 불포화지방산을 포함하고 있다. 이 불포화지방산은 또한 체온, 신경계 전기활동, 그 외 무수한 생리 활동들을 조절한다.

미래 내과의사들은 이러한 통찰력을 유용하게 사용하여 우울증을 치료하는 다양한 약제들을 개발할 수 있을 것이다. 오늘날 과학자들이 이해하고 있는 바와 같이, 모노아민 옥시다제Monoamine oxidase 억제제와 삼환계항우울증tricyclic antidepressant 약제들은 뢰비Loewi가 설명했던 화학적 기반에서 정확하게 작용한다. 1972년 야노프스키Janowsky[24]가 '조울증'을 발견했을 때 치료에 응용할 수 있는 또 다른 진척을 확실하게 이루어냈다. 조울증의 증세는 격렬하게 증폭되는 감정변화가 특징적이며, 신경전달물질의 불균형으로 사람을 괴롭힌다. 이 경우, 아드레날린 성 신경섬유는 에피네프린epinephrine을, 콜린 성 신경섬유는 아세틸콜린을 내놓기 때문에 신경전달물질의 불균형이 일어난다. 이 시점에서 많은 과학자들은 논리적인 것 같았던 가정을 만들어냈다. 이들은 특정 뉴런이 단지 한 개의 신경전달물질을 포함한다고 믿었다. 그럼에도 불구하고, 1977년, 스칸디나비아의 생물학자 호크펠Tomas Hokfelt[25]은 대부분의 뉴런은 실제로 여러 종류의 신경전달물질들을 포함하고 있음을 발견해냈다.

모건과 유전 연구의 시작

T. H. Morgan and the Beginnings of Genetic Research

생물학의 성배聖杯, DNA는 이 시대 생물학자들을 점점 더 강하게 유혹하기 시작하였다. 이 시대의 여러 선구자들 가운데 록펠러연구소의 레빈Phoebus

24) David S. Janowsky 미국 캘리포니아대학교 샌디에이고 정신치료학과 2022년 현재 명예교수

25) Tomas Hökfelt(1940－). 스웨덴 내과의사, 1979－2006년 카롤린스카연구소 조직학 교수 역임. 신경과학, 세포생물학 연계된 연구를 수행

Levene[26]은 DNA 구조에 대한 초기 이론을 발견한 과학자로 잘 알려진 사람이었다. 그는 1929년 이전 누구도 알지 못한, DNA분자의 당sugar이 디옥시리보오스deoxyribose라는 것을 발견하였다. 1936년, 이 영역의 연구는 모스코바대학교 생화학자 벨로제르스키Andrei Nikolaevitch Belozerskii[27]가 실험실에서 순수한 DNA를 분리해 내는 지점까지 도달하였다. 그는 이후 박테리아 DNA에 들어있는 항생제 효과에 대한 혁신적 연구를 수행해 나갔다. 1944년, 록펠러연구소의 캐나다인 생물학자 에이버리Ostwald Avery[28]는 맥카티Maclyn McCarthy,[29] 맥러드Cohn MacLeod[30]와 함께 DNA분자가 유전정보를 자손 세대로 전달시킨다는 것을 확실히 증명하였다.

이 발견과 다른 연구결과들을 토대로, 왓슨Watson과 크릭Crick은 DNA분자의 구조를 풀었다. DNA분자는 유전자를 구성하는 물질로서, 한 생물체에 대한 상세한 유전정보를 지니고 있다. 거의 동시적으로 영국 세인트 바를로메St. Bartholomew에 있는 병원의 개로드Archibald Garrod[31]는 모든 유전자들이 같은 방식으로 작용하지 않으며, 일부 유전자는 단지 '방어적' 기능을 수행할 뿐임을 발견하였다. 즉 일부 유전자는 발현을 방해하여 생물학적 변이를 방지한다는 것이다. 개로드는 또한 선천성 색소 결핍증인 알비노 질병을 직접적으로 연구한

---

26) Phoebus Aaron Theodore Levene(1869－1940). 미국 생화학자, 핵산 구조와 기능을 연구. 핵산의 여러 종류로 RNA로부터 DNA의 특징을 밝혀냈음. DNA는 adenine, guanine, thymine, cytosine, deoxyribose, a phosphate group로 구성된 것을 밝혔음

27) Andrey Nikolayevich Belozersky(1905-1972). 소련 생물학자, 생물물리학자, 소련의 분자생물학 창시자

28) Oswald Theodore Avery(1877－1955). 캐나다 출생. 미국 내과의사, 의학연구자, 면역화학의 개척자, 1944년 동료 과학자. MacLeod, Maclyn McCarty와 함께 분리시킨 DNA가 유전자와 염색체로 만들어진 물질이라는 것을 밝힘. 노벨상을 수상받을 자격이 충분한데 받지 못한 과학자로 알려짐. 물론 에이버리는 1930년대, 40년대, 50년대 계속 노벨상 후보로 추천되었음

29) Maclyn McCarthy(1911－2005). 미국 유전학자, 내과의사 과학자 전염병 병원균 연구, DNA가 단백질이 아니며, 유전자를 가지고 있다는 것을 발견하여 명성을 얻음. 유전자 분자수준 비밀 밝혀냄. Avery－MacLeod－MaCarthy 실험팀 연구진 중 가장 어렸음

30) Colin Munro MacLeod(1909－1972). 캐나다 출생. 미국 유전학자

31) Archibald Edward Garrod(1857－1936). 영국 내과의사. 태어날 때부터 발병하는 비정상 대사작용 질병에 대한 연구를 개척

T. H. Morgan(1866-1945)
Courtesy of the Library of Congrss.)

최초의 과학자들 가운데 한 사람이었다.

더 나아가, 칼텍Caltech의 재능 있는 모건T. H. Morgan32)은 베이트슨William Bateson33)의 실험을 재평가하는 연구를 용감하게 추진하고 있었다. 모건은 베이트슨이 옳다는 것을 증명하고, 염색체는 유전정보 운반자라는 이론을 발전시키면서 이를 선전하는 캠페인을 벌일 수 있었다.

모건은 전문직 경력의 대부분을 칼텍과 콜롬비아에서 보냈다. 당시 모건이 콜롬비아에서 재직하던 시기에, 멘델유전학을 지지하는 거물급 인사 베이트슨은 모건의 실험실을 방문하였다. 비록 베이트슨은 염색체에 대한 가설을 부분적으로 의문스럽게 생각하고 있었지만, 모건의 실험실을 방문한 후, 염색체 가설에 대한 의문들을 모두 날려버렸다. 1921년 그는 토론토에서 개최된 미국과학발전협회 학술학회에서 다음과 같이 말하였다.

> 사람들이 세포학의 경이로움을 한 번도 본적이 없어서 의심을 품고 모호하게 생각한다면 이를 용서받을 수 있을 것이다. 그러나 이 의심들은 초파리 [모건이 실험에 사용한 파리] 연구논문에서는 더 이상 남아 있을 수 없다.45

모건은 소년시기부터 발달발생학에 대해 호기심이 많았다. 그때부터 그는 모든 시간을 유전에 대한 탐구에 쏟았다. 1887년 그의 초기 연구, '개구리 알의 발달The Development of the Frog's Egg'은 아마도 이후 저술에 비해 실험 부분이 적고 더 많이 가설적이고 회의적이었을 것이다. 이후 그는 발생학과 유전학 연구에 더욱 실험적인 접근방법을 실천하기 시작하였으며, 1901년 발간한 비교적 소책자, '재생Regeneration'은 실험적 접근방법의 최고조를 보여주었다. 또 다른 예비 논문은 '진화와 적응Evolution and Adaption'이었다. 1911년 발표한 이 연구

---

32) Thomas Hunt Morgan(1866－1945). 미국 진화생물학자, 유전학자, 발생학자. 1933년 유전에서 염색체의 역할을 발견한 업적으로 노벨생리의학상 수상. 초파리 실험에서 유전적 특성을 연구. 근대유전학을 확립하였음

33) William Bateson(1861－1926). 영국 생물학자. 유전에 대한 연구를 수행하는 학문을 유전학이라는 용어를 최초로 명명함

는 모건이 전통적인 다윈주의자라는 사실을 설득력 있게 보여주었는데, 이는 이 시대 누구든지 예상할 수 있었다. 모건은 1919년 출간한 저서, '유전의 물리적 기반The Physical Basis of Heredity'에서 진화에 대해 더욱 상세히 설명하였다.

1911년에 이르러, 그와 동료들은 2,000개 이상의 유전자를 예시로 염색체를 설명하는 논문을 최초로 발간하였다. 20세기 초기 10년 동안 그는 초파리 Drosophila 실험에서 '성 연관sex-linked'의 특징이 존재한다는 것을 발견하였다. 초파리의 돌연변이를 관찰하는 동안, 그는 붉은 눈 초파리 개체군에서 흰 눈 수컷 초파리가 돌연변이로 나타났다면, 다음 세대에서는 수컷 초파리들만 흰 눈을 나타내는 것을 발견하였다. 이 연구결과는 수컷과 암컷의 성염색체도 유전정보를 가지고 있음을 보여주었다. 모건은 1927년 사이언스Science 게재 논문, '초파리의 성-제한적 유전Sex-Limited Inheritance in Drosophila'의 앞부분에서 이에 대해 다음과 같이 논의하였다.

> 거의 일 년 동안 수차례 세대를 거친 가계도에는 흰색 눈을 가진 수컷 초파리가 나타났다. 정상 초파리들은 빛나는 붉은 눈을 가지고 있었다.

집계 도표에 수학적 계산 결과를 제시한 후, 모건은 결론을 내린다.

> 흰색 눈을 가진 암컷 초파리는 나타나지 않았다. 그러므로 새로운 특징 그 자체는 손자 세대에만 전달되었다는 부분에서 성에 제한을 받는다는 것을 보여주었다.[46]

1926년 모건은 유전학의 생리학 분야에서 이루어낸 이전 업적 전부를 상세히 다룬 '유전자의 이론The Theory of the Gene' 저서를 완성하였다. 모건은 이 저서에서 어떻게 형질이 부모에서 자손으로 전달되는지에 대해 성공적으로 증명하기 시작하였다. 여기에서, 모건은 생식 세포질germ plasm의 쌍 유전자가 유전형질inherited traits을 운반한다고 가정하였다. 그는 생식세포가 수정이 일어나는 동안 어떻게 생식세포에서 염색체가 짝을 이루는 한쪽만을 가지고 있는지, 이 한쪽 염색체가 다른 부모의 유전물질과 결합하여, 그 종에서 완전한 염색체를 가진 개체를 생성하는지에 대해 세세히 보여주었다.

1927년, 또 다른 고전, '실험 발생학Experimental Embryology'은 여전히 모건의 펜으로부터 나왔다. 이 시점에서 일부 사람들은 유전학 연구가 당시 광학 현미경의 한계로 인해 할 수 있는 데까지 가버렸다고 추측하기 시작하였다. 어쩌면 다소 경솔할 수도 있지만, 새로운 기술은 유전에 대한 탐구의 속도를 놀라울 만큼 증가시킬 것으로 예측되었다. 서서히 발전하는 분자생물학 영역은 X-ray 기술과 함께 엄청난 발전을 이루어낼 것으로 보였다. 1932년 모건은 또다시 역사적인 저서, '진화의 과학적 근거The Scientific Basis of Evolution'를 등장시켰다.

얼마 후, 모건은 특정 유전적 특성이 분리되는 현상을 해석할 수 있게 되면서, 유전자에 대한 새로운 창을 열었다. 유전적 전이가 일어나는 동안, 함께 연관되는 특성들이 항상 존재한다. 예를 들면, 임의의 눈 색깔은 특정 피부 색깔과 함께 자손에게 정상적으로 전달될 것이다. 그럼에도 불구하고, 때로는 그런 쌍을 이루는 특성이 분리되고, 아마도 단지 눈 색깔만 다음 세대에 나타날 수 있다. 모건은 때로 세포분열 동안 염색체가 두 조각으로 분리되어 쌍을 이루는 현상이 붕괴된다는 설명을 제안하였다. 이 연구결과로부터 영감을 얻은 모건은 즉각 초파리의 염색체에서 유전자의 위치를 맵핑mapping하기 시작하였다. 1993년 모건이 노벨생리의학상을 손에 거머쥐게 된 일은 놀랄 일이 아니다. 수많은 업적 가운데, 모건은 멘델의 법칙이 상당히 신뢰할 만한 것이라는 것을 발견하였으며, 결국 이 발견으로 염색체가 유전정보를 운반한다는 관점을 도출할 수 있었다.

플라우의 유전학에 대한 공헌Plough's Contributions to Genetics

1917년, 아직 알려지지 않은 또 다른 현상이 표면에 나타났다. 그 해 유전학자 플라우Matthew Plough가 세포분열 동안 염색체들이 부서질 수 있을 뿐만 아니라 스스로 재배열할 수 있는 것을 확인하였다. 오늘날 과학자들은 이 현상을 '교차crossing over'라고 부른다. 같은 해, 푸넷R. C. Punnett34)(베이트슨과 긴밀히 협력한)은 멘델에 따른 유전 과정을 도식화하는 데 널리 사용되는 사각형 표를 만들어냈다. 유전학은 미국 고유의 과학으로 빠르게 발전하고 있었다. 그리고 캔사스Kansas대학교 맥클렁Clarence McClung35)이 모든 포유류 종의 수컷은 X와 Y 염색체를 가지는 반면 암컷은 두 개의 X염색체를 가지고 있다는 사실을 발견해냈다. 멕클렁은 계속해서 직시류Orthoptera(메뚜기목, 예 : 귀뚜라미)와 다른 곤충들에 대한 염색체 연구를 광범하게 추진하였다.

뮐러의 시대The Muller Era

같은 해, 모건은 실험발생학Experimental Embryology을 완성하였고 또 다른 잘 알려진 유전학자 뮐러Hermann J. Muller36)는 초파리를 X선으로 공격하여 돌연변이를 일으킬 수 있다는 것을 발견하였다. 뮐러는 1927년 발표한 논문, '유전자의 인위적 변형Artificial Transmutation of the Gene'의 마지막 부분에서 겸손한 품성으로 다음과 같이 묘사해놓았다.

> 결론적으로, 고전적 유전학 계파를 따라 연구를 진행하는 과학자들은, 선택한 생물체에 X선을 사용하여 일련의 인위적인 종을 만들어내는 데 관심을 모았다. 이러한 관심은 X선을 이용하여 유전현상에 대한 연구를 하기 위해서였다.47

뮐러는 콜롬비아대학교에서 학부생으로 생물학을 전공하였고 라이스Rice대

---

34) Reginald Crundall Punnett(1875－1967). 영국 유전학자. 1910년 베이트슨과 함께 Journal of Genetics를 창립. 푸넷 도표 제창, 오늘날 생물학자들은 자손 세대 유전형 발현 가능성을 예측하는 데 사용. 초기 유전학 교과서 저술 대중화에 기여

35) Clarence Erwin McClung(11870－1946). 미국 생물학자. 성결정에서의 염색체의 역할을 발견

36) Hermann Joseph Muller(1890－1967). 미국 유전학자, 교육자. 방사선의 생리적 유전적 영향에 대한 연구업적으로 노벨상을 수상함. 핵전쟁과 핵 방사선 낙진, 핵실험이 일으킬 장기간에 걸친 위험을 경고하였으며, 이로 이에 대한 엄격한 조사가 이루어짐

학교에서 유전학을 공부하였으며, 인디애나Indiana대학교에서 대부분의 경력을 쌓았다. 콜롬비아대학교 동료 모건과 마찬가지로, 뮐러는 유전학, 특히 돌연변이에 영향을 줄 수 있는 요인들에 흥미를 가졌다. 그는 돌연변이 연구업적에서, X선이 돌연변이 비율을 150배까지 증가시킨다는 것을 발견하였다. 이 발견만으로, 뮐러는 과학에서 전설적 위치를 확고히 하였으며, 이 연구업적 이후 돌연변이 이론은 상당하게 빠른 속도로 발전되었다.

뮐러의 사회적 운동Muller's Social Campaigns

개탄스럽게도, 폴링Pauling과 텔러Teller 등의 학자들과 같이, 뮐러도 정치적 전향의 유혹에 저항하지 못했다. 수년 동안, 그는 방사선이 미래 세대를 위협한다는 신념을 가지고(비록 이 신념이 논란의 여지가 있었지만), 대중을 교육하려고 하였다. 그의 정치가 경력의 최악은 심술궂은 대중뿐만 아니라 라이너스 폴링과의 사적 토론이었다. 소송하기를 좋아했던 폴링은 뮐러가 인쇄물로 자신의 명예를 수차례 훼손했다고 믿으면서 한때는 뮐러를 고소하겠다고 위협하기까지 하였다.

뮐러의 정치적 활동을 제쳐두고 보면, 유전학에 대한 기여는 엄청났다. 이 훌륭한 노력으로, 1946년 생물학자 단체는 그에게 노벨상을 수상하여 영광을 보냈다.

식물 유전학Plant Genetics

1937년 뉴욕의 제네시오Geneseo 출신, 상대적으로 잘 알려지지 않은 식물학자 블레이크슬리Albert Blakeslee[37]는 어디서나 볼 수 있는 붓꽃과 식물[38]에서 콜히친colchicine이라는 화합물이 세포의 정상적인 유사분열을 방해하여 돌연변

37) Albert Francis Blakeslee(1874-1954). 미국 식물학자. 독성초본식물에 대한 연구와 균류의 성에 대한 연구로 유명

38) Crocus: 붓꽃과(Iridaceae) 사프란(Crocus)속의 식물들의 총칭. 봄에 피는 꽃은 크로커스, 가을에 피는 꽃을 사프란. 향신료로 유명한 사프란은 *Crocus sativus*라는 종류임

이를 유발할 수 있다는 것을 발견하였다. 좀 더 정확하게, 콜히친은 일반적으로는 염색체와 함께 세포가 분열되는 것을 막는 것이 정상이지만, 염색체를 분열시키는 원인으로 작용하였다. 식물의 생식에서 다음 차례 나타날 주요한 혁명은 1950년대 왓슨Watson과 크릭Crick이 DNA구조를 밝힐 때까지 기다려야 했다.

유전학의 모든 발전들이 초파리에서 나온 것이 아니라는 점을 짚고 넘어가는 것은 중요하다. 예를 들어, 1928년 영국보건부 소속 미국인 생물학자 그리피스Fred Griffith[39]는 쥐들을 연구대상으로 한 실험에서 특정 박테리아 종의 자손들은 다른 종으로부터 추출한 화학물질에서 자라면 또 다른 종의 특성을 획득한다는 것을 알아냈다. 그리피스는 이 연구결과로 화합물이 유전자 명령instructions을 전달하는 것을 알게 되었는데, 당시는 그 누구도 유전자 또는 염색체가 무엇인지를 완벽히 이해하지 못한 시기였다. 그의 발견은 곧 베를린과 록펠러연구소에서 확인되었다.

요한센Wilhelm Johannsen[40]은 유전학에 상당한 수준의 업적을 추가한 또 다른 생물학자였다. 1857년 덴마크에서 태어났으며, 경력 초기 주요 관심사는 식물생리학이었으나 유전학에서 가장 칭송받은 업적을 남겼다. 그는 명성이 충분히 높아졌을 무렵 코펜하겐대학교 식물생리학연구소 소장이 되었다. 가장 권위 있는 논문은 반박할 여지없이 1896년에 발간한 '유전과 변이에 대해On Heredity and Variation'라는 논문이었다. 이 논문에서 그는 멘델의 법칙을 다시 식물에 연결하였는데, 특히 보리와 옥수수를 연구대상으로 실험하였다. 이 덴마크 유전학자는 용어, '유전자gene'를 유전정보의 기본단위로 표시하였으며, '유전형genotype'을 임의의 생물체의 유전적 프로파일을 기본적으로 설명하는 용어로 제안하였고, '표현형phenotype'을 유전적 조합의 직접적인 결과로 나타나는 외부 형태를 지칭하는 것으로 제안하였다.

---

39) Frederick Griffith(1879－1941). 영국 세균학자. 세균성 폐렴의 병리학과 유행병학을 연구. 1928년 현재는 그리피스 실험(Griffith Experiment)으로 알려진, 세균의 형태와 기능이 변하는 세균 변형을 시범하는 실험을 제안

40) Wilhelm Ludvig Johannsen(1857－1927). 덴마크 식물학자, 식물생리학자, 유전학자. 유전자(gene), 표현형(phenotype), 유전형(genotype) 용어를 명명한 것으로 유명

요한센은 일생을 통해 생물학을 가르치는 일에 전념하였다. 사실 그는 1905년 권위 있는 교과서, '유전학의 요인들Elements of Genetics'을 저술하였으며, 이 교과서는 신뢰할 수 있는 최초의 교과서로 논란의 여지도 없었다. 그는 이 교과서에 자신의 연구업적들을 많은 분량으로 포함시켰을 뿐만 아니라 다른 학자들이 이루어낸 업적들도 공정하게 포괄적으로 포함시켰다. 능력있는 영국 생리학자 스탈링Ernest Henry Starling[41](호르몬을 명명한 사람)은 재능을 발휘하여 생물학을 가르치는 방법을 더욱 발전하였다. 그의 저서, '인체생리학의 원리 Principles of Human Physiology'는 그 후 수십 년간 생리학에서 가장 확실한 교과서로 자리매김을 하였다.

통계유전학의 발전: 하디-바인베르크 법칙

Progress in Statistical Genetics: The Hardy-Weinberg Law

유전학이 엄청나게 발전해 왔음에도 불구하고, 많은 사람들은 유전학에 대한 철저한 수학적 자료가 없기 때문에 유전학을 본격적인 과학으로 간주하지 않았다. 그러나 1915년 초기 푸넷Punnet이 논문, '나비의 의태Mimicry in Butterflies'를 저술하면서 간격을 메우기 시작한 이래, 어떤 측면에서 그의 연구방법은 다른 사람들을 놀라게 만들었다. 그 후 그는 1950년 발표한 논문, '유전학의 초기 시대Early Days of Genetics'에서 이 연구업적을 회상하였다. 이 논문은 다윈의 주장을 수학적으로 분석한 최초의 논문이었다. 구체적으로, 푸넷은 다윈의 자연선택에 대한 가설이, 어떻게 수세대에 걸쳐 개체군 내 유전적 재구성에 작용하는지를 수학적으로 설명하였다.

그러나, 유전학에는 여전히 누구도 성공적으로 답하지 못하는 중요한 질문이 하나 남아 있었다. 멘델의 법칙으로, 관찰자는 다음 자손세대에서 특정형질이 얼마나 자주 발현되는지를 예측할 수 있는가?의 질문이다. 예를 들면, 만약 북극

41) Ernest Starling(1866－1927). 영국 생리학자. 윌리엄 베이리스와 함께 호르몬 용어 도입, 심장의 펌프활동 분석－Frank－Starling법칙 발견

곰의 우성 유전자가 흰색 털을 발현시킨다면, 자손세대에서 흰색 털은 몇 퍼센트로 발현될 것인지를 예측할 수 있는가? 여기서 수학자였으나 생물학자로 전향한 하디G. H. Hardy[42]와 바인베르크W. Weinberg[43]가 오늘날 유전학의 하디-바인베르크 법칙을 개척하였다. 이 법칙은 임의의 세대에서 무작위 교배가 진행되었을 때, 특정 유전자의 빈도는 다음 세대에서도 똑같이 유지될 것이라는 내용이다.

항상 일어나는 것처럼, 유전학을 수학적으로 접근하는 방법은 또 다른 접근방법을 시도하기 시작하였다. 1925년 런던대학교 통계학자 피셔Ronald Aylmer Fisher[44]는 저서, '연구자를 위한 통계방법Statistical Methods for Research Workers'을 출간하였으며, 당시까지 이 업적은 유전학의 탐구와 관련된 수리통계학에서 거의 틀림없이 가장 우수한 업적이었다. 이 업적에 이어, 그는 1935년 걸작, '실험설계The Design of Experiments'를 저술하였다. 1925년 메트로폴리탄 라이프 컴퍼니The Metropolitan Life Company의 수학자 로트카James Lotka[45]는 피셔의 출판물과 마찬가지로, 생물학에 수학을 적용한 저서, '물리생물학의 요인들Elements of Physical Biology'을 저술하였다. 로트카는 가장 적합한 것이 생존한다는 다윈의 적자생존 관점과 포식자-피포식자의 관계를 수학적으로 이해하려고 시도하였다. 로트카의 또 다른 권위 있는 연구는 1930년에 출간된 저서, '사람에 대한 돈의 가치The Money Value of a Man'였다.

영국의 논리학자이며 생물학자, 조셉 우드거Joseph H. Woodger[46]는 1937년

---

42) Godfrey Harold Hardy(1877-1947). 영국 수학자. 생물학에서는 집단유전학 Hardy-Weinberg법칙으로 알려짐

43) Wilhelm Weinberg(1862-1937). 독일 산부인과의사. 1908년 독일어로 출간한 논문의 내용은 그 후, 하디-바인베르크(Hardy-Weinberg) 법칙의 개념을 제시

44) Ronald Aylmer Fisher(1890-1962). 영국 통계학자, 유전학자. 근대통계학의 기반을 거의 홀로 이루어낸 천재로 불림. 유전학에서 수학으로 멘델유전학과 자연선택을 연결시킴, 20세기 초 진화론에서 다윈을 다시 부활시키는 데 기여. 실험농업연구로 수백만 기아를 해결

45) Alfred James Lotka(1880-1949). 미국 수학자, 물리화학자. 인구역학과 에너지 분야의 통계학자, 포식자-피포식자 모형 제안으로 유명한 생물물리학자

46) Joseph Henry Woodger(1894-1981). 영국 이론생물학자, 생물철학자. 생물학을 더 엄격

출간한 저서, '생물학의 공리적 방법Axiomatic Method in Biology'과 1939년 출간한 저서, '생물학 원칙Biological Principles'에서, 오늘날에는 당연하게 받아들이는, 진화의 가계도에 대한 개념을 설명하면서 생물학을 체계화시키려고 시도하였다.

캘빈 브리지스Calvin Bridges

1938년 또 다른 전설적인 유전학자는 자신의 존재를 알리려고 했다. 미국의 유전학자이며, 모건Morgan의 제자인 카네기Carnegie 연구소의 브리지스Calvin Bridges[47]는 그 해, 초파리-유전학 실험에서 널리 사용되는 염색체에 대한 상세한 청사진을 만들어냈다. 그가 남긴 가장 훌륭한 업적 가운데 하나는 거대한 타액 염색체의 유전자 위치에 대한 연구였다.

피셔와 의태Fisher and Mimicry

유전학의 또 다른 이정표는 영국의 유전학자이자 수학자인 피셔Fisher가 1927년 출간한 '의태의 유전적 기반-매혹적인 현상the genetic basis for mimicry-a fascinating phenomenon'에 대한 논문이었다. 특히 곤충의 세계에서 일상적인 의태는 다른 종이나 자연의 대상물까지 닮음으로써 스스로를 보호하는 것을 의미한다. 예를 들면, 맛있는 나비들 가운데 특정 종은 맛없는 종의 모양과 유사하여 잠재적 포식자로부터 피할 수 있는 이익을 가진다. 이 외에도, 피셔는 멘델의 법칙에 기초한 진화이론의 창시자 가운데 한 사람이었다.

하고 임상적으로 추구하려고 노력, 이 시도는 21세기 생물철학에 유의한 영향을 줌

47) Calvin Blackman Bridges(1889-1938). 미국 과학자. 유전학 분야에 기여. 스투트반트(Sturtevant), 뮐러(Muller)와 함께 콜롬비아대학교 모건 초파리 실험실의 일원이었음

비들과 그의 시대: 오래가는 오개념

Beadle and His Time: Long-Standing Misconceptions

미국의 유전학자 비들George Wells Beadle[48]은 생물체의 다양한 해부학적, 생리학적 특징의 유전적 기반을 탐색하는 전통을 이어나갔다. 비들은 확실히 분자생물학의 창시자 가운데 한 사람이었다. 그는 1925년 코넬대학교에서 박사 후 연구과정을 지냈고, 그 후 눈 색깔을 조절하는 유전인자를 다루기 시작하였다. 1930년대 후반 그는 스탠포드의 생물학 교수가 되었으며, 스탠포드에서 동료, 유명한 생화학자 테이텀E. L. Tatum[49]과 함께 곰팡이, 뉴로스포라Neurospora crussa의 유전을 정밀하게 조사하기 시작하였다.

테이텀Tatum은 유전학의 진정한 천재들 가운데 한 사람이다. 그는 스탠포드와 예일 두 대학교에서 생물학을 전공하였으며, 1957년 록펠러연구소에 들어갔다. 그는 1946년 곰팡이 뉴로스포라를 사용한 세균 배양액에서 나타나는 돌연변이에 대해, 뉴저지의 유전학자, 레더버그Joshua Lederberg[50]와 협업을 시작하여, 세균에는 유전자가 존재하지 않는다는 초기 이론이 틀렸다는 것을 밝혀냈다. 사실, 그는 유전자가 세균의 모든 생화학적 과정을 조절한다는 것을 증명하였다. 얼마 후 그는 비들과 팀을 이루었다. 테이텀과 비들의 실험기술에서 불길한 요소는 X선을 이용하여 돌연변이를 인위적으로 유도한 것이었다. 비들과 테이텀은 곧바로 유전자가 세포 내 모든 화학반응을 추적하고 조절한다는 이론을 고안해 냈다. 그들은 이 가정이 옳음을 신속하게 정당화시켰고 그 이후로 생물학에서는 이 발견을 '1유전자－1효소 이론'으로 알려지고 있다. 즉, 자연은 각 유전자마다 특이한 효소를 생성하도록 만들었다는 것이다. 1958년 테이텀, 비들, 그리고 버

48) George Wells Beadle(1903－1989). 미국 유전학자. 1958년 테이텀(Tatum)과 공동으로 세포 내 생화학 활동을 조절하는 유전자의 역할을 발견, 노벨생리의학상을 수상

49) Edward Lawrie Tatum(1909－1975). 미국 유전학자. 1958년 비들과 노벨생리의학상을 공동수상, 대사작용 단계별 조절 유전자를 발견

50) Joshua Lederberg(1925－2008). 미국 분자생물학자, 미생물 유전학자. 1958년 33세에 노벨생리의학상을 비들, 테이텀과 공동수상. 세균이 짝짓기와 유전자 교환－세균접합－하는 것을 발견한 업적으로 수상

클리의 레더버그는 노벨상을 나누어 받았다. 레더버그는 세균의 핵산 구성을 해독하고 유전자 재조합에 대한 연구로 수상한 반면, 비들과 테이텀은 유전자와 효소의 상호작용에 대한 현상을 어렵게 밝혀내면서 상을 획득하였다.

리센코주의 Lysenkoism

사소한 오류보다 더 좋지 않은 것은 이데올로기적인 독단이었다. 20세기 몇몇 불행스러운 이념들이 발전했으며, 이로서 실로 과학은 퇴보하였다. 1930년대부터 1960년대 소련의 리센코Trofim Lysenko[51]는 스탈린Stalin[52]의 전격적인 지원을 받으면서, 소련의 모든 생물학 연구소를 총괄하였다. 리센코는 교육을 잘 받은 과학자였음에도 불구하고, 그는 한 세대에서 획득한 특성이 다음 세대로 유전된다는 내용으로, 오랫동안 반박 받아온 라마르크Lamarck의 믿음을 지니고 있었다. 이런 시대착오적 관념을 그가 왜 믿었는지 이유는 명백하지 않았지만, 라마르크주의를 믿는 데에는 마르크스주의–레닌주의 철학이 반영된 것으로 볼 수 있다. 더 이성적인 과학자들은 그를 용감하게 반대하였으며, 때때로 그들은 이 일로 상당한 위험에 처해지기도 하였다. 예를 들면, 1940년 저명한 업적을 가진 러시아 유전학자 바빌로프Nikolai I. Vavilov[53]는 리센코와 리센코가 주장하는 모든 것들에 대해 공개적으로 용감하게 반대하였다.

그리고 그 일로 바빌로프는 체포되었다. 소련 정부는 그가 저지른 '범죄'로

51) Trofim Lysenko(1898–1976). 우크라이나 태생 소련 농생물학자. 학창시절 농업에 관심을 가지고 몇몇 프로젝트에 참여하다가, 식물의 생활사에 미치는 온도의 영향에 대한 연구에서, 온도처리로 겨울밀을 봄밀로 전환시킬 수 있다는 점을 제안하였음. 이 과정은 이후 춘화처리vernalization로 번역됨, 획득형질이 유전되며, 멘델의 유전을 받아들이지 않았으며, 이후 비과학을 리센코이즘(Lysenkoism)으로 부르기도 함

52) Joseph Vissarionovich Stalin(1878–1953). 1920년대부터 1953년 사망 시까지 소련 지도자. 공산당중앙위원회 위원장을 역임

53) Nikolai Ivanovich Vavilov(1887–1943). 러시아, 소련의 유명한 식물학자, 유전학자, 식물 재배의 기원을 밝힘. 평생 지구상 인구를 유지시킬 수 있도록 밀, 옥수수 그 외 다른 곡물을 개선하는 연구를 수행함. 리센코를 공개적으로 공격한 일로 인해 우크라이나로 망명 중 1940년 8월 체포됨. 1941년 사형을 선고받음. 1942년 20년 징역 형벌로 감형되었지만 1943년 감옥소에서 굶주림으로 사망함

사형선고를 내렸다. 비록 소련 권력층들은 수많은 서구 지식인들이 눈에 띄도록 격렬하게 항의하는 글들 때문에 사형에서 투옥으로 감형하였지만, 그는 결국 감옥소 당국의 혹사에 굴복하였다. 그럼에도 불구하고 1951년, 그의 저서, '재배식물의 기원, 변이, 면역, 그리고 육종The Origin, Variation, Immunity and Breeding of Cultivated Plants'은 세상에 출간되었다.

여전히, 러시아만이 비합리적 이데올로기 더미에 휩쓸리고 있는 유일한 나라가 아니었다. 미국에서는 그 유명한 '스콥스의 원숭이 재판Scopes monkey trial' 일정이 가까워지자, 진화에 대한 공격과 반격은 맹렬하게 증가하였다. 1925년 열성적인 근본주의자들은 다른 사이비종교 단체의 지원을 받으면서, 고등학교 생물학 시간에 진화를 가르치는 스콥스John T. Scopes를 성공적으로 기소하였다. 그러나 겁내지 않는 용감한 생물학자들은 다윈의 가르침이 진실이라는 것을 계속해서 주장하였다. 이 중대한 분기점에서 이 사건들에 비추어 볼 때, 사회의 일부 대중들은 과학과 과학적 방법을 잘 이해하지 못하고 있다는 것들을 보여주었다.

그러나 과학자들은 단순히 생물체가 어떻게 자신을 유지시키는지에만 흥미를 가지고 있는 것이 아니었다. 그들은 또한 생물체가 어떻게 행동하는지에 대해서도 이해하기를 원하였다.

비교행동학에서의 사회적, 생태학적 논의들

Social and Ecological Issues in Ethology

20세기 초 10년 동안, 새로운 영역, 비교행동학–동물행동에 대한 과학–은 형태를 갖추기 시작하였다. 1930년대 독일 생물학자 로렌츠Konrad Lorenz[54]의 연구업적이 나타나기 전까지, 비교행동학은 그 명확한 정체성을 완전히 드러낼 수 없었으며, 수년 동안 중요성도 크게 부각되지 않았다. 그러나 1913년 고

54) Konrad Zacharias Lorenz(1903–1989). 오스트리아 동물학자, 비교행동학자, 조류학자. 1973년 노벨생리의학상 공동수상. 근대 비교행동학의 창시자로 불림. 동물의 본능적인 행동을 연구. 특히 기러기를 실험대상을 연구함

등학교 교사 리건Johann Regan은 전화기를 사용하여 귀뚜라미의 독특한 소리가 짝짓기 신호라는 것을 증명하였다. 리건은 수컷 귀뚜라미를 전화의 송신기에 대고 울도록 하자 암컷 귀뚜라미가 전화의 수신기 쪽으로 향해 가는 것을 발견하였다.

오스트리아 비교행동학자 폰 프리슈Karl von Frisch[55]는 곤충의 의사소통에 대한 연구로 독창성을 발휘하였다. 1919년 폰 프리슈는 벌들이 통상적으로 소리로 소통하지 않는 반면, 몸의 움직임을 이용한 일종의 '모스 부호 morse code'를 통해 소통한다는 것을 밝혀냈다. 몇 년 후, 1965년 과학자들은 폰 프리슈의 고전적 연구업적과 부테난트Adolf Butenandt[56]의 업적을 놀라운 방법으로 발전시켰다. 존스W. A. Jones, 베로자Morton Beroza, 제이콥슨Martin Jacobson은 여러 종의 곤충들을 위해, 대안적인 물질 '사랑의 강력한 힘love potients'의 합성 페로몬 pheromone을 만들었다. 예를 들면, 나방에서 디스파루어disparlure[57]로 알려진 페로몬은 수마일 떨어진 곳에 있는 수컷 나방을 유인할 수 있다.

다행스럽게도 러시아의 다른 사람들은 위에서 논의했던 불운한 리센코와 달리, 동물행동에 대해 더 많은 흥미를 가지고 이에 대한 연구를 합리적이며 생산적인 방향으로 추진하기 시작하였다. 1934년 러시아 생태학자 가우스G. F. Gause[58]는 오늘날 가우스 원리로 알려진 이론을 고안하였다. 이 가우스 원리는

---

55) Karl von Frisch(1886－1982). 오스트리아 비교행동학자. 1937년 Nikolaas Tinbergen, Konrad Lorenz과 노벨생리의학상을 공동수상. 벌꿀의 감각인지에 대한 연구를 중점으로 수행. 꿀벌의 8자 춤의 의미를 최초로 번역해낸 학자 가운데 한 사람.1927년 저서, '벌꿀의 춤(The Dancing Bees)'을 출간함. 이에 대해 다른 과학자들은 반론을 제기하면서 회의적으로 받아들였지만, 이후 대부분의 연구내용이 정확하였음

56) Adolf Friedrich Johann Butenandt(1903－1995). 독일 생화학자, 1939년 성호르몬에 대한 연구업적으로 노벨화학상을 수상. 정부 정책으로 처음에는 수상을 거절하였지만, 1949년 제2차 세계대전 후 수상하였음

57) 매미나방류의 암컷을 유인하는 합성물질

58) Georgii Frantsevich Gause(1910－1986). 러시아 생물학자. 경쟁배타의 법칙 또는 가우스 법칙을 제안. 이 법칙은 생태학 원리 가운데 하나로, 같은 생태적 지위를 차지하는 두 종은 공존할 수 없다는 것. 한 생태계에 정확히 같은 생태적 지위를 차지하는 둘 이상의 종이 있다면, 생존에 조금이라도 더 유리한 종이 살아남고 다른 종은 절멸에 이르게 됨. 여기에는 환경이 일정하다는 조건이 뒤따르게 되는데, 일정한 환경에서는 두 종간의 작은 차이라 할지라도 세대를 거듭하며 한정된 자원의 이용 효율이 낮은 쪽은 궁극적으로 절

만약 두 종이 서로 충분히 비슷하다면, 비슷한 자원이 한정적인 장소에서 서로 경쟁해야 하기 때문에, 너무 가까운 장소에서는 함께 생존할 수 없다는 점이다. 가우스는 짚신벌레paramecia를 연구대상으로 한 고전적 실험에서 이것을 증명하였다.

로렌츠도 1935년 유사한 연구로 동물의 사회적 행동분석에 대한 개론적 연구를 수행하였다. 로렌츠가 이 연구를 통해 동물행동에 대한 과학, 비교행동학을 창시했다는 점은 그 누구도 부인할 수 없었다. 1903년 출생으로 비엔나대학교에서 의학을 공부하였으며, 1940년 쾨니히스베르크Konigsberg대학교 심리학 교수가 되었다. 쾨니히스베르크는 독일제국(역주–프로이센 왕국) 시절 철학자 임마누엘 칸트의 고향이다. 1960년대 그는 독일 막스플랑크Max Planck연구소로 옮겨갔으며, 거기서 그 지역에 서식하는 동물들의 행동에 대해 연구하기 시작하였다. 여러 연구업적들 가운데, 새의 구애, 짝짓기, 둥지 만들기 등의 행동들이 태어나면서부터 유전이나 환경에 의해 본능적 행동으로 명확히 각인되는 결정론적deterministic 특징을 발견하였다. 로렌츠는 동물의 사회적 행동에 대한 개론적 내용을 포함시킨, '솔로몬 왕의 반지King Solomon's Ring'를 출판하면서, 이 저서에 비교행동학의 대한 대부분의 연구내용을 요약하였다. 1966년 그는 전 세계의 모든 종들 가운데 사람만이 의도적으로 자신의 종 구성원을 죽인다는 내용을 담은 저서, '공격성에 대해On Aggression'를 완성하였다. 이 가설은, 적어도 최소한 수준에서 말한다 할지라도, 논쟁의 여지가 있다. 1973년 그는 이 연구업적으로 노벨상을 수상하였다.

로버트 아드리Robert Ardrey[59]는 1966년 저서, '텃세본능The Territorial Imperative[60]'에서 사람은 여러 측면에서 하등동물과 유사하다고 주장함으로써,

---

멸. 하지만 변화하는 환경에서는 이에 따른 자원이용의 효율성, 생존력 등 변동이 생겨 경쟁배타 원리를 그대로 적용하기 어려움

59) Robert Ardrey(1908–1980). 미국 극작가, 영화극본가, 과학저술가, 1966년 텃세본능 저서로 유명. 1950년대 자신의 학문적 배경에 따라 인류학, 행동학연구를 수행. 과학 분야 업적으로, 사회과학에서 오랫동안 유지된 가설을 뒤엎게 됨.

60) 텃세본능: The Territorial Imperative: A Personal Inquiry Into the Animal Origins of Property and Nations, 진화적으로 결정된 인간의 텃세에 대한 본능은 재산소유 및 국가

로렌츠의 논쟁적인 관점을 어느 정도는 반박하였다. 예를 들면, 명금류 새들과 같이, 사람들은 자연적으로 자기 땅을 수비한다. 그는 저서, '아프리카인의 기원 African Genesis'에서 사람은 태어나면서부터 공격적이기 때문에 도덕적 책임감은 공허한 개념일 수 있다고 주장하였다.

1950년대 1960년대 기간 동안, 네덜란드 동물학자 틴베르헌Nikolaas Tinbergen[61]의 연구가 나왔다. 그의 저서, '본능에 대한 연구The Study of Instinct'는 오늘날까지도 동물행동학에서 가장 포괄적이고 정확한 내용이라 할 수 있다. 그는 라이덴Leiden과 예일Yale 대학교에서 생물학을 공부하였고, 최종적으로는 라이덴대학교로 돌아와 실험생물학 교수직을 맡았다. 1966년 그는 옥스퍼드로 옮겨가서 동물행동을 조사하였다. 그는 재갈매기herring gull[62]를 포함한 여러 조류에 대한 대부분의 중요한 실험들을 수행하였다. 그는 동물의 행동이 종종 상당히 명확한 패턴을 따르는 것을 발견하였다. 이것은 이전 동물학자들이 알아낸 것보다 더 결정론적이었다. 1953년 그는 고전적 저서, '재갈매기The Herring Gull'를 출간하였다. 또한, 틴베르헌은 사람의 자폐증에 대해 조사한 성과로 이 질병에 대한 의학전문지식을 발전시키는 데 크게 기여하였다. 1973년 그는 프리슈Frisch, 로렌츠Lorenz와 공동으로 노벨상을 거머쥐었다.

로엡과 단성생식Loeb and Parthenogenesis

다른 분야에서도 더 많은 진척이 있었다. 미국 생리학자, 로엡Jacques Loeb[63]

건설의 메타현상으로 볼 수 있음. 이 저서는 인류학적 연구에 획기적으로 기여, 인류의 기원에 대한 대중적 관심을 높임. 인간의 본성 시리즈의 두 번째 저서임. 첫 번째 저서는 아프리카인의 기원(African Genesis), 세 번째 저서는 사회적 계약과 사냥 가설(The Social Contract, and The Hunting Hypothesis)임

61) Nikolaas 'Niko' Tinbergen(1907－1988). 네덜란드 생물학자, 조류학자. 1973년 프리슈, 로렌츠와 노벨생리의학상 공동수상. 동물의 개별 및 사회적 행동 패턴의 유도와 조직에 대한 연구, 비교행동학 창시자의 한 사람

62) 재갈매기는 갈매기과의 일종. 몸길이 60cm의 대형 종으로 몸빛은 전체적으로 잿빛이며, 날개는 어두운 회색, 목덜미에 회색 반점이 있음

63) Jacques Loeb(1859－1924). 독일 태생 미국 생리학자, 생물학자. 동물의 굴성과 본능에

은 제닝H. Jenning의 고등동물의 자극과 반응에 대한 연구를 확장시킨 것으로 잘 알려진 학자로서, 수정되지 않은 난자가 발생되는 단성생식이 존재한다는 것을 한 치의 실수도 없이 증명하였다. 이것은 여러 가지 방법으로 환경을 변화시키면서, 수정되지 않은 성게 알을 분열시켜 결국에는 성체로 성장하게 되는 실험을 관찰한 결과에서 분명해졌다. 이 연구를 회의적으로 받아들이고 있던 일부 과학자들은, 1958년 아르메니아 생물학자 다레브스키Ilya Darevsky[64]가 자신의 나라에 서식하는 도마뱀 가운데 수컷이 없는 것을 발견하였을 때, 심한 충격을 받았다. 아르메니아에서는 대신에 도마뱀 암컷이 단성생식으로 번식하였다. 그리고 진딧물, 윤충동물을 포함한 다른 종들도 그러하였다.

20세기의 생리학과 질병

Physiology and Disease in the Twentieth Century

20세기 생리학은 란트슈타이너Karl Landsteiner[65]의 노력으로 신선한 단계로 접어들었다. 란트슈타이너는 다방면에 관심이 많은 탁월한 학자들 가운데 한 사람이었다. 그는 다양한 시기에, 해부학, 바이러스학, 면역학에서 중요한 연구를 수행하였다. 오스트리아에서 태어났으며, 1891년 비엔나대학교 의대를 졸업하고 나서 유럽에서 수년간 더 공부하였다. 최종적으로 그는 미국 록펠러연구소 의학 연구 분야 연구직을 수락하였다. 1909년 처음 혈액에는 3가지 유형이 있다는 결론을 내렸으며, 4번째 유형은 그 후에 발견하였다. 그는 또한 한 개의 특정 유형은 다른 유형과 들어맞는다는 것을 확증하였다. 이 발견으로 위험을 감수하고

대해 연구. 해양무척추동물의 인공처녀생식 실험 실시. 성게에서 정자의 수정 없이 난자만으로 배 발생 실험을 수행. 즉 서식하는 물에 화학적 변화를 일으켜 배 발생이 일어나도록 자극하는 실험을 수행하였음

64) Ilya Sergeyevich Darevsky(1924–2009). 소련–러시아 동물학자–파충류학자, 러시아과학원, 연구경력 동안 34종의 파충류·양서류를 설명

65) Karl Landsteiner(1868–1943). 오스트리아 생물학자, 내과의사, 면역학자. 이후 네덜란드, 미국 시민. 1900년 혈액형을 구분. 혈액에서 응집되는 혈청을 발견. 환자의 생명을 위협하지 않고 수혈할 수 있게 됨. 1909년 소아마비 세균을 발견. 1930년 노벨상 수상

시술되었던 수혈이 일반적이고 안전하게 시행되었다.

여전히 란트슈타이너는 자신의 명성을 면역학 연구에만 안주시키지 않았다. 1940년 그는 자신의 능력과 위너Alexander Wiener[66]의 지식을 연결하여 Rh인자를 발견하고, 사람과 붉은 털 원숭이의 혈액세포 사이의 관계를 제안하였다. Rh인자는 특정 혈액형에서 발견되는 항원 그룹으로 표현된다. 즉 항체 생성을 자극할 수 있는 기질이다. 'Rh'라는 이름은 과학자들이 붉은 털 원숭이rhesus monkey에서 이 항원을 처음 발견한 사실로부터 유래한다. 이 인자를 가진 혈액을 'Rh+'라고 한다. 오늘날에는 만약 이 인자를 가진 사람의 혈액을 이 인자가 없는 혈액Rh−의 사람에게 수혈한다면 심각한 반응이 일어날 수 있다는 것을 알고 있다. 오늘날 우리는 Rh인자가 혈액의 호환성을 판단하는 데 중요한 요인임을 알고 있다.

질병생물학에서는, 브뤼셀Brussels대학교 보르데Jules Bordet[67]가 높은 위치를 차지한다. 1901년 그는 항체가 신체를 침입한 것(항원antigens)과 싸운다는, 즉 항원과 보완적으로 결합하여 무해하게 만든다는 원칙을 처음으로 고안해냈다. 이외에도 그는 세균에 대한 생리학을 연구하였으며, 매독에 대한 와서만Wasserman[68] 검사의 전구체를 개발하였다. 이 연구업적으로 1919년 노벨상위원회는 그에게 최고의 상, 노벨상을 수여하였다.

1940년대부터 1960년대까지 버넷Frank McFarlane Burnet[69]의 발견은 점점 강력해지고 있었다. 오스트레일리아에서 태어난 그는 멜버른Melbourne대학교에서 의학학위를 받았고 멜버른병원의 월터와 엘리자 홀 연구소the Walter and Eliza Hall Institute에 가서 학업과 연구를 계속하였다. 1957년 이전까지 그는 원

---

66) Alexander Solomon Wiener(1907−1976). 평생 뉴욕에서 거주. 의학 분야 업적으로 국제적으로 유명. 법의학, 혈청학, 면역학의 선구자. 1937년 란트슈타이너와 함께 Rh형을 발견. 결국 교차수혈방법을 발견하여 생명을 구함, 수많은 신생아의 용혈성질병을 치료

67) Jules Jean Baptiste Vincent Bordet(1870−1961). 벨기에 면역학자, 미생물학자

68) Wassermann test 또는 Wassermann reaction. August Paul von Wassermann 세균학자가 만들어낸 보체결합에 근거한 매독항체검사

69) Frank Macfarlane Burnet(1899−1985). 호주 바이러스학자, 면역학에 기여. 1960년 획득면역내성acquired immune tolerance을 예측한 업적으로 노벨상을 수상

래 독감 바이러스 전염에 관심을 집중시켰다. 이후 그는 점점 더 면역학의 수수께끼와 숙주 생물체가 외래 조직뿐만 아니라 다양한 자가면역질환과 정상노화를 어떻게 받아들이거나 거부하는지에 대한 연구에 점점 더 빠져 들어갔다. 버넷은 런던대학교 생물학자 메드와Peter Medawar[70]와 함께 1960년 조직이식의 면역반응에 대한 연구로 노벨상을 받았다.

1961년 생리학자들은 흉선이 면역체계의 활동을 조절하는 데 도움을 준다는 것을 알아차렸다. 면역계가 기능을 하려면, 태어나기 전부터 신체는 흉선에서 필요한 백혈구를 만들어낸다. 1962년 국립암연구소의 프랑스 내과의사 뮐러Jacques F. Miller는 막 태어난 쥐들의 흉선을 잘라내면, 이 쥐들은 조직이식을 쉽게 받아들이지만, 흉선을 그대로 둔 쥐들은 항상 거부한다는 사실을 확증하고 확장시켰다. 이런 방법으로, 그는 흉선은 면역계의 필수적인 부분이라는 가설을 확증하였다. 더 나아가 그는 쥐의 흉선을 건드리면 발암률에 영향을 주는 것도 보여주었다.

소아마비 백신은 면역학을 입증하다

The Polio Vaccine Validates the Science of Immunology

1930년 밴더빌트Vanderbilt대학교 미국 생물학자 굿파스쳐Ernest Goodpasture[71]는 달걀 속에 바이러스를 배양하는 과정을 설명하였다. 그 덕분에 오늘날 사람들이 바이러스를 원하는 대로 생산할 수 있게 되었다. 바이러스를 키우는 인공기술이 출현함으로써, 과학자들은 어떤 바이러스성 질병이라도 원인인 바이러스를 배양할 수 있게 되었다. 일단 배양한 후, 소량의 바이러스를 사람에게 직접적으로 접종시킬 수 있다. 그러면 신체 내부에 바이러스가 존재함으로써 신체는

70) Peter Brian Medawar(1915–1987). 브라질 태생 영국 생물학자. 이식거부와 획득면역내성을 연구. 조직이식과 장기이식의 기반마련. 면역학에서는 이식의 아버지로 불림

71) Ernest William Goodpasture(1886–1960). 미국 병리학자, 내과의사. 전염병, 리케차 및 세균성 질병의 발병학에 기여. 이 업적으로 독감, 수두, 천연두, 황열병, 발진티푸스 등 질병의 백신 개발이 가능해짐

항체를 만들게 되며, 이로서 사람은 그 질병에 대한 면역을 얻을 수 있었다. 차례로, 이 기술로 1950년대 소아마비 백신을 만들 수 있게 되었다. 1952년 뉴욕의 솔크Jonas Salk[72]는 죽은 소아마비 바이러스를 이용하여 소아마비 백신을 만들었다. 솔크는 생물학과 의학의 연보에서 진정한 불멸의 사람들 가운데 한 명이다. 1914년에 태어난 그는 1939년 뉴욕대학교에서 의학박사 학위를 받았다. 이어 그는 미시간대학교와 피츠버그대학교에서 재직하였다. 미시간에서 그는 독감바이러스를 공략하기 시작하였고, 이후 피츠버그에서 이 연구를 계속하였다. 1940년대 솔크는 소아마비 백신을 만들어내는 역사적인 연구를 시작하였다. 그리고 그는 완벽하게 성공하였으며, 거의 즉각적으로 대량접종이 시작되었다. 1954년 내과의사들은 백신을 전국적으로 사용하였다.

비록 초기 백신이 분명 인상적이었지만, 1957년 세이빈Albert Sabin[73]은 또 다른 '살아있는 바이러스' 백신을 개발하면서, 궁극적으로는 솔크의 원래 방법을 이 백신 방법으로 교체하였다. 이 백신의 살아있는 바이러스는 신체 내에서 더 강력한 항체반응을 생성해냈으며, 이로서, 더 높은 수준의 면역을 가지게 되었다. 이것은 매우 중요한 사건이었으며, 이로서 당시 과학은 바이러스와 사람의 질병 사이의 관계에 대한 수수께끼를 풀어가는 데 최고 속도의 변속기어로 가속시키고 있었다. 예를 들면, 1936년 펜실베이니아 잭슨기념실험실Jackson Memorial Laboratory의 생물학자 비트너John Bittner[74]는 암컷 쥐가 자신의 젖 속의 '비트너 젖/모유 인자Bittner milk factor'를 통해 어린 새끼에게 암을 전이시킬 수 있다는 것을 증명하였다. 이 발견은 포유동물 모유는 바이러스를 보유할 수 있다는 사실이 잘 알려져 있었기 때문에 바이러스가 암의 원인이 될 수 있다는 것에 대한 최초의 명백한 증거가 되었다.

---

72) Jonas Edward Salk(1914–1995). 미국 의학연구자, 바이러스학자. 최초로 소아마비 백신을 발견하고 개발

73) Albert Bruce Sabin(1906–1993). 당시 러시아 제국령 이후 폴란드 영토인 비아위스톡(Białystok)에서 태어난 폴란드–유태인, 폴란드계 미국인 의학연구자. 소아마비 질병을 거의 퇴치하는 데 핵심적 역할을 한 경구용 소아마비 백신을 개발한 것으로 유명

74) John Joseph Bittner(1904–1961). 미국 펜실베이니아 메드빌 출생 미국인 유전학자, 암 생물학자. 유방암 연구의 유전학에 기여

생식생물학Reproductive Biology

이 시대에 생식생물학도 이 분야 자체적으로 나타났다. 1901년 러시아 생물학자 이바노프Ilya Ivanov75)는 인공수정연구소를 최초로 설립하였다. 그 후로 인공수정은 사람마다의 관점에 따라 혜택으로 또는 끔찍한 악으로 인식될 수 있다. 무자녀 부부들은 1970년대에 새롭게 개발된 수정기술들을 절박하게 원했으며, 다양한 인공수정 기술들로 자녀를 가지기를 원하였다. 소위 시험관 수정에서, 의사들은 여성으로부터 난자를 추출하여 체외 수정을 시킬 수 있다. 이것은 차례로 수많은 신학자들, 철학자들, 법률가들, 그리고 일부 의사들 자신들조차 '자연을 함부로 주무르는 일tampering with nature'이라는 논란의 소용돌이에 휩싸이도록 이끌어 갔다.

여전히 생식생물학은 항상 심각한 대상은 아니지만 도덕적 엄격성이라는 짐을 짊어지고 있다. 다른 과학자들은 그럼에도 불구하고 '연구 그 자체'라는 허울적인 명목하에, 놀이에 더 새롭고 더 좋은 장난감들을 찾고 있었다.

생물학에서 기술의 역할Technology in the Service of Biology

20세기, 기술은 그 어떤 때 보다 더 빠른 속도로 발전하였다.

20세기 첫 10년 후반에 라이덴대학교의 네덜란드 생물학자 아인토벤Willem

---

75) Ilya Ivanovich Ivanov(1870－1932). 러시아, 소련 생물학자. 인공수정과 동물의 종간 교배를 전문적으로 연구. 사람－원숭이 잡종을 만들려는 논쟁적인 시도에 관련되었을 것임. 1910년 그라츠에서 개최된 세계동물학위원에서 인공수정을 통해 사람－원숭이를 만들 수 있는 가능성에 대해 발표하였음. 1920년대 사람－사람 아닌 원숭이의 잡종을 만드는 일련의 실험을 수행함. 인간의 정자를 암컷 침팬지에 수정하였으나 임신이 실패했음. 1929년 원숭이 정자와 지원한 여성이 참여하는 일련의 실험을 수행하였으나, 실험실의 오랑우탄 죽음으로 지연됨. 소련 과학계에서 정치 개혁이 일어나는 동안, 영장류 연구 및 실험에 참여한 수많은 과학자들과 이바노프는 직장을 잃게 됨. 1930년 봄, 이바노프는 수의학연구소에서 정치적으로 비판을 받음. 결국, 1930년 12월 13일 체포되었음. 죄 값으로 알마아타Alma Ata에서 5년간 집행유예를 선고받고 카자흐스탄 수의동물학 연구소에서 근무하면서 유배생활을 하는 중 1932년 3월 20일 뇌졸중으로 사망

Einthoven[76]은 '줄 검류계string galvanometer'를 만들었다. 이 장치는 실용적 측면에서 심전계의 선구였으며, 심장으로부터 방출되는 전류를 측정할 수 있게 되었다. 14년 후, 1924년 아인토벤은 이 기술을 개발한 업적으로 생리학 분야의 노벨상을 획득하였다. 그는 2년 후 라이덴에서 사망하였다.

스웨덴의 스베드버그Theodor Svedberg[77]는 '초원심분리계ultracentrifuge'를 만들어냈고 이 실험장치는 매우 빨리 회전하여 액체에서 부유하는 어떤 입자도 실제 분리할 수 있었다. 스베드버그는 입자들을 분리해내는 데 필요한 소요시간은 입자들의 분자량과 상당히 합리적으로 상관되어 있다는 것을 알아차렸다. 이 관찰에 힘입어 새로이 부상하는 생화학자들은 거대 유기체 분자의 무게를 측정weigh할 수 있게 되었으며, 이 무게 측정은 생화학에서 미래 발전을 위한 필수적 단계가 되었다. 이 업적은 1926년 스베드버그에게 노벨상을 안겨주었다. 영국의 저명한 생화학자 버널J. D. Bernal[78]은 스베드버그의 업적에 대해 다음과 같이 언급하였다.

> 물리화학자의 연구, 특히 스베드버그의 연구는 활성 단백질이 명확한 분자량을 가진 분자의 형태로 존재하며, 최근 X선 구조 분석은 단백질들이 동일한 분자로 구성된 화학적 화합물임을 완벽하게 보여준다.[48]

그래서 칼텍Caltech의 디킨슨Roscoe Dickinson[79]과 폴링Linus Pauling과 같은 이론가들이 X선 회절 사용방법을 유럽으로부터 도입하여 미국에 소개했던 일은 놀랄 일이 아니다. 이 기술로, X선 광선을 물질에 비추면, 광선으로부터 반사하

76) Willem Einthoven(1860–1927). 네덜란드 의사, 생리학자. 1903년 최초의 실용적인 심전도(electrocardiogram: ECG or EKG)를 발명

77) Theodor Svedberg(1884–1971). 스웨덴 화학자 노벨수상자. 웁살라대학교에서 연구 활동

78) John Desmond Bernal(1901–1971). 아일랜드 태생 영국 과학자. X선 결정학을 분자생물학에 이용하는 연구의 선구자

79) Roscoe Gilkey Dickinson(1894–1945). 미국 화학자, 원래 X선 결정학에 대한 연구를 수행, 캘리포니아공과대학의 화학 교수, 노벨 수상자 폴링과 pH meter 발명가 베크만(Arnold O. Beckman)의 박사학위 지도교수

는 패턴으로 관찰하는 물질의 구조를 추측해 낼 수 있다. 라우어Max von Laue[80]와 브레그William Bragg[81]는 이 기술을 도입하여 무기 결정체의 구조를 탐색하였다. 이 무기 결정체는 관광객 대상 광물기념품 가게에서 쉽게 발견할 수 있다. 일부 과학자들은 이 기술을 거대 생물학적 분자들에 적용하기 시작하였고 분자 구조의 비밀을 유사하게 풀어낼 수 있을 것으로 기대하였다.

X선 결정학자들 가운데 가장 중요한 사람은 영국 리즈Leeds대학교 생물학자 애스트버리W. T. Astbury[82]였다. 양모를 조사하는 중, 그는 양모의 X선 사진에서 잡아 늘린 긴장 상태와 풀려 있는 이완 상태 사이에 뚜렷한 차이가 있다는 것을 발견하였다. 이 연구결과로 생물학에서는 X선 회절로 단백질 구조를 산출해 낼 수 있다는 결실을 얻게 된다. 그는 이 연구결과를 직물뿐만 아니라 광물구조에 대한 연구에도 적용하였다. 1934년 영국 버벡Birbeck대학교 생물학자 버넬John Desmond Bernal은 단백질에 대한 X선 연구방법을 발명하였으며, 이 새로운 기술을 사용하여 최초로 펩신의 단백질 결정체를 사진으로 찍을 수 있었다.

1953년 X선 결정학 기술은 또 다른 도약을 이루어냈다. 그 해, 오스트리아 태생 캠브리지 생물학자 퍼루츠Max Perutz[83]는 켄드루John Kendrew[84]의 도움을

---

80) Max Theodor Felix von Laue(1879–1960). 독일 물리학자. 1914년 결정체의 X선 회절 발견으로 노벨물리상 수상, 광학, 결정학, 양자이론 초전도성, 상대성이론을 연구. 사회주의를 강력히 반대. 제2차 세계대전 후 독일과학을 재구성

81) William Lawrence Bragg(1890–1971). 호주 태생 영국 물리학자, X선 결정학자. X선 회절에 대한 Bragg법칙은 결정체 구조를 찾아내는 기본이 됨. 1915년 아버지 William Henry Bragg와 함께 노벨물리상 수상. 2016년 현재까지 가장 어린 과학자(25세)로 노벨물리상 수상. 1953년 2월 왓슨과 클릭이 DNA 구조를 발견한 당시 캠브리지 캐번디시연구소 소장이었음

82) William Thomas Astbury(1898–1961). 영국 물리학자 분자생물학자, 생물학적 분자의 X선 회절 연구의 개척자. 폴링의 알파 이중나선 발견의 기반이 되는 켈라틴(keratin) 연구를 수행. 1937년 DNA 구조를 연구, 이를 밝히는 첫 번째 단계를 이루어냈음

83) Max Ferdinand Perutz(1914–2002). 오스트리아 태생. 영국 분자생물학자. 1962년 John Kendrew와 공동으로 헤모글로빈(hemoglobin)과 미오글로빈(myoglobin) 구조 발견으로 노벨화학상 수상. 1979년 캠브리지 Copley Medal을 창립

84) John Cowdery Kendrew(1917–1997). 영국 생화학자, 결정체학자. 1962년 Max Perutz와 노벨화학상 공동 수상. 이 연구팀은 캠브리지 캐번디시(Cavendish Laboratory) 실험실

받아서 새로운 기술을 고안해냈으며, 이 기술은 X선 사진 기술을 엄청나게 뛰어난 양질로 개선시켰다. 이 발견을 이루어내기 위해서, 그는 납lead과 같은 다소 무거운 원소를 관찰할 대상 분자에 추가하였다. 그리고 난 후 퍼루츠는 1960년 헤모글로빈에 무게가 큰 원소를 추가하여 구조를 선명할 정도로 구체화시킨 업적으로 이름을 떨쳤다. 이어지는 몇 년간 많은 사람들이 이 기술을 유리하게 사용하였다.

아마도 이 시대 가장 앞서가는 기술의 혁신은 아날로그 컴퓨터였다. 1930년 물리학자 부시Vannevar Bush[85]는 그러한 기계(아날로그 컴퓨터)의 원조를 고안해냈다. 그 후 겨우 6년 뒤, 추제Konrad Zuse[86]는 진공관 대신 계전 형식을 사용하여 디지털 컴퓨터를 만들어서 컴퓨터 기술을 향상시켰다. 1959년 인류학자 프린스Derek Prince는 지중해에서 원시적인 구조의 컴퓨터를 발견하여, 컴퓨터가 20세기 최초로 나타났다는 환상에서 벗어나게 된다. 이 발견에서 가장 흥미로운 부분은 기원전 65년으로 거슬러 올라가는 시기의 발견이 곧 현실화될 것이라는 점이었다.

1939년 미국 이론물리학자 아타나소프John Atanasoff[87]는 수학 방정식을 해결하는 대신, 최초로 전기컴퓨터, 계수형 컴퓨터를 개발하였다. 그는 이 기술을 확장시켜서, 베리Clifford Berry[88]와 함께 가장 최근 컴퓨터 구조의 기반이 되는 아타나소프－베리Atanasoff－Berry라는 컴퓨터를 고안해냈다. 1944년부터 맨체스터Manchester대학교 수학자 튜링Alan M. Turing[89]은 컴퓨터를 연구하기 시작하였

에서 헤모(hemo)를 포함한 단백질을 연구

85) Vannevar Bush(1890－1974). 미국 공학자, 발명가, 과학행정가, 제2차 세계대전 중 미국 연방 과학연구개발국 국장 역임. 전쟁 중 맨해튼 프로젝트를 포함한 R&D를 추진

86) Konrad Zuse(1910－1995). 독일 도시공학자, 발명가, 컴퓨터 개척자. 가장 큰 업적은 최초로 컴퓨터 프로그램을 제작

87) John Vincent Atanasoff(1903－1995). 미국 물리학자, 발명가

88) Clifford Edward Berry(1918－1963). 1939년 Atanasoff가 계수형 컴퓨터를 개발하는 데 지원함

89) Alan Mathison Turing(1912－1954). 영국 컴퓨터과학자, 수학자, 논리학자, 암호해독자, 철학자, 이론생물학자. 이론컴퓨터과학을 발전시키는 데 지대한 영향을 줌. 튜링 기계의 대수학과 계산학의 개념을 형식화시켰음. 이론컴퓨터과학, 인공지능의 아버지로 간주

다. 오늘날, 튜링은 다소 불공평할 수도 있지만 악평을 듣고 있는데, 이는 질 낮은 '튜링검사' 때문이다. 소문에 따르면, 이 검사는 기계가 생각을 할 수 있는지 여부를 측정하는 방법이었다. 그럼에도 불구하고 캘리포니아대학교 설John Searle[90]과 같은 학자들의 성찰 덕분에, 오늘날 많은 사람들은 그에 대한 악평이 잘못된 것을 알고 있다. 이전에 철학자 비트켄슈타인의 감회를 반영하듯, 설Searle은 저서, '마음, 뇌, 과학Minds, Brains and Science'에서 다음과 같이 말하고 있다.

> 컴퓨터가 마음을 가질 수 없는 이유는 단순한데, 즉 컴퓨터 프로그램은 단지 구문론적이며, 마음은 구문론적 이상의 것이다. 마음은 의미론적이어서, 마음은 문장에서 형식적 구조 이상의 것으로, 내용을 가지고 있다.[49]

이 논점들은 엄청나게 복잡하며, 이 저서에서 다루는 내용의 범위를 넘어선다. 그럼에도 불구하고, 대략적으로 설Searle의 생각은 어떤 컴퓨터이든지 신호를 조작할 수 있지만 신호의 의미를 이해하지는 못한다는 것이다. 그는 위의 저서에서 지금도 유명한 '중국어 방Chinese Room' 사고 실험을 설명하였다. 이 중국어 방 사고실험은 컴퓨터 프로그래머들(도대체 중국어가 무엇인지 전혀 이해하지 못하는)이 특정 규칙을 따라가면서 영어 단어와 문장에 대응하는 중국어를 짝지어 내는 실험이다. 이렇게 하면 중국어 문장이 정확하게 만들어진다. 설Searle이 논쟁한 것과 같이, 누구든지 튜링검사를 통과했다 할지라도 중국어 방 사고실험에 참여한 컴퓨터 프로그래머들이 중국어를 이해했다고 주장하지는 못할 것이다. 비록 모든 사람들이 설의 생각을 다 받아들이지는 않지만, 이 논쟁들은 엄청난 영향을 주었으며, 상당한 논의를 촉발시켰다.

어떤 경우이든지 간에, 튜링검사는 뛰어나고 멋진 개념이었다. 실행 수준에서 한 걸음 더 나아가는 업적으로, 튜링은 컴퓨터를 진정하게 발전시켰다. 튜링

---

90) John Searle(1932－). 언어 및 심리 철학자, 캘리포니아 대학 교수. 튜링 검사에 대한 반론으로 중국어 방 사고실험을 제안

은 윌리엄F. C. Williams[91]과 킬번T. Kilburn[92]의 도움으로 1943년 완전한 규모의 컴퓨터, 콜로서스Colossus를 최초로 개발하였다. 의심할 여지없이, 이 컴퓨터의 가장 중요한 용도는 독일군 암호 해독이었다. 흥미롭게도 튜링은 생물학 연구도 조금은 이루어냈다. 1952년 그는 사람에 존재하는 일종의 중요한 화학물질을 모르포젠morphogens[93]으로 명명하였으며, 사람의 생물학적 외형을 제어한다고 주장하였다. 한 사례로 두 가지 모르포젠은 얼룩말의 줄무늬를 발생시킬 수 있다.

이러한 업적들에도 불구하고, 컴퓨터가 미국 주류계로 들어가기까지는 수년이 걸렸는데, 이는 컴퓨터 과학이 컴퓨터를 프로그래밍할 수 있는, 보다 효과적인 '언어'를 기다려야 했기 때문이었다. 1956년 왓슨연구센터[94]의 배커스John Backus[95]는 포트란FORTRAN이라는 최초의 컴퓨터 프로그래밍 언어를 개발하였다. 이 포트란은 사람의 언어와 약간은 비슷해서 다루기에 좀 더 쉬웠다. 놀랄 일도 아닌 것은, 배커스는 이미 이전에 IBM70H와 ALGOL를 개발하였다.

1945년 미국 스페리 란드 회사Sperry Rand[96]의 컴퓨터 과학자 에커트John P. Eckert[97]와 모클리John Mauchly[98]는 ENIAC이라는 더 강력하고 이전 기계들과 비교할 수 없을 정도로 실용성을 갖춘 컴퓨터를 개발하였다. 그러나 이들 컴퓨터로 프로그래밍을 하는 일은 여전히 사람을 지치게 만드는 일이었다(뿐만 아니라 전기를 먹어치우는 돼지가 되었으며; 누군가가 컴퓨터를 켤 때마다, 지역 주민들은 불

91) Frederic Calland Williams(1911–1977). 영국 공학자. 제2차 세계대전 중 레이더 발전에 기여. Tom Kilburn과 함께 저장 프로그램 디지털 컴퓨터를 최초로 개발

92) Tom Kilburn(1921–2001). 영국 수학자, 컴퓨터과학자. 30년의 생산적인 경력 동안, 위대한 역사적 의미를 지닌 5개 컴퓨터를 개발

93) 역주: 형태발생을 제어하는 화학물질

94) Thomas J. Watson Research Center는 IBM Research 본부. 뉴욕시 인근 요크타운과 매사추세츠 주 캠브리지 시 2개 도시에 위치. 1915년부터 1971년까지 각각 회장과 CEO를 지낸 Thomas J. Watson, Sr.와 Thomas Watson, Jr.의 이름을 기념하여 명명한 연구소

95) John Warner Backus(1924–2007). 미국 컴퓨터과학자. 최초로 널리 사용된 수준 높은 프로그래밍 언어 FORTRAN을 발명 사용

96) Sperry Corporation(1910–1986). 미국의 주요 전기부품 회사, 수차례 병합으로 현재는 Unisys 일부, 나머지 일부는 Honeywell에 포함

97) John Adam Presper Eckert Jr.(1919–1995). 미국 전기공학자, 컴퓨터 개척자

98) John William Mauchly(1907–1980). 미국 물리학자

평을 퍼부었다. 이는 컴퓨터가 거대한 식욕으로 마을 전체의 전기를 먹어치워 버렸기 때문이다). 1951년 레밍톤 란드 회사Remington Rand Corporation[99]는 에커트가 고안한 BINAC과 UNIVAC I을 판매하기 시작하였다. 이 컴퓨터는 시중에서 판매된 최초의 컴퓨터였다. 이 컴퓨터는 또한 자석 성질을 지닌 자기 테이프에 자료를 저장한 최초의 기계였다. 이후 컴퓨터는 성능과 복잡성, 가격 측면에서 향상되었으며, 1984년에서야 비로소 애플apple이 나오면서, 미국 가정에서는 효율적이며 저렴한 가격의 컴퓨터를 구매할 수 있었다(모클리는 우연하게도 컴퓨터를 사용하여 달이 강우량에 영향을 준다는 사실을 최초로 증명하였다).

얼마 지나지 않아 컴퓨터는 미국인 생활을 지배하게 되었고, 수학 유전학에서도 두드러지게 등장하였다. 여전히 컴퓨터는 놀라운 기술을 드러낸 다음에 또 다른 놀라운 기술을 나타냈다. 1930년 스웨덴 과학자 티셀리우스Arne Tiselius[100]는 생물학 실험 도구의 보관실에 상당히 새로운 도구들을 추가하였다. 티셀리우스는 웁살라Uppsala에서 과학 분야 학위를 받았고 그 대학의 생화학 교수가 되었다. 그는 첫 번째 과학적 도전으로 그의 동료 스베드버그Svedberg와 함께 단백질 구조에 대한 연구를 수행하였으며, 이 연구에서 원심분리 기술, 또는 실험대상 샘플을 빠른 속도로 돌려서 원하지 않는 다른 물질로부터 단백질을 분리해내는 방법을 사용하였다. 좀 더 구체적으로, 이 기술은 단백질과 같은 거대분자들은 전기장에서 크기와 구조에 따라 서로 다른 속도로 이동하며, 그래서 서로 다른 단백질을 효과적으로 분리하는 방법을 제공한다. 티셀리우스는 또한 과학 정치계에서 적극적으로 활동하였다. 1947년 노벨위원회 부위원장을 역임하였고, 1948년 과학계는 그에게 노벨 화학상을 수여하였다.

그 다음 해 폴링Linus Pauling과 그의 연구원들은 전기영동 기술을 사용하

---

99) Remington Rand(1927-1955). 초기 미국 사무실용품 제조업자. 초기 타자기 제조업체로 알려졌으며, 이후 UNIVAC 컴퓨터 몸체를 만드는 회사로 회생. 1942－1945년 45구경반 자동소총을 제조. 1950년 Eckert－Mauchly Computer Corporation를 취득. ENIAC 컴퓨터를 제조. 1955년 Sperry 회사에 병합. 이후 Sperry는 1986년 Unisys에 병합

100) Arne Wilhelm Kaurin Tiselius(1902－1971). 스웨덴 생화학자, 1948년 전기영동 및 흡착 분석에 대한 연구로 노벨화학상 수상. 특히 혈청 단백질의 복잡한 본성을 발견한 업적으로 수상

여, 원래 흑인들에게 영향을 주는 질병, 겸상 적혈구성 빈혈의 원인인 헤모글로빈 분자의 오류를 분리해냈다. 1959년 여전히 다른 '유전적' 질병들의 비밀들이 밝혀졌다. 하나를 언급한다면, 생물학자 포드C. E. Ford101)는 터너Turner증후군이 비정상적인 염색체가 2차 성장이 일어나지 못하게 방해하거나, X염색체 1개가 부족한 것이 원인이라는 것을 증명하였다. 바로 같은 연도에, 제이콥P. A. Jacobs102)과 스트롱J. A. Strong103)은 클라인펠터Klinefelter 증후군, 즉 또 다른 비정상적인 염색체가 2차 성장을 불완전하게 만들고 때로는 지능을 감소시키는 질병으로 성염색체가 1개 더 있으며 유전형이 XXY일 때 발병한다는 것을 보여주었다.

놀랍게도 화학자들은 생물학 기술에 공헌하였다. 예를 들면, 1944년 제약회사Books Pure Drug Co의 영국 화학자 마틴Archer Porter Martin104)과 밀링턴Richard Millington105)은 '분리 크로마토그래피'로 알려진 기술과 가스 크로마토그래피라는 새로운 기술을 개발하였다. 연구자들은 이 독창적인 도구들을 이용하여 유기화합물을 구성하는 화학 원소들을 더욱더 쉽게 분석하였으며, 이후 새로운 항생제를 발견하게 되었다.

1902년 오스트리아 화학자 지그몬디Richard Zsigmondy106)와 시덴토프H. Siedentopf107)는 초현미경ultramicroscope을 고안해냈으며, 이를 통해 놀라울 정도로 앞서가는 선명도 높은 현미경을 탄생시켰다. 과학자들은 이전 어떤 현미경보다 더 강력해진 현미경으로 콜라이드 성 물질과 다른 종류의 물질들의 입자를

---

101) 1959년 영국 Harwell, Oxfordshire, 런던 Guy's Hospital에 근무한 찰스 포드 박사와 동료는 14세 여자의 터너 증후군을 최초로 발표

102) Patricia Ann Jacobs(1934－). 스코틀랜드 유전학자

103) John Anderson Strong(1915－2012). 스코틀랜드 내과의사, 에딘버러(Edinburgh)대학교 의과대학 교수

104) Archer John Porter Martin(1910－2002). 영국 화학자. Richard Synge와 함께 분리크로마토그래피 발명으로 1952년 노벨화학상 수상

105) Richard Laurence Millington Synge(1914－1994). 영국 생화학자. 1952년 Archer Martin과 공동으로 노벨화학상 수상

106) Richard Adolf Zsigmondy(1865－1929). 리하르트 아돌프 지그몬디, 오스트리아－헝가리 화학자 콜로이드 연구로 1925년 노벨화학상 수상. 달의 분화구 가운데 하나를 지그몬디 Zsigmondy 분화구로 명명하여 그의 명예를 기념

107) Henry Friedrich Wilhelm Siedentopf(1872－1940). 독일 물리학자, 현미경 개척자

관찰할 수 있게 되었다(콜라이드 성 부유물은, 실질적으로 매체 내에 용해되지 않고, 기체, 액체, 또는 고체 매체를 통해 균일하게 분산되는 입자들로 이루어져 있다). 사람들은 새로운 고안물, 현미경으로 관찰대상을 100Å의 크기, 일반 광학현미경의 배율보다 20배 정도 높은 배율로 볼 수 있게 되었으며, 이로서 현미경은 원래 광학현미경 배율보다 20배 이상 더 강력해졌다. 1908년 현미경 기술은 더욱 앞서가는 발전을 이루어냈다. 버클리Berkeley 생물물리학자 윌리엄Robley C. Williams[108]은 전자현미경으로 사진을 찍을 수 있는 '그림자shadowing' 기술을 고안해냈다. 이 기술은 관찰대상에 특수한 불투명 금속을 분사시키는 기술이다. 유사한 생각을 이용하여, 그는 또한 망원경의 반사경을 더욱 개선시켰다. 1945년 독일 물리학자 가이거Hans Geiger[109]는 가이거 계수기Geiger counter를 발명하였다. 비록 이 가이거 계수기는 생물학에 즉각적으로 적용되지는 않았지만, 그 후 이 계수기가 깊은 관련성을 가지게 되는 이유는 과학자들과 일반인들이 생물체 조직에 영향을 주는 방사선을 걱정하기 시작한 부분이다. 즉 스리마일 섬Three Mile Island과 체르노빌Chernobyl 사건 후 증폭된 두려움이었다.

아마도 틀림없이, 1937년 생물학자들을 위한 압도적인 기술 혁명이 일어났다. 미국 물리학자 힐리어James Hillier[110]와 프레부스Alvert Prebus는 전자현미경을 과감하게 재고안하여 혁명을 일으켰다. 이들은 전자현미경의 효율성과 해상력을 개선하였으며, 이후 궁극적으로 표준이 되었다. 이후, 러시아 웨스팅하우스Westinghouse의 기술자 즈보리킨Vladimir Zworykin[111]은 당시 전자현미경 배율을 더욱 높여 차세대 혁명을 이루어냈다. 이 전자현미경은 가장 강력한 광학현미경에 비교해서 관찰대상 크기를 50배로 확대할 수 있었다. 즈보리킨Zworykin은 또한 텔레비전을 개척하도록 만든 송상관, 아이코노스코프

---

108) Robley C. Williams(1980–1995). 미국의 초기 생물물리학자, 바이러스학자, 생물물리학회 초대 회장

109) Johannes "Hans" Wilhelm Geiger(1882–1945). 독일 물리학자, 원자핵을 발견한 Geiger-Marsden experiment으로 유명

110) James Hillier(1915–2007). 캐나다계 미국인 과학자, 발명가. 1938년 Albert Prebus와 높은 해상력의 전자현미경을 최초로 공동개발

111) Vladimir Kosmich Zworykin(1888–1982). 러시아 태생 미국 발명가, TV기술의 개척자

iconoscope[112])를 발명하기도 하였다.

전자현미경은 상당한 수준으로 발전되었다. 벨기에 생물학자 클로드Albert Claude[113])는 이 전자현미경을 사용하여 소포체의 실제 구조를 밝혀낼 수 있었다. 소포체는 세포질에 분포된 그물망으로 이루어진 소포세관tubules이다. 클로드는 부쿠레슈티Bucharest대학교에서 의학을 공부하였으며, 마침내 동 대학교 해부학 교수가 되었다. 제2차 세계대전 이후, 그는 록펠러연구소에서 근무하기 위해 미국으로 이사하였으며, 예일대학교에서 자리를 잡았다. 그는 전자현미경을 사용하여 세포의 가장 작은 세세한 부분들, 특히 세포에서 '에너지 제조공장'인 미토콘드리아를 조사하기 시작하였다. 그와 다른 사람들은 실질적으로 미토콘드리아가 세포의 세포질 내에 있는 소형의 '세포소기관'이라는 것을 발견하였다. 미토콘드리아는 세포질에서 발견되는 다른 세포 요소들과 다른 기관으로, 모계로부터 직접적으로 전달된 DNA를 가지고 있다. 미토콘드리아의 주요 기능은 세포 내 에너지 생산에 필요한 효소를 제조하는 일이다. 미토콘드리아 발견 이후, 클로드는 리보솜ribosome에 관심을 돌렸다. 이 리보솜은 세포 내 엄청난 개수로 존재하며, 크기가 작고 벙어리장갑 모양의 세포소기관이다. 그와 다른 사람들이 발견한 것과 같이, 리보솜은 단백질 분자를 제조하는 장소이다. 전자현미경뿐만 아니라 세포학 영역의 탁월한 업적으로, 록펠러연구소의 클로드와 미국인 펄레이드George Palade,[114]) 그리고 벨기에 세포학자 뒤브René de Duve[115])는 1974년 노벨

---

112) iconoscope 아이코노스코프, 송상관: TV의 실제 모습을 그대로 전파를 통해서 먼 곳으로 보내 영사하는 방식. 빛의 강약을 전류의 강약으로 바꾸어 방송하면 이것을 TV수상기로 받아 광도의 변화로 바꾸어 상을 형성. 소리는 라디오와 같은 방식으로 보냄

113) Albert Claude(1899－1983). 벨기에 의사, 세포생물학자. 1974년 Christian de Duve, George Emil Palade와 노벨생리의학상 공동수상. 생물학에서 최초로 전자현미경을 사용

114) George Emil Palade(1912－2008). 루마니아계 미국인 세포생물학자. 가장 영향력 있는 세포생물학자로 알려짐. 1974년 Claude, Duve와 공동으로 노벨생리의학상 수상. 전자현미경과 세포분할의 혁신적 업적으로 수상하며 이로서 근대 분자세포생물학의 기반을 만들어냄. 가장 뛰어난 업적은 리보솜과 소포체의 발견임

115) Christian René Marie Joseph, Viscount de Duve(1917－2013). 벨기에 세포학자, 생화학자. 두 개의 세포소기관, 퍼옥시좀과 리소좀의 발견으로 엄청난 업적을 이룸. 세포 내 구조와 기능의 구성에 대한 업적으로 1974년 Claude, Palade와 공동으로 노벨생리의학상 수상. 과학용어 자가소화작용(autophagy), 세포내이입(endocytosis), 세포외유출(exocytosis)을

상을 공동으로 수상하였다.

여전히, 그럼에도 불구하고 이런 개척적인 과학자들은 현미경이라는 무기를 한 층 더 개선시키려는 노력을 지속하였고 놀라울 정도로 성공하였다. 1955년 막스플랑크 연구소의 독일 물리학자 뮐러Erwin Mueller[116]는 장이온 현미경Field Ion Microscope을 고안했으며, 이 현미경은 분자의 개별 원자들을 직접적으로 관찰할 수 있도록 만들었으며, 이로서 전기장 이온화의 물리적 효과에 대한 지식을 더욱 발전시키게 되었다.

추적자 기술과 근대 생리학Tracer Technology and Modern Physiology

아마도 틀림없이 위 내용들은 20세기에 가장 극적인 발견이었으며, 한편에서 과학자들은 생리학 영역에서 중요한 연구를 수행하고 있었다. 또한 과학자들의 노력으로 순환계 이해에서도 놀라운 결과를 거두었다. 1950년대 콜롬비아대학교 생화학자 세민David Shemin[117]은 탄소-14를 '추적자tracer'로 이용하였다. 특정 화학물질에 탄소-14를 부착하여, 신체에서 지나가는 경로를 따라 갈 수 있었는데, 즉 이로서 화학반응이 일어나는 그대로 따라갈 수 있게 되었다. 이 방법으로, 그는 세포가 헴heme과 비타민B12를 어떻게 생산하는지를 알아냈다. 그 후 몇 년이 지나지 않아, 영국 생물학자 캘빈Melvin Calvin[118]은 추적자 기술과 식물학에 많은 진전을 달성해 낼 만한 탐구를 착수해 나갔다.

1911년에 태어난 캘빈Calvin은 1935년 맨체스터Manchester대학교에서 공부를 시작하였다. 그는 최초의 원자폭탄을 제조하는 제2차 세계대전의 비밀 프로젝트인 맨해프로젝트에 합류했다. 그 후 그는 캘리포니아대학교 버클리캠퍼스로

만들어냄

116) Erwin Wilhelm Müller(1911-1977). 독일 물리학자. 장방출전자현미경(Field Emission Electron Microscope(FEEM)), 장이온현미경(Field Ion Microscope(FIM)), 원자방출 장이온현미경(Atom-Probe Field Ion Microscope). 최초로 원자를 실험적으로 관찰한 과학자

117) David Shemin(1911-1991). 미국 생화학자. 질소-15로 신체 내 글리신 경로를 추적해냄

118) Melvin Ellis Calvin(1911-1997). 미국 생화학자. 캘빈회로 발견으로 유명. 1961년 노벨화학상 수상. 버클리에서 교수 역임

갔으며 화학역학 실험실을 이끌었다. 처음부터 광합성 연구에 모든 시간을 헌신하였다. 광합성은 식물에서 일어나는 과정으로, 엽록소와 햇빛을 이용하여, 공기의 이산화탄소를 포도당과 산소로 전환시킨다. 헝가리계 화학자 헤베시G. von Hevesey[119]의 선두를 따라서, 캘빈은 방사선동위원소를 식물의 화학적 변화를 추적하는 데 적용하기 시작하였다. 이 방사선동위원소는 한 원자가 서로 다른 원자량을 가지고 여러 형태로 존재하며 방사선을 지니는 원소이다. 1945년 탄소－14를 이용하여, 식물이 특정 효소로 공기 중 이산화탄소를 감소시키면서 당을 제조하는 과정을 발견하였고 그 후 이를 캘빈회로로 명명하였다. 이것으로 그는 1961년 노벨상을 획득하였다. 1935년 추적자 기술은 다시 앞을 향해 급속히 나아갔다. 독일 생물학자 숀하이머Rudolf Shoenheimer[120]가 수소 동위원소를 이용해서 지방의 대사경로를 추적하였다. 그 후 1964년 하버드의 독일계 과학자 블로흐Konrad Emil Bloch[121]와 그의 동료 독일계 과학자 리넨Feodor Lynen[122]은 불포화지방산을 발견하고, 콜레스테롤 대사과정에서 아세트산의 역할을 발견함으로써 노벨상을 받았다.

여전히 추적자 기술의 또 다른 획기적인 사건은 광합성 전문가인 캘리포니아대학교 캐나다인 생화학자 카멘Martin David Kamen[123]의 업적이었다. 1940년 카멘Kamen은 탄소－14의 방사능의 탄소 동위원소가 엄청나게 오랜 기간의 반감기를 가진다는 것을 발견하였다. 반감기는 한 원소의 원자량이 방사능 붕괴로

---

119) George Charles de Hevesy 또는 Georg Karl von Hevesy(1885－1966). 헝가리 방사선 화학자, 1943년 노벨화학상 수상. 동물의 대사작용의 화학작용을 연구하는 추적자에 대한 연구

120) Rudolph Schoenheimer(1898－1941). 독일 미국 생화학자, 생물분자에 동위원소를 부착하여 대사작용을 상세히 연구할 수 있도록 만듦. 이 업적은 한 유기체의 모든 구성요소는 화학적으로 재생되더라도 일정한 상태를 유지한다는 것을 밝혀냄

121) Konrad Emil Bloch(1912－2000). 독일 미국 생화학자. 1964년 Feodor Lynen와 공동으로 노벨생리의학상을 수상. 지방산 대사작용과 콜레스테롤의 대사작용과 조절을 발견한 연구업적으로 수상함

122) Feodor Felix Konrad Lynen(1911－1979). 독일 생화학자. Konrad Bloch와 노벨생리의학상을 공동으로 수상. 뮌헨의 막스플랑크 연구소의 세포화학 연구실의 소장 역임

123) Martin David Kamen(1913－2002). 맨해튼의 물리학자. 1940년 버클리에서 루벤Sam Ruben과 공동 carbon－14 동위원소 합성 발견

초기 원자량의 반으로 되는 데 걸리는 시간이다. 의심할 여지없이, 탄소-14는 과학에 있어서 가장 널리 이용되는 추적자이다. 과학자들은 생리학에서부터 고대유물에 이르기까지 모든 것에 이 추적자를 이용해 오고 있다. 버클리의 뛰어난 미국인 화학자 리비Willard Libby[124]는 최초로 방사성탄소를 사용하여 유물들의 연대를 밝혀냈으며, 이 발견은 일반적인 탄소들이 극소량의 방사성 탄소를 포함한다는 사실에 근거하였다.

그러나 창의적인 학자들은 동물학과 고고학을 조사하는 데 추적자를 거의 무제한적으로 이용하였다. 1934년 식물의 생리학 실험에 추적자를 사용하기 시작하였다. 같은 해 헝가리 화학자 헤베시Gyorgy Hevesey[125]는 맨체스터대학교에서 러더퍼드Ernest Rutherford[126]와 함께 일하던 중, 인phosphorus의 방사성 동위원소를 이용하여 식물과 사람의 대사과정을 조사하였다. 과학계는 이 연구업적으로 그들에게 1943년 노벨상을 수여하였다. 그 후 수많은 과학자들은 세포의 대사과정에 인의 역할에 대해 관심을 가지게 되었다.

미시간대학교 삭스Jacob Sacks는 탄수화물 대사과정에서 방사성 인을 추적자로 이용하여 인슐린의 역할을 밝힌 연구를 통해 진정한 통찰력을 발휘하였다. 삭스와 그의 그룹은 호르몬 인슐린이 근육에서 인 화합물의 전환율뿐만 아니라 대사작용에 어떤 영향을 주는지에 대해 연구하였다. 1940년 버클리 미국 해부학자 에반스Herbert Evans[127]는 방사성 요오드를 이용하여, 이전에 짐작만 했던 예측, 즉 갑상선이 건강하게 기능하기 위해서는 요오드를 필요로 한다는 것을 증명하였다. 그는 이 연구업적을 이루어냈을 뿐만 아니라 혈액량을 연구하는데 다양한 염색약을 소개하였으며, 다양한 뇌하수체 호르몬들을 연구하였다.

---

124) Willard Frank Libby(1908-1980). 미국 생리화학자. 1949년 방사선 탄소 반감기 개발. 고고학, 고생물학 혁신. 1960년 노벨화학상 수상

125) George Charles de Hevesy(1885-1966). 헝가리 방사선화학자. 부다페스트 태생. 유태계

126) Ernest Rutherford(1871-1937). 뉴질랜드 태생 영국 물리학자, 핵물리학의 아버지, 페러데이(Michael Faraday) 이후 최고의 실험학자

127) Herbert McLean Evans(1882-1971). 미국 해부학자, 발생학자, 존스홉킨스대학교에서 의학박사 학위를 받고 이후 해부학 부교수. 1915년 버클리 캘리포니아대학교 해부학교수로 사망할 때까지 재임하였음

세포 생리학Cellular Physiology

미토콘드리아에 대한 탐구가 지속되는 과정에서, 칼텍의 미국 생물학자 보너James Bonner[128]는 1951년 산화적 인산화 과정이 미토콘드리아에서 일어난다는 것을 증명하였다. 산화적 인산화 과정은 신체가 에너지를 얻기 위해 글리코겐을 당으로 변환시키는 과정이다. 이에 이어, 1955년 보너Bonner는 쇼Paul Tso와 함께 세포 내에서 미토콘드리아를 분리하였으며, 이로서 한 걸음 더 나아갔다. 2년 후 보너와 쇼는 기념비적인 저서, '차기 100년The Next Hundred Years'[129]에 그들의 연구결과를 종합하였다. 1960년, 보너는 DNA가 단백질 생성을 지시할 뿐만 아니라 RNA제조를 통제한다는 것을 발견함으로써, 그의 이력서에 또 다른 업적을 추가하였다. 그리고 그는 시험관에서 핵산을 연구하는 기술을 개발하였다. 같은 해, 캐나다 웨스턴온타리오Western Ontario대학교 내과의사, 생리학자 바Murray L. Barr[130]는 여성의 X염색체 2개는 동일하지 않으며, 2개 가운데 한 X염색체는 예외적으로 특이한 실체를 지니고 있다는 사실을 알아차렸다. 이것은 이후 '바 소체Barr Body'로 명명되었으며, 이는 X염색체를 유전적으로 불활성화 시키는 원인이며, 나머지 X염색체에서만 모든 유전적 활동을 수행하게 된다. 또한, 바Barr는 정신지체와 성염색체 결함에 대한 연구를 확장적으로 수행하였다. 1964년 또 다른 세포내 물질대사 활동을 파악해내는 진척이 나타났다. 하버드의 미국인 세포학자 로스Thomas Roth와 캐나다인 포터Keith Roberts Porter[131]는

---

128) James Frederick Bonner(1910–1996). 미국 분자생물학, 국립과학학술원 위원. 식물생화학의 발견들로 유명. 나무로부터 천연고무를 추출하는 더 좋은 방법을 발견. 이 연구업적으로 말레이시아는 고무생산을 2배로 증가시킴. 캘리포니아공학연구소 생물학 명예교수

129) The Next Hundred Years의 상세 제목은 'The Next Hundred Years: A Discussion Prepared for Leaders of American Industry'로 저자는 Harrison, B., Bonner, J., & Weir, J. (1957). 따라서 본문에서 제시한 저자 Paul Tso는 오류로 보임

130) Murray Llewellyn Barr(1908–1995). 캐나다 의사, 의학연구자. 1948년 대학원생 Ewart George Bertram과 함께 세포 내 구조, '바 소체(Barr body)'를 발견

131) Keith Roberts Porter(1912–1997). 캐나다 미국인 세포생물학자. 세포 연구에 전자현미경을 사용하는 데 개척자. 섬모의 축사(axoneme)가 9+2 미소관(microtubule) 구조를 가진다는 것을 발견, 소포체(endoplasmic reticulum)를 명명

세포질의 환경 요소들로 구성된 세포 부분들이 난자의 세포질 내 영양물질인 난황yolk을 제조하는 데 곧바로 사용된다는 것을 발견하였다. 그들은 난황이 만들어진 후 이동하는 소낭들은 세포 내부 깊숙이 자리 잡고 있으면서 성장과 생식을 위해 필요한 에너지로 전환되는 것을 발견하였다. 포터는 그 후 저서, '세포와 조직의 상세구조Fine Structure of Cells and Tissues'를 출판하였다.

혈액의 생리학Physiology of the Blood

다른 생물학자들은 혈액의 구성성분에 대한 지식을 활발하게 추가하였다. 1925년 로체스터Rochester 의과대학의 휘플George Whipple[132]은 혈액의 본질적 요소가 철이라는 것을 발견하였고 빈혈에 대한 논문 200편 이상을 독자적으로 저술하였다. 그리고 1928년 독일 뮌헨대학교 생리학자 피셔Hans Fischer[133]는 혈액의 붉은 색소 헴heme의 원자 수준 구조를 정확하게 기술하였다. 헴은 헤모글로빈 분자의 한 부분으로, 단백질로부터 구성되지 않은 부분이다.

무척추동물 생리학Invertebrate Physiology

생물학 세계의 다른 한 쪽 끝에서, 고전 생물학의 제자들은 무척추동물에 대한 생물학적 탐구라는 장구한 전통을 지속시키고 있었다. 1944년 미국인 생물학자인 카울스R. B. Cowles[134]와 보거트C. M. Bogert[135]는 사막의 파충류가 그들의 신체 온도를 조절하는 기작을 조사하는 데 엄청난 에너지와 재원을 투자하였

132) George Hoyt Whipple(1878－1976). 미국 내과의사, 병리학자, 생명의학연구자, 의과대학 교수 및 행정가. 1934년 노벨생리의학상을 공동수상

133) Hans Fischer(1881－1945). 독일 유기화학자, 1930년 노벨화학상 수상, 해민(haemin 혈액의 붉은 색소의 붉은 갈색 염소)의 합성과 해민과 염색소의 구조에 대한 연구로 수상

134) Raymond Bridgman Cowles(1896－1975). 캘리포니아 대학교 LA 교수, 남아프리카 나탈 태생. 미국으로 이민

135) Charles Mitchill Bogert(1908－1992). 미국 파충류학자, 미국자연사박물관 파충류 큐레이터, 연구자

다. 이들 냉혈동물은 사람과 같이 일정한 신체 온도를 유지할 수 없는 반면, 환경에서 좀 더 시원한 장소나 좀 더 따뜻한 장소를 탐색하여 신체 온도를 안정화시킨다. 오늘날 생물학자들은 이러한 동물들을 '변온동물poikiotherms' 또는 냉혈동물이라 명명하고 있으며, 이들은 '항온동물homoiotherms' 또는 온혈동물과 반대이다.

생물학의 언어The Language of Biology

흥미롭게도, 이렇게 늦은 시기에서 조차, 린네 이후 상당한 시간이 지난 이 시기에, 일부 학자들은 여전히 분류학에서 엄청난 일들을 진행하고 있었다. 1904년 캠브리지 생물학자 누탈George Nuttall136)은 소화관에 서식하는 세균들이 소화에 필요하다는 것을 발견한 것에 추가로, 저서, '혈액면역과 혈액연관Blood Immunity and Blood Relationship'을 발간하였는데, 그는 이 책으로 생물학자들이 알려지지 않은 생물체가 어느 문phylum, 강class, 목order, (과family), 속genus에 분류되는지를 찾아내고자 할 때 혈액검사를 활용할 수 있도록 만들었다. 이에 뒤이어, 과학단체는 '동물학명명법의 국제규정International Rules of Zoological Nomenclature'을 출판하였다. 이것은 최소한 생물학에서 가장 고치기 어려운 문제 해결의 장애물을 제거하였으며, 오랫동안 지속되어온 문제, 한 과학자와 다른 과학자 간의 의사소통의 어려움을 제거하였다. 최소한, 분류학의 공통기준으로, 학자들은 동일한 언어로 서로 이야기를 나눌 수 있게 되었다.

고생물학의 기적Miracles in Paleontology

분류학은 생물학자들이 더 밝혀야 할 부분을 아직 알지 못한다고 고백해야

---

136) George Henry Falkiner Nuttall(1862－1937). 미국계 영국 세균학자. 기생충과 질병을 옮기는 곤충들에 대한 지식 축적에 기여. 면역학, 멸균상태 생명, 혈액의 화학, 절지동물 특히 진드기에 의해 전염되는 질병에 대한 연구에서 혁신적인 발견을 이루어냄

하는 생물학 영역이 아니었다. 1938년 인도양에서는 이루어진 발견으로 인해, 지구상 모든 생물학 실험실에서는 놀라서 말이 안 나올 정도의 의구심이 일어났다. 이미 몇 년 동안, 진화론자와 고생물학자들은 어떤 종이 멸종하였고 어떤 종은 멸종하지 않았다는 점에 대해 상당히 확실하다고 느꼈다. 예를 들면, 그들은 엄청나게 오래된 고대 동물, 라티메리아, 즉 살아있는 화석으로 유명한 바닷물고기, 실러캔스 어류Latimeria chalumnae는 육천만년 이전에 멸종했다는 것으로 '알고' 있었다. 고생물학자들은 실러캔스 어류가 대양 밑바닥에서 서식하였고 다리와 같은 형태의 지느러미를 가지고 있었으며, 척추의 안쪽은 비어있고 몸무게가 무겁다는 것을 화석 발견으로부터 알고 있었다. 그러나 1938년 선장 고젠Hendrik Goosen이 아프리카 해안에서 실러캔스 한 마리를 잡았을 때, 과학 단체는 엄청난 충격을 받았다. 이 일은 확실하건대, 생물학에서는 일어난 적이 없었던 거의 기적에 가까운 일이었다.

20년 채 못 되어, 어류학자 스미스James L. B. Smith137)는 실러캔스 어류를 처음으로 조사하였으며, 이 어류에 대해 관심을 가지도록 도와준 동료, 레티머Courtenay Latimer138)의 이름을 기리면서 실러캔스의 학명을 라티메리아로 명명하였다. 스미스는 그 후에도 이 물고기를 가져다 준 사람에게 보상한다는 마음을 잊지 않으려고 학명을 유지하였다. 스미스는 결국 실러캔스 물고기가 코모로Comoro 제도 인근 해양의 1,000피트(1ft＝30cm; 1,000ft＝300m) 가까운 깊이에서 헤아릴 수 없을 만큼 많이 서식한다는 것을 알아차렸다. 코모로 제도는 인도양의 아프리카와 마다가스카르 사이에 위치한 군도이다. 이 섬에는 대대손손으로

---

137) James Leonard Brierley Smith(1897－1968). 남아프리카 어류학자, 유기화학자, 대학교수. 오래전 멸종한 것으로 알려진 박제 물고기가 실러캔스라는 것을 최초로 확인한 학자

138) Marjorie E. D. Courtenay－Latimer(1907－2004). 남아프리카 공화국의 이스트런던 박물관 관장으로 재직하던 중 1938년 12월 22일 멸종된 것으로 알려졌던 실러캔스를 발견, 학계에 보고, 래티머는 지역 어부들이 이상하게 생긴 물고기를 포획했다는 소식을 전해 듣고 구입하여 박제로 만들고, 물고기의 특징을 적은 그림을 어류학자인 제임스 스미스 교수에게 보냈으며, 스미스교수는 그것이 7,000만 년 전 멸종된 '실러캔스'라는 것을 확인. 실러캔스의 학명은 래티머의 이름에 따라 라티메리아 찰룸나 스미스라고 명명. 실러캔스는 3억 7천 5백만 년 전에 지구에 출현하여, 약 7,000만 년 전 공룡의 멸종이 있기 전 멸종된 것으로 추정되었으나, 래티머의 발견으로 생물학적 사실이 수정되었음

어부가 조상인 사람들이 많이 거주하는 것으로 알려지고 있다. 그 후, 생물학자들은 1987년까지 몇 년 동안 대양 밑바닥에 서식하며, 몸무게 무거운 물고기 모양 같은 유사 물고기를 내버려 두고 있었다. 그 해, 1987년 프리케Hans Fricke는 잠수함을 이용해서 인도양 깊은 바다 밑바닥의 환경에서 서식하는 실러캔스 물고기들을 추적하기 시작하였다. 그는 이 물고기들이 다른 이상한 물고기들과 달리 주기적으로 아래위로 거꾸로 헤엄치는 것을 발견하였다. 슬프게도, '멸종'된 동물을 발견하는 일과 같은 행복한 일은 거의 없으며, 극도로 드물게 일어나는 일이다. 그럼에도 불구하고 1981년, 동물학자들은 와이오밍Wyoming에서 멸종했다고 믿었던 동물, 검은 색 발을 가진 흰 족제비, 초원 족제비Mustela nigripes들이 극소수로 생존하고 있는 것을 발견하였다.

1954년, 마지막 빙하기 이후 캐나다 유콘Yukon 영토에 보존되어 있었던 콩과식물로, 두꺼운 잎들이 주렁주렁 달리는 특징을 지닌, 루핀Lupinus 속 종자를 발견한 일은 거의 엄청난 일이었다. 1967년, 미국 생물학자 포실드Alf Porsild[139]와 알링톤Charles Arington은 이 종자를 심어서 성공적으로 재배했다는 놀랄 만한 내용을 발표할 수 있었다. 이 씨앗은 만년 이상이나 오래 된 북극 루핀 종자였다. 확실하게도, 루핀 종자처럼 언 상태에서 어느 정도의 기간 동안 종자의 기능을 유지할 수 있는지는 실제적으로 한계가 없다. 여전히, 툰드라 지역은 언 상태의 종자가 발아하는 기적을 멈추지 않았다. 1954년 또다시, 하버드의 생물학자로 부패한 유기물질 전문가 바군Elso Barghoorn[140]과 타일러Stanley Tyler는 캐나다에서 극소량의 화석 잔여물을 발견하였다. 이 화석 잔여물에서 발견한 유기체들은 근대 조류와 세균들과 밀접히 닮아있었다. 과학자들은 이 유기체들이 이전에 발견된 것들보다 더 오래된 것으로 15억년 정도 되었을 것이라고 추정하였다. 확실히, 1977년 이 모든 것들 가운데 가장 최절정의 발견이 나타났다. 탐험가들은 4만년 이상 언 상태로 있었다고 추정되는 매머드mammoth 새끼를 발굴하였다.

139) Alf Erling Porsild(1901-1977). 덴마크계 캐나다 식물학자

140) Elso Sterrenberg Barghoorn(1915–1984). 미국 고생물학자. 하버드에서는 선캠브리아기 고생물학의 아버지로 불림. 남아프리카 화석에서 34억년 된 생명의 흔적을 발견하였음

비타민: 영양의 성장 Vitamins: The Growth of Nutrition

많은 과학자들이 죽은 동물에 집중하는 동안, 다른 과학자들은 '생명의 물질', 비타민에 집중하였다. 생물학에서는, 한때 불명예를 안고 있었던 영양에 대한 과학이 상승세를 타면서 두드러지기 시작하였다. 1901년, 독일 괴팅겐대학교 생물학자 빈다우스Adolf Windaus[141]는 자외선이 지용성 비타민들 가운데 하나인 비타민D 생성을 가속화시킬 수 있다는 것을 증명하였다. 빈다우스 또한 담즙산과 비타민B군에 대한 지식을 확장시키는 데 기여하였다. 그 후 20년이 채 지나지 않아, 미국인 생물학자 스틴박Harry Steenbock[142]은 광 스펙트럼에서 자외선 부분만이 신체의 비타민D 생성을 가속시킨다는 것을 증명하였으며, 이어 이 발견에 대한 특허권을 받았다. 1913년 존 홉킨스의 생리학자 매콜럼Elmer McCollum[143]은 동료 데이비스Marguerite Davis[144]와 함께 지용성 비타민, 비타민A, 비타민D(매콜럼은 이 2개 비타민을 최초로 발견)와 수용성 비타민, 비타민B군 사이의 주요한 차이점을 최초로 설명하였다. 매콜럼은 또한 식품을 분석하는 새로운 방법들을 다양하게 창안하면서 새로운 장을 열었다.

1906년 영국 생리학자 홉킨스Frederick Hopkins[145]는 지방, 단백질, 탄수화물은 생명을 보존하는 데 필요한 중요한 물질들을 다 소진시키지 않는다는 점에 대해 의문을 품기 시작하였다. 홉킨스는 졸업 후 곧 연구를 시작하였다. 1861년 홉킨스는 영국 이스트본Eastbourne에서 태어났으며, 런던 가이스Guy's 병원에서 화학을 공부하였고, 그 후, 캠브리지 대학교에서 화학생리학 강의교수 직에 임용

---

141) Adolf Otto Reinhold Windaus(1876–1959). 독일 화학자. 1928년 노벨화학상 수상. 스테롤과 비타민과의 관계 연구업적으로 수상

142) Harry Steenbock(1886–1967). 미국 위스콘신대학교 생화학 교수

143) Elmer Verner McCollum(1879–1967). 미국 생화학자. 건강 식이요법 연구로 잘 알려짐, 영양학 연구에 쥐를 최초로 사용

144) Marguerite Davis(1887–1967). 미국 생화학자. 1913년 McCollum과 공동으로 비타민A, B 발견

145) Frederick Gowland Hopkins(1861–1947). 영국 생화학자. 1929년 C. Eijkman과 함께 비타민 발견으로 노벨 생리의학상 공동 수상

되었다. 다른 여러 업적들 가운데, 그는 단백질 분자의 '빌딩 블록building blocks' −구성요소인 아미노산 2가지, 글루타티온glutathione과 트립토판tryptophan을 분리해냈다. 또한 그는 우유가 식이요법에서 얼마나 중요한지도 증명하였다. 1920년대 일련의 연구들에서, 그는 우유가 극소량의 식사를 한 쥐의 발육을 급격하게 촉진시킨다는 것을 증명하였다. 노벨상위원회는 이 노력들이 명백하게도, 그가 이미 코플리 메달과 메리트 훈장을 받았지만, 1929년 노벨상도 수상하기에 충분한 것으로 결정지었다.

1912년, 폴란드 생물학자 풍크Casimir Funk146)는 홉킨스가 분석해낸 광범위한 식품 요소들에 대한 범주를 신조어 '비타민'으로 명명하였다. 하지만 풍크의 기여는 이것으로 끝나지 않았다. 파스퇴르 연구소, 런던의 암병원, 바르샤바 주립연구소에서 여러 직책을 수행한 후, 자신이 설립한 풍크재단에서 가장 통찰력 뛰어난 연구를 시작하였다. 다른 여러 연구들 가운데, 그는 효모(티아민이 많이 함유된 효모)가 영양 장애의 각기병을 치료하는 데 효과적인 것을 확인하였다.

여전히, 이러한 진전에도 불구하고, 누구도 비타민 부족이 실질적으로 질병의 원인이 될 수 있다는 것을 알아차리지 못하였다. 그 후 1915년 워싱턴DC의 오스트리아계 생리학자 골드버거Joseph Goldberger147)는 이 장벽을 뛰어넘었다. 그는 사람이 비타민B를 충분히 섭취하지 못하면, 펠라그라 병에 걸리는 것을 증명하였다. 또한, 그는 디프테리아, 황열병, 발진티푸스에 대해서도 관심을 가지고 연구를 넓혀나갔다. 1922년 영양에 대한 지식은 그 다음 단계로 발전해 나갔다. 이는 캘리포니아대학교 버클리의 에반스Herbert McLean Evans148)와 동료 스콧K. J. Scott149)이 비타민E의 존재를 제안하고는 결국 발견했던 시기였다. 3년 후, 미국 생물학자들, 미놋George Minot150)과 머피William Murphy151)는 간liver이

---

146) Kazimierz(Casimir) Funk(1884−1967). 폴란드계 유태인 생화학자, 비타민 개념 최초로 설정한 학자, 즉 'vital amines,' 'vitamines'

147) Joseph Goldberger(1874−1929). 미국 내과의사, 전염병학자. 공중보건 행정가로서 가난과 질병의 관계에 대해 과학적 사회적 관심을 불러일으키는 데 기여

148) Herbert McLean Evans(1882−1971). 미국 해부학자, 발생학자

149) Katharine J. Scott Bishop(1889−1975). 미국 해부학자, 내과의사, 연구자, 교육자. 비타민E를 공동으로 발견

빈혈에 효과적인 치료제임을 증명하였다.

1929년, 노벨위원회는 네덜란드 위트레흐트Utrecht대학교 세균학자 에이크만Christiaan Eijkman[152]과 영국인 홉킨스Frederick Hopkins[153]가 수년간 분투하면서 각기병, 다발성신경염과 같은 질병에 비타민이 대사와 영양에서 중요한 역할을 한다는 것을 밝히면서, 최정점에 도달한 연구를 수행한 것으로 상을 수상하였다. 1931년 취리히 화학자 캐러Paul Karrer[154]는 비타민A, B2, E의 구조에 대한 연구를 수행하였으며, 그리고 비타민A, B2, E뿐만 아니라 비타민B의 기능에 대해서도 상당한 수준으로 알아냈다. 6년 후, 위스콘신대학교 생화학자 엘베젬Conrad Elvehjem[155]은 비타민A를 발견하였으며, 최초로 니아신niacin을 분리해냈다. 1934년, 여전히, 윌리엄Robert Williams[156]이 쌀에서 티아민을 성공적으로 분리해내는 또 다른 가치 있는 발전을 이루어냈다.

그리고 1928년, 영양학의 역사에서 가장 신랄한 논쟁을 일으킬 발견이 이루어졌다. 헝가리 화학자 센트죄르지Albert Szent－Gyorgyi[157]는 비타민C를 발견하였다. 뒤이어, 미국 화학자 폴링은 이 비타민에 대한 지지를 표명하면서, 이것이 일반적인 감기, 암 그리고 여러 다른 질병에도 효과적인 치료제라고 홍보하

150) George Richards Minot(1885－1950). 미국 의학연구자. 1934년 악성빈혈에 대한 연구를 개척한 연구결과로 George Hoyt Whipple, William P. Murphy와 노벨의학상 공동수상

151) William Parry Murphy(1892－1987). 미국 내과의사. 1934년 노벨의학상 공동수상

152) Christiaan Eijkman(1858－1930). 네덜란드 내과의사, 생리학 교수, 부족한 식이요법이 각기병의 원인이며, 이 과정에서 티아민을 발견. 1929년 F. Hopkins와 노벨생리의학상을 공동수상

153) Frederick Gowland Hopkins(1861－1947). 영국 생화학자. 비록 폴란드 생리학자 Casimir Funk가 비타민을 발견한 것으로 널리 인정받았지만, 1929년 Eijkman과 공동으로 비타민을 발견하며, 이로서 노벨생리의학상을 수상. 아미노산 트립토판을 발견

154) Paul Karrer(1889－1971). 스위스 유기화학자. 비타민에 대한 연구로 잘 알려짐. 1937년 노벨화학상 Walter Haworth와 공동수상

155) Conrad Arnold Elvehjem(1901－1962). 미국 생화학자. 영양에 대한 연구로 국제적으로 잘 알려짐. 1937년 생고기, 효모에서 발견한 분자가 새로운 비타민, 니코틴산－니아신을 발견. 이 발견은 미국의 주요 건강문제인 펠라그라 치료제 개발로 이어짐

156) Robert Runnels Williams(1886－1965). 미국 화학자. 티아민, 즉 비타민B_1을 최초로 합성. 1933년 최초로 티아민 분리, 1935년 최초로 비타민B 합성

157) Albert Szent－Györgyi von Nagyrápolt(1893－1986). 헝가리 생화학자. 1937년 노벨생리의학상 수상. 시트르산 회로의 구성요소와 반응 및 비타민C를 발견함

였다. 폴링은 비타민C가 에이즈에도 효과적이라고 처음으로 주장하였다.

생물학자들은 20세기 생리학의 새로운 차원을 규명해 내게 된다. 이는 센트죄르지가 4가지 산들을 발견하고, 이 산들이 근육세포가 호흡을 진행하는 데 필요한 것을 알아낸 일이었다. 1937년, 센트죄르지는 비타민C를 발견하고 호흡 생리학을 진척시킨 업적으로 노벨상을 받았다. 이 연구업적은 명백히 궁극적으로는 크랩스Krebs 회로를 발견하도록 이끌었으며, 크랩스 회로는 세포가 에너지를 제공하도록 음식을 산화시키는 과정이다. 같은 해, 노벨의학연구소의 테오렐Teodor Axel Theorell[158]은 세포호흡에 사용되는 어떤 조효소는 비타민B2와 유사한 구조를 지닌다는 것을 증명하였다. 스웨덴 생화학자 테오렐은, 이전 오일러가 마찬가지로, 스톡홀름의 카롤린스카연구소에서 의학학위를 받았다. 그 후 파리의 파스퇴르연구소로 옮겼으며, 수년 뒤 스웨덴으로 돌아와 노벨의학연구소 생화학과 학과장이 되었다. 그의 초기 연구는 혈액학 분야이었지만, 몇 년 후에 세포에서 호흡에 관여하는 효소들에 완전히 몰두하였다. 그는 또한 미오글로빈myoglobin을 최초로 분리하였다. 앞서 설명한 그의 영향력 있는 탐구들은 이 시기에 이루어졌다. 1936년, 벨Bell 실험실의 미국 화학자 윌리엄Robert Williams은 비타민B1의 구조에 대한 수수께끼를 풀어냈다. 당시 비타민을 연구하는 의사들은 각기병, 즉 다양한 신경계 장애로 수면부족과 기억상실과 같은 증상으로 특징지어지는 질병을 예방하는 데 필수적이라는 점을 이미 알고 있었다. 그 후 윌리엄은 밀, 쌀, 빵에 비타민B1을 추가하자는 운동을 홍보하였다.

1940년, 미국 생화학자 뒤비뇨Vincent du Vigneaud[159]는 옥시토신oxytocin과 바소프레신vasopressin에 대한 연구로 알려진 학자로서, 비타민B 복합체의 일부 바이오틴biotin을 최초로 밝혀냈다. 이는 이전 '비타민H'로 잘못 알려진 것이

158) Axel Hugo Theodor Theorell(1903 – 1982). 스웨덴 과학자, 노벨생리의학상 수상자. 산화효소와 이의 효과에 대한 연구. 불화나트륨이 사람의 중요한 효소의 보조인자에 미치는 독성효과에 대한 이론 연구. 노벨위원회 연구소 소장. 노벨위원회 관계자로서 최초로 노벨상을 수상

159) Vincent du Vigneaud(1901 – 1978). 미국 생화학자. 1955년 폴리펩티드 호르몬을 최초로 합성한 업적 및 생화학적으로 중요한 황 화합물에 대한 연구 업적으로 노벨화학상을 수상

었다. 이 연구업적을 달성한 후, 뒤비뇨는 바이오틴 분자 구조를 면밀히 조사하여 바이오틴이 2-링(환상) 구조를 가지고 있는 것을 밝혀냈다.

1943년 다른 과학자들은 뒤비뇨의 결론에 기반하여 바이오틴을 합성하였다. 뒤비뇨 스스로는 1953년에 수행한 아미노산의 성과로 자신만의 연구업적을 이어갔다. 같은 해, 호르몬 옥시토신의 폴리펩티드 사슬의 아미노산 서열을 정확하게 분리해내는 연구를 완성하였다. 이 옥시토신은 자궁을 수축시키고 유선에서 젖을 생산하도록 만드는 호르몬이다. 이어, 1954년 뒤비뇨는 옥시토신을 최초로 생산하게 되었다. 이는 호르몬을 인공적으로 합성한 최초의 일이었다. 1955년 생물학 단체에서는 그에게 노벨상으로 영광을 수여하였다. 뒤비뇨의 노고에 분발하여, 시나이Sinai 산의 미국인 탐구자 앨로Rosalyn Yalow[160] (펩티드peptide와 성장호르몬을 탐구하는 과학자), 베일러Baylor대학교 기유맹Roger Guillemin, 그리고 튤레인Tulane 의학대학 섈리Andrew Schalley (마찬가지로 펩티드 호르몬을 연구한 과학자), 이들 과학자 3명은 여전히 더 성공적인 시도들로 새로운 호르몬들을 합성해냈다. 이들 연구업적들 가운데 가장 탁월한 것은 과학자 기유맹이 수행한 시상하부의 호르몬에 대한 연구결과였다. 이 연구결과로 결국에는 노벨상을 수상하였다.

그 후 미국 생리학자 도이지Edward Doisy[161]의 업적이 뒤따라 이루어졌다. 1935년, 그는 에스트로겐estrogen으로 알려진 호르몬 군을 정확하게 분리하였다. 데이비드D. David는 고환조직으로부터 테스토스테론을 분리하였으며 이를 테스토스테론으로 명명하였는데, 이 축제와 같은 연구업적이 거의 즉각적이며 연쇄적으로 이루어졌다. 1943년 덴마크 생화학자 댐Henrik Dam[162]은 도이지와 노벨상을 공동으로 수상하였다. 즉, 댐은 비타민K를 발견하였으며 도이지는 비타민K

---

160) Rosalyn Sussman Yalow(19210-2011). 미국 의학물리학자. 1977년 Roger Guillemin, Andrew Schally와 공동으로 노벨생리의학상을 수상. 수상실적은 radioimmunoassay(RIA) 기술 개발. 미국에서 두 번째로 노벨생리의학상을 수상한 여성(최초 Gerty Cori)

161) Edward Adelbert Doisy(1893-1986). 미국 생화학자, 1943년 Henrik Dam과 공동으로 비타민K와 구조를 발견. 노벨생리의학상 수상

162) Henrik Dam(1895-1976). 덴마크 생화학자, 생리학자. 1943년 비타민K 발견으로 노벨생리의학상 공동수상

를 분석하여 구성요소를 밝혀냈다. 비타민에 대한 무용담은 끝나지 않았다.

댐은 1920년 코펜하겐Copenhagen 과학기술연구원을 졸업하고 곧이어 코펜하겐대학교 생리학 실험실에서 강의를 하였으며, 결국 로체스터Rochester대학교 수석연구원이 되었다. 1929년, 그는 닭의 저지방 식단을 연구하였다. 그는 곧바로 닭들이 혈액 응고 능력을 잃는다는 것을 알아차렸다. 괴혈병과 같은 병에 걸릴 가능성을 없앤 후, 그는 혈액을 응고시키는 데 핵심적 역할을 하는 비타민, 아직도 알려지지 않은 비타민이 있을 것이라고 주장하였다. 그는 이것을 비타민K로 불렀으며, 광범한 범위에 걸친 많은 식물들뿐만 아니라 동물의 간에도 자연적으로 존재한다는 것을 보여주었다. 몇 년 후, 도이지는 실험실에서 비타민K를 분리해내는 한편 건강에 비타민E, 지방, 콜레스테롤의 역할도 연구하였다.

비타민들에 대한 맹렬한 공격은 줄어들지 않았다. 1948년 머크Merck 기업[163]의 포커스Karl August Folkers[164]는 비타민B12가 세균의 활력을 지속시키는 데 중요한 요소임을 밝혀냈다. 배양액에 비타민B12가 적을수록 세균 증식이 느려졌으며, 그 반대로도 마찬가지였다. 따라서 서로 다른 세균 배양액에서 발달단계 패턴을 비교분석함으로써, 그는 비타민B12를 추적하여 결국 분리해낼 수 있었으며, 그 후 이것이 악성빈혈을 치료하는 데 매우 효과적임을 증명하였다. 이 연구결과에 만족하지 않고, 포커스는 항생제를 개척하는 연구를 추진해 나갔다.

오랜 시간에 걸친 노동과 수많은 실패를 한 후에야, 우드워드Robert Woodward[165]는 연구결과로 업적을 이루어냈다. 1917년에 태어난 그는 MIT에서 화학 전공으로 박사학위를 받았으며, 곧바로 하버드에 자리를 얻었다. 1963년 스위스 바젤의 우드워드Woodward연구소에서 그를 회장직에 초청하여 임명

163) Merck & Co. 미국 제약회사, 1891년 독일 제약회사 Merck(독일에서는 1668년 설립)의 지사로 미국에 설립. 제1차 세계대전 중 미국 정부에 의해 국영화. 그 후 1917년 독립적인 제약회사로 설립. 전 세계 제7위로 큰 제약회사

164) Karl August Folkers(1906−1997). 미국 생화학자. 생물학적으로 활성적인 천연제품을 발견, 분리하는 데 지대하게 기여

165) Robert Burns Woodward(1917−1979). 미국 유기화학자, 20세기에 가장 탁월한 유기화학자로 인정됨. 천연복합체 제품의 분자구조를 밝혀냄. 호프만(Roald Hoffmann)과 화학반응에 대한 이론적 연구를 수행. 1965년 노벨화학상을 수상

하였다. 그는 평생 연구경력을 통해 흥미를 가진 생물학적 분자구조에 대한 연구를 지속하면서, 1948년 시트리크닌strychnine[166] 구조를 파헤칠 수 있었다. 이후 1954년 다른 과학자들은 시트리크닌 구조 전체를 확인하였다. 조금도 지체하지 않고, 그는 단백질 스테로이드의 구조와 다른 생물학적 분자들을 연구하기 시작하였다. 결국, 그는 실험실에서 비타민B12를 합성하였다. 그는 평생을 통한 노력으로 1965년 당연지사 노벨상을 수상하였다. 이 후, 폴링, 데이비스Adelle Davis와 그 외 여러 과학자들이 주장하는 일들로 인해, 동양 약초들의 섬유질 등의 특성은 항암제 역할을 한다는 엄청난 홍보와 함께, 비타민과 비타민으로도 가능하다고 단언되는 치료 방법들은 수십억 달러 산업으로 성장하면서 급격히 퍼져나갔다.

비타민에 대한 열광The Vitamin Mania

그러나 이러한 주장들에는 과연 어떤 문제가 있었을까? 분명히 일부 사람들은 스코틀랜드 로빈슨Arthur Robinson과 카메론Ewan Cameron[167]이 수행한 실험에 대한 폴링의 주장을 지지하였다. 그럼에도 불구하고, 이와 같은 비타민 전문가들의 주장에 대해 그렇게 호의적이지 않은 주장들 또한 나타났다. 1980년대 학술지, '뉴잉글랜드의학학술지New England Journal of Medicine'에 각각 독립적으로 게재된 2개 논문들은 폴링이 주장한 모든 것들을 공격적으로 기각시켰다. 하지만, 이 2개 논문의 실험들이 폴링이 믿어왔던 비타민 우호적 연구결과를 정확하게 복제한지는 전혀 명백하지 않았다. 이와 연결되는 맥락에서, 1988년, 코레이Elias Corey, 강명철Myung-chol Kang, 데사이Manoj Desai, 고쉬Arun Ghosh, 후

---

166) 스트리크닌은 근육 경련을 일으키며, 질식이나 탈진으로 결국 사망에 이르게 함. 일반적 원천은 스트리크닌 나무의 씨앗. 스트리크닌은 알려진 물질 중 가장 쓴 물질 중의 하나. 스트리크닌은 척추와 뇌에 있는 리간드 통로의 염화물 채널인 글리신 수용기(GlyR)에 길항제로 작용. 스트리크닌은 독으로 많이 알려져 있지만, 소량은 완화제(변비약)와 각성제로 쓰이며, 위장병 치료에도 사용, 1954년 R. B. 우드워드 연구팀은 최초로 합성. 1956년 X선 회절을 통하여 자연 상태의 스트리크닌의 분자구조를 규명하여 1963년에 발표하였음

167) Ewan Cameron(1922-1991). 스코틀랜드 의사, 폴링과 비타민C 연구 수행

피스Ioannis Houpis, 웨이궈 수Wei-guo Su[168]는 징코라이드ginkgolide B를 제조한 연구결과의 논문을 발표하였다. 많은 사람들은 이 화합물이 은행나무 잎에 있는 것으로 약초 치료에서 활성적 요소라고 믿었다. 이 연구자들은 징코라이드 B가 실제 천식과 여러 알레르기에 부분적으로 효과가 있다는 것을 발견하였다. 이들은 이 화학물이 면역계를 억제시키는 기능을 수행한다는 가설을 세웠다.

발생학Embryology

20세기 두 번째 10년의 기간 동안, 생물학자들은 발생학의 수수께끼를 향해 더욱 다가가기 시작하였다. 일련의 영리하게 고안한 실험들에서, 카이저빌헬름연구소의 독일 동물학자 슈페만Hans Spemann[169]은 그 외 동료 맨골드Hilda Mangold[170]와 함께, 양서류 배아의 '조직자organizer' 부분을 다른 배아에 접목시키면, 조직자는 숙주 배아가 연속적으로 발생하는 데 영향을 줄 수 있다는 것을 발견하였다. 여기서 핵심적인 원칙은, 세포는 홀로 작용하지 않는다는 것이다. 실제, 세포들은 인근 주변의 다른 세포들에 필연적으로 영향을 준다는 것이다. 따라서 이 '조직자' 효과는 전성설의 시체 관에 마지막으로 못을 박았다. 이 실험 이후 20년 동안, 발생학은 더욱 앞으로 나아가게 되었으며, 이는 1950년 동물학자들이 소를 대상으로 실제 배아를 이식시키는 연구를 성공적으로 수행하면서 이루어졌다. 이 과정은 사람의 불임을 치료하는 방법을 발견할 수 있도록 만

---

168) 이 논문의 참고문헌: E. J. Corey, Myung-chol Kang, Manoj C. Desai, Arun K. Ghosh, and Ioannis N. Houpis. (1988). Total synthesis of (±)-Ginkgolide B. Journal of American Chemical Society, 110, 649-651. 이 원서에서는 일부 저자 이름 표기에 오류가 있음

169) Hans Spemann(1869-1941). 독일 발생학자. 1935년 노벨생리의학상 수상. 발생유도embryonic induction로 알려진 효과를 발견

170) Hilde Mangold(1898-1924). 독일 발생학자, 1923년 학위논문은 멘토 Hans Spemann이 1935년 노벨상을 수상하는 기반이 됨. 생물학 박사학위논문 가운데 노벨상을 수상할 수 있는 논문은 소수임. 그녀가 밝혀낸 발생유도 효과는 일부 세포는 다른 세포들이 발생하도록 유발시키는 능력을 가지고 있는 것이며, 이 내용은 이후 이 영역 연구의 기반이 됨. 박사학위 취득 후 남편과 어린 아들과 함께 베를린으로 이사하였으며, 베를린 집에서 가스폭발로 심각한 화상을 입고 사망

들었는데, 즉 의사는 신체 밖에서 난자를 수정하였고, 그리고 수정한 배아를 산모에게 이식하였다.

1932년, 옥스퍼드 생물학자 헉슬리Julian Huxley171)의 기념비적인 저서, '상대적 성장의 문제들Problems of Relative Growth'이 나타났다. 이 저서에서, 그는 신체의 모든 기관들의 성장률은 생물체의 생활사 평생에 걸쳐 동일한 상수로 유지된다는 아직도 유명한 규칙을 설명하였다. 그는 1947년 저서, '진화와 윤리Evolution and Ethics'에서도 유사한 주제를 다시 다루었다. 1936년 독일 발생학자 울프Etienne Wolf172)는 발생학적 발달의 결함에 대한 기념비적인 탐구를 완성하였다. 이는 새로운 시도로, 곧 의사들이 사람의 출생의 구성과 원인을 이해하는 데 도움이 되었다.

1958년 여전히 내분비학의 또 다른 발견이 떠올랐다. 이는 해리스Harris, 마이클Michael, 스콧Scott이 내분비계 경로들을 지도로 만드는 데 도움이 된 실험이었다. 이 내분비계 경로들은 호르몬이 중추신경계에 직접적으로 작용하지 않으며, 반면 시상하부를 통해 작용한다는 것을 보여주었다. 시상하부는 뇌의 한 영역으로 수면주기, 체온, 뇌하수체 활동을 담당하는 부분이다. 1965년 심도 높게 이루어진 내분비학 연구들 모두는 유용한 응용들로 결실을 거두기 시작하였다. 그 해, 시카고대학교 데이비스Morris E. Davis는 시도한 연구들에 대한 논문을 발표하였다. 즉 에스트로겐을 조절하면, 폐경 후 여성들의 골다공증과 아테로마성 동맥경화증을 감소시킬 수 있다는 것을 밝혀냈다. 그는 또한 일반적인 노화 생리학에 대한 연구도 심도 있게 수행하였다. 유사한 연구들에서는, 브라운Michael Brown173)과 골드스타인Joseph Goldstein174)은 사람의 세포막 일부분에서 지방을

171) Julian Sorell Huxley(1887−1975). 영국 진화생물학자, 우생학자, 자연선택 지지자, 유네스코 세계 Wildlife 재단 창립 위원. 토마스 헉슬리(위버포스와 공개 논쟁−원숭이를 조상으로 하고 싶다 등; '다윈의 불독'이라는 별명을 가진 학자)가 할아버지

172) Étienne Wolff(1904−1996). 프랑스인 독일 거주. 발달생물학자. 실험발생학에서 여러 실험방법을 창안. 고등척추동물(닭) 발생실험을 개척하였음

173) Michael Stuart Brown(1941−). 미국 유전학자. 1985년 Joseph L. Goldstein과 콜레스테롤 대사작용 조절연구로 노벨생리의학상 공동수상

174) Joseph Leonard Goldstein(1940−). 미국 생화학자. 1985년 M. Brown과 공동으로 노벨

잡아두면, 불가피하게 지방을 동맥에 침적시키게 되면서 아테로마성 동맥경화증을 유발시킨다고 밝혔다.

목표물 DNA: DNA Targeted

1961년 학자들은 생화학적 '사슬'에서 서열에 대한 보편적인 의문을 다시 제기하였다. 야놉스키Charles Yanofsky175)와 남아프리카 분자생물학자 브레너Sydney Brenner176)는 후에 캠브리지 의학연구위원회 실험실에서 연구를 하는데, 이들은 뒤비뇨가 남긴 연구업적을 살펴보면서, DNA 자체의 서열을 밝혀낼 수 있는지에 대해 의구심을 가졌다. 이때는 옥시토신Oxytocin의 아미노산 서열이 이미 밝혀진 상황이었다. 브레너는 강인하고 총명하며 타협하지 않는 분자생물학자였다. 그는 남아프리카의 비트바테르스란드Witwatersrand대학교를 졸업하였고, 옥스퍼드에서 더 공부하였다. 마지막에는 영국 의학연구위원회의 분자생물학 실험실에 들어갔으며, 1980년 이 실험실의 소장이 되었다.

1967년 그는 DNA의 서열을 밝혀냈다. 그는 연구로부터 코돈codon이라는 새로운 개념을 만들어냈다. 코돈은 RNA의 3개의 유전단위 서열을 의미한다. 이것은 세포가 단백질 사슬을 조립할 때 특정 아미노산 제조를 지시한다. 브레너는 처음으로 단백질 합성을 지시하는 RNA 분자를 '어댑터adaptor'라고 제안하였다. 그는 DNA의 코돈 또는 뉴클레오티드 서열이 단백질의 아미노산 순서와 동일한 순서를 따른다는 것을 확신하였다. 그는 나아가 '삼중 코돈triple codon'의

생리의학상 수상. 사람의 세포에는 저밀도리포포단백질(LDL) 수용체가 있으며, 이는 혈액의 콜레스테롤을 제거하는 역할을 하며, LDL 수용체가 충분하지 않으면, 사람은 고-콜레스테롤 증상을 일으키며, 콜레스테롤 관련 질병의 위험에 처함. 주로 심혈관계 질병에 걸림. 이 연구들은 약제 statin을 개발하도록 이끔

175) Charles Yanofsky(1925－). 유태계 미국 유전학자. 1964년 세균에서 유전자 서열과 단백질 서열이 대응하는 것을 발견. DNA 서열을 변경시키면 단백질 서열을 변화시킬 수 있다는 것을 보여줌, 현재 스탠포드대학교 생물학과 명예교수

176) Sydney Brenner(1927－). 남아프리카 생물학자. 2002년 Bob Horvitz, John Sulston와 노벨생리의학상 공동수상. 유전코드 연구에 기여

서열은 다른 것과 중첩되지 않고, DNA 염기 서열에 공백이 없다는 것을 증명하였으며, 이는 여전히 세포가 단백질을 어떻게 제조하는지에 대한 이해에서 주요한 단계가 되었다. 같은 해, 전설적인 영국 생물학자이며 의사인 크릭Francis Crick은 브레너와 함께 또 다른 유전적 '추적detective' 역할에 대해 연구하였다. 그들은 도전하였고, 그리고 성공시킨 성과는 DNA 분자에 있는 또 다른 메시지를 해독한 일이었다. 이 메시지는 분자가 단백질 제조를 중지하라는 메시지, 즉 기계를 멈추게 한다는 신호였다. 그들은 특정 아미노산이 1개 이상의 코돈과 연관되어 있으며, 이는 아미노산보다 코돈이 더 많기 때문이라는 것 또한 발견하였다.

현대를 향하여Moving Toward the Present

과학은 1960, 1970년대 격동의 시대를 겪으면서 더욱 앞으로 나아갔으며, 놀랍지도 않게, 어느 때보다도 가장 짜릿하고 엄청난 업적들을 이루어냈다. 1969년 사람은 최초로 달 표면을 걸었다. 우주론에서 과학자들은 우주의 기원을 설명하려는 의도로 2가지 이론을 창출해 냈다. 이 2가지 이론은 소위 빅뱅과 정상상태 이론이었다. 다만 정상상태 이론은 퇴출된 반면, 벨Bell전화 실험실의 물리학자 펜지어스Arno Penzias177)가 마이크로파 복사를 추적하면서 결국에는 빅뱅이론을 옳은 이론으로 확립시켰다. 이 가설의 핵심적 부분들 가운데 하나는 우주는 끊임없이 팽창한다는 것이다. 이 팽창은 150억 년 전 단일 수소 원자가 폭발하면서 시작한 팽창이다. 마이크로파 복사는 이 가설의 예언들 가운데 하나이며, 펜지어스는 이것을 발견한 최초의 사람으로, 예언한 것을 확증하게 되었다.

입자물리학에서, 이전에 밝혀지지 않은 입자들의 덩어리들이 부상하였다. 캘리포니아공과대학Caltech의 과학자 베처Robert Bacher178)는 이 입자 덩어리가

177) Arno Allan Penzias(1933–). 미국 물리학자, 라디오 천문학자. 우주 마이크로파 배경 복사cosmic microwave background radiation를 공동 발견. 노벨물리상을 수상. 이는 이후 우주론의 빅뱅이론을 정착시키는 데 도움이 되었음

178) Robert Fox Bacher(1905–2004). 미국 핵물리학자, 맨해튼 프로젝트의 리더

'밑 빠진 구덩이bottomless pit'로 구성되어 있다고 말하였다. 비틀즈Beatles가 오갔고, 엘비스Elvis가 등장하였다. 생활비는 치솟았고 이집트는 이스라엘과의 휴전 협정에 사인하였다.

완전히 새로운 영역들이 열리고 신선한 활력을 띠게 되었다. 오염에 대한 세계적인 동요, 환경에 대한 손상, 인구팽창이 더욱 가속하면서, 오래된 영역 생태학은 그 자체로 재충전하였다. 여전히, 생태학이 새로운 활력을 얻고 있는 동안, 기이하고 과장된 쓸데없는 말들도 나타났다. 1957년, 생물학자들은 생태적 지위, 니체niche를 생물학적 변인과 환경적 변인을 축으로 하는 공간에 존재하는 추상적인 용어로, 과다하다는 뜻의 초부피hypervolume로 '정의'하였다. 이들 변인들은 생태적 지위에 서식하는 생물체들에게 영향을 준다. 이는 동물의 주변 환경이 이 동물의 생태적 지위에 영향을 주는 것을 가정한 것이다. 이 명제는, 진실은 스스로 증명되는 것이며 눈에 잘 띄지 않는다는 것을 내포한다. 예를 들면, 한 편의 글에서 값나갈 것 같은 단어들이 많이 발견될수록 거기에 들어있는 진정한 개념들은 더 줄어든다는 것이 영원한 학문의 원리이라는 의미이다.

허친슨G. E. Hutchinson[179]은 에세이, '성녀 로사리아에 대한 존경Homage to Santa Rosalia' 또는 '왜 이렇게 많은 종류의 동물이 존재할까?Why are there so many kinds of animals?'에서 조금 덜 형이상학적인 소견을 적었다. 이 생각은 과학자보다 일반대중에게 의도된 내용으로, 어쨌거나 믿을 만하였다. 허친슨은 동물상founa에서 밀접히 연관된 두 종은 동일한 환경적 니체를 차지할 수 없는데, 이 이유는 두 종이 유사성으로 동일한 자원에 대해 과도한 경쟁을 일으키기 때문이라고 주장하였다. 생태학에서 새롭게 활력을 얻은 분야들은 컴퓨터의 혜택을 받았다. 생태학자들은 컴퓨터로 개체군의 행동을 수학적 모델로 구성할 수 있었다. 예를 들면, 컴퓨터에 특정 계층의 자료를 입력하면, 컴퓨터는 언제 어떻게 개체군이 성장하거나 감소할 것인지를 예측할 수 있었다. 이 영역과 연결된

---

179) George Evelyn Hutchinson(1903–1991). 영국 생태학자, 근대 생태학의 아버지. 시스템 생태학, 방사능 생태학, 곤충학, 유전학, 생물지구화학, 인구성장의 수학적 이론 발전에 기여.

또 다른 영역, 소위 '사회생물학sociobiology'은, 생물학자들이 빈번하게 수학적 과정을 이용하는 영역으로, 동물 군집의 행동을 평가하는 일을 시도하였다. 일부는 이 창의적 생각을 사람에 적용하려고 시도하였으며, 이를 통해 인간에 있어서 윤리적 행동과 같은 것들을 밝혀내기를 희망하였다.

요약Summary

20세기 초기 50년은 명백히 절대적으로 환상적인 진보의 시대였다. 오파린Oparin은 저서, '지구상 생명의 기원The Origins of Life on Earth'에서 생명의 기원에 대한 의문을 들추어내면서, 생명은 원시 생화학적 '스프'에서 무작위 과정을 통해 독립적으로 진화되었을 것으로 추측하였다. 록펠러연구소 생리학자 로엡Jacques Loeb은 1912년 발표한 저서, '생명의 기계론적 개념The Mechanistic Conception of Life'에서 기계론과 단위생식에 대한 관점으로 훌륭한 업적을 남겼다. 또한 이 시대는 데일Dale, 로위Loewi, 호킨스Hokins와 같은 저명한 과학자들이 신경계에 대해 엄청나고 방대한 통찰력을 만들어낸 시기이기도 하였다. 오일러Euler와 힐라프Hillarp는 새로운 시대에 획을 긋는 독창적인 연구업적으로 신경전달물질에 대한 연구를 이루어냈으며, 이 연구업적은 근대 생물학적 정신치료학의 기반이 되었다. 이들은 신경전달물질들 가운데 하나인 노르아드레날린noradrenaline을 발견했으며, 이 노르아드레날인은 뉴런의 미세과립에 저장되어 있다고 밝혀냈다. 모건T. H. Morgan은 또한 염색체를 최초로 완벽하게 서술하였으며, 염색체에는 2,000개 이상의 유전자가 있다는 것을 밝혀냈다. 뮐러Muller는 돌연변이에 대한 위대한 업적을 완성하였으며, 유전학에서 유전자 빈도를 규정하는 하디-바인베르크Hardy-Weinberg 법칙이 발견되었다.

이 시기 생물학에는 어두운 면도 있었다. 구소련의 리센코 학설의 악명 높은 권위도 있었으며, 미국에서는 진화를 가르치는 것에 대해 스콥스Scopes의 원숭이 재판도 있었다. 생리학에서는 란트스타이너Landsteiner가 혈액군과 Rh요인에 대한 연구업적을 이루어냈으며, 의학은 굿파스쳐Goodpasture가 바이러스를 배양해낸 연구업적과 솔크Salk는 소아마비 백신을 개발한 연구업적으로 물밀듯이 뻗어 나아갔다.

또한 엄청난 기술적 혁신도 있었다. 초원심분리기는 생물학실험실에서 표준장비가 되었다. 폴링Pauling, 퍼루츠Perutz, 그 외 사람들의 X선 결정학 시대이기도 하였다. 튜링Turing과 여러 사람들의 연구업적으로, 세상은 또한 컴퓨터 시대가 시작된 것을 보았다. 생물학 도구들은 초현미경, 전자현미경들과 함께 성장하였으며, 과학자들은 세포의 내부를 더욱 깊게 관찰할 수 있었다.

과학자들 간의 의사소통은 더욱 용이하게 되었다. 이는 과학단체에서 '동물명명법국제규정International Rules of Zoological Nomenclature'을 발간한 결과이었으며, 이 국제규정은 분류학의 공통기준을 제공하였다.

이 시기 가장 극적인 발견들 가운데 하나는 고생물학에서 현존하는 실러캔스와 북극의 루핀 씨앗을 발견한 일이었다.

이 모든 것들 가운데 가장 중요한 것은 의문의 여지도 없이, DNA 초기 연구업적이었다. 의학연구위원회 브레너Sydney Brenner는 중요한 초기 발걸음을 내딛었으며, 이는 그 중요한 분자의 아미노산 서열을 명확히 알아낸 일이었다. 세계는 왓슨Watson과 크릭Crick을 맞이할 준비를 하고 있었다.

Chapter 23

DNA의 자취On the Trail of DNA

전쟁 이후, 분자생물학 분야에서 가장 중요한 발전은 의문의 여지없이 왓슨Watson과 크릭Crick의 획기적인 발견이었다. 이들은 DNA분석을 완벽하게 끝마쳤으며, 이 연구업적으로 윌킨스Maurice Wilkins와 함께 1962년 노벨상을 수상하였다.

DNA연구의 길은 쉽지 않았다. 논란의 여지없이, 분자생물학은 누구도 확신할 수 없는 분야였다. 미국의 유전학자 모건T. H. Morgan, 이탈리아의 생물학자 루리아Salvador Luria, 록펠러연구소의 캐나다계 의사 에이버리Ostwald Avery[1]와 같은 과학자들이 상당 부분에서 기초를 다져두었다. 1930년대 이르러 록펠러연구소의 러시아계 미국인 화학자 레빈Phoebus Levene[2]과 동료들은 핵산에서 RNA와 DNA 둘 다를 구성하는 당, 리보오스를 발견하였다. 1920년대 레빈은

1) Oswald Theodore Avery(1877–1955). 캐나다계 미국 의사, 연구자. 분자생물학, 면역화학 영역의 선구자, 동료 연구자 C. MacLeod, M. McCarty와 공동연구로 유전자와 염색체의 물질로서 DNA를 분리한 실험수행

2) Phoebus Levene(1869–1940). 미국 생화학자, 핵산의 구조와 기능 연구, DNA는 RNA보다 다른 형태의 핵산이 존재하며, DNA에는 아데닌, 구아닌, 티민, 시토신, 디옥시리보오스, 인산기가 존재함을 발견.

당에는 리보오스와 디옥시리보오스의 2가지 형태가 있다는 것을 발견하였다. 이는 곧 핵산에는 RNA와 DNA의 두 종류가 존재한다는 것을 의미하였다. 1944년 에이버리와 동료들은 많은 사람들이 이전까지 믿고 있었던 단백질이 아니라, 유전자가 유전정보를 가지고 있는 운반자라는 것을 증명하였다. 이 후, 에이버리는 폐렴구균pneumococcus과 폐렴에 대해 연구하였다.

경쟁과 논란Competition and Controversy

1950년에 이르렀을 때, 과학은 이미 DNA에 대해 무언가를 알고 있었다. 사실, 10년 동안 여러 과학자들은 이 신비스러운 분자의 비밀에 좀 더 가까이 다가갔다. 1953년 초기 왓슨과 크릭은 찬사를 받은 업적을 향한 눈부신 발걸음을 내딛었으며, 이때 프랭클린Rosalind Franklin[3]과 영국 물리학자 윌킨스Maurice Wilkins[4]는 처음으로 DNA의 X선 사진을 찍었다. 왓슨과 크릭은 이 사진들을 얻게 됨으로써 DNA구조를 금방 밝힐 수 있었다. 이것은 현재 생물학의 '성배'가 되었으며, 물리학의 성배인 통일장 이론(단일 방정식에 따라 우주의 모든 힘을 통합시킨 이론)이 엄청난 발전을 이루어냈던 것과 똑같은 성과였다. 왓슨과 크릭 외에도, 캘리포니아공과대학의 라이너스 폴링 역시 DNA구조에 대해 의문을 지니고 있었다. 처음에 많은 사람들은 폴링이 DNA구조를 최초로 풀 것이라고 주장하였다. 폴링은 수년간 단백질 구조에 대해 연구하였고, 1951년 동료 코리Corey와 함께 가장 우아한 발견을 이루어냈으며, 이것은 알파나선 구조가 단백질 구조의 핵심적 부분이라는 것이었다. 더불어 폴링은 단백질 구조가 폴리펩티드 사슬이

3) Rosalind Elsie Franklin(1920–1958). 영국 화학자, X선 결정학자. DNA, RNA, 바이러스, 흑연의 분자구조를 이해하는 데 지대한 영향을 줌. 생존 시 석탄과 바이러스에 대한 연구가 많았지만, 사후 DNA 분자 구조에 연구결과에 더 많이 기여한 것으로 인정받았음. 1951년 킹스칼리지 런던에서 수행한 X선 회절 연구는 결국에는 DNA 이중나선 구조를 밝히는 데 큰 도움을 줌. 1958년 난소암으로 사망

4) Maurice Hugh Frederick Wilkins(1916–2004). 뉴질랜드 태생 영국 물리학자, 분자생물학자, 노벨수상자. X선 회절, 레이더 개발, 동위원소 분리, 인광에 대한 이해 등에 기여함. 킹스칼리지 런던에서 수행한 DNA 구조에 대한 연구로 가장 잘 알려짐

라는 가설이 옳다는 것을 성공적으로 완벽하게 증명하였다. '사슬'은 마치 화물 기차처럼 아미노산들을 한데 묶어주는 끈과 같은 것이다. 폴링은 DNA가 나선구조를 지닌다고 정확하게 예측하였으며, 많은 사람들이 이미 DNA가 실제로 한 세대로부터 다음 세대로 유전정보를 운반한다는 사실을 알고 있었다. 그러나 폴링은 반대의 증거에 맞닥뜨렸을 때조차 철저하게 뿌리박힌 완고한 고집을 꺾지 않아 불리한 상황을 맞이하였다. 1951년 폴링이 당시 워싱턴대학교를 퇴임하는 시기에, 미국인 화학자 쇼메이커Verner Schomaker[5]와 동료들이 폴링의 연구실을 방문하여 폴링이 제안한 구조가 '옳지 않다'고 충고했음에도 불구하고, 폴링은 DNA는 3중 나선이라고 잘못 추측하였다.

그래도 다른 사람들이나 왓슨과 크릭, 프랭클린은 DNA의 분자 '구조'에 대한 실제 사진을 가지고 있지 않았지만, 그렇게 불리한 상황을 맞이하지는 않았다. 영국인 과학자 프랭클린으로부터 '차용한borrowed' X선 사진을 이용하고 폴링의 강력한 '모형 구축model-building' 기술을 모방하면서, 1953년 왓슨과 크릭은 DNA구조를 예언하는 데 결국 성공하였다. 1953년 발표된 유명한 논문 '디옥시리보핵산의 구조A structure for deoxyribose nucleic acid'에서 이들은 폴링에게 빚진 것을 인정하였다.

> 폴링(Pauling)과 코리(Corey, 1953)는 이미 핵산의 구조를 제시하였다. 이들은 친절하게도 논문을 출판하기 전에 우리가 먼저 읽을 수 있도록 배려해주었다. <중략> 우리는 디옥시리보오스 핵산의 염기 구조를 근본적으로 다르다고 제안하고자 한다. 이 구조는 두 개의 나선사슬이 같은 축을 중심으로 서로 감겨있다.[50]

그래서 이 연구의 가장 중요한 특징은 DNA가 이중나선으로 서로 얽힌 가닥 2개, 즉 X선 사진으로 완벽하게 지지하는 가설을 실현시킨 것이었다. 결과들에서 밝힌 대로, 프랭클린의 분석은 이 사실을 밝히는 데 의심할 여지없는 가장

5) Verner Schomaker(1914-1997). 미국 화학자. 캘리포니아공대 칼텍 졸업

결정적인 것이었다. 왓슨과 크릭이 그녀의 연구노트를 빌리지 않았더라면, 그녀 역시 노벨상을 수상할 수 있었을 것이다. 이는 그녀가 DNA의 '젖은wet' 형태와 '마른dry' 형태를 연구하고 사진 찍는 것의 중요성을 깨달은 유일한 사람이었으며, 이 사진으로 수수께끼의 핵심을 밝혀냈기 때문이다.

곧, 왓슨은 원래 물리학자로서 교육을 받았지만 지금은 DNA의 매력에 흠뻑 사로잡힌 35세의 영국인 크릭Francis Crick6)과 비밀스럽게 공모하기 시작하였다. 크릭은 1916년 영국에서 태어났다. 그는 일찍이 물리학을 전공하였으나, 이후 분자생물학으로 전공을 바꾸었고 곧 의학연구협의회 분자생물학 연구소에 들어갔다. 그는 그곳에서 옮겨 현재 근무하고 있는 솔크Salk연구소로 갔다. 의학연구협의회에 재직하는 동안, 그는 캘리포니아공과대학의 폴링이 개척했던 분야, 거대생물분자의 구조에 대해 흥미를 느끼게 되었다. 1951년 미국인 생물학자 왓슨은 의학연구협의회에 있었으며, 둘은 곧바로 힘을 합쳤다. 왓슨은 미국에서 태어났지만 1950년 코펜하겐대학교에서 분자생물학과 유전학을 전공하였다. 이후, 그는 명망 높은 영국 캠브리지 의학연구협의회 캐번디시연구소에서 이미 연구된 내용들에 그의 재능을 추가하였다.

새로운 생물학 분야의 탄생A New Field of Biology is Born

이 두 사람은 함께, 폴링의 '어린이 장난감baby toy'을 계속해서 모방하면서, 분자구조의 거대한 팅커토이7) 같은 모형들을 붙여 나갔다. 이들이 발견한 것은 DNA가 4종류의 작은 분자들로 구성되어 있다는 것이었다. 이 분자들은 서로 연결되어 꼬인 나선 사슬을 형성한다. 이것은 모든 세포 내에서 분자들이 자손의

---

6) Francis Harry Compton Crick(1916–2004). 영국 분자생물학자, 생물물리학자, 신경과학자. 1962년 Watson, Wilkins와 공동으로 핵산의 분자구조와 살아있는 물질의 정보전이의 중요성 발견으로 노벨생리의학상 수상. DNA 이중나선 구조 발견에 중요한 역할을 한 이론분자생물학자, DNA, RNA로부터 정보를 단백질로 전달. 역전할 수 없다는 것을 종합, 이를 핵심도그마(central dogma) 용어로 설명. 사망 시까지 연구를 지속하였고, 죽을 당시에도 침대에서 논문을 수정하였음

7) Tinker Toy 역주: 미국 조립식 장난감

특징을 한계 짓는 유전적 '명령instructions'의 독특한 배열을 구성한다는 것이다. 이들이 연구를 끝마쳤을 때, 인류는 유전적 '명령'이 어떻게 한 세대에서 다음 세대로 전달되는지 알게 되었다. 이 공로로 윌킨스Wilkins, 왓슨Watson, 크릭Crick은 1962년 노벨상을 수상하였다.

DNA구조가 밝혀지면서, '분자생물학'은 새로이 싹트는 분야로 엄청나게 확장되었다. 분자생물학에서, 과학적 탐구의 목표물은 유기체 전체보다는 개별 분자였다. 이 엄청난 진보의 결과로, DNA연구는 이 세기의 나머지 기간 동안 생물학 연구를 독점적으로 지배하였다. 처음으로, 과학은 멘델의 유전법칙이 생물체의 가장 깊은 수준에서 어떻게 작용하는지를 설명하였다. 악마와 같은 사악한 연구결과들이 뒤를 이었다. 1965년 뒤비뇨를 도와 최초로 페니실린을 합성했던 코넬Cornell대학교 화학자 홀리Robert Holley[8]는 왓슨과 크릭의 운반transfer RNA에 대한 연구 성과를 모방하였다, 이 연구에서 운반 RNA는 DNA분자로부터 명령을 '읽는reading' 역할을 담당하는 분자이며 폴리펩티드 사슬을 형성하도록 해석해 내는 것이었다. 이후, 홀리는 포유류의 세포분열에 관심을 가지게 되었다.

물론 다른 과학 영역들도 이제 겨우 드러내기 시작한 '생명의 이야기The Story of Life'를 통합시키는 역할을 수행하였다. 스코틀랜드 군집생물학자인 노벨 수상자 홀데인J. B. H. Haldane[9]은 1930년대 다윈 연구가 멘델 연구에 부합한다고 주장한 과학자로, 아미노산은 단백질을 구성하며 그 자체는 메탄, 물, 암모니아, 수소로 구성되는 것을 발견하였다. 결국, 이 발견은 많은 사람들이 생명 그 자체가 실제로 무기물질들 사이의 화학반응으로부터 스스로 발생하였는지 아닌지를 숙고하도록 이끌었다. '무기inorganic' 물질은 탄소를 기본으로 하지 않는 모든 물질을 말한다. 예를 들면, 물은 유기체가 생명을 유지하는 데 상당히 중요

---

8) Robert William Holley(1922–1993). 미국 생화학자. 1968년 H. Khorana, M. W. Nirenberg와 공동으로 알라닌(alanine) transfer RNA의 구조를 DNA와 단백질 합성과 연결하는 연구결과로 노벨생리의학상을 수상

9) John Burdon Sanderson Haldane(1892–1964). 영국, 옥스퍼드 태생. 이 저서에서 노벨상 수상은 오류로 보임. 1961년 인도인으로 귀화, 생리학, 유전학, 진화생물학의 유명한 과학자, 생물통계학에 공헌. 1915년 최초 논문은 포유동물의 유전적 연계 내용, 후속 연구는 집단유전학 관련, 멘델 유전과 다윈 진화를 통합. 근대진화론의 기반을 구축함

한 역할을 하는데도 불구하고 무기물질이다.

유전공학Genetic Engineering

왓슨과 크릭이 DNA의 수수께끼를 풀어낸 후, '유전공학'은 소름끼치는 분야로 기하학적 속도로 진화하였다. 본질적으로, 이 분야의 과학자들은 유기체가 유전자 수준에서 실제적으로 변할 수 있는지, 어떻게 변할 수 있는지, 그래서 다음 세대는 근본적으로 변형되는지에 대해 호기심을 가졌다. 스탠포드대학교 테이텀 Edward Tatum10)과 캘리포니아대학교 레더버그Joshua Lederberg11)는 유전자 재조합 사례를 탐색하기 시작하였고, 실제 동물 소화관에서 발견되는 세균, 원시생물 형태 대장균*Escherichia coli*에서 사례를 찾아냈다. 벤더빌트대학교 생물학자 델브뤽Max Delbruck12)은 이미 화학결합 및 핵물리학 분야 연구로 잘 알려져 있었으며, 미국 허시Alfred Hershey13)는 이후 DNA가 핵에서 유전정보를 가지고 있다는 것을 밝힌 과학자이다. 1946년 델브뤽과 허시는 서로 독립적으로 서로 다른 두 개의 바이러스에서 염색체 물질이 병합되어 새로운 독특한 바이러스를 창출한다는 것을 발견하였다. 이 발견은 유전공학이 새로운 영역을 향해 나아가는 데 더욱 불길한 발걸음이었다. 1969년, 델브뤽, 허시, 루리아Salvador Luria14)는

---

10) Edward Lawrie Tatum(1909–1975). 미국 유전학자, 1958년 George Beadle과 대사작용에서 유전자 조절의 개별 단계를 밝힌 업적으로 노벨생리의학상 공동수상

11) Joshua Lederberg(1925–2008). 미국 분자생물학, 미생물학 유전학, 인공지능. 33세 노벨생리의학상 수상. 세균은 유전자 결합 후 유전자 변이를 일으킨다는 것을 발견한 업적

12) Max Ludwig Henning Delbrück(1906–1981). 독일계 미국 생물물리학자, 1930년대 후기 분자생물학 프로그램을 착수하는 데 기여. 물리학자들이 생물학에 관심을 가지도록 자극한 과학자. 당시 신비스러운 유전자를 물리적으로 설명하는 기초연구를 이끎. 1969년 바이러스의 유전적 구조와 복제 기작 관련 연구업적으로 S. Luria, A. Hershey와 노벨생리의학상을 공동수상

13) Alfred Day Hershey(1908–1997). 미국 노벨수상 세균학자, 유전학자. 1940년 Luria, Delbrück 등과 박테리오파지 실험을 시작. 2종류의 박테리오파지가 한 세균을 감염시켰을 때, 두 개의 바이러스는 유전정보를 교환하는 것을 발견함. 1952년 Hershey–Chase 실험을 수행. 생물체의 유전물질은 단백질이 아니라 DNA라는 것의 추가적 증거를 발견. 1969년 노벨생리의학상 공동수상

14) Salvador Edward Luria(1912–1991). 이탈리아계 미국 미생물학자. 1969년 노벨생리의학

이 업적으로 노벨상을 수상하였으나, 이후 이들은 어떻게 바이러스 스스로 재생할 수 있는지에 대한 문제로 다른 사람들의 공격을 받았다.

1952년 레더버그는, 세균들이 바이러스를 먹는 것과 반대로, 세균을 먹는 바이러스들 또한 세균들에게 유전정보를 전달한다는 것을 발견함으로써 또다시 공을 세웠다. 같은 해 그는 세균의 일부로 염색체 바깥에서 유전정보를 가지고 있는 부분을 지칭하는 용어, '플라스미드plasmid'를 사용하였다. 구체적으로, 플라스미드는 DNA분자의 일부 조각으로 염색체의 DNA와는 독립적으로 존재하며 자가복제할 수 있다. 그 후 1959년 일본 연구팀은 플라스미드의 기능 가운데 하나로, 항체에 저항하는 능력을 한 세균에서부터 다른 세균으로 이동시킬 수 있다는 것을 발견하였다. 이들은 세균성이질균*Shigella dysenteriae*에서 이 형질을 발견하였다.

우연히, 레더버그는 '우주생물학exobiology' 또는 다른 세계에 살고 있는 생물체 연구 분야를 발전시키는 데 도움을 주었다. 그는 논문, '우리는 우주에서 무엇을 찾고 있는가?What Do We Seek In Space?'에서 우주생물학에 대해 중대한 질문을 던졌다:

> 우리가 알고 있는 이 세계에서, 핵산과 단백질은 이전에 있었던 것들로부터 진화해온 것들의 복사본들이다. 이들의 청사진은 부모에서 자손에게로 전해진다. 그러나 이 복잡한 물질들은 최초에는 어떻게 만들어졌는가?—이들의 생성을 안내하는 이전에 존재하는 세포는 뇌도 없이 어떻게 만들어졌는가?[51]

면역학의 진보Progress in Immunology

1960년대 후반, 세균이 외부 침입자에 대항하여 '방어defenses'하는 능력과 연결된 소름끼치는 놀라운 현상이 드러났다. 1967년 미국 국립과학학술원

상 공동수상

National Academy of Sciences은 동물 먹이에 첨가된 항생제 일부가 동물 체내에 남게 되며, 이로서 세균은 항생제에 저항하는 능력을 증가시킬 수 있다는 내용의 논문을 출판하였다.

이 추론들이 발표되자 생물학 연구단체들은 깜짝 놀랐다. 특히 이 추론에 대한 수많은 실현가능성은 사실상 무제한적이라는 것 때문에 더욱 놀랐다. 그래서 1965년 이미 DNA 돌연변이를 연구해왔던 생화학자 드레이어William Dreyer,[15] 그리고 버넷J. Claude Bennet[16]은 어떻게 단일 항체가 많은 종류의 항원을 싸워낼 수 있는지에 대한 문제를 생각하기 시작하였다. 항원antigen이라는 용어는 체내로 침입하는 임의의 외부 존재물을 의미한다. 이들은 항체antibody는 절대로 변하지 않는 한 개의 유전자를 가지고 있지만, 이 항체는 또한 무한하게 '모양을 변화시키는plastic' 다른 유전자들을 무수히 많이 가지고 있기 때문에 가능하다는 것을 이론화하였다. 이 이론은 유전자들이 침입자와 맞서 싸워내는 데 필요한 구조로 어떤 방식으로든 변형시킬 수 있음을 의미한다. 1967년, 이 가설에서 출발하여 노잘Gustave Nossal[17]은 항체들은 두드려 펼 수 있는 유연한 특성을 가지면서, 침입하는 유기체 또는 항원의 크기와 모양을 추적하면서 작용함에 따라 항체 자신의 모양을 변형하여 항원에 '결합bind'하고, 따라서 이 자체가 해가 없도록 만든다는 이론을 제안하였다(이것은 마치 아놀드 슈왈제네거Arnold Schwarzenegger가 주연한 영화, 터미네이터2에서 액체 상태의 금속으로 만들어진 터미네이터와 유사하며, 선과 악을 뒤집어 놓는 것과 같다).

15) William J. Dreyer(1928－2004). 분자면역학자, 1963－2004년까지 칼텍의 생물학 교수 역임. 미국 국립보건소에 근무하는 동안 생화학 분석을 자동화시키는 기계 발명. J. Claude Bennett과 함께 단백질 구조의 유전 코딩, 유전자 접합, 단일 복제 항체 등을 연구

16) J. Claude Bennett 미국 앨라배마 대학교 의과대학에서 면역학, 류머티즘 등을 연구

17) Gustav Victor Joseph Nossal(1931－). 호주 생물학자. 항체 형성과 면역 내성에 대한 연구에 기여, 원래 오스트리아 태생. 유태인이지만 제2차 세계대전 유태인 대학살을 피하려고 로마 가톨릭 세례를 받았음

생화학과 바이러스학의 진보Biochemistry and Virology Move Ahead

과학은 생화학 분야에서도 더욱 앞으로 나아갔다. 1949년 영국 임페리얼Imperial대학 화학자, 바톤Derek Barton[18]은 스테로이드로 알려진 화합물 군을 구성하는 거대분자를 평가하기 시작하였다. 그는 여러 연구업적들 가운데 폴링 업적을 토대로, 분자의 기하학적 구조가 실제 구성성분의 특성을 결정하는 데 필연적이라는 것을 증명하였다. 특히, 그는 고리형 스테로이드의 반응속도가 어떻게 '꼬여있는twisted'가에 따라 달라진다는 것을 발견하였다. 이 연구와 관련하여, 미국인 미생물학자 엔더스John Enders,[19] 웰러Thomas Weller,[20] 로빈스Fred Robbins[21]는 바이러스를 더 빠르고 효율적으로 배양하는 방법을 창출해냈다. 엔더스는 아마도 가장 독특한 경력을 지니고 있었을 것이다; 일찍이 그는 하버드대학교에서 외국어를 전공하였으나, 얼마 지나지 않아 생물학에 매료되었다. 로빈스는 미주리대학교에서 과학을 전공하였으며, 1940년 하버드대학교에서 의학박사 학위를 받았다. 그는 제2차 세계대전 때 미군에 복무하였으며, 그 후 하버드 의과대학으로 돌아와 웰러, 엔더스와 협력하기 시작하였다.

엔더스는 하버드 의과대학을 졸업한 후, 소아병동에서 근무하는 동안 바이러스학을 연구하기 시작하였다. 웰러와 엔더스는 닭 배아로부터 추출한 세포에서 유행성이하선염(볼거리)과 소아마비 바이러스를 배양하였다. 엔더스는 로빈스, 웰러와 단합하여, 분리된 조직에서 바이러스 군체colony 전부를 배양할 수 있었다. 이는 곧 이전 과학자들이 숙주는 완전한 개체이어야 한다고 믿어왔던 것이 사실이 아니라는 것, 즉 숙주 조직의 일부 조각으로도 충분하다는 것이었다. 그

---

18) Derek Harold Richard Barton(1918–1998). 영국 유기화학자. 1969년 노벨상 수상,

19) John Franklin Enders(1897–1985). 미국 생화학자, 노벨수상자. 근대 백신의 아버지, 실험실에서 소아마비 바이러스를 성공적으로 배양

20) Thomas Huckle Weller(1915–2008). 미국 바이러스학자. 1954년 J. Enders, F. Robbins과 노벨생리의학상 공동수상. 사람의 배아 피부와 근육 조직을 연결하여 poliomyelitis 바이러스를 실험실에서 배양하는 방법을 발견한 연구업적으로 수상

21) Frederick Chapman Robbins(1916–2003). 미국 소아과 의사, 바이러스학자. 소아마비 바이러스 생장과 분리에 대해 연구하였으며, 백신을 개발하는 방법의 기반을 만들어냄

는 이 기술을 이용하여 유행성이하선염, 홍역, 소아마비의 원인인 바이러스 배양법을 구축할 수 있었다. 이어 로빈스는 간염과 티푸스를 조사하는 연구를 추진하였다. 1951년 엔더스와 동료들이 만들어낸 백신으로 의사들은 1960년대 유행성 홍역 치료에 널리 효과적으로 사용하였다.

이후, 생물학자 밀스타인Cesar Milstein[22]은 항체-항원 연구로 생물학의 지혜를 거침없이 진척시키는 데 공헌하였다. 1927년 아르헨티나에서 태어난 그는 부에노스아이레스에서 화학 학위를 받았고, 캠브리지대학교에서 3년 동안 박사후 연구과정을 지냈다. 마침내 그는 명망 높은 영국 의학연구협의회의 종신회원이 되었다. 그는 일찍부터 면역학과 효소 활성에 대해 관심이 있었다. 그의 가장 주목할 만한 공적은 단일클론 항체 제조법을 발견하고 고안해낸 것이었다. 단일클론 항체는 단일의 '조상ancestral' 세포를 공통적인 기원으로 가진 무한히 많은 수의 항체이다. 이 항체들 모두는 동일하게 행동하며, 이는 복제로부터 기대할 수 있는 것, 즉 모든 항체들은 동일한 항원에 결합할 수 있다는 것이다. 일반적으로 항원은 질병을 일으키는 유기체이기 때문에, 수많은 동일한 항체들이 단일 항원으로 인해 발병되는 질병에 맞서 싸우는 데 엄청나게 유용하였다. 1975년 쾰러Georges Kohler[23]와 그는 단일클론 항체를 대량으로 생산하는 기술을 고안하였다. 이 기술은 골수암 세포와 림프구를 융합하여 '하이브리도마hybridoma'로 명명한 잡종을 생성하는 것이었다. 이로서, 1984년 그는 쾰러, 예르네Niels Jerne[24]와 함께 노벨상위원회로부터 최고의 상, 노벨상을 수여받았다.

1950년대 당시 솔크Salk연구소에 재직 중인 이탈리아 바이러스학자 둘베코Renato Dulbecco[25]는 바이러스가 숙주 세포와 어떻게 상호작용하는지에 대한 단

22) César Milstein(1927-2002). 아르헨티나 태생 생화학자. 영국으로 귀화. 항체 연구 수행. 1984년 노벨상 공동수상

23) Georges Jean Franz Köhler(1946-1995 in Freiburg im Breisgau) 독일 생물학자, 1984년 노벨상 공동수상

24) Niels Kaj Jerne(1911-1994). 덴마크 면역학자. 1984년 Köhler, Milstein과 면역체계 특이적 발달과 조절이론, 단일클론 항체생산 원리에 대한 연구로 노벨생리의학상 공동수상

25) Renato Dulbecco(1914-2012). 이탈리아계 미국인 바이러스학자. 동물세포 접종 시 암발생 종양바이러스 발견 업적을 노벨상 수상

서를 탐색하기 시작하였다. 둘베코는 토리노Turin대학교에서 과학에 입문하였고, 1947년 마침내 미국 인디애나대학교 교수로 부임하였으며, 그리고 1954년 캘리포니아공과대학으로 이직하였다. 솔크연구소에 종신직으로 재직했던 1960년대와 1970년대 그는 파지phasges-박테리아를 감염시키는 바이러스-를 분석하여 널리 극찬을 받았다. 그는 최초로 모든 종류의 빛에 반응하는 파지를 자외선에 노출시키면 파지 능력을 제거할 수 있다는 것을 발견하였다. 이 발견에 뒤이어, 그는 바이러스학자들이 동물 바이러스에서 돌연변이가 일어난 것을 쉽게 확인할 수 있는 패치테스트를 만들어냈다. 이는 곧 암을 유발할 것으로 예상되는 바이러스를 이해하는 데 엄청난 진보를 이루어냈다. 그는 이 모든 업적으로 1975년 테민Howard Temin,[26] 볼티모어David Baltimore[27]와 노벨상을 공동 수상하였다. 이후, 둘베코의 발견은 특히 AIDS를 물리치는 전투에서 급속도로 성장하였다. 그는 1987년 발간된 저서, '생명의 디자인The Design of Life'에서 이 업적의 대부분을 설명하였다.

바이러스를 구축Building Viruses

여전히, 이 시점까지 그 누구도 바이러스가 어떻게 '구성되어 있는지constructed'를 실질적으로 잘 모르고 있었다. 이 문제는 드디어 버클리의 생화학자 콘라트Heinz Fraenkel-Conrat[28])가 풀어냈다. 1955년 그는 단백질의 화학에 대한 뛰어난 연구를 성취한 후, 바이러스는 단백질 껍질coat과 핵산으로 구성된 감염-생성 중심부로 이루어져 있음을 발견하였다. 이어, 이 연구결과로 활성을 띤 담배 모자이크 바이러스를 조립할 수 있게 되었다. 이듬해, 일부 생물학자들

26) Howard Martin Temin(1934-1994). 미국 유전학자, 바이러스학자. 1975년 노벨상 공동 수상

27) David Baltimore(1938-). 미국 생물학자, 현재 칼텍 생물학 교수. 면역학, 바이러스학, 암연구, 생물공학, DNA 재조합 연구에 지대하게 기여

28) Heinz Ludwig Fraenkel-Conrat(1910-1999). 독일 태생 생화학자. 바이러스 연구로 유명. 바이러스의 번식을 유전적으로 조절하는 것이 RNA임을 발견하였음

은 바이러스에 핵산이 존재한다는 발견에 근거하여, 바이러스가 단지 불활성 물질이기보다 실질적으로 살아 있는 생물체라는 관점을 주장하였다. 새로운 지평을 열려는 노력으로, 미국인 생물학자 스피겔먼Sol Spiegelman[29]은 자가복제 바이러스의 합성을 실현하여, 바이러스가 살아있음을 증명하였다. 즉 생물체가 번식하는 능력은 논란의 여지가 있지만, 생물체가 살아있는지 여부를 확인하는 상당히 타당한 검사라고 할 수 있다. 곧바로 1966년 스피겔먼과 동료 하루나Iciro Haruna는 RNA분자를 복제시키는 효소를 발견하였다. 또한, 스피겔먼은 열을 가하면 DNA나선들이 분리되고, RNA나선은 DNA나선과 융합하여 잡종 분자를 형성하는 것을 보여주었다. 오래지 않아 록펠러대학교 에덜먼Gerald Edelman[30]과 옥스퍼드대학교 포터Rodney Porter[31]가 항체의 화학적 구조를 밝혀낸 결과로 평행 '구조architectural' 문제를 해결하였으며, 이 업적으로 노벨상을 수상하였다. 이는 이들이 다발성 골수종(일종의 암) 환자들을 연구하면서 이루어냈다.

1976년 바젤연구소 일본인 유전학자 토네가와Susumu Tonegawa[32]는 항체를 만드는 데 사용되는 유전자들이 실제 염색체 상 인접한 위치로 이동하여 능력을 결합한 후, 항체를 대량으로 생산한다는 것을 증명하였다.

토네가와는 교토Kyoto대학교에서 교육받은 후, 캘리포니아대학교 샌디에이고에서 박사 후 연구과정을 지냈다. 스위스에서 수년 동안 면역학을 연구한 후, 1981년 매사추세츠공과대학MIT 초청을 수락하고 미국으로 갔다. 그가 해답을 얻고 싶었던 본질적인 질문은 다음이었다. '수많은 서로 다른 종류의 질병들에 대항하여 싸우는 데 필요한 엄청나고 갈피를 못 잡을 만큼 다양한 수의 항체들

29) Sol Spiegelman(1914–1983). 미국 분자생물학자. 핵산 잡종화 기술을 개발. DNA 재조합 기술의 기반을 만들어내는 데 기여

30) Gerald Maurice Edelman(1929–2014). 미국 생물학자. 1972년 면역계–항체의 분자구조 발견으로 노벨생리의학상 공동수상. 면역계의 구성요소들이 개별 일생을 통해 진화하는 방법은 뇌의 구성성분이 진화하는 것과 유사하다고 설명. 신경과학, 마음의 철학 연구

31) Rodney Robert Porter(1917–1985). 영국 생화학자, 노벨 수상자

32) Susumu Tonegawa(1939–). 일본 과학자. 1987년 노벨생리의학상 단독 수상. 항체 다양성을 생산해내는 유전 기작을 발견. 현재 신경과학, 특히 암기하고 재현해내는 것에 대해 분자, 세포, 신경 차원에서 연구를 수행하는 중

을 생산할 수 있는 신체 능력을 어떻게 설명할 수 있는가?' 1970년대 그는 결국 이 질문에 대한 해답을 얻게 되는 연구결과에서, 항체 생성 세포, 'T cell'가 고유의 유전적 '명령instructions'을 엄청나게 많이 포함한다는 것을 밝혀냈다. 이 명령들을 서로 다르게 작용하도록 조합시키는 경우의 수는 엄청나다. 이로서 신체의 방어 요구를 충족시키는 데 필수적인 항체를 광범한 배열로 제조할 수 있다. 비록 그는 통상적으로 기대할 수 있는 것보다 더 오래 걸리기는 했지만, 생물학자 단체는 1987년 면역계를 파악해낼 수 있는 심오한 성과를 인정하여 그에게 노벨상의 영광을 기꺼이 수여하였다.

물론, 바이러스학자들은 단지 항체만을 목표로 하지는 않았다. 많은 사람들은 항원에 대해서도 많이 발견하기를 원하였다. 이러한 흔적은 미국 생물학자 불룸버그Baruch Blumberg[33]와 가이두젝D. C. Gajdusek[34]이 이어냈다. 가이두젝Daniel Gajdusek은 하버드 의과대학에서 의학을 공부하였고, 1958년 국립보건원에서 개발도상국의 질병 진행 과정을 조사하는 프로그램의 책임자가 되었다. 그는 뉴기니의 파푸아에서 치명적 질병, '쿠루kuru'를 발견하였다. 그는 이 질병의 원인을 밝힘으로써, 완전히 새로운 종류의 바이러스를 발견하게 되었다. 이 바이러스는 증상을 나타내기까지 스스로를 드러내는 데 적어도 1년은 걸리기 때문에 매우 천천히 배양해야 하는 종류였다. 그는 식인 풍습이 파푸아 사회 전체에 질병을 전염시킨다고 가정하였다. 이 연구업적에 이어서, 그는 유사한 기술로 간염 항원을 발견하였다. 1976년 이 업적으로 가이두젝과 불룸버그는 노벨상을 공유하였다.

1970년대 이르러, 1950년대 콘라트가 발견한 바이러스의 단백질 껍질 구조에 대한 결과로부터 영감을 얻은 다른 연구자들은 또 다른 바이러스, SV40의 유전적 구조를 밝히기 위해 열정을 쏟았다. 콘라트의 자료에 근거하여, 이들은

33) Baruch Samuel Blumberg(1925–2011). 미국 내과의사, 유전학자. 1976년 D. Gajdusek과 '전염병의 기원과 감염에 대한 새로운 기작에 대한 발견'으로 노벨생리의학상 공동수상. B형 간염 바이러스를 발견하고, 이것은 진단방법과 백신을 개발

34) Daniel Carleton Gajdusek(1923–2008). 미국 내과의사, 의학연구자. 1976년 노벨상 공동수상. 아동 성추행으로 1년 간 감옥살이. 유럽에서 사망

SV40 껍질의 유전적 구조를 밝혀냈다.

유전생리학에서 심사숙고할 가치 있는 또 다른 연구 결과들은 전설적인 이탈리아 생물학자 몬탈치니Rita Levi-Montalcini[35]가 수행한 것들이었다. 그녀는 이탈리아에서 의학을 공부하였으며, 그 후 1947년 미국으로 건너가 워싱턴대학교에서 생리학 실험들을 수행하였다. 여기서 그녀는 배아 신경계에 매혹되었으며, 결국에는 '과잉redundancy' 요소를 발견하였다. 이 과잉 요소는 신경계가 실제 필요한 것보다 훨씬 더 많은 세포들을 생성하도록 만드는 원인의 기작이며, 이는 아직 알 수 없는 신생아의 최종 크기를 맞추기 위해서이다. 그녀는 발견한 요소를 설명하기 위하여, 이것을 신경성장인자nerve growth factor 또는 NGF로 명명하였다. 이후, 그녀는 로마로 돌아가 세포생물학연구소의 책임자가 되었다. 그녀는 세포생리학에 있어 역사적인 발견을 이루어냈으며, 동료 코헨Stanley Cohen[36]과 함께 1986년 노벨상을 수상하였다.

거대분자의 구축Building More Giant Molecules

1954년 유전학자들은 좀처럼 잊을 수 없는 수수께끼를 결국에는 풀어냈다. 이들은 단백질을 조합시키는 명령이 DNA분자에서부터 나온다는 것은 알고 있었지만, 그 중간 과정은 잘 이해하지 못하여 여전히 초기 상태로 파악되지 않은 채로 남겨져 있었다. 그러나 1955년 하버드 의과대학 분자생물학자 호아그랜드Mahlon Bush Hoagland[37]는 간암에 대한 중대한 연구에 추가하여, 일종의 RNA, 소위 transfer RNA는 아미노산과 결합하며, 이 RNA는 아미노산들을 놀랍도록 긴 단백질 사슬로 조합한다는 것을 밝히고, 이를 이전 그 누구도 발견하지 못한

---

35) Rita Levi-Montalcini(1909-2012). 이탈리아 여성 신경생물학자. 1986년 신경성장요인을 발견한 연구업적으로 동료 S. Cohen과 공동으로 노벨생리의학상을 수상. 노벨수상자로 100세까지 생존한 최초의 과학자

36) Stanley Cohen(1922-). 미국 생화학자. 1986년 Rita Levi-Montalcini와 노벨생리의학상 공동수상. NGF 발견 후, 피부성장요인 발견함

37) Mahlon Bush Hoagland(1921-2009). 미국 생화학자. 유전정보를 해석하는 transfer RNA, tRNA를 발견

형태의 RNA라고 주장하였다. 호아그랜드는 즉시 이 새로운 RNA를 '메신저messenger RNA로 명명하였다. 1961년 미국 일리노이의 홀리Robert Holley[38]는 크로마토그래피 기술을 이용하여 tRNA에서 최소한 3개의 서로 다른 변형을 추출하였다. 같은 해 캐번디시의 화학자 딘티스Howard Dintzis는 tRNA가 폴리펩티드 사슬을 한 번에 한 개의 아미노산으로 조립하고, 폴리펩티드 사슬 끝에서부터 다른 것이 체계적으로 연결되는 것을 의문의 여지없이 증명하였다. 그 이전, 딘티스는 X선 연구를 통해 미오글로빈을 생성하는 기술을 엄청나게 향상시켰다.

호아그랜드의 제안에 매료된 프랑스 생물학자 모노Jacque Monod[39]와 낭시Francois Nancy[40]는 메신저 RNA와 대결을 시작하였다. 모노는 학부 시절에 에프라시Ephrassi, 테지Tessier와 함께 생물학을 전공하였으며 1941년 박사학위를 취득하여, 최종적으로 소르본대학교 동물학과에 재직하였다. 1971년 그는 파스퇴르연구소 책임자가 되었다. 곧이어 모노와 낭시(저자의 오류: 제이콥Jacob으로 수정이 필요)은 호아그랜드의 결론을 확증하였다. 좀 더 명쾌하게, 이들은 '오페론operon'이라는 개념을 고안하였다. 이 오페론은 유전자 그룹으로 무수히 많은 효소들을 생성하도록 지시한다. 모노의 또 다른 발견은 '억제제repressor'의 아이디어로, 이 억제제는 효소 제조를 조절하는 데 연결되는 단백질 분자의 일부이다. 마침내 모노와 동료들은 이 획기적인 발견으로 노벨상을 수상하였다.

이제 궁극적으로 과학자들에게 여명이 밝아오기 시작하였다. 이는 효소들이 DNA와 같은 핵산에 독특하게 작용할 것이라는 사실을 알아낸 일이었다. 체코슬로바키아 생물학자 겔러트Martin Gellert[41]는 이 분야에서 중요한 예비실험 몇 가

38) Robert William Holley(1922−1993). 미국 생화학자. 1968년 노벨상 수상. DNA와 단백질 합성을 연결하는 알라닌 tRNA 구조 발견

39) Jacques Lucien Monod(1910−1976). 프랑스 생화학자. 1965년 F. Jacob, A. Lwoff와 효소와 바이러스 생성에 대한 유전적 조절을 발견한 업적으로 노벨생리의학상을 공동수상

40) François Jacob(1920−2013). 프랑스 생물학자, 모든 세포에서 효소 수준 조절은 전사 조절에서 일어남을 발견. 1965년 Monod, A. Lwoff과 노벨상을 공동수상(역주: 저자가 Jacob 대신에 Nancy로 표기한 것은 오류로 확인됨)

41) Martin Frank Gellert(1929−). 체코슬로바키아 태생. 미국 분자생물학자. DNA의 구조와 기능에 대한 연구로 DNA 재조합 기술의 기반을 구축

지를 수행하였다. 1970년대부터 연구를 시작하였고, 1976년에는 효소 자이레이즈gyrase를 발견하였다. 그는 이 자이레이즈 용어는 정말 잘 선택하였다. 겔러트는 자이레이즈가 DNA를 '수퍼코일supercoil'로 만드는 원인이라는 것을 발견하였다. DNA는 대부분의 단백질, 핵산과 같이 실제 자연 상태에서 이미 꼬여있었다. 즉, DNA는 일반적으로 이중나선으로 두 개의 나선형 가닥이 서로 꼬이고 뒤얽혀 있다. 놀랍게도 자이레이즈는 이 같은 나선을 더 많이 꼬이게 만들어 슈퍼코일을 형성하도록 하지만, 지금까지 어느 누구도 이 현상을 응용하여 유용하게 사용하는 방법을 발견하지는 못하고 있다. 반면, 일부에서는 이 결과가 유전적 발명을 위해 엄청나게 실용적으로 – 수익성이 높은 – 응용될 것이라고 생각하였다. 1980년 6월 16일 대법원 5–4판결에 따라, 제너럴 일렉트릭사General Electric 연구원들은 기름을 먹는 미생물Pseudomonas에 대한 특허권을 취득하였다. 차크라바티A. Chakravarty[42]가 이 미생물을 개발하였으며, 기름 유출 문제를 확실히 해결하였다.

인공 생명Artificial Life

1955년 유전학은 여전히 더욱더 발전하고 있었다. 뉴욕대학교 스페인계 생화학자, 오초아Severo Ochoa[43]는 지방산 대사와 광합성에 대한 엄청난 업적을 달성한 후, 시험관에서 복제RNA를 만들어냈다. 한편 그 다음 해, 1956년 스탠포드의 생화학자 콘버그Arthur Kornberg[44]는 자신이 발견한 효소, DNA 폴리머레이즈

42) Ananda Mohan Chakrabarty(1938–). 방글라데시계 미국 미생물학자, 과학자, 연구자. GE에서 플라스미드를 이용하여 유전공학으로 유기체를 개발. Diamond v. Chakrabarty의 대법원 판결로 유명. 이 판결은 1980년 미국 대법원에서 특허청 대표 S. Diamond와 A. Chakrabarty의 논쟁으로 Chakrabarty는 살아있는 미생물은 특허법하 법적 의미를 가질 수 없다는 주장 대 Diamond는 살아있는 인공적 미생물체는 특허권 부여 대상 물질로 주장. 그러나 그가 만들어낸 미생물은 영국에서 특허를 받은 후, 미국에서 특허를 받음. 이 특허는 유전공학 유기체에 대한 미국 최초의 특허였음

43) Severo Ochoa de Albornoz(1905–1993). 스페인계 미국 내과의사, 생화학자. 1959년 Arthur Kornberg와 노벨상을 공동수상

44) Arthur Kornberg(1918–2007). 미국 생화학자. 1959년 Severo Ochoa와 DNA를 생물학

polymerase를 사용하여 실험실에서 DNA를 조합해냈다. 이 효소는 DNA분자에서 발견되는 염기의 작용을 변경시키는 효소이다. 실제적으로 이것은 단지 DNA 분자의 피상적인 모조품 정도였으며, 유기체의 유전자 구조를 실질적으로 변형시킬 수는 없었다. 말하자면, 이것은 DNA '가짜dummy'였다. 그럼에도 불구하고 이 연구결과는 향후 발전에 엄청나게 기여한 놀라운 단계가 되었다. 이 업적으로 콘버그는 오초아와 함께 1959년 노벨상을 수상하였다.

그러나 생명복제를 향한 진보는 멈추지 않았다. DNA분자를 성공적으로 합성해내면서, 다른 사람들은 이 발견을 넘어서 한 걸음 더 나아가기를 원했으며, 유전자 전체를 합성하기를 희망하였다. 1976년 코라나Gobind Khorana[45]와 동료들이 획기적인 연구를 통해 이를 이루어냈다. 코라나는 펀잡Punjab대학교와 캠브리지대학교에서 생물학을 전공하였다. 그리고 그는 캐나다 사이먼 프레이저Simon Fraser대학교로 옮겼고, 그 후 위스콘신대학교 효소연구소로 갔다. 그는 여러 해 동안 핵산의 구조뿐만 아니라 기능에 대한 수수께끼를 탐색하였으며, 이 모든 것으로부터 유전자를 최초로 합성할 수 있게 되었다. 이것은 콘버그의 가짜 DNA와는 달리, 자연적인 유전자와 '똑같을look like' 뿐만 아니라, 유전자로서도 기능하는 것이었다.

1956년 록펠러연구소 세포학자 팔레드George Emil Palade[46]는 미토콘드리아 마이크로솜microsome 연구에 추가하여, 세포 내에 존재하는 것으로 오랫동안 알려져 있던 리보솜이, 주로 RNA를 포함한다는 것을 발견하였다. 이들 RNA는 리보솜이 단백질 조성을 지시하는 데 도움을 주기 때문이다. 이 발견은 그렇게 충격적이지는 않았다. 과학자들은 리보솜을 세포 내의 단백질 합성을 '제조하는 manufacturing' 위치 근처에서 발견하였다. 1962년 뉴욕 주 남부의 국립보건원의

적으로 생성시키는 기작을 발견. 노벨생리의학상을 공동수상

45) Har Gobind Khorana(1922–2011). 인도계 미국인, 생화학자. 1968년 Marshall W. Nirenberg, Robert W. Holley와 공동으로 핵산에서 뉴클레오티드의 순서를 발견. 노벨생리의학상 수상. 이 순서는 세포에서 유전정보를 전달하며 세포의 단백질 합성을 조절

46) George Emil Palade(1912–2008). 미국 루마니아계 세포생물학자, 가장 영향력 있는 학자. 1974년 A. Claude, C. de Duvewas와 함께 전자현미경과 세포분획화의 혁신적 발견으로 노벨생리의학상을 공동수상

생물학자 니렌버그Marshall Nirenberg[47]는 유전암호의 수수께끼를 풀기 시작하였다. 그는 RNA분자에서 유전정보가 UUU, 즉 우라실산이 3개 연속으로 형성되면, RNA는 세포에게 아미노산 페닐알라닌phenylalanine을 제조하도록 '지시한다tells'는 것을 보여주었다. 1968년 일리노이의 화학자 홀리Robert Holley와 위스콘신대학교 코로나Gobind Khorona는 유전암호를 더 많이 해독해 내는 데 성공함으로써 노벨상을 충분히 받을 만한 자격을 가졌다. 일부 암호들은 까다로웠다. 특히 UGA, 즉 우라실, 구아닌, 아데노신으로 구성된 암호였다. 비록 연구자들은 유전언어에서 '단어들words'의 의미를 대부분 풀어냈지만, 이들은 이 암호의 의미를 잘 이해하지 못하였다. 그러나 1968년 캘리포니아대학교 생물학자 집서David Zipser[48]는 의식consciousness에 대한 신경 기저에 흥미를 가진 과학자로서, 이 암호의 의미는 세포에게 단백질 생산을 멈추도록 지시하는 메시지의 '종결자terminator'임을 발견하였다.

1960년대 종반을 향해가면서, 과학자들은 'DNA', 'DNA가 보내는 메시지messages', '메신저messenger RNA'의 역할 등에 대해 더 많은 것을 알게 되었다. 콘버그는 단지 DNA분자의 가짜 복제품을 만드는 일에 만족해하지 않는 선구적인 정신을 가진 과학자로서, 기능을 수행할 수 있는 DNA를 만들어내려고 노력하였다. 그는 끈질기게 모든 장애물을 헤치고 나아갔다. 1967년 생물학적으로 활성을 갖춘 DNA분자를 성공적으로 합성하였다. 그는 자연상태의 DNA 한 가닥으로 실험실에서 기본적 화학물질을 이용하여 나머지 분자를 간단하게 구축하였다. 1970년 코라나는 이 실험을 위스콘신대학교에서 실질적으로 재현하여, 또 다른 저명한 실험을 수행하게 되었다. 그는 리가아제ligase (파지T4로부터 얻음), 즉 DNA조각들을 서로 붙여주는 효소를 발견하였다. 코라나는 현재 매사추세츠

47) Marshall Warren Nirenberg(1927－2010). 미국 생화학자, 유전학자, 1968년 G. Khorana, R. Holley와 함께 유전코드를 분리하고 이들이 어떻게 단백질 합성을 작동시키는지를 설명한 업적으로 노벨생리의학상을 공동수상

48) Grodzicker, T., & Zipser, D.(1968). A mutation which creates a new site for the re－initiation of polypeptide synthesis in the z gene of the lac operon of Escherichia coli. Journal of Molecular Biology, 38(3), 305－314.

공과대학에 재직 중이며, 여러 해에 걸친 힘들고 지루한 싸움 끝에, 인공적으로 '아닐린-운반aniline-transfer RNA'을 만들었음을 선언할 수 있었다. 이 외에도, 코라나는 RNA가 일렬의 순서로 배열되며, 한 번에 한 코돈씩 해독되는 것을 보여 주었다. 1988년 호우Ya Ming Hou[49]와 슈멜Paul Schimmel[50]은 운반transfer RNA 분자에서 발견되는 유전 '언어language'의 일부를 해석하는 방법을 고안해냈다. 이 tRNA는 DNA 명령을 따르며, 실제로 아미노산들을 연결하여 폴리펩티드 사슬을 만든다는 것을 알아냈다.

유전자의 언어The Language of Genes

여전히 한 개의 의문이 남아 있었다. 실제로 제기된 적은 거의 없었지만, 지나고 나서 보니 분명하게도 의문점이었다. '메시지message'에 대해 설명하려면, 즉각적으로 메시지가 '보편적universal'인지 아닌지의 딜레마에 빠져들게 된다. '모든 형태의 생물체가 이것을 사용하는가, 하지 않는가?'이다. 즉, 무수히 많은 종의 동물들이 이들만의 종 특이적인 고유의 유전암호를 가지고 있는가? 혹은 유전학의 언어가 유전자에 대한 일종의 에스페란토어[51]로서 보편적인가? 1960년대 국립보건원 카스키Charles Caskey, 마샬Richard Marshall, 니렌버그Marshall Nirenberg가 이 문제를 풀어보려고 나섰다. 코라나와 마찬가지로, 이들은 보편적인 유전자 언어가 있다는 것을 재빨리 증명하였다. 이들은 의심의 여지없이 DNA가 파충류, 양서류, 척추동물뿐만 아니라 박테리아까지도 동일하다는 것을 입증하였다. 이들은 또한 동일한 메신저 RNA분자가 동일한 아미노산을 생산한다는 것을 발견하였다. 사람과 다른 종류의 생물학적 존재들 사이의 연계

49) Ya-Ming Hou. MIT 생물학과 소속, Hou, Ya-Ming, & Schimmel, P. (1988). A simple structural feature is a major determinant of the identity of a transfer RNA. Nature, 333, 140-145 (May 12, 1988).

50) Paul Reinhard Schimmel(1940-). 미국 생물물리화학자. 유전정보 해석의 기본이 되는 aminoacryl tRNA synthetase를 중점적으로 연구하는 중

51) 1887년 국제 공용어로 창안, 보급된 언어

는 다시 강력해진 반면, 호모 사피엔스*Homo sapiens*는 완벽하게 유일무이한 것을 가지고 있다고 주장하는 종교 극단주의자들은 더욱더 큰 절망에 빠졌다. 사실, 니렌버그는 모든 형태의 생물체는 '근본적으로 동일한 유전언어를 사용한다.' 라고 설명하였다.

그럼에도 불구하고 해답을 얻지 못한 질문들이 여전히 존재하였다. 오랜 시간 동안 과학자들이 유전자가 실제로 존재하며, 합성된 하나의 것이라고 확신했음에도 불구하고, 앞서 언급한 것과 같이 자연적으로 만들어진 유전자를 실험실에서 실제로 분리한 사람은 아무도 없었다. 1969년 유전학자이며 릴리Eli Lilly상 수상자 하버드 의과대학의 벅위드Jonathan Beckwith[52]는 세균에서 당 대사의 유전자 '메시지'의 일부를 분리해냄으로써 이 문제에 종지부를 찍었다.

새로운 유전적 도구: 제한효소 A Genetic Tool: The Restriction Enzyme

1970년 연구자들은 재조합 DNA분야 연구를 위해 새로운 도구에 대한 연구를 추구하고 있었다. 이것은 이전에 이미 언급했던 소위 제한효소에 대한 연구이다. 이 분야에서 성공한 과학자로 존홉킨스대학교 미생물학자 스미스 Hamilton Smith[53]는 최초로 제한효소를 분리했다. 이 제한효소는 DNA분자의 특정 지점을 분할시키는 효소이다(그는 특정 세균의 세포질이 DNA분자를 조각내는 것을 우연히 알아차렸기 때문에, 어느 정도 운이 따랐다). 이 발견 이후부터, 여러 새로운 효소들이 나타나기 시작하였다. 이 연구결과의 공적은 존홉킨스대학교에서 이 일에 종사하던 스미스의 동료, 생리학자 나탄Daniel Nathans[54]에게 돌아갔다. 또한 유전공학에서도 레이저를 이용하였다. 1986년 에쉬킨Arthur Ashkin[55]과 그

---

52) Jonathan Roger Beckwith(1935－). 미국 미생물학자, 유전학자, 세균의 염색체에서 첫 번째 유전자를 분리해 내는 연구업적을 거둠

53) Hamilton Othanel Smith(1931－). 미국 미생물학자. 1978년 W. Arber, D. Nathans와 함께 type II 제한요소를 발견하여 노벨상을 공동수상

54) Daniel Nathans(1928－1999). 미국 미생물학자, 러시아계 유태인 부모들이 미국으로 이민하였음. 1978년 제한효소 발견으로 노벨생리의학상을 공동수상

55) Arthur Ashkin(1922－). 미국 과학자. 원자, 분자, 세포를 조작하는 데 사용할 수 있는 광

의 팀이 레이저로 원생동물들을 잡을 수 있게 된 결과였다. 이 기술은 유기체 전체를 연구하고 조작할 수 있는 혁신적 기술이었다.

여기서 미국 생화학자 보이어Herbert Boyer[56]의 업적이 결정적으로 중요하다. 보이어는 피츠버그대학교를 매우 우수한 성적으로 졸업하자 마자 곧바로 캘리포니아대학교 버클리의 생화학 교수가 되었다. 1970년에 이르러서는, DNA가 단백질 생성을 조절한다는 사실은 케케묵은 이야기가 되었다. 너무나 당연하게도, 이것은 생물체에 외래 DNA를 연결하면, 이 생물체가 외래 단백질을 생성하라고 '말하는tell' 것이 가능한지 여부에 대한 추측으로 이어졌다. 1973년 보이어와 스탠포드의 코헨Stanley Cohen[57]은 제한효소와 세균 내부에 DNA를 배치시키는 유전자 접합gene-splicing 기술을 더욱 포괄적으로 응용할 수 있다는 것을 증명하였다. 이들은 DNA분자들을 조각내고, 다른 효소들을 이용해 이 조각들을 기발한 방법으로 다시 붙일 수 있었다. 1973년 보이어는 외래 플라스미드로부터 얻어낸 접합 DNA를 대장균*Escherichia coli*의 DNA로 도입하여 연결함으로써, 추후 연구를 위한 여러 종류의 *E. coli*를 많이 만들 수 있었으며, 이후 세균을 대량으로 배양하는 일이 쉬워졌다.

볼티모어와 역전사효소Baltimore and Reverse Transcriptase

여전히 유전공학 '도구상자toolbox'는 아직도 완성되지 않았다. 1970년 필라델피아의 미국 바이러스학자 테민Howard Temin[58]과 볼티모어David Baltimore[59])

학 추적 과정을 개척

56) Herbert Wayne Boyer(1936－). 생명공학 연구자, 사업가. S. Cohen, P. Berg와 공동으로 세균들을 조작하여 외래 단백질 합성 방법을 발견. 유전공학의 도약을 이루어냄

57) Stanley Norman Cohen(1935－). 미국 유전학자. H. Boyer와 함께 생물체의 유전자를 다른 생물체로 이식한 최초의 과학자. 유전공학의 기본을 발견. 이 연구결과를 기반으로 사람의 성장호르몬, 간염B 백신 등 수많은 상품 개발

58) Howard Martin Temin(1934－1994). 미국 유전학자, 바이러스학자. 1975년 노벨상 공동수상

59) David Baltimore(1938－). 미국 생물학자. 면역학, 바이러스학, 암연구, 생물공학, DNA 재조합 연구에 기여

는 효소와 DNA에 대한 대표적 연구에서 또 다른 도구를 만들어 냈다. 볼티모어는 스워스모어Swarthmore대학에서 화학 전공으로 졸업하였으며, MIT, 콜드스프링하버Cold Spring Harbor연구소와 록펠러연구소에서 박사 후 연구과정을 지냈다. 그는 솔크연구소에서 처음으로 전임직위를 얻었고, 1972년 MIT에서 생물학 전임교수가 되었다. 그는 소아마비 바이러스를 공략하여 나온 연구업적으로, 소아마비 바이러스가 번식하는 방법과 단백질을 합성하는 방법을 정확하게 찾아냈다. 1970년, 그는 생물학의 근본적인 이치를 뒤집어엎을 준비를 갖추었다.

볼티모어와 테민은 서로 독립적으로 효소를 발견하였다. 이 효소는 볼티모어가 '역전사효소reverse transcriptase'라고 명명했던 효소였다. 이 효소는 RNA가 DNA로 전사되도록 만들 수 있다. 다시 말해, 이 효소는 RNA분자의 유전정보를 DNA분자에 복사되도록 만든다. 이것은 일반적인 과정을 뒤집는 것이며, 때때로 종양 바이러스에서 관찰되는 현상이라는 점에서 중요하였다. 이 시점까지 과학자들은 단백질을 생성하는 단계들이 일방향일 것으로만 추정하였다. 즉, 이들은 DNA는 항상 RNA로 전사되고 그리고 단백질로 전사된다고 믿었다. 간단히 말하자면, 볼티모어와 테민은 역전사효소가 단백질이 DNA로 되돌아가도록 전환시킬 수 있다는 것을 밝혔다. 1975년 두 사람은 생리학에서 노벨상을 수상하였다.

역전사효소는 유전공학과 질병을 이해하는 데 엄청나게 실질적인 도구가 될 것임이 밝혀졌다. 예를 들면, 1982년 미국 생물학자 메이슨William Mason[60]과 섬머Jesse Summers는 역전사효소가 B형 간염 바이러스가 복제되도록 허용하는 것을 정확히 보여주었다(HIV바이러스가 이 현상을 이용하기 때문에, 이 연구는 매우 시기적절하였다).

---

60) Summers, J., & Mason, W.(1982). Replication of the genome of a hepatitis B-like virus by reverse transcription of an RNA intermediate. Cell, 29, 403-415. 소속기관명: Institute for Cancer Research, Fox Chase Cancer Center. Philadelphia, Pennsylvania

과학에 대해 더욱 커져가는 공포Escalating Fears over Science

앞에서 언급한 대부분의 업적들은, 대략적으로 '재조합 DNA'라고 명명한 것에 대한 초기 연구들을 포함하고 있다. 그도 그럴 것이 래드클리프Radcliffe의 후바드Ruth Hubbard[61]와 같은 많은 사람들은 소위 종말을 일으킬 바이러스가 우발적으로 만들어질 가능성에 대해 곰곰이 생각하였다. 곧이어, 왓슨과 크릭이 이루어낸 발전과 재조합 연구업적을 활용한 새로운 유전학 실험들이 재빠르게 추진되면서, 예상치 못할 위협과 심각한 불안이 초래되었다. 많은 사람들은 누군가 세상을 대량 살육할 수 있고 막을 길이 없는 새로운 유행병을 우연하게 실수로 만들어낼 수도 있다고 두려워하였다.

그러나 DNA연구만이 유일한 우려는 아니었다. 세기 말에 가까워짐에 따라 진보하는 기술의 결과에 대한 두려움도 수면으로 떠올랐다.

곧 다가올 위험에 대한 섬뜩한 예언이 나타났다. 금속성 전극의 아크 전등 발명가, 제너럴 일렉트릭사General Electric의 기술자, 스타인메츠Charles Steinmetz는 '전기의 미래Future of Electricity' 저서에서 석탄을 태우고 쓰레기를 강에 투기하는 것이 미래 문명에 거대한 위험으로 나타날 것이며 이를 피할 수 없게 될 것이라고 경고하였다. 그는 1910년 이 책을 저술하였으며, 이후 여러 분야에서 걱정이 많은 사람들은 스타인메츠의 경고를 곧바로 기억하고 받아들여야만 했다. 유사한 두려움은 전쟁 후 핵에너지 개발로 표면화되었다. 한편 미국 정부는 대중에게 방사선의 위험성에 대해 경고하는 일을 천천히 진행하였다—방사선의 위험에 대해 두려워하는 많은 사람들에게 그것은 너무 느린 것이었다. 미국 국립연구위원회National Research Council에서 개최한 원자폭탄 희생자에 대한 유전학 학술대회Genetics Conference on Atomic Casualties에서는 '히로시마와 나가사키의 원자폭탄에 의한 유전적 영향Genetic effects of the atomic bombs in

61) Ruth Hubbard(1924–2016). 오스트리아 비엔나 태생. 하버드대학교 여성으로서 최초 생물학 교수. 척추동물과 무척추동물의 생화학과 광화학에 기여. 십대 나치주의를 탈출하여 보스턴으로 이주, 생물학자가 됨

Hiroshima and Nagasaki' 논문이 발표되었으며, 다음과 같이 언급한다:

> 비록 유전적 영향이 원자 방사선에 의해 발생되었다고 추론할 수 있는 충분한 이유들이 있음에도 불구하고, 학술대회는 이 연구나 일본자료에 근거한 연구들로부터 내린 중요한 결론을 보장할 수 없다는 것을 명백히 하기를 원하고 있다. (중략) 이 자료는 관련 없는 변수들에 의해 너무 많은 영향을 받았다. (중략) 이러한 사실에도 불구하고, 학술대회는 원자 방사선으로 야기된 유전적 영향을 입증하는 유일한 가능성은 사라지지 않을 것이라고 느끼고 있다.[52]

그러나 두려움은 스리마일Three Mile섬과 체르노빌Chernobyl의 사고들로 인해 다시 급증하였다. 스리마일섬에서는 원자로의 물 보호벽이 부서지고 일부 방사능은 격납 돔에서 새어 나왔다. 이 무서운 사고의 가장 불길한 부분은 많은 사람들이 두려워했던 총체적 붕괴로 모든 것을 마비시키는 결과를 초래한 것이었다. 여전히 많은 평론가들은 비평가들이 실제 관련된 위험들에 비해 더 많은 위험들을 과장하여 퍼뜨린다고 비난하였다. 그러나 이 평론가들의 비판은 1986년 4월 발생한 체르노빌 사건에서 더 심각한 재앙을 맞이한 후에야, 허황된 소리가 되었다. 이 재난으로 소련의 핵 원자로는 실제로 폭발하였으며, 방사능 물질을 대량으로 방출하고 전례 없는 규모의 오염을 발생시켰다.

덜 알려지긴 했지만 비 핵분야에서도 이 같은 규모의 참사들이 있었던 것은 사실이다. 예를 들어, 이탈리아 세베소Seveso의 지바우다 라 로케 이크메자 Givaudan-La Roche Icmesa[62] 살충제 공장이 무너지면서, 엄청나게 넓은 지표면에 독성가스가 무시무시한 구름처럼 분출되었다. 이 과정에서 수천마리 가축들이 몰살되었다. 많은 시간이 흐르고, 이 사건의 엄청난 규모에도 불구하고, 1980년대 이탈리아 의사들은 이 화학물질에 노출된 사람들을 관찰한 결과 유해한 영

62) Givaudan-La Roche Icmesa 1976년 7월 10일 발생 세베소(Seveso) 재해, 이탈리아의 최대 환경재해. 재해 보상과 처리에 10억 달러(한화 1조원 이상)가 들었음. 2000년대 피해지역에 2개 초등학교를 설립하고 산림보존 사업을 벌였음

향이 나타나지 않았다고 주장하였다. 궁극적으로 핵 사고보다 프레온 가스에 의한 오존층의 감소가 훨씬 더 심각할 수 있다고 의심하는 것은 당연하다. 아무튼, 오존층은 전 지구를 덮고 있으면서 유해한 자외선 복사로부터 지구 표면이 뜨거워지는 것을 방지하고 있다. 사실상 환경단체의 압력은 더욱 심해졌으며, 이로서 1987년 24개국은 프레온 가스 사용을 제한하는 협정에 서명하였다. 이 프레온 가스는 현재 과학자들이 알고 있는바, 오존층을 체계적으로 망가뜨리고 있다. 프레온 가스는 오존과 결합하는 여러 염소화합물을 형성함으로써 오존을 망가뜨린다.

여전히 다른 사고 사건들도 환경을 혹사시켰다. 말레이시아 정부는 말라리아를 전염시키는 모기를 박멸하기 위해 수년 동안 DDT를 광범위하게 사용하였다. 문제는 이것이 바퀴벌레도 마찬가지로 죽였으며, 게다가 집고양이는 이들을 먹는다는 것이었다. 물론 고양이도 역시 DDT 독성으로 사라졌다. 이로서 더 심각한 불균형을 초래했다. 하나의 희비극적인 사건이었다. 쥐들이 수없이 많아져서, 정부는 생태계 고유의 균형을 회복시키기 위해 고양이를 새로이 공급하는 공수작전을 벌여야만 하였다. 그럼에도 불구하고, 살충제와 같은 것에 대한 두려움은 없어졌지만, 원자력에 대한 두려움은 상당하게 남아 있다. 사실 핵에너지는 생물권의 핵심인 유전자 수준에 영향을 줄 수 있다는 것이 우리를 가장 두렵게 한다는 것이다.

1962년 카슨Rachel Carson[63]은 저서, '침묵의 봄Silent Spring'에서 환경이 경고하는 소리를 들을 것을 경고하였다. 이 저서에서, 그녀는 화학 폐기물로 하천과 해양이 계속해서 오염되는 위험을 예상하였다. 그녀는 매우 시적이며 예언적으로 산업용 화학물의 위험성에 대해 진술하였다:

> 12년 전에 스며들었던 이 화학물의 잔여물은 아직도 토양에 남아 있다. 이들은 도처에서 어류, 조류, 파충류 그리고 가축과 야생동물의 체내로 들어가서 머무르고

63) Rachel Louise Carson(1907–1964). 미국 해양생물학자, 침묵의 봄(Silent Spring), 그 외 여러 책자로 세계적으로 환경운동을 확산시키는 데 기여함

있음에 따라, 동물 실험을 수행하는 과학자들은 이러한 오염에서 벗어난 실험대상을 찾아내기는 거의 불가능하다고 밝혔다.53

반면 많은 사람들이 그녀에게 도전했지만, 증거들은 이어진 여러 해 동안 수면으로 드러났으며, 그녀가 추측한 일들은 많은 사람들이 예상했던 것처럼 그렇게 오래 걸리지 않았다. 1968년 연방의회보고서는 이리 호(湖)가 상당히 오염되어, 회복시키는 데 500년의 시간이 걸릴 것이라고 밝혔다. 1972년, 미국 정부는 그때까지 말레이시아 교훈을 안일하게 무시하고 있다가, 생태학자들이 살충제가 셀 수 없을 정도로 많은 조류들의 알 껍질을 단계적으로 얇게 만든다는 것을 알아차렸을 때야 비로소 DDT사용을 금지하였다. 이는 DDT가 알에서 필요한 칼슘을 모으는 호르몬을 파괴하기 때문이다.

생물권을 서투르게 만지작거려 초래된 재해는 끝나지 않았다. 1968년 이집트에서는 아스완 하이 댐이 완공되고 나서, 지중해로 흘러들어가는 조류 영양분이 급격하게 감소됨에 따라, 차례로, 지중해의 어류 개체군을 심각하게 훼손시켰으며, 결국에는 어업까지 손해를 입혔다. 그러나 적어도 지금은 나일 강의 범람을 예측할 수 있다. 1978년 러시아에서 탄저병이 대규모로 발생하였다. 비록 최종적인 원인은 아직 밝혀지지 않았지만, 구소련은 발병의 원인을 더러운 음식이라고 계속 주장하였다. 미국은 원인이 세균 전쟁 공장에서 일어난 산업 재해라고 주장하였지만, 소련은, 너무나 당연하게, 이를 인정하기 싫었던 것이다.

더 많은 재해들이 일어날수록, 더 많은 환경운동가들은 이 문제들을 전 지구적 인식으로 고취시키고 골치 아픈 추세를 중단시키고자 노력하였다. 한 사례를 언급하자면, 1986년 생물학자들이 검은색 발 족제비로 알려진 일종의 대초원 족제비를 모두 포획하고 번식관리 프로그램을 실시하였다. 족제비 개체 수를 감소시킨 원인은 환경적으로는 디스템퍼64)였다. 유사한 사례로서, 1986년 자연주의자들은 지구 한 곳에만 서식하는 야생 캘리포니아콘도르(콘도르Carthartidae 과)를 번식관리 프로그램하에 두었다.

그럼에도 유전학 연구에 대해 지속되어온 두려움은 여전히 사회와 과학계

64) 특히 개, 고양이에서 발생하는 전염병

의 최우선 관심으로 남아있었다-이 두려움은 이 분야의 연구가 확장되어가면서 반복적으로 되풀이되는 주제leitmotif였다. 많은 사람들은 이 머리털 곤두세우는 기술의 예측할 수 있는 이득뿐만 아니라 어두운 이면에 대해서도 생각하였다. 두려움은 1973년 개최된 핵산 학회에서 표면으로 떠오르기 시작하였다. 1974년 수많은 과학자들과 관심 있는 일반인들은 DNA실험의 위험성에 대해서 점점 더 많이 걱정하기 시작하였다. 그 해 복제기술에서 독보적인 인물이라고 스스로 자칭하는 과학자 버그Paul Berg[65]는 미국 국립과학학술원의 교육위원회 위원 139명을 이끄는 학자로서, 일말의 여지도 없이 '종말doomsday'을 초래할 유기체를 만들어낼 위험이 없다는 것이 명백해질 때까지 모든 유전자 조작을 중단할 것을 요구하였다. 그는 이 내용을 1974년 7월 26일자 그 유명한 '버그의 편지Berg letter'에서 언급하였다. 놀랄 것도 없이, 성공으로 가는 도중에 실패의 길이 나타났다. 유전자 조작을 반대하는 사람들은 최소한 부분적으로나마 승리를 거두었다. 이들은 소송으로 유전적으로 변형된 박테리아로 실험하는 일이 더 이상 일어나지 않도록 막아낼 수 있었다. 비록 이후 여러 해 동안 이 같은 실험들이 다시 시작되었지만, 소송으로 유전학의 진보를 수년 동안 완강하게 반대할 수 있었던 점에 대해서는 거의 의문의 여지가 없다. 1976년, 그럼에도 불구하고, 유전공학에 대한 공포는 충분히 쇠퇴되었으며, 이후 캘리포니아대학교 교수가 된 사업가 보이어Herbert Boyer와 28세 벤처 투자자 홀Stephen Hall은 Genentech을 설립할 정도로 안전하다고 느꼈다. 이 회사는 최초의 영리단체로 유전공학 기술을 전적으로 상업적 목적으로 추구하는 회사였다. 이들의 소망은 인슐린, 사람의 성장호르몬, 그리고 다른 중요한 인체물질 같은 것들을 생산하는 것이었다. 5년이 채 지나지 않아, 회사의 가치는 1억 2천만 달러 이상이 되었다. 이들은 마침내 희망했던 화합물들과 생명을 유지시키는 물질들을 생산하게 되었다.

아마도 이 논란의 평형추는 최소한 DNA연구가 생명을 살리는 의학적 적용이 어쩌면 가능하다는 사실이었다. 예를 들면, *E. coli*와 같은 생물체의 DNA를

65) Paul Berg(1926-). 미국 생화학자. 1980년 W. Gilbert, F. Sanger와 노벨상 공동수상

만지작거리면서 외래 DNA를 *E. coli* 내로 이식함으로써, 외래 DNA가 *E. coli*가 원래 생산하지 않는, 예를 들면, 인슐린을 생산하도록 '말하는tell' 것과 같은 방식이 실현가능할 것으로 보였다.

사용할 수 있는 장비와 학문지식을 모두 이용하여, 과학자들은 특이한 종류의 문제에 관심을 돌렸다. 즉 유전공학을 의학에 좀 더 도전적으로 응용하는 문제였다. 이미 알려진 것처럼, 유전자상에 '자리잡고located' 있는 여러 질병들이 있다. 예를 들면, 1949년 폴링은 겸형적혈구빈혈증이 유전병인 것을 발견하였다. 그 외 다른 유전병들에는 근위축증, 혈우병hemophilia, 헌팅턴병[66] 등의 특이한 질병들이 있다. 물론, 큰 문제는 2백만 개 이상의 다른 유전자들이 존재하기 때문에 질병과 질병을 발병시키는 유전자 간의 상관관계를 밝혀내는 일은 상당히 어렵다는 점이다.

이때는 일부 제한효소들이 다시 활동하기 시작한 시기였다. 이들 제한효소는 DNA분자를 조각내는 효소이다. 세균으로부터 얻을 수 있는 이 효소들을 이용하여, 생물학자들은 DNA를 '자르는cut' 순간을 통제할 수 있으며, 잘라진 DNA조각들을 분류하고 저장할 수 있게 된다. 의사들이 겸형적혈구빈혈증과 같이 가족력 유전병이 있다는 것을 증명하였다고 가정해보자. 비록 의사들은 어느 DNA조각이 이 질병을 유발시키는지 알지 못하지만, 어느 가족 구성원이 이 질병으로 고통 받을 것인지를 쉽게 밝힐 수 있다. 이들은 겸형적혈구빈혈증으로 고통 받는 가족 구성원과 그렇지 않은 구성원으로부터 DNA조각을 추출한다. 일반적으로 질병에 걸리지 않은 구성원의 DNA에서는 나타나지 않지만 질병에 걸린 구성원의 DNA에서는 나타나는 DNA조각이 있다. 이 DNA조각은 질병에 대한 '표지marker'이다. 과학자들은 이것을 이용하여 염색체에 일반적으로 존재하

66) 헌팅턴병(Huntington's disease)은 드물게 발병하는 우성 유전병. 어린 시절부터 노년 사이 어느 때라도 발병. 보통 30~50세 사이 발병. 무도병으로도 알려지며 뇌 세포의 죽음을 초래하는 유전질환. 초기 증상은 종종 기분이나 정신 능력에 미묘한 문제가 일어남. 일반적인 조절의 부족과 불안정한 걸음걸이 증세가 종종 나타남. 질병이 진행됨에 따라, 조절되지 않는 경련성 신체 움직임이 보다 명확해지며, 조절된 움직임이 어려워지고 환자가 말할 수 없을 때까지 신체적 능력은 점차 악화, 일반적으로 정신능력도 감소하여 치매를 일으킴

는 유전자들을 가지고 질병을 예측할 수 있다.

가계 생물학에서 유전학의 역할은 1984년 영국인 생물학자 제프리Alec Jeffreys[67]가 신원을 확인하는 지문만큼 이론적으로 신뢰할 수 있는 과정을 설계함으로써 더 명확해졌다. 그는 한 사람만이 소유할 수 있는 개별 DNA서열이 있으며, 이 논리를 확장시켜서 서로 다른 사람들로부터 얻은 DNA조각들 사이의 유사성은 그들이 동일한 가족 구성원이라는 증거가 된다는 것을 발견하였다. 그는 신속하게도 이 기술로 친부와 같은 가족관계를 알아내는 데 사용할 수 있다는 것을 깨달았다. 이 사례로 영국에서 태어난 가나Ghana 소년이 나중에 그의 아버지와 살기 위해서 가나로 돌아갔다. 시간이 흘러 그 소년이 다시 어머니와 살기 위해 영국으로 돌아오려 했을 때, 이민국 관리들은 그가 그녀의 아들이 아니라고 주장하면서 입국을 거절했다. 그러나 제프리는 유전자 지문기술을 이용하여 그녀의 아들이라는 것을 증명할 수 있었다.

런던 세인트메리St. Mary's 병원의 데이비스Kay Davies[68]와 윌리엄슨Robert Williamson[69]은 1983년 유전기술을 이용하여 듀시엔형 근이영양증Duchenne muscular dystrophy의 '표지marker'를 최초로 찾아냈다. 이 질병은 뇌간과 척수를 퇴화시키는 증세를 보이며, 중년 남성들에게서 빈번히 발병한다(또한 윌리엄슨은 낭포성섬유증에 대해서도 연구하였다). 그럼에도 불구하고 표지를 발견한 것은 실제 유전자의 위치를 찾아내는 것처럼 명백하지 않다. 표지는 의심되는 유전자가 존재할 것으로 보이는 염색체 부위를 보여주는 것에 불과하다. 그러나 때때로 과학자들은 유전자를 발견하여 사본을 만들거나 '복제clone'할 수 있다.

위에서 언급한 업적들을 기반으로, 1987년 미국 의사 본스타인Murray

---

67) Alec Jeffreys(1950–). 영국 유전학자. RNA 지문과 DNA 프로파일 기술을 개발, 오늘날 범죄수사에 널리 사용됨

68) Dame Kay Elizabeth Davies(1951–). 영국 유전학자. 연구팀은 Duchenne muscular dystrophy(DMD) 연구로 세계적 명성을 얻음

69) Davies, K., Pearson, P., Harper, P., Murray, J., O'Brien, T., Sarfarazi, M., & Williamson, R. (1983). Linkage analysis of two cloned DNA sequences flanking the Duchenne muscular dystrophy locus on the short arm of the human X chromosome. Nucleic Acids Research, 11(8), 2303–2312.

Bornstein[70]은 약제 Cop 1[71]가 근위축증 경과를 추적하는 데 엄청나게 성공적임을 전 세계에 발표하였다. 같은 해, 관련 연구에서, 하버드의학대학의 명석한 과학자이자 아마추어 정원사인 미국 의사 컨켈Louis Kunkel[72]과 연구팀은 단백질 '디스트로핀dystrophin'을 발견하였다. 이들의 연구는 이 단백질 부족이 듀시엔형 근이영양증Duchenne muscular dystrophy 원인이 될 수 있다는 가설이 부분적으로 사실임을 확증하였다. 근육 생리학에 대한 이해가 한 걸음 더 앞서나가게 되었다. 이는 캠벨Kevin Campbell[73]과 코로나도Robert Coronado가 근육세포 안팎의 칼슘 이동을 추적하여, 신체가 이 단백질이 필요하다는 것을 발견한 시기였다.－칼슘 교환은 근육 수축에서 기본적으로 필수조건이다. 이들은 이 새로운 단백질을 '칼슘 방출 채널calcium release channel'이라고 명명했다.

이어 유전자 표지를 획기적으로 응용할 수 있는 방법들이 나타나기 시작했다. 1978년 스탠포드의 분자생물학자들 스콜닉Mark Skolnick,[74] 데이비스Ronald Davis, 보트스타인David Botstein은 효모 게놈 '지도mapping'를 작성하는 연구를 하는 동안, 'DNA 서열sequencing'이라는 과정은 유전병의 다른 표지들을 생산하도록 허용한다고 제안하였다. 1984년 하버드의과대학 매사추세츠 병원의 구셀라James Gusella는 헌팅턴병의 유전자 마커를 발견하였다. 구셀라는 스스로 이 발견은 '운이 좋았다lucky'라고 말하였다. 그리고 1986년 농업부는 바이오로직스

70) Murray B. Bornstein(1917－1995). 미국 신경과학자. 조직배양기술로 유명. 말이집탈락질병demyelinating disease 연구에 가치 있는 조직배양으로 유명. 와이즈만 연구소 약리학자들과 협력하여 Copaxone 개발. 이 약제는 다발성 경화증의 일반적 치료제임

71) COPI－trans－Golgi 네트워크에서 cis－Golgi 네트워크 및 조면소포체에 역행 수송. 단백질 복합체

72) Louis Martens Kunkel(1949－). 미국 유전학자, 국립과학원 위원. 근육위축증 연구 관련 dystrophin을 발견

73) Smith, J., Imagawa, T., Ma, J., Fill, M., Campbell, K., & Coronado, R. (1988). Purified ryanodine receptor from rabbit skeletal muscle is the calcium－release channel of sarcoplasmic reticulum. Journal of General Physiology, 92, 1－26.

74) Botstein, D., Raymond, L., Skolnick, M., & Davis, R. (1980). Construction of a genetic linkage map in man using restriction fragment length polymorphisms. American Journal of Human Genetics, 32(3), 314－331. Botstein－MIT생물학과, Skolnick－유타대학교 의과대학 생명물리－컴퓨팅학과, Davis－스탠포드대학교 의과대학 생화학과

Biologics회사가 돼지를 위한 헤르페스herpes 바이러스 백신으로 기능하도록 설계된 유전자 재조합 바이러스의 판매 허가를 요청한 것을 승인하였다. 1988년, 과학자들은 유전병을 치료하는 데 가장 주목할 만한 발걸음을 내딛었다. 미국인 의사 제니쉬Rudolf Jaenisch75)와 연구원들은 유전병 원인이 되는 유전자를 추출하여 쥐에게 이식하였으며, 이 방법으로 사람의 결손유전자를 정상유전자로 '대체하기replacing' 위한 방법을 준비하였다. 여전히 사람들은 당연하게도 암에 대한 유전적 맹공격에 가장 많은 관심을 보였다. 유전자 손상이 암을 일으킨다는 증거는 점차적으로 축적되어 왔다. 예로서, 연구들은 대부분의 산업용 화합물이 정상유전자를 암을 발병시키는 결손유전자로 변형시킨다는 내용으로, 이것이 질병의 원인이라는 것을 보여주었다. 관련 연구에서, 많은 과학자들은 특정 RNA 바이러스가 신체 내 세포들에서 암을 발생시키는 과정을 '작동시키는turn on' 것을 보여주었다. 이는 차례로 직접적으로 암의 원인이 되는 유전자, '종양유전자oncogenes' 이론을 더욱 확장시키도록 만들었다(이들은 '원 종양유전자 proto-oncogenes'로 불리는 양성유전자이며 정상유전자로부터 유래한다. 이 정상유전자들이 손상되면, 이들은 활성을 띠는 종양유전자가 될 수 있다). 이들은 일반적으로는 활성을 지니지 않으며, 특정 화학물질과 오염물질과 같은 특정 자극으로 활성을 띨 수 있다. 이들이 일단 한 번 작동되면, 체내 정상세포의 분열을 뒤집도록 만드는 명령을 보내기 시작한다. 그러나 종양유전자를 억제하는 데 도움을 주는 '종양억제유전자tumor suppressor genes'의 방어기작이 존재한다.

1988년경, 유전병에 대한 제니쉬의 연구가 있었던 같은 해, 이미 결정학 연구로 유명한 로렌스버클리실험실Lawrence Berkeley Laboratory의 한국인 화학자 김성호Sung-Hou Kim76)와 일본인 과학자 니시무라Susumu Nishimura는 특정 암

---

75) Rudolf Jaenisch(1942-). MIT 생물학 교수, Whitehead 생명의학연구소 창립자, 동물의 유전자 조성을 변형시키는 유전자변형과학(transgenic science)의 개척자. 암과 신경성 질병을 연구하기 위해 유전자 조작 쥐를 만들어 냄

76) Kim, Sung-Hou(1937-). 한국계 미국 구조생물학자, 생물물리학자. 1973년 A. Rich와 공동으로 최초로 tRNA 3차원 구조를 보고함. 현재 로렌스버클리국립연구소 과학자이며 캘리포니아대학교 버클리 화학과 교수

을 유발시키는 종양유전자의 메시지로부터 유래된 단백질의 분자 '구조architecture'를 진단하였다. 종양유전자 '메시지'로부터 생성되어, 불완전하게 조립된 단백질의 구성을 이해한 연구내용이었다. 희망컨대, 과학자들이 악성 종양유전자 자체의 성질을 거꾸로 추론해 낼 수 있을 것이며, 그것으로 악성 종양유전자들을 종결시키는 방법을 발견할 수 있을 것이다.

1981년 유전병 치료법의 발전은 또 다른 정점에 도달하게 된다. 이는 과학자들이 B형 간염 항원의 유전암호를 풀었을 때였다. 이 혁신으로 아주 오래된 이 질병에 대항하는 백신을 만들어낼 가능성을 보여 주었다. 사실상, 같은 해 머크치료연구소Merck Institute of Therapeutic Research는 백신을 제조하였고, 미국 식약처FDA, Food and Drug Administration는 백신 상용을 재빨리 승인하였다. 1982년 엘리릴리Eli Lilly회사는 FAD 승인을 보장받아서, 세균으로부터 인슐린을 만들어 판매하였다. 이는 DNA 재조합 연구를 상업적으로 응용하여 확실히 성공시킨 최초의 사례가 되었다. 몇 년 후, 뉴욕주 보건부는 B형 간염뿐만 아니라 단순 포진 및 일반 독감을 예방하는 더욱 포괄적인 백신을 개발하였다. 1985년 FDA는 성장호르몬을 일상적으로 사용하도록 승인하였다. 이 호르몬은 과학자들이 앞서 언급한 것들과 유사한 유전공학 기술을 이용하여 제조하였다. 이 기적의 호르몬으로, 부모 세대로부터 이례적으로 작은 신장을 물려받은 어린이들은 이제 평균 또는 평균에 가깝게 성장할 수 있다. 현재 이 성장호르몬을 오용하는 흥미로운 사례도 있다. 보디빌더들이 스테로이드와 함께 성장호르몬을 이용하여 비정상적으로 비대한 근육을 만든다.

불필요한 유전자Redundant Genes

1977년 과학자들은 결함 유전자를 넘어서서 한 걸음 더 나아가 더 중요한 것을 발견하였다. 미국 유전학자인 MIT의 샤프Philip Sharp[77]와 콜드스프링하버

77) Phillip Allen Sharp(1944－). 미국 유전학자, 분자생물학자. RNA 접합 발견. 1993년 노벨상 수상. 동일한 DNA서열로부터 다른 단백질을 생성시키는 방법으로 메신저 RNA 접합

Cold Spring Harbor의 로버츠Richard Roberts78)는 서로 독립적으로 아데노바이러스(상부 호흡기 감염을 일으킴)에 대해 연구하였으며, DNA는 글자 그대로 무의미한 정보를 가지고 있는 거대한 부분을 포함하며, 이 정보들은 세포가 단백질을 생성하는 과정에서 버리는 정보들이라는 것을 발견하였다. 생물학자 길버트Wally Gilbert79)와 다른 사람들은 이 불가해한 정보들을 '인트론intron'으로 명명한 반면, 유전자에서 이용할 수 있는 부분, 즉 번역 가능한 정보를 포함한 부분은 '엑손exon'으로 명명하였다. 1980년 더 특이한 또 다른 무언가가 나타났다. 미국의 한 과학연구팀은 유전자에서 '초가변supervariable'으로 명명한 부분 또는 짧은 '메시지들messages'이라 불리는 것들이 계속해서 반복되는 것을 발견하였다. 짐작컨대 이것은 주요 암호에서 무엇이 뒤틀어질 경우를 대비하는 '백업backup' 체계일 것이다.

유전자 전이와 복제Transfer of Genes and Cloning

1980년 과학자들은 암과의 전쟁에서 놀랄만한 진전을 이루어냈으며, 곧 AIDS와의 전쟁을 알아차리게 되었다. 취리히대학교 분자생물학연구소 와이즈만Charles Weissmann80)은 바이오젠Biogen 회사 지원하, 세균 배양을 통해 사람의 인터페론interferon을 생산하였다. 그는 복제된 인터페론 유전자들을 대장균*E. coli* 세균에 주입하는 방법으로 이를 해냈다. 자연의 인터페론과 같이 정확하게 작용하는 클론들은 심지어 종양의 성장을 억제시켰다. 너무 급작스럽게 오는 것은

하는 방법을 발견

78) Richard John Roberts(1943－). 영국 생화학자, 분자생물학자. 1993년 진핵세포 DNA의 인트론과 유전자 접합 기작 연구업적으로 P. Sharp와 노벨생리의학상 공동수상

79) Walter Gilbert(1932－). 미국 생화학자, 물리학자, 분자생물학 개척자. 1980년 F. Sanger, P. Berg와 노벨화학상 공동수상. 연구업적은 핵산에서 뉴클레오티드 서열을 결정하는 방법을 고안. 1978년 네이처에 발표한 논문에서 인트론과 엑손의 존재를 최초로 제안

80) Charles Weissmann(1931－). 헝가리계 스위스 분자생물학자. 최초로 인터페론 복제와 발현 연구로 유명. 크로이츠펠트－야곱병(Creutzfeldt-Jakob disease), 광우병(mad cow disease)과 같은 신경계통 프리온(prion) 질병에 대한 분자유전학을 밝혀냄

아무 것도 없었다. 1년 후 애틀랜타 질병관리본부는 AIDS가 새롭고 치명적인 질병임을 공식적으로 확인하고 공개적으로 인정하였다.

오늘날에 이르기까지, 과학자들은 유전자를 변경하고, 조각을 내고, 합성하고, 복제하는 방법들을 찾아내 왔다. 여전히, 과학이 살아있는 유기체에서 가장 기본 단위의 구성에 대해 가장 많이 알고 있었음에 따라, 과학자들이 생물학적 독립체를 복사duplicate하기 위해 유전물질을 사용하거나 복제cloning하는 일을 꿈꾸는 것은 당연하였다. 실제로, 이 현상은 진지한 과학자들과 공상과학 소설가들의 마음을 사로잡기 시작하였다. 복제를 실질적으로 진보시킨 과학자는 캘리포니아대학교 미국인 생물학자 클락Louise Clarke[81]과 카본John Carbon[82]이었다. 이들은 대장균*E. coli* 유전자 '도서관library'이 200'권boooks' 규모의 크기라는 것으로 성공적으로 보여주었으며, 1980년 효모의 감수분열에서 핵심단계를 담당하는 염색체 일부를 성공적으로 복제하였다. 이 감수분열은 정자와 난자의 세포에서 일어나는 세포분열의 일종으로 딸세포의 염색체 수를 절반으로 감소시킨다. 그렇다 하더라도 아직 실제로 하나의 유기체에서 다른 유기체로 유전자를 전이시킬 수 있는 사람은 그 누구도 없었다. 이 난관은 1980년 4월 UCLA 클라인Martin Cline[83]과 그의 팀이 한 쥐에서 다른 쥐로 유전자를 성공적으로 전이시킴으로써 해결되었다. 사실, 그는 메토트렉세이트methotrexate에 대해 저항력을 가진 세포로부터 추출한 DNA 5백만 개를 쥐들에게 주입하였으며, 이로서 쥐들을 메토트렉세이트에 대해 저항력 있는 쥐들로 만들었다. 여기서 더욱 놀라운 일은 유전자가 전이된 후에도 기능을 지닌다는 것이었다.

이후, 이 성공들은 더욱 빠르고 또 더욱 무서워졌다. 1981년 중국 생물학자

---

81) Clarke, L., & Carbon, J. (1976). A colony bank containing synthetic CoI EI hybrid plasmids representative of the entire E. coli genome. Cell, 9(1), 91–99.

82) John Carbon. 1968년 이후 캘리포니아대학교 산타바바라 분자세포생물학 명예교수. 신약 항암제 개발연구. 유전자 재조합으로 게놈 도서관 만드는 기술 개발. 효모로 DNA를 복제하는 기술. 중심립/동원체(centromere) DNA의 특징, 최초로 인공염색체 구성

83) Martin J. Cline(1934–). 미국 세포생물학자. 세포생물학, 분자생물학, 유전학 연구를 수행. 정상적으로 기능을 수행하는 유전자를 생쥐에 성공적으로 전이시켜 최초로 형질전환 생물을 만들어 냈음. 백혈병에서 암에 대한 분자 유전학적 변이에 대해서도 연구

팀은 인위적으로 완전한 개체의 물고기, 금붕어를 복제할 수 있었다. 같은 해, 클라인의 결론으로부터 단서를 얻은 오하이오대학교 분자생물학자들 또한 한 동물에서 다른 동물로 유전자를 전이시키는 데 성공하였다. 그러나 이들은 쥐가 아닌 다른 동물로부터 쥐로 유전자를 전이시킴으로써 클라인의 업적에서 한 걸음 더 나아갔다. 놀랄 일도 아닌 것이, 전이시킨 유전자는 기능을 수행하지 못했다. 그럼에도 불구하고, 1982년 과학자들은 하나의 쥐rat에서 성장호르몬 생산과 관련된 유전자를 추출하여 다른 쥐mouse로 이식하여 이 문제를 해결하였다. 쥐mouse는 새로운 유전자에 의해 생산되는 여분의 호르몬 때문에 크기는 두 배가 되었다.

상당히 자연스럽게, 이 업적들 이후, 복제cloning에 대한 연구는 급상승하였다. 1988년 사이언스Science지는 미국(오류: 덴마크) 생물학자 윌라센Steen Willadsen[84]이 전체 양을 성공적으로 복제하였다고 발표하였다. 그는 배아를 잘게 쪼개어 얻은 세포핵을 양의 난자에 넣고, 즉시 생성된ad-libber 배를 다른 양에게 이식함으로써 성공해냈다. 그 누구도 멈추지 않았다. 사실, 윌라센이 연구를 진행했던 같은 해, 버클리대학교 윌슨Allan Wilson[85]과 히구치Russell Higuchi[86]는 상당히 놀랍게도 멸종된 종의 유전자를 최초로 복제하였다. 이들은 얼룩말과 유연관계에 있지만 말과 유사하게 생긴 19세기 이후 멸종한 야생나귀의 한 종인 콰quagga의 보존된 조직으로부터 유전자를 복제함으로써 이를 해냈다. 이들은 박물관의 콰 가죽에서 얻은 DNA를 이용하여 성공하였다. 당시 이 업적은 즉각적으로 실용적인 응용으로 이어지지는 못했다. 다만 진화 역사에 대한 연구에서 또 다른 기술로 사용할 수 있었으며, 미래에는 이 같은 기술들을 이용하여 멸종

84) Steen Malte Willadsen(1943－). 덴마크 생물학자, 핵 전이 연구에서 최초로 포유동물을 사용한 과학자. 1984년 영국 캠브리지에서 초기 배아세포를 이용하여 핵전이로 양을 복제하는 데 성공(본문에서는 미국인으로 제시하고 있으나 오류로 확인됨)

85) Allan Charles Wilson(1934－1991). 뉴질랜드 태생. 미국 생화학자. 진화의 변이 이해에 분자적으로 접근하는 연구를 수행

86) Russell Higuchi(?－현존). 미국 분자생물학자. 1984년 Nature지에 멸종된 유전자를 최초로 복제한 연구결과를 공동으로 발표. 1988년 Nature지에 범죄학에 PCR을 사용하는 방법에 대한 최초의 연구 결과를 발표. 1993년 실시간 PCR을 발명함

된 생물체들을 '구출하는rescue' 일들이 실제 가능하리라고 상상할 수 있다. 예를 들어, 히구치는 빙하에서 언 채로 발견된 매머드의 DNA로 이미 연구를 시작하였다. 다른 멸종 이야기들은 행복한 결말이 아니었다. 1987년 보호하에 있던 마지막 '더스키 해안 참새dusky seaside sparrow'가 통상적인 원인으로 죽어버렸다. 그러나 낙관적인 측면도 있었다. 과학자들은 이 죽음을 예상하였으며, 적어도 부분적으로는, 마지막 더스키 해안 참새 수컷 다섯 마리를 가까운 유연관계에 있는 스코트Scott's 해안 참새 암컷과 교배시킴으로써 멸종의 악령을 떨쳐냈다.

복제의 대유행은 계속되었다. 1987년 과학자들은 이번에도 처음으로 듀시엔형 근이영양증 유전자를 복제하였다. 몇 달 후, 이들은 체내에서 이 유전자가 어떤 방식으로 악영향을 미치는지를 발견하였다. 변칙 유전자는 체내에서 가로무늬근이 필요로 하는 특정 단백질을 생산할 수 없다. 하지만, 이 단백질은 심장이나 평활 근육에는 필요하지 않다. 이 정도를 알게 됨으로써, 조만간 유전자 자체를 변형시키거나 또는 적어도 해로운 영향을 조절할 수 있을 것을 상상할 수 있다.

1988년 국립보건소 레더Philip Leder[87]는 3중결합 분석triplet binding assay을 발명하였다. 연구자들은 이 분석방법으로 코돈과 아미노산 관계에 대한 연구를 수행할 수 있게 되었다. 레더와 하버드의과대학 스튜어트Timothy Stewart[88]는 샤프Philip Sharp의 인트론에 대한 연구를 발판삼아, 유전공학적으로 완전한 개체의 쥐를 만들었다. 더불어 이들은 이 업적에 대해서 실제로 특허를 받았다—이것은 최초의 특허였다. 더 많은 가능성들이 불안스럽게 다가왔다. 왜 인간은 안 되는가? 비록 아직 이 일이 일어나지는 않았지만, 가능성은 소름이 끼칠 정도로 현실성이 있다. 이것이 종교와 사회에서 어떤 재앙을 초래할 것인지 아니면 초래하지 않을 것인지를 누구든지 예상할 수 있다.

---

87) Philip Leder(1934－). 미국 유전학자. 유전암호, Nirenberg－Leder 실험으로 유명, 분자유전학, 면역학, 암의 유전 등에 기여

88) Timothy Stewart(1952－). 뉴질랜드 태생 미국 분자생물학자, 재조합 유전자를 쥐에 이식하는 기술의 개척자. 유형1 인터페론은 유형1 당뇨를 유발시키거나 진행시킨다는 개념을 개발함

진화를 지원하는 유전학Genetics in the Service of Evolution

여전히 생물학자들은 유전자에 내재된 풍부한 정보를 간신히 건드리는 정도였다. 연구들이 진행될수록, 과학자들은 DNA와 RNA의 연구들이 신체가 단백질을 어떻게 생산하는지 뿐만 아니라 진화 과정에서 한 종이 두 종으로 분기하는 시기가 어떻게 결정되는 지를 알려준다는 것을 깨달았다. 예를 들면, 이 연구들은 침팬지가 원숭이로부터 분기하여 별개의 종이 된 시기를 설명하였다.

여전히 유전자 내 다른 정보들의 증거는 오레곤Oregon 화학자 폴링의 뛰어난 지성으로 드러났다. 폴링과 연구소의 폴링의 동료 주커캔들Emile Zuckerkandl89)은 이 분기점을 정확히 설명할 수 있는 '생체시계biological clock'를 제안하여 공식화시켰다. 생체시계는 특정 행동들을 조절하고 추적해내는 타고난 생리적 리듬이다. 수면주기, 생장, 수유, 그리고 월경주기는 태양, 조수, 달, 그리고 계절의 주기와 동시성을 가진다. 명백하게도 외부 환경은 일부 종들의 생체시계를 '설정set'한다. 종종 이 생체시계는 개체가 기존 환경으로부터 분리되어도 정상적인 리듬에 따라 계속해서 작동한다. 곧이어 생물학자 로빈슨Arthur Robinson90)은 이 개념에 대한 획기적인 실험을 수행하였다.

새로운 격변설The New Catastrophism

틀림없이 DNA연구는 최근 가장 극적이며 불길한 연구이다. 하지만, 생물학의 다른 분야들에서도 계속해서 중요한 일들이 진행되고 있었다. 1970년대 진화와 생물학에 대한 생각은 전환점을 맞이하였다. 19세기 지구와 동물 종 둘 다 어떻게 진화되었는지에 대해 대립되는 두 가지 학설이 있었다. 가장 유력한 학

89) Émile Zuckerkandl(1922–2013). 오스트리아 태생 프랑스 생물학자. 분자진화학 설립자. 분자시계 개념 도입으로 유명. 이로서 분자유전학에서 신경계 이론이 가능하게 됨

90) Arthur Brouhard Robinson(1942–). 미국 생화학자, 보수운동가, 정치가. 오레곤 과학의 학연구소를 분자시계의 생화학에 대한 연구개발 및 교육을 목적으로 설립하였음

설, '동일과정설uniformitarianism'은 엄청난 간격을 두고 지구와 생물종 둘 다에서 교체가 점진적으로 일어난다는 내용이다. 다른 학설, '격변설catastrophism'은 지구와 생물체의 연대기에 정기적으로 급진적이고 압도적인 반전이 일어난다는 내용이다. 비록 동일과정설이 20세기를 지배했음에도 불구하고, 생물반복설recapitulation을 공격한 것으로 잘 알려진 과학자 굴드Stephen Jay Gould[91]와, 미국 자연사박물관의 고생물학자 엘드리지Niles Eldredge[92]는 돌연히 이 사상을 깨버렸다. 이들의 극적으로 독창적이며 급진적인 가설에서는 생물학과 지질학의 역사는 '단속평형이론punctuated equilibrium'으로 기록되었다. 사실, 굴드에 따르면, 페름기 말 모든 생물종의 90%가 사라진 사건을 넘어서서도, 화석 기록을 보면 5번의 대멸종이 있었다. 근본적으로 이는 최소한 시대에 뒤쳐진 '격변설' 가설을 부분적으로 수락하는 것이었다. '단속평형이론'에 따르면, 진화는 갑작스런 변화가 섞여져 있는 시기로서, 상대적으로 안정적인 긴 기간 동안에 진행된다. 이 추측이 놀라운 반면, 이 학설이 발표된 시점에서 과학자 집단은 엄청난 동요를 일으키지는 않았다. 실로, 일부 생물학자들은 당대의 동일과정설 관점에 대해 대부분 호의적이었으며, 굴드의 확신을 받아들이지 않았다.

그러나 1980년 격변설이 수정되자 이에 대한 흥미는 되살아났다. 로렌스방사선Lawrence Radiation실험실의 루이스Luis[93]와 월터 앨버레즈Walter Alvarez[94]는 아버지-아들 부자 팀으로 이탈리아의 지구 역사상 6천 5백만 년 전에 끝난 고대 백악기를 파헤치고 있었다. 이들이 그곳에서 나온 점토 표본들을 분석하였을 때, 루이스 엘버레즈는 점토 속 금속 이리듐iridium의 양이 당시 지질학적 생각에 따라 추정할 수 있는 양보다 엄청나게 많은 양이라는 것을 발견하였다. 과

---

91) Stephen Jay Gould(1941-2002). 미국 고생물학자, 진화생물학자, 과학사학자
92) Niles Eldredge(1943-). 미국 생물학자, 고생물학자 1972년 굴드와 theory of punctuated equilibrium을 주장
93) Luis Walter Alvarez(1911-1988). 미국 실험물리학자, 발명가. 1968년 노벨물리상 수상
94) Walter Alvarez(1940-). 미국 지구행성과학학자. 공룡이 소행성 충격으로 멸종했다는 이론으로 유명. 아버지는 Luis Alvarez로 물리학자이며 노벨상 수상자

학자들은 이 결과를 무시할 수 없었다. 루이스 엘버레즈는 세계적으로 출중한 물리학자로서 1968년 바곤bargons과 중간자mesons에 대한 연구로 입자물리학 분야 노벨상을 수상하였다. 다른 과학자들은 즉각적으로 전 세계의 다른 장소들로부터 채집한 점토 표본들을 분석하였으며 이리듐이 포함되어 있는 것을 확인하였다.

이것이 밝혀지면서, 이리듐이 엄청난 양으로 매장되어 있다는 발견은 과거 지구의 어떤 시기에 아마도 이리듐으로 포화된 혜성이나 거대한 소행성과 같은 거대한 물체가 지구를 충돌한 것이 틀림없을 것이라는 설명을 가능하게 한다. 계산한 결과, 아마도 K－T경계로 불리는 백악기 말기와 제3기 초기 사이에 충돌이 일어났을 것으로 추정되었다. 더 나아가 과학자들은 충돌 후 발생한 거대한 먼지구름이 모든 태양빛을 차단함으로써 이러한 온도가 하락하고, 그 결과 이전 온도에 '맞추어진fit' 생물체가 더 이상 생존하지 못했을 것이라는 이론을 명백하게 설명하였다. 또한 태양빛이 차단됨으로써, 광합성은 더 이상 일어날 수 없었다. 그러므로 충돌은 먹이사슬의 핵심 부분을 급격하게 파괴했었을 것이다. 이 같은 자연의 거대한 불균형은 예를 들면, 기본적인 포식자－피포식자 관계를 붕괴시키는 것과 같은 여파를 일으켰을 것이며, '눈덩이snowball' 효과가 계속해서 일어났을 것이고, 많은 다른 종들 또한 멸종되었을 것이다. 이 시나리오에 따르면, 공룡을 포함하는 많은 종들의 멸종을 초래했을 것이다. 이 신념이 더욱 그럴 듯해 보인 이유는 고생물학자들이 공룡은 사실상 백악기 말에 사라졌다는 것을 오래전부터 알고 있었다는 것이다.

더 많은 연구들은 추가 증거를 내놓았다. 다윈의 점진적 변화에 대한 생각을 지지하지 않는 지질학 자연사박물관Geological Field Museum of National History의 미국 고생물학자 라우프David Raup[95])와 동료 셉코스키J. J. Sepkoski[96])는 백악기 말기 즈음에 발생했었을 또 다른 대멸종을 탐색하기 시작하였다(1979

95) David M. Raup(1933－2015). 미국 고생물학자. 화석 기록과 지구의 생물체 다양성에 대해 연구. 대량멸종은 2천 6백만 년을 주기로 일어날 것이라고 제안

96) John Sepkoski Jr.(1948－1999). 미국 고생물학자. 화석 기록과 지구의 생물체 다양성에 대해 연구. Raup와 공동연구

년 1월호 Bulletin of the Field Museum of National History에 게재된 라우프의 논문, '다윈과 고생물학 사이의 충돌Conflicts between Darwin and paleontology' 참조). 이들은 대멸종을 더 많이 밝혀냈을 뿐만 아니라 이러한 멸종들이 약 2천 6백만 년을 주기로 발생했다는 것을 발견하였다. 지구상에는 이러한 대멸종들을 설명할 수 있는 사건이 없었기 때문에, 이들은 우주상의 가능성들에 몰두하기 시작하였다. 가장 인상적인 추측은 '오르트성운Oort cloud' 태양계에 존재하는 것으로 알려진 혜성들의 고리와 관계가 있었다. 라우프와 셉코스키의 논문에서는 태양의 동반자 별, '네메시스Nemesis'와 같은 무언가가 정상궤도를 벗어나 고리를 붕괴시키고 일부 혜성들이 돌진하여 충돌이 일어났을 것으로 설명하였다. 만약 일부 혜성들이 지구와 충돌했다면, 전 지구적 멸종을 쉽게 설명할 수 있다. 이것은 차례로 지구상의 살아있는 식물이나 동물을 황폐하게 만들기에 충분히 강력한 '산성비'와 같은 것을 야기했을 수 있다.

가장 최근 발표된 새로운 발견들은 6천 5백만 년 전 거대 소행성이 지구에 충돌했다는 앨버레즈의 일반적인 견해를 지지하고 있다. 이 발견들은 1992년 10월 엘버레즈와 공동저자로 권위있는 잡지 네이처Nature에 게재되었다. 이 논문은 지하 110마일 폭의 분화구가 사실 6천 5백만 년 전에 소행성에 의해 생성되었음을 주장하였다. 반면, 버지니아폴리테크닉주립대학교Virginia Polytechnic Institute and State University의 맥크린Dewey McLean과 같은 과학자들은 그러한 재앙이 일어났다 하더라도, 고생물학적 기록은 어떤 갑작스럽고 극적으로 생물체가 멸종되었음을 보여주지 않는다고 강력하게 주장한다. 따라서 현재 이 문제는 풀리지 않은 채 남아 있다. 비록 이 사상들의 상세한 내용과 결론들의 일부가 여전히 논란의 여지가 있지만, 대부분의 과학자들은 백악기 말에 무언가가 아마도 지구와 충돌하였다는 것을 인정하고 있다.

생리학의 새로운 선구자들New Frontiers in Physiology

19세기, 간은 포도당을 저장하며, 신체가 추가 에너지를 필요로 할 때 간에 축적된 포도당을 사용한다는 것을 발견한 과학자 베르나르Claude Bernard97)가 내린 결론들을 기반으로, 미국 생물학자 칼Carl98)과 코리Gerty Cory99)는 글리코겐 대사에 대한 과학적 이해를 둘러싸고 있었던 생리학적 부분의 안개를 걷어냈다. 여전히 더 많은 비밀들은 자체적으로 해결되었다. 글래스고의 토드Baron Alexander Todd100)는 실험실에서 ADP 아데노신이인산과 ATP 아데노신삼인산을 성공적으로 생산한 결과로 당과 인산기의 연결방식을 밝혀냈으며, 이 연구결과는 곧 왓슨과 크릭에게 큰 도움을 주게 된다.

1956년 캔자스Kansas의 생물학자 서더랜드Earl Sutherland101)는 AMP 또는 아데노신일인산을 분리하려는 포부를 성취하였다. 그는 결국에는 이 과정이 포유류 세포에서 에너지 생성과정의 중요한 단계임을 깨닫게 되었다. 궁극적으로 AMP에 대한 연구는 1971년 베데스다Bethesda의 국립보건원 과학자들이 AMP가 뉴런이 다른 뉴런과 상호 신호를 전송하는 '의사소통communicate'하도록 한다는 것을 밝힘으로써 종료되었다. 1971년 생물학계는 그 업적으로 서더랜드에게 노벨상을 수상하였다. 1975년 미첼Robert Michel은 세포와 세포 사이 의사소통에 대한 업적을 달성함으로써 혁신적 발견을 이루어냈다. 이를 통해 미첼은 세포 사이의 칼슘 '신호signal'가 세포막이 기능적으로 완전한 상태를 유지하는 데 영향을 주는 주요 인자임을 정확히 추측하였다.

---

97) Claude Bernard(1813–1878). 프랑스 생리학자, 역사학자, 의학에 과학적 방법 사용을 확립. 과학적 관찰의 객관성을 보장하기 위해 블라인드 실험 사용을 제안. 내부환경(milieu intérieur) 용어 제창, W. Cannon이 제창한 항상성(homeostasis)과 연관

98) Carl Ferdinand Cori(1896–1984). 체코계 미국인 생화학자, 약리학자. 프라하 태생. 부인 Gerty Cori, 아르헨티나 생리학자, Bernardo Houssay과 공동으로 노벨생리의학상 수상

99) Gerty Theresa Cori(1896–1957). 유태계 체크–미국인 생화학자. 노벨상 3번째 여성수상자, 노벨생리의학상 최초 여성수상자. 1947년 포도당에서 유래된 물질, 글리코겐 기작 발견으로 노벨상 수상. 글리코겐은 근육조직에서 젖산으로 분해. 신체 내 재합성에너지원 저장됨(코리 회로로 알려짐)

100) Alexander Robertus Todd, Baron(1907–1997). 영국 생화학자. 핵산–뉴클레오티드(염기+오탄당+인산), 뉴클레오시드(염기+오탄당), 핵산조효소의 구조를 밝힌 업적으로 노벨화학상 수상

101) Earl Wilbur Sutherland Jr.(1915–1974). 미국 약리학자, 생화학자. 1971년 호르몬 작용 기작–AMP에 대한 발견으로 노벨상 공동수상

이 시기, 아르헨티나 후세이Bernardo Houssay[102]는 뇌하수체의 생리학적 기능에 대해 유명한 논평 논문을 제대로 작성하였다. 후세이는 1911년 부에노스아이레스대학교를 졸업하였고 그곳에서 이미 내분비의 기능, 특히 뇌하수체에 대해 관심을 가지고 있었다. 여러 발견들 가운데, 그의 발견들은 당뇨증상을 일으킬 수 있는 산물이 뇌하수체에 있음을 증명하였다. 후세이는 선행연구, 뇌하수체가 전체 내분비계의 '지배자master' 샘gland이라는 것을 최초로 알아차린 사우스다코타의 스미스Philip Smith[103]의 연구결과에 기반하여 이를 이루어냈다. 이상하게도, 정치적인 문제들이 개입되었다. 1947년 노벨상위원회가 그에게 노벨상을 수여하였을 때, 페론[104] 통제하에 있던 언론은 노벨상위원회가 페론을 곤란하게 만들기 위해 노벨상을 수상한다는 터무니없는 소문을 만들어냈다. 이로서 그는 아르헨티나대학교 교수직을 잃게 되었다. 그는 1950년대 페론이 아르헨티나를 떠났을 때, 교수직을 되찾았다.

연구자들은 내분비계 연구에 모든 활력을 쏟지는 않았다. 1967년 절지동물의 시각 기작 연구로 이미 유명했던 록펠러대학교 생리학자 하트라인Haldan Hartline,[105] 뉴욕 주 남부의 왈드George Wald,[106] 노벨연구소Nobel Institute의 핀란드 생리학자 그라니트Ragnar Granit[107]는 사람 눈의 생리학을 연구한 공로로 노벨상을 수상하였다. 왈드는 또한 망막의 비타민A가 색소침착의 핵심요소라는 것을 발견한 반면, 그라니트 또한 눈이 색깔을 볼 때 망막의 역할을 연구하였다.

102) Bernardo Alberto Houssay(1887–1971). 아르헨티나 생리학자. 1947년 동물에서 혈액당, 글루코오스 양을 조절하는데 뇌하수체 호르몬의 역할에 대한 발견으로 노벨생리의학상을 코리 부부와 공동수상 라틴아메리카에서 최초로 노벨과학상 수상

103) Philip Edward Smith(1884–1970). 미국 내분비학자. 뇌하수체 연구로 유명. 올챙이 대뇌피질과 생식기관의 뇌하수체 제거 방법 개발

104) Juan Domingo Perón(1895–1974). 아르헨티나 군인 출신 정치인, 1943년의 군사 쿠데타에 참여하여 군사정부의 내각에 입각, 노동부장관, 부통령(1944–1946), 대통령(1946–1955, 1973–1974), 그의 두 번째 부인은 에비타라는 별칭으로 유명한 에바 페론

105) Haldan Keffer Hartline(1903–1983). 미국 생리학자. 1967년 G. Wald, R. Granit와 시각의 신경생리기작 분석 연구로 노벨상 수상

106) George David Wald(1906–1997). 미국 과학자. 망막 색소 연구. 1967년 노벨상 공동수상

107) Ragnar Arthur Granit(1900–1991). 핀란드 과학자. 1967년 눈의 생리적, 화학적 시각 과정에 대한 연구로 노벨상 공동수상

1900년에 태어난 그라니트는 스베드버그Svedberg, 데오렐Teorell, 오일러Euler와 많은 사람들이 포함되는 스웨덴 생물학자 계보의 또 다른 한 사람이었다. 그는 헬싱키대학교에서 의학학위를 받았으며, 여러 해 동안 헬싱키연구소 생리학 교수로 재직하였다. 그는 일찍부터 시각에 대한 생리학을 추구했으며, 전 생애에 걸쳐 지속적으로 시각에 대해 연구하였다. 그는 망막에서 빛에 각각 다른 민감성을 보이는 적어도 3개로 구분되는 '원추세포cones' 그룹이 있다는 것을 최초로 밝혀냈다. 이듬해 그는 관심영역을 확장시켜 척추동물의 신경계 전반을 포함시켰다.

동물 항해술Animal Navigation

전쟁 후, 연구자들은 동물 '항해' 시스템들에 대해 호기심을 가졌다. 이미 언급된 것처럼, 여러 실험실의 조류학자들은 새들이 아마도 저주파 소리, 태양빛, 별 그리고 지구의 자기장까지도 따라 움직일 것으로 짐작하면서 새의 항해술을 관찰하였다. 할레Halle대학교 동물학자 폰 프리츠Karl von Frisch[108]는 이에 대한 초기 연구를 수행하였으며, 1947년 벌이 공간에서 자신들의 위치를 자리잡는 데 편광에 의존한다는 것을 발견하였다. 다른 사람들은 다른 종들 역시 아마도 같은 방식을 취할 것이라고 추측하였다.

1964년 해밀턴W. D. Hamilton[109]의 최고 논문, '사회적 행동의 유전적 진화The Genetic Evolution of Social Behavior'는 벌들이 '이타적인altruistic' 행동을 하는 것에 과학적 근거가 있다는 것을 증명하였다. 벌들은 '독신celibate'으로 남아 있으면서 여왕벌이 번식할 수 있도록 '격려함encouraging'으로써 자신들의 유전자를 다음 세대에 더 많이 전달시킨다는 내용이었다. 곧 사회생물학자들은 이

108) Karl Ritter von Frisch(1886–1982). 오스트리아 동물행동학자. 1973년 Tinbergen, Lorenz와 노벨상 공동수상. 벌꿀의 감각인지 연구. 벌꿀의 8자 춤의 의미를 최초로 해석함

109) William Donald 'Bill' Hamilton(1936–2000). 영국 진화생물학자. 진화의 유전자 중심적 관점의 핵심 요소로서 이타주의가 존재한다는 것의 유전적 기반을 설명한 이론으로 유명. 사회생물학(sociobiology)의 선구자로 알려짐, 성비율과 성의 진화에 대한 업적 남김

법칙을 사람의 행동에 연결시키려고 시도하였다. 어떤 섬이든지 간에 서식하는 종의 수는 최적화된다는 학설로 가장 잘 알려진 윌슨Edward O. Wilson[110]과 유사한 연구를 수행하는 일부 과학자들은 사람들이 나타내는 일반적 이타주의 또는 타인의 이익을 존중하는 특징은 사회적 조건, 양육 또는 그 외 다른 것들과 아무런 관련이 없다고 주장하였다. 이것 역시 모두 유전자에 의한 것이라고 설명하였다. 이 주장은 사회적 행동에 대한 연구가 거의 끝날 무렵의 일이었다. 1964년 위스콘신대학교 심리학자 할로우Harry Harlow[111]는 붉은 털 원숭이 연구에서 완전히 고립시킨 채 양육한 원숭이는 극심한 심리적 손상을 받는다는 것을 증명함으로써 사회생물학을 반대하는 집단들에 대응할 수 있는 장점들을 만들어 냈다. 더 일반적으로, 그는 단지 성적인 것만이 아니라 여러 감정적 유대감이 사람과 동물이 사회에 함께 모여 살도록 한다는 것을 보여주었다. 그럼에도 불구하고 1971년 윌슨은 다시 책상에 앉았다. 그는 곤충 집단의 행동에 대한 생각을 기술한 저서, '곤충사회The Insect Societies'를 발간하였다. 1980년대 베드나즈James Bednarz[112]는 동물의 행동에 대해 더 많은 견해들을 발표하였다. 그는 매의 일부 종, 특히 뉴멕시코 토종의 해리스 매가 가족 단위로, 즉 부모와 자손들이 무리지어 사냥한다는 것을 관찰하였다.

생리 심리학Physiological Psychology

이 기간 동안에 많은 사람들은 복잡한 심리학적 현상들을 알아내려고 고심하였으며, 현재 생리 심리학으로 알려진 분야에서도 마찬가지였다. 예를 들어, 1949년 맥길대학교 헤브Donald Hebb[113]는 동물의 감각상실증과 뇌손상의 결과

---

110) Edward Osborne Wilson(1929–). 미국 생물학자, 개미학(myrmecology) 전문가., 사회생물학, 종다양성의 아버지

111) Harry Frederick Harlow(1905–1981). 미국 심리학자. 모태 분리, 의존적 요구, 사회적 분리 실험, 사회 인지적 발달에 배려와 우호적 관계의 중요성을 주장

112) James Bednarz, University of North Texas 생물학과 생태학 강의교수

113) Donald Olding Hebb(1904–1985). 캐나다 심리학자, 신경심리학자, 뉴런이 학습과 같은

에 대한 훌륭한 업적을 세운 후에 발간한 선동적인 저서, '행동의 조직The Organization of Behavior'에서 한 개의 신경세포가 다른 것과 연결되는 접점 또는 시냅스들이 동시에 자극될 때, 두뇌는 기억을 '포함하는containing' 신경망이 구축된다는 사실에 근거하여, 기억을 과학적으로 설명할 수도 있다고 주장하였다. 이후, 이 확신은 소위 기억의 흔적 이론으로 진화해갔고, 이 개념은 누군가가 무엇인가를 기억할 때마다 뇌는 그 기억을 뇌의 실제적 변형, 즉 '흔적trace'으로 저장한다는 것이다. 1973년 블리스Timothy Bliss114)는 헤브의 자료를 열정적으로 검토하였고, 전류의 활발한 폭발들이 신경망을 강화시키고 기억을 향상시킨다는 것을 발견하였으며, 이로서 헤브가 말했던 것들의 대부분을 확인하였다.

1983년 콜링릿지G. L. Collingridge115)는 뇌의 수용기receptor 내에서 발견된 첫 번째 화합물, N-메틸-D-아스파르트산 화합물의 이름으로 붙여진 NMDA 수용기 그룹을 이용한 뇌 실험을 시작하였다. 전형적으로 수용기들은 외부 자극을 감지하는 신경말단이다. 콜링릿지는 몇 달에 걸친 노력 끝에, 이들 수용기 자리를 화학적으로 억제함으로써 기억을 저장하는 것으로 여겨지는 뉴런들의 정상적 활동을 방해할 수 있었다. 1987년 NMDA 연구에서는 수용기들이 뇌에 기억을 저장하는 기계적 장치의 일부라고 믿을 수 있는 몇 가지 이유를 제시하였다. 이 같은 연구들은 NMDA수용기가 뇌의 세타theta 리듬 속도에 맞추어 자극될 때 가장 효과적으로 반응한다는 것을 보여줌으로써 많은 초기 실험들을 뛰어 넘어설 수 있었다. 세타 리듬은 선잠의 특징으로써 초당 4~7Hz 속도로 발생하는 뇌파의 한 형태이다.

다른 실험은 더욱더 논란을 일으켰다. 1961년 평판이 좋은 한 생물학자가 이전에 미로 통과경로를 습득한 다른 편형동물들을 잡아먹은 편형동물이 미로를

심리적 과정에서 어떻게 기능하는지를 연구. 헤브 학습이론으로 유명. 학습은 뇌의 기능의 관점에서 행동과 생각으로 설명. 뉴런연합체 연결이 인지과정을 설명한다는 이론

114) Timothy Vivian Pelham Bliss(1940-). 영국 신경과학자

115) Graham Leon Collingridge(1955-). 영국 신경과학자. 건강 및 질병 상태의 시냅스 유연성 기작에 대한 분자 차원의 연구. 알츠하이머와 같은 뇌 질병에서 병리학적 전환이 어떻게 일어나는지의 과정을 연구

더 빠르게 습득한다고 주장하였다. 이것은 마음을 사로잡는 공상이었다. 만약 이 주장이 옳다면, 아마도 대학 학부생은 더 높은 성적을 얻은 다른 학부생들을 잡아먹으면 성적이 향상될 수 있다는 것이다. 비평가들은 이에 대해 광범위하게 논쟁을 벌였다고 해도 전혀 지나치지 않다. 이 견해는 아마도 1960년대 후반 젠슨Arthur Jenson[116]이 흑인은 사회 적응성과는 무관하게 백인에 비해 열등하다는 가정과 유사한 수준이다.

이후, 뉴욕 주 남부 제퍼슨의학대학 생리학자 유진 아세린스키Eugene Aserinsky[117]는 '급속 안구 운동rapid eye movements'을 발견하였다. 아세린스키는 이 REM렘 수면 패턴은 꿈과 상관관계가 있기 때문에, 꿈에 대한 신경과 행동을 철저하게 분석할 수 있다고 주장하였다.

이 생각들은 여러 관점에서 지속적으로 공격받았음에도 불구하고, 마음에 대한 생리학적 철학을 지지하는 사람들은 포기하지 않았다. 캘리포니아공과대학교 정신생물학자 스페리Roger Sperry,[118] 시각에 대한 연구업적으로 유명한 하버드의학대학 허블David Hubel,[119] 록펠러대학교 위즐Torsten Wiesel[120]은 뇌 '지도map'를 작성하는 일을 시작하였다. 스페리는 학부에서 생물학과 심리학 둘 다를 전공하였으며, 하버드와 여키스Yerkes연구소, 캘리포니아공과대학교 대학원 과정에서 이 연구를 계속하였다. 그는 양서류의 신경계에 대한 중대한 연구를 통해 뇌의 두 반구들 사이에는 큰 차이점이 있다는 것을 최초로 밝힌 사람들 가운

---

116) Arthur Robert Jensen(1923–2012). 미국 심리학자, 버클리 교육심리학 교수. 심리측정, 수준별 심리학. 개별 학생은 서로 다르게 행동. 유전 대 육성의 논쟁에서 유전주의자 입장. 유전학은 개인의 행동과 성향에 지대한 영향을 준다는 주장

117) Eugene Aserinsky(1921–1998). 미국 생물학자, 수면연구 개척자, 러시아계 유태인 자손. 여러 시간 학습 후 연구대상이 자는 동안 눈꺼풀의 움직임을 연구. 빠른 안구 활동은 꿈과 뇌 활동을 증가시킨다고 주장

118) Roger Wolcott Sperry(1913–1994). 미국 신경심리학자, 신경생물학자. 1981년 D. Hubel, T. Wiesel과 분리뇌(split–brain) 연구로 노벨상을 수상

119) David Hunter Hubel(1926–2013). 캐나다 신경생리학자. 시각 대뇌피질의 구조와 기능에 대한 연구. 시각기관계 정보처리 연구로 노벨생리의학상 공동수상

120) Torsten Nils Wiesel(1924–). 스웨덴 신경생리학자, 독자적으로 대뇌반구에 대한 연구로 노벨상 공동수상

데 한 사람이 되었다. 오늘날 인기 있는 추측으로, 좌반구는 주로 '언어적verbal'인 반면 우반구는 '감정적emotional'이고 '공간적spatial'이라는 연구내용은 그의 노력에서 직접적으로 밝혀졌다. 그는 이 가설로 1981년 노벨상을 수상하였다. 하지만, 그는 조건 반응에 대한 또 다른 중요한 연구를 수행하였다. 크릭F. H. C. Crick과 세이건Carl Sagan이 그랬던 것처럼 허블은 맥길대학교에서 입학하여 물리학을 공부한 후 생물학으로 전공을 바꾸었다. 그는 1959년 하버드의과대학 교수로 임명되었으며, 그곳에서 위즐과 처음으로 협력하기 시작하였다. 이들은 대뇌피질의 광민감도를 관찰하는 방법으로 조사를 시작하였으며, 차례로, 뇌 전체에 대한 '지도map'를 작성하려고 시도하였다. 이들의 연구결과는 적어도 일반적인 수준에서 그런 대로 괜찮았다. 예를 들어, 이들은 뇌의 어느 부분이 기억, 이성적 사고, 등등에 관여하는지를 보여주었지만, 기억이 어떻게 형성되는지를 더 구체적으로 밝히는 데는 전혀 운이 없었다. 이는 즉 개별 기억의 '흔적traces'이 어느 부위에 위치하는 지를 밝히는 부분이다.

게다가 1967년, 한 끔찍한 실험이 생리심리학에 추가적으로 충격을 가했다. 미국 내과의사 가자니가Michael Gazzaniga[121]와 연구팀은 '두뇌 이분법brain bisection'에 대한 일련의 연구를 수행하였다. 만약 뇌의 두 반구를 이어주는 부분인 뇌량corpus callosum을 자르면, 한 사람은 두 개의 '인격personalities'으로 분리될 수 있다는 결과를 발표하였다. 따라서 '분할 뇌split-brain' 환자의 경우, 빛이 망막 왼쪽 면에만 비치도록 배치된 물체는 볼 수 없게 될 것이다. 일부 사람들은 이것이 두 개의 정신이 한 개의 신체를 차지할 수 있다는 것을 '증명prove'한다고 주장하였다. 예를 들어, 왼손은 어느 손이 연필로 그림을 그릴 것인지에 대해 오른손과 '논쟁argue'할 수도 있다는 것이다(가자니가Gazzaniga의 결과는 1967년 Scientific American에 '인간의 분할된 뇌The Split Brain in Man' 논문으로 발간되었다).

다소 덜 연극적이지만 공감대를 상당히 이끌어낸 연구는 1980년대 쿠체른Eric Courchesne[122]이 수행한 자폐증에 대한 연구였다. 여러 해 동안 과학자들은

121) Michael S. Gazzaniga(1939-). 미국 심리학자, 마음에 대한 연구 SAGE센터소장, 인지신경과학계 리더

자폐증이 뇌와 신경계 사이의 '신호signals' 전달을 도와주는 작용을 하는 푸르키네 세포 수가 충분하지 않은 결과라고 추측하였다. 쿠체른과 연구팀은 1988년 자폐증 아동 모두가 출생 직후 뇌 이상과 연관되어 있음을 보여줌으로써 논쟁할 여지없이 확증하였다.

그러므로, 20세기는 정복의 시대였다. 유전자의 정복, 진화의 정복, 그리고 수많은 비참한 질병들을 정복하거나 또는 정복하기 시작한 시대였다.

122) Eric Courchesne 캘리포니아대학교 샌디에이고 의과대학 신경과학 교수, 자폐증 연구자

Chapter 24

진화와 유전공학Evolution and Genetic Engineering

필연적으로, 유전공학과 진화의 두 영역의 진척은 활발해지면서 한 접점에서 만나게 되었다. 1984년, 미국 예일대학교 생물학자 시블리Charles Sibley1)와 알키스트Jon Ahlquist2)는 DNA실험법을 이용하여 사람과 침팬지 사이의 유연관계가 침팬지와 다른 고등유인원, 또는 사람과 다른 고등유인원 사이의 유연관계보다 더 가깝다는 것을 밝혀냈다. 또한 두 사람은 1986년 Scientific American에 발표한 논문, 'DNA 비교에 따른 새 계통발생 재구성Recasting bird phylogeny by comparing DNA's'에서 새의 진화계통수를 고안하여 제시하였다. 유사한 방법으로, 그들은 또한 DNA기술을 적용하여 명금류와 다른 조류들이 어떤 종으로부터 어떻게 진화되었는지에 대한 내용이 정확하지 않다는 것을 보여주었다. 1983년은 유전학 연구도 활발히 진행되었다. 미국(저자 오류: 스위스) 생물학자 게링

1) Charles Gald Sibley(1917-1998). 미국 조류학자, 분자생물학자, 조류의 분류학에 지대한 영향을 줌

2) Jon Edward Ahlquist(1944-). 미국 분자생물학자, 조류학자, 분자계통학. Sibley과 공동으로 Sibley-Ahlquist 분류학으로 알려진 조류 분류학 및 계통학을 연구. DNA-DNA 교배 기술에 기반한 새로운 분류학 기법을 제안

Walther Gehring[3]과 동료들은 포유류와 체절곤충의 특정 구조의 일반적인 발달을 협력하는 특정 서열, 호메오homeo박스를 발견하였다. 그리고 미국 생물학자 매클린톡Barbara McClintock[4]은 1983년 옥수수 유전학에 대한 획기적 발견으로 노벨상을 거머쥐었다. 이 연구결과는 옥수수 농장의 효율성을 거의 단번에 놀랄 만큼 증가시켰다. 거의 동시에 머레이Andrew Murray[5]와 쇼스택Jack Szostak은 최초의 인공 염색체를 생성하였다.

1987년, 이전에 언급했던, 유전연구를 중단시킨 법적 소송사건은 종말을 고했다. 유전학자들은 다시 전속력으로 추적하기 시작하였다.

의학을 지원하는 유전학Genetics in the Service of Medicine

1990년 과학은 새로운 업적을 맞이하였다. 이 업적은 생물학자들이 신경섬유종증을 유발시키는 유전자를 발견한 내용이었다. 이 질병은 흔히 총체적 기형을 일으켜서 '코끼리 인간 병elephant man's disease'으로 알려져 있다. 이 발견으로 유전자가 생성해내는 단백질이 질병의 원인이라는 것을 이끌어냈다. 1990년 7월 31일, DNA재조합자문위원회Recombinant DNA Advisory Committee는 처음으로 인간을 대상으로 한 유전자 치료법을 승인하였다. 이 유전자 치료법은 아데노신 디아미네이즈 결핍증, 면역계를 재빨리 손상시키는 유전병 등에 대한 치료들을 포함하였다.

---

3) Walter Jakob Gehring(1939－2014). 스위스 발달생물학자. 1969년 예일의과대학 조교수로 임명, 1972년 스위스로 귀국. 바젤대학교(본문에서는 미국으로 표기하였으나 스위스로 확인됨) 유전학과 발달생물학 교수 역임. 주로 초파리 유전학을 연구. 특히 배 단계 세포 결정에 대한 연구. 열 쇼크 유전자, 유전적 조절 등에 대한 연구업적을 남김

4) Barbara McClintock(1902－1992). 미국 과학자 세포유전학자. 1983년 노벨상 수상. 옥수수의 세포유전학 연구. 번식과정에서 염색체의 변이를 연구. 옥수수 염색체를 시각적으로 관찰할 수 있는 기법을 고안. 유전학 개념의 기본을 보여줌. 감수분열 수 교차에 의한 유전자 재조합의 개념을 구축. 염색체의 텔로미어(telomere), 센트로미어(centromere)의 역할. 이들의 유전정보 보존에서의 역할을 증명해냄

5) Murry, A. W., & Szostak, J. W.(1983). Construction of artificial chromosomes in yeast. Nature, 305, 189－193. A. Murry는 하버드의과대학 세포발달생물학과, J. Szostak은 생물화학과, replicator, centromere, telomere 등을 포함 효모복제 유전자의 인공염색체 제조

생명윤리의 대두The Rise of Bioethics

1990년대 생물학과 철학이 결합한 생물윤리학이 완전히 새로운 분야로 출현하였다. 생물학자, 철학자, 신학자, 과학자들은 생물학과 의학에 연관되는 무수한 윤리적 문제들을 조사하는 데 힘을 모았다. 1970년대, 80년대 DNA재조합과 다른 무서운 의학/생물학 기술들이 출연함으로써 이 새로운 분야에 대한 흥미가 증가하는 신호들이 나타났다. 또한 1970년대 환경주의자들은 인구 증가와 화학폐기물이나 핵 오염으로 발생되는 환경파괴에 대한 불안감에 대해 소리를 높였다. 1972년, 하버드대학교는 생물학 연구문제들의 윤리적 측면에 상당한 시간을 배정한 첫 번째 학술대회를 후원하였다. 1976년 이 학술대회 자료집은 D.C. Heath/Lexington Books 출판사에서 '인구 교육에 대한 논쟁Issues in Population Education'으로 발간되었다. 1980년대 격렬해지는 유전공학에 대한 관현악적 편곡이 파괴적인 새로운 생물체를 우발적으로 방출시킬 가능성에 대해 공포를 느끼면서, 이에 대한 윤리적 우려를 확대시켰다. 1971년 개봉된 안드로메다 스트레인The Andromeda Strain과 같은 영화들은 이러한 경각심을 높이는 데 기여하였다. 곧, 과학에 대한 공격이 확대되었다.

늘 그렇듯이 정치의 발전은 윤리에 영향을 준다. 최근 클린턴Clinton 대통령이 기술평가국Office of Technology Assessment 국장 기번스John Gibbons를 13년 임기 과학책임고문관으로 임명한 사례이다. 기번스는 연구를 위해 동물을 이용하는 과학연구실을 종종 비난해온 동물권익단체에 대해 엄청난 동정심을 보인 것이 강력한 증거였다. 1993년 2월 기번스의 아내는 PETA(People for the Ethical Treatment of Animal; 동물들을 윤리적으로 대우하기를 바라는 사람들) 위원이었으며, 기번스 스스로도 PETA가 그들의 목적을 달성하려는 시도를 지지했다는 점을 밝혀졌다.

과학 자체도 과학자들의 데이터 조작 의혹 등을 포함하는 사기 협의의 대상이 되었다. 사실 최근 몇 년간, 과학자 단체들 사이에서는 부패와 사기가 드러났으며, 어둠 속에서 밝혀지지 않았거나 확인되지 않은 채 퍼져있는 악영향들이 있었다. 가장 최근의 사건들 가운데 하나는 소위 데이비드 볼티모어David Baltimore6) 사건이라고 불리는 것과 관련된다. 1986년, 이 사건 후 터프Tufts대학교 교수가 된, 이마니쉬-카리Thereza Imanishi-Kari7) 교수는 쥐에게 유전자 전이를 일으키면, 면역계에 영향을 주는데, 그 어느 누구가 생각했던 것 이상으로 많은 영향을 줄 수 있다고 주장한 논문을 학술지 Cell에 발표하였다. 볼티모어는 이 논문의 공동저자였지만, 어떤 범죄 혐의로도 고발당하지는 않았다. 대신 비평가들은 이마니쉬-카리Imanishi-Kari 교수가 자신이 수행했다고 주장한 실험들 가운데 일부는 실제로 수행되지 않은 점을 기소하였다. 비록 그녀가 유죄인지 무죄인지는 확실히 입증되지 않았지만, 이어지는 증거들은 죄가 없음을 보여주었으며, 1992년 7월 미국연방검찰청US Attorney's Office은 증거 불충분으로 이마니쉬-카리 교수를 기소하지 않기로 결정하였다. 그러나 여전히 이 주장들이 계속되는 것은 과학계 위조 문제에 대한 우려 정도를 잘 보여주고 있다.

---

6) David Baltimore(1938-). 미국 생물학자. 1975년 노벨생리의학상 수상. 칼텍 명예교수. 면역학, 바이러스학, 암연구, 생물공학, DNA 재조합 연구에 크게 기여. 연구 위법 의혹 관련 2개 사건 존재. Imanishi-Kari는 MIT에서 별도 실험실에서 수행한 연구결과를 Baltimore와 그 외 4명의 공동논문으로 발표. Imanishi-Kari실험실의 포스닥 오툴(Margot O'Toole)은 Imanishi-Kari가 실험결과를 위조했다고 고소, Baltimore는 논문취소 거부, 오툴은 고소 취하. 국립보건소 등에서 실험결과 위조를 기소. Baltimore와 공동저자 3명은 논문을 취하. Imanishi-Kari와 다른 한 저자, M. Reis는 거절. 이 보고서에서 Baltimore는 너무 쉽게 그녀의 자료를 받아들였고 독립적으로 진술한 결론들을 점검하지 않았다고 인정. 1994년 Imanishi-Kari가 실험노트의 19개 부분 위조로 결론내림. 그러나 1996년 다시 위조 협의는 무혐의로 밝혀짐. 두 번째 Luk van Parijs 사건. 1970년 벨기에 태생, 영국 캠브리지 대학 학부를 졸업. 1993년 이후 하버드대학교 실험실 근무 후, 1997년 면역학 박사학위 취득. 2000년부터 MIT 조교수로 지냈음, 2004년 8월 조사 실시, 9월 실험실 연구자료 범법행위로 실험실 출입금지, 2005년 8월 Baltimore는 Parijs와 공동연구 논문 4편에 대한 조사를 칼텍에 요청. 이후 논문 2편은 철회. 2005년 10월 해고당함. 2007년 3월 칼텍 Parijs 연구결과를 위조로 판정. 이 두 사건으로 볼티모어는 대중적으로 비판받음. H Judson은 '엄청난 배신: 과학에서의 사기' 출판

7) Thereza Imanishi-Kari, Tufts대학교 병리학 조교수 특히 쥐를 연구대상으로 전신성 홍반성 루프스의 자가면역의 기원을 조사. 브라질 태생. 상파울로대학교 학사. 교토대학교에서 공부 후, 핀란드 헬싱키대학교에서 면역유전학으로 박사학위를 받음. MIT 조교수로 재임할 당시 1986년 D. Baltimore와 공동발표 연구논문 위조협의로 볼티모어사건(Baltimore affair)에 연루되었으나, 1996년 협의를 완전히 벗어냄

의학에서의 윤리적 문제Ethical Problems in Medicine

기술의 진보와 함께 윤리적 불안감이 짙어졌고, 시험관 수정 기술을 이용하여 불임 부부들이 임신할 수 있도록 배아 실험의 기회 등이 시행되기 시작하였다. 그러던 중, 1978년 최초로 '시험관test−tube' 아기가 탄생하였다. 모체 밖에서 난자를 인공적으로 수정하여 얻어진 산물로써 아기를 출생시킨 일은, 일반적인 수정 과정에 시술할 수 있는 모든 조작들을 둘러싼 논란을 급증시키고 거기에 기름을 들어부었다. 낙태에 대한 논란이 깊어졌으며 생물학적 및 의학적 시술과정들의 윤리적 측면을 넘어서는 공포심을 고조시켰다. 많은 사람들은 의학연구를 위해 동물을 실험하는 것에 대해 점점 더 불안해졌다. 대리모 임신은 악명 높은 'Baby M' 사건 후, 감정적인 문제로 부상되면서 더욱 비난을 받았다.

'죽음death'에 대한 합법적 정의는 거대한 윤리적 문제가 되었다. 상상만 할 수 있던 기술들이 실제 구현되면서, 뇌사 또는 사람이 지속적으로 식물상태를, 더 나아가 뇌 기능이 멈춘 상태에 이르기까지 생존상태를 유지할 수 있게 됨에 따라, 많은 의사들과 윤리학자들은 죽음에 대한 정의를 근본적으로 수정해야 한다고 주장하였다. 의사들이 심장과 폐가 기능을 멈추게 되면 죽었다고 진단했던 옛날 기준 대신, 현재 많은 사람들은 의사들이 뇌 전체가 기능을 멈춘 상태이며 비록 기계에 의존하여 숨을 쉴 수 있는 상태라 할지라도 이 상태를 법적 죽음으로 정의할 수 있어야 한다고 제안하였다. 이 제안 후, 안락사 문제들이 복잡해졌다. 비록 의미 있는 존재로서의 잠재력은 사라졌지만 여전히 호흡을 하는 사람의 생명을 마감시키는 일을 어떻게 윤리적으로 정당화시킬 수 있겠는가? 한 사람이 지각은 있었지만 암이나 AIDS와 같은 치유되지 않고 엄청나게 고통스러운 치명적인 병으로 고통을 받을 때, 안락사 행동들이 도덕적으로 용서받을 수 있을 것인가? 이 문제는, 뇌사 개념이 근본적으로 혼란스럽다고 믿는 강력한 이유들을 제시하는 연구논문들이 여러 학술지에 발표되면서, 최근에 더욱 큰 논쟁으로 얽히는 상태가 되었다.[54]

긍정적으로는, 최근 역사에서 가장 기괴한 생각은 냉동보존술cryonics이다.

만일 불치병으로 죽어가고 있다면, 여러분은 엄청난 비용을 지불하여 과학자가 자신의 머리 또는 더 비싼 비용으로 신체 전체를 액화질소로 냉동시키도록 준비시킬 수 있다. 이 이론은 과학자들이 여러분을 몇 세대 동안 '얼음과자 popsickled'로 만든 후, 차기 새천년의 일부 새로운 기술적 기적들이 여러분을 해동시키고 치료하여 생명을 지속하도록 할 것이라는 것이다. 예상대로, 이 별난 이론은 기술적으로 헛수고라는 것을 증명하기는 어렵지만 극단적인 논란을 일으키고 있다. 물론, 이 납골당으로 속이려는 노력 속에는 윤리적이며 종교적인 난제들이 많이 들어 있다.

인간 게놈 프로젝트The Human Genome Project

언제나처럼, 과학자들은 어쨌든 앞으로 나아갔다. 유전 수준에서 다시 수많은 기술들이 혁신적으로 발전하고 새로운 프로젝트들이 수행되었다. 예를 들면, 인간 게놈 프로젝트이다. 이는 우생학이나 유전적으로 서투른 수선하기를 통해 인종을 개선하는 것이 일부 사람들에게 매력적인 철학으로 발전할 수 있다는 것에 대한 두려움이 있었다. 생물학자 신샤이머Robert Sinsheimer[8])는, 단일-가닥 DNA를 발견하고 감염성 DNA를 체외 복제하는 연구에 참여하였다. 그 후 캘리포니아대학교 총장이 되었으며, 1984년 최초로 건의문을 주동하였다. 그는 이 생물학적 연구의 규모가 거대하고 비용이 많이 드는 요구사항을 고려하더라도, 사람 염색체를 구성하는 30억 개 염기 모두를 매핑하는 것이 엄청나게 유용할 것이라는 생각을 떠올렸다. 인간의 완전한 유전자 지도는 특정 질병을 일으키는 결손 유전자를 찾는 일을 더 쉽게 만들 것이다. 유타Utah대학교 하워드 휴즈Howard Hughes 의학연구소 유전학자 화이트Raymond White의 연구가 이 연구의 좋은 사례였다. 비록 그는 1985년까지 유타와 남부 아이다호Idaho주 몰몬교도들

8) Robert L. Sinsheimer(1920-2017). 미국 캘리포니아 산타바바라 생물학과 교수. Sinsheimer, R. L. (1989). The Santa Cruz Workshop May 1985. Genomics, 5(4), 954-956. 1977년 F. Sanger이 세균성 바이러스 φ X174(5,400 핵산) 게놈을 완전하게 만들어냈음

Mormans을 대상으로 낭포성섬유증 발병 원인 유전자의 위치를 염색체상에서 점점 더 가까이 접근해 들어가면서 탐색했지만, 1989년까지 유전자를 발견하지 못하였다. 많은 과학자들은 만약 화이트가 완전한 '지도'를 만들어냈다면 낭포성섬유증 발병 유전자는 좀 더 빨리 발견될 수도 있었을 것이라고 생각하고 있다(마치 마을이 위치한 주변 지역의 완전한 지도를 가지고 있으면, 작은 마을을 발견하는 일은 더 쉬울 것이라는 것과 같다). 과학계에서 이미 방사선이 유전자를 손상시켰다는 사실을 알고 있었기 때문에 미국연방에너지국The United States Department of Energy은 이 프로젝트를 지원하기 시작하였다. 뒤이어 미국국립학술원National Research Council과 미국 국립보건원National Institutes of Health이 프로젝트에 힘을 실어주었다.

아마 가장 중요한 부분은 DNA구조를 밝힌 공로로 노벨상을 공동수상한 왓슨이 프로젝트 책임자가 된 일이었다. 왓슨의 리더십 아래, 프로젝트는 문제들을 공격하기 위한 새로운 방법들을 고안해 냈다. 한 가지 방법은 과학자들이 이미 인근 지역의 표상들을 알고 있기 때문에 간접적으로 찾아낼 수 있는 표지marker 또는 DNA의 작은 조각을 발견하는 방법으로 모든 염색체에 대한 지도를 구성하는 것이었다. 이러한 표지들은 염기 2백만 개당 한 개씩 나타났다.

실질적으로, 유럽 과학계와 일본의 유전학자들도 함께 이 프로젝트에 참여하였으며, 이 문제의 매우 특정 측면에 관심을 주목시켰다. 이미 언급한 대로 이 프로젝트는 근심어린 비판의 대상이다. 언제나처럼 우려가 있다. 많은 사람들은 부도덕한 사람들이 이 프로젝트를 통해 얻어낸 사실들을 이용하게 됨으로써 유전학이 바람직하지 않게 도태될 가능성에 대해, 골똘히 생각하고 있다. 이 같은 두려움에도 불구하고, 모든 것이 잘 진행된다면 유전 정보들은 많은 동물종에 대한 진화 계통을 결정하는 데 도움이 될 수 있을 것이다. 예를 들어, 과학자들은 비록 현 시점에 이 사실이 여전히 극단적인 논란의 여지가 있지만, 사람이 25만 년 전 아프리카에 살았던 인간과 유사한 생물체의 후손이라는 사실이 진실인지를 밝힐 수 있다고 한다.

새로운 기술은 확실히 이것을 알아낼 수 있을 것이다. 가장 유망한 최근 발전 가운데 하나는 1992년 국가차원에서 최초로 워싱턴대학교에 분자생명공학과를 만들어 낸 일이었다. 이 학과 학과장은 현명하고 에너지가 넘치는 후드Leroy Hood[9)]인데 과학자보다는 마치 영화배우처럼 보인다. 그는 더 좋은 컴퓨터와 심지어 로봇으로, 유전 데이터를 조작하면 생물학적 진보를 극적으로 가속화시킬 것이라고 믿고 있다. 만약 모든 일이 잘 풀린다면, 이 학과는 이 기술을 이용해서 10만여 개 유전자와 이를 구성하는 30억 개 핵산 또는 염기에 대한 완전한 지도를 최종적으로 만들 수 있을 것으로 예상한다. 차례로 이 결과가 의학전문가들이 건강을 예측하는 것과 같은 일을 하도록 허락한다면, 사람들은 삶을 오래 오래 즐길 수 있을 것으로 기대할 수 있다. 늘 그랬듯이 돈이 쟁점이며, 많은 과학자들은 돈은 어디서든지 쓰게 마련이라고 제안하였다.

이 프로젝트의 최근 흥미로운 파생물은 '개 게놈 프로젝트dog genome project'이다. 캘리포니아대학교 버클리의 유전학자 라인Jasper Rine[10)] 교수는 현재 개 전체의 게놈 지도를 만들기 위해 노력하고 있다. 만약 이 프로젝트가 성공한다면, 라인과 다른 연구자들은 뉴펀들랜드 종 개들이 물에 빠진 사람을 구하는 습성과 같은 고도로 특별한 성질을 지닌 개의 다양한 행동 유형들의 원인이 되는 유전자를 찾게 될 것이다. 1993년 라인은 인터뷰에서 다음과 같이 설명하였다.

> "쥐의 유전학이 인간의 유전학에 미친 주요한 기여는 … 한 개체의 유전자 지도를 작성할 수 있도록 한 것이며, 그래서 다른 생물체의 어느 지점에서 유사한 유전자를 찾을 것인지 알게 된 부분이다 … 제3의 포유동물에 대한 해상도 높은 지도를 만들면 비교학적 지도를 작성하는 일에 도움이 될 것이다…"**55**

인간 게놈 프로젝트는 캠브리지 의학연구협회Medical Research Council 연구

---

9) Leroy Hood(1938－). 미국 생물학자. 칼텍과 워싱턴대학교 교수
10) Jasper Donald Rine(1953－). 미국 과학자. 미국과학학술원 위원, 캘리포니아대학교버클리 교수. 1979년 오레곤대학교 분자유전학 박사학위 취득. 1982년부터 버클리 교수직. 인간게놈센터 소장. SIR 단백질 발견. 개 게놈 프로젝트 조직자

실의 생물학자 브레너Sydney Brenner[11]의 오래된 생각과 밀접히 연결되어 있다. 이상하게 들리는 이 생각은, 위에서 라인이 말했던 내용들과 유사한 이유들로, 상대적으로 불완전한 생물체를 이해하면 모든 것을 이해하는 것이 가능해지고 또 유용할 것이라는 생각이다. 브레너는 이와 같은 연구프로그램의 연구대상으로 선충*Ceanorhabditis elegans*을 추천하였는데, 이는 이 선충과 유사한 다른 선충류들은 1,000개가 채 되지 않는 세포로 이루어져 있기 때문이다. 이 벌레에 대한 공격은 실제 시작되었고, 과학은 오늘날 이 사업을 '벌레 프로젝트the worm project'라고 종종 부르기도 한다. 사실, 이 사업은 대풍년이었다. 생물학자들은 이 생물체의 각 세포의 배아 계통, 즉 조상 접합자들이 무엇과 같다는 것 등등을 알고 있다. 이들은 20년도 채 걸리지 않아 모든 것을 달성하였다. 1986년 생물학자들은 이 벌레의 신경계를 철저하게 이해하였고 이 생물체의 '게놈' 또는 유전자 지도를 구성하는 방법들을 잘 추진하고 있었다. 과학자들은 이것을 인간 게놈 프로젝트에 대한 준비과정이라고 상상하고 있다.

그러나, 분자생물학이 최근의 근대역사에서 가장 매혹적인 탐구 영역이었던 점은 명백하지만, 고전생물학 또는 생물체의 온전한 개체 자체에 대한 생물학 또한 번창하고 있다. 다른 여러 내용들 가운데, 고생물학자들은 동식물 가운데 밝혀지지 않았던 수많은 종들을 밝혀냈다. 예를 들면, 1980년대 말, 생물학자들은 마다가스카르Madagascar에서 이전에 한 번도 관찰된 바 없었던 여우원숭이의 새로운 종 2개와 브라질Brazil에서 원숭이의 이례적인 종을 발견하였다. 가장 최근에는 파키스탄Pakistan에서 염소와 소의 특징 모두를 가진 생물체를 발견하였다.

---

11) Sydney Brenner(1927－). 남아프리카 생물학자. 2002년 B. Horvitz, J. Sulston과 노벨생리의학상 공동수상. 1960년대 유전자 코딩 서열은 중복될 수 없다는 결론을 최초로 주장. 이 개념은 분자생물학의 핵심 도그마로 정립됨 부모들이 리투아니아로부터 이민 온 유태인, 옥스퍼드에서 박사학위 취득, 버클리 포스탁 후, 20여년간 캠브리지에서 연구. 1976년부터 미국 캘리포니아 Salk 연구소에서 연구를 진행

화석 연구를 지원하는 새로운 기술

New Technology in the Service of Fossil Studies

새로운 기술은 또한 공룡이 어떻게 사라졌는지 등과 같은 고생물학에서 오래된 수수께끼를 소생시켰다. 고생물학자들은 초기에 의사들을 위해 만들어진 CAT 스캔– 컴퓨터 축 방향 단층 촬영 – 과 같은 새로운 기술들을 이용하여, 화석 뼈를 면밀하게 조사하기 시작하였다. 당연하게도, 많은 논란들이 터져 나왔다. 1989년 일부 과학자들은 박물관에 전시된 공룡 뼈에서 움푹 꺼진 공간들을 발견하였다. 조류 뼈들이 움푹 들어가 있기 때문에, 이들은 조류와 공룡의 관계가 사람들이 생각하는 것보다 훨씬 더 가까울 것이라는 가설을 세웠다. 다른 연구들은 상대적으로 지구촌 문제들에 대해서는 큰 관심을 두지 않았으며 세세한 문제들에 대해 더 많은 관심을 두었다. 예를 들면, 티라노사우루스*Tyrannosaurus rex*에 대한 연구들은 공룡의 앞 다리가 이전에 상상했던 것보다 훨씬 더 강력했다는 것을 보여주었다. 여전히 1989년 가장 놀라운 발견이 나타났다. 고생물학자들, 미시간대학교 고생물학박물관의 긴거리치Philip Gingerich,[12] 스미스Holly Smith, 사이먼W. L. Simons이 이집트에서 우연히 화석을 발견하였는데, 이 화석은 한때 생존했던 뒷다리를 가진 고래로 추정되었다. 추측건대, 이 5천만년 전에 생존했던 생물체는 뒷다리가 육지에서 걷기에는 너무 약하고 작은 것으로 나타났기 때문에 당시에는 해양동물이었을 것이다. 또한 뒷다리가 생식에 유용했을 것이라는 추측이 있다.

발생학의 진보Embryological Advance

발생학 분야에서 최첨단 연구는 몇 년 동안 '피드백' 기작에 대한 것이었다. 이 연구는 수정된 난자가 어떻게 다양한 종류의 조직으로 발생하여 성체를 구성

12) Philip Dean Gingerich(1946–). 고생물학자, 미시건대학교 지질학, 생물학, 인류학 전공 명예교수. 1981–2010년 고생물학박물관 관장

하는지 과정을 설명하는 것이다. 이 피드백 논문들에서, 세포는 온도조절 장치와 같은 것을 가지고 있다. 세포 내 온도가 미리 계획된 수준에 이르렀을 때, '발열 장치furnace'는 멈춘다. 온도가 다른 수준에 도달하게 되면, 세포는 신경조직으로 분화하기 시작한다. 다른 관점은 '히스톤histones'이라 불리는 특정 호르몬들이 특정 조직을 합성하기 시작하거나 지체시킬 것이라고 제안하고 있다. 난자가 배아 발생의 특정 단계에 도달했을 때, 특정 히스톤이 나타나서 세포가 소위 가로무늬 근육조직을 생산하기 시작하라고 알려준다는 것이다.

에필로그Epilogue

생물학에 대한 호기심이 다가올 수년 동안 어떤 방향으로 나아갈지는 누구나 예측할 수 있다. 내가 생각하기에 누군가 언젠가는 사람을 복제하게 되는 일을 피할 수 없게 될 것이다. 만일 이 일이 일어난다면, '인간성personhood', 영혼, 그리고 윤리적 전통의 대부분에 대한 우리의 전형적인 개념은 그 자체로 혼란에 빠질 것이다. 그러나 점점 더 많은 문제를 겪고 있는 과학자, 철학자, 신학자, 일반인들이 그러한 위기를 극복하려고 노력함에 따라 생물윤리학의 영역이 계속 확장될 것이라는 점은 논란의 여지없는 사실이다.

1993년 1월 지질학에서 '격변설catastrophism'에 대한 지속적인 논쟁에 새로운 관점을 추가한 놀라운 일이 일어났다. 미국 지질물리학연합 연차학술대회에서 뉴욕대학교 지질학자 램피노Michael Rampino[1]와 캘리포니아 NASA Ames 연구소의 오버벡Verne Oberbeck은 지구에 충돌한 소행성들이 대륙 간 이동을 일으켰을 것이며 장기간에 걸쳐 생성된 잔여물들이 빙하 이동의 원인이 되었을 것이라

1) Rampino, M. R., & Self, S. (1993). Climate–volcanism feedback and the Toba eruption of ~74,000 years ago. Quaternary Research, 40, 269–280. Michael R. Rampino Earth Systems Group, Dept of Applied Science, New York University.

고 추측하였다. 일부 사람들은 이러한 충돌이 2억 5천만 년 전에 시작되었을 것이며 그 당시에 일어난 것으로 예측하는 대멸종을 일으켰을 것이라고 생각하였다. 일부 추정 계산에 따르면, 모든 종의 96%가 지각 대격변으로 사라졌을 것이다.

1993년 고생물학에서 놀라운 발견이 일어났다. 이는 시카고대학교 세레노Paul Sereno가 지금까지 발견된 것들 가운데 가장 원시적인 공룡의 완벽한 골격을 발견한 일이었다. 이 발견은 공룡의 진화에 대한 지식에 엄청난 지식을 추가시켰다. 세레노 교수의 말을 빌리자면, 이 새로운 공룡은 우리가 기대한 대로 모든 공룡의 공통조상으로 보이는 종과 가까운 종이다.

또 다른 전면에서는, 기술의 무시무시한 발전은 17세기 데카르트가 그렇게 우아하게 언급했던 그 산산조각 난 '마음－몸mind－body'의 문제에 필연적으로 새로운 시사점을 던질 것이다. 마음은 그저 물리적 신체에 우연히 머무르게 된 일종의 정신계 본질인가? 물론 이것은 사람에 대한 고전적인 신학적 관점이다. 또는 '기능주의functionalism'와 같은 학설이 진실인가? 후자에 따르면, 하나의 '정신 상태mental state'는 다른 정신 상태와 일종의 행동과의 인과관계로 연결된 무엇이라는 것이다. 기능주의의 또 다른 견해로는, '정신 상태들mental states'은 단지 뇌 또는 신경계의 상태들이라고 주장하였다. 즉, 30여 년 전 영국 철학자 스마트J. J. C. Smart[2]가 심리－신체적 정체성 이론으로 설명한 주장과 같다. 컴퓨터 기술과 로봇의 진보로 언젠가 사람들은 외형적으로 또는 행동적으로 사람과 구분하기 어려운, 인공두뇌를 가진 개체를 만들어 내는 데 성공할 것이라 생각할 수 있다. 그리고 나면 우리는 사람을 탄생시킬 것인가? 생각건대, 이 질문에 대한 나의 답은 예스이다.

유전공학은 지금까지 해왔던 것과 같이 이해할 수 있는 방법으로 많은 것들은 지속적으로 위협할 것이다. 인류를 파멸시킬 수 있는 바이러스는 쉽게 사라지지 않을 것이다. 만일 우리가 책임감 있게 이러한 문제들을 윤리적·과학적

2) John Jamieson Carswell Smart(1920－2012). 호주 철학자, 영국 캠브리지 출생. 1950년 호주 Adelaide University 철학과 교수로 재직하기 시작, 마지막에는 1976년부터 호주 Australian National University 재직. 형이상학, 과학, 정신, 종교, 정치의 철학 연구

둘 다의 측면에서 극복할 수 있다면, 생물학의 미래 발전과 질병에 대한 유전적 치료의 잠재력은 무한해질 것이다.

Endnotes

1. Edwin Smith Papyrus as quoted in Eldon Gardner, *History of Biology*, (Burgess, Minneapolis, 1965), p. 14.
2. Ibid., p. 10.
3. As quoted in Charles Bakewell, *Sourcebook in Ancient Philosophy* (Scribner, New York, 1935), p. 45.
4. Aristotle, *Dc Partibus Animalium*, Richard McKeon, editor and translator (Random House, New York, 1941).
5. Aristotle, *De Generatione Animalium*, Richard McKeon, editor and translator (Random House, New York, 1941).
6. As quoted in Charles Bakewell, *Sourcebook in Ancient Philosophy* (Scribner, New York, 1935), p. 308.
7. From Hippocrates's *Nature of Man, Humours, Aphorisms and Regimen*, Loeb Classical Library, vol. IV, W. H. S. Jones, translator (Harvard University Press, Cambridge, 1931).
8. St. Thomas Aquinas, *In Quatuor Libros Sententiarum*, in Aquinas, *Opera Omnia*, curante Roberto Busa, SI. (Frommann-Holzboog, Stuttgart, 1980), vol. 1, p. 145.
9. From a letter written in 1717 in Adrianapole from Lady Mary Wortley Montagu, *Letters of the Right Honorable mary Montagu*, 1793, Barrois (private).
10. Aristotle, *Historia Animalium*, Richard McKeon, editor and translator (Random House, New York, 1941).
11. William Harvey, *Exercitatio Anatoinica* de Motu Cordis *et Sauguinis* (William Fitzer, Frankfort, 1628), chapter 1.
12. Alfonso Borelli, *Dc Motu Anirnalium*, second edition (A. Petrum Vander, Leyden, 1685).
13. Edwin Grant Conklin, as quoted in Robert B. Downs, *Landmarks in Science* (Libraries Unlimited, 1982), p. 137.

14. Stephen Hales, *Vegetable Statics* (London, W. and J. Innys and T. Woodward, 1727).
15. Thomas Sydenham, *The Works of Thomas Sydenham* (Greenhihl, London, 1849).
16. Carolus Linnaeus, *A Dissertation on the Sexes of Plants*, James E. Smith, translator (London, 1786), p. 56.
17. Carolus Linnaeus, *Systema Naturae*, 10th edition (L. Salvii, Stockholm, 1758-59).
18. Erasmus Darwin, "Loves of the Pants, A Poem: with Philosophical Notes" (Lichfield, 1789), canto 4, lines 287-390, 399-406, pp. 164-165.
19. Erasmus Darwin, *Zoonomia, or the Laws of Organic Life*, 2 volumes (Dublin, P. Byrne and W. Jones, 1794), from the introduction.
20. Lazzaro Spahlanzani, *Saggio di Osservazioni Microscopiche concernenti al Sistema della Generazione dei Signori Needhatm e Buffon* (Modena, 1767).
21. Conrad Sprengel, *The Secret of Nature Discovered in the Structure and Fertilization of Flowers* (Leipzig, 1894) (Washington, Saad Publications, 1975).
22. Le Bon, as quoted in Eldon Gardner, *History of Biology* (Burgess, Minneapolis, 1965).
23. Francis Galton to Karl Pearson, 26 Oct, 1901, in Pearson, *The Life, Letters and Labours of Francis Gaiton* (Cambridge University Press, Cambridge, 1914–1930), vol. ⅢA, pp. 246-247.
24. Paper read to the Brunn Natural History Society in 1865, translation from W. Bateson, *Mendel's Principles of Heredity* (Cambridge University Press, Cambridge, 1909).
25. Walter S. Sutton, "The Chromosomes in Heredity" *Biological Bulletin*, vol. 4, 1903, pp. 231–251.
26. Jean-Louis Agassiz, *Études sur les Glaciers* (Neuchatel, Jent et Gassman, 1940) 2 vols.
27. Charles Darwin, *On the Origin of Species by Means of Natural Selection, or the Preservation of Favoured Races in the Struggle for Life* (J. Murray, London, 1859).
28. Ibid.
29. See T. H. Huxley, *Evidence as to Man's Place in Nature* (Williams and Norgate, London, 1863), as well as Huxley's *Evolution and Ethics and Other Essays* (D. Appleton, New York, 1896).
30. Ibid.

31. Ernst Haeckel, *Generelle Morphologic* (Berlin, 1866).
32. John E. Harris, "Structure and Function in the Living Cell," as quoted in *Classics in Biology*, Sir S. Zuckerman, editor (Philosophical Library, New York, 1960).
33. Louis Pasteur, "Memoir on the Organized Corpuscles Which Exist in the Atmosphere" (Paris, 1896).
34. Joseph Lister, speech delivered at the Sorbonne in 1892 on Pasteur's seventieth birthday.
35. Theodor Schwann, "Microscopical Researches on the Similarity in Structure and Growth of Animals and Plants" (London, The Sydenham Society, 1847).
36. Matthias Schleiden, "On Phytogenesis," in Johannes Muller, *Archives for Anatomy and Physiology*.
37. T. H. Huxley, "The Physical Basis of Life," in *Evolution and Ethics and Other Essays* (D. Appleton, New York, 1909).
38. Claude Bernard, *Introduction to the Study of Experimental Medicine* (Henry Schuman, New York, 1949).
39. A. V. Hill, address to the British Medical Association at Manchester, as quoted in *Classics in Biology*, Sir S. Zuckerman, editor (Philosophical Library, 1960), p. 251.
40. Philip Eggleston, "What Can the Chemist Tell Us about the Living Cell?" as quoted in *Classics in Biology*, Sir S. Zuckerman, editor (Philosophical Library, 1960), p. 39.
41. Lecture by D. W. Ewer, "What Are Enzymes and Why Are They So Important?" as quoted in *Classics in Biology*, Sir S. Zuckerman, editor (Philosophical Library, 1960), p. 55.
42. Hugo Dc Vries, *Species and Varieties, Their Origin by Mutation* (Open Court, Chicago, 1976) p. 12.
43. Alexander Fleming, *Linacre Lecture of 1946 at St. John's College*, Cambridge University Press, Cambridge, 1946).
44. Ludwig Wittgenstein, *Philosophical Investigations* (MacMillan, New York, 1953).
45. William Bateson, talk before the American Association for the Advancement of Science, Toronto, 1921.
46. T. H. Morgan, "Sex-Limited Inheritance in Drosophila," *Science*, vol. 32, 1910, pp. 120-422.
47. H. J. Muller, "Artificial Transmutation of the Gene," *Science*, vol. 66, 1927,

pp. 84-87.

48. J. D. Bernal, "The Physical Basis of Life," as quoted in *Classics in Biology*, Sir S. Zuckerman, editor (Philosophical Library, New York, 1960), p. 35.
49. John Searle, *Minds, Brains and Science* (Harvard University Press, Cambridge, 1984).
50. James Watson and Francis Crick, "A Structure for Deoxyribose Nucleic Acid," *Nature*, vol. 171, 1953, pp. 737-738.
51. Joshua Lederberg, "What Do We Seek in Space?" in *Life Beyond the Earth*, Samuel Moffat and Elie Shneour, editors, *Vistas in Science no. 2 National Science Teachers Association* (Washington, DC, 1965), pp. 153-156.
52. "Genetic Effects of the Atomic Bombs in Hiroshima and Nagasaki" in *Report of the Genetics Conference on Atomic Casualties of the National Research Council*, *Science*, vol. 106, 1947, pp. 331-333.
53. Rachel Carson, *Silent Spring* (Houghton-Mifflin, Boston, 1962).
54. I attempt to clarify it in my article, "Gillett on Consciousness and the Comatose," *Bioethics*, vol. 6, 1992, pp. 365-374.
55. Kim McDonald, "A Researcher Teams Up With Pet Dogs to Probe Links Between Genes, Behavior," *The Chronicle of Higher Education*, February 10, 1993.

Index

ㅅ

ㅈ

ㅊ

ㅋ

Index

ㅇ

ㅈ

역자약력

서혜애

경북대학교 자연과학대학 생물학과 졸업
일리노이 주립대학교 대학원 식물생태학 석사
일리노아 주립대학교 대학원 생물교육학 박사
아이오와 대학교 과학교육센터 연구원
한국교육개발원 연구위원
(현) 부산대학교 사범대학 생물교육과 교수

윤세진

서울대학교 사범대학 생물교육과 졸업
서울대학교 대학원 생물교육학 석사
부산대학교 대학원 생물교육학 박사
(현) 서울 구현고등학교 생명과학 교사
(현) 숙명여자대학교 생명시스템학부 강사

The Epic History of Biology
생물학사

초판발행 2022년 10월 30일

지은이 Anthony Serafini
옮긴이 서혜애 · 윤세진
펴낸이 안종만 · 안상준

편 집 전채린
기획/마케팅 정성혁
표지디자인 Ben Story
제 작 고철민 · 조영환

펴낸곳 (주) 박영사
서울특별시 금천구 가산디지털2로 53, 210호(가산동, 한라시그마밸리)
등록 1959. 3. 11. 제300-1959-1호(倫)
전 화 02)733-6771
f a x 02)736-4818
e-mail pys@pybook.co.kr
homepage www.pybook.co.kr
ISBN 979-11-303-1579-9 93400

정 가 29,000원